论依港 并筑器件
致广大 而尽精微

白春礼

戊戌春月

中国科学院院长 白春礼院士 题

中国科学院科学出版基金资助出版

低维材料与器件丛书

成会明　总主编

# 低维体系的计算材料学

邹小龙　著

科学出版社

北　京

## 内 容 简 介

本书为"低维材料与器件丛书"之一。由于低维材料的特殊性，其在量子和统计行为上都有别于三维的块体材料，对其深入理解需借助基于量子力学的第一性原理方法。以第一性原理方法在低维材料中的研究为主线，本书涵盖的内容包括第一性原理计算方法、多种低维材料及其缺陷结构、低维材料的力学、电子学和光电子学、磁学和热输运性质、其他新奇低维材料（包括铁电、铁弹、压电、超导和拓扑绝缘体材料）、新型低维材料预测、几种典型低维材料的生长机制及计算材料学在低维材料应用中的作用。

本书的读者对象主要是具备量子力学、统计力学和固体物理基本知识的高年级本科生及相关专业的研究生、科研人员和教学人员，其目的是帮助读者对低维材料及其物性具有较全面的了解，为相关研究工作开展打下基础。

**图书在版编目（CIP）数据**

低维体系的计算材料学 / 邹小龙著. —北京：科学出版社，2019.1
（低维材料与器件丛书/成会明总主编）
ISBN 978-7-03-058523-3

Ⅰ. ①低… Ⅱ. ①邹… Ⅲ. ①材料科学-计算 Ⅳ. ①TB3

中国版本图书馆 CIP 数据核字（2018）第 187049 号

责任编辑：翁靖一 付林林 / 责任校对：李 影
责任印制：吴兆东 / 封面设计：耕者设计工作室

科学出版社 出版
北京东黄城根北街 16 号
邮政编码：100717
http://www.sciencep.com
北京建宏印刷有限公司 印刷
科学出版社发行 各地新华书店经销
\*
2019 年 1 月第 一 版 开本：720×1000 1/16
2020 年 6 月第三次印刷 印张：28 1/2
字数：554 000
**定价：168.00 元**
（如有印装质量问题，我社负责调换）

# 低维材料与器件丛书
## 编 委 会

# 总　序

人类社会的发展水平，多以材料作为主要标志。在我国近年来颁发的《国家创新驱动发展战略纲要》、《国家中长期科学和技术发展规划纲要 (2006—2020年)》、《"十三五"国家科技创新规划》和《中国制造2025》中，材料都是重点发展的领域之一。

随着科学技术的不断进步和发展，人们对信息、显示和传感等各类器件的要求越来越高，包括高性能化、小型化、多功能、智能化、节能环保，甚至自驱动、柔性可穿戴、健康全时监/检测等。这些要求对材料和器件提出了巨大的挑战，各种新材料、新器件应运而生。特别是自20世纪80年代以来，科学家们发现和制备出一系列低维材料(如零维的量子点、一维的纳米管和纳米线、二维的石墨烯和石墨炔等新材料)，它们具有独特的结构和优异的性质，有望满足未来社会对材料和器件多功能化的要求，因而相关基础研究和应用技术的发展受到了全世界各国政府、学术界、工业界的高度重视。其中富勒烯和石墨烯这两种低维碳材料的发现者还分别获得了1996年诺贝尔化学奖和2010年诺贝尔物理学奖。由此可见，在新材料中，低维材料占据了非常重要的地位，是当前材料科学的研究前沿，也是材料科学、软物质科学、物理、化学、工程等领域的重要交叉，其覆盖面广，包含了很多基础科学问题和关键技术问题，尤其在结构上的多样性、加工上的多尺度性、应用上的广泛性等使该领域具有很强的生命力，其研究和应用前景极为广阔。

我国是富勒烯、量子点、碳纳米管、石墨烯、纳米线、二维原子晶体等低维材料研究、生产和应用开发的大国，科研工作者众多，每年在这些领域发表的学术论文和授权专利的数量已经位居世界第一，相关器件应用的研究与开发也方兴未艾。在这种大背景和环境下，及时总结并编撰出版一套高水平、全面、系统地反映低维材料与器件这一国际学科前沿领域的基础科学原理、最新研究进展及未来发展和应用趋势的系列学术著作，对于形成新的完整知识体系，推动我国低维材料与器件的发展，实现优秀科技成果的传承与传播，推动其在新能源、信息、光电、生命健康、环保、航空航天等战略新兴领域的应用开发具有划时代的意义。

为此，我接受科学出版社的邀请，组织活跃在科研第一线的三十多位优秀科学家积极撰写"低维材料与器件丛书"，内容涵盖了量子点、纳米管、纳米线、石墨烯、石墨炔、二维原子晶体、拓扑绝缘体等低维材料的结构、物性及其制备方法，并全面探讨了低维材料在信息、光电、传感、生物医用、健康、新能源、环境保护等领域的应用，具有学术水平高、系统性强、涵盖面广、时效性高和引领性强等特点。本套丛书的特色鲜明，不仅全面、系统地总结和归纳了国内外在低维材料与器件领域的优秀科研成果，展示了该领域研究的主流和发展趋势，而且反映了编著者在各自研究领域多年形成的大量原始创新研究成果，将有利于提升我国在这一前沿领域的学术水平和国际地位、创造战略新兴产业，并为我国产业升级、提升国家核心竞争力提供学科基础。同时，这套丛书的成功出版将使更多的年轻研究人员和研究生获取更为系统、更前沿的知识，有利于低维材料与器件领域青年人才的培养。

历经一年半的时间，这套"低维材料与器件丛书"即将问世。在此，我衷心感谢李玉良院士、谢毅院士、俞书宏教授、谢素原教授、张跃教授、康飞宇教授、张锦教授等诸位专家学者积极热心的参与，正是在大家认真负责、无私奉献、齐心协力下才顺利完成了丛书各分册的撰写工作。最后，也要感谢科学出版社各级领导和编辑，特别是翁靖一编辑，为这套丛书的策划和出版所做出的一切努力。

材料科学创造了众多奇迹，并仍然在创造奇迹。相比于常见的基础材料，低维材料是高新技术产业和先进制造业的基础。我衷心地希望更多的科学家、工程师、企业家、研究生投身于低维材料与器件的研究、开发及应用行列，共同推动人类科技文明的进步！

成会明

中国科学院院士，发展中国家科学院院士
清华大学，清华-伯克利深圳学院，低维材料与器件实验室主任
中国科学院金属研究所，沈阳材料科学国家研究中心先进炭材料研究部主任
*Energy Storage Materials* 主编
*SCIENCE CHINA Materials* 副主编

# 前　言

　　低维材料在一个或多个维度上和准粒子特征长度可比拟，因此，量子力学波函数的相位及相干性都在材料物理化学性质方面起至关重要的作用。另外，由于体系的纳米化，统计特征也可能不同于宏观的三维体材料。对低维体系的物理化学性质的深入研究，必须采用基于量子力学的计算材料学方法。其与实验的紧密结合可将材料研究提高到前所未有的高度。

　　近年来，低维材料的成功分离和生长使得相关研究进入一个新的阶段。利用先进的实验手段对相关低维体系的直接构建与测量，显著加深了人们对新材料、新物理和新机制的理解，直接推动了相关学科的发展，也为低维材料在能源、电子和信息乃至国家安全方面的应用打下了基础。由于低维材料组成多样、性质丰富，研究人员也开始广泛寻找具有新奇性质的新型低维材料。然而，现今实验的试错法面临着低效和缺少指导的重要挑战，新材料发现与优化过程常常耗时耗力。通过计算设计与预测相结合则可以显著加速这一过程。本书将通过具体的例子展示计算材料学在此过程中扮演的重要角色。首先，理论计算可以成功预测新材料的新奇性质。典型的例子包括硅烯的狄拉克能带结构、SnTe 的铁电性、单层二硫化钼的压电性及单层黑磷各向异性的高载流子迁移率。其次，结合最先进的第一性原理计算和结构预测算法，研究人员可以预测尚未被发现的新型低维纳米结构并建议可能的生长路径。成功的例子包括二维过渡金属硫族化合物的拓扑缺陷、稳定的硼烯、高迁移率并具有直接带隙的多种低维半导体材料、石墨烯及碳纳米管的生长及硼烯生长衬底的选择等。需要特别强调的是，上述例子中大部分都被后来的实验所证实。最后，理论计算可以提供卓越的研究平台以研究不同环境条件下低维材料性质的响应。通常，实验中的低维材料的性质受到不同衬底、缺陷、气氛和场的影响，同时，任何实验手段都引入新的相互作用，这使得揭示低维材料本征性质极其困难。幸运的是，计算材料可以通过不同的建模对各个影响因素独立分析，进而理解各种环境因素的综合影响，从而为低维材料设计与优化提供指导。

　　基于上述考虑，本书从介绍第一性原理计算出发，对低维材料的缺陷、力学、电子学和光电子学、磁学、热输运性质；多种新奇低维材料（包括铁电、铁弹、压电、超导和拓扑绝缘体材料），新型低维材料预测和典型低维材料（包括碳纳米管、石墨烯、二维氮化硼、过渡金属硫族化合物、硼烯和磷烯）的生长机理的相关研究进行较全面的介绍。最后，本书将详细介绍利用计算材料学方法研究低维材料在包括储能、催化（产氢反应、氧还原反应、二氧化碳还原反应及光电催化反应）及热电转换等方面的多种应用。通过详细的论述，我们将展示计算材料学在理解新物理和新机制、加速发现新材料过程的重要作用，同时也指明面临的重要挑战。这些挑战包括但不限于以下几个方面：①以材料的功能和性质为导向的逆向设计方法的发展，这对特定领域的发展至关重要，如需要具有一定带隙材料的光通信及太阳能行业。②亚稳态材料的合成路径设计。亚稳态材料常具有应用潜力巨大的性质，但其实验合成常面临重大挑战。实验和理论之间的鸿沟仍需要研究人员的紧密合作去填补。③基于快速扩张的材料数据库，有效应用于低维材料研究的高通量计算筛选及机器学习方法仍有待进一步发展。

计算材料学在低维材料中的应用是一个前沿的研究领域，覆盖面广，蕴含丰富的科学问题。本书的素材来自相关前沿领域科研工作者的研究成果，完成这样一部系统性介绍相关工作的专著，是极具挑战性的。衷心感谢作者团队中的徐润章、林长鹏和张树清等的科研贡献和支持。正是他们的辛勤付出才使得本书得以顺利出版。诚挚感谢深圳市发展和改革委员会"低维材料与器件"学科建设项目、深圳市科技创新委员会学科布局项目（二维半导体材料生长机制与器件优化的理论研究，项目编号：JCYJ20170407155608882）对本书出版的支持。在总结本书的过程中，可以发现我国的科技工作者在相关研究中做出很多原创性工作，扮演了越来越重要的角色。希望本书能抛砖引玉，吸引更多有才华的科技工作者关注相关领域。

最后，特别感谢家人和朋友一直以来的关心和支持。感谢"低维材料与器件丛书"总主编成会明院士的指导和帮助！

由于学识有限和时间仓促，本书不可能涵盖所有内容，且难免有不妥之处，恳请相关专家和读者批评指正。

邹小龙

2018 年 9 月

# 目　录

# 第1章

# 第一性原理计算方法

## 1.1　物质结构和性质的物理描述

物质的物理和化学性质的微观表述是一个极其复杂的问题。人们处理的是可能被外场影响的相互作用的原子的集合。这些例子的系综可以是气相的（分子和团簇），也可以是以凝聚态形式存在（固体、表面、线）。它们可以是固体、液体或无定形的，同质的或异质的（溶液中的分子、界面、表面吸附体系）。然而，在这些所有情况下，人们都可以把系统表示成通过库仑相互作用耦合在一起的巨大数目的电子和原子核。形式上，其哈密顿量 $\hat{H}$ 可以表示如下：

$$\hat{H} = -\sum_{I=1}^{P}\frac{\hbar^2}{2M_I}\nabla_I^2 - \sum_{i=1}^{N}\frac{\hbar^2}{2m_e}\nabla_i^2 + \frac{e^2}{2}\sum_{I=1}^{P}\sum_{J\neq I}^{P}\frac{Z_I Z_J}{|\boldsymbol{R}_I - \boldsymbol{R}_J|}$$
$$+ \frac{e^2}{2}\sum_{i=1}^{N}\sum_{j\neq i}^{N}\frac{1}{|\boldsymbol{r}_i - \boldsymbol{r}_j|} - e^2\sum_{I=1}^{P}\sum_{i=1}^{N}\frac{Z_I}{|\boldsymbol{R}_I - \boldsymbol{r}_i|} \tag{1.1.1}$$

其中，$M_I$ 为第 $I$ 个原子核的质量（$I=1,\cdots,P$）；$\hbar$ 为约化普朗克常量；$e$ 为电子电荷；$\nabla$ 为梯度算符；$\boldsymbol{R}_I$ 与 $\boldsymbol{R}_J$ 分别为第 $I$ 与第 $J$ 个原子核的坐标（$I,J=1,\cdots,P$）；$Z_I$ 与 $Z_J$ 分别为第 $I$ 与第 $J$ 个原子核的电荷数；$m_e$ 为电子质量；$r_i$ 与 $r_j$ 分别为第 $i$ 与第 $j$ 个电子（electron）的坐标（$i=1,\cdots,N$）。式（1.1.1）中从左到右依次是体系中原子核的动能、电子的动能、原子核之间的库仑相互作用、电子和电子之间的库仑相互作用及电子和原子核之间的库仑相互作用。在满足原子核和电子各自的统计后，所有的性质可以通过多体薛定谔方程得到：

$$\hat{H}\Psi_i(\boldsymbol{r},\boldsymbol{R}) = E_i\Psi_i(\boldsymbol{r},\boldsymbol{R}) \tag{1.1.2}$$

实际上，这一问题几乎不可能通过全量子力学的方式来解。不仅因为不同的组分（每种原子核样品和电子）遵循不同的统计，还因为库仑相互作用的存在使得总波函数不能简单地分解成解耦的独立方程。用到的近似方法主要是绝热近似（玻恩-奥本海默近似）和经典核近似。

### 1.1.1 绝热近似

考虑原子核的质量远远大于电子的质量（至少 1863 倍），所以原子核的运动远远落后于电子的运动。可以假设电子能够瞬时地跟上原子核的运动，总是处于电子哈密顿量的同一个定态上[1]。由于两套自由度的库仑耦合，这个定态也会随时间变化，但是，一旦电子在某个定态（如基态）上，它将永远待在那个态上。这一近似忽略了在不同电子本征态之间跃迁的非辐射转变。通过上述近似，可以对总波函数进行如下分解：

$$\Psi_i(\boldsymbol{r},\boldsymbol{R},t) = \Theta_m(\boldsymbol{R},t)\Phi(\boldsymbol{R},\boldsymbol{r}) \qquad (1.1.3)$$

其中，$\Theta_m(\boldsymbol{R},t)$ 为核波函数，多体电子波函数 $\Phi(\boldsymbol{R},\boldsymbol{r})$（对每一个 $\boldsymbol{R}$ 归一化）是如下电子哈密顿量的第 $m$ 个本征态：

$$\hat{h}_e = \hat{T}_e + \hat{U}_{ee} + \hat{V}_{ne} = \hat{H} - \hat{T}_n - \hat{U}_{nn} \qquad (1.1.4)$$

其中，$\hat{h}_e$ 为电子哈密顿量算符；$\hat{T}_e$ 为电子动量算符；$\hat{U}_{ee}$ 为电子-电子相互作用算符；$\hat{V}_{ne}$ 为原子核-电子相互作用算符；$\hat{T}_n$ 和 $\hat{U}_{nn}$ 分别为核的动能和势能算符，对应的本征值为 $\varepsilon_m(\boldsymbol{R})$。这样，在电子的定态薛定谔方程中，核的坐标 $\boldsymbol{R}$ 作为参数引入；而核的波函数 $\Theta_m(\boldsymbol{R},t)$ 满足含时薛定谔方程：

$$i\hbar\frac{\partial\Theta_m(\boldsymbol{R},t)}{\partial t} = [\hat{T}_n + \hat{U}_{nn} + \varepsilon_m(\boldsymbol{R})]\Theta_m(\boldsymbol{R},t) \qquad (1.1.5)$$

或者定态方程：

$$[\hat{T}_n + \hat{U}_{nn} + \varepsilon_m(\boldsymbol{R})]\Theta_m(\boldsymbol{R}) = E_m\Theta_m(\boldsymbol{R}) \qquad (1.1.6)$$

在实际计算中，主要关注基态（$m=0$）。

### 1.1.2 经典核近似

利用量子力学方法求解式（1.1.5）或者式（1.1.6）仍然是非常耗费精力的。不仅因为其中的相互作用是隐性表示的，更因为对每一个可能的核构型 $\boldsymbol{R}$，势能表面的确定都需要解 $M^{3P}$ 次（$M$ 为格点数）电子方程。

但是，在大多数人们关心的情况下，解量子核方程都不是必须的。这是因为：①即使是氢原子的热波长 $\lambda_T = e^2/Mk_BT$ 也大约为 0.1 Å，而对应的键长一般为 1 Å。原子间的量子相干可以忽略。②势能表面足够陡峭从而使得核波函数足够局域。例如，羟基中的质子波函数的宽度大约为 0.25 Å。

这样，可以通过埃伦菲斯特（Ehrenfest）定理[2]得到经典力学的量子对应，从而得到牛顿方程的量子对应。当然，误差主要来源于势能的非谐性和波函数的空间延展。

在这些假设下，可以在固定的核位置下解多体的电子薛定谔方程。

## 1.2　多电子系统的量子多体理论

现在人们面对的是原子核集合产生的外加库仑场（也可以有其他外加场，如电场等）下的 $N$ 电子相互作用的薛定谔问题。这是一个非常复杂的多体问题。实际上只有对均匀电子气、很少电子数的原子或者小分子，才存在精确解，仍须做进一步的近似。

第一个近似方法由哈特里（Hartree）于 1928 年提出[3]。它假设多体波函数可以写成单电子波函数的简单乘积。而单电子波函数满足考虑了在其他电子平均场下的有效势的单粒子薛定谔方程：

$$\Phi(\boldsymbol{R},\boldsymbol{r}) = \Pi_i \varphi_i(\boldsymbol{r}_i) \tag{1.2.1}$$

$$\left[ -\frac{\hbar^2}{2m}\nabla^2 + V_{\text{eff}}^{(i)}(\boldsymbol{R},\boldsymbol{r}) \right]\varphi_i(\boldsymbol{r}) = \varepsilon_i \varphi_i(\boldsymbol{r}) \tag{1.2.2}$$

其中，

$$V_{\text{eff}}^{(i)}(\boldsymbol{R},\boldsymbol{r}) = V(\boldsymbol{R},\boldsymbol{r}) + \int \frac{\displaystyle\sum_{j\neq i}^{N}\rho_j(\boldsymbol{r}')}{|\boldsymbol{r}-\boldsymbol{r}'|}\mathrm{d}\boldsymbol{r}' \tag{1.2.3}$$

$$\rho_j(\boldsymbol{r}') = |\varphi_j(\boldsymbol{r}')|^2 \tag{1.2.4}$$

其中，$\Pi$ 为连乘；$\varphi$ 为单体电子波函数；$\varepsilon_i$ 为电子态 $i$ 的本征能量；$\rho_j$ 为电子态 $j$ 的密度。

从式（1.2.3）中可以看出 Hartree 近似是无自相互作用误差的。解这一套偏微分方程方法主要有变分法和自洽场方法。

第二个近似方法由福克（Fock）在 Hartree 近似的基础上提出，称为 Hartree-Fock（HF）近似[4, 5]。Hartree 近似假设电子和电子之间不存在关联作用，各个电子可以看成可区分粒子。Fock 在考虑泡利（Pauli）原理后提出了斯莱特（Slater）行列式的反对称多体波函数：

$$\Phi(\boldsymbol{R},\boldsymbol{r}) = \mathrm{SD}\{\varphi_j(\boldsymbol{r}_i,\sigma_i)\} = \frac{1}{\sqrt{N!}}\begin{vmatrix} \varphi_1(\boldsymbol{r}_1,\sigma_1) & \varphi_1(\boldsymbol{r}_2,\sigma_2) & \cdots & \varphi_1(\boldsymbol{r}_N,\sigma_N) \\ \varphi_2(\boldsymbol{r}_1,\sigma_1) & \varphi_2(\boldsymbol{r}_2,\sigma_2) & \cdots & \varphi_2(\boldsymbol{r}_N,\sigma_N) \\ \vdots & \vdots & & \vdots \\ \varphi_N(\boldsymbol{r}_1,\sigma_1) & \varphi_N(\boldsymbol{r}_2,\sigma_2) & \cdots & \varphi_N(\boldsymbol{r}_N,\sigma_N) \end{vmatrix} \tag{1.2.5}$$

得到 Hartree-Fock 方程：

$$\begin{aligned} &\left[ -\frac{\hbar^2}{2m}\nabla^2 + V(\boldsymbol{R},\boldsymbol{r}) + \int \frac{\displaystyle\sum_{\sigma',j=1}^{N}\rho_j(\boldsymbol{r}',\sigma')}{|\boldsymbol{r}-\boldsymbol{r}'|}\mathrm{d}\boldsymbol{r}' \right]\varphi_i(\boldsymbol{r},\sigma) \\ &-\sum_{j=1}^{N}\left( \sum_{\sigma'}\int \frac{\varphi_j^*(\boldsymbol{r}',\sigma')\varphi_i(\boldsymbol{r}',\sigma')}{|\boldsymbol{r}-\boldsymbol{r}'|}\mathrm{d}\boldsymbol{r}' \right)\varphi_j(\boldsymbol{r},\sigma) = \sum_{j=1}^{N}\lambda_{ij}\varphi_j(\boldsymbol{r},\sigma) \end{aligned} \tag{1.2.6}$$

其中，$\lambda_{ij}$ 为 Hartree-Fock 近似中得到的本征能量。

注意到在 HF 近似中，自相互作用仍然是准确抵消的。HF 近似虽然忽略了关联作用（由于二体库仑相互作用，总波函数并不能分离成单粒子波函数乘积的求和形式），但仍然对原子系统和原子间的成键有较好的描述。更为重要的是，它可以作为更准确计算的出发点，如 Møller-Plesset 的二阶和四阶方法[6]，或者利用 Slater 行列式叠加而发展的构型作用（CI）方法。流行的 CI 方法包括耦合团簇（CC）法和完备活化空间（CAS）法[7]。

在发展这些量化方法的同时，托马斯（Thomas）和费米（Fermi）提出了全电子密度作为多体问题的基本变量的思想，并推导出相应的微分方程[8, 9]。虽然该近似较为粗糙，但却为后来广泛使用的密度泛函理论（DFT）提供了基础。

## 1.3　密度泛函理论

非均匀的 $N$ 个电子相互作用系统的基态能 $E$ 可以表示成

$$E = \langle \Phi | \hat{T} + \hat{V} + \hat{U}_{ee} | \Phi \rangle = \langle \Phi | \hat{T} | \Phi \rangle + \langle \Phi | \hat{V} | \Phi \rangle + \langle \Phi | \hat{U}_{ee} | \Phi \rangle \quad (1.3.1)$$

这里集中讨论第三项：

$$\hat{U}_{ee} = \langle \Phi | \hat{U}_{ee} | \Phi \rangle = \left\langle \Phi \left| \frac{1}{2} \sum_{i=1}^{N} \sum_{j \neq i}^{N} \frac{1}{|r_i - r_j|} \right| \Phi \right\rangle = \iint \frac{\rho_2(r,r')}{|r - r'|} \mathrm{d}r\mathrm{d}r' \quad (1.3.2)$$

$$\rho_2(r,r') = \frac{1}{2} \sum_{\sigma,\sigma'} \langle \Phi | \Psi_\sigma^\dagger(r) \Psi_{\sigma'}^\dagger(r') \Psi_{\sigma'}(r') \Psi_\sigma(r) | \Phi \rangle \quad (1.3.3)$$

现在可以定义二体直接关联函数 $g(r,r')$：

$$\rho_2(r,r') = \frac{1}{2} \rho(r,r) \rho(r',r') g(r,r') \quad (1.3.4)$$

这样，电子-电子相互作用表示成：

$$\hat{U}_{ee} = \frac{1}{2} \iint \frac{\rho(r)\rho(r')}{|r - r'|} \mathrm{d}r\mathrm{d}r' + \frac{1}{2} \iint \frac{\rho(r)\rho(r')}{|r - r'|} [g(r,r') - 1] \mathrm{d}r\mathrm{d}r' \quad (1.3.5)$$

最后，能量的形式为

$$E = T + V + \frac{1}{2} \iint \frac{\rho(r)\rho(r')}{|r - r'|} \mathrm{d}r\mathrm{d}r' + E_{XC} \quad (1.3.6)$$

其中，$T$ 为动能；$V$ 为势能；$E_{XC}$ 为交换关联泛函。最复杂的是直接关联函数的计算。准确的交换部分可以由 HF 方法推导出。

对式（1.3.6）中密度表示的第一个处理来自 Thomas-Fermi 近似。它利用均匀电子气的结果来表示对应的能量泛函，并忽略了交换关联项。实际上，交换和关联修正可以以泛函的形式直接加上。但是，如何知道能量是否可以写成只依赖于电荷密度的泛函呢？

### 1.3.1　Hohenberg–Kohn 理论

1964 年，霍恩伯格（Hohenberg）和科恩（Kohn）提出了密度泛函理论，其基本思想就是固体的基态性质可以用粒子数密度来描述。这个定理分成以下两个部分[10]：

定理一：在任何外势场作用下的多粒子体系，其外势场可以由其基态的粒子数密度唯一确定（相差一个常数）。

推论：既然电荷密度唯一地确定了外势场，它也决定了基态甚至激发态波函数。

定理二：在粒子数守恒情况下，对于任何形式的外势场，系统的总能量可以定义成粒子数密度的泛函。对于确定的外势场，体系基态的能量是泛函的全局最小，而能够使得能量达到最小的粒子数密度就是基态粒子数密度。

在这两个定理的基础上，可以得到对应的 Hohenberg-Kohn 泛函

$$F_{\mathrm{HF}}[\rho] = \min_{\varPhi \to \rho}\langle \varPhi | \hat{T} + \hat{U}_{\mathrm{ee}} | \varPhi \rangle = T[\rho] + U_{\mathrm{ee}}[\rho] \tag{1.3.7}$$

其中，$T[\rho]$ 和 $U_{\mathrm{ee}}[\rho]$ 分别为电子的动能和库仑能泛函。体系对应的能量泛函则可以写成

$$E[\rho] = F_{\mathrm{HF}}[\rho] + \int \rho(r)V\mathrm{d}r = T[\rho] + U_{\mathrm{ee}}[\rho] + V[\rho] \tag{1.3.8}$$

体系的基态能量可以通过对能量泛函在电子数为 $N$ 的限制条件下的变分得到。电子数目的限制则可以通过引入拉格朗日（Lagrange）乘子化学势 $\mu$ 进行处理：

$$\delta\left\{F_{\mathrm{HF}}[\rho] + V[\rho] - \mu\left[\int \rho(r)\mathrm{d}r - N\right]\right\} = 0 \tag{1.3.9}$$

由此可以得到以泛函微分形式表示的欧拉-拉格朗日方程：

$$\mu = V(r) + \frac{\delta F_{\mathrm{HF}}[\rho(r)]}{\delta\rho(r)} \tag{1.3.10}$$

这里没有明确要求粒子数密度对应反对称的基态波函数，但可以利用限制搜索方法[11]来满足这一要求。此外，DFT 理论绝不仅仅是一个基态理论。求基态的方法由下节的科恩-沈吕九（Kohn-Sham）方程给出；求激发态的方法主要有基于应用于一系列最低正交态的线性叠加的瑞利-里茨（Rayleigh-Ritz）变分原理的系综 DFT[12]，含时 DFT[13]和类似于 Kohn-Sham 方法的基于非相互作用和完全相互作用系统本征态（不一定是基态）的绝热连接方法[14]。

### 1.3.2　Kohn-Sham 方程

现在，一方面把电子-电子相互作用可如式（1.3.6）那样写成经典库仑相互作用能和交换关联贡献，最大的困难在于写出关联贡献；另一方面的困难来源于对动能的表述。现在提到的处理来源于 Thomas-Fermi 近似，但是这个近似是局域的，不能出现束缚态，也没有电子的壳层结构，而动能在本质上是非局域的。

1965 年，Kohn 和 Sham[15]提出利用一个辅助的等价无相互作用的粒子系的动能 $T_R[\rho]$ 取代有相互作用体系的动能 $T[\rho]$。这样，普适的密度泛函可以表示成

$$F[\rho] = T_R[\rho] + \frac{1}{2}\iint \frac{\rho(\boldsymbol{r})\rho(\boldsymbol{r}')}{|\boldsymbol{r}-\boldsymbol{r}'|}\mathrm{d}\boldsymbol{r}\mathrm{d}\boldsymbol{r}' + E_{XC}[\rho] \qquad (1.3.11)$$

其中，动能泛函表述为

$$T_R[\rho] = \sum_{i=1}^{N}\left\langle \varPhi_i \left| -\frac{1}{2}\nabla^2 \right| \varPhi_i \right\rangle \qquad (1.3.12)$$

这样的处理需要另外考虑真实动能的关联部分。实际中，通过重新定义关联泛函来包括动能关联及其他非经典库仑项。在式（1.3.11）的基础上，得到新的总能泛函（Kohn-Sham 泛函）：

$$E_{KS}[\rho] = T_R[\rho] + \int \rho(\boldsymbol{r})V(\boldsymbol{r})\mathrm{d}\boldsymbol{r} + \frac{1}{2}\iint \frac{\rho(\boldsymbol{r})\rho(\boldsymbol{r}')}{|\boldsymbol{r}-\boldsymbol{r}'|}\mathrm{d}\boldsymbol{r}\mathrm{d}\boldsymbol{r}' + E_{XC}[\rho] \qquad (1.3.13)$$

接下来要确定有效势，从而推导出 Kohn-Sham 方程。如前所示，对式（1.3.13）在电子数 $N$ 条件下作变分：

$$\frac{\delta T_R[\rho]}{\delta\rho(\boldsymbol{r})} + V(\boldsymbol{r}) + \iint \frac{\rho(\boldsymbol{r}')}{|\boldsymbol{r}-\boldsymbol{r}'|}\mathrm{d}\boldsymbol{r}\mathrm{d}\boldsymbol{r}' + \frac{\delta E_{XC}[\rho]}{\delta\rho(\boldsymbol{r})} = \mu \qquad (1.3.14)$$

最后，得到著名的自洽 Kohn-Sham 方程：

$$\left[ -\frac{1}{2}\nabla^2 + V_{\mathrm{eff}}^{(i)}(\boldsymbol{r}) \right]\varphi_{i,s}(\boldsymbol{r}) = \varepsilon_{i,s}\varphi_{i,s}(\boldsymbol{r}) \qquad (1.3.15)$$

其中，有效势和电子密度分别为

$$V_{\mathrm{eff}}(\boldsymbol{r}) = V(\boldsymbol{r}) + \iint \frac{\rho(\boldsymbol{r}')}{|\boldsymbol{r}-\boldsymbol{r}'|}\mathrm{d}\boldsymbol{r}\mathrm{d}\boldsymbol{r}' + \frac{\delta E_{XC}[\rho]}{\delta\rho(\boldsymbol{r})} \qquad (1.3.16)$$

$$\rho(\boldsymbol{r}) = \sum_{i=1}^{N}\sum_{s=1}^{2}|\varphi_{i,s}(\boldsymbol{r})|^2 \qquad (1.3.17)$$

式（1.3.15）可迭代求解，再对比式（1.3.13），去除双计数项，相互作用系统的基态能量可以表述为

$$E_{KS}[\rho] = \sum_{i=1}^{N_t}\sum_{s=1}^{2}\varepsilon_{i,s} - \frac{1}{2}\iint \frac{\rho(\boldsymbol{r})\rho(\boldsymbol{r}')}{|\boldsymbol{r}-\boldsymbol{r}'|}\mathrm{d}\boldsymbol{r}\mathrm{d}\boldsymbol{r}' + \left\{ E_{XC}[\rho] - \int \frac{\delta E_{XC}[\rho]}{\delta\rho}\rho(\boldsymbol{r})\mathrm{d}\boldsymbol{r} \right\} \qquad (1.3.18)$$

至此，体系中唯一没有被确定的就是交换关联能 $E_{XC}[\rho]$ 的泛函形式。当交换关联能的泛函完全被确定以后，就可以应用 Kohn-Sham 方程自洽计算精确求解体系的基态能量和基态粒子数密度。

## 1.4  交换关联泛函

现在所有的困难在于如何写出交换关联泛函的形式。不包含动能贡献的交换关联能为

$$E_{XC}^0[\rho] = \frac{1}{2} \iint \frac{\rho(r)\rho(r')}{|r-r'|} [g(r,r')-1] drdr' \tag{1.4.1}$$

在利用了非相互作用的动能 $T_R[\rho]$ 以后, 把它重新定义为

$$E_{XC}[\rho] = E_{XC}^0[\rho] + T[\rho] - T_R[\rho] \tag{1.4.2}$$

动能对关联能的贡献可以通过对对关联函数在电子-电子相互作用强度内平均而加以考虑, 即

$$E_{XC}[\rho] = \frac{1}{2} \iint \frac{\rho(r)\rho(r')}{|r-r'|} [\tilde{g}(r,r')-1] drdr' \tag{1.4.3}$$

其中,

$$\tilde{g}(r,r') = \int_0^1 g_\lambda(r,r') d\lambda \tag{1.4.4}$$

而 $g_\lambda(r,r')$ 是部分相互作用体系的哈密顿量 $H_\lambda = T + U_{ee}^\lambda + V^\lambda$ 的对关联函数[16], 其中 $\lambda$ 为耦合参数。这样, 非相互作用的 KS 体系 ($\Phi_{KS}$) 和完全作用的实际体系 ($\Psi$) 通过一系列的部分相互作用体系进行绝热联结, 而部分相互作用体系可以由耦合参数 $\lambda$ 来描述。其中, 当 $\lambda=0$ 时对应的是 KS 系统, 而当 $\lambda=1$ 时对应的是完全相互作用系统。这一理论被称为绝热联结 (adiabatic connection) 理论。交换关联泛函式 (1.4.3) 也可表达为对耦合参数的积分[16]:

$$E_{XC}[\rho] = \int_0^1 U_{XC,\lambda}[\rho] d\lambda \tag{1.4.5}$$

其中,

$$U_{XC,\lambda}[\rho] = \langle \Psi_\lambda | U_{ee} | \Psi_\lambda \rangle - \frac{1}{2} \iint \frac{\rho(r)\rho(r')}{|r-r'|} drdr' \tag{1.4.6}$$

对交换关联泛函的近似都是在满足对关联函数的对称性、正规化和求和规则等要求后做出的。现在应用最为广泛的都是认为它是关于粒子数密度 $\rho(r)$ 的局域或者近局域函数, 如局域密度近似 (local density approximation, LDA)、广义梯度近似 (generalized gradient approximation, GGA)、meta-GGA 泛函和杂化泛函 (hybrid functional)。

### 1.4.1　局域密度近似

Kohn 和 Sham 在他们的开创性文章中提出这一近似, 但其思想可追溯至 Thoms-Fermi 理论。其基本想法是将非均匀电子气看成是由无穷小体积元内局域均匀的均匀电子气组成, 然后利用均匀电子气的交换关联空穴来近似非均匀体系的量。其基本近似包括: ①LDA 交换关联空穴位于 $r$, 并与在 $r$ 处的电子密度相互作用, 而真实的交换关联空穴位于 $r'$; ②对关联函数由均匀电子气密度通过一个比例函数修正得到。

在考虑自旋后, 得到的交换关联泛函为

$$E_{\mathrm{XC}}^{\mathrm{LSDA}}[\rho_{\uparrow}(r),\rho_{\downarrow}(r)] = \int [\rho_{\uparrow}(r)+\rho_{\downarrow}(r)]\varepsilon_{\mathrm{XC}}^{\mathrm{h}}[\rho_{\uparrow}(r),\rho_{\downarrow}(r)]\mathrm{d}r \qquad (1.4.7)$$

其中，$\rho_{\uparrow}$为自旋向上电子密度；$\rho_{\downarrow}$为自旋向下电子密度；$\varepsilon_{\mathrm{XC}}^{\mathrm{h}}$为均匀电子气的交换关联能密度，有很好的近似解和精确的量子蒙特卡罗（Monte Carlo）数值解。

LDA 的主要特点是：①更适用于均匀体系；②分子和固体过度键合；③化学趋势一般正确；④对"好"体系（共价、离子和金属键），几何结构正确，键长、键角和声子频率误差为百分之几，介电性质一般高估百分之十；⑤对"差"体系（弱键合）过度低估键长；⑥在有限体系，交换关联势在真空并非$-e^2/r$衰减，影响了解离极限和离子化能。本质在于 LDA 包含了自相互作用。

LDA 不能准确描述的情形有：①原子体系。密度有大的变化，同时自相互作用很强。②弱的分子键，如氢键。原因在于成键区的密度非常小，结合主要由非均匀性引起。③van der Waals 闭壳层体系。成键主要由两个分离碎片的动力学的电荷-电荷关联引起，本质上是非局域的。④金属表面。交换关联势呈指数衰减，而实际应该是幂次律（镜像势）。⑤带负电离子。LDA 不能准确地消除自相互作用。⑥半导体能带太小。当一个电子被移去后，交换关联空穴是被屏蔽的，这未被 LDA 考虑。

改进 LDA 的方法大致可以分成以下几类：①考虑引入对对关联函数 $g(r,r')$ 对 $r'$ 的依赖[17, 18]；②利用多体工具，如从 LDA 开始尝试解电子格林函数的戴森（Dyson）方程[19]和考虑强在位关联的 LDA + U 方法[20]；③半局域地引入电子密度的非均匀性，如 GGA。

## 1.4.2　广义梯度近似

GGA 把交换关联泛函 $E_{\mathrm{XC}}[\rho]$ 按密度和其梯度展开：

$$E_{\mathrm{XC}}[\rho] = \int \rho(r)\varepsilon_{\mathrm{XC}}[\rho(r)]\mathrm{d}r + \int F_{\mathrm{XC}}[\rho(r),\nabla\rho(r)]\mathrm{d}r \qquad (1.4.8)$$

其中，$\varepsilon_{\mathrm{XC}}$为电子交换关联能密度；泛函 $F_{\mathrm{XC}}$ 被强加了一些交换关联空穴的性质，如求和规则和长程衰减等，但并不是所有的性质都能够被同时加上。对于不同 GGA 的对比，可以参见文献[21]、[22]。

目前最广泛应用的 GGA 有两种形式，分别是量子化学中常用的 BLYP 泛函[23, 24]和计算凝聚态物理中由 Perdew、Burke 和 Ernzerhof 提出的 PBE 泛函[25]。它们是两种截然不同的泛函构建方法得到的泛函典型代表。BLYP 通过拟合已知体系（原子、分子等）的结果得到，而 PBE 主要通过让泛函满足必要的数学和物理限制条件得到。

GGA 的主要特点是：①改善键能和原子能；②改善键长和键角；③改善水、冰和水团簇的能量、几何和动力学性质，特别是 BLYP 和 PBE 的泛函；④对半导体，一般 LDA 比 GGA 好，但结合能除外；⑤对 4d 和 5d 过渡金属，GGA 的改善依赖于具体情况；⑥高估贵金属（Ag、Au、Pt）的晶格常数，实际上 LDA 的结果非常接近实验值；⑦对带隙问题有一定的改善，从而改善了介电性质，但改善并不明显；⑧渐进行为不正确。

### 1.4.3　meta-GGA 泛函

GGA 泛函不能解决所有数学及物理上的准确限制，因此需要加入额外的成分。meta-GGA 泛函通过引入轨道动能密度和/或密度的拉普拉斯算子，从而可以满足额外的限制，例如，交换关联泛函及其微分可以同时满足渐进形式。meta-GGA 的交换关联泛函定义为

$$E_{XC}^{meta\text{-}GGA}[\rho(\boldsymbol{r})] = \int [\rho(\boldsymbol{r})\varepsilon_{XC}[\rho,\nabla\rho,\nabla^2\rho,\tau]\mathrm{d}\boldsymbol{r} \tag{1.4.9}$$

其中，动能密度的定义为

$$\tau(\boldsymbol{r}) = \sum_{i=1}^{n_{occ}} |\nabla\varPhi_i|^2 \tag{1.4.10}$$

与 GGA 泛函类似，多种 meta-GGA 泛函也可以按照构建方法分成两类。利用拟合已知化学结果得到的泛函主要包括 M06-L[26]、M11-L[27]和 MN12-L[28]等；利用数学、物理限制构建的泛函主要包括 PKZB[29]、TPSS[30]、revTPSS[31]和 SCAN[32]（强限制合理赋范泛函）等。其中 SCAN 满足了所有已知的 17 种准确限制，能够对多样的键合分子与材料（共价、金属、离子、氢键和范德瓦耳斯键）的几何与能量进行准确预测[33]。很多时候，SCAN 能在基本为 GGA 的代价下得到比计算量巨大的杂化泛函（见下节）更为准确的结果。

### 1.4.4　杂化泛函

GGA 的缺陷在于没有完全地考虑交换项的非局域性，没有完全地抵消自相互作用。这使得人们尝试把 Hartree-Fock 形式的交换能和 GGA 按照一定的比例混合，得到的泛函称为杂化泛函。这一类型泛函的提出是基于绝热联结理论。

通过对式(1.4.6)中绝热联结被积函数 $U_{XC,\lambda}$ 的不同近似可以设计不同的泛函。最简单的近似可以假设 $U_{XC,\lambda}$ 线性依赖于耦合参数。结合 $U_{XC,\lambda}|_{\lambda=0}=E_X^{HF}$ 和 $\lambda=1$ 时的 LDA，可以得到最简单的杂化泛函：

$$E_{XC}[\rho] = \frac{1}{2}(E_X^{HF}+E_X^{LDA}) + \frac{1}{2}E_C^{LDA} \tag{1.4.11}$$

类似地，采用 GGA 则可以得到 PBE0[34-37]。在此基础上可以引入更多参数，其中最为有名的是 Becke 的三参数泛函[38]：

$$E_{XC}^{B3}[\rho] = a_1 E_X^{HF} + (1-a_1)E_X^{LDA} + a_2 E_X^{GGA} + E_C^{LDA} + a_3 E_C^{GGA} \tag{1.4.12}$$

进而可以得到在化学势应用极为广泛的 B3LYP 泛函[24, 38]。

不同于 B3LYP 等泛函，作用域分离杂化泛函将库仑相互作用分成长程与短程

两部分。缓慢衰减的 Fock 交换能长程部分被对应的 DFT 泛函取代。应用广泛的 HSE 泛函（HSE03、HSE06[39, 40]）可以表示为

$$E_{XC}^{HSE}[\rho] = \frac{1}{4} E_X^{SR}(\mu) + \frac{3}{4} E_X^{PBE,SR}(\mu) + E_X^{PBE,LR}(\mu) + E_C^{PBE} \qquad (1.4.13)$$

其中，$\mu$ 为作用域参数。这些泛函一般能够给出更好的带隙和光谱性质，特别是在最近几年内研究半导体相关问题中被广泛采用。

除了采用 $\lambda$ 分别为 0 和 1 的两端条件来设计泛函外，还可通过 $\lambda = 0$ 时的微分限制引入非局域的关联效应。同时，也可以采用 meta-GGA 发展杂化泛函。更多相关讨论可以参考文献[41]。

### 1.4.5　随机相近似

在密度泛函的框架中，绝热联结和振荡耗散理论[42]相结合，其零阶近似即为随机相近似（RPA）[43]。RPA 最经典的应用在于解决 CO 在多种金属表面的吸附难题[44]；而普通的局域或者半局域近似下的密度泛函不能准确预测 CO 的吸附能量及吸附位置。利用 RPA，不仅可以得到正确的吸附能量绝对值，而且可以得到正确的不同吸附位置之间能量差[45, 46]。RPA 的理论较为复杂，有兴趣的读者可以参考相关文献[43, 47]。

# 1.5　自洽场方法

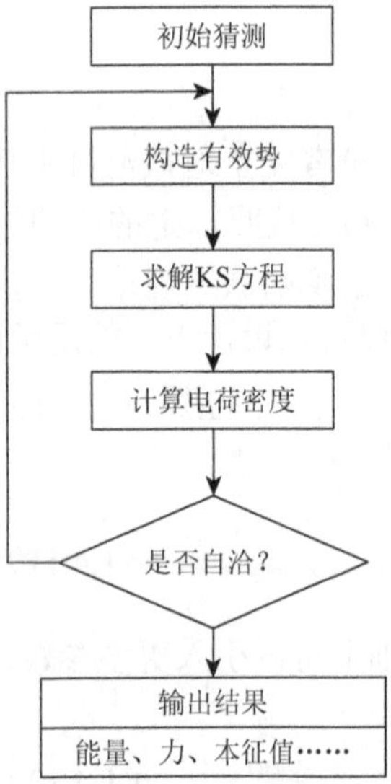

图 1.1　自洽求解 Kohn-Sham 方程的流程图

虽然求解 Kohn-Sham 方程可以采用变分方法，但现在最常用的仍然是采用自洽场方法，其流程如图 1.1 所示。首先需要对体系的电荷密度做出一个初始猜测（如采用体系的原子电荷密度之和或一个随机密度），并利用这个初始猜测的电荷密度来构造有效势，进而得到体系的哈密顿量。求解这个本征方程（可采用共轭梯度最小化或者残差最小化方法），可以得到体系的 Kohn-Sham 本征态和波函数。而通过所得到的波函数又可以重新构建体系的电荷密度（这里可以采用混合电荷密度），重新构建方程求解。然后不断重复自洽过程，在循环计算的每一步开始时都采用上一步计算得到的电荷密度。在循环的每一步的最后，都需要判定新的电荷密度是否与上一步的电荷密度相差达到所需精度（依赖于所进行的特定电子结构的计算）。如果这两个电荷密度相差小于预设的收敛判据，即认为电荷密度已经收敛。

## 1.6　求解 Kohn-Sham 方程的方法

在具体求解 Kohn-Sham 方程时，根据基函数选择的不同，一般有三种方法：平面波基（plane-wave basis）法、局域原子轨道（localized atomic orbitals，LAO）法和缀加函数法［也称原子球法，包括缀加平面波法、KKR 法和糕模（muffin-tin）轨道法］。三种方法各有优劣，适用情况各异。

平面波法是求解微分方程最常用的方法之一，包括求解薛定谔方程和泊松方程。它的优点是平面波基是完备的，对力和应力张量有简单的解析表达式。它的最大缺点是进行计算所需平面波的数目和局域数值基组的数目有数量级的差别。但是，用它计算哈密顿量对尝试波函数的作用变得更加简单。特别在超软赝势[48]和投影缀加平面波法[49, 50]被引入后，平面波法应用更加广泛。

局域原子轨道法使用的基组类似于原子轨道形式的基函数，包括解析基组和数值基组。前者代表有 Slater 形式基组（STO），后者代表有 Gaussian 形式基组（GTO）。局域原子轨道基组对局域性比较强的电子态描述较好，同时是发展"order-N"方法和建立模型的基础。

缀加函数法是精确解 Kohn-Sham 方程的最一般的方法。其基本思想是把电子结构问题分成两部分：在核附近的快速振荡区采用类原子基；在原子间采用平衡函数基。

## 1.7　GW 近似和 Bethe-Salpeter 方程

本节将简要介绍在准确计算低维材料电子结构和光学性质中广泛应用的 GW 近似和贝特-萨佩特（Bethe-Salpeter，BS）方程。

### 1.7.1　格林函数与自能

为了描述时序格林函数 $G(12)$，首先需要引入场算符 $\hat{\psi}(r)$ 和 $\hat{\psi}^{\dagger}(r)$，分别表示在位置 $r$ 处湮灭和产生一个电子。$G(12)$ 也可称为传播子，描述的是多体系统中增加或者移除一个电子从坐标 2（含位置与时间）到 1 的传播概率幅，而此概率幅可以由终态 2 和初态 1 的交叠得到，因此：

$$G(12) = -i\langle \Psi_0^N | \hat{T}[\hat{\psi}(1)\hat{\psi}^{\dagger}(2)] | \Psi_0^N \rangle \tag{1.7.1}$$

其中，$|\Psi_0^N\rangle$ 和 $\hat{T}$ 分别为准确的 $N$ 电子基态和时序算符。$G(12)$ 的物理含义为，当 $t_2 > t_1$ 时，它代表空穴在 1 产生并传播到 2 的概率幅；而当 $t_2 < t_1$ 时，它代表电子在 2 产生并传播到 1 的概率幅。从格林函数可以得到单粒子算符的基态期望值、基态能量和单电子激发谱。对单电子激发谱，可以通过格林函数的莱曼表示清楚地看到：

$$G(r_1, r_2; \omega) = \sum_i \frac{\psi_i^{N+1}(r_1)\psi_i^{N+1*}(r_2)}{\hbar\omega - \varepsilon_i^{N+1} + i\eta} + \sum_i \frac{\psi_i^{N-1}(r_1)\psi_i^{N-1*}(r_2)}{\hbar\omega - \varepsilon_i^{N-1} - i\eta} \qquad (1.7.2)$$

其中，$\psi_i^{N-1}$ 和 $\psi_i^{N+1}$ 为薛定谔表象中的莱曼幅度：

$$\psi_i^{N-1}(r) = \langle \Psi_i^{N-1} | \hat{\psi}(r) | \Psi_0^N \rangle$$
$$\psi_i^{N+1}(r) = \langle \Psi_0^N | \hat{\psi}(r) | \Psi_i^{N+1} \rangle \qquad (1.7.3)$$

式（1.7.2）的推导可以通过在式（1.7.1）插入完备表达式 $\sum_i |\Psi_i^{N\pm1}\rangle\langle\Psi_i^{N\pm1}| = 1$ 并做傅里叶（Fourier）变换得到。可以看到格林函数在多粒子激发能 $\varepsilon_i^{N\pm1}$ 处具有极点，这些能量对应（$N-1$）粒子和（$N+1$）粒子体系的激发，因此对应光电发射和逆光电发射过程。

通过场算符的海森伯运动方程，结合格林函数定义，可以得到它满足的 Dyson 方程：

$$G(12) = G_0(12) + \int G_0(13)\Sigma(34)G(42)\mathrm{d}(34) \qquad (1.7.4)$$

其中，$G$、$G_0$ 和 $\Sigma$ 分别为完全相互作用的格林函数、无相互作用的格林函数和自能。

### 1.7.2 Hedin 方程

Hedin 于 1965 年给出一组积分-微分方程[19]，它们的自洽解可以得到准确的自能和格林函数。为了描述这一组方程，需要引入以下关键的物理量。

不可约极化率 $\tilde{\chi}$（有的文献中也称极化函数 $P$）：

$$\tilde{\chi}(12) \equiv \frac{\delta n(1)}{\delta V_{\mathrm{eff}}(2)} \qquad (1.7.5)$$

其中，$n$ 和 $V_{\mathrm{eff}}$ 分别为电荷密度和总有效电势（外势场加经典 Hartree 势）。

动态屏蔽相互作用 $W$：

$$W(12) \equiv \int \varepsilon^{-1}(13)v(32)\mathrm{d}(3) \qquad (1.7.6)$$

其中，$v$ 和 $\varepsilon^{-1}$ 分别为裸库仑相互作用和逆介电函数。

介电函数定义为

$$\varepsilon(12) = \delta(12) - \int v(13)\tilde{\chi}(32)\mathrm{d}(3) \qquad (1.7.7)$$

在这些定义的基础上，Hedin 方程可以由图 1.2（a）的五边形表示：$W$、$G$ 和 $\Sigma$ 共同决定了体系的自能。而和 $G$ 类似，$W$ 和 $\Sigma$ 都满足类 Dyson 方程。

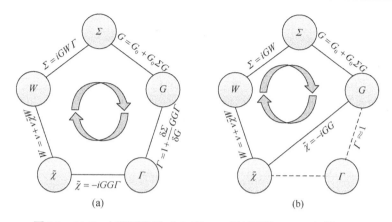

图 1.2　Hedin 方程示意图（a）和 GW 近似下的 Hedin 方程（b）

### 1.7.3　GW 近似

GW 近似（GWA）可以认为是 Hartree-Fock 近似（HFA）的推广。在 HFA 中，非局域的交换势为

$$\Sigma^{x}(\boldsymbol{r},\boldsymbol{r}') = -\sum_{kn}^{occ}\psi_{kn}(\boldsymbol{r})\psi_{kn}^{*}(\boldsymbol{r}')v(\boldsymbol{r}-\boldsymbol{r}') \qquad (1.7.8)$$

在经典的格林函数理论中，交换势为

$$\Sigma^{x}(\boldsymbol{r},\boldsymbol{r}',t-t') = iG(\boldsymbol{r},\boldsymbol{r}',t-t')v(\boldsymbol{r}-\boldsymbol{r}')\delta(t-t') \qquad (1.7.9)$$

式（1.7.9）的傅里叶变换即为式（1.7.8）。

GWA 对应于将裸库仑相互作用 $v$ 替换为动态屏蔽相互作用 $W$：

$$\Sigma(12) = iG(12)W(12) \qquad (1.7.10)$$

与其对应，顶点函数的第二项被忽略，从而被一局域且瞬时函数替代：

$$\Gamma(12;3) \approx \delta(12)\delta(13) \qquad (1.7.11)$$

同时，不可约极化率 $\tilde{\chi}$ 也简化为

$$\tilde{\chi} = -iG(12)G(21^{+}) \qquad (1.7.12)$$

式（1.7.12）如果用非相互作用体系轨道和能量展开，即为 RPA。GW 近似下的 Hedin 方程如图 1.2（b）所示。

### 1.7.4　Bethe-Salpeter 方程

在 RPA 中，不可约极化率 $\tilde{\chi}$ 仅仅能够外加势场对电子密度的影响，但是自能显著影响了电子密度，从而带来误差。而且，该误差随着体系带隙的增加而变大。RPA 的缺陷可以通过考虑电子-电子相互作用得到进一步解决，这就是说，通过电子-空穴二体格林函数 $L$ 引入的 BS 方程，可以看成是对 Hedin 方程的二次迭代。由于这一理论较为复杂，有兴趣的读者可以参考相关文献[19, 51, 52]。

# 参 考 文 献

[1] Born M, Oppenheimer R. Zur Quantentheorie der Molekeln. Ann Physik, 1927, 389: 457-484.

[2] Messiah A. Quantum Mechanics. Amesterdam: North-Holland, 1961.

[3] Hartree D R. The wave mechanics of an atom with a non-coulomb central field. Part I, I, III. Math Pro Cambridge Philos Soc, 1928, 24: 89-110, 111-132, 426-437.

[4] Fock V. Naherungsmethode zur losung des quanten-mechanischen mehrkorperprobleme. Z Phys, 1930, 61: 126-148.

[5] Slater J C. Note on Hartree's method. Phys Rev, 1930, 35: 210-211.

[6] Moller C, Plesset M S. Note on an approximation treatment for many-electron systems. Phys Rev, 1934, 46: 618-622.

[7] Jensen F. Introduction to Computational Chemistry. Chichester: Wiley, 1999.

[8] Thomas L H. The calculation of atomic fields. Math Pro Cambridge Philos Soc, 1927, 23: 542-548.

[9] Fermi E. Eine statistiche methode zur bestimmung einiger geschaften des atoms und ihre anwendung auf die theorie des periodische systems der elemente. Z Phys, 1928, 48: 73-79.

[10] Hohenberg P, Kohn W. Inhomogeneous electron gas. Phys Rev B, 1964, 136: B864-B871.

[11] Levy M. Electron-densities in search of hamiltonians. Phys Rev A, 1982, 26: 1200-1208.

[12] Theophilou A K. Energy density functional formalism for excited-states. J Phys C Solid State, 1979, 12: 5419-5430.

[13] Runge E, Gross E K U. Density-functional theory for time-dependent systems. Phys Rev Lett, 1984, 52: 997-1000.

[14] Gorling A. Density-functional theory for excited states. Phys Rev A, 1996, 54: 3912-3915.

[15] Kohn W, Sham L J. Self-consistent equations including exchange and correlation effects. Phys Rev, 1965, 140: A1133-A1138.

[16] Langreth D C, Perdew J P. Exchange-correlation energy of a metallic surface-wave-vector analysis. Phys Rev B, 1977, 15: 2884-2901.

[17] Alonso J A, Girifalco L A. A non-local approximation to the exchange energy of the non-homogeneous electron gas. Solid State Commun, 1977, 24: 135-138.

[18] Gunnarsson O, Jones R O. Density functional calculations for atoms, molecules and clusters. Phys Scripta, 1980, 21: 394-401.

[19] Hedin L. New method for calculating the one-particle Green's function with application to the electron-gas problem. Phys Rev, 1965, 139: A796-A823.

[20] Anisimov V I, Zaanen J, Andersen O K. Band theory and Mott insulators: Hubbard U instead of Stoner-I. Phys Rev B, 1991, 44: 943-954.

[21] Filippi C, Umrigar C J, Taut M. Comparison of exact and approximate density functionals for an exactly soluble model. J Chem Phys, 1994, 100: 1290-1296.

[22] Levy M, Perdew J P. Density functionals for exchange and correlation energies-exact conditions and comparison of approximations. Int J Quantum Chem, 1994, 49: 539-548.

[23] Becke A D. Density-functional exchange-energy approximation with correct asymptotic-behavior. Phys Rev A, 1988, 38: 3098-3100.

[24] Lee C T, Yang W T, Parr R G. Development of the colle-salvetti correlation-energy formula into a functional of the electron-density. Phys Rev B, 1988, 37: 785-789.

[25] Perdew J P, Burke K, Ernzerhof M. Generalized gradient approximation made simple. Phys Rev Lett, 1996, 77: 3865-3868.

[26] Zhao Y, Truhlar D G. A new local density functional for main-group thermochemistry, transition metal bonding, thermochemical kinetics, and noncovalent interactions. J Chem Phys, 2006, 125: 194101.

[27] Peverati R, Truhlar D G. M11-L: a local density functional that provides improved accuracy for electronic structure calculations in chemistry and physics. J Phys Chem Lett, 2012, 3: 117-124.

[28] Peverati R, Truhlar D G. An improved and broadly accurate local approximation to the exchange-correlation density functional: the MN12-L functional for electronic structure calculations in chemistry and physics. Phys Chem Chem Phys, 2012, 14: 13171-13174.

[29] Perdew J P, Kurth S, Zupan A, et al. Accurate density functional with correct formal properties: a step beyond the generalized gradient approximation. Phys Rev Lett, 1999, 82: 2544-2547.

[30] Tao J M, Perdew J P, Staroverov V N, et al. Climbing the density functional ladder: nonempirical meta-generalized gradient approximation designed for molecules and solids. Phys Rev Lett, 2003, 91: 146401.

[31] Perdew J P, Ruzsinszky A, Csonka G I, et al. Workhorse semilocal density functional for condensed matter physics and quantum chemistry. Phys Rev Lett, 2009, 103: 026403.

[32] Sun J W, Ruzsinszky A, Perdew J P. Strongly constrained and appropriately normed semilocal density functional. Phys Rev Lett, 2015, 115: 036402.

[33] Sun J W, Remsing R C, Zhang Y B, et al. Accurate first-principles structures and energies of diversely bonded systems from an efficient density functional. Nat Chem, 2016, 8: 831-836.

[34] Perdew J P, Emzerhof M, Burke K. Rationale for mixing exact exchange with density functional approximations. J Chem Phys, 1996, 105: 9982-9985.

[35] Ernzerhof M, Perdew J P, Burke K. Coupling-constant dependence of atomization energies. Int J Quantum Chem, 1997, 64: 285-295.

[36] Ernzerhof M, Scuseria G E. Assessment of the Perdew-Burke-Ernzerhof exchange-correlation functional. J Chem Phys, 1999, 110: 5029-5036.

[37] Adamo C, Barone V. Toward reliable density functional methods without adjustable parameters: the PBE0 model. J Chem Phys, 1999, 110: 6158-6170.

[38] Becke A D. Density-functional thermochemistry. III. The role of exact exchange. J Chem Phys, 1993, 98: 5648-5652.

[39] Heyd J, Scuseria G E, Ernzerhof M. Hybrid functionals based on a screened Coulomb potential. J Chem Phys, 2003, 118: 8207-8215.

[40] Heyd J, Scuseria G E. Efficient hybrid density functional calculations in solids: assessment of the Heyd-Scuseria-Ernzerhof screened Coulomb hybrid functional. J Chem Phys, 2004, 121: 1187-1192.

[41] Su N Q, Xu X. Development of new density functional approximations. Annu Rev Phys Chem, 2017, 68: 155-182.

[42] Callen H B, Welton T A. Irreversibility and generalized noise. Phys Rev, 1951, 83: 34-40.

[43] Ren X G, Rinke P, Joas C, et al. Random-phase approximation and its applications in computational chemistry and materials science. J Mater Sci, 2012, 47: 7447-7471.

[44] Feibelman P J, Hammer B, Norskov J K, et al. The CO/Pt (111) puzzle. J Phys Chem B, 2001, 105: 4018-4025.

[45] Ren X G, Rinke P, Scheffler M. Exploring the random phase approximation: application to CO adsorbed on Cu (111). Phys Rev B, 2009, 80: 045402.

[46] Schimka L, Harl J, Stroppa A, et al. Accurate surface and adsorption energies from many-body perturbation theory.

Nat Mater, 2010, 9: 741-744.

[47] Chen G P, Voora V K, Agee M M, et al. Random-phase approximation methods. Annu Rev Phys Chem, 2017, 68: 421-445.

[48] Vanderbilt D. Soft self-consistent pseudopotentials in a generalized eigenvalue formalism. Phys Rev B, 1990, 41: 7892-7895.

[49] Blochl P E. Projector augmented-wave method. Phys Rev B, 1994, 50: 17953-17979.

[50] Kresse G, Joubert D. From ultrasoft pseudopotentials to the projector augmented-wave method. Phys Rev B, 1999, 59: 1758-1775.

[51] Hedin L. On correlation effects in electron spectroscopies and the GW approximation. J Phys-Condens Mat, 1999, 11: R489-R528.

[52] Onida G, Reining L, Rubio A. Electronic excitations: density-functional versus many-body Green's-function approaches. Rev Mod Phys, 2002, 74: 601-659.

# 第**2**章

## 多种低维材料及其缺陷结构

## 2.1　多种低维材料的基本结构

自从石墨烯（graphene）被发现以来，它的各种优良性质，包括狄拉克锥形的色散关系、超高的载流子迁移率和极高的力学强度等，受到人们的广泛关注。但是，石墨烯无带隙的特点使得它在光电子器件等相关应用中受到很大限制。这使得人们开始关注其他类石墨烯二维材料。这些材料种类繁多、性质各异，其中研究最为深入的包括绝缘性的六方氮化硼（hexagonal boron nitride，h-BN）、半导体性的 2H 相过渡金属硫族化合物（2H-transition metal dichalcogenides，2H-TMDCs）、半导体性的黑磷（black phosphorus，bP）和金属性的 1T 相过渡金属硫族化合物（1T-TMDCs）等。这些二维材料的结构如图 2.1 所示。石墨烯、h-BN 和 2H-TMDCs的顶视图都为六角结构，差别在于是否为异质组成及单层结构中原子层数目。1T-TMDCs 可以看成是 2H-TMDCs 中上层硫原子平移到六元环中心形成。两种材料中，金属都和六个硫原子成键：2H 相中形成的是三方柱面体结构，而 1T 相中形成的则为八面体结构。黑磷可以看成是扭曲的六角晶格，磷原子形成的锯齿形链分别形成上下两层，并通过 P—P 键相连。

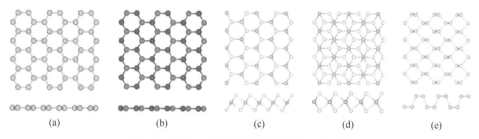

(a)　　　　　　(b)　　　　　　(c)　　　　　　(d)　　　　　　(e)

图 2.1　常见二维材料结构的顶视和侧视图[①]

（a）石墨烯，（b）h-BN，（c）2H-TMDCs，（d）1T-TMDCs 和（e）bP。灰色、红色、蓝色、蓝绿色、黄色和粉色球分别代表碳、硼、氮、过渡金属、硫族元素和磷原子

---

① 本书中彩图以封底二维码形式提供。

### 2.1.1　合金

在这些常见的低维材料中，过渡金属硫族化合物 $MX_2$（M = Mo 或 W，X = S、Se 或 Te）的多种成分具有相同的结构，可以通过合金化进一步调节其电子和光学性质。Komsa 和 Krasheninnikov[1]首先分析了 $MX_2$ 中合金化的热动力学能量变化，并考虑了多种不同超原胞，每个超原胞的晶格利用费伽德（Vegard）定律得到。Vegard 定律假设合金化的产物晶格常数是由组成物的线性插值得到，并已经得到实验的证实。合金体系混合自由能 $F_{mix}(x)$ 定义如下：

$$F_{mix}(x) = U_{mix}(x) - TS_{mix}(x) \tag{2.1.1}$$

其中，$U_{mix}(x)$ 为合金体系的混合内能：

$$U_{mix}(x) = U_{A_xB_{1-x}} - [xU_A + (1-x)U_B] \tag{2.1.2}$$

其中，A 和 B 为不同的组元。混合熵 $S_{mix}(x)$ 定义如下：

$$S_{mix}(x) = -2[x\ln x + (1-x)\ln(1-x)]k_B \tag{2.1.3}$$

图 2.2 中显示了 $MoS_2$、$MoSe_2$ 和 $MoTe_2$ 之间混合内能和混合自由能随掺杂浓度的变化。可以看到，由于晶格常数差异较大，$MoTe_2$ 和 $MoS_2$ 及 $MoTe_2$ 和 $MoSe_2$ 之间的混合内能变成正值，但是其数值很小。在考虑构型熵以后，都变成能量占优。需要指出的是，这里的计算并没有考虑离子振动带来的振动自由能，可以预期，随着温度的升高，合金体系在能量上将进一步降低。类似的合金化过程也可以发生在金属原子 Mo 和 W 之间。更细致的研究发现，在短程有序上，体系倾向于最大化最近邻的相异元素的对数，如 $MoS_{2x}Se_{2(1-x)}$ 中，最近邻的 S-Se 对数目倾向于最大化，而 S-S 及 Se-Se 对数目倾向于最小化。

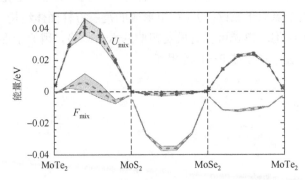

图 2.2　$MoS_2$、$MoSe_2$、$MoTe_2$ 之间混合内能与混合自由能随掺杂浓度的变化关系[1]

### 2.1.2　结构相变

除了前面讨论的合金化外，过渡金属硫族化合物具有不同电子特性的不同相结构之间的转变特别有趣，如果可以找到一种有效的方法来实现该转变，它们就可以用作很好的相变材料。利用二维材料的全表面开放结构特性，Reed 等系统研究了包括力学、电学（静电门压）、合金化及化学吸附等不同的方法来实现 2H 和 1T（或 1T′）相之间的转变。下面将分别介绍相关工作。作为讨论的出发点，图 2.3（a）显示的是无应力情况下，$MX_2$（M = Mo 或 W，X = S、Se 或 Te）三种相之间的能量关系[2]。可以看出，1T′相总是比 1T 相能量更低；除了 $WTe_2$，其他所有 $MX_2$ 的 1T′相都比 2H 相能量高。但是，1T′相 $MoTe_2$ 仅比 2H 相高约 0.04 eV/$MX_2$。

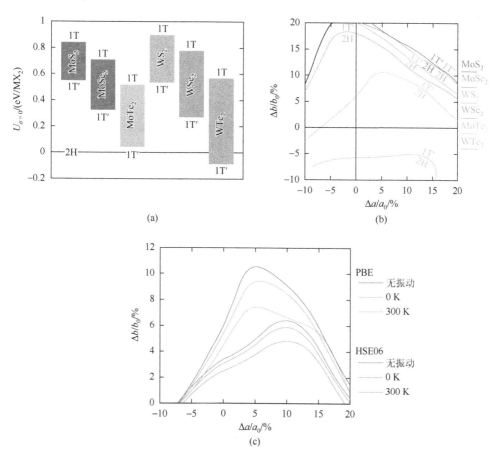

图 2.3　（a）$MX_2$ 不同相之间的内能差；（b）改变晶格常数时，2H 和 1T′相内能表面交叉线；（c）PBE 和 HSE06 泛函考虑温度效应后，2H 和 1T′相自由能交叉线[2]

为了研究 1T′和 2H 相在应力下的转变行为，Duerloo 等[2]详细计算了两种相在平衡点附近的势能曲线。首先，他们得到在 $(a, b)$（$a$ 和 $b$ 为 $MX_2$ 在 $x$ 和 $y$ 方向的晶格常数）空间 7×7 网格上不同相的内能。然后，利用 Lagrange 插值法

$$U(a,b) = \sum_{i,j}\left[U(a_i,b_j)\prod_{k\neq i, l\neq j}\frac{(a-a_k)(b-b_l)}{(a_i-a_k)(b_j-b_l)}\right] \tag{2.1.4}$$

得到网格点的中间值。Lagrange 插值法的优点在于它并没有对内能 $U$ 的形式做任何假设，同时在做微分操作时不会面临其他高阶插值办法遇到的病态可能性。图 2.3（b）为得到的 2H 和 1T′ 相势能表面的交叉图，稳定的结构标于交叉线的两侧。首先，除 WTe$_2$ 外的 MX$_2$ 发生结构相变对应的应变在 3%（MoTe$_2$）到 13%（MoS$_2$）之间。这一应变水平在体结构是不可能实现的，但是对于二维材料，实验已经发现 MoS$_2$ 的撕裂发生在有效应变为 6%～11%，对应的撕裂强度为其杨氏模量的 11%（15 N/m）[3]。从计算得到转变应变对应的应力分别为 12.8 N/m（MoS$_2$）、10.8 N/m（MoSe$_2$）、6.9 N/m（MoTe$_2$）、13.6 N/m（WS$_2$）和 10.5 N/m（WSe$_2$），这表明利用双轴应力有可能在接近撕裂极限附近观察到材料的相变行为。其次，对 MoTe$_2$ 可以采用更加有效的沿 $y$ 方向的单轴应变，只需 6% 左右的单轴应变即可能实现其从 2H 到 1T′ 相转变。最后，WTe$_2$ 无应变时最稳定相为 1T′，要想实现到 2H 的转变，需要施加压应变。这在二维材料中很难实现，是由于压应变不可避免地引入其在第三个方向的褶皱。

以上的讨论基于体系的内能，即忽略了温度对能量的贡献。在考虑温度效应后，内能 $U(a,b)$ 需要被亥姆霍兹（Helmholtz）自由能 $A(a,b,T)$ 所代替。温度的影响主要通过激发晶格声子引入额外的振动贡献，这部分贡献一般情况下较小，但是对于两项能量差非常小的 MoTe$_2$（0.04 eV）则非常重要。类似于对内能的处理，首先需要对 7×7 网格的结构进行声子自由能的计算。利用简谐近似得到声子（phonon）的 Helmholtz 自由能 $A_{\text{vib}} = U_{\text{vib}} - TS_{\text{vib}}$，则体系自由能可以表示为

$$A(a,b) = U_{\text{crystal}}(a,b) + A_{\text{vib}}(a,b) \approx U_{\text{crystal}}(a,b) + \sum_{i=1}^{15}\left[\frac{1}{2}\hbar\omega_i(a,b) + k_{\text{B}}T\ln(1-\mathrm{e}^{-\hbar\omega_i(a,b)/k_{\text{B}}T})\right] \tag{2.1.5}$$

得到网格点上的能量以后，利用 Lagrange 插值法得到平滑的势能曲面，从而得到 2H 和 1T′ 相的 Helmholtz 自由能交叉线。从 MoTe$_2$ 的结果［图 2.3（c）］看出，温度可以进一步降低相变的应变。特别地，沿 $y$ 方向转变应变从不考虑温度效应时的 6% 下降到 300 K 时的 4%。而更准确的杂化泛函计算给出的 300 K 时临界应变约为 2.4%。

需要注意的是，现在对 Helmholtz 自由能的讨论是基于固定晶格的模型，通常对应于二维材料和衬底强烈相互作用的情况。然而，二维材料完美的表面使得这种情况较难发生。更直接地和三维情况中的等压、等容方式或者实验对应，需要考虑的是各向同性静水压力、常面积或者单轴应力/应变情况。此时，Helmholtz 自由能将转变成吉布斯（Gibbs）自由能。对各向同性静水压力情况，$\sigma_{xx} = \sigma_{yy} = \sigma$，$\sigma_{xy} = 0$，Gibbs 自由能 $G_{\text{hydro}}$ 为 $G_{\text{hydro}}(\sigma, T) = A - ab\sigma$；对单轴应力情况，$\sigma_{xx} = \sigma_{xy} = 0$，

而 $\sigma_{yy}\neq 0$，且单轴力 $F_y$ 满足 $F_y=\partial A/\partial b$，Gibbs 自由能 $G_y$ 为 $G_y(F_y,T)=A-F_yb$。利用 Gibbs 自由能，按照类似的方法可以分析相变行为，特别是可以得到在转变负载（临界 $\sigma$ 或 $F_y$）附近，体系会出现 2H 和 1T′ 的混合相。同时，在考虑了所有这些因素以后，可以发现 300 K 下沿 $y$ 方向转变应变下降到不足 1.5%。而更准确的杂化泛函得到的临界应变仅为 0.5%。类似的结果也出现于双轴应力的情况中。这一研究详细地展示了如何利用热动力学分析低维材料的相变行为，特别适合研究生入门学习相关基础知识。

第二种实现 2H 到 1T′ 相转变的方式是形成合金化。原则上来说，MX$_2$（M = Mo 或 W；X = S、Se 或 Te）中的六种组分都可以实现合金化。而对于相变来说，只有 Mo$_{1-x}$W$_x$Te$_2$ 合金是最好的选择，一方面是因为 WTe$_2$ 的 1T′ 相本身是一个稳定的热动力学相，另一方面是因为 MoTe$_2$ 和 WTe$_2$ 通过金属原子合金化，产生的晶格错配比较小。为了研究不同相下的合金行为，Duerloo 和 Reed[4]发展了一套平均场理论（mean-field theory），从而得到合金能及温度依赖的 Helmholtz 自由能的解析形式。不同相的每单位原胞 Mo$_{1-x}$W$_x$Te$_2$ 的平均场自由能 $f_{\mathrm{MF}}^{(\mathrm{P})}$ 可以表示为

$$f_{\mathrm{MF}}^{(\mathrm{P})}=(1-x)u^{(\mathrm{P})}(x=0)+xu^{(\mathrm{P})}(x=1)-TS_{\mathrm{conf.}}-\frac{1}{2}B^{(\mathrm{P})}x(1-x) \qquad (2.1.6)$$

其中，P 为不同相（2H 或 1T′）；而合金的构型熵 $S_{\mathrm{conf.}}$ 定义为 $-k_{\mathrm{B}}[x\lg x+(1-x)\lg(1-x)]$；$u$ 为描述合金晶格气体模型中的最低阶内能参数；$B$ 为解析的平均势场参数。更多的细节可以参考文献[4]。式（2.1.6）通过构型熵反映体系随温度变化的部分趋势，但仍缺少离子振动自由能的贡献。离子振动自由能由前面 $A_{\mathrm{vib}}$ 给出，因此具有任意 $x$ 的合金自由能的解析形式可表示为

$$f^{(\mathrm{P})}(a,b,T,x)=(1-x)f^{(\mathrm{P})}(a,b,T,x=0)+xf^{(\mathrm{P})}(a,b,T,x=1)-TS_{\mathrm{conf.}} \\ -\frac{1}{2}B^{(\mathrm{P})}x(1-x) \qquad (2.1.7)$$

式（2.1.7）假设离子振动自由能也线性依赖于化合物的组成。需要指出的是，该式对应的是固定晶格常数及衬底和 Mo$_{1-x}$W$_x$Te$_2$ 相互作用非常强的情况。当合金的晶格可以自由弛豫时，体系总能找到无应力（常应力）下的最稳定态，此时对应的热动力学量为 Gibbs 自由能 $g^{(\mathrm{P})}$，$g^{(\mathrm{P})}$ 可以由 $f^{(\mathrm{P})}$ 在 $(a,b)$ 空间取最小值得到：

$$g^{(\mathrm{P})}(T,x)=\min_{a,b}f^{(\mathrm{P})}(a,b,T,x) \qquad (2.1.8)$$

从 $f^{(\mathrm{P})}$ 的表达式还可以看出，$B^{(\mathrm{P})}$ 的正负将决定合金能否形成。$B^{(\mathrm{P})}$ 为负，则体系倾向于相分离；$B^{(\mathrm{P})}$ 为正，则可以形成稳定的合金相。对 Mo$_{1-x}$W$_x$Te$_2$ 来说，$B^{(\mathrm{H})}$ 和 $B^{(\mathrm{T})}$ 都为正，从而在两种相结构中都可能发生合金化，不会出现 MoTe$_2$ 和 WTe$_2$ 的两种成分（Mo/W 或者 Te）相分离。但两种结构相（2H 和 1T′ 相）的存在，使

得 $Mo_{1-x}W_xTe_2$ 可以出现两种情况：①存在一定范围的 $x$，2H 和 1T′两相同时存在；②在特定的浓度 $x$ 时，只有一种相（2H 或者 1T′相）可以稳定存在。这两种情况的自由能展示于图 2.4（a）中。图 2.4（a）左面板对应了两相可以共存的情况，称为稳定型或者扩散型相图。随着 $MoTe_2$ 中 W 含量的逐渐增加，体系先遵循 2H 相的凸包线，达到浓度临界点 1 时进入两相共存区间。共存区间的自由能曲线由 2H 相和 1T′相凸包线的共同切线决定，保证了体系的能量最小化。当 W 含量达到临界点 3 时，体系完全转变成 1T′相，然后遵循 1T′相的凸包曲线。两相共存的实现，一方面需要两相之间混合的界面能足够小（或者每个相的区域都足够大）；另一方

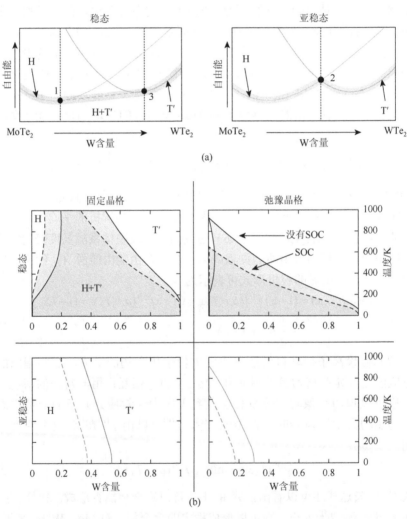

图 2.4　（a）固定温度下，稳态和亚稳态下的自由能图；（b）稳态和亚稳态下，固定晶格与弛豫晶格情况下的 $Mo_{1-x}W_xTe_2$ 合金相图[4]

面，两相共存需要 W 原子能够通过扩散重新分布到 2H 和 1T′相。W 原子的迅速扩散这一条件使得共存相在高温时更容易被观察到。图 2.4（a）右面板显示了第二种相图，称为亚稳态或者无扩散型相图。这种情况下，W 原子的扩散系数非常小，掺杂（doping）后体系基本保持 W 原子均匀随机性分布。随着 W 含量逐渐增加，体系的能量遵循 2H 相凸包曲线，直到和 1T′相凸包曲线交叉点 2 处，随后进入 1T′相，并遵循其凸包曲线。可以看出，在中间浓度区域，体系的能量高于稳定型相图，这主要是由被压制的 W 原子扩散动力学引起的。

　　经过上述分析，Duerloo 等给出了固定晶格（常面积）和弛豫晶格（常应力，此为无应力）两种状态下，稳态和亚稳态的温度与化学组分之间的相图关系［图 2.4（b）］。他们同时考虑了自旋轨道耦合（spin-orbit coupling，SOC）效应，发现加入 SOC 后体系的相变温度下降 200 K 左右。通过与体结构 $Mo_{1-x}W_xTe_2$ 相变的实验结果[5]对比，发现以下规律：①未加入 SOC 的弛豫晶格模型能给出最好的预测；②从体结构到单层结构，相变温度下降了约 200 K。这一方面带来利用层数调控相变的可能性；另一方面说明实验合成单层 $MoTe_2$ 时，可能先形成 T′相，然后随着温度降低，再通过相变形成 H 相；③实验中观察到的两相共存区域比模拟得到的范围更小，可能是由于 W 原子的扩散在一定程度上受到限制。

　　在前人关于锂原子插层 $MoS_2$ 等材料的研究中，发现锂原子提供电荷给 $MoS_2$ 可以促使其发生从 2H 到 1T（或 1T′）相的转变。而利用静电门压是对电荷注入最有效的控制方法之一，Li 等[6]讨论了利用静电门压来控制 $MoTe_2$，以实现 2H 到 1T′相转变的可能性。类似于力学边界条件中的等容和等压条件，电学中类似的为等电荷和等电压条件。图 2.5（a）显示了对应的器件构型：单层 $MX_2$（层 I）和薄片材料 II 由厚度为 $d$、电容为 $C$ 的电介质分离；$MX_2$ 和薄片材料 II 的化学势

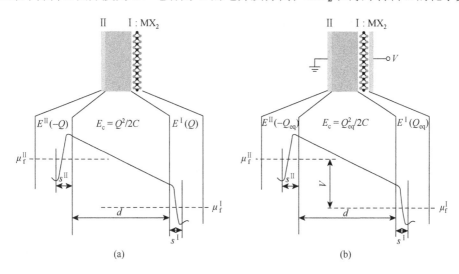

(a)　　　　　　　　　　　　(b)

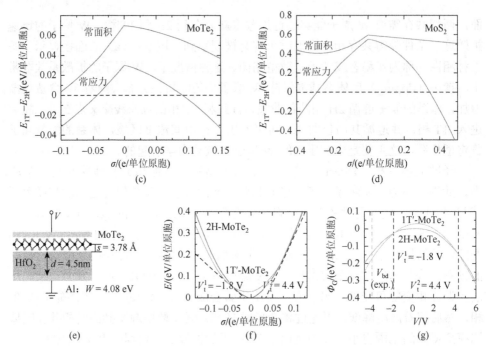

图 2.5 常电荷（a）和常电压（b）带电系统模型设置图；常面积和常应力条件下，利用常电荷公式得到 MoTe$_2$（c）和 MoS$_2$（d）的 1T′和 2H 相之间内能差与电荷密度的关系；（e）常电压条件下器件模型示意图；常电压条件，MoTe$_2$ 的 2H 和 1T′相总能量与电荷密度（f）和巨势与电压（g）的关系图，（g）中红色虚线表示实验中得到的 4.5nm 厚的 HfO$_2$ 的击穿电压[6]

分别为 $\mu_f^I$ 和 $\mu_f^{II}$；MX$_2$ 和薄片材料 II 的中心到电介质右边和左边边界的距离分别为 $s^I$ 和 $s^{II}$。

当单层 MX$_2$ 的总电荷固定时，体系总能量 $E(Q)$ 由三部分组成：带电的 MX$_2$ 单层能量、薄片材料 II 的能量和介电层储存的能量

$$E(Q) = E^I(Q, s^I) + E^{II}(-Q, s^{II}) + E_c$$
$$= E^I(Q, s^I) + E^{II}(-Q, s^{II}) + Q^2/2C \tag{2.1.9}$$

按照如上定义，$E^I(Q=0, s^I)$ 和 $E^I(Q, s^I) - E^I(Q=0, s^I)$ 分别为 MX$_2$ 没带电荷时的基态能量及从 MX$_2$ 中移动电荷 $Q$ 到介电层的能量消耗；类似地，可以定义 $E^{II}(-Q, s^{II})$。为了计算方便，可以将薄片材料取为具有一定功函数 $W$ 的金属，从而

$$E^{II}(-Q, s^{II}) = -QW \tag{2.1.10}$$

如果中间的介电层为真空，则体系总能量可以进一步简化为

$$E(Q) = E^I(Q, s^I) + E^{II}(-Q, s^{II}) + E_c$$
$$= E^I(Q, s^I + d) + E^{II}(-Q, s^{II}) \tag{2.1.11}$$

在计算 2H 和 1T′ 两个相之间的能量差时，由于选用的金属电极一样，则第二项相消，从而得到

$$E_{T'}(Q) - E_H(Q) = E_{T'}^I(Q, s^I + d) - E_H^I(Q, s^I + d) \qquad (2.1.12)$$

第一性原理结果显示，两相之间的能量差对 $MX_2$ 和金属电极的距离 $s^I + d$ 的依赖性很低，主要是由体系的带电量决定。在此，也需要区分常应力（无应力）和常面积两种不同条件。常应力（无应力）条件对应衬底和 $MX_2$ 之间的相互作用非常弱，以致 $MX_2$ 可以自由弛豫；而常面积条件则对应衬底和 $MX_2$ 之间的相互作用非常强，$MX_2$ 晶格基本不能变化。可以预想，晶格不能自由弛豫，会给 1T′ 相带来更大的额外能量，从而使得相变变得更加困难。确实，图 2.5（b）和（c）中两相内能差在不同条件下随电荷密度的变化关系证实了以上推论。在常应力情况下，当负电荷多于 0.04 e/单位原胞或者正电荷多于 0.09 e/单位原胞时，1T′ 相 $MoTe_2$ 变成最稳定的。这两个临界转变点，分别对应的电荷密度为 $-3.7 \times 10^{13}$ e/cm$^2$ 和 $8.2 \times 10^{13}$ e/cm$^2$。而在常面积情况下，转变的电荷密度显著增加。这些结果说明，转变电荷密度显著依赖于衬底的选择和特定力学边界条件。作为对比，具有更大相能量差别的 $MoS_2$ 即使在常应力情况下，临界电荷达到 $-0.29$ e。

当体系中电压固定时，对应的热动力学能量为巨势 $\Phi_G(Q, V)$

$$\Phi_G(Q, V) = E(Q) - QV \qquad (2.1.13)$$

其中，$E(Q)$ 为前面等电量情况下体系总能量；$QV$ 为外界电压对体系的能量输入。在恒定电压下，体系平衡情况下的电荷 $Q_{eq}$ 可以通过巨势的最小化得到

$$\left. \frac{\partial \Phi_G(Q, V)}{\partial Q} \right|_{Q = Q_{eq}} = 0 \qquad (2.1.14)$$

得到平衡电荷以后，巨势可以表示为

$$\Phi_G^{eq}(V) = \Phi_G(Q_{eq}(V), V) = E(Q_{eq}(V)) - Q_{eq}(V)V \qquad (2.1.15)$$

采用如图 2.5（e）所示的器件构型，并选择介电函数为 25 的 4.5 nm 厚的 $HfO_2$ 作为介电层和功函数为 4.08 eV 的铝作为金属板，则可以通过前面的讨论计算对应的临界转变电压。可以由以下两种方式求得对应的临界电压：

（1）利用式（2.1.9）的体系总能量和电荷的关系，当 2H 和 1T′ 相势能曲线具有共同的斜率时，即为对应的转变电压。用数学式子可以表示为

$$\left( \frac{\partial E_H}{\partial Q} \right)_{Q_H} = \left( \frac{\partial E_{T'}}{\partial Q} \right)_{Q_{T'}} = \frac{E_H(Q_H) - E_{T'}(Q_{T'})}{Q_H - Q_{T'}} = V_t \qquad (2.1.16)$$

（2）利用式（2.1.15）的平衡巨势与电压的关系，可以从 2H 和 1T′ 相巨势曲线的交叉点直接得到对应的转变电压。

图 2.5（f）中对 MoTe$_2$ 的计算显示，两个转变电压 $V_t^1$ 和 $V_t^2$ 分别为–1.8 V 或者 4.4 V。与 4.5 nm 厚的 HfO$_2$ 的击穿电压 3.8 V 相比，相变只能在负电压情况下进行，这说明选择合适的介电层在电压控制相变的方案中起着至关重要的作用。

上述结果对应的是无应力的力学条件。按照与前面相同的做法，可以得出常应力和常面积条件下不同的转变电压。更进一步，可以得到转变电压随着不同功函数及不同介电层厚度的变化趋势。可以得到的规律如下：①介电层厚度越大，需要的转变电压越大；②功函数越大，其正转变电压越小，而负转变电压越负；③常面积条件需要的转变电压大于常应力条件对应的值。利用静电门压实现相转变确实被随后的实验工作所证实[7]。

除了利用物理静电门压的办法外,还可以考虑化学吸附的办法来实现相转变。Zhou 和 Reed[8]考虑了 2H 和 1T′相 MoTe$_2$ 吸附 16 种不同原子或分子（H、Li、Na、K、O、Cl、F、H$_2$、H$_2$O、NH$_3$、NO、NO$_2$、CO、CO$_2$、N$_2$ 和 O$_2$）后的能量变化。图 2.6（a）和（b）中分别显示了在 2H 和 1T′相 MoTe$_2$ 吸附两种不同浓度（一个单胞或者 2×2 超胞里面一个吸附物）吸附物时能量变化关系。图 2.6（a）中显示，分子吸附物能够吸附于 2H 相 MoTe$_2$ 上，并稳定 2H 相；原子吸附物则不能吸附于 2H 相结构，但是当体系发生相变时，原子吸附物的形成能变成负的。这说明原子吸附物倾向于稳定 1T′相，而少数分子吸附物只有在高浓度情况下，才有可能促成体系的相变（如 NO$_2$）。对于图 2.6（b）中 1T′相 MoTe$_2$ 而言，所有的吸附物都可以稳定吸附，并且分子吸附物都会促进其向 2H 相转变。需要指出的是，这里采用的是常面积条件，对应的是 2H 的晶格参数。如果晶格可以自由弛豫，则 1T′相的能量降低，进一步减小两相之间的能量差，从而增大利用吸附物来促进结构相变的可能性。

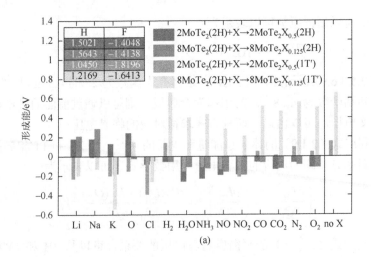

(a)

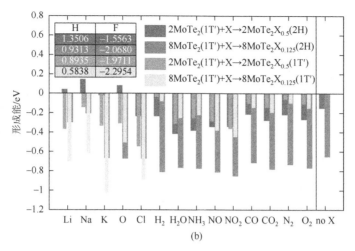

图 2.6　不同吸附物吸附于 2H 相（a）和 1T′相（b）$MoTe_2$ 表面的形成能[8]

no X 代表没有吸附；内插图中显示了不同反应路径和 H 原子与 F 原子的吸附能，单位为 eV

上面总结了理论研究中提出的多种实现相转变的方法，实际应用中可以出现更多样化的选择。一方面，通过一些其他方法可以实现 2H 到 1T′（或 1T）相转变，如电子束辐射[9]；另一方面，可以采用上述多种方法相结合，如合金化与化学吸附或者静电门压结合等。例如，利用化学吸附和合金化结合的方法，当 2H 和 1T′合金能量相差较小时，$H_2O$、NO 和 $NO_2$ 分子都有可能实现 2H 到 1T′相转变。

## 2.2　点　缺　陷

人们特别关注二维材料中不同的缺陷（defect），包括本征及外部点缺陷（point defect）和拓扑缺陷（topological defect）。这些缺陷不仅在决定结构完整性上扮演关键角色，而且会对材料多种性质产生重要影响。

虽然石墨烯是一种单元素材料，通过引入多种非六元环结构，它的缺陷显示了多样的结构变化[10]。最为简单的例子是 SW 缺陷，它不引入任何额外的原子或者空位（vacancy），仅仅通过 C—C 键的 SW 旋转 90° 而形成。通过 SW 旋转，石墨烯中四个六元环转变成两个五元环和两个七元环，即 SW（55-77）。它的形成能为 5 eV，同时 SW 旋转过程的势垒接近 10 eV。

如图 2.7（a）所示，移除一个碳原子形成的单空位缺陷（monovacancies）具有 $C_3$ 对称性，空位附近的每个碳原子具有一个悬挂键，因此该结构极其不稳定，很容易通过姜-特勒（Jahn-Teller）扭曲，两个未饱和碳原子成键，形成一个五九元环的结构 $V_C$（5-9）。剩余的未饱和悬挂键导致其形成能仍然很高，达到约 7.5 eV。将该原子再次移除，结构重构（reconstruction）可以消除所有的悬挂键，形成具有两个五元环和一个八元环的双空位缺陷[$V_{C_2}$（585）]，如图 2.7（b）所示。悬挂键的消除使得碳原子网络较好地保持了 $sp^2$ 键，从而显著降低其形成能。计算得到的$V_{C_2}$（585）形成能仅为 8 eV，如果通过两个独立单空位的反应形成，将释放约 7 eV 的能量。这些结果说明通过化学气相沉积（chemical vapor deposition，CVD）得到的石墨烯样品中双空位缺陷应该占据主导地位。$V_{C_2}$（585）进一步通过 SW 旋转可以形成另一种包含三个五元环和三个七元环的双空位缺陷[$V_{C_2}$（555-777）]，该结构保留了石墨烯的 $C_3$ 对称性，如图 2.7（c）所示。相比于$V_{C_2}$（585），$V_{C_2}$（555-777）中没有具有更大应力能的八元环，它的形成能比$V_{C_2}$（585）降低了约 1 eV。更进一步的 SW 旋转可以使得双原子空位变得更加延展，并引入更多的五元环和七元环，如图 2.7（d）所示。这些额外的非六元环结构也进一步增加了体系的应力能和形成能。由于双空位的迁移势垒约为 7 eV，它的迁移只能在电子束长时间照射下才能被观察到。

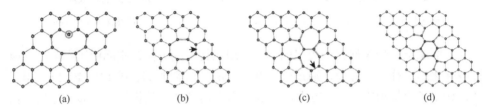

图 2.7　石墨烯中多种优化的点缺陷结构[10]

（a）单空位 $V_C$（5-9），（b）双空位$V_{C_2}$（585），（c）双空位$V_{C_2}$（555-777）和（d）双空位$V_{C_2}$（5555-6-7777）

虽然过渡金属硫族化合物 TMDCs 和氮化硼具有相同的二元异质组成，它们之间存在着重要的差别。不仅 TMDCs 的三原子层结构更加复杂，而且配位的硫族元素可以存在不同的配位数（如硫化氢中配位数为 2，TMDCs 中配位数为 3），从而带来其不同缺陷（除点缺陷外，也包括下面讨论的边界及拓扑缺陷）结构上的多样变化。

研究最为透彻的体系是二维二硫化钼 $MoS_2$。利用第一性原理计算，Zhou 等[11]系统地研究了它的多种点缺陷，包括空位、反位、间隙和更大的孔洞，见图 2.8（a）的上部。它们和扫描透射电子显微镜的观察结果非常一致。特别地，除了$Mo_{S_2}$外所有五种缺陷都具有和完整晶格一致的 $C_3$ 对称性。具有 $C_3$ 对称性的$Mo_{S_2}$是一个亚稳态，它在费米面处引入了半占据的双重简并态（即两个电子）。根据 Jahn-Teller 效应，电子-声子相互作用引起显著的晶格扭曲，取代的钼原子偏离 $C_3$ 位中心，和两个最近邻钼原子成键更为紧密，$C_3$ 对称性也降低为 $C_S$。图 2.8（b）中能量学的分析显示单硫空位 $V_S$ 的形成能最低，而双硫空位$V_{S_2}$的形成能大致是 $V_S$ 的两倍。这一方面说明 $MoS_2$ 中单硫空位之间的相互作用非常弱，另一方面也和实验中 CVD 样品中观察到的占绝大多数点缺陷是单硫空位相一致。同时，虽然单钼空位的形成能在大范围化学势内比 $MoS_3$ 空位团簇（$V_{MoS_3}$）低，但是单钼空位的引入显著降低在近邻位置引入额外硫空位的能力。具有 $C_3$ 对称性的 $V_{MoS_3}$ 的形成能甚至比 $MoS_2$ 的空位团簇（$V_{MoS_2}$）能量还低。这些结果也和实验中观察到大量的 $V_{MoS_3}$ 缺陷相一致。

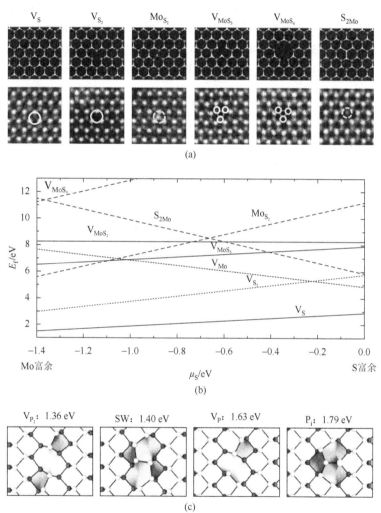

图 2.8　（a）第一性原理计算（上）和扫描透射电子显微镜（下）得到的单层 $MoS_2$ 中多种点缺陷结构；（b）点缺陷的形成能随着硫化学势（$\mu_S$）的变化规律；（c）单层黑磷中低能量点缺陷结构，其形成能列于对应图的上方；（a）和（b）改编自参考文献[11]，（c）改编自参考文献[12]

　　虽然黑磷褶皱的蜂窝状结构显著不同于石墨烯，黑磷中的点缺陷在拓扑上与石墨烯中的却非常相似[12]。图 2.8（c）展示了黑磷中四种低能量的点缺陷——由两个扭曲的五元环和一个八元环（585）组成的双空位（$V_{P_2}$）、Stone-Wales 缺陷、单磷空位（$V_P$）和间隙磷（$P_i$）。虽然类似的蜂窝结构使得黑磷中的双空位也出现和石墨烯中相似的变体，如 5757、555-777 等，黑磷褶皱的结构带来更丰富多样的双空位结构演化[13]，各种双空位变体能量接近。图 2.8（c）上方显示的四种点缺陷的形成能都低于 1.8 eV，显著低于石墨烯中类似缺陷的形成能，这主要是由更软的 P—P 键和黑磷的褶皱结构引起的。更软的 P—P 键也会使得内在缺陷迁移速度非常快，Cai 等[13]系统地研究了黑磷中单磷和双磷空位的迁移。以单磷空位为例，在褶皱的黑磷结构中移除一个磷原子将形成和 $V_C$ 类似的三个悬挂键，如图 2.9（a）中类型 I 所示。通过原子 1 或者 2 的移动，可以形成两种 55-66 型结

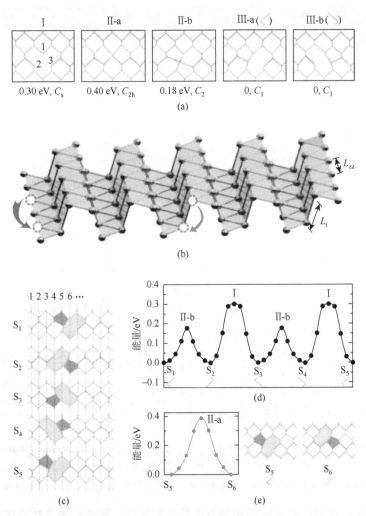

图 2.9 （a）黑磷中单空位的多种结构，它们的相对形成能和对称性标于下方；（b）单空位（虚线圈）沿扶手形（蓝色箭头）及锯齿形（红色箭头）扩散的原子模型；（c）单空位沿锯齿形方向从分支 6 迁移到分支 4 的中间态示意图（$S_1 \sim S_5$），对应的最小能量路径列于（d）；（e）链间跃迁的最小能量路径及对应的初始态和终止态结构，代表单空位的勾号的颜色由移除的原子位置决定[13]

构，即为类型II-a和II-b。这两种亚稳态的特点是都形成了配位数为 4 的磷原子。类似于石墨烯中 $V_C$ 的情况，两个悬挂键通过相互键合，形成了最稳定的五九元环结构（5-9）。依赖于不同的键合方式，有两种等价的结构，即类型III-a 和III-b。为了清楚地表述 5-9 结构的取向，Cai 等[13]利用九元环类似于"勾号"[图 2.9（a）中III-a 和III-b]的特性对其进行标号。由于黑磷的褶皱结构，决定九元环取向的勾号可以位于上山脊（绿色）或下山脊（粉色）部分，对应的勾号也可以取对应两种颜色。

不同于各向同性的石墨烯，由于黑磷结构降低的对称性，其在晶格中的运动可以分解为相互垂直的锯齿形和扶手形方向，即图 2.9（b）中链内（红箭头）方向和链间（蓝箭头）方向。链内和链间运动分别对应的是勾号颜色保持不变和变色的运动。利用爬坡弹性带方法，单磷空位的这两种运动的运动路径和迁移势垒都可以被精确分析出来。图 2.9（c）显示了链内运动中五九元环的运动轨迹，而图 2.9（d）显示了运动路径。整个过程包含 5-9 结构的五种不同取向位置状态 $S_1 \sim S_5$，其中 $S_1$ 和 $S_2$ 之间，$S_3$ 和 $S_4$ 之间的中间态结构为II-b 型结构，而 $S_2$ 和 $S_3$ 之间，$S_4$ 和 $S_5$ 之间的中间态结构为 I 型结构。II-b 型结构引起了初始态和终止态之间的赝中心反演转换，同时 5-9 结构沿锯齿形方向移动半个晶格；I 型结构引起的是初始态和终止态的镜面反射转换，而 5-9 结构并不发生移动。赝中心反演和镜面反射转换过程的势垒分别是 0.3 eV 和 0.18 eV [图 2.9（d）]。而链间运动则通过II-a 型结构进行转换，其对应另一个赝中心反演过程，同时 5-9 结构沿扶手形方向移动一个键长长度 [图 2.9（b）中 $L_t$]。链间运动的势垒为 0.4 eV [图 2.9（e）]，大大低于石墨烯中碳空位（1.39 eV）、$MoS_2$ 中硫空位（2.27 eV）、六方氮化硼中硼空位（2.60 eV）和氮空位（5.80 eV）的迁移势垒。缺陷的跃迁概率可以由阿伦尼乌斯（Arrhenius）公式

$$\nu = \nu_a \exp(-E_b / k_B T) \tag{2.2.1}$$

决定。其中，$\nu_a$、$E_b$、$k_B$ 和 $T$ 分别为尝试频率、跃迁势垒、玻尔兹曼常量和热力学温度。尝试频率与温度相关（$\nu_a \propto k_B T / h$，$h$ 为普朗克常量），一般和体系的特征振动频率一致。在假设石墨烯和黑磷的尝试频率差别不大的情况下，室温下计算得到黑磷空位的跃迁概率将比石墨烯碳空位高 16 个数量级。更准确地，尝试频率可以由 Vineyard 公式得到：

$$\nu_a = \frac{k_B T}{h} \frac{\prod_{i=1}^{3N-3}[1 - \exp(-\hbar \omega_i / k_B T)]}{\prod_{i=1}^{3N-4}[1 - \exp(-\hbar \omega_i' / k_B T)]} \tag{2.2.2}$$

其中，$\omega_i$ 和 $\omega_i'$ 分别为体系在初始态和中间（鞍点）态单磷空位附近 $N$ 个原子的振动频率。利用该公式可以得到链内赝中心反演、链内镜面反射及链间赝中心反演三个过程在室温下的跃迁概率分别为 $2.5 \times 10^9$ s$^{-1}$、$4.3 \times 10^7$ s$^{-1}$ 和 $3.1 \times 10^4$ s$^{-1}$。由

此可以看出，和黑磷各向异性结构一致，跃迁概率也显示极强的各向异性，在室温下，沿锯齿形方向的速率比沿扶手形方向高 3 倍左右。

由于单磷空位的高迁移性，即使在中等温度下，单磷空位也很容易相互融合形成双磷空位。如前所述，蜂窝结构的石墨烯中双空位可以有多种不同的结构，如 585、555-777、5555-6-7777。虽然这些缺陷的拓扑结构在黑磷中得以保持，但其低对称性使得它们出现更多的变化，依赖于五元环和非六元环在晶格上的取向关系，可以分为两类：A 类，五元环和非六元环取向沿对角线方向，如图 2.10 中585-A 所示；B 类，五元环和非六元环取向沿扶手形和锯齿形方向，如图 2.10 中 585-B所示。不同类型的结构会有不同的应力分布，从而可能出现不同的能量差异。与石墨烯完全相反的是，黑磷中具有 $C_3$ 对称性的 555-777 结构能量最高，而 5757-A能量最低。与单磷空位能量相比，可以发现，黑磷中双空位分解成两个单空位仅

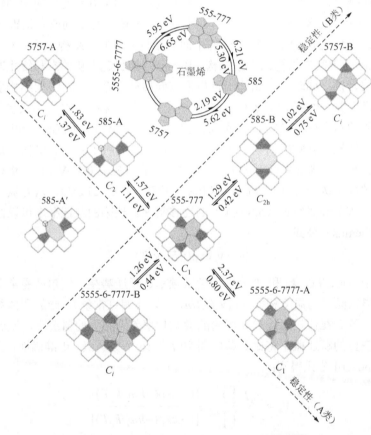

图 2.10 单层黑磷中不同双空位之间的转换[13]

不同结构的对称性标于模型下方，而结构间实箭头上方分别显示正向和反向的跃迁势垒；虚线箭头代表了 A 类和B 类双空位之间的稳定性次序；上方内插图显示的是石墨烯中不同双空位缺陷的势垒

仅耗能 1.05 eV，显著低于石墨烯中的双空位分解能（7 eV）。这极低的分解能使得黑磷中大空位的迁移可以通过一步一步释放单空位来促进。此外，黑磷的褶皱结构使得 A 类中一些原子可以占据不同的山脊部分，形成衍生的 A′类。如图 2.10 中 585-A′就是由 585-A 八元环边界上一个原子（黑色圈）发生键翻转，从下山脊移动到上山脊而形成的。A′类的形成也带来了双空位迁移更多的中间态变化，可以有效降低跃迁势垒。图 2.10 总结了不同双磷空位结构之间相互转化的势垒。可以看出，即使对于最稳定的双磷空位缺陷，其势垒也仅在 0.44～1.83 eV，预示着这些缺陷极高的迁移率。据此估计，它们的实验观测仅仅能够在 70 K 左右的低温下观测到，此时这些空位的跃迁时间达到秒量级，从而实现了稳定的微观成像。

除了前述内在缺陷，外在的缺陷如吸附的 $O_2$ 和 $H_2O$ 等在决定二维材料（特别是黑磷）的结构稳定上起着关键作用。实验显示，黑磷在剥离后 30 min 内会发生氧化降解[14]。Favron 等揭示了黑磷降解是光辅助并与 $H_2O$ 中溶解氧的反应过程[15]。因此，要设计对黑磷的保护策略以促进其各方面的应用，需要对黑磷、光、$O_2$ 和 $H_2O$ 之间的相互作用有深入理解。Ziletti 等[16]提出了一个非常有意思的单重态-三重态转变辅助的 $O_2$ 分子分解过程。如果吸附的 $O_2$ 分子不经历这一转变过程，其分解势垒将高达 5.61 eV［图 2.11（a）的左半部分］。然而，当 $O_2$ 分子的自旋态通过系统间的交叉从三重态转变成单重态，它在桥位的化学吸附仅需要克服 0.54 eV 的势垒，同时吸附后能量降低 0.13 eV。接下来，由化学吸附的 $O_2$ 分子形成悬挂的氧键的分解过程势垒仅为 0.15 eV。悬挂的氧原子穿透到晶格中促进了黑磷的降解。另外，悬挂的氧使黑磷高度亲水，并且提供了进一步与水发生反应的活性位点。激发这一关键的单重态-三重态转变可以由外部能量提供，如热能或者光能。通过比较导带最小值和 $O_2$ 及 $O_2$ 离子的氧化还原势的位置，Zhou 等[17]揭示了薄层黑磷的导带最小值高于 $O_2$ 及 $O_2$ 离子的氧化还原势，因此周围环境的光照可以非常容易地通过电荷转移过程产生 $O_2$ 离子。$O_2$ 离子的影响是双重的：首先，它和黑磷的结合能几乎是中性 $O_2$ 结合能的五倍（0.92 eV vs. 0.19 eV），从而使得薄层黑磷被更多的 $O_2$ 离子覆盖。其次，单重态的 $O_2$ 离子的分解势垒进一步从中性分子的 0.56 eV 降低到 0.40 eV。两种因素共同作用加速了 $O_2$ 分子的分解过程，形成悬挂氧原子，而悬挂氧原子和水的有效作用促进了黑磷的降解。基于第一性原理的分子动力学（molecular dynamics，MD）模拟［图 2.11（b）］发现，对于部分氧化的黑磷，通过悬挂氧原子和水分子中的氢原子形成的氢键可以较容易地打破 P—P 键。与其形成对比，完全氧化的黑磷可以作为保护层，有效地缓解降解过程。因此，黑磷中的各种缺陷与 $O_2$ 可形成有效的相互作用，可以进一步加快氧化率[18, 19]。为了在实验上验证这些提议的降解机制，需要采用表面敏感的谱学技术在排除体结构部分的影响下，进一步区分不同降解阶段下黑磷表面的不同外在点缺陷。不同于黑磷的易氧化性，具有类似结构的Ⅳ-Ⅵ复合物（GeS、GeSe、SnS 和 SnSe）中 $O_2$ 分子分解势垒高两倍以上。同时，水分子的参与几乎不改变整个氧化过程的势垒。与黑磷中具有孤立电子对的 P—P 键相比，这些化合物主要由极化共价键组成，从而表现出出众的抗氧化性能[20]。

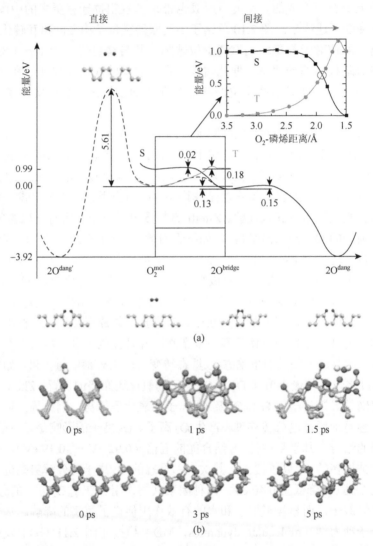

图2.11　（a）黑磷表面氧气分子直接和非直接的分解过程示意图[16]；（b）第一性原理分子动
　　　　力学模拟水分子在部分氧化（上）和完全氧化（下）黑磷单层的快照图[17]

$O^{dang'}$、$O^{dang}$ 表示悬挂氧原子吸附，$O_2^{mol}$ 表示分子氧吸附，$O^{bridge}$ 表示桥位吸附；实线和虚线代表了固定和改变总
　　　磁化强度的势能表面；黑线和红线表示单重态和三重态的势能面，它们的交叉显示于内插图中

# 2.3　边界与界面

## 2.3.1　石墨烯、六方氮化硼及其界面内异质结

化学气相沉积方法生长的样品一个重要的特点就是它们具有非常丰富的外部形貌，这些多样的形貌主要是由边界来决定。在平衡情况下，边缘能量通过 Wulff 构建法决定晶粒形状；在非平衡生长情况下，边缘动力学也定义了最终的动力学形状。此外，边缘能对平面内界面和材料的脆性撕裂也非常重要。细致研究边缘的行为是进一步解释实验现象并最终实现控制生长的关键。

由于石墨烯相对简单的单元素组成，它是一个非常好的原型研究体系。一条任意的石墨烯边界可以由它的倾斜角 $\chi$ 定义，由于石墨烯的对称性，$\chi$ 的取值范围在 $0°\sim30°$，其中 $0°$ 和 $30°$ 分别对应锯齿形和扶手形边界。虽然一条任意的边界有相当随机的边界原子分布，人们可以推导出它的能量 $\gamma(\chi)$ 随角度 $\chi$ 变化的较简单的解析形式[21]：

$$\gamma(\chi) = 2\gamma_A \sin(\chi) + 2\gamma_Z \sin(30° - \chi) = |\gamma|\cos(\chi + C) \qquad (2.3.1)$$

这一紧致的表达形式是通过把边界能量分解为扶手形（A）和锯齿形（Z）不同片段［式（2.3.1）的第一个等号］得到的。这一等式的成立是通过比较任意手性（角度）的混合边界［图 2.12（c）］和扶手形［图 2.12（a）］及锯齿形边界［图 2.12（b）］的电子密度分布的异同来实现的。可以看到，扶手形边界的碳原子形成了三重键，锯齿形边界的碳原子主要是悬挂键，而混合边界则可以看成两种边界原子的组合。通过分析任意边界与扶手形及锯齿形的集合关系，可以得到上述简单的三角函数关系式。这一关系式已经被不同精度的计算所证实，并可以推广到边界悬挂键被不同的元素饱和的情况，此时，边界能量必须进行修正，以考虑把 $N$ 个饱和原子从具有化学势 $\mu$ 的原子储存库中提取出来的能量消耗，因此，边界能变成

$$\gamma(\chi) = (\sqrt{3}\gamma_A - 2\gamma_Z)\sin(\chi - 30°) + (\gamma_A - 2\mu/\sqrt{3})\cos(\chi - 30°) = |\gamma'|\cos(\chi + C')$$
$$(2.3.2)$$

参数 $C'$ 称为"化学相"，它抓住了最本质的物理，并解释了边界不同化学环境下的影响。特别地，当边界悬挂键由催化金属饱和时，该模型代表了碳纳米管（carbon nanotube，CNT）或石墨烯生长情况[22]，更细致的生长模型讨论见第 9 章。利用不同的饱和元素来调控化学势可能是除结构匹配以外另一种有效控制石墨烯形状及碳纳米管手性的办法。利用式（2.3.2）可以很方便地得到石墨烯的 Wulff 构建形状，而且该能量表达式可以被推广到其他二维材料，如六方氮化硼或者 BN|C 界面结构甚至 $MoS_2$ 等。

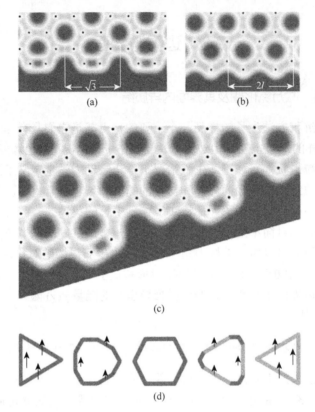

图 2.12   扶手形（a）和锯齿形（b）边界显著不同的电子密度分布特性：扶手形边界相邻碳原子形成三重键；锯齿形每个边界原子具有悬挂键；这些特性在任意角度的边界中仍然保留，如图 2.12（c）的电子密度分布所示，电子密度分布图中蓝色和红色分别代表零和最高值；（d）BN 点阵中石墨烯内嵌物的平衡形状，从左到右分别为具有 N 富余的锯齿形边界的三角形、N 富余的纳米九边形、具有扶手形边界的六边形、B 富余的纳米九边形和 B 富余的锯齿形边界的三角形，对应的化学势分别为–0.86 eV、0.42 eV、0.85 eV、1.55 eV 和 2.69 eV，不同的颜色标记不同的界面组成：红色是 ZB|C，紫色是 A|C，而蓝色是 ZN|C，箭头的长度正比于磁矩的大小；（a）～（c）来自参考文献[21]，（d）来自参考文献[23]

不同于石墨烯，二元氮化硼不具有反演对称性（inversion symmetry），利用传统办法很难直接定义边缘能：从锯齿型纳米带（nanoribbon）的总能量中减去等量完美二维形式的能量只能得到相反的 B 富余边缘和 N 富余边缘（分别称为 ZB 和 ZN）能量的总和。充分利用晶格内在对称性，可以发现三角形的 BN 纳米片拥有全同的 ZB 或者 ZN 边界[23]。在这种三角形模型基础上，忽略三角形顶点对能量的贡献，可以推出如下边界形成能的表达式：

$$(E_{BT} - N_{BN}\mu_{BN} - L\mu_B)/3L = \gamma_{ZB} = \gamma_{ZB}^0 - \mu_B$$
$$(E_{NT} - N_{BN}\mu_{BN} - L\mu_N)/3L = \gamma_{ZN} = \gamma_{ZN}^0 - \mu_N$$

（2.3.3）

其中，$E_{BT}$、$E_{NT}$、$N_{BN}$ 和 $L$ 分别为 ZB 取向三角形总能量、ZN 取向三角形总能量、三角形中成对的 BN 对数和三角形的边长；$\mu_{BN}$、$\mu_B$ 和 $\mu_N$ 分别为完整六方氮化硼、B 和 N 的化学势。可以看出，现在体系能量是依赖于化学势的，为了联系 $\mu_B$ 和 $\mu_N$，一般采用热动力学平衡近似，即假设 $\mu_{BN} = \mu_B + \mu_N$。在满足这一条件下，六方氮化硼能够稳定存在，而不会分离成单质 B 或者 N。可以看出，在选定化学势下，三角形 BN 片的总能量将正比于体系的边长 $L$，而其斜率等于 ZB 或者 ZN 的边界能。而一般条件下的边界能，$\gamma_{ZB}$ 和 $\gamma_{ZN}$，可以直接由式（2.3.3）给出[23]。

在得到扶手形边界（$\gamma_A$，可通过简单的纳米带办法得到）和锯齿形边界能量以后，在特定化学势条件下任意边界的能量可以通过与推导式（2.3.1）和式（2.3.2）同样的方式得到。这样就可以直接利用 Wulff 构建法直接预测 BN 的热动力学平衡形状。显著不同于单元素的石墨烯，BN 及 BN|C 平面内异质结（heterostructure）的形状依赖于化学势，如下面所述。

为了得到杂化的 BN|C 系统的界面能随角度的关系 $\Gamma(\chi)$，可以采用和上述获得边界能类似的办法。更有效的办法是，可以充分利用已知的边界能，然后减去未饱和边界之间的结合能 $E_{BN-C}$。其中，结合能定义为具有未饱和边界的分离纳米片的能量减去键合后形成的界面系统的能量。这样，界面能 $\Gamma(\chi)$ 可以表达如下[23]：

$$\Gamma_{BN-C} = \gamma_{BN} + \gamma_C - E_{BN-C} \qquad (2.3.4)$$

由于 $E_{BN-C}$ 不依赖于化学势，$\Gamma(\chi)$ 和 $\gamma_{BN}$ 具有相同的化学依赖性。基于式（2.3.4）的 Wulff 构建揭示了 BN 点阵内含石墨烯（或石墨烯点阵）随着化学势变化非平凡的形貌变化。当环境从 N 富余变成 B 富余以后，界面系统的形状从具有 N 富余的锯齿形边界的三角形，到 N 富余的纳米九边形，到具有扶手形边界的六边形，到 B 富余的纳米九边形，最后到 B 富余的锯齿形边界的三角形［图 2.12（d）］。形状的变化与杂化体系磁学性质密切相关，相关讨论详见第 5 章。

## 2.3.2　过渡金属硫族化合物的边界及相界面

TMDCs 的边界有着多种特殊的性质，使得其在电学、磁学、光学和催化上都有着重要的应用潜力[24-27]。TMDCs 三原子层的结构使得它们的边界可以具有不同的硫族元素覆盖率。图 2.13（a）显示了 $MoS_2$ 中 Mo 取向和 S 取向边界分别具有 0%、50% 和 100% 不同覆盖率情况下的稳定结构。与体结构差别较大的结构中，Mo-50% 中的 S 分别和邻近两个 Mo 成键，形成四元环，而 S-50% 中的硫空位以上下层交替出现。S-0% 最外层 Mo 原子由于无额外 S 原子作用，倾向于二聚化。与前面 BN 中类似，Schweiger 等[28]计算了 $MoS_2$ 不同边界随化学势的变化情况，并第一次展示其 Wulff 构建形状。假设三角形 $MoS_2$ 边界每条边上的 Mo 原子数目为 $n$，则体系总的形成能可以表示成

$$E(n, \mu_S) = E_{MoS_x} - n_{Mo}^{tot} E_{MoS_2}^{ref} - \mu_S n_S \qquad (2.3.5)$$

其中，$E_{MoS_x}$ 和 $E_{MoS_2}^{ref}$ 分别为三角形 $MoS_2$ 纳米片的能量和 $MoS_2$ 单元的化学势；$n_{Mo}^{tot}$ 和 $n_S$ 分别为体系总的 Mo 原子数和体系多余的 S 原子数，即

$$n_S = n_S^{tot} - 2n_{Mo}^{tot} \qquad (2.3.6)$$

显然，$n_S$ 将依赖于体系的大小 $n$。如果假设体系的边缘能为 $\gamma(\mu_S)$，则每增加一个表面单元 $dn$，其增加的形成能为

$$dE(n, \mu_S) = \gamma(\mu_S) dn \qquad (2.3.7)$$

另外，体系总的形成能可以表示为边界能和顶点能量 $[\varepsilon(\mu_S)]$ 之和

$$E(n, \mu_S) = 3(n-1)\gamma(\mu_S) + 3\varepsilon(\mu_S) \qquad (2.3.8)$$

结合式（2.3.5）和式（2.3.8）可以得到任何特定化学势（如 $\mu_S = 0$）条件下边界能 $\gamma(\mu_S = 0) = \gamma_0$ 和顶点能 $\varepsilon(\mu_S = 0) = \varepsilon_0$。

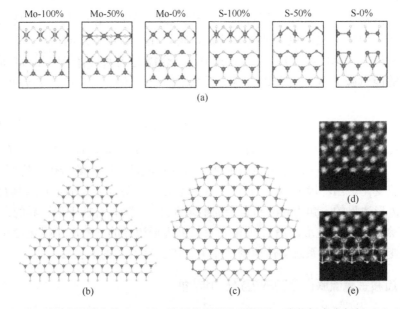

图 2.13 （a）不同硫覆盖率的 Mo 和 S 边界的侧视和顶视图；硫化氢合成气氛（b）及加氢脱硫工作条件（c）下 $MoS_2$ 纳米片的平衡形状；紫色和黄色分别代表 Mo 和 S 原子，橙色和红色代表边缘上层和下层硫原子；CVD 样品中观察到的 0%硫覆盖率的 Mo 边界（d）和硫缺失后重构的 Mo 边界（e）；在（e）中，在重构边界最外层的硫原子是单硫而非双硫；（a）～（c）来自参考文献[22]，（d）和（e）来自参考文献[11]

从式（2.3.5）、式（2.3.7）和式（2.3.8）中，还可以得到

$$E(n+1, \mu_S) - E(n, \mu_S) = 3\gamma(\mu_S)$$

$$\gamma(\mu_S) = \gamma_0 - \mu_S \Delta n_S$$

$$\Delta n_S = [n_S(n+1) - n_S(n)] / 3 \qquad (2.3.9)$$

可以证明，虽然 $n_S$ 依赖于体系大小 $n$，但是 $\Delta n_S$ 是一个只依赖于边界结构，不依赖于 $n$ 的数。与六方氮化硼不同的是，由于边界形貌的多种多样，$\Delta n_S$ 也可以获得不同的值。从而式（2.3.9）给出了不同边界形成能随化学势的变化情况。利用这些能量关系，可以得到不同条件下 $MoS_2$ 的 Wulff 构建。通过改变不同的环境条件，可以有效地改变 $MoS_2$ 纳米颗粒的形状。在典型的 $H_2S$ 生长 $MoS_2$ 或加氢脱硫反应条件下，纳米颗粒分别呈现三角形和截角三角形形状［图 2.13（b）和（c）］。这些热动力学稳定的纳米岛的 Mo 边界为 100%或者 50%的硫覆盖。

不同的是，在非平衡的 CVD 样品中存在热动力学上更不稳定的 0%硫覆盖率的 Mo 边界［图 2.13（d）］[11]。此外，观察到的另一种边界是硫缺失的重构 Mo 边界［图 2.13（e）］，这一边界可以通过在 Mo-0%边界上每一个 $S_2$ 位置引入一个硫空位实现。因此，边界的最外两行 Mo 原子之间的相互作用显著增强，从而引起很强的边界重构——最外层的 Mo 原子向内移动，从而沿边界形成四元环。这种硫缺失的 Mo 边界很可能代表着生长过程中的一种过渡态，进一步的硫供应可以使其转变成常规的 Mo-0%边界。

如前所述，TMDCs 存在的 2H、1T 和 1T′等多种不同（亚）稳定相使得其可以在不同相之间发生相变。而相变的发生必然伴随着不同相之间的界面产生。这种界面本质还是由同一种化学配比材料形成，因此也被称为电子异质结[29]。相比于 BN|C 的界面来说，相界面的异质组成使得其界面结构、成核及界面迁移过程更加复杂。Zhao 和 Ding[30]详细研究了 2H 相 $MoS_2$ 中形成最稳定的亚稳态 1T′相的热动力学和动力学过程。由于 $MoS_2$ 的异质组成，需要细致考虑以下三个方面：①不同取向形成的不同界面结构；②不同的硫覆盖率（或硫空位）引起的对界面结构的影响；③化学势引起的界面能的变化。针对第①个问题，以 1T′相的不同边界取向为标准，2H-1T′界面被分成以下三种情况：ZZ-S、ZZ-Mo 和 AC，分别代表 S 终止的 1T′相的锯齿形方向、Mo 终止的 1T′相的锯齿形方向和扶手形方向的界面。针对第②个问题，根据三种界面处硫的富余和缺失情况，可以区分两种不同边界，分别命名为|+ 和|−。这样的组合共形成六种边界，如图 2.14（a）～（f）所示。值得注意的是，这里缺失的硫只引入在 2H 相内，实际情况中可能出现其他可能性。针对第③个问题，类似于确定 BN 和 $MoS_2$ 的边界或者 BN|C 的界面的做法，Zhao 等通过计算 2H 相基体中不同大小三角形的 1T′相确定了相界面在特定化学势条件下的能量。1T′相三角形的成核区域能量包含三个部分：为常数的三角形顶角能量（$\varepsilon_v$）、正比于边长的三个界面能量（$\gamma_b$）和正比于面积的体能量（$\delta$）。由于第一项和第二项对应的结构 Mo：S 可能不是理想情况的 1：2 配比，因此其能量可能依赖于化学势。总的形成能可以表示成

$$G_f = 3\varepsilon_v(\mu_S) + 3l\gamma_b(\mu_S) + \frac{\sqrt{3}}{4}l^2\delta \qquad (2.3.10)$$

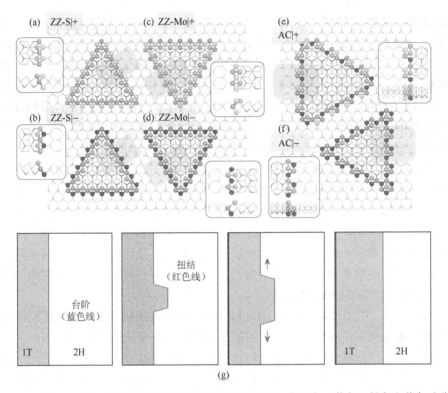

图 2.14　（a）～（f）六种 2H 和 1T 相 $MoS_2$ 的界面结构，蓝绿色、黄色、粉色和紫色球分别代表 Mo 原子、2H 相 S 原子、1T 相上层 S 原子和 1T 相下层 S 原子，内插图显示的是长方形阴影部分原子结构的顶视和侧视图；（g）1T 和 2H 相界面可重复性传播的示意图[30]

　　为了更准确地得到界面能，可以采用非线性的拟合，以准确描述各项贡献。通过拟合式（2.3.10），可以得到特定化学势下不同边界的能量，进一步根据其对应的与化学势的斜率依赖（类似于 $MoS_2$ 边界中的推导）可以确定不同边界随化学势的变化关系。通过计算发现，ZZ-Mo|−、ZZ-S|+ 和 ZZ-Mo|+ 分别是从硫不足到硫富余情况下三种最稳定的结构。随后，可以依据 Wulff 构建得到随化学势变化的 1T′成核的形状变化。在实验容易实现的化学势范围中，ZZ-Mo|−和 ZZ-S|+ 是最值得关注的两种边界。

　　除了上述稳定状态下的界面稳定性外，确定 1T′相的成核过程，需要对成核动力进一步分析。由于 1T′相能量比 2H 相高 0.55 eV，只有通过电荷转移或者化学掺杂可以实现 1T′的稳定。在忽略具体的细节时，可以引入可调的化学势 $\Delta\mu$ 作为驱动相变的参数。$\Delta\mu$ 可定义为转变了一个单位 1T′相所获得的能量收益，则 1T′相的形成能可以定义为

$$G_{\mathrm{f}} = E + \Delta m \times \mu_{\mathrm{S}} - E_{2\mathrm{H}} - N_{1\mathrm{T}}\Delta\mu \qquad (2.3.11)$$

其中，$E$ 和 $E_{2H}$ 分别为包含和不包含 1T′区域的 2H 单层能量；$\Delta m$ 和 $N_{1T}$ 分别为形成 1T′相过程中界面丢失的硫原子数和形成的 1T′的总单元数。从 $G_f$ 随 $N_{1T}$ 变化曲线中得到的最大值即为体系成核势垒。而从热力学能量的结构可知，$\Delta \mu$ 需要大于 0.55 eV 才使得 1T′相和 2H 相的能量可以竞争。实际上，当 $\Delta \mu$ 小于 0.72 eV 时，ZZ-Mo|– 和 ZZ-S|+ 的成核势垒都高于 10 eV，说明在这些情况下 1T′相的成核几乎不可能实现。计算结果显示，当 $\Delta \mu$ 足够大时，两种边界的成核势垒收敛于约 4 eV。这一势垒仍然显著大于室温能提供的动力，实际的相转变过程可能需要缺陷等的辅助。

前述讨论解决了 1T′相初始成核动力及形成长大以后的稳定形状问题，但并没有涉及长大过程的界面动力学问题。界面作为一种线缺陷，它的迁移需要经历双扭结（double kink）成核及扭结相互分离过程 [图 2.14（g）]。扭结的相互分离是通过硫原子从 2H 相中 $S_2$ 位置向六元环中间移动来实现的。该过程在 AC 界面并不涉及显著的结构扭曲，因此所有的迁移势垒都小于 0.5 eV，说明 AC 的迁移速度非常快。与之相反的是，ZZ 边界硫的移动将产生新的锯齿形 Mo-Mo 链，引起显著的结构重构和能量增加。具体的分析显示，$\Delta \mu$ 为 0.5 eV 时，ZZ-Mo|–、ZZ-S|+ 和 ZZ-Mo|+ 对应的扭结成核势垒分别为 4.05 eV、3.79 eV 和 2.68 eV。得到了不同边界扭结的成核势垒，就可以得到其对应的边界跃迁速率，基于这些速率，可以得到 2H-1T′相界面的动力学生长和收缩形状变化。1T′相生长的动力学形状由生长速度最慢的 ZZ-Mo|– 和 ZZ-S|+ 决定，因此在硫不足和硫富余的情况下，分别形成 ZZ-Mo|– 和 ZZ-S|+ 边的三角形；而 1T′相收缩的动力学形状由生长速度最快的 AC 决定，最后形成六边形。如果特定的 ZZ 边界生长速度足够快，则边界将逐渐变成圆形。Zhao 等的工作对进一步研究各种缺陷对界面形成和迁移的影响及寻找稳定金属性 1T（1T′）相具有很强的借鉴意义。

## 2.4　拓　扑　缺　陷

CVD 过程中复杂的晶粒成核、生长和融合使得大尺度样品不可避免地成为多晶的，由许多具有不同晶格取向的单晶组成。晶格取向的改变通常伴随着拓扑缺陷的出现。之所以称为拓扑缺陷，是因为它们由拓扑不变量来表述，与其他缺陷显著不同的是，该拓扑不变量不随局域结构转变而变化。在相关的二维材料中，有三种不同的拓扑缺陷——向错（disclination）、位错（dislocation）和晶界（grain boundary）。Yazyev 讲述了这三种缺陷的组成和构建[31]。由于石墨烯特殊的蜂窝结构，这三种缺陷都不会改变其本征的三重成键的 $sp^2$ 特性，从而较好地保持了 π 键系统。

（1）向错是通过在完美的二维材料中加入或者移除一片楔形材料而形成的。

楔形材料对应的楔形角 $s$ 是向错的拓扑不变量。对于特殊的 60°楔形情况，正（$s=+60°$）和负（$s=-60°$）向错核结构分别为蜂窝结构中包含的五边形和七边形。由于破坏了石墨烯的六元环网络，独立的五边形和七边形向错引入显著结构形变，分别形成锥形和薯片形的非平面结构[32]，因此不可能单独地存在于样品中。

（2）由于二维材料的层状特性，只有刃型位错才有意义。按照传统三维材料中的定义，刃型位错是由加入或者移除半无限平面的材料形成。对于二维材料，则是加入或者移除半无限条线材料，它们也等价于由一对正和负的向错形成，它的拓扑不变量是伯格斯矢量（Burgers vector）$b$。在六角的蜂窝结构中，共享边界的五七元环（称为 C5|7）具有最小的 $b=(1, 0)$，而分离的五七元环将形成 $b=(1, 1)$ 的位错。由于位错的应力能正比于伯格斯模量的平方 $|b|^2$，石墨烯中的位错主要是 C5|7。

（3）晶界由一列位错组成，是不同取向晶粒接触形成的界面结构。它的拓扑不变量是倾斜角，$\theta = \theta_L + \theta_R$（0°<$\theta$<60°）。倾斜角、位错密度和伯格斯矢量的关系由弗兰克（Frank）方程决定，倾斜角越大，位错密度越大，等价地，相邻位错的距离就越小。

虽然晶界的倾斜角一般由非平衡的生长过程决定，但在一定的倾斜角下，晶界的形成能决定其热动力学平衡时的结构，从而决定最终的界面结构形式。利用包括第一性原理计算和经验势等不同的计算方法，人们已经研究了对称性晶界能随着倾斜角的变化关系。由于二维的石墨烯可以在第三个方向发生扭曲，Yazyev 分两种情况进行分析[33]。首先，如果衬底和石墨烯的结合非常强，则可以假设晶界被限制在一个平面内。在这种情况下，晶界能（填充图标）随角度关系可以由适用于三维体材料的里德-肖克利（Read-Shockley）方程［图 2.15（a）中实线］描述。由于石墨烯的 $C_3$ 对称性，$\theta$ 为 0°或者 60°对应于完整石墨烯。接近于 0°或者 60°则形成两个等价的小倾斜角区域（在这两个区域相邻位错之间的距离大于伯格斯矢量的长度）。此区域中，随着倾斜角的减小（接近完整石墨烯），位错之间的距离增加。而对于中间倾斜角的晶界，相邻位错之间的距离和伯格斯矢量可以比拟（大角度晶界）。特别地，在这个区域，两种晶界（$\theta = 21.8°$ 和 32.3°）能量特别稳定。细致分析它们的结构发现，它们的位错紧密排列，分别具有压缩和拉伸应力的五元环和七元环相邻排列，极大地降低了晶界中的平面内应力，从而显著地减少了材料的褶皱，并降低了晶界的形成能。与前一情况不同的是，当衬底和石墨烯的相互作用非常弱时，石墨烯则可以通过平面外方向的扭曲有效地释放体系的平面内应力能来降低拓扑缺陷的形成能。大角度晶界由于五七元环应力场的有效相消基本保持了平面的结构，而小角度晶界则发生了显著的扭曲。图 2.15（b）形象地显示了不同的衬底和石墨烯间的范德瓦耳斯相互作用强度对晶界褶皱强度的影响[32]。平面外方向的扭曲的另一个重要意义在于它使得独立位错的形成能收敛。利用小角度极限下晶界能和倾斜角之间的线性关系，第一性原理

和经验势给出单个 C5|7 的形成能分别为 7.5 eV 和 5.0 eV。该能量和前面所述的石墨烯中多种点缺陷形成能（5～8 eV）非常接近。

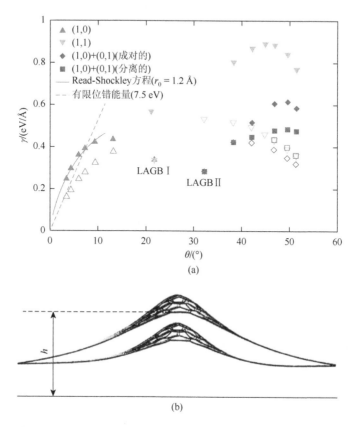

(a)

(b)

图 2.15　（a）全平（填充图标）和弯曲（空心图标）的晶界结构单位长度晶界能与倾斜角的关系；稳定的两种大角度晶界分别标记为 LAGB Ⅰ 和 LAGB Ⅱ，实线为 Read-Shockley 方程拟合结果，虚线为弯曲的小角度晶界的渐进线性依赖[33]；（b）两种相互作用强度，4V 和 V（V 为单位面积上相互作用强度），引起的不同弯曲高度[32]

在多晶石墨烯中，多项研究显示它们对材料的多种性质有着重要影响，包括力学[34-36]、电子输运[37]、磁性[38,39]和热输运性质[40,41]。

由于石墨烯和六方氮化硼有相同的蜂窝晶格，六方氮化硼中最小的位错和石墨烯中的 5|7 具有相同的拓扑结构，见图 2.16（a）[42]。然而，六方氮化硼的异质组成使得这些 5|7 富余硼或者氮，形成了 B—B 键或者 N—N 键，从而可以命名为 B5|7 或者 N5|7。形成的同质键带来额外的化学能。另外，由四八元环组成的位错虽然只含有异质键，但其伯格斯矢量为（1,1），从而带来更大的应力能。化学能和应力能的细致平衡决定了哪种位错在能量上是最优的。通过比较具有相同

幅度的伯格斯矢量的位错的能量发现，4|8 在能量上比一对 5|7 更占优势，这和三维体材料中大的位错总是倾向于分裂成更小的位错完全不同。六方氮化硼中大位错的稳定主要来源于二维晶格在垂直于平面方向上的褶皱，从而有效释放了应力能。

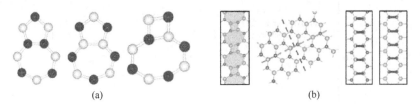

图 2.16　（a）六方氮化硼中位错的结构模型，N5|7、B5|7 和 4|8。蓝色球代表 N 原子，粉色球代表 B 原子；（b）一片完美的氮化硼晶格可以被看成是两个晶粒分别沿着扶手形或者锯齿形方向无缝连接而成；把两个晶粒沿着扶手形或者锯齿形方向旋转移开将分别形成对称性的 A-型晶界或者反对称的 Z-型晶界；左和右：最稳定的 Z-型晶界和 A-型 60°晶界[42]

与石墨烯相比，六方氮化硼的异质组成使得必须把等分晶界依据其镜面对称性分成两类。对称性和反对称性的晶界可以通过把两个晶粒分别沿扶手（armchair）形和锯齿（zigzag）形方向旋转而得到，因此分别命名为 A-型晶界和 Z-型晶界。对称的 A-型晶界可以由 B5|7 或者 N5|7 来构建，而反对称的 Z-型晶界则由等数量的 B5|7 和 N5|7 或者仅有 4|8 位错组成。由 4|8 组成的 Z-型晶界比 5|7 晶界更加稳定，特别是在大倾斜角的情况下，主要是由于此时四元环和八元环紧密堆积，从而有效释放了应力能。在理论预测不久以后，实验通过超高分辨率的透射电子谱[43]和扫描隧道显微镜（STM）[44]观测到了 B5|7、N5|7 和 4|8 晶界。

与石墨烯相比，二维过渡金属硫族化合物更复杂的三原子层结构和异质组成使得对它们位错结构的确认更有挑战性。结合位错理论和第一性原理计算，Zou 等[45]首先预测了位错的结构和它们丰富的变化。以 $MoS_2$ 为例，最小的位错与石墨烯中位错有类似的五七元环的拓扑结构，但延展成三维凹的结构。与六方氮化硼情况类似，异质组成使得最小位错分为两类：一种包含 Mo—Mo 键，另一种包含两个 S—S 键，可以分别称为 Mo5|7 和 S5|7，如图 2.17（a）所示。进一步，由于二维材料的开放性和硫族元素之间可以拥有较灵活的配位数，作为应力中心的位错和多种点缺陷可以有效地相互作用，从而产生一系列衍生的位错核。图 2.17（a）显示了六种由位错-点电荷相互作用产生的衍生位错核。它们相对于基本的 Mo5|7 和 S5|7 的能量与硫化学势（$\mu_S$）的关系显示，所有的衍生位错核都可以在一定的硫化学势范围内稳定。其中最有特点的由六八元环（6|8）和四六元环（4|6）组成的位错在石墨烯和六方氮化硼中并不存在。随后，多个独立的实验组利用扫描透射电子谱观测到了大部分位错结构[11, 46, 47]。

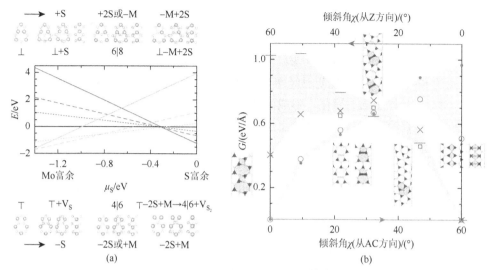

图 2.17 （a）MoS$_2$ 中的多种位错，大小球分别代表 Mo 和 S 原子；上图和下图：由基本 Mo5|7 或 S5|7 和不同点缺陷相互作用得到的衍生位错核，对应的反应分别标在上方和下方；中图：衍生位错核相对于 Mo5|7（蓝线）或者 S5|7（橙线）的能量与硫化学势的关系；斜率绝对值为 1、2 和 4 的点线、虚线和实线分别对应上图和下图从左到右的三个结构；（b）A-型晶界和 Z-型晶界能量随倾斜角 $\chi$ 的关系图；晶界结构显示在数据点附近的内插图中；阴影线区域显示的是结构重构引起的能量变化范围；空心和实心圆圈分别代表由 5|7 和 4|6 + 6|8 组成的 A-型晶界，而横线、叉形和空心方框分别代表由 5|7、4|8 和 4|6 + 6|8 组成的 Z-型晶界[45]

　　与六方氮化硼情况类似，过渡金属硫族化合物中二等分的晶界也可以分成镜面对称性的 A-型晶界和反对称 Z-型晶界。不同于点缺陷的形成能可以被直接用来比较热动力学上的倾向性，晶界的稳定性只可以在相同的倾斜角（拓扑不变量）下进行。从生长的角度来说，倾斜角是在非平衡的生长历史中所决定的，一旦不同晶粒融合以后，结构重构只能在不改变倾斜角的情况下局域性地发生，以形成特定的晶界。这些局域重构发生的可能性可以由在特定倾斜角下不同晶界的能量差来决定。图 2.17（b）显示小角度和大角度晶界表现出完全不同的行为：对小角度晶界，不同结构能量上差别非常小，从而由不同位错组成的晶界出现的概率相差无几；而对大角度晶界，显著的能量差别说明仅有一些特定结构的晶格可以在 CVD 样品中占主导性地出现，如由一排菱形组成的 A-型晶界和有一列 4|8 组成的 Z-型晶界。

　　由于 A-型 60°晶界的特殊性，Zou 和 Yakobson[48] 以 WS$_2$ 为例进一步系统地研究了多样的结构变化。由于 WS$_2$ 的异质组成，需要对 W 取向和 S 取向的晶界分开考虑。60°晶界可以设想为不同的晶粒相互融合，其生长前端无缝连接形成。以 W-0% 和 S-100% 为起始边界，则会形成图 2.18（a）和（b）中的 SS 和 WW 边界。通过在这两种起始边界中依次引入一排 W 空位或者 2S（如图中虚线框所示）可以形成完整的一系列 A-型 60°晶界。对硫取向晶界而言，SS 先转变成一排 2S 为中心的菱形组成的 S-rhomb，随后为 SS-shifted，最后转变为 W 原子连接的两个 S-100%边界形成的 SWS 晶界结构。而 SWS 中再移除一排桥位的 W 原子则恢复到起始的 SS 结构，从而说明已经得到一套完整的结构演化。SWS 有两种重构方式：一种是 W 原子的二聚化，形成两个五元环和一个八元环交替的 S-558 结构；另一种是通过一边 S-100%边界的上层硫原子向八元环空位移动半个晶格长度，形成 v 形臂章结构（S-sh.ch.）。S-sh.ch.可以看成由两个 2H 晶粒中夹着一条 1T′纳米带形成。类似地，对钨取向晶界，WW 先转变成一排 W 为中心的菱形组成的 W-rhomb，随后为 WW-shifted，最后转变为 2S 连接的两个 W-0%边界形成的 WSW 晶界结构，而 WSW 中再移除一排桥位的 2S 原子则恢复到起始的 WW 结构。与 SWS 类似，WSW 也可以发生两种重构：一种是 2S 原子的二聚化，形成略有扭曲的两个五元环和一个八元环交替的 W-558 结构；另一种是桥位 2S 原子中上层 S 原子往八元环正中移动，形成 W-rhomb′结构。此外，W-rhomb 结构也可以发生进一步重构，

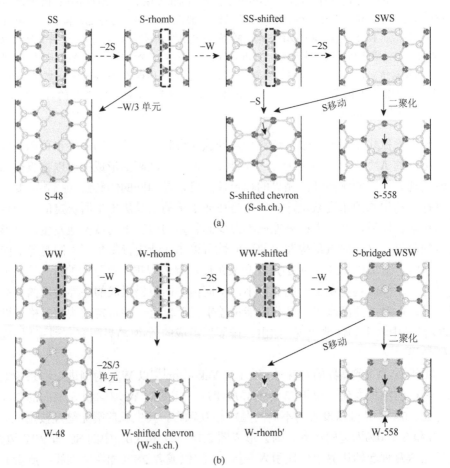

(a)

(b)

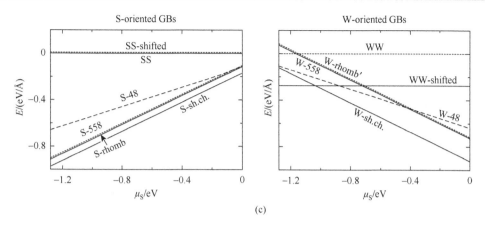

图 2.18　硫取向（a）和钨取向（b）的 60°晶界结构；除特别说明，面板之间的虚箭头上方标示了沿晶格方向每单位原胞的结构变化，移除的原子由虚线框表示，而实线箭头表示了重构；面板内的小箭头表示原子移动方向；黑色球、大白色球和小白色球分别代表 W、下层 S 和上层 S 原子；（c）不同晶界能随着硫化学势的变化，SS 和 WW 晶界能为硫取向和钨取向晶界的参考[48]

其一排菱形一边 2S 原子的上层原子往六元环中心移动，形成类似 1T′的结构，命名为 W-sh.ch.。最后，可以在 60°晶界中引入八元环，从而形成一排 4|8 组成的结构。

　　晶界是一种特殊的界面，所以这些结构的绝对能量可以通过与 BN|C 或者 2H|1T 界面类似的办法，通过构建一系列的三角形晶畴来得到。人们只关心 60°晶界下最稳定的结构，因此只要得到多种晶界结构的相对能量即可。图 2.18（c）显示了硫取向和钨取向不同晶界相对于 SS 和 WW 结构的相对能量随着硫化学势的变化规律。对硫取向晶界来说，S-558 和实验中观察到的一排菱形组成的 S-rhomb 能量非常接近，而 S-sh.ch.比 S-rhomb 低 0.06 eV/Å。实验中，WSe$_2$ 在利用电子束轰击下可以形成 558 结构，而 S-sh.ch.至今仍未被观察到。对于钨取向晶界，除了在 W 富余情况下，WW-shifted 能量占优。W-sh.ch.在大部分化学势范围内能量显著低于其他结构。一个有意思的结果是，钨取向的晶界至今仍没有实验上的直接证据。

　　而对于黑磷来说，其位错结构也出现对应的不同扭曲，特别地，P5|7 可以出现多种扭曲组合方式[12]，如图 2.19 中 26.8°、110°和 149°等晶界结构。值得注意的是，71.1°晶界由两个不同的对角方向连接而成，不含任何非六元环结构，因此成为能量随倾斜角变化图上的一个局域最小值。由于黑磷中很软的 P—P 键，这些晶界的形成能显著低于石墨烯、六方氮化硼和过渡金属硫族化合物中的晶界能，最大的能量小于 0.15 eV/Å。

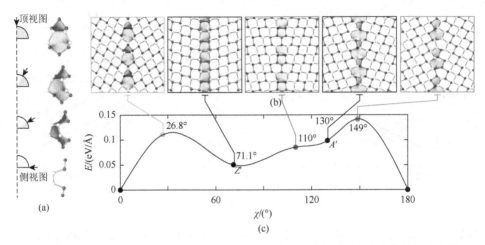

图 2.19 （a）单层黑磷中伯格斯矢量为（0，1）的基本位错在不同方向上的结构示意图；
（b）不同倾斜角下晶界结构图；（c）晶界能随着倾斜角的变化关系[12]

## 参 考 文 献

[1]  Komsa H P，Krasheninnikov A V. Two-dimensional transition metal dichalcogenide alloys: stability and electronic properties. J Phys Chem Lett，2012，3：3652-3656.

[2]  Duerloo K A N，Li Y，Reed E J. Structural phase transitions in two-dimensional Mo-and W-dichalcogenide monolayers. Nat Commun，2014，5：4214.

[3]  Bertolazzi S，Brivio J，Kis A. Stretching and breaking of ultrathin $MoS_2$. ACS Nano，2011，5：9703-9709.

[4]  Duerloo K A N，Reed E J. Structural phase transitions by design in monolayer alloys. ACS Nano，2016，10：289-297.

[5]  Champion J A. Some properties of (Mo, W)(Se, Te)$_2$. Brit J Appl Phys，1965，16：1035-1037.

[6]  Li Y，Duerloo K A，Wauson K，et al. Structural semiconductor-to-semimetal phase transition in two-dimensional materials induced by electrostatic gating. Nat Commun，2016，7：10671.

[7]  Wang Y，Xiao J，Zhu H，et al. Observation of electrostatic-driven structural phase transition in monolayer $MoTe_2$. Nature，2017，550：487-491.

[8]  Zhou Y，Reed E J. Structural phase stability control of monolayer $MoTe_2$ with adsorbed atoms and molecules. J Phys Chem C，2015，119：21674-21680.

[9]  Lin Y C，Dumcencon D O，Huang Y S，et al. Atomic mechanism of the semiconducting-to-metallic phase transition in single-layered $MoS_2$. Nat Nanotechnol，2014，9：391-396.

[10]  Banhart F，Kotakoski J，Krasheninnikov A V. Structural defects in graphene. ACS Nano，2011，5：26-41.

[11]  Zhou W，Zou X L，Najmaei S，et al. Intrinsic structural defects in monolayer molybdenum disulfide. Nano Letters，2013，13：2615-2622.

[12]  Liu Y Y，Xu F B，Zhang Z，et al. Two-dimensional mono-elemental semiconductor with electronically inactive defects: the case of phosphorus. Nano Letters，2014，14：6782-6786.

[13]  Cai Y Q，Ke Q Q，Zhang G，et al. Highly itinerant atomic vacancies in phosphorene. J Am Chem Soc，2016，138：10199-10206.

[14]　Doganov R A，O'Farrell E C T，Koenig S P，et al. Transport properties of pristine few-layer black phosphorus by van der Waals passivation in an inert atmosphere. Nat Commun，2015，6：6647.

[15]　Favron A，Gaufres E，Fossard F，et al. Photooxidation and quantum confinement effects in exfoliated black phosphorus. Nat Mater，2015，14：826-832.

[16]　Ziletti A，Carvalho A，Campbell D K，et al. Oxygen defects in phosphorene. Phys Rev Lett，2015，114：046801.

[17]　Zhou Q H，Chen Q，Tong Y L，et al. Light-induced ambient degradation of few-layer black phosphorus：mechanism and protection. Angew Chem Int Edit，2016，55：11437-11441.

[18]　Kistanov A A，Cai Y Q，Zhou K，et al. The role of $H_2O$ and $O_2$ molecules and phosphorus vacancies in the structure instability of phosphorene. 2D Mater，2016，4：015010.

[19]　Utt K L，Rivero P，Mehboudi M，et al. Intrinsic defects，fluctuations of the local shape，and the photo-oxidation of black phosphorus. ACS Central Sci，2015，1：320-327.

[20]　Guo Y，Zhou S，Bai Y Z，et al. Oxidation resistance of monolayer group-IV monochalcogenides. ACS Appl Mater Inter，2017，9：12013-12020.

[21]　Liu Y Y，Dobrinsky A，Yakobson B I. Graphene edge from armchair to zigzag：the origins of nanotube chirality？Phys Rev Lett，2010，105：235502.

[22]　Zou X L，Yakobson B I. An open canvas-2D materials with defects，disorder，and functionality. Accounts Chem Res，2015，48：73-80.

[23]　Liu Y Y，Bhowmick S，Yakobson B I. BN white graphene with "colorful" edges：the energies and morphology. Nano Lett，2011，11：3113-3116.

[24]　Wang Q H，Kalantar-Zadeh K，Kis A，et al. Electronics and optoelectronics of two-dimensional transition metal dichalcogenides. Nat Nanotechnol，2012，7：699-712.

[25]　Xia F N，Wang H，Xiao D，et al. Two-dimensional material nanophotonics. Nat Photonics，2014，8：899-907.

[26]　Chhowalla M，Shin H S，Eda G，et al. The chemistry of two-dimensional layered transition metal dichalcogenide nanosheets. Nat Chem，2013，5：263-275.

[27]　Xu X D，Yao W，Xiao D，et al. Spin and pseudospins in layered transition metal dichalcogenides. Nat Phys，2014，10：343-350.

[28]　Schweiger H，Raybaud P，Kresse G，et al. Shape and edge sites modifications of $MoS_2$ catalytic nanoparticles induced by working conditions：a theoretical study. J Catal，2002，207：76-87.

[29]　Eda G，Fujita T，Yamaguchi H，et al. Coherent atomic and electronic heterostructures of single-layer $MoS_2$. ACS Nano，2012，6：7311-7317.

[30]　Zhao W，Ding F. Energetics and kinetics of phase transition between a 2H and a 1T $MoS_2$ monolayer—a theoretical study. Nanoscale，2017，9：2301-2309.

[31]　Yazyev O V，Chen Y P. Polycrystalline graphene and other two-dimensional materials. Nat Nanotechnol，2014，9：755-767.

[32]　Liu Y Y，Yakobson B I. Cones，pringles，and grain boundary landscapes in graphene topology. Nano Lett，2010，10：2178-2183.

[33]　Yazyev O V，Louie S G. Topological defects in graphene：dislocations and grain boundaries. Phys Rev B，2010，81：195420.

[34]　Zhang J F，Zhao J J，Lu J P. Intrinsic strength and failure behaviors of graphene grain boundaries. ACS Nano，2012，6：2704-2711.

[35]　Wei N，Fan Z，Xu L Q，et al. Knitted graphene-nanoribbon sheet：a mechanically robust structure. Nanoscale，

2012，4：785-791.

[36] Song Z G，Artyukhov V I，Yakobson B I，et al. Pseudo Hall-Petch strength reduction in polycrystalline graphene. Nano Lett，2013，13：1829-1833.

[37] Yazyev O V，Louie S G. Electronic transport in polycrystalline graphene. Nat Mater，2010，9：806-809.

[38] Kou L Z，Tang C，Guo W L，et al. Tunable magnetism in strained graphene with topological line defect. ACS Nano，2011，5：1012-1017.

[39] Alexandre S S，Lucio A D，Neto A H C，et al. Correlated magnetic states in extended one-dimensional defects in graphene. Nano Lett，2012，12：5097-5102.

[40] Bagri A，Kim S P，Ruoff R S，et al. Thermal transport across twin grain boundaries in polycrystalline graphene from nonequilibrium molecular dynamics simulations. Nano Lett，2011，11：3917-3921.

[41] Fan Z Y，Hirvonen P，Pereira L F C，et al. Bimodal grain-size scaling of thermal transport in polycrystalline graphene from large-scale molecular dynamics simulations. Nano Lett，2017，17：5919-5924.

[42] Liu Y Y，Zou X L，Yakobson B I. Dislocations and grain boundaries in two-dimensional boron nitride. ACS Nano，2012，6：7053-7058.

[43] Gibb A L，Alem N，Chen J H，et al. Atomic resolution imaging of grain boundary defects in monolayer chemical vapor deposition-grown hexagonal boron nitride. J Am Chem Soc，2013，135：6758-6761.

[44] Li Q C，Zou X L，Liu M X，et al. Grain boundary structures and electronic properties of hexagonal boron nitride on Cu（111）. Nano Letters，2015，15：5804-5810.

[45] Zou X L，Liu Y Y，Yakobson B I. Predicting dislocations and grain boundaries in two-dimensional metal-disulfides from the first principles. Nano Lett，2013，13：253-258.

[46] van der Zande A M，Huang P Y，Chenet D A，et al. Grains and grain boundaries in highly crystalline monolayer molybdenum disulphide. Nat Mater，2013，12：554-561.

[47] Najmaei S，Liu Z，Zhou W，et al. Vapour phase growth and grain boundary structure of molybdenum disulphide atomic layers. Nat Mater，2013，12：754-759.

[48] Zou X L，Yakobson B I. Metallic high-angle grain boundaries in monolayer polycrystalline WS$_2$. Small，2015，11：4503-4507.

# 第3章

## 低维材料的力学性质

## 3.1 多种低维材料本征力学性质

### 3.1.1 石墨烯

虽然石墨烯 $C_6$ 对称性的晶格使得其弹性力学性质是各向同性的，但是 Zhao 等[1]利用基于 AIREBO 原子势的分子动力学（MD）模拟计算石墨烯纳米带应力-应变曲线发现，当沿扶手形（ZZ）方向拉伸时，其断裂强度为 107 GPa；而当沿锯齿形（AC）方向拉伸时，其断裂强度仅为 90 GPa。对应地，在 ZZ 和 AC 方向上断裂应变分别为 0.13 和 0.20，而最大的柯西（Cauchy）应力分别为 102 GPa 和 129 GPa。各向异性的断裂行为，首先可以直观地从石墨烯在不同方向应力下的结构取向看出来。如图 3.1（a）所示，当应力沿着 AC 方向时，正好和 A 类键平行；而当应力沿着 ZZ 方向时，和应力方向最靠近的 B 类键与其成 30°角。当石墨烯发生断裂时，这些键将需要达到类似的键伸长长度。显然，应力沿着 AC 方向时，A 类键键长增加的幅度最快；而应力沿着 ZZ 方向时，A 类键与应力方向垂直，此时其键长变化最慢，如图 3.1（b）所示。同时，沿着 ZZ 方向拉伸时，其对应的角度变化比 AC 方向拉伸时显著增大，从而可以更大程度地缓解外加应力。这些结果都说明沿着 ZZ 方向石墨烯具有更大的断裂强度。当化学键基本沿着外加应力施加方向时，适用于均匀形变的柯西-玻恩（Cauchy-Born）守则可以用来定义键长增长率和断裂点时弹性形变的关系：

$$\varepsilon_{bb}(\chi) = 2(\delta l/l)_{bb}[(1-\nu) + (1+\nu)\cos 2\chi]^{-1} \tag{3.1.1}$$

其中，$\varepsilon_{bb}$ 为断裂应变；$(\delta l/l)_{bb}$ 为断裂点时独立键长增长率；$\nu$ 为泊松比；$\chi$ 为手性角，0° 和 30° 分别对应 AC 和 ZZ 两个方向。利用式（3.1.1），可以得到断裂时 AC 和 ZZ 方向的应变比 $\varepsilon_{bb,AC}/\varepsilon_{bb,ZZ}$ 为 0.66，与 MD 模拟结果（0.68）非常接近。

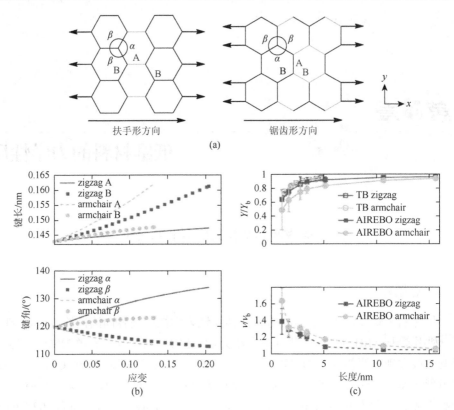

图 3.1 （a）不同取向的石墨烯纳米带在拉应力下的示意图；（b）不同应变下，键长和键角的变化关系；图中 armchair 和 zigzag 代表应力分别沿扶手和锯齿形方向施加，而 A、B、$\alpha$ 和 $\beta$ 由图 3.1（a）标出；（c）归一化的杨氏模量和泊松比随纳米带长度的变化关系；TB 和 AIREBO 分别对应紧束缚和经典分子动力学的结果[1]

在应力较小时，石墨烯纳米片也可以表现出手性依赖的力学性质，特别是弹性性质。图 3.1（c）显示的是近正方形石墨烯纳米片沿 AC 和 ZZ 不同方向拉伸后得到的归一化杨氏模量和泊松比随着纳米片对角方向长度的变化关系。图中的空心数据点来自紧束缚（tight binding, TB）模拟结果。从这些结果中可以看到：①杨氏模量随着尺寸的增加逐渐增加，最后收敛于完美石墨烯的值（1.01 TPa）；而泊松比则逐渐减小，最后收敛于完美石墨烯的值（0.21）。这些尺寸效应类似于一维碳纳米管的情况，但变化更加明显。②MD 模拟显示沿 ZZ 方向杨氏模量比沿 AC 方向更大，而泊松比沿 ZZ 方向更小。然而，紧束缚结果则不能描述这样的各向异性。

石墨烯的各向异性的断裂行为也被更准确的第一性原理模拟所证实。Liu 等[2]利用结合应力-应变曲线和密度泛函微扰理论（DFPT）计算的声子谱，深入地研究了石墨烯的理想强度和声子不稳定型。这一工作的重要性在于，应力-应变曲线一般对应很大的计算体系，模拟的是波矢为（0，0）的弹性波的不稳定情况，虽然可以得到断裂时对应的应变，但是在达到这一峰值应变之前，可能出现非零声子的不稳定性。例如，面心立方的 Al 在 〈110〉、〈100〉 和 〈111〉 等方向单轴压变下，有限波矢的声子不稳定性会在断裂峰值出现之前发生。同时，对声子不稳定时相应声子本征矢的分析对判定脆性还是塑性行为也具有重要的参考意义。

利用第一性原理得到的杨氏模量和泊松比分别为 1.05 GPa 和 0.186，和 AIREBO 势的 MD 结果非常接近。沿 AC 和 ZZ 方向得到的断裂应变分别为 0.194 和 0.266，最大的柯西应变分别为 110 GPa 和 121 GPa。相比于 AIREBO 势，这里得到更高的强度可能与采用的局域密度近似有关。图 3.2（a）显示了当沿 AC 方向施加 0.18 的应变（小于断裂应变）时，所有的声子都是正值。此时，除了弯曲模式发生硬化外，大部分声子，特别是在沿 M-X 方向上的声子，发生显著的软化现象。当施加 0.194 的应变时，从声子能带中可以看到声子的不稳定性发生在 $\Gamma$ 点，具有长波性质 [图 3.2（b）]。当然，为了完全确定这样的不稳定性是弹性的，可以对整个布里渊（Brillouin）区的声子频率进行扫描，发现声子仅在 $\Gamma$ 点附近变成负值，证实了这一结论。在这样的情况下，需要进一步分析不稳定模式的本征矢量，如果声子的极化位移 $w$ 更倾向平行于波矢 $k$，则脆性的微裂缝容易出现；相反，如果声子的极化位移 $w$ 更倾向垂直于波矢 $k$，则可能形成位错环等结构，促进塑性行为。对软膜对应的本征矢 [图 3.2（c）] 分析发现此模式对应于纵波，易引起脆性形变。对沿 ZZ 方向施加应变进行类似的分析发现不稳定性也发生在 $\Gamma$ 点，且声子极化位移 $w$ 也平行于波矢。当然，由于此时 $w$ 和最大负载的键方向成 30°，也存在一定的可能性发生键旋转。

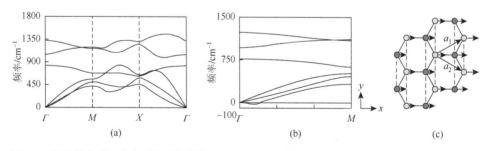

图 3.2　石墨烯在沿 $x$ 方向（扶手）施加 0.18（a）和 0.194（b）的应变情况下的声子色散关系；以及应变为 0.194 时的不稳定声子本征矢（c）[2]

显然，上述的单轴应变情况中并未看到有限 $k$ 点处的软模不稳定性，Marianetti 和 Yevick[3]在对双轴应变的研究中发现了 $K$ 点(1/3, 1/3)处声子发生不稳定性，从而得到更加完整的石墨烯断裂行为图。石墨烯的 $K$ 点不稳定性可以通过以下三个不同角度进行判定：①计算不同双轴应变情况下，石墨烯的声子能谱。当应变达到 0.212 时，$K$ 点声子发生显著软化，并成为负频。②根据群论分析，对于 $C_6$ 对称性的石墨烯可以得到 $K$ 点两个简并的扭曲模式，如图 3.3（a）和（b）所示。这两个模式分别对应了 $C_6$ 群的不可约表示 $A_1$ 和 $B_1$。图 3.3（c）显示的是石墨烯的势能曲面在不同应变状态下随着 $A_1$ 扭曲幅度的变化趋势。势能曲面在无应变时为典型的单势阱结构，随着应变增加，势阱变缓。当达到临界应变时，在 $A_1$ 幅度为零处曲率变成零，从而实现软化。应变进一步增大时，势能曲线变成双势阱结构。利用 $A_1$ 和 $B_1$ 两种模式构建的势能曲面形成"翘曲的墨西哥帽"势，如图 3.3（c）内插图所示。③可以直接通过对比完美石墨烯原胞和图 3.3（a）的单胞结构（K 胞，K-cell）的应力-应变曲线得到。由于原胞的对称性不能直接实现 $A_1$ 的扭曲模式，这样两种原胞的对比非常重要。如图 3.3（d）所示，K 胞的声子不稳定性出现在 0.213 处，此时，体系受力急速降低，并随着应变增加进一步降低。因此，$K$ 点软膜不仅造成了新相的形成，同时直接引起力学断裂。

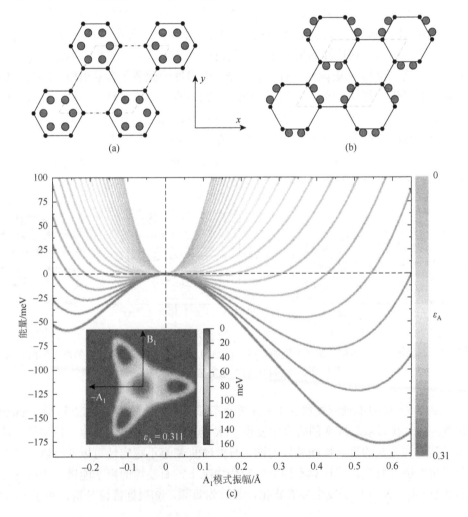

（a）　　　　　　　　　　　　　（b）

（c）

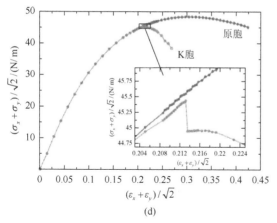
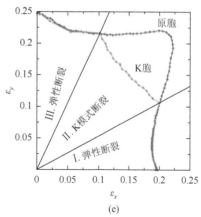

图 3.3　布里渊区 $K$ 点处两种不同的扭曲模式：$A_1$（a）和 $B_1$（b）；（c）石墨烯在不同的双轴应变下，能量随着 $A_1$ 模式振幅的变化关系；内插图显示的是在 0.311 应变下，能量随着 $A_1$ 和 $B_1$ 模式振幅变化的二维图；（d）两种不同表示（原胞和 K 胞）下的应力-应变曲线；（e）原胞和 K 胞情况下，不同方向上施加应变时，最大的稳定应变图[3]

为了形成不同应变情况下的全面认识，Marianetti 等进一步研究了 ZZ 和 AC 方向应变的所有可能组合情况下，最大应变对应的应力，如图 3.3（e）所示。可以明显地看到，石墨烯的力学断裂行为相图可以分成三个部分：在 AC 和 ZZ 附近的近单轴应变区，石墨烯主要通过弹性不稳定性的方式出现断裂，而在中间的第 II 区域，则通过 $K$ 点声子的不稳定发生断裂。这一结果并不依赖于坐标系的具体选择，因此，剪切应变不会带来定性上的变化。

石墨烯力学行为的另一个重要特点是，电子或者空穴掺杂可以进一步提高其力学断裂强度。如果将力学强度和化学键中的电子占据数直接关联，那么对分子体系而言，往成键轨道中添加电子或者从反键轨道中移除电子都将造成成键强度及断裂强度的显著增加。对三维体材料而言，由于化学键数目众多，在典型的掺杂浓度下这一效应将非常微弱。对二维体系而言，这一效应可以显著增强。但依据分子体系的讨论，电子或空穴掺杂会分别增加石墨烯中反键 $\pi^*$ 态或减少成键 $\pi$ 态中电子数目，从而引起强度的减弱。为了理解这一矛盾，Si 等[4]提出了掺杂对 Kohn 异常的抑制作用的机制，成功解释了上述现象。Kohn 异常的发生是当 Fermi 面上两个电子态的波矢 $k$ 和 $k'$ 正好由某个声子波矢 $q$ 连接时，即 $k' = k + q$，该声子模式的频率发生显著降低的现象。对于石墨烯而言，由于其 Fermi 面［狄拉克（Dirac）点］的特点，布里渊区中心 $\Gamma$ 点和边界的 $K$ 点可能发生明显的 Kohn 异常。前人的分析表明，只有 $K$ 点的声子具有显著的效应[5]。Marianetti 等关于石墨烯力学断裂的结果可以从应力角度对 Kohn 异常的增强效应进行解释。Kohn 异常可以表现为声子谱中在异常点（石墨烯为 $K$ 点）附近的尖头形成。图 3.4（a）显示的是

不同应变下 $K$ 点附近的声子色散关系。可以看到，随着应力的增大，尖头变得更深，在异常点处的斜率不连续性也明显增加。显著增强的 Kohn 异常直接导致了最后的力学断裂。掺杂对 Kohn 异常的影响可以采用类似的办法得到。图 3.4（b）显示了随着掺杂浓度的改变，在两个应变状态（0 和 0.149）下 Kohn 异常点处声子频率的相对移动。随着掺杂浓度的增加，两种情况下都发生了声子频率的上移，意味着

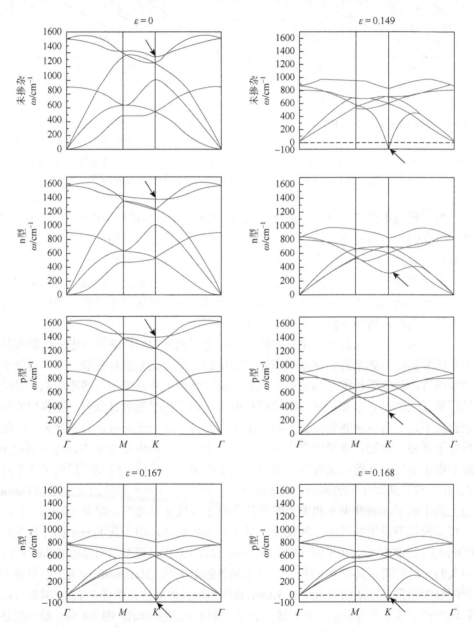

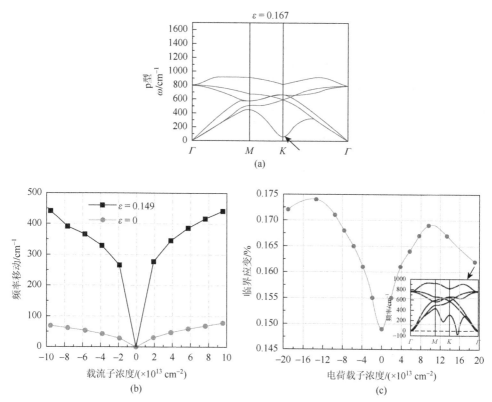

图 3.4　（a）未掺杂、n 型及 p 型掺杂（7.6×10¹³ cm⁻²）石墨烯在不同应变下的声子色散关系；
（b）无应变和 0.149 应变下 $K$ 点软膜的频率移动随着掺杂浓度的变化；（c）不同掺杂浓度下，
临界应变变化图；内插图显示了当 n 型掺杂浓度足够高时，声子色散出现了多个软模[4]

Kohn 异常减弱；重要的是，0.149 应变下的效应显著增强，从而增加了石墨烯的
力学强度。

　　Kohn 异常的减弱可以从 Fermi 面的变化定性理解。当在石墨烯中进行掺杂时，
Fermi 面将离开 Dirac 点，此时，$k' = k + q$ 关系式将不能被满足，从而造成声子频
率的向上移动。大应变下的增强效应可能与其对 Dirac 锥的改变有关，但仍需要
进一步的研究。如前所述，掺杂对力学强度的影响可以直接通过计算一定掺杂条
件下的声子能谱和应力-应变关系得到，且这两种方法都可以得到自洽的结果。声
子不稳定性发生的临界应变随着掺杂浓度的关系显示于图 3.4（c）。电子、空穴和
无掺杂情况下的临界应变分别为 0.169、0.174 和 0.149，电子和空穴掺杂对力学强
度的增强分别为 13.4% 和 16.8%。更高浓度时力学强度的降低和其他 $k$ 点发生的
软化有关，在此不一一赘述。

## 3.1.2　二维过渡金属硫族化合物

　　TMDCs 的力学性质对其在柔性电子和光电子方面的应用至关重要。与石墨烯

的不稳定性研究类似[2]，Li 等[6, 7]研究了单层 $MoS_2$（图 3.5）在不同应力情况下的弹性及声子不稳定性。图 3.5（b）显示的是不同应变条件下得到的应力-应变曲线。对小应变下的线性区进行拟合可以得到双轴下弹性模量为 250 GPa，和实验值能有较好的符合[8, 9]。通过跟踪临界应变附近的声子色散关系，可以得到双轴应变及沿 $y$（扶手形）方向施加应变时，$MoS_2$ 发生的是声子不稳定，而沿 $x$（锯齿形）方向施加应变时则发生弹性不稳定。三种情况下得到的临界应变分别为 0.195（双轴）、0.28（$y$ 单轴）和 0.36（$x$ 单轴）。值得注意的是，这里单轴的结构是在垂直方向未弛豫情况下得到的，当考虑弛豫的影响后，它们的应力-应变曲线发生显著变化，如图 3.5（c）和（d）所示。虽然弛豫对沿 $y$ 方向施加应变的情况，临界应变影响不大（从 0.28 变为 0.256）；对沿 $x$ 方向施加应变的情况，其临界应变从 0.36

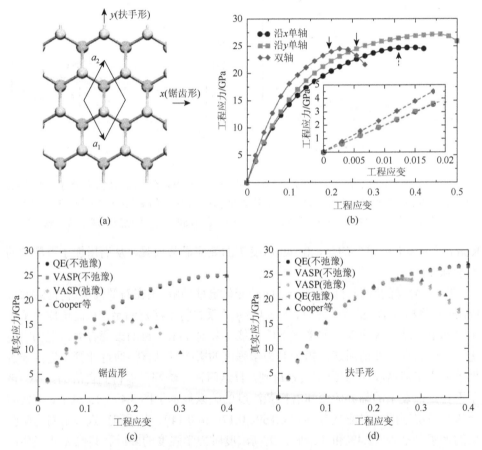

图 3.5    （a）$MoS_2$ 结构的顶视图及其原胞（菱形）和方向定义；（b）不同拉应力与拉应变的关系图；实和虚箭头分别标记声子和弹性不稳定性的发生点；在锯齿形（c）和扶手形（d）方向施加应变时，弛豫（relaxed）和不弛豫（unrelaxed）条件下的应力-应变曲线[6, 7]

降低为 0.18。虽然临界应变发生显著变化，但其稳定性的来源（声子或者弹性）保持不变。与单原子层石墨烯中平面内声子不稳定性不同的是，$MoS_2$ 的声子不稳定性主要来源于平面外声子模式。

### 3.1.3　单层黑磷

与石墨烯和 TMDCs 不同的是，黑磷降低的对称性使其在力学性质上也表现出明显的各向异性。图 3.6（a）和（b）显示了 Kou 等[10]模拟的单层黑磷在锯齿形（ZZ）和扶手形（AC）两个方向上施加 0（浅色）和 0.10（深色）两种压应变下的结构侧视图。沿 ZZ 方向施加压变时，黑磷形成向外弯曲的正弦函数形状；而沿 AC 方向施加应变时，黑磷仍然基本保持平面结构。图 3.6（c）展示了弯曲结构的振幅 $A$ 随着压缩应变的变化关系。沿 ZZ 方向结果可以被拟合成 $A = 220\varepsilon - 10^3\varepsilon^2$，

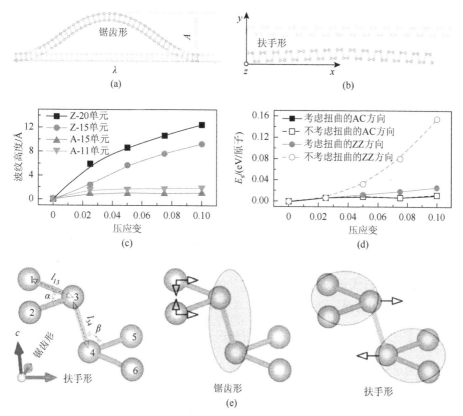

图 3.6　黑磷在锯齿形（a）和扶手形（b）方向不施加应变（阴影）和 0.10 压应变的结构侧视图；波纹扭曲可以由其平面外高度 $A$ 和波长 $\lambda$ 表示；（c）平面外高度在不同大小超胞下随着压应变的变化关系；（d）在考虑和不考虑扭曲情况下，应力能随着压应变的变化关系；（e）黑磷的双铰链模型结构参数（左）及其在不同方向应变（中和右）下的结构响应；阴影部分代表刚性部分，而箭头标示了原子运动方向[10]

而对 AC 方向而言，除了在应变增加的初始阶段存在些许增加，随后几乎保持了一个常数值。减小的体系大小会使 ZZ 方向振幅减小，而 AC 方向振幅增加，但体系的弯曲各向异性仍能很好保留。弯曲的各向异性主要是由不同方向上应力能释放的行为不同而引起的。为了更好地理解应力能在不同方向上的释放行为，可以采用不同的两个模型——原胞和超胞——分别来研究压应力的行为。原胞模型由于不能描述黑磷的弯曲行为，从而可以很好地描述无弯曲情况下键长、键角的变化，以及由此引起的应力能增加。相反，超胞模型则可以很好地描述弯曲对应力能的释放效果。应力能可以定义为

$$E_s = (E_{\text{strained}} - E_{\text{free}}) / n \tag{3.1.2}$$

其中，$E_{\text{strained}}$ 和 $E_{\text{free}}$ 分别为加应变和无应变情况下体系的能量；$n$ 为体系的总原子数。

图 3.6（d）描述了不同模型下沿不同方向上施加应变后体系的应力能随应变的变化关系。可以看到，AC 模型下其应力能随着应变的变化非常缓慢，同时，有无弯曲对应力能的变化影响非常小。与之不同的是，ZZ 模型下其应力能随应变的变化率更加陡峭，特别是无弯曲模型下，应变能显著增加，说明此时成键特性的改变需要消耗更高的能量，而弯曲可以很好地释放大部分应力能。细致的结构分析如图 3.6（e）所示，黑磷结构可以看成是两个铰链结构（1-3-2 和 5-4-6）相互咬合形成，其中铰链结构由键长 $l_{13}$ 和铰链角 $\alpha$（$\angle 132$）描述，而咬合部分由键长 $l_{34}$ 和二面角 $\beta$ 描述。当沿着 ZZ 方向压缩时，咬合部分［图 3.6（e）阴影部分］比较刚硬，这样键长 $l_{34}$ 和二面角 $\beta$ 变化非常小；而铰链部分的键长 $l_{13}$ 和铰链角 $\alpha$ 都显著减小，原子运动方向如图 3.6（e）所示，原子的这些变化会引起显著的应力能。累积的应力能可以通过结构弯曲很好地释放。当沿着 AC 方向压缩时，铰链部分比较刚硬，而由刚性键连接的咬合部分可以发生变化，但由于此时主要对应的是铰链部分的相对移动，对应一定的旋转运动，而键长 $l_{34}$ 和二面角 $\beta$ 变化相对较小，因此应力能的累积也很小，从而不会造成大幅度的弯曲。

黑磷的这些行为可以通过经典薄膜的弹性理论进行描述。对于具有一定厚度为 $t$、长度为 $L$ 的薄膜，两端固定下，弯曲幅度 $A$ 和应变 $\varepsilon$ 的变化关系为

$$\frac{A^2}{vtL} = \sqrt{\frac{16\varepsilon}{3\pi^2(1-v^2)}} \tag{3.1.3}$$

其中，$v$ 为黑磷的泊松比。由于结构的各向异性，黑磷的泊松比随着负载角度 $\theta$（0°和30°分别对应 ZZ 和 AC 方向）存在一定的函数关系：

$$v(\theta) = \frac{v_z \cos^4\theta - k_1 \cos^2\theta \sin^2\theta + v_z \sin^4\theta}{\cos^4\theta - k_2 \cos^2\theta \sin^2\theta + k_3 \sin^4\theta}$$

$$k_1 = [C_{11} + C_{22} - (C_{11}C_{12} - C_{12}^2) / C_{33}] \tag{3.1.4}$$

$$k_2 = [2C_{12} - (C_{11}C_{12} - C_{12}^2) / C_{33}] / C_{22}$$

$$k_3 = C_{11} / C_{22}$$

其中，$\nu_z$ 和 $C_{ij}$ 分别为沿 ZZ 方向的泊松比和应力张量。利用式（3.1.4）可以清楚地显示黑磷中弯曲的各向异性。

### 3.1.4 拉胀（负泊松比）材料

拉胀材料由于具有负泊松比，当在一个方向施加拉应力时，其在侧向方向上发生膨胀，一般伴随着增加的韧性、剪切强度、声学及振动吸收等，因此在包括医药、安全器具、组织工程等多个方向上具有很强的应用潜力。虽然在三维材料中也观察到多种负泊松比材料，但是它们主要是通过功能结构的设计来实现的。其中最典型的一类材料由 Lakes[11]提出。这类结构包含两个相互垂直的铰链的微结构，单在一个方向上拉伸，其中一个铰链角度张开，而另一个铰链则在侧向方向上扩张。通过研究单层黑磷的褶皱结构，Jiang 和 Park[12]发现黑磷的基本结构类似于 Lakes 等提出的双铰链结构。如图 3.7（a）所示，$\theta_{546}$ 和 $\theta_{214}$（或 $\theta_{314}$）可以看成两个相互垂直的铰链，因此，单层黑磷很可能表现出拉胀行为。

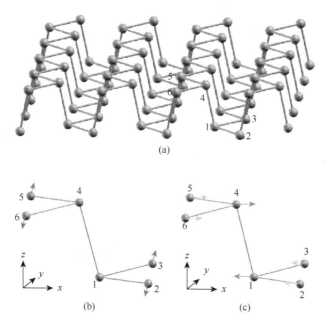

图 3.7 （a）黑磷沿褶皱方向的透视图；当黑磷在 $y$ 方向上被拉伸时，原子沿图 3.7（b）箭头所示方向运动；黑磷将在 $x$ 方向收缩，原子 1 和 4 相互靠近，如图 3.7（c）所示，而其余原子也会发生连带运动[12]

当对黑磷进行垂直（$x$）和沿着褶皱（$y$）方向进行拉伸时，其各向异性的力学行为在平面外方向表现特别突出。通过分析拉压状态和无应力状态下，体系的声子行为变化发现：沿垂直褶皱方向，拉应力和压应力都导致 $z$ 方向声学模（ZA）

和光学模（ZO）频率增加；沿平行褶皱方向，拉应力降低 ZA 和 ZO 模式频率，而压应力增加这两个模式的频率。这一行为可以通过计算不同应力状态下黑磷的应力能关系理解。对于 $x$ 方向应力，应力能可以通过式（3.1.5）进行拟合：

$$E = \frac{29}{2}\varepsilon_x^2 - \frac{110}{6}\varepsilon_x^3 \qquad (3.1.5)$$

其中，立方项表征了大应力下的非线性效应，其带来的平方项的力解释了拉应力和压应力都导致 ZA 和 ZO 模式频率增加。而对于 $y$ 方向应力，应力能表达式为

$$E = \frac{125}{2}\varepsilon_y^2 \qquad (3.1.6)$$

二次型的应力能带来的是线性的力-位移关系，从而使得拉压应力带来 ZA 和 ZO 模式频率的相反移动。

　　力学行为的各向异性也反映在不同应力方向下泊松比的变化。沿 $x$ 方向施加应变时，其非线性的应力能使得其在 $y$ 和 $z$ 方向的应变都发生非线性的变化，可以由式（3.1.7）表达：

$$\varepsilon_{y/z} = -\nu_1\varepsilon_x + \nu_2\varepsilon_x^2 + \nu_3\varepsilon_x^3 \qquad (3.1.7)$$

拟合得到的线性泊松比 $\nu_1$ 在 $y$ 和 $z$ 方向上分别为 0.40 和 0.46。沿 $x$ 方向施加应变时，其二次型的应力能使得 $y$ 方向应变和 $x$ 方向应变呈线性关系，泊松比为 0.93。但是，$z$ 方向上应变随着 $x$ 方向应变同向变化，拟合得到的线性泊松比为–0.027。虽然其在不同的应变下可能发生变化，但是在应变范围–0.05～0.05 内，泊松比都是负数，显示出很强的拉胀行为。负泊松比可以通过跟踪双铰链的局域结构变化进行解释。如图 3.7（b）和（c）所示，当沿 $y$ 方向施加拉应力时，铰链 $\theta_{546}$ 会被打开；而在 $x$ 方向仍表现出正常的泊松效应，此时，原子 1 和 4 会相互靠近，则铰链角 $\theta_{214}$ 会减小（仍然大于 90°），原子 1 和 4 之间键长在 $z$ 方向的投影增加，从而在 $z$ 方向膨胀。由于多种二维材料都具有类似于黑磷的双铰链结构，因此预期负泊松比现象可以在类似材料中观察到，如硼和磷的合金 BP$_5$[13]。

　　在研究了黑磷的负泊松比行为之后，类似的行为在多种二维材料中都被观察到，包括单层石墨烯[14]、石墨烯纳米带[15]和1T 相过渡金属硫族化合物[16]。

　　对于单层石墨烯来说，Jiang 等[14]研究发现，当沿着扶手形（$x$）方向施加应变时，垂直的锯齿形（$y$）方向的应变会先减小后升高，在 $x$ 方向应变为 0.06 达到最低点。对应地，其泊松比会在应变为 0.06 时发生从正到负的转变，如图 3.8（a）所示。这一转变不依赖于体系的大小和温度，与石墨烯的内在两种形变模式相关：键拉伸和角度弯曲，如图 3.8（b）所示。两种模式对应的应力能变化为

$$V_b = \frac{K_b}{2}(b-b_0)^2$$

$$V_\theta = \frac{K_\theta}{2}(\theta-\theta_0)^2 \tag{3.1.8}$$

其中，$b$ 和 $\theta$ 分别为键长和键角；$b_0$ 和 $\theta_0$ 分别为平衡时的键长和键角；$K_b$ 和 $K_\theta$ 分别为对应于键拉伸和角度弯曲的力常数。两种模式的竞争将决定石墨烯的总体行为，当 $V_b \gg V_\theta$ 时，石墨烯的形变将以改变键角为主，称为 PW-I；当 $V_b \ll V_\theta$ 时，石墨烯的形变将以拉伸键长为主，称为 PW-II。可以通过简单的几何关系推导出两种模式下对应的泊松比。如图 3.8（b）所示，体系原胞的大小为

$$L_x = 2\left(b_1 - b_2\cos\frac{\theta_1}{2}\right); \quad L_y = 2b_2\sin\frac{\theta_1}{2} \tag{3.1.9}$$

它们的微分则为

$$\mathrm{d}L_x = 2\left(\mathrm{d}b_1 - \mathrm{d}b_2\cos\frac{\theta_1}{2} - \frac{b_2}{2}\sin\frac{\theta_1}{2}\mathrm{d}\theta_1\right); \quad \mathrm{d}L_y = 2\left(\mathrm{d}b_2\sin\frac{\theta_1}{2} + \frac{b_2}{2}\cos\frac{\theta_1}{2}\mathrm{d}\theta_1\right) \tag{3.1.10}$$

按照定义，泊松比为

$$
\begin{aligned}
\nu &= -\frac{\varepsilon_y}{\varepsilon_x} = -\frac{\dfrac{\mathrm{d}L_y}{L_y}}{\dfrac{\mathrm{d}L_x}{L_x}}\\[2mm]
&= \left(-\frac{b_1 + b_2\cos\dfrac{\theta_1}{2}}{b_2\sin\dfrac{\theta_1}{2}}\right)\left(-\frac{\mathrm{d}b_2\sin\dfrac{\theta_1}{2} + \dfrac{b_2}{2}\sin\dfrac{\theta_1}{2}\mathrm{d}\theta_1}{\mathrm{d}b_1 + \mathrm{d}b_2\cos\dfrac{\theta_1}{2} - \dfrac{b_2}{2}\sin\dfrac{\theta_1}{2}\mathrm{d}\theta_1}\right)
\end{aligned} \tag{3.1.11}
$$

按照 PW-I 和 PW-II 的定义，可以得到其对应的泊松比分别为 1 和 −1/3。

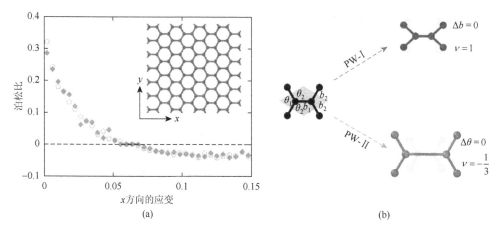

(a)　　　　　　　　　　　　　　　　　　(b)

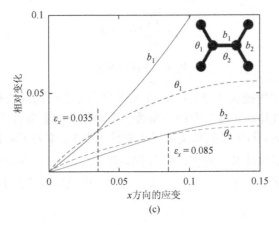

图 3.8　（a）石墨烯泊松比随着应变的变化；（b）拉伸应变下石墨烯的两种形变路径，
PW-I 中 C—C 键长不变，PW-Ⅱ 中键角不变；（c）四个几何参数（内插图）
在应变下的相对变化[14]

　　两种形变模式竞争的定量关系可以通过跟踪形变过程中 $\theta_1$ 和 $b_1$ 及 $\theta_2$ 和 $b_2$ 之间的相对变化关系得到。图 3.8（c）中显示了上述四个参数与 $x$ 方向上应变的关系。当应变小于 0.035 时，$\theta_1$ 变化大于 $b_1$，说明此时石墨烯主要通过 PW-I 方式形变；当应变在 0.035 和 0.085 之间时，$\theta_1$ 变化小于 $b_1$，同时 $\theta_2$ 变化大于 $b_2$，说明此时两种形变模式共同存在，相互竞争；当应变大于 0.085 时，$\theta_1$ 和 $\theta_2$ 变化分别小于 $b_1$ 和 $b_2$，说明此时主要通过 PW-Ⅱ 方式形变。而从 PW-I 到 PW-Ⅱ 方式转变的应变在 0.035～0.085。分别固定键长和固定键角的计算显示，转变发生在应变为 0.06 附近，与分子动力学及分子力场模拟相一致。

　　石墨烯纳米带提供了另一种利用边界效应实现负泊松比的方式。Jiang 和 Park[15]研究发现，纳米带的弯曲对其负泊松比的产生具有至关重要的作用。图 3.9（a）显示了自由的弯曲边界，其弯曲主要是由压缩边缘应力引起的。此弯曲结构的几何形状可以由表面函数来表达：

$$z(x, y) = Ae^{-y/l_c}\sin(\pi x/\lambda) \qquad (3.1.12)$$

其中，$\lambda$ 为弯曲的波长，即 $\lambda = L/n$，$L$ 和 $n$ 分别为纳米带的长度和弯曲数目；$A$ 和 $l_c$ 分别为弯曲幅度和穿透深度。通过对（$x$ 方向）长度为 195.96 Å、不同宽度的纳米带的计算发现，其泊松比随着应变发生从负到正的转变，如图 3.9（b）所示。图中从下到上分别对应从窄到宽的纳米带。内插图中对宽度为 29.51 Å 纳米带的 $\varepsilon_y$-$\varepsilon_x$ 关系清楚地显示了泊松比的转变发生在临界应变 $\varepsilon_c = 0.005$ 附近。在临界应变处，纳米带弯曲的幅度变为零，结构上发生从三维弯曲构型到二维平面构型的转变。如果追踪弯曲峰和谷两个原子的 $z$ 坐标随着应力的变化，其函数关系可以表达为

$$z = \pm b_0 \sin[\theta_0 (1 - \varepsilon/\varepsilon_c)] \quad (\varepsilon < \varepsilon_c) \tag{3.1.13}$$

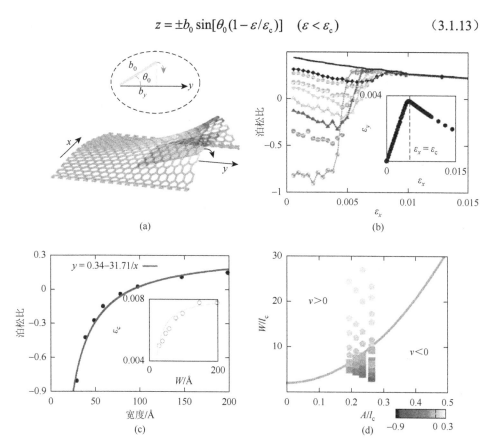

图 3.9 （a）石墨烯纳米带弯曲结构示意图；$x$ 方向为周期性方向，$y$ 方向为自由边界，由于存在边缘应力而形成褶皱；虚线圈内为褶皱的倾斜板模型；（b）不同宽度纳米带的泊松比随着应变变化的关系；纳米带宽度从图中底部到顶部逐渐增大，内插图是宽度为 29.51 Å 纳米带的 $\varepsilon_x$-$\varepsilon_y$ 关系；（c）宽度依赖的泊松比；内插图为不同宽度纳米带发生泊松比变号的临界应变；（d）泊松比在 $W/l_c$ 和 $A/l_c$ 参数空间中的相图[15]

由于泊松比的应力依赖性，为了描述其随宽度的变化，可以将在 $[0, \varepsilon_c]$ 的泊松比做线性平均，得到的泊松比与宽度依赖关系显示于图 3.9（c）中。而临界应变 $\varepsilon_c$ 随宽度的变化关系列于内插图中，其函数形式可以拟合为

$$\varepsilon_c = 0.0082 - 0.092/W \tag{3.1.14}$$

由于纳米带 $y$ 方向两个边界的弯曲方向正好相反，当纳米带变得越来越小，两个边界的相互作用则越来越强，从而使得临界应变更小。式（3.1.14）中 0.0082 可以看成是当 $W \to \infty$ 时，一个孤立弯曲边界的临界值。石墨烯纳米带的泊松比贡献可以分成体结构部分 $\nu_0$ 和两个边缘区域 $\nu_e$ 贡献。边缘区域的大小可以由穿透深度 $l_c$ 描述。依据图 3.9（c）中纳米带泊松比与宽度的关系，可以将其表示为

$$\nu = \nu_0 - \frac{2l_c}{W}(\nu_0 - \nu_e) \quad (3.1.15)$$

与图 3.9（c）中泊松比随宽度变化函数的拟合关系 $\nu = 0.34 - 31.71/W$ 对比，可以得到石墨烯的泊松比 $\nu_0 = 0.34$（和前人结果一致），而边缘贡献 $\nu_e = -0.51$。这一结果一方面表明，石墨烯纳米带的负泊松比效应非常强；另一方面，负泊松比效应的转变宽度和临界应变分别为 10 nm 和 0.005，使得在实验中有可能被观察到。

石墨烯纳米带的负泊松比现象可以由倾斜板模型得到。如图 3.9（a）所示，边缘的弯曲由灰色倾斜板简化替代，当 $x$ 方向应变增加时，倾斜板的倾斜角 $\chi$ 逐渐减小，伴随着其沿 $y$ 轴投影的逐步增加。根据前面关于弯曲峰谷处原子 $z$ 坐标的关系 $z = \pm b_0 \sin[\chi_0(1 - \varepsilon/\varepsilon_c)]$ 可以得到 $b_0 = z_0/\sin\chi_0$，很好地描述了这一过程的几何变化。从这一式子中可以看出倾斜角随应变的变化关系为

$$\chi = \chi_0(1 - \varepsilon/\varepsilon_c) \quad (3.1.16)$$

对应地，可以得到当 $x$ 方向的应变为 $\varepsilon$，其 $y$ 方向的应变和泊松比分别为

$$\varepsilon_y = \frac{\cos\chi - \cos\chi_0}{\cos\chi_0} \approx \frac{\chi_0^2}{\varepsilon_c}\varepsilon$$

$$\nu_e = -\frac{\varepsilon_y}{\varepsilon_x} = -\frac{\chi_0^2}{\varepsilon_c} \quad (3.1.17)$$

同时，从描述弯曲的表面函数可以近似定义弯曲面上任意一点处的倾斜角为

$$\phi(x,y) = \tan^{-1}\left(\frac{\partial w}{\partial y}\right) \approx \frac{A}{l_c}e^{-y/l_c}\sin(\pi x/\lambda) \quad (3.1.18)$$

利用式（3.1.18）可以得到弯曲平面的平均倾斜角为

$$\bar{\phi} = \frac{1}{\lambda l_c}\int_0^\lambda dx \int_0^{l_c} dy\phi(x,y) = \frac{A}{l_c}\frac{2}{\pi}\left(1 - \frac{1}{e}\right) \quad (3.1.19)$$

利用 195.96 Å×199.22 Å 的模型拟合参数，可以得到 $\bar{\phi} = 0.106$。以此值作为起始倾斜角 $\chi_0$，可以得到边缘的泊松比 $\nu_e = -1.37$，与模拟结果 $-1.51$ 非常接近。

利用式（3.1.15）、式（3.1.17）和式（3.1.19），可以得到纳米带泊松比的一般性表达式：

$$\nu = \nu_0 - \frac{2}{\tilde{W}}\left(\nu_0 + \frac{1}{\varepsilon_c}\tilde{A}^2 C_0^2\right) \quad (3.1.20)$$

$$C_0 = \frac{2}{\pi}\left(1 - \frac{1}{e}\right); \quad \tilde{W} = \frac{W}{l_c}; \quad \tilde{A} = \frac{A}{l_c}$$

其中，$\tilde{W}$ 和 $\tilde{A}$ 分别为体和边缘相关的量，分别引起泊松比向正和负值移动，两者的相互竞争决定了最后的泊松比。由此，还可以得到发生转变时 $\tilde{W}$ 和 $\tilde{A}$ 的关系：

$$\tilde{W} = 2 + \frac{2}{\nu_0}\frac{C_0^2}{\varepsilon_c}\tilde{A}^2 \quad (3.1.21)$$

该关系以实线显示于图 3.9（d）的 $\tilde{W}$ 和 $\tilde{A}$ 相图中，该相图对描述由石墨烯纳米带的几何结构决定其泊松比行为非常方便。

与石墨烯等其他二维材料中负泊松比主要依靠几何效应贡献显著不同，1T 相的 TMDCs 中负泊松比现象则主要是由电子结构效应引起。Yu 等[16]系统研究了 42 种 1T 相 $MX_2$（M 为 d 电子占据数为 0~6 的过渡金属；X 为 S、Se 或者 Te）的泊松比，发现其具有显著的 d 电子占据数依赖性。如图 3.10（a）所示，第 6 族（$d^2$）和第 7 族（$d^3$）金属的 $MX_2$ 泊松比为负数，而其他族金属构成的 $MX_2$ 泊松比为正数。为了理解这一现象，需要对 1T 相 $MX_2$ 的成键行为进行分析。图 3.10（b）显示了高对称型的 1T 相 $MX_2$ 的结构特点，每一个硫族原子 X 位于三个金属原子 M 中心，且∠MXM 为 90°。按照晶体场的分析，八面体配位的过渡金属的 d 轨道分成两组，即 $d_{xy,yz,zx}(t_{2g})$ 和 $d_{x^2-y^2,z^2}(e_g)$。$MX_2$ 中的成键主要通过 $t_{2g}$ 轨道之间的耦合，以及耦合 $t_{2g}$ 轨道和硫族元素的 p 轨道相互作用形成。

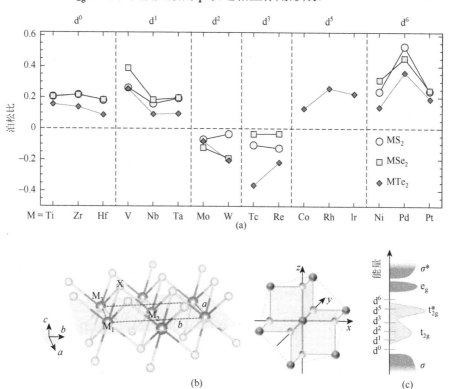

图 3.10　（a）不同过渡金属硫族化合物的泊松比；（b）1T 相 $MX_2$ 的晶体结构（左）和以金属 M 为中心的八面体局域结构；（c）态密度的示意图显示了当元素从第 4 族（$d^0$）到第 10 族（$d^6$）（除第 8 族）变化过程中 d 轨道的逐渐填充[16]

首先，$t_{2g}$ 轨道之间的耦合形成了成键和反键轨道，由于耦合较弱，两种轨道之间没有间隙，如图 3.10（c）所示，而不同体系的费米面位置依赖于金属原子的 d 电子数目。$t_{2g}$ 态主要存在于 M—X 的成键和反键轨道形成的带隙中间。第 4 族（$d^0$）到第 10 族（$d^6$）金属原子的 d 电子逐步填充 $t_{2g}$ 轨道，从而决定 $MX_2$ 中 M—M 的成键或者反键特性。对于 $d^1$ 到 $d^3$ 金属，电子主要填充于成键态，因此 M—M 键随电子数增多而增强。金属之间的距离也会逐渐减小，从而发生扭曲。对于 $d^5$ 和 $d^6$ 金属，多余的电子填充于反键态，因此 M—M 键减弱，金属之间倾向于互相排斥。d 电子占据不同轨道引起的 $t_{2g}$ 轨道耦合强度变化，最直接地反映在 $\angle MXM$ 的变化上。当 M 为 $d^0$ 金属时，由于 $t_{2g}$ 轨道未被占据，$\angle MXM$ 偏离 90°最小；当 M 为 $d^1$ 到 $d^3$ 金属时，金属之间的强吸引作用使得 $\angle MXM$ 为锐角，并且随着 d 电子数增加而减小；当 M 为 $d^5$ 和 $d^6$ 金属时，金属之间的排斥作用使得 $\angle MXM$ 为钝角。

其次，耦合 $t_{2g}$ 轨道和硫族元素的 p 轨道相互作用强度随着 d 电子数增加而显著增加。这可以从高对称型的 1T 相 $MS_2$ 的 $t_{2g}$ 和硫 3p 局域态密度看出。从 $d^0$ 到 $d^6$ 金属，$t_{2g}$ 和 3p 态之间的峰形相似，并且交叠越来越多，清晰地显示了 $t_{2g}$-p 轨道的吸引相互作用。对于 $d^1$ 到 $d^3$ 金属，$t_{2g}$ 轨道的成键特性，结合 $t_{2g}$-p 轨道耦合，倾向于将 X 吸引至 M—M 键中心；对于 $d^5$ 和 $d^6$ 金属，$t_{2g}$ 轨道的反键特性，结合 $t_{2g}$-p 轨道耦合，倾向于将 X 吸引至金属 M 附近。这些 d 电子数依赖的化学键耦合特性对 $MX_2$ 的形变行为产生决定性的作用。

如图 3.11 所示，当沿着 a 轴（$M_1$-$M_3$）方向施加应变时，体系的形变可以由 $M_2$ 和 X 原子在 Q-X-M 平面内移动完整表达。可以将这一过程分为三个步骤：①原子 X 沿着 Q-X 方向弛豫；②原子 X 绕着 $M_1$-$M_3$ 轴转动；③原子 $M_2$ 沿着 Q-$M_2$ 方向弛豫。通过对上面的结构扭曲分析，可知相比于 M—M 键，M—X 键要强得多，因此可以假设其在形变过程中键长保持不变。对 $\angle QXM_2 < 90°$ 和 $\angle QXM_2 > 90°$ 两种情况分析可以发现，在经过前两步反应弛豫以后：① $d_{M_1M_2}$、$d_{M_2M_3}$、$\angle M_1XM_2$ 和 $\angle M_3XM_2$ 在两种情况下都增加。②当 $\angle QXM_2 < 90°$ 时，$\angle XQM_2$ 增加；而 $\angle QXM_2 > 90°$ 时，$\angle XQM_2$ 减小。因此，这些键长和角度的变化引起的应力能，需要在第三步弛豫过程中（部分）释放。

对于 $d^2$ 和 $d^3$ 金属，很强的 $t_{2g}$-p 轨道耦合说明大量的应力能由 $\angle XQM_2$ 增加引起。为了释放该能量，需要通过在 b 增加的方向上弛豫 $M_2$ 原子，导致负泊松比。对于 $d^0$ 和 $d^1$ 金属，弱的金属间 $t_{2g}$ 轨道耦合和 $t_{2g}$-p 轨道耦合说明 $d_{M_1M_2}$、$d_{M_2M_3}$ 和 $\angle XQM_2$ 引起的应力能较少。第三步的弛豫主要需要抵消 $\angle M_1XM_2$ 和 $\angle M_3XM_2$ 增加引起的能量，这可以通过在 b 减少的方向上弛豫 $M_2$ 原子实现，对应正泊松比情况。对于 $d^5$ 和 $d^6$ 金属，虽然其 $t_{2g}$-p 轨道耦合很强，但是相互作用主要和 M—X 键方向一致（而 $d^2$ 和 $d^3$ 金属中，此耦合在多个金属 M 中心较强），

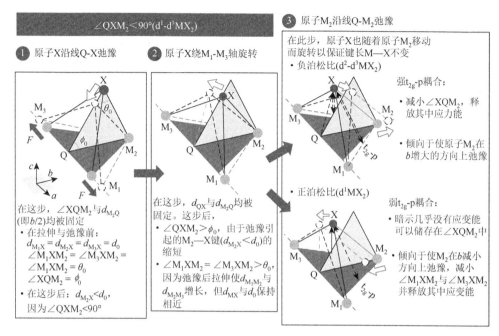

图 3.11 $d^1$-$d^3$ $MX_2$ 的形变机制[16]

应变施加于 $a$ 方向,实线和虚线的 M—X 键分别代表每一个步骤的初始和最终态;虚线箭头代表了 $t_{2g}$-p 轨道作用的方向,而空心箭头表示在 Q-X-M 平面内最终 X 和 $M_2$ 原子的移动;类似的过程可以分析 $d^5$-$d^6$ $MX_2$ 的形变机制

因此 $\angle XQM_2$ 应力能贡献较小。结合弱的金属间 $t_{2g}$ 轨道耦合,则 $d^5$、$d^6$ 金属和 $d^0$、$d^1$ 情况类似,需要通过正泊松比效应降低应力能。

### 3.1.5 石墨烯断裂行为

不同于由大量原子构成的体材料,纳米材料中有限的原子数使得很多宏观现象在微观尺度下发生重要改变,对应的宏观理论在微观下不再成立。力学性质上一个类似的有趣问题是石墨烯断裂的经典格里菲斯(Griffith)理论在什么尺度下不适用[17]。如图 3.12(a)中计算石墨烯理想强度的模型所示,当外加负载沿着 $x$ 方向,可以定义其与锯齿形(ZZ)方向的夹角为 $\theta$。当 $\theta = 0°$ 时,断裂的是扶手形(AC)边界,但是关键的 A1、A2 等键与负载方向成 30°;当 $\theta = 30°$ 时,断裂的是 ZZ 边界,关键的 Z1、Z2 等键恰好与负载方向垂直。如果假设独立的 C—C 键的断裂强度为 $\sigma_b$,基于前述几何关系,将施加的应力投影到独立的键方向,可以得到断裂 ZZ 和 AC 边界的临界值为

$$\frac{\sigma_b}{\sin(60° + \theta)} \text{(对于ZZ边界)}$$

$$\frac{2\sigma_b}{\cos\theta[\cos(30° + \theta) + \cos(30° - \theta)]} \text{(对于AC边界)}$$

(3.1.22)

Inside image text:

$\angle QXM_2 < 90°(d^1$-$d^3 MX_2)$

① 原子X沿线Q-X弛豫

② 原子X绕线$M_1$-$M_3$轴旋转

③ 原子$M_2$沿线Q-$M_2$弛豫

在此步,原子X也随着原子$M_2$移动而旋转以保证键长M—X不变

• 负泊松比($d^2$-$d^3 MX_2$)

强$t_{2g}$-p耦合:
• 减小$\angle XQM_2$,释放其中应力能
• 倾向于使原子$M_2$在$b$增大的方向上弛豫

• 正泊松比($d^1 MX_2$)

弱$t_{2g}$-p耦合:
• 暗示几乎没有应变能可以储存在$\angle XQM_2$中
• 倾向于使$M_2$在$b$减小方向上弛豫,减小$\angle M_1XM_2$与$\angle M_3XM_2$并释放其中应变能

在这步,$\angle XQM_2$与$d_{M_2Q}$(即$b/2$)均被固定
• 在拉伸与弛豫前:
$d_{M_1X} = d_{M_2X} = d_{M_3X} = d_0$
$\angle M_1XM_2 = \angle M_3XM_2 = \angle M_1XM_2 = \theta_0$
$\angle XQM_2 = \phi_0$
• 在这步后:$d_{M_2X} < d_0$,因为$\angle XQM_2 < 90°$

在这步,$d_{QX}$与$d_{M_2Q}$均被固定。这步后,
• $\angle XQM_2 > \phi_0$,由于弛豫引起的$M_2$—X键($d_{M_2X} < d_0$)的缩短
• $\angle M_1XM_2 = \angle M_3XM_2 > \theta_0$,因为弛豫后拉伸使$d_{M_1M_2}$与$d_{M_2M_3}$增长,但$d_{MX}$与$d_0$保持相近

这些表达式虽然忽略了非线性效应，但是在石墨烯、h-BN、MoS$_2$ 和氟化碳（CF）等多个二维体系中能很好地描述方向依赖的强度，如图 3.12（b）所示。石墨烯的断裂强度的另一个重要特点是 ZZ 边界需要的临界应力显著小于 AC 边界的临界值，如图 3.12（c）所示。主要的原因在于施加的负载可以很有效地投影到 ZZ 方向的 C—C 键上。

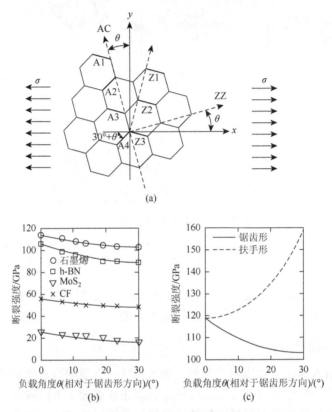

图 3.12    （a）相对于石墨烯晶格施加于不同方向的负载（$x$ 方向）及关键化学键的示意图；（b）不同二维材料的断裂强度随着负载方向的变化关系，其中符号代表 DFT 计算结果，实线代表式（3.1.22）的结果；（c）沿扶手和锯齿形方向的断裂强度随着负载方向的变化关系[17]

经典 Griffith 理论和原子尺度模拟发生偏离主要是当在石墨烯中引入纳米尺度的裂缝小到一定尺度。不同取向的裂缝可以由手性矢量 $C_h = na_1 + ma_2$ 表示，依据图 3.12（a）中的定义，裂缝相对于扶手形（AC）的方向恰好也是 $\theta$。图 3.13（a）的空心点显示了五个不同角度 [对应的 $C_h$ 为（1，1）、（5，8）、（2，5）、（2，11）和（1，0）]的裂纹的长度对断裂强度影响的 MD 模拟结果。实线显示的是经典 Griffith 理论，其临界断裂应力可以表示为

$$\sigma_{\mathrm{f}} = \frac{1}{F(\phi)}\sqrt{\frac{E\Gamma}{\pi a}} \tag{3.1.23}$$

其中，$E$ 和 $\Gamma$ 分别为杨氏模量和表观断裂阻力。对于脆性材料，$\Gamma$ 也可以为边界能（二维材料）。而 $F(\phi)$ 为几何因子：

$$F(\phi) = (1 - 0.025\phi^2 + 0.06\phi^4)\sqrt{\sec\left(\frac{\pi\phi}{2}\right)}; \quad \phi = \frac{W}{2a} \tag{3.1.24}$$

其中，$W$ 为模拟的带的宽度；$2a$ 为中心裂缝的长度。根据式（3.1.24），通过调整 $\Gamma$ 得到的拟合结果以虚线列于图 3.13（a）中。对比可以发现，当裂缝足够长时，MD 模拟和 Griffith 理论吻合得非常好；当裂缝长度小于图中箭头所标的值时，Griffith 理论则显著偏离 MD 模拟结果。如果允许误差在 15%，则该图显示 Griffith 理论将在裂缝长度小于 10 nm 左右失效。这两种方法得到的边界能可以分别记为 $\Gamma_{\mathrm{G}}$ 和 $\Gamma_{\mathrm{MD}}$，并且列于图 3.13（b）中。综合前述结果，可以看出以下几点：① $\Gamma_{\mathrm{G}}$ 和 $\Gamma_{\mathrm{MD}}$

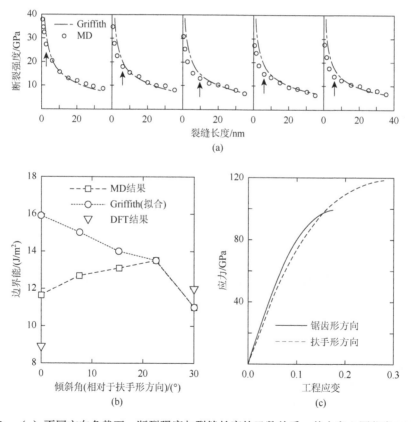

图 3.13　（a）不同方向负载下，断裂强度与裂缝长度的函数关系，其中空心圆代表 MD 模拟结果，实线代表式（3.1.23）结果；（b）Griffith 理论得到的表观断裂阻力 $\Gamma_{\mathrm{G}}$ 和 MD 得到的边界能 $\Gamma_{\mathrm{MD}}$ 与倾斜角的关系；（c）无裂缝石墨烯沿扶手和锯齿形方向的应力-应变曲线[17]

都显示出很强的方向依赖性，ZZ 方向上最小。②$\Gamma_G$ 和 $\Gamma_{MD}$ 存在明显的差别，角度越小，$\Gamma_G$ 显著大于 $\Gamma_{MD}$；当 $\theta = 30°$（对应 ZZ 边界）时，两者的差别基本消失。③虽然 DFT 结果是 AC 方向边界能小，但是与 MD 方法一致，预测断裂主要沿着具有更高能量的 ZZ 方向。不仅 AC 方向断裂强度大，图 3.13（c）中的应力-应变曲线显示 AC 方向断裂应变也显著大于 ZZ 方向。这些显著的差别暗示，断裂过程主要由裂缝前端的键断裂而非总体的能量平衡决定。

这一结果进一步被对包含不同取向裂缝的石墨烯断裂行为的 MD 模拟所证实。不论裂缝的初始角度是什么取向，断裂总是沿着 ZZ 方向进行。而由初始非 ZZ 方向朝 ZZ 方向转变需要由更大的应力能释放来驱动，这就说明了图 3.13（b）中 $\Gamma_G$ 显著大于 $\Gamma_{MD}$ 的原因。从这里可以看出，$\Gamma_G$ 可以由裂缝全段的原子键断裂决定，而 ZZ 方向临界应力最小，从而说明其的确是占优的断裂方向。Griffith 理论在 10 nm 以上的适用性可以通过对比英格里斯（Inglis）断裂解来理解。Inglis 断裂解中裂缝前端的局域应力 $\sigma_{local}$ 为

$$\sigma_{local} = \left(1 + 2\sqrt{\frac{a}{\rho}}\right)\sigma_\infty \qquad (3.1.25)$$

其中，$\sigma_\infty$ 为远场拉伸应力；$\rho$ 为裂缝源的半径。当裂缝长度 $2a$ 为 10 nm 时，$a \gg \rho$，则

$$2\sqrt{\frac{a}{\rho}}\sigma_\infty \simeq \sigma_{local} \leqslant \sigma_c \qquad (3.1.26)$$

其中，$\sigma_c$ 为裂缝尖端的键强度。因此，可以推出 Inglis 断裂解的远场断裂应力为

$$\sigma_{c,\infty} = \sqrt{\frac{\sigma_c^2 \rho}{4}}(a)^{-0.5} \qquad (3.1.27)$$

与 Griffith 的结果形式一致。当裂缝长度小于 10 nm 时，Inglis 裂缝的椭圆形的纵横比变小，因此与 Griffith 的尖裂缝不同。

## 3.2　位错与晶界对低维材料力学性质的影响

### 3.2.1　碳纳米管

Nardelli 等[18]利用 MD 系统研究了不同手性 $(n, m)$ 碳纳米管在不同应变下的力学行为，形成了一个完整的塑性-脆性图谱。按照负载和 C—C 键取向关系，可将平行于 C—C 键的称为纵向应变，而垂直于 C—C 键的则称为横向应变。因此，施加于锯齿型（ZZ）和扶手型（AC）碳纳米管的应力分别对应于纵向和横向应力。判断材料的塑性行为，最主要的是研究其中拓扑缺陷的形成和分离。该工作主要是从热动力学的角度出发来研究碳纳米管的力学性质。碳纳米管中预存在的

SW 缺陷（5-7-7-5）经过不同的 SW 旋转可以形成不同的缺陷，包括分离的 57 和 75 对（57-75）及含八元环的 57875 两种缺陷。而在应变下，这两个缺陷中的 57 环可以进一步分离，从而改变体系的能量。图 3.14（a）中对比了（10, 10）碳纳米管中 5-7-7-5 缺陷第一步分离形成的这两种缺陷的形成能；而内插图中显示在不同应变下 57 多步分离的形成能。可以得出以下重要结论：①两种缺陷的能量都随着应变增大而变小；当应变小于 0.06 时，分离的 57 和 75 对（57-75）能量上比形成更大环结构的 57875 能量稳定；②在应变下 57 环的分离势垒也变低，从无应变的 4.7 eV 降低到 0.10 应变下的 3.4 eV；③由于 57 环之间的相互作用，随

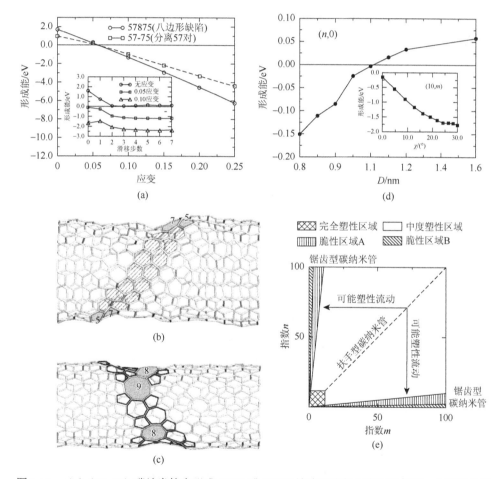

图 3.14　（a）（10, 10）碳纳米管中形成 57-75 或 57875 缺陷形成能与应变的关系；内插图显示不同应变下，随着位错滑移步数增加，形成能的变化；（b）（10, 10）碳纳米管在温度为 3000 K 和 0.03 应变下的塑性行为；（c）温度为 1300 K 和 0.15 应变下，大环成核的脆性行为；（d）锯齿型碳纳米管（n, 0）中 5-7-7-5 形成能随着管径变化；内插图显示碳纳米管（10, m）中形成能与手性的关系；（e）不同大小碳纳米管的塑性-脆性图[18]

着 57 环的逐渐分离，57-75 逐渐降低，在第四步达到饱和；④当 57 环相互作用
很弱时，其滑移势垒也显著降低。如前所述，当无应变时，57 环第一步分离势垒
为 4.7 eV；当两个 57 环距离达到四个晶格常数以后，其势垒降低为 3.0 eV。这些
结果显示，当应变较小且温度足够高时，独立的位错核可以发生分离和滑移，从
而形成塑性流变。当应变较大且温度低时，则容易形成大环形结构，从而改变材
料的力学性质。为了验证上述结果，将 5-7-7-5 环（SW 缺陷）预先引入 3 nm 长
的（10,10）碳纳米管后，图 3.14（b）和（c）显示了两个代表性的 MD 模拟。
图 3.14（b）显示的是在其两端施加 0.03 应变并在 3000 K 下平衡 2.5 ns，阴影部分
清晰地显示了两个 57 环的分离，展现出在较低应变和高温下的塑性行为。图 3.14（c）
显示的是施加 0.15 应变并在 1300 K 下平衡 1 ns 的结果，在 57 环的周边形成多个
更大的缺陷，最终将导致脆性行为。

根据位错理论[19]，扶手型的碳纳米管（$n,n$）随着 57 环的逐步分离，其手性
发生如下变化：（$n,n$）→（$n,n-1$）→（$n,n-2$）等，最终将转变成锯齿型碳纳米
管（$n,0$）。而锯齿型碳纳米管的管径将对 57 环形成能起主要作用。图 3.14（d）
中显示了锯齿型碳纳米管在 0.10 应变下 5-7-7-5 缺陷（由旋转与管径方向成 120°
的 C—C 键旋转得到）的形成能随管径 $D$ 变化的关系。当锯齿型碳纳米管（$n,0$）
指数 $n<14$（$D<1.1$ nm）时，缺陷的形成能为负值。这说明对于大曲率的小碳纳
米管，塑性行为总是可能实现的。类似的结果在一般手性的碳纳米管中也可以观
察到。例如，内插图显示的是碳纳米管（10,$m$）中 5-7-7-5 缺陷形成能与手性角
的变化关系，在这一特定例子中，所有的形成能都是负值。

综合上述讨论，可以得到如图 3.14（e）所示的碳纳米管塑性-脆性与碳纳米
管指数的关系。假设具有任意指数的手性碳纳米管（$n,m$），随着 57 环的分开，
它的手性将逐渐变化，在扶手型和锯齿型之间转换。当碳纳米管管径较小时，
5-7-7-5 缺陷在一定应变力下总是有利于形成，从而对应完全塑性的行为，即为图
中斜网格线显示的区域。类似地，沿着扶手型指数线附近的大块白色区域对应的
是中度塑性区域。在这个区域中，随着塑性形变的进行，碳纳米管的手性接近于
锯齿型时，其他的断裂行为也可以观察到，从而进入区域 A 所示的脆性区域。而
当在区域 B 时，5-7-7-5 缺陷的形成能变正，从而进入完全脆性区域。

更大型的计算可以得到 5-7-7-5 缺陷形成能与应力和倾斜角的关系[20]：

$$E_f(\varepsilon,\chi) = 2.72 - 3.9\varepsilon - 32\varepsilon\sin(2\chi + 30°) + O(1/d) \tag{3.2.1}$$

上述结果主要通过定义 $E_f = 0$ 来判定碳纳米管的力学行为。但是，实际实验测量
的强度主要是由缺陷形成速率，即活化势垒 $E^*$ 决定的。特别地，终态和过渡态具
有不同的对称性，因此其对手性的依赖会显著不同于对形成能的依赖关系。图 3.15
（a）和（b）显示了不同的 5-7-7-5 缺陷的不同过渡态模式[21]。图 3.15（a）的顶部
显示了稳定的 5-7-7-5 缺陷，其可以通过 C—C 键不同（顺时针或逆时针）方向旋

转 45°形成。在过渡态时，C—C 键和平面可以存在不同的相对关系［图 3.15（b）］：两个碳原子都在平面内称为 S 模式；只有一个碳原子在平面外称为 $S_+$ 模式；一上一下称为 $S_{-+}$；两个碳原子在同一边则为 $S_{++}$ 模式。曲率的效应由于对结果影响较小，可以忽略。而手性的影响则可以通过施加与 $a_1$ 晶格矢成 $\chi + \pi/2$ 角度的负载进行考虑。过渡态的能量可以通过改进的算法得到。

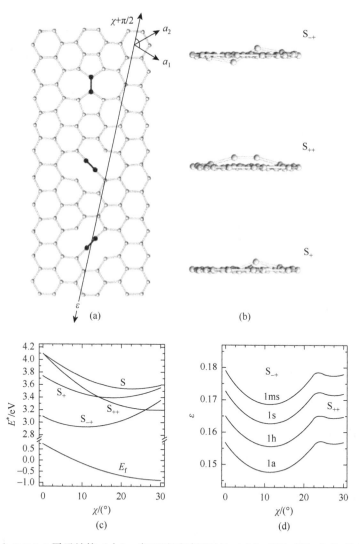

图 3.15　（a）5-7-7-5 原子结构（上），它可以通过顺时针（中）或逆时针（下）旋转得到；不同旋转方式得到的中间态与应力方向的角度将不一致；（b）根据 C—C 键与石墨烯平面的关系得到不同的过渡态模式；这里 + 和 - 分别代表碳原子位于平面上方和下方；（c）不同模式的过渡态及形成能（在 0.10 应变下）与手性角的关系；（d）不同断裂预期时间下得到的临界应变与手性角的关系[21]

要得到过渡态的能量，需要对不同应变、倾斜角、旋转 C—C 键（三种选择）、旋转方向（两种）和不同模式进行完整计算，最低的势垒决定了缺陷形成的最可能路径。图 3.15（c）显示了 0.10 应变下形成能 $E_f$ 及不同模式下的活化势垒 $E^*$ 随着倾斜角 $\chi$ 的变化关系。可以发现：①在这一应变水平下，除了在接近 30°时，$S_{-+}$ 模式的势垒总是最低；②$S_{-+}$ 模式的势垒最低值出现在 $\chi = 11°$ 处，说明此时的碳纳米管最弱；相反，$\chi = 30°$ 的扶手型碳纳米管势垒最高，与热动力学判据中 $\chi = 30°$ 处最弱完全不同。$E^*$ 和 $E_f$ 的不同可以从晶体膨胀中心的行为中定性理解：当应变施加于平行膨胀轴时，体系能量降低最显著。对于 5-7-7-5 的终态，膨胀轴（旋转的 C—C 键）和 $a_1$ 成 120° [图 3.15（a）]，因此应变沿 $\chi = 30°$ 时能量最低；而对于过渡态，膨胀轴和 $a_1$ 成 75°，此时应变沿 $\chi = -15°$ 时能量最低。在经典的 Evans-Polanyi 规则中，表面活化能和形成能之间存在线性关系，而在碳纳米管的 5-7-7-5 成核过程中，由于终态和过渡态不同的对称性，$E^*$ 和 $E_f$ 之间存在一定的相移。图 3.15（c）的数据可以利用较简单的函数进行拟合（高能模式由于不重要而略去）：

$$E^*_{-+}(\varepsilon,\chi) = 5.9 - 7.4\varepsilon - 22\varepsilon\sin(2\chi + 68°)$$
$$E^*_{++}(\varepsilon,\chi) = 6.2 - 11\varepsilon - 19\varepsilon\sin(2\chi + 25°)$$

（3.2.2）

利用这些活化势垒，可以对 SW 旋转事件在不同应变下发生的概率 $P$ 进行估计：

$$P = \nu\Delta t N_B / 3\sum_m \exp[-E^*_m(\varepsilon,\chi)/k_B T] \approx 1 \tag{3.2.3}$$

如果做粗略估计，室温 300 K 下热尝试频率 $\nu$ 一般为 $10^{13}$ $s^{-1}$。对长度 $L$ 和管径 $d$ 分别为 1 μm 和 1.4 nm 的纳米管，其总键数目 $N_B = 180\,Ld$ nm$^{-2}$。则对于不同特征时间，其对应的临界应变如图 3.15（d）所示。在大约 1 s 的测试时间内，要观察到 5-7-7-5 缺陷的形成需要施加的应变约为 0.17，如果假设碳纳米管的杨氏模量为 1 TPa，则对应的强度为 150～180 GPa。

这些早期的碳纳米管力学性质的理论预测被后来多个实验验证，特别是应力条件下碳纳米管的显著减小[22, 23]和增长与塑性理论非常符合。同时，由于 57 环的滑移只能沿着其伯格斯矢量方向，即沿着管壁以螺旋方式运动，这也被实验所证实[22]。实验中由 57 环引起的扭结在移动过程中，时现时无，即很可能是由 57 环的环形移动造成。但是实验中也存在一些与 57 环滑移不一致的现象，特别是扭结沿着管径方向的移动，同时伴随着原子的失去。Ding 等[24]提出了"赝攀移"，很好地解释了这些现象。为了很好地阐述这一现象，需要对 5|7 位错受到的力进行分析。图 3.16（a）中显示了 5|7 位错的滑移示意图，其中箭头标明了 SW 旋转的方向。没有应力情况下，5|7 位错可以在伯格斯矢量线上左右滑移。当对碳纳米管施加外加应力 $\sigma$ 时 [图 3.16（b）]，位错受到 Peach-Koehler 力，力的大小与应力和伯格斯矢量沿着管圆周方向成正比，即 $F_s = \sigma b\sin\beta$。位错受到的另一种力来源

于升华作用，一般对应于五元环边两个碳原子 $C_2$ 的移除，力的大小与移除原子感受到的晶格和环境化学势之差 $\Delta\mu$ 成正比。当移除四个碳原子时，57 环沿垂直于伯格斯矢量方向移动三个键长 $3a$，因此，可以推导出这样的化学驱动力为 $F_{\text{chem}} = 4\Delta\mu/3a$，方向沿着管径。最后，57 环可以带来额外的应力。57 环改变了两边碳纳米管的手性，两者相差伯格斯矢量 $b$，而 57 环连接的两边碳纳米管的半径之差正比于 $b$ 沿圆周方向投影 $b\cos\beta$。由于单位长度碳纳米管的应力能正比于 $1/d$，可以推导出应力贡献 $f_c \sim b\cos\beta/d^2$，指向为小管径方向。力分析如图 3.16（b）所示。

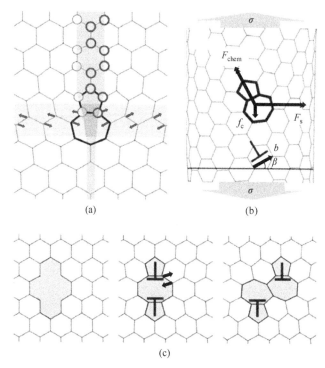

图 3.16（a）57 环结构为典型的位错结构；它可以通过箭头所示的键旋转进行左右滑移，也可以通过移除粗空心圆标记的碳原子进行垂直于滑移方向的攀爬；（b）位错移动的三种热动力学驱动力示意图；（c）石墨烯中的空位（左）可以看出是两个位错的结合（中），通过键旋转可以实现 5|7 位错的分离（右）[24]

塑性形变中，随着 57 环向碳纳米管端点移动，最终将消失。要保证塑性行为的持续发生，需要不断地供应 57 环，前面讨论的 5-7-7-5 缺陷就是其中一种 57 源。另一种 57 源来自于双空穴。如图 3.16（c）所示，当在升华条件下，$C_2$ 的分离在碳纳米管中形成双空穴 585，而 585 中的 SW 旋转将产生两个 57 环。与完美的碳纳米管相比，此时的缺陷可以看成上下两个平面分别移除半列原子。在此基础上，移除更多的 $C_2$ 原子将会使得剩下的两个多余半列原子变短，造成 57 环的

攀移。与体结构中主要依靠空穴和间隙原子扩散的攀移过程相比，这里的$C_2$原子直接升华到环境中，故称为"赝攀移"。同时，赝攀移过程势垒显著降低。值得注意的是，攀移的运动方向和滑移垂直，因此，两种方式的组合可以实现5|7位错沿任意方向运动。赝攀移机制的提出，可以对实验中两个重要现象——扭结沿着管径方向移动和碳纳米管质量的大量损失——给出很好的解释。两种运动机制都被蒙特卡罗（Monte Carlo）模拟所证实，为理解碳纳米管中的塑性行为打下重要基础。

### 3.2.2　石墨烯

Grantab 等[25]利用经典分子动力学和第一性原理首先研究了单个晶界对石墨烯强度的影响。根据石墨烯晶粒相互接触的边界的不同，可以将晶界分成两类，即扶手形方向倾斜［图 3.17（a）～（c）］和锯齿形方向倾斜［图 3.17（d）～（f）］

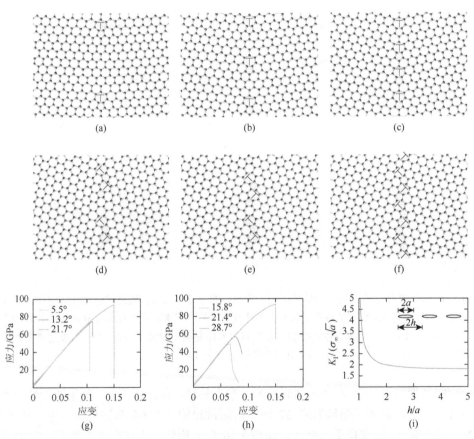

图 3.17　扶手形取向（a）～（c）和锯齿形取向（d）～（f）不同倾斜角的晶界结构；扶手形（g）和锯齿形（h）不同倾斜角晶界的应力-应变曲线；（i）无量纲应力强度因子与归一化的裂纹间距的关系[25]

的晶界。对于扶手形方向倾斜的晶界，可以看成由重复的五七元环（5|7 位错）被多个六元环分隔形成。随着倾斜角度增加，分隔的六元环数目逐渐变少，直到 21.7° 时，5|7 位错之间只有一个六元环。对于锯齿形方向倾斜的晶界，重复的缺陷由两个 5|7 位错对组成，中间仍由六元环分隔。与扶手形方向倾斜晶界不同的是，当倾斜角达到 28.7° 时，5|7 位错紧密相接。两个 5|7 位错对分别位于两个垂直的对角方向，有效的伯格斯矢量沿水平方向，这样，晶界自然沿着竖直方向。

为了研究不同晶界对石墨烯强度的影响，需要得到相应的应力-应变曲线。为了达到这一目的，在利用分子动力学模拟时，需要引入维里应力表达式以得到每个原子的应力：

$$\sigma_{ij}^{\alpha} = \frac{1}{\Omega^{\alpha}} \left( \frac{1}{2} m^{\alpha} v_i^{\alpha} v_j^{\alpha} + \sum_{\beta=1,n} r_{\alpha\beta}^j f_{\alpha\beta}^i \right) \tag{3.2.4}$$

其中，$i$ 和 $j$ 为体系的笛卡尔坐标；$\alpha$ 和 $\beta$ 为原子指数；$m^{\alpha}$ 和 $v_i^{\alpha}$ 为 $\alpha$ 原子的质量和沿 $i$ 方向上的速度；$r_{\alpha\beta}$ 和 $f_{\alpha\beta}$ 分别为 $\alpha$ 和 $\beta$ 原子之间的距离和受力；$\Omega^{\alpha}$ 为 $\alpha$ 原子的体积。在实际的力学测量中，负载可以和晶界存在任意取向。对比垂直和平行这两种极端情况方向，垂直负载下石墨烯断裂强度随角度的变化更加敏感。图 3.17（g）和（h）分别显示了扶手形和锯齿形方向倾斜晶界中，应力-应变曲线随不同晶界的变化关系。从图中可以看出，随着倾斜角的增加，位错的密度增大，体系的断裂强度和断裂应变随着增加，显著不同于传统材料中的情况。

为了理解这一反常的力学现象，Grantab 等首先从连续力学出发，并将七元环看成是 Griffith 裂纹。采用这一近似，是因为石墨烯几乎总是从七元环处开始断裂；而且七元环可以看成是六元环石墨烯网格中的空洞。因此，晶界可以近似成如图 3.17（i）内插图所示的 Griffith 裂纹阵列，其中裂纹之间的距离为 $2h$，而裂纹的大小近似为 $2a$。利用断裂力学的基本原理，可以得到在这种裂纹阵列构型下，其对应的应力强度 $K_{\mathrm{I}}$ 为

$$K_{\mathrm{I}} = \sigma_{\infty} \sqrt{(2h) \tan\left( \frac{\pi a}{2h} \right)} \tag{3.2.5}$$

其中，$\sigma_{\infty}$ 为远场应力。当 $K_{\mathrm{I}}$ 大于临界应力强度 $K_{\mathrm{IC}}$ 时，断裂将持续发生。利用式（3.2.5）得到的无量纲应力强度 $K_{\mathrm{I}} / (\sigma_{\infty} \sqrt{a})$ 随着归一化的裂纹间距 $h/a$ 的关系如图 3.17（i）所示。可以看到，随着裂纹之间间距 $2h$ 减小，位错之间的相互作用使得 $K_{\mathrm{I}}$ 增大，说明大角度晶界更容易断裂，这与模拟结果不一致，从而需要进一步研究原子尺度的行为。

在固定负载和晶界的相对取向（垂直或者平行）下，对不同倾斜角的晶界断裂行为研究发现，大部分的晶界，包括扶手形和锯齿形取向晶界都是从七元环中的一个键开始断裂。这些引起断裂的键可以称为临界键。唯一的例外是锯齿形取向的 28.7° 晶界，首先断裂的是远离晶界的六元环中的 C—C 键。石墨烯中晶界的

反常强度行为可以从七元环中这些临界键的预应变分析中解释。扶手形取向 5.5°、13.2° 和 21.7° 晶界中临界键的预应变分别为 0.122、0.103 和 0.054，而锯齿形取向 15.8°、21.4° 和 28.7° 晶界中临界键的预应变则分别为 0.234、0.093 和 0.017。这一结果说明，不同晶界中七元环引起的不同预应变水平是引起石墨烯晶界反常强度行为的原因。事实上，锯齿形取向 28.7° 晶界的七元环中两个键的键长已经短于完美石墨烯的键长。

上述工作基于一个基本假设，即石墨烯中 5|7 位错都是均匀排列的。实际情况中可能出现多种组合情况，如位错形成团簇等。Wei 等[26]利用分子动力学模拟和连续力学方法研究了位错的不同密度和组合对石墨烯强度的影响。图 3.18（a）和（b）显示了几种典型的位错/晶界和 MD 模拟得到的对应应力分布。图 3.18（a）中 1 为位错的向错偶极模型，一个 5|7 基本位错可以看成是由正和负的向错（$\omega$ 为向错旋转强度）组成，分别由空白和填充的倒三角表示。两个向错离偶极中心的距离为 $d$，中心具有六元环和七元环共享键的距离为 $\varDelta$。这样的向错偶极的周期组成构成了晶界。图 3.18（a）中 2 和 3 显示了两种典型的非均匀分布向错偶极构成的扶手形取向晶界，周期长度为 $L$，成团簇向错偶极之间的特征高度为 $h_d$。由这些结构参数可以得到与晶界倾斜角 $\chi$ 的关系，即 $\chi = \omega h_d / L$。图 3.18（a）中 4 显示的是一种典型的锯齿形取向晶界及位错偶极的几何参数。采用向错偶极概念的优势是，可以直接利用向错的应力场公式推导出不同组合的向错偶极组成的晶界应力公式，进而与模拟结果直接对比。从图 3.18（b）的应力分布可以看出，一方面，成团簇的向错偶极中顶部的向错具有最大的法向应力 $\sigma_{xx}$；另一方面，由向错偶极团簇组成的锯齿形取向的晶界中应力强度［图 3.18（b）中 4］显著大于扶手形取向晶界中向错偶极的应力强度。这主要是由于与单个向错偶极相比，向错偶极团簇具有的伯格斯矢量明显增大。

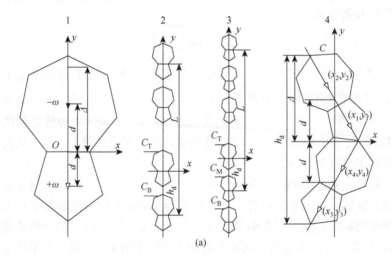

(a)

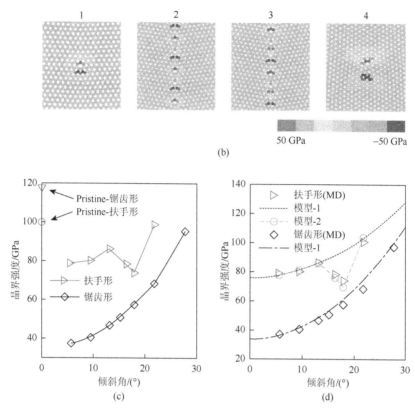

图 3.18 （a）5|7 位错可以看成由向错对形成 1；不同取向的晶界结构参数示意图：1～3 扶手形取向，4 锯齿形取向；它们对应的应力场分布列于（b）；（c）由 MD 模拟的应力-应变曲线得到的晶界强度与倾斜角的关系；孤立的两个点为完美石墨烯沿不同方向的强度；（d）模型和MD 模拟结果得到的晶界强度对比图；其中，模型-1 对应的位错是均匀分布，而模型-2 则考虑了图 3.18（a）中位错的非均匀分布[26]

　　图 3.18（c）中显示了由 MD 模拟中应力-应变曲线推导出的晶界强度随倾斜角的变化关系。可以得到以下重要结论：①锯齿形取向晶界的强度随着晶界角增加而单调增加，与 Grantab 等[25]的结论一致。②扶手形取向晶界的强度随晶界角增加先增加，随后减小，最后再次增加。同时其随倾斜角变化的敏感性较弱。③两种晶界都具有和完美石墨烯的扶手形方向一致的强度，从而体现了石墨烯中晶界和其他材料中的具有力学破坏性不同的特点。与位错理论相比，向错可以非常方便地得到晶界的力学行为。模型推导出的单个向错偶极应力场分布和 MD 模拟相当一致。当然，在利用向错理论时需要注意这里主要考虑的是平面内形变，对于褶皱未能完全考虑。基于图 3.18（a）中的几何参数，可以分别推出扶手形（AC）和锯齿形（ZZ）取向晶界的应力分布：

$$\frac{\sigma_{xx}}{\sigma_0} = \frac{1}{2}\ln\frac{x^2+(y+d)^2}{x^2+(y-d)^2} + \frac{x^2}{x^2+(y-d)^2} - \frac{x^2}{x^2+(y+d)^2} \quad \text{(AC)}$$

$$\frac{\sigma_{xx}}{\sigma_0} = \frac{1}{2}\ln\frac{(x-x_1)^2+(y-y_1)^2}{(x-x_2)^2+(y-y_2)^2} + \frac{(y-y_1)^2}{(x-x_1)^2+(y-y_1)^2} - \frac{(y-y_2)^2}{(x-x_2)^2+(y-y_2)^2} \quad \text{(ZZ)}$$

$$(3.2.6)$$

其中，$\sigma_0 = E\omega/4\pi$；$E$ 和 $\omega$ 分别为杨氏模量和向错旋转强度。利用这些公式，可以得到不同周期性排布下不同晶界的应力场分布。通过对比发现，晶界的最大应力总是发生在六元环和七元环共享的键上，与 Grantab 等[25]的结论一致。该模型中得到最大应力随着倾斜角的变化关系显示，锯齿形取向晶界的最大法向应力随着 $\theta$ 增加单调减小，而扶手形取向晶界的最大法向应力先减小，后增加，最后再次减小。这些趋势和 MD 模拟得到的晶界强度变化趋势正好相反，因此说明晶界的破裂总是从六元环、七元环的共享键处开始的。

利用连续力学方法，可以进一步得到晶界强度的表达式，从而与 MD 模拟结果直接对比。晶界强度由无其他缺陷影响的一个单独向错偶极的强度 $\sigma_{y0}$ 减去其他向错偶极施加的应力场 $s_{xx}$ 得到，即

$$\sigma_y = \sigma_{y0} - s_{xx} \quad (3.2.7)$$

而均匀分布的向错偶极应力场 $s_{xx}$（扣除自身应力贡献）可表示为

$$\frac{s_{xx}}{\sigma_0} = -\frac{2\pi^2\Delta d}{3L^2} = -\frac{2\pi^2\Delta d}{3h_d^2}\frac{\theta^2}{\omega^2} \quad (3.2.8)$$

从 $s_{xx}$ 的表达式可以看出：①当倾斜角 $\theta$ 增加时，在正 $\Delta$ 处的压应力增加；而负向错自身在 $\Delta$ 处为压应力。两者的共同作用能有效降低 $\Delta$ 处的应力水平，从而增加晶界的强度。②向错偶极之间距离 $h_d$ 越大，则在 $\Delta$ 处贡献的压应力越小，减弱了对自应力的补偿水平，从而降低晶界的强度，从而与 MD 模拟中得到的总体变化趋势一致。类似地，可以得到向错偶极团簇情况下，不同位置的向错偶极的 $s_{xx}$。利用这些结果得到的模型结果很好地描述了 MD 模拟中所有的晶界强度变化趋势[图 3.18（d）]，证明了基于连续力学的向错理论的适用性。

上述的工作主要集中于二等分的晶界，这种模型非常适合进行理论模拟。但是，实际情况中两个晶粒可能具有完全不同取向的边界，同时晶界构型会造成不同的薄膜、不同的弯曲，这些因素都有可能会对石墨烯的力学行为产生重要影响。Zhang 等[27]对 20 种不同的晶界进行了研究，图 3.19（a）中显示几种具有代表性的结构。左右两个晶畴可以分别由不同的手性矢量$(n_L, m_L)$和$(n_R, m_R)$组成，对应的晶界可以表示为$(n_L, m_L)|(n_R, m_R)$，相同取向关系下不同的异构结果表示为$(n_L, m_L)|(n_R, m_R)$-$iN(N=1, 2, \cdots)$。两个晶粒的倾斜角为

$$\chi = \tan^{-1}[\sqrt{3}m_L/(m_L + 2n_L)] + \tan^{-1}[\sqrt{3}m_R/(m_R + 2n_R)] \quad (3.2.9)$$

可以将不同的晶界大致分成几类：（Ⅰ）5|7 环周期性地被一个或多个六元环分开；

（Ⅱ）两个或多个邻近 5|7 环被一或多个六元环分开；（Ⅲ）晶界中存在独立的五元环和/或七元环；（Ⅳ）5|7 环紧密排列构成晶界。不同于二等分晶界，一般性的晶界除了缺陷外，还存在不同晶粒的晶格不匹配带来的应力能。DFT 计算显示，晶界的能量主要是由晶格的不匹配决定，与具体的缺陷构型关系不大，例如, $(5, 2)|(6, 1)$-$i1$ 和 $(5, 2)|(6, 1)$-$i2$ 的能量差仅为 0.33 eV/nm。具体的缺陷构型排布会对晶界的弯曲角 $\alpha$ 产生重要影响。一些具有很大弯曲角的晶界，如 $(5, 3)|(4, 4)$ 和 $(4, 3)|(4, 3)$ 仍具有与平面型晶界差不多的形成能。这些大弯曲角的晶界中七元环的平均

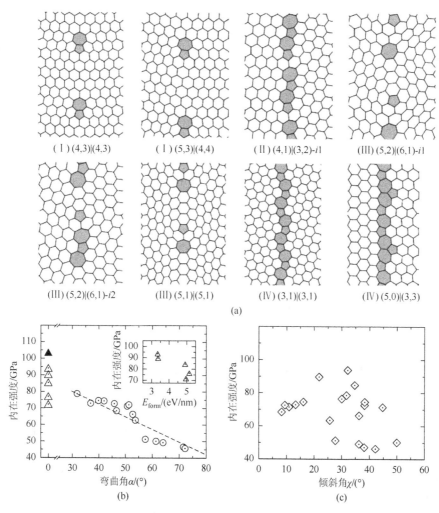

（Ⅰ）$(4,3)|(4,3)$　　（Ⅰ）$(5,3)|(4,4)$　　（Ⅱ）$(4,1)|(3,2)$-$i1$　　（Ⅲ）$(5,2)|(6,1)$-$i1$

（Ⅲ）$(5,2)|(6,1)$-$i2$　　（Ⅲ）$(5,1)|(5,1)$　　（Ⅳ）$(3,1)|(3,1)$　　（Ⅳ）$(5,0)|(3,3)$

(a)

(b)　　　　　　　　　　　　　　(c)

图 3.19　（a）四类晶界的几种典型结构；由应力-应变曲线得到的内在
强度与弯曲角 $\alpha$（b）和倾斜角 $\chi$（c）的关系[27]

（b）中实心三角形代表完美石墨烯，空穴三角形代表平整的晶界，空心圆代表弯曲的晶界，虚线是内在
强度与弯曲角的线性拟合，内插图为平直的晶界的内在强度与形成能的关系

键长和五元环中的键角非常接近 $sp^3$ 杂化（hybridization），这些局域的 $sp^3$ 杂化补偿了五七元环的应力。

图 3.19（b）和（c）显示了通过应力-应变曲线得到的内在强度与弯曲角 $\alpha$ 和倾斜角 $\chi$ 的关系。一般情况下，弯曲的晶界的内在强度（46～78 GPa）比平直的晶界的内在强度（71～93 GPa）更小。内在强度和弯曲角 $\alpha$ 存在较好的线性关系，如图 3.19（b）中的虚线所示，拟合得到的结果为

$$\tau = \tau_0 - 0.75\alpha \text{（角度）} \tag{3.2.10}$$

其中，$\tau_0$ 为石墨烯的锯齿形方向内在强度。（Ⅰ）型和（Ⅲ）型晶界的弯曲角最大，因此其强度一般也较差。对平直（$\alpha = 0°$）的晶界，内在强度可以达到 93 GPa，接近于完美石墨烯的强度。此外，平直晶界的强度与其形成能具有很好的关联，如图 3.19（b）的内插图显示，即更高热动力学稳定性的晶界其强度一般更大。稳定性越高的晶界其键长和键角的分布也越窄，接近于完美石墨烯。

与前人研究结果一致，DFT 模拟中晶界的断裂也主要首先从七元环（7）和六元环（6）共享键开始。密立根（Mulliken）电荷分析显示，该 7-6 共享键的电荷比标准 C—C 键减少约 5%，从而可能引起键强的减弱。而弯曲的晶界强度随弯曲角的变化可以与 7-6 共享键沿垂直晶界方向的投影相关联。例如，反射角为 31.8° 的 $(4, 1)|(3, 2)$-$i1$ 和 72.2° 的 $(5, 1)|(5, 1)$ 晶界的 7-6 共享键投影长度分别为 1.32 Å 和 1.47 Å。更长的投影键长对应着更大的预应力，因此强度也变弱，这两种晶界的强度分别为 46 GPa 和 78 GPa。在高温的经典 MD 模拟中，$(4, 1)|(3, 2)$-$i1$ 为代表的大部分晶界主要通过 7-6 共享键的 SW 旋转过程进行；而具有紧密位错排列的 $(5, 0)|(3, 3)$SW 旋转主要在完美石墨烯晶畴中进行。这些模拟中 SW 旋转机制和以前 MD 研究中键断裂机制的不同可能主要由 MD 模拟的不同温度引起。

到现在为止，讨论主要集中于不同密度和排列的位错组成的无限长单个晶界对石墨烯力学性质的影响。这样的模型选择使得可以很方便地使用周期性边界条件，但是这样的模型实际对应的是无限长的纳米带晶粒构成的超晶格。而实际存在的多晶样品，要么晶界可能终结形成应力集中点，要么多条晶界相互接触形成结。为了研究这些因素对石墨烯力学性质的影响，Song 等[28]构建了取向为 0°、15° 和 30° 的六角形晶粒构成的三晶粒结，如图 3.20（a）所示。通过改变晶粒的大小（晶畴大小 $L$ 从 1 nm 增加到 5 nm），计算不同体系的应力-应变曲线 [图 3.20（b）]，可以看出：①由于晶界会引起石墨烯的褶皱，施加应变将首先拉平这些弯曲，随后才能有效施加到样品的平面内方向。因此，应力-应变曲线的斜率随着应变的施加逐步增加。②与完美石墨烯的强度相比（扶手形方向和锯齿形方向的强度分别为 98.02 GPa 和 115.34 GPa），不同大小晶粒的多晶样品的强度都出现显著降低。当沿 $x$ 方向施加应变时，多次 MD 模拟得到 $L = 1$ nm、2 nm、3 nm 和 5 nm 晶粒构成的多晶样品的拉伸强度分别为 53.67 GPa、43.30 GPa、41.39 GPa 和 36.62 GPa，

相比完美石墨烯降低了约 50%。类似的结果也发生在施加 $y$ 方向或者双轴应变情况中。这些强度比单个晶界的强度更低，主要原因是多晶界形成的结处是应力集中地，这一效应在前人的研究中并未考虑。

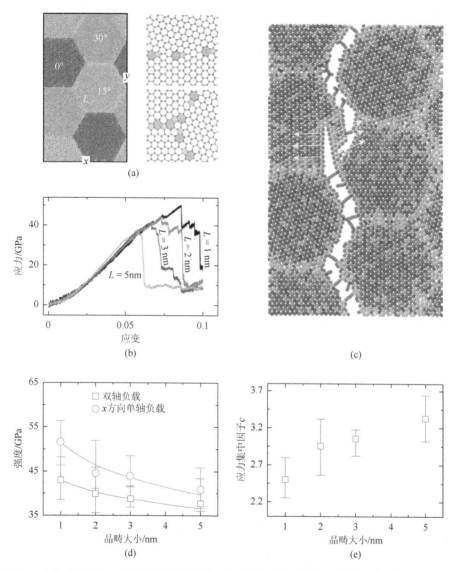

图 3.20　（a）多晶石墨烯模型示意图（左），晶畴的相对取向也标于图中，典型的晶界和交叉处结构如右图所示；（b）具有不同晶畴大小的多晶石墨烯的应力-应变曲线；（c）晶内和穿晶裂缝的传播过程；（d）多晶石墨烯的强度与晶畴大小的关系，标号代表 MD 计算结果，实线为模型解析结果；（e）多晶石墨烯的应力集中因子与晶畴大小的关系[28]

通过跟踪断裂的发生过程，可以看到多晶石墨烯可以通过晶粒间和晶粒内两种方式发生断裂，如图 3.20（c）所示。断裂主要沿着锯齿形方向进行，如果晶界也沿着锯齿形方向，则断裂可一直延续并进入晶粒内部。如果晶界主要是非锯齿形方向，则断裂主要通过台阶方式沿短链锯齿形方向进行。一般认为晶界比完美晶格强度更弱，容易裂开，与上面阐述的晶粒内断裂的产生机理是相左的。但是，从晶界结构的分析可以知道，晶界中的五元环带有内生的压应力，因此可以很好地缓解外部的拉应力，从而使得断裂方向改变，进入晶粒内部。

进一步观察图 3.20（d）所示的强度随晶畴大小 $L$ 的关系可以发现，多晶样品的强度随着晶粒的增大而减小，类似于多晶塑性材料中的霍尔-佩奇（Hall-Petch）关系。由于在小晶粒情况下，位错的移动被压制，因此 Hall-Petch 关系中强度与 $L$ 的关系为 $\sigma_s \propto L^{-1/2}$。而石墨烯中位错有极高的扩散势垒，在一般情况下不能移动，因此不符合塑性的定义。另外，虽然脆性材料中也可以有类似关系，但其前提条件是晶粒内部已经存在内在破裂，也与模拟情况不一致。为了解释这一现象，可以利用位错理论计算一条有限长的晶界在其端点产生的应力。如果晶界的倾斜角 $\chi \equiv 2\alpha$，晶界中 $N$ 个位错之间的距离为 $d$，则它们与伯格斯矢量的关系可以由 Frank 公式表达，即 $d = |\boldsymbol{b}|/2\sin\alpha$。根据这一模型，单个位错在晶界方向上距离 $y$ 处的应力 $\sigma \propto 1/y$。通过求和，可以得到晶界端点处的应力：

$$\sigma_{\mathrm{GB}}(N) = \sum_{n=1}^{N} 1/nd \propto 1/d \cdot \lg N \sin\alpha \propto \sin\alpha \lg(L\sin\alpha) \qquad (3.2.11)$$

而断裂的条件可以表述为，外界施加应力 $\sigma_s$ 超过位错的内生强度 $\sigma_{\mathrm{I}}$ 减去其他位错施加的应力 $\sigma_{\mathrm{GB}}$，即

$$\sigma_s = \sigma_{\mathrm{I}} - \sigma_{\mathrm{GB}}(L) \qquad (3.2.12)$$

这一解析的结果和 MD 模拟非常一致，如图 3.20（d）所示。通过这些讨论，可以将多晶石墨烯的断裂过程描述如下：断裂的成核由 C—C 键断裂决定，在不同模型条件下几乎保持一致，对应的临界应力约为 143 GPa。当晶粒的大小增加，其端点处累积的应力增加，对应最大的应力 $\sigma_{\max}$，同时可以从模拟中得到体系平均应力水平 $\sigma_0$。由此可以定义应力集中因子 $c = \sigma_{\max}/\sigma_0$，当 $L$ 增大时，$c$ 也随之增加 [图 3.20（e）]，从而更容易从晶界端点及晶界结处的七元环发生断裂。统计数据显示，$L$ 为 1 nm、2 nm、3 nm 和 5 nm 情况下，晶界结处发生断裂的概率和晶界处发生断裂的概率之比依次为 1.91、3.79、5.08 和 5.85。这些结果说明了多晶样品的力学性质对模型的构建有很强的依赖性，需要对各种情况认真分析。

除了不同的晶界模型外，实验的不同测试条件也会对结果产生重要影响。大部分实验采用的是纳米压痕的方法，它是一种局域的探测手段，主要的测试是针尖下方局域结构的力学性质，与理论模拟所采用的全局性拉伸应力存在明显差别。Song 等[29]利用分子动力学模拟详细探讨了不同实验手段对多晶石墨烯中不同局域构型的力学性质测量的影响。模拟纳米压痕实验，图 3.21（a）显示了利用硬度

计压头对无限长的晶界处及偏离晶界 2 nm 处的压痕力与压痕深度的关系。从中可以看出，当压头直接测量的是晶界中心时，得到扶手形和锯齿形取向晶界的断裂力分别是 51.92 nN 和 43.95 nN，而完美石墨烯的断裂力为 60.39 nN，说明两者分别产生了 14.03% 和 27.22% 的强度降低。与之相反的是，当压头测量偏移晶界 2 nm 处时，得到的断裂力为 60.11 nN 和 59.82 nN，与完美情况非常接近。对成 120° 的 V 形晶界 [图 3.21（b）] 测试的结构也具有相同的结论。由于纳米压痕实验中，平面内拉伸应力和压头的距离方向相关，因此在压头下的断裂应力只能表示局域强度。这在一定程度上解释了实验中得到的多样的强度值。

为了进一步说明几何结构和测量位置对力学测量的影响，可以研究断裂力与半无限晶界的长度关系。图 3.21（c）为半无限晶界顶部和侧面的示意图，而模拟时，压头从薄膜中心压入。当考虑晶界以五元环终结时，对应的断裂力与晶界长

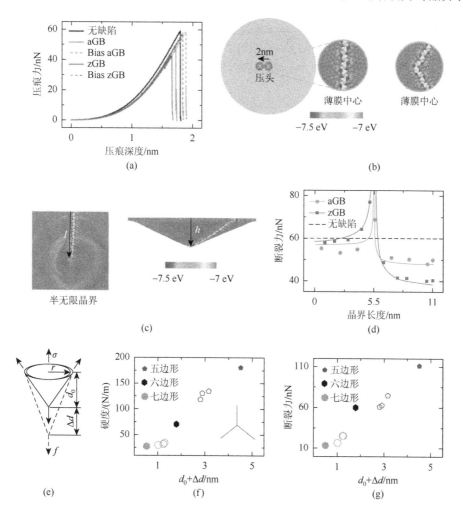

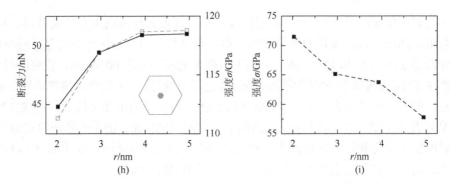

图 3.21 （a）纳米压痕模拟得到的压痕力与压痕深度的关系；aGB 和 zGB 分别代表扶手形和锯齿形晶界，而前缀 Bias 指纳米压头在离晶界 2 nm 处测量的情况，如右图所示；（b）V 形晶界的结构示意图；（c）半无限晶界结构的顶视和侧视图；当压头位于样品中心，其断裂力与晶界长度的关系列于（d）；（e）三晶界 Y 形结构纳米压痕测试示意图，此结构产生明显的平面外弯曲 $d_0$；三晶界 Y 形结构的硬度（f）和断裂力（g）与压入深度 $d_0 + \Delta d$ 的关系；（h）石墨烯中包含位错环［（h）内插图］时，纳米压痕测试得到的断裂力（实线）和强度（虚线）与位错环半径的关系；（i）全局拉应力测试得到的强度与位错环半径的关系[29]

度的关系显示于图 3.21（d）中。当晶界长度远小于支撑圆形膜的半径时，压入点远离晶界，压头下方主要是完美的石墨烯晶格，因此测量值接近石墨烯强度；当晶界长度接近于支撑圆形膜的半径时，测试将主要是单一晶界的断裂强度；当晶界长度正好是支撑圆形膜的半径时，此时得到的断裂力最大，扶手形和锯齿形晶界的断裂力分别是 68.69 nN 和 77.01 nN，比完美石墨烯的值分别高 13.74%和27.52%。这一结果不仅与一系列位错在晶界端点的应力叠加有关，而且与薄膜的几何高度 $h$ 密切相关。同时考虑这两个因素得到的解析公式在图 3.21（d）中以实线显示，与 MD 模拟高度一致。

断裂力、硬度及在断裂前压入深度的高度关联性，可以在针对不同的三晶界结的纳米压痕 MD 模拟中清楚地看出。不同的三晶界结可以是由五元环、六元环或者七元环连接在一起。图 3.21（e）显示了实验的示意图。图 3.21（f）和（g）的硬度和断裂力与压入深度 $d_0 + \Delta d$ 的关系清晰地显示出，具有正高斯曲率的五元环和负高斯曲率的七元环分别使得薄膜变硬和变软；同时，五元环和七元环分别使得其断裂强度增大和减小。这些结果说明，局域晶格缺陷和几何效应的共同作用决定了拓扑缺陷对石墨烯强度的影响。一个区分纳米压痕的局域性测量和全局拉应力测量的理想实验是考虑如图 3.21（h）内插图所示的晶界环结构。硬度计压头的测量点为位错环的中心，距离晶界的长度为 $r$（衡量晶粒大小）。图 3.21（h）说明随着晶粒的增大，断裂力逐渐趋于饱和，接近完美石墨烯的强度值。而全局拉应力测试的是强度主要由薄膜中拓扑缺陷堆积建立的最大应力所决定，依据前面所述赝 Hall-Petch 机制，其强度将随着晶粒增加而减小，如图 3.21（i）的模拟结果所示。

### 3.2.3　二维过渡金属硫族化合物

力学上，位错的迁移可以决定二维过渡金属硫族化合物的弹性性质。不同于单原子层的石墨烯或者六方氮化硼中通过 SW 旋转实现的位错滑移需要极大的势垒（石墨烯约 7 eV，六方氮化硼约 5 eV），更柔软的过渡金属-硫族元素配位键显著降低了跃迁势垒。值得注意的是，不同的位错核通过不同的跃迁机制移动，从而具有明显不同的跃迁势垒[30]。图 3.22 展现了 S5|7、S5|7 + $V_S$（S5|7 加一个单硫空位）和 4|6（S5|7 加两个硫空位）的滑移路径。4|6 的滑移主要涉及高亮金属原子的移动，而 S5|7 和 S5|7 + $V_S$ 则需要多个原子的协同运动（旋转），类似于石墨烯中的 SW 旋转。因此，S5|7 和 S5|7 + $V_S$ 的滑移势垒大约是 4|6 的四倍。更重要的是，4|6 能够通过环境化学势的调节变成热动力学上稳定的结构，如图 2.17（a）所示。为了直接与实验条件相比，可以采用统计力学公式把化学势与实验具体的温度和压力条件关联。例如，假设实验环境中主要是 $S_8$ 分子，按式（3.2.13）加入平动、转动和振动部分对化学势的贡献：

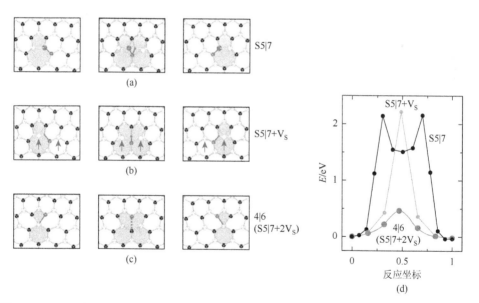

图 3.22　S5|7（a）、S5|7 + $V_S$（b）和 4|6（c）左、中和右图分别显示的是其滑移的初态、过渡态（对 S5|7 是中间局域稳定态）和终态；黑色球、小白色球和大白色球分别代表 Mo 原子、上层 S 原子和下层 S 原子，红色球高亮显示主要的迁移原子，而蓝色箭头指示下层 S 原子与红色原子移动方向相反，具有 SW 旋转的特点；（d）不同位错和滑移的最小能量路径[30]

$$\mu_{S_8} = \frac{F_{trans} + PV + F_{rot} + F_{vib}}{N} + \mu_0$$

$$= -T \ln \left[ \frac{T^{5/2}}{P} \left( \frac{m}{2\pi\hbar^2} \right)^{3/2} \right] \qquad \text{平动部分} + PV \text{项}$$

$$-\frac{3}{2} T \ln T - T \ln \frac{(8\pi I_1 I_2 I_3)^{1/2}}{\sigma \hbar^3} \qquad \text{转动部分}$$

$$+T \sum_{\alpha} \ln \left( 1 - e^{-\frac{\hbar\omega_\alpha}{T}} \right) + \sum_{\alpha} \frac{\hbar\omega_\alpha}{2} + \mu_0 \qquad \text{振动部分} + \text{DFT 基态能量} \mu_0$$

$$(3.2.13)$$

在较常用的（压强、温度）范围 [（500 Pa，1000℃）到（120 kPa，550℃）]，计算的化学势范围为-1.0~0.5 eV。实际高温条件下，$S_2$ 分子可能占主导地位，并进一步降低体系化学势。在这样的条件下，4|6 将成为能量最稳定的硫取向位错。因此，在二维过渡金属硫族化合物中，位错可以在热动力学上稳定的同时具有高度的迁移性。一旦这些位错的浓度达到一定程度，它们可以对材料产生宏观可观测的显著增强的塑性。材料的塑性形变率 $\mathrm{d}\varepsilon/\mathrm{d}t$ 正比于外加应力 $\sigma \propto Y\varepsilon$（$Y$ 为杨氏模量），它与迁移速度的关系由奥罗万（Orawan）方程 $\mathrm{d}\varepsilon/\mathrm{d}t = \rho bv$ 决定，其中，$\rho$、$b$ 和 $v$ 分别为体系中位错的浓度、伯格斯矢量和迁移速度。非零的迁移速度由应力场施加在位错上的 Peach-Koehler 力提供，Peach-Koehler 力可以表达为 $f = (b \cdot \sigma) \times n$（$n$ 垂直于平面）。在二维体系中，$f = \sigma b$，且位错经过一步滑移后，能量改变值 $\Delta E = \sigma ba$。

位错迁移速度由势垒跃过率 $\Gamma$ 通过式 $v = a\Gamma$ 决定，其中，$a$ 为不同的派尔斯（Peierls）股之间的距离。在外加应力 $\sigma$ 作用下，前向和后向势垒跃过率可以分别表示为

$$\Gamma_\rightarrow = v_0 e^{-E^*/kT}$$
$$\Gamma_\leftarrow = v_0 e^{-(E^* + \sigma ba)/kT}$$

$$(3.2.14)$$

其中，前因子 $v_0 = kT/h$（$h$ 为普朗克常量）；$\sigma ba$ 为位错晶格一步滑移后的能量下降值。因此，净势垒跃过率为

$$\Gamma = \Gamma_\rightarrow - \Gamma_\leftarrow = v_0 e^{-E^*/kT} (1 - e^{-\sigma ba/kT})$$

$$(3.2.15)$$

在小应力情况下，式（3.2.15）可以近似为

$$\Gamma = v_0 e^{-E^*/kT} (\sigma ba/kT) = (\sigma ba/h) e^{-E^*/kT}$$

$$(3.2.16)$$

因此，

$$v = a\Gamma = (\sigma ba^2/h) e^{-E^*/kT} = (Y\varepsilon ba^2/h) e^{-E^*/kT}$$

$$(3.2.17)$$

最后，从 Orowan 方程可以得到

$$\mathrm{d}\varepsilon/\mathrm{d}t = \rho bv = (\rho Y\varepsilon b^2 a^2/h) e^{-E^*/kT}$$

$$(3.2.18)$$

可以做一个非常粗略的估算，假设典型的晶粒大小 $L$ 为 50 μm，位错之间的间距 $l$ 为 1 nm，则位错的浓度为 $\rho = (Ll)^{-1} = 2 \times 10^{13}$ m$^{-2}$。利用 Orowan 方程，可以估计

由 4|6 或者 6|8 决定的塑性形变率分别为 $1\ s^{-1}$ 或 $4\times 10^{-5}\ s^{-1}$，而其他位错占主导地位的样品的塑性变形则难以观察。快速移动的位错和高迁移性的晶界都在随后的实验中观察到[31, 32]。

## 参 考 文 献

[1]　Zhao H, Min K, Aluru N R. Size and chirality dependent elastic properties of graphene nanoribbons under uniaxial tension. Nano Lett, 2009, 9: 3012-3015.

[2]　Liu F, Ming P M, Li J. Abinitio calculation of ideal strength and phonon instability of graphene under tension. Phys Rev B, 2007, 76: 064120.

[3]　Marianetti C A, Yevick H G. Failure mechanisms of graphene under tension. Phys Rev Lett, 2010, 105: 245502.

[4]　Si C, Duan W H, Liu Z, et al. Electronic strengthening of graphene by charge doping. Phys Rev Lett, 2012, 109: 226802.

[5]　Saha S K, Waghmare U V, Krishnamurthy H R, et al. Probing zone-boundary optical phonons in doped graphene. Phys Rev B, 2007, 76: 201404.

[6]　Li T. Ideal strength and phonon instability in single-layer $MoS_2$. Phys Rev B, 2012, 85: 235407.

[7]　Li T. Reply to "Comment on 'Ideal strength and phonon instability in single-layer $MoS_2$'". Phy Rev B, 2014, 90: 167402.

[8]　Bertolazzi S, Brivio J, Kis A. Stretching and breaking of ultrathin $MoS_2$. ACS Nano, 2011, 5: 9703-9709.

[9]　Castellanos-Gomez A, Poot M, Steele G A, et al. Elastic properties of freely suspended $MoS_2$ nanosheets. Adv Mater, 2012, 24: 772-775.

[10]　Kou L, Ma Y, Smith S C, et al. Anisotropic ripple deformation in phosphorene. The J Phy Chem Lett, 2015, 6: 1509-1513.

[11]　Lakes R. Foam structures with a negative Poisson's ratio. Science, 1987, 235: 1038-1040.

[12]　Jiang J W, Park H S. Negative Poisson's ratio in single-layer phosphorus. Nat Commun, 2014, 5: 4727.

[13]　Wang H, Li X, Sun J, et al. $BP_5$ monolayer with multiferroicity and negative Poisson's ratio: a prediction by global optimization method. 2D Mater, 2017, 4: 045020.

[14]　Jiang J W, Chang T C, Guo X M, et al. Intrinsic negative Poisson's ratio for single-layer graphene. Nano Lett, 2016, 16: 5286-5290.

[15]　Jiang J W, Park H S. Negative Poisson's ratio in single-layer graphene ribbons. Nano Lett, 2016, 16: 2657-2662.

[16]　Yu L P, Yan Q M, Ruzsinszky A. Negative Poisson's ratio in 1T-type crystalline two-dimensional transition metal dichalcogenides. Nat Commun, 2017, 8: 15224.

[17]　Yin H, Qi H J, Fan F, et al. Griffith criterion for brittle fracture in graphene. Nano Lett, 2015, 15: 1918-1924.

[18]　Nardelli M B, Yakobson B I, Bernholc J. Brittle and ductile behavior in carbon nanotubes. Phys Rev Lett, 1998, 81: 4656-4659.

[19]　Yakobson B I. Mechanical relaxation and "intramolecular plasticity" in carbon nanotubes. Appl Phys Lett, 1998, 72: 918-920.

[20]　Yakobson B I, Samsonidze G, Samsonidze G G. Atomistic theory of mechanical relaxation in fullerene nanotubes. Carbon, 2000, 38: 1675-1680.

[21]　Samsonidze G G, Samsonidze G G, Yakobson B I. Kinetic theory of symmetry-dependent strength in carbon nanotubes. Phys Rev Lett, 2002, 88: 065501.

[22]　Huang J Y，Chen S，Wang Z Q，et al. Superplastic carbon nanotubes—conditions have been discovered that allow extensive deformation of rigid single-walled nanotubes. Nature，2006，439：281.

[23]　Troiani H E，Miki-Yoshida M，Camacho-Bragado G A，et al. Direct observation of the mechanical properties of single-walled carbon nanotubes and their junctions at the atomic level. Nano Lett，2003，3：751-755.

[24]　Ding F，Jiao K，Wu M Q，et al. Pseudoclimb and dislocation dynamics in superplastic nanotubes. Phys Rev Lett，2007，98：075503.

[25]　Grantab R，Shenoy V B，Ruoff R S. Anomalous strength characteristics of tilt grain boundaries in graphene. Science，2010，330：946-948.

[26]　Wei Y J，Wu J T，Yin H Q，et al. The nature of strength enhancement and weakening by pentagon-heptagon defects in graphene. Nat Mater，2012，11：759-763.

[27]　Zhang J F，Zhao J J，Lu J P. Intrinsic strength and failure behaviors of graphene grain boundaries. ACS Nano，2012，6：2704-2711.

[28]　Song Z，Artyukhov V I，Yakobson B I，et al. Pseudo Hall-Petch strength reduction in polycrystalline graphene. Nano Lett，2013，13：1829-1833.

[29]　Song Z，Artyukhov V I，Wu J，et al. Defect-detriment to graphene strength is concealed by local probe：the topological and geometrical effects. ACS Nano，2015，9：401-408.

[30]　Zou X，Liu M，Shi Z，et al. Environment-controlled dislocation migration and superplasticity in monolayer $MoS_2$. Nano Lett，2015，15：3495-3500.

[31]　Sangwan V K，Jariwala D，Kim I S，et al. Gate-tunable memristive phenomena mediated by grain boundaries in single-layer $MoS_2$. Nat Nanotechnol，2015，10：403-406.

[32]　Azizi A，Zou X，Ercius P，et al. Dislocation motion and grain boundary migration in two-dimensional tungsten disulphide. Nat Commun，2014，5：4867.

# 第4章

## 低维材料的电子学和光电子学性质

自从 2004 年 Geim 和 Novoselov 使用机械剥离的方法（透明胶带法）成功制备石墨烯以来，对其电学和磁学性质的研究就广泛开展起来。同时在石墨烯的启发下，更多的低维材料，如 TMDCs、h-BN 及 bP 等的电学和磁学性质也得到了广泛且深入的研究。由于低维材料，特别是二维材料单层结构的开放性，其生长和制备的过程往往会引入各种各样的缺陷，如点缺陷［空位、掺杂与吸附原子（adatom）］、位错及晶界。这些缺陷的引入将对低维材料的基本性质产生重要影响，而通过有目的的缺陷工程设计则有可能实现对低维材料电学和磁学性质的调制。本章将以近来研究中有代表性的几种低维材料的基本电子结构为基础，展开讨论这些低维材料的电子学和光电子学性质，以及外界环境和材料内在缺陷对这些性质的影响。

## 4.1 多种低维材料的基本电子结构

作为目前研究中最有代表性的三种低维材料，石墨烯、TMDCs 及 bP 因为其各自独特的电子结构将作为本节讨论的重点。为了获得上述材料的基本电子结构，最为高效且直观的方法便是理论计算和模拟。不少重要的工作均是通过这种方法展开，如预测石墨烯和硼烯（borophene）能带结构中的狄拉克锥[1, 2]，并且其准确性和可靠性也由角分辨光电子能谱（ARPES）测量所验证。以下将主要讨论由理论计算和模拟得到的这三种最具代表性低维材料的基本电子结构，以及它们在自身尺寸（纳米结构工程）和外界环境（结构应变和外加电场等）的影响下电子结构发生的改变。此外，也将介绍这三种材料之外的新材料［h-BN、硼烯与硅烯（silicene）等］的基本电子结构。

### 4.1.1 石墨烯的基本电子结构

石墨烯作为最早在实验中成功制备的二维单层材料，自其诞生之日便受到极为广泛的关注，其实验制备者曼切斯特大学的 Geim 和 Novoselov 也因此获得 2010 年的诺贝尔物理学奖。在这样的背景下，其基本电子结构已经研究得十分透彻[1, 2]。石墨烯中的碳原子通过一个 s 轨道和两个 p 轨道之间的 $sp^2$ 杂化在相互之间形成 σ 键，而根据泡利原理，σ 键所对应的能带位于禁带的深处；相反的是，未受影响的相邻碳原子 p 轨道之间形成 π 和 $π^*$ 键，其对应的能带跨越费米面，使得石墨烯的能带结构中不存在带隙。具体来说，如图 4.1（a）所示的三维能带结构中，石墨烯的能带边缘（导带底和价带顶）在动量空间中的 6 个交点正好位于费米面上，并在这些点的邻域内形成锥状能带结构，于是这样的能带结构被称为狄拉克锥能带结构，而狄拉克锥的顶点则被称为狄拉克点。有趣的是，石墨烯能带结构中的狄拉克点正好位于第一布里渊区中 6 个 K 点和 K′ 点所对应的位置，这意味着石墨烯的狄拉克锥能带性质在二维平面内具有较高的各向同性。在这些狄拉克点的邻域中，狄拉克锥在某一方向上的投影能带具有线性的色散特性，这一点在石墨烯能带结构中有着直观的体现，如图 4.1（b）所示。其中，导带底和价带顶在狄拉克点沿 K-Γ 和 K-M 两个方向均具有线性的电子色散，通过拟合可以得到该线性电子色散的斜率。

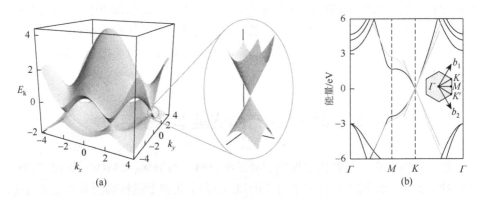

图 4.1　（a）石墨烯的三维能带结构（左）与位于 K 或 K′ 点的狄拉克锥（右）[1]；（b）石墨烯的二维能带结构，其位于 K 点处的狄拉克锥具有线性的电子色散[2]

　　石墨烯的电子结构可以由紧束缚方法来描述。在最近邻近似的情况下，Wallace 等在 1947 年得到考虑了最邻近及次邻近相互作用情况的哈密顿量 H。进一步求解得到石墨烯在狄拉克点邻域内的能带，与最近通过密度泛函理论计算得到的能带结构极为近似，可由式（4.1.1）来描述[1]

$$E_\pm(\boldsymbol{k}) \approx \hbar v_F \,|\,\boldsymbol{k}\,| + O[(\boldsymbol{k}\,/\,\boldsymbol{q})^2] \qquad (4.1.1)$$

其中，$\boldsymbol{k}$ 为以狄拉克点为起点的波矢；$v_F$ 为费米速度；$\boldsymbol{q}$ 为由 Γ 点到 K 点或 K′ 点

的向量；最后一项代表高阶小项。式（4.1.1）的特别之处在于粒子的费米速度与能量或动量均没有关系，这样的粒子在量子力学里由零质量狄拉克方程（massless Dirac equation）描述；同时式（4.1.1）与零质量狄拉克方程又极为相似（仅仅是光速 $c$ 由费米速度 $v_F$ 替换），这意味着在像石墨烯这种具有狄拉克锥能带结构的二维材料中，其载流子（电子和空穴）可以看作是零质量狄拉克费米子（massless Dirac fermions）。通常来说，属于零质量狄拉克费米子的载流子具有极高的费米速度，从而也就具有较高的载流子迁移率。以石墨烯为例，可以应用式（4.1.1）拟合狄拉克锥中线性电子色散的斜率，得到其费米速度约为 $1.0 \times 10^6$ m/s[3]，而它的载流子迁移率则高达 $2.0 \times 10^5$ cm²/(Vs)[4]，是目前稳定存在的二维材料中的最高值。在此基础上，假设电子迁移到次邻近原子上能量为零并忽略式（4.1.1）中高阶小项的情况下，Hobson 和 Nierenberg 在 1953 年得到了石墨烯原胞的电子态密度（density of states，DOS）为[1]

$$\rho(E) = \frac{2A_c}{\pi} \frac{|E|}{v_F^2} \qquad (4.1.2)$$

其中，$A_c$ 为石墨烯原胞的面积，$A_c = 3\sqrt{3}a^2/2$；$a$ 为晶格常数。在电子能量为零的费米能级处，石墨烯的电子态密度也为零，同时考虑其能带结构中的狄拉克锥顶点也位于费米能级上，这些都表明石墨烯是一种二维半金属（semi-metal）材料。石墨烯中的电子能够在低温条件下被激发到导带，在材料中形成可以自由运动的电子和空穴。石墨烯所具有的狄拉克锥能带结构和半金属性质使得其能够作为良好的高速电子器件材料。

对于石墨烯电子结构的预测，在石墨烯制备之后终于被科学家在实验中验证。Novoselov 等[5]和 Zhang 等[6]分别于 2005 年在实验中验证了石墨烯中存在狄拉克费米子这一预言。其中，通过与磁场的相互作用，可以在石墨烯中观测到分数量子霍尔效应（fractional quantum Hall effect），如图 4.2（a）所示，体系的霍尔电导率随着载流子浓度的上升而以分数阶梯的方式升高，这个现象从侧面佐证了石墨烯中具有狄拉克费米子及狄拉克锥能带结构。随后，Zhou 等[7]、Bostwick 等[8]及 Ohta 等[9]分别在实验中验证了石墨烯能带结构中确实存在狄拉克锥。他们利用 ARPES 直接测量并展示了 SiC 基底上石墨烯样品的能带结构，在第一布里渊区 $K$ 点和 $K'$ 点能够清晰地观察到狄拉克锥，如图 4.2（b）所示，与理论预测一致。并且通过实验测得石墨烯的费米速度（$1.12 \times 10^6$ m/s）与理论计算得到的预测值（$1.0 \times 10^6$ m/s）也相差无几。这些都说明对石墨烯电子结构理论预测的准确性和可靠性。

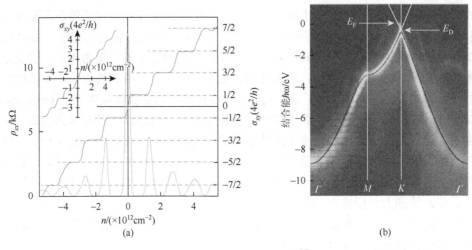

图 4.2　零质量狄拉克费米子的量子霍尔效应（a）[5]和由 ARPES 测量得到的
石墨烯能带结构（b）[8]

　　虽然石墨烯具有极高的各向同性的载流子迁移率，但是石墨烯不是半导体，且在非低温的条件下存在较大的背景电流，这使得石墨烯在纳米半导体器件中的应用受到极大限制。基于石墨烯制作的场效应晶体管的开关比（on/off ratio）比较小，不能实现有效的关闭。为了解决这一问题，科学家通过理论计算和模拟预测了多种调制石墨烯基本电子结构的方法，以获得所需的电学性质并应用到实际中。石墨烯的电子结构可以通过纳米结构工程和施加应变等方法进行调制，达到实际应用的预期。

　　首先，将石墨烯制成纳米带是纳米结构工程中极具代表性的一种方法，它使得利用石墨烯的边缘效应（edge effect）来调控其电子结构成为可能。伯克利加州大学的 Son 和 Louie 等在 2006 年通过第一性原理计算发现，边缘氢化后的扶手形和锯齿形边缘的石墨烯纳米带均具有非零的直接带隙[10]。在石墨烯纳米带结构中，纳米尺度的边缘效应不可忽略，使得在纳米带边缘处原子间成键特性发生较大改变。同时，边缘处的自旋自由度也使得锯齿形边缘的纳米带在费米面附近具有窄带边缘态，这意味着在边缘处极有可能出现磁性。具体来说，对于扶手形边缘的石墨烯纳米带而言，其边缘被氢化的碳原子之间的距离要比内部小，这使得边缘的 $\pi$ 轨道间的跳跃积分函数变大，从而在纳米带的边缘处形成带隙。在两种边缘的石墨烯纳米带中，其带隙均随着纳米带宽度的增加而减小（纳米带的宽度一般由扶手或锯齿线的数目表示）。如图 4.3（a）所示，扶手型纳米带的带隙随宽度呈现周期为 3 的振荡现象，在纳米带宽度先由 $3p$ 到 $3p+1$ 变化时带隙增大，而在宽度由 $3p+1$ 到 $3p+2$ 变化时带隙又减小，其中 $p$ 为整数。而锯齿形边缘的石墨烯纳米带的能带结构如图 4.3（b）所示，自旋向上和自旋向下通道在所有能带中存在简并且具有同样大小的带隙，而且该带隙源自两个自旋通道分别占据的子晶格（sublattice）交换势间的差值。通过在石墨烯中制备纳米带结构还可以调控其中的载流子迁移率[11]，这也对石墨烯的应用具有巨大的作用。如图 4.3（c）所示，随着扶手形边缘的纳米带宽度的增加，电子和空穴的迁移率呈现交替周期振荡，在宽度为 $3k$（$k$ 为大于等于 3 的整数）时，体系中电子迁移占据主导而空穴迁移率可以忽略；宽度为 $3k+1$ 与 $3k+2$ 时，空穴迁移占主导而电子迁移可以忽略，且宽度由 $3k+1$ 增大到 $3k+2$ 时空穴迁移率略微上升。与此不同的是，在锯齿形边缘的纳米带中空穴迁移率几乎与宽度无关，而电子迁移率随着宽度增加而减少，在宽度为 8（即具有 8 条锯齿线）时大约稳定在 $3.0 \times 10^3 \, \text{cm}^2/(\text{V} \cdot \text{s})$，如图 4.3（d）所示。

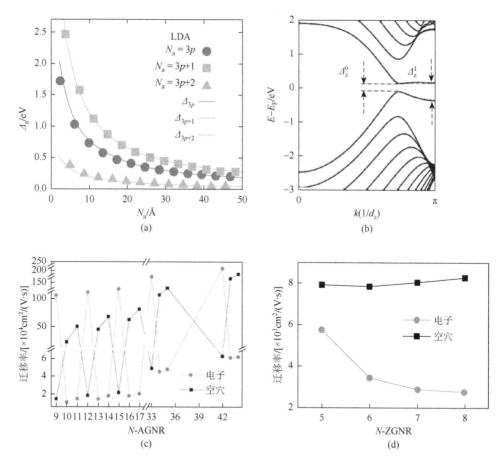

图 4.3　（a）宽度为 $N_a$ 的石墨烯扶手型纳米带的带隙随宽度的变化；（b）宽度为 12 的石墨烯锯齿型纳米带的能带结构，自旋向上和向下的态在所有能带中均简并，$\Delta_z^0$ 和 $\Delta_z^1$ 分别表示直接带隙和 $kd_z = \pi$ 处的能量劈裂；（c）石墨烯扶手型纳米带中载流子迁移率与纳米带宽度的关系；（d）石墨烯锯齿型纳米带中载流子迁移率与纳米带宽度的关系；（a）和（b）引自参考文献[10]，（c）和（d）引自参考文献[11]

其次，利用外界施加的二维平面内结构应变可以改变石墨烯的晶格形状，这将导致动量空间中的能带结构发生改变[12]，在石墨烯中引入了费米速度的各向异性。如图 4.4（a）所示，在施加沿扶手形方向的单轴拉伸结构应变 S 后，石墨烯体系中沿扶手形方向的费米速度 $v_{A1}$ 和 $v_{A4}$ 增幅较小，在 0.24 拉伸结构应变下增大约 22%；沿锯齿形方向的费米速度 $v_{A3}$ 显著减小，在 0.24 拉伸结构应变下减少了近 60%；而在与扶手形和锯齿形两个方向成 45°角的 A2 方向上，费米速度 $v_{A2}$ 几乎保持不变。施加沿锯齿形方向上的单轴拉伸应变也将引起石墨烯费米速度的变化。如图 4.4（b）所示，沿锯齿形方向的费米速度 $v_{Z1}$ 和 $v_{Z4}$ 显著降低，在应变超过 0.26 后降为零；而沿扶手形方向 Z3 和中间方向 Z2 的费米速度轻微增大，并在应变达到 0.24 后减小。通过以上分析可以发现，沿扶手形和锯齿形方向的单轴结构应变均能在石墨烯的费米速度中引入较大的各向异性[13]。与此相反的是，双轴拉伸结构应变仅降低石墨烯的费米速度。如图 4.4（c）所示，在应变为 0.10 时费米速度减少了约 14%，体系中的费米速度仍然保持各向同性。而石墨烯的扶手型和锯齿型纳米带在弯曲的情况下，它们的带隙均没有明显的改变（＜0.03 eV）并始终保持为直接带隙，如图 4.4（d）和（e）所示，同时它们的载流子有效质量也几乎保持不变[14]。这表明石墨烯的电子性质对材料弯曲并不敏感，所以石墨烯非常适合被应用到柔性器件中。除了上述方法外，施加外界电场和化学官能团化

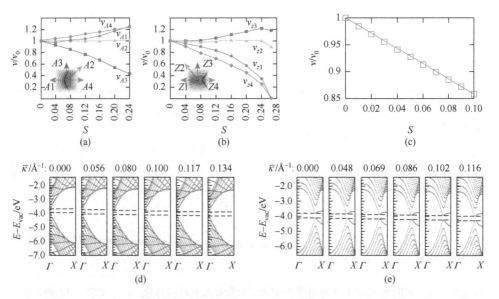

图 4.4　石墨烯中电子的费米速度随沿扶手形方向（a）和锯齿形方向（b）的应变的变化；
（c）石墨烯中费米速度随各向同性应变的变化（$v_0$ 表示未施加应变时的费米速度）；
（b）和（c）引自参考文献[13]；石墨烯扶手型（d）和锯齿型纳米带
（e）在不同程度弯曲情况下的能带结构[14]

（或吸附原子）等方法也可以显著调制石墨烯的电子结构，使其产生自旋劈裂，从而在石墨烯纳米结构中引入磁性，这将在下一章中进行详细讨论。即便如此，上述这些方法均不可避免地在石墨烯体系中引入了额外的复杂度，并且使得它的载流子迁移率显著降低，不利于石墨烯的实际应用。

## 4.1.2  过渡金属硫族化合物的基本电子结构

正是因为完美石墨烯不是半导体而在器件应用中受阻，具有合适带隙且为直接带隙的其他二维材料便引起了极大的研究兴趣，而 TMDCs 正好满足上述要求。TMDCs 是一个庞大的家族，其中比较常见的有 $MoS_2$ 和 $WSe_2$ 等，对于该类型的二维材料，以下讨论将主要以 $MoS_2$ 为代表展示其基本电子结构。$MoS_2$ 的体材料是具有间接带隙（1.0 eV）的半导体，并因为其对太阳光谱范围内的光有较强吸收而能被运用到光伏和光催化的应用中。但是对于数层甚至单层的 $MoS_2$ 而言，其电子结构与体结构的 $MoS_2$ 相比发生重大变化。伯克利加州大学 Splendiani 和 Wang 等于 2009 年采用机械剥离方法制备了超薄的数层甚至单层的二维 $MoS_2$，并在这些样品中成功观察到直接激子跃迁的光致发光现象[15]，但是在其体结构中却没有观察到类似现象。其中，光致发光效率随着样品厚度的减少而升高，并且在 $MoS_2$ 样品为二维单层时达到最高。除此之外，体结构的 $MoS_2$ 却展现出较强的且远大于间接带隙能量的直接激子吸收。这些结果说明，当 $MoS_2$ 由体结构到二维单层变化时，其电子结构也发生了关键的改变。为了揭示其中的物理规律，可以使用理论计算研究其电子结构变化。

研究表明，$MoS_2$ 的体结构材料是间接带隙的半导体，但在二维单层时，则转变为直接带隙半导体[15, 16]。如图 4.5（a）所示，体结构的 $MoS_2$ 的能带结构中，价带顶位于 $\Gamma$ 点而导带底位于 $\Gamma$ 点和 $K$ 点之间，形成了间接带隙。随着 $MoS_2$ 厚度的减少，在其体结构、四层结构［图 4.59（b）］及双层结构［图 4.5（c）］的能带结构中，间接带隙不断增大。在单层 $MoS_2$［图 4.5（d）］的情况下，$\Gamma$ 点处的价带顶下移，在能量上低于位于 $K$ 点的价带顶；而原来位于 $\Gamma$ 点和 $K$ 点之间的导带底随着厚度的减少逐渐上移，在单层的情况下高于位于 $K$ 点处的导带底。于是在单层 $MoS_2$ 的能带结构中，原本的间接带隙被 $K$ 点处的直接带隙所取代。有趣的是，在厚度减小的整个过程中，在 $K$ 点处的直接激子跃迁能量（excitonic transition energy，$K$ 点处导带底和价带顶之间的差值）几乎保持不变，其大小约为 2.14 eV（由 HSE06 方法计算得到）。同时，随着 $MoS_2$ 体系厚度的减小，激子态在能带间的弛豫速率也将降低，使得光致发光现象变强；在单层结构时，弛豫速率降为零，导致该体系的光致发光强度陡增[15]。此外，在不同厚度 $MoS_2$ 的能带结构（图 4.5）中 $K$ 点处的直接激子跃迁能量几乎保持一致，使得在实验中得到的光致发光谱的峰的位置也差不太多，主要区别在于发光强度。

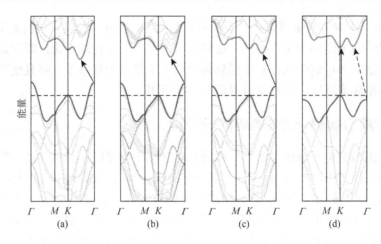

图 4.5   $MoS_2$ 体结构（a）、四层结构（b）、双层结构（c）及单层结构（d）的能带结构[15]

红色和蓝色曲线分别表示最低导带和最高价带，而箭头标示带隙

以上讨论的不同厚度的 $MoS_2$ 体系所具有厚度依赖的电子结构，主要是由其导带和价带中 d 轨道的特性引起[15, 16]，这与其他常见二维半导体由 sp 轨道主导的情况有着较大区别。具体来说，$MoS_2$ 布里渊区中 $K$ 点处的能带边缘态均主要由 Mo 原子的 d 轨道贡献。因为 Mo 原子处于两层 S 原子层的中间，在体结构情况下，$MoS_2$ 层间 Mo 原子的 d 轨道相互作用极小，具有高度的局域化。这使得 $K$ 点处的导带底和价带顶在 $MoS_2$ 层数由体结构开始逐渐减少的情况下基本保持不变，即 $K$ 点处的直接激子跃迁能量在体系层数变化基本保持不变的原因。相反的是，在多层 $MoS_2$ 结构中，其位于 $\Gamma$ 点的间接带隙的价带顶和导带底主要是由 Mo 原子的 d 轨道与 S 原子的 p 轨道间的相互作用及 S 原子 $p_z$ 轨道所共同贡献，层间相互作用将显著影响 $p_z$ 轨道与 p-d 轨道相互作用，使得间接带隙受到较强的层间相互作用影响。由以上分析可以看出，通过插层原子或插入不同 TMDC 多层结构等方法增大数层 TMDCs 材料的层间距，可以在该体系中实现直接带隙。

除此之外，二维 $MoS_2$ 体系的载流子迁移率也能够由能带结构估算出来。首先，利用 $MoS_2$ 能带结构中导带底和价带顶附近的电子色散，可以计算得到电子和空穴的有效质量 $m^*$，如式（4.1.3）所示[17]

$$m^* = \hbar^2 \left[ \frac{\partial^2 E(k)}{\partial k^2} \right]^{-1} \tag{4.1.3}$$

其中，$k$ 为动量空间中波矢的大小；$E(k)$ 为导带底或价带顶的能带。图 4.5（d）中单层 $MoS_2$ 在 $K$ 点处导带底或价带顶的 $E(k)$ 通过式（4.1.3）计算可以得到，电子或空穴的有效质量分别为 0.48 $m_e$ 或 0.60 $m_e$，其中 $m_e$ 为自由电子的质量。而且载流子的有效质量沿着单层 MoS₂ 晶格结构的扶手形方向和锯齿形方向均是一样的，故单层 MoS₂ 的载流子有效质量具有各向同性。在载流子有效质量的近似下，Bardeen 和 Shockley 于 20 世纪 50 年代提出的形变理论（deformation theory）可以计算二维体系的载流子迁移率 $\mu_{2D}$[17]

$$\mu_{2D} = \frac{2e\hbar^3 C}{3k_B T \, |m^*|^2 \, E_1^2} \qquad (4.1.4)$$

其中，$C$ 为二维体系的弹性模量；$T$ 为体系温度；$E_1$ 为形变势常数（表示由结构应变引起的能带边缘平移。能带边缘对电子而言是导带底，对空穴而言则是价带顶）。弹性模量 $C$ 可以由公式 $C = [\partial^2 E / \partial \delta^2]/S_0$ 计算得到，而形变势常数 $E_1$ 的定义为 $\Delta E = E_1 (\Delta l / l_0)$ [17]。利用上述公式可以得到单层 MoS₂ 体系电子的迁移率为 60～72 cm²/(V·s)，而空穴的迁移率为 152～200 cm²/(V·s)，载流子的迁移率在 MoS₂ 体系中是各向同性的。此外，MoS₂ 层数的变化也将对其载流子迁移产生影响，在层数增加到体结构的过程中，其电子的有效质量单调增大，但空穴的有效质量由单层的 0.637 $m_e$ 增大到双层的 1.168 $m_e$，然后减小到体结构的 0.711 $m_e$。虽然单层 MoS₂ 的载流子迁移率远远不及石墨烯，但相对来说还是较高的，结合其适中的直接带隙（2.14 eV），单层 MoS₂ 在纳米半导体器件的应用中有着巨大的潜力。例如，基于二维 MoS₂ 的场效应电子管（field effect transistor，FET）具有很高的开关比且没有短通道效应[18]。

　　与石墨烯类似，单层 MoS₂ 的电子结构也能够通过纳米结构工程的方法来调制。Cai 等于 2014 年预测了单层扶手形边缘 MoS₂ 纳米带的载流子迁移率与二维 MoS₂ 处于同一个数量级，但是电子和空穴的迁移率的相对大小发生了交换[19]。具体而言，在一维纳米带体系中，载流子迁移率可以由式（4.1.5）计算[19]

$$\mu_{1D} = \frac{e\hbar^2 C}{(2\pi k_B T)^{1/2} \, |m^*|^{3/2} \, E_1^2} \qquad (4.1.5)$$

其中，载流子的有效质量 $m^*$ 仍然可以通过式（4.1.3）得到，而弹性模量 $C$ 和形变势常数 $E_1$ 需要采用一维结构的值。通过计算可以得到，在纳米带结构中电子和空穴的迁移率分别为 190.89 cm²/(V·s) 和 49.72 cm²/(V·s)，整个体系的载流子输运从原来二维扩展结构中由空穴的迁移占主导变成纳米带中以电子的迁移占主导。如图 4.6（a）所示，扶手形边缘 MoS₂ 纳米带的电子迁移率随着纳米带宽度的增大而不断周期性振荡，并在宽度大于 24（即具有 24 条扶手线）之后趋于稳定 [190.89 cm²/(V·s)]；而空穴的迁移率大致遵循同样的规律，并稳定在约 49.72 cm²/(V·s)，如图 4.6（b）所示。

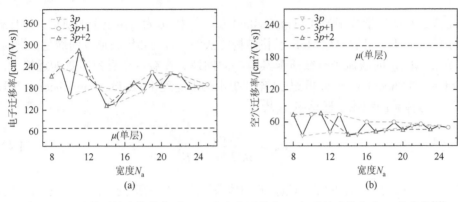

图 4.6 MoS$_2$ 扶手纳米带的电子（a）和空穴迁移率（b）随纳米带宽度 $N_a$ 的变化[19]

通过外加结构应变的方法也可以调制单层 MoS$_2$ 的电子结构。因为单层 MoS$_2$ 具有较小的弹性模量，所以其能够被应用于柔性纳米器件。除了拉压应力外，柔性器件往往需要对材料进行弯曲，Yu 等预言了弯曲 MoS$_2$ 纳米带可以实现对电荷局域化和费米面移动的调控[14]。弯曲 MoS$_2$ 纳米带可以同时在外侧和内侧分别引入较大的拉伸和压缩应变，其中在外侧的拉伸应变最大可达 0.23，而在内侧的压缩应变为-0.14。如图 4.7（a）所示，在扶手形边缘的 MoS$_2$ 纳米带由平直到曲率半径为 11 Å 的弯曲过程中，其纳米带边缘态逐渐下移，并最终移到非边缘态能带的下面。同时，如图 4.7（b）所示，原本在扶手形边缘的纳米带结构均匀分布的电荷随着体系弯曲度的增加而逐渐集中到纳米带的中间部分，其中 I、II 和 III 分别对应图 4.7（a）中 I、II 和 III 所示的非边缘的价带顶。除了弯曲的方法外，施加平面内结构应变也可以调制二维 MoS$_2$ 的能带结构[19, 20]。Cai 等的计算结果显示，沿着扶手形方向的结构应变由-0.01 变到 + 0.01 时，二维 MoS$_2$ 直接带隙的导带底、价带顶及带隙的大小均单调减小，如图 4.7（c）所示。Yun 等则对双轴结构应变带来的能带结构调制进行了细致的分析[20]。如图 4.7（d）所示，在二维 MoS$_2$（晶格常数 $a = 3.16$ Å）处于较小的双轴压缩应变时，带隙增大且保持为直接带隙，随着压缩应变进一步增大，带隙增大并变为间接带隙（导带底位于 $\Gamma$ 点与 $K$ 点之间，价带顶位于 $K$ 点）；而随着拉伸应变的增大带隙不断减小，在这过程中 MoS$_2$ 的带隙先是保持为直接带隙，然后在晶格常数位于区间 3.18~3.47 Å 时变为间接带隙（价带顶位于 $\Gamma$ 点，导带底位于 $K$ 点），最后在二维 MoS$_2$ 晶格常数超过 3.47 Å 后变为导体（位于 $K$ 点的导带边缘越过费米面）。通过使用纳米尺度的探针压迫单层 MoS$_2$ 薄膜形成漏斗状结构的新方法也可以引入结构应变[21]。纳米漏斗结构工程，可以使 MoS$_2$ 薄膜材料具有将光激发的载流子集中到漏斗中央的功能，这将在之后光电性质的部分进行详细讨论，这里仅讨论应变引起的电子结构变化。纳米漏斗结构的形成在 MoS$_2$ 单层薄膜中引入了双轴拉伸结构应变，其能带结构及带隙发生类似前面讨论的平面内双轴应变在二维 $MoS_2$ 中引起的变化。

### 4.1.3　单层黑磷的基本电子结构

在石墨烯和 TMDCs 受到广泛关注和研究之后，bP 因优异的光电子性质和应

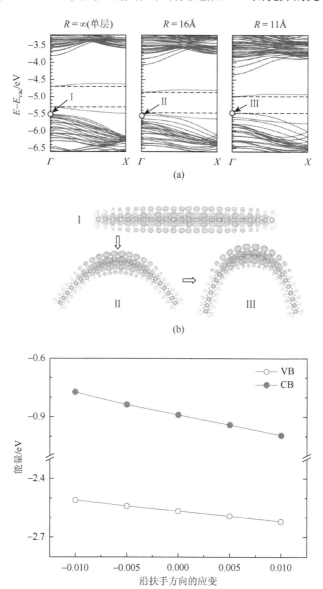

(a)

(b)

(c)

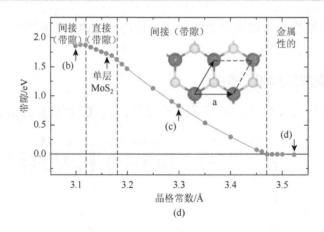

图 4.7 MoS₂ 扶手型纳米带的弯曲效应

（a）体系在三个不同曲率半径下的能带结构。红色曲线表示两重简并边界态的能带，上下黑色虚线分别表示 CBM 和 VBM；（b）图 4.7（a）中 I、II 和 III 态空间电荷分布的等值面；（a）和（b）引自参考文献[13]；（c）二维单层 MoS₂ 的导带底和价带顶随沿扶手形方向的单轴应变的平移[19]；（d）MoS₂ 单层结构的带隙随晶格常数的变化[20]

用前景而开始受到广泛关注。Qiao 等通过理论计算预测得到体结构的 bP 是直接带隙的半导体，其带隙约为 0.36 eV（HSE06），随着结构层数的减少，bP 仍然保持了直接带隙的特征，但是其直接带隙的大小不断增大[22]。如图 4.8（a）所示，其直接带隙的大小随着体系层数的减少而增大，特别是在 5 层到 1 层这个区间迅速增大。在如图 4.8（b）所示的单层 bP 能带结构中可以观察到，其直接带隙位于布里渊区的 $\Gamma$ 点，大小约为 1.51 eV（运用 HSE06 并考虑了范德瓦耳斯效应）。利用式（4.1.3）和式（4.1.4）并结合不同层数 bP 的能带结构，可以计算得到其载流子沿扶手及锯齿形方向的有效质量 $m^*$ 和迁移率 $\mu_{2D}$，如表 4.1 所示。可以看到载流子迁移率也受到体系层数的影响，层数的增加使体系内的载流子迁移率上升。但在单层结构的情况下，载流子迁移率并不遵循这一规律，体系中电子沿扶手形方向的迁移率及空穴沿锯齿形方向的迁移率均在单层时显著增大，而电子沿锯齿形方向和空穴沿扶手形方向的迁移率则显著减小。载流子迁移率在单层 bP 中的特殊表现使其具有较大的各向异性，以及较高的电子沿扶手形方向和空穴沿锯齿形方向的迁移率。其中，电子沿扶手形方向的迁移率约为 1140 cm²/(V·s)，而沿锯齿形方向的仅为 80 cm²/(V·s)，可以忽略；空穴沿锯齿形方向的迁移率高达 26 000 cm²/(V·s)，相比之下沿扶手形方向的也可以忽略［700 cm²/(V·s)］。bP 载流子迁移率所具有的各向异性，主要原因在于多层 bp 中层间的堆叠方式引入的层内的波函数交叠在单层 bP 中消失了，使得价带波函数在锯齿形方向上相当独立，那么沿着锯齿形方向的声子振动对波函数的影响极小，所以在这个方向上的价带形变势 $E_1$ 约为 0.15 eV，远小于其他二维材料（如 MoS₂ 的为 3.9 eV），从而使得空穴在该方向上的迁移率较高。除此之外，较小的载流子有效质量 $m^*$（0.1～0.2 $m_e$）也是 bP 中载流子迁移率较高的原因之一。

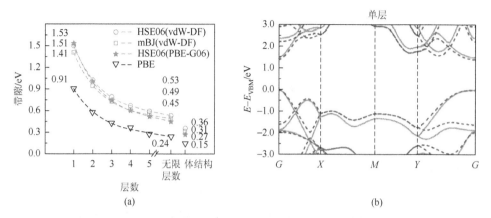

图 4.8 bP 直接带隙随体系层数的变化（a）和二维单层 bP 的能带结构（b）[22]

实线和虚线分别表示由 HSE06 泛函和 mBJ 势计算得到的能带

表 4.1 预测得到的不同层数（$N_L$）bP 的载流子有效质量（$m^*$）、形变势 $E_1$、二维弹性模量 $C_{2D}$ 及二维载流子迁移率 $\mu_{2D}$[22]

| 载流子 | $N_L$ | $m_x^*/m_0\,\Gamma\text{-}X$ | $m_y^*/m_0\,\Gamma\text{-}Y$ | $E_{1x}$/eV | $E_{1y}$/eV | $C_{x\_2D}$/(J/m²) | $C_{y\_2D}$/(J/m²) | $\mu_{x\_2D}$/[10³ cm²/(V·s)] | $\mu_{y\_2D}$/[10³ cm²/(V·s)] |
|---|---|---|---|---|---|---|---|---|---|
| 电子 | 1 | 0.17 | 1.12 | 2.72±0.02 | 7.11±0.02 | 28.94 | 101.60 | 1.10～1.14 | ～0.08 |
| | 2 | 0.18 | 1.13 | 5.02±0.02 | 7.35±0.16 | 57.48 | 194.62 | ～0.60 | 0.14～0.16 |
| | 3 | 0.16 | 1.15 | 5.85±0.09 | 7.63±0.18 | 85.86 | 287.20 | 0.76～0.80 | 0.20～0.22 |
| | 4 | 0.16 | 1.16 | 5.92±0.18 | 7.58±0.13 | 114.66 | 379.58 | 0.96～1.08 | 0.26～0.30 |
| | 5 | 0.15 | 1.18 | 5.79±0.22 | 7.35±0.26 | 146.58 | 479.82 | 1.36～1.58 | 0.36～0.40 |
| 空穴 | 1 | 0.15 | 6.35 | 2.50±0.06 | 0.15±0.03 | 28.94 | 101.60 | 0.64～0.70 | 10～26 |
| | 2 | 0.15 | 1.81 | 2.45±0.05 | 1.63±0.16 | 57.48 | 194.62 | 2.6～2.8 | 1.3～2.2 |
| | 3 | 0.15 | 1.12 | 2.49±0.12 | 2.24±0.18 | 85.86 | 287.20 | 4.4～5.2 | 2.2～3.2 |
| | 4 | 0.14 | 0.97 | 3.16±0.12 | 2.79±0.13 | 114.66 | 379.58 | 4.4～5.2 | 2.6～3.2 |
| | 5 | 0.14 | 0.89 | 3.40±0.25 | 2.97±0.18 | 146.58 | 479.82 | 4.8～6.4 | 3.0～4.6 |

bP 具有高迁移率及各向异性的载流子迁移，使其在电子器件中拥有巨大的应用价值[22]。例如，在光电子器件中，光激发产生的电子和空穴在 bP 中具有不同的迁移优势方向，电子主要沿扶手形方向迁移而空穴则主要沿锯齿形方向迁移，可以有效实现电子和空穴的分离。而且，电子和空穴迁移方向不同的特性可以为纳米器件的设计带来更多的可能。再者，电子和空穴的迁移率具有较大的各

向异性，使其二维晶格的取向可以由入射的线偏振光的吸收来判定。当线偏振光的吸收谱中第一个峰所对应的光子能量为带隙大小时，则该线偏振光所沿的方向即为 bP 样品的扶手形方向。其原理在于 bP 价带顶和导带底的电荷密度在沿扶手形方向上存在交叠，而在锯齿形方向上较少交叠，所以沿扶手形方向更易产生激发。

与前面讨论的石墨烯和 TMDCs 类似，bP 的电子结构和性质也将显著地受到外界环境的影响，包括温度、结构应变及外加周期势场等。首先，bP 的带隙往往会受到环境温度的影响，这使得 bP 在室温下的电子结构对其实际应用产生较大影响[23]。如图 4.9 所示，bP 的直接带隙 $E_g$ 随着环境温度 $T$ 的升高而单调增大，由 0 K 到室温 300 K 带隙增大了约 50 meV。bP 的带隙对温度的依赖主要由两个因素引起，其一是电子-声子耦合，其二是晶格热膨胀。理论计算的结果在低温范围内和实验数据非常符合，但在较高温度下出现了一定的偏差。例如，温度范围 80～120 K 和 160～300 K 内，理论计算得到的带隙 $E_g$ 随温度 $T$ 的变化率 $dE/dT$ 分别为 0.199 meV/K 与 0.235 meV/K，与图 4.9 中标示的实验结果拟合值不同，这主要是由于在温度较高时晶格热膨胀效应占据主导，而由此带来的非简谐修正并未在理论中得到充分考虑。

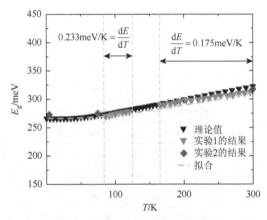

图 4.9　理论和实验得到的 bP 带隙随温度的变化[23]

其次，bP 的结构应变主要可以由与基底外延不匹配（epitaxial mismatch）或者弯曲等方式造成，这两种方法均可以显著地调制其电子结构。同时，双轴和单轴应变带来的电子结构改变是有区别的[24]。对于双轴应变，如图 4.10（a）所示，双轴压缩应变的增加将线性地减小 bP 的带隙，直至 -0.09 压缩应变使带隙消失；在此过程中价带顶沿 $\mathit{\Gamma}$-$X$ 方向移动了一小段距离，使得具有压缩应变的 bP 变为间接带隙半导体。在施加双轴拉伸应变时，直接带隙仍然得到保持，但带隙随着拉伸应变的增加而增大，在达到 0.04 拉伸应变之后带隙随着应变的进一步增大而减小。bP 在施加单轴应变时,沿扶手形和锯齿形两个方向的应变带来的电子结构变化也不相同。如图 4.10(b)所示,沿锯齿形方向的压缩应变将价带顶沿 $\Gamma$-$X$ 方向移动,形成间接带隙,且带隙随着应变的增加单调减小;而沿同一方向的拉伸应变则是将导带底沿 $\Gamma$-$Y$ 方向转移,同样形成间接带隙,但带隙显示随着应变的增大而增大,在达到 0.04 之后开始单调下降,与双轴应变引起的带隙变化类似。在施加了沿扶手形方向的结构应变后,压缩应变和拉伸应变均使体系的带隙

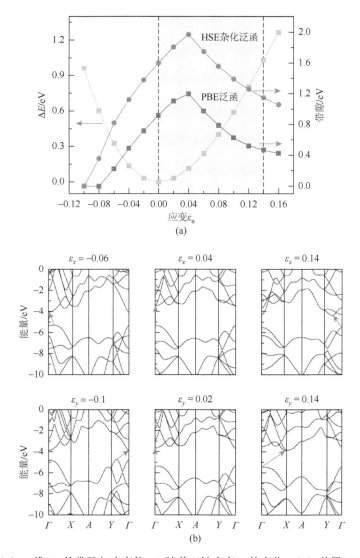

图 4.10　(a)二维 bP 的带隙与应变能 $\Delta E$ 随着双轴应变 $\varepsilon_u$ 的变化;(b)单层 bP 在不同方向应变下的能带结构,$\varepsilon_x$ 为沿 $x$(锯齿形)方向的应变,$\varepsilon_y$ 为沿 $y$(扶手形)方向的应变,绿色箭头代表价带到导带的跃迁路径[24]

单调减小，但是在能带结构中压缩应变使价带顶沿 $\Gamma\text{-}Y$ 方向移动而拉伸应变使导带顶转移到 $\Gamma$ 点之外的点，均得到间接带隙。

除带隙类型和大小会受到平面内应变的影响之外，bP 载流子迁移率的大小及各向异性也会受到影响[25]。如图 4.11（a）所示，bP 电子有效质量 $m^*$ 随方向变化图清晰地显示该体系电子迁移的各向异性；而在施加了 0.05 双轴应变之后，其 $m^*$ 的角度分布图发生 90°旋转，如图 4.11（b）所示，较大的电子有效质量由原来的沿锯齿形方向变为沿扶手形方向。通过式（4.1.4）可以得到 bP 电子迁移率 $\mu$ 随双轴应变和沿锯齿形方向单轴应变增大的变化规律。在考虑室温（$T = 300\text{ K}$）作用的情况下，如图 4.11（c）所示，当双轴应变由 0 增大到 0.08 时，电子沿扶手形方向的迁移率 $\mu_y$ 开始单调减小，在双轴应变为 0.04 时减小到约为 200 $\text{cm}^2/(\text{V·s})$ 并保持大致不变；而沿锯齿形方向的迁移率 $\mu_x$ 开始保持不变，在双轴应变为 0.04 时突然增大到约 900 $\text{cm}^2/(\text{V·s})$ 并保持大致不变。于是，该体系的电子迁移由原来主

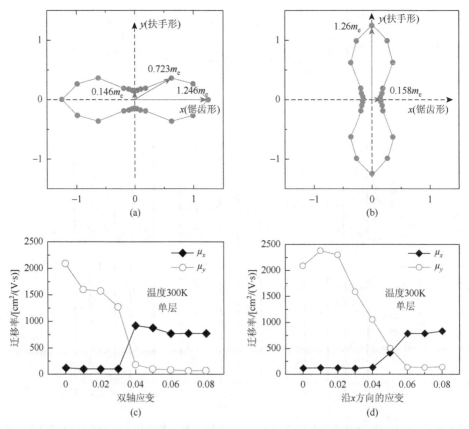

图 4.11　bP（a）与施加了 0.05 双轴应变的 bP（b）电子有效质量随角度的变化；bP 在双轴应变（c）和沿 $x$（锯齿形）方向的单轴应变（d）作用下的电子迁移率[25]

要沿扶手形方向变为主要沿锯齿形方向。同样在室温下，沿锯齿形方向的单轴
应变也可以实现与上述电子迁移各向异性改变类似的现象，但电子迁移由主要
沿扶手形方向转变到沿锯齿形方向的临界结构应变由之前的 0.04 增大到 0.06，如
图 4.11（d）所示。

　　bP 因为具有起皱状的晶体结构，所以可以对该体系施加沿垂直于平面方向的
压缩应变，也能够实现对电子结构的有效调制[26]。压缩后的二维晶体高度 $h$ 和初
始的单层厚度 $h_0$ 的比值表示压缩程度。如图 4.12（a）所示，垂直方向上的压缩
应变使得 bP 的带隙先是增大，在 $h/h_0 \approx 0.89$ 时开始减小；在 $h/h_0 \approx 0.75$ 时由半导
体转变为导体［$h/h_0 = 0.70$ 时导体 bP 结构如图 4.12（c）所示］；而在 $h/h_0 = 0.94$
时［晶体结构如图 4.12（b）所示］该体系的能带结构由直接带隙变为间接带隙。
此外，bP 纳米带结构与前面讨论的 $MoS_2$ 纳米带类似，也可以通过弯曲的方法实现
较大的面内应变并改变体系的电子结构[14]。具体来说，随着 bP 扶手形边缘纳米带
（A-PNR）弯曲曲率的增大，体系的带隙也在不断增大，如图 4.13（a）所示，且
在曲率半径约为 12 Å 时，空穴在纳米带上的分布开始逐渐向边缘集中，如图 4.13
（b）中 II 所示［I、II 和 III 分别对应于图 4.13（a）中能带结构的价带顶］。当弯

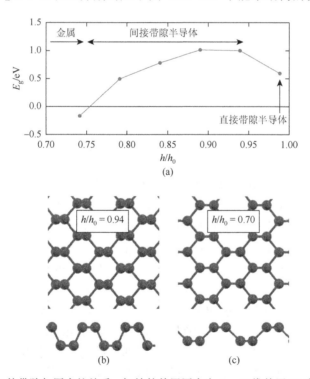

图 4.12　（a）bP 的带隙与厚度的关系；初始的单层厚度为 $h_0$，二维单层 bP 在 $h/h_0 = 0.94$（b）
和 $h/h_0 = 0.70$（c）时的原子结构示意图[26]

曲程度达到曲率半径为 9 Å 时，在原本 A-PNR 的带隙中产生了一个新的未占据能带 [由图 4.13 (a) 中Ⅳ表示]，其在晶体结构中主要分布于纳米带的中央，如图 4.13 (b) 中Ⅳ所示。

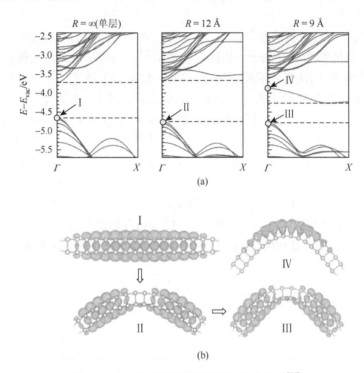

(a)

(b)

图 4.13    bP 扶手形边缘纳米带的弯曲效应[14]

(a) 不同弯曲曲率半径下的能带结构；(b) 图 4.13 (a) 中Ⅰ、Ⅱ、Ⅲ和Ⅳ态空间电荷分布的等值面

最后，通过外加电场可以实现对 bP 的带隙和载流子迁移率的双重调制[24]。在二维 bP 薄片的垂直方向上施加电场，如图 4.14 (a) 所示，不论体系是否具有结构应变，其带隙均随着电场强度的增大而减小。同时，二维 bP 的电子和空穴分别沿锯齿形方向（$x$ 方向）与扶手形方向（$y$ 方向）的迁移率在电场作用下的变化分别如图 4.14 (b) 和 (c) 所示。其中，随着电场强度的增大，电子的迁移率沿锯齿形方向减小而沿扶手形方向增大；而空穴在电场作用下沿两个方向的迁移率均轻微减小。有趣的是，将 bP 置于外加周期势中可在该体系实现各向异性的狄拉克费米子[27]。引入的周期势可由图案化分子组装（patterned molecule assembly）或者静电门压等方式实现。具体而言，可以通过遵循特定规律组合的复杂电场实现所需的周期势，在这里主要考虑如图 4.14 (d) 所示的周期势。在该周期势的作用下，bP 的三维能带结构中形成了两个由 $K$ 和 $K'$ 标示出的狄拉克锥，如图 4.14 (e) 和 (f) 所示，并且这些狄拉克锥沿不同方向上线性色散的斜率是不同的，所

以该体系中狄拉克费米子沿不同方向的费米速度是不同的，即狄拉克费米子是各向异性的。

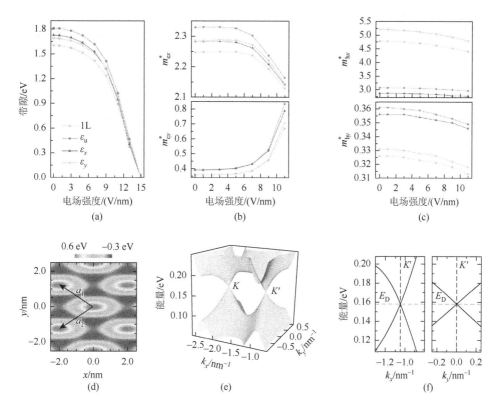

(a)　(b)　(c)

(d)　(e)　(f)

图 4.14　（a）bP 在无应变和施加应变后的带隙随外加电场强度的变化，其中 1 L 代表单层，$\varepsilon_u$、$\varepsilon_x$ 和 $\varepsilon_y$ 分别表示双轴应变与沿锯齿形和扶手形方向的结构应变；bP 在有无应变条件下电子（b）和空穴有效质量（c）随外加电场强度的变化[24]；（d）bP 上外加正弦周期势的实空间分布；在周期势的作用下 bP 具有三维（e）和二维投影（f）的狄拉克锥能带结构，$E_D$ 为狄拉克的能级位置[27]

## 4.1.4　其他二维材料的电子结构

除去上述三种广受关注的二维材料，仍有不少二维材料也具有优异的性质。本节将对这些二维材料的基本电子结构进行相关的讨论。其中，比较有代表性的二维材料有六方氮化硼（h-BN）、硼烯、硅烯（silicene）和锗烯（germanene）。

h-BN 的体结构是间接带隙的绝缘体，其带隙随着体系厚度（层数）的减少而增大；而单层 h-BN 的带隙为直接带隙，位于布里渊区中的 K 点，其大小约为 5.68 eV（由 HSE06 计算得到）[16]。由于二维 h-BN 中的直接带隙较大，具有较好的绝缘性，常常被用作纳米器件的封装材料。同时，较大的直接带隙使其可以实现对高能光子的吸收和激发。与前面已讨论二维材料类似，可以通过纳米结构工程进一步将 h-BN 制成纳米带，随后利用拉伸应变改变其电子结构，从而可以调制带隙和载流子有效质量[28]。虽然 h-BN 具有直接带隙，但其锯齿形边缘纳米带却具有间接带隙。沿锯齿形方向的拉伸应变使二维 h-BN 及其锯齿形边缘纳米带的带隙减小，如图 4.15（a）所示。而纳米带带隙的减小与其宽度有关，宽度越大其带隙随应变增加而减小得越明显。同时，不同宽度的 h-BN 锯齿形边缘纳米带在沿锯齿形方向上拉伸应变的作用下，其空穴的有效质量单调增大，而电子有效质量单调减小，如图 4.15（b）所示，并且纳米带的宽度对这个规律基本没有影响。

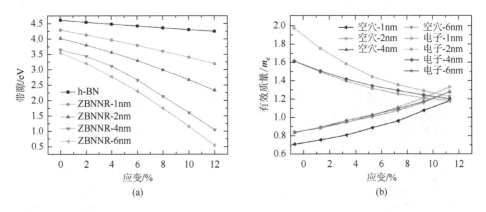

图 4.15　（a）单层 h-BN 与其不同尺寸的锯齿型氮化硼纳米带 ZBNNR 的带隙随沿锯齿形方向单轴应变的变化；（b）h-BN 锯齿型纳米带的载流子有效质量随沿锯齿形方向单轴应变的变化[28]

　　硼烯是一种最近制备的新型二维材料，Feng 等在 2017 年开展了对其电子结构的理论预测和实验验证工作[29]，预测并证明了硼烯 $\beta_{12}$ 薄片［晶体结构如图 4.16（a）所示］具有狄拉克锥能带结构，如图 4.16（b）所示，两个狄拉克锥分别位于布里渊区中（±2π/3$a$，0）点处。与石墨烯类似，狄拉克锥能带结构意味着硼烯 $\beta_{12}$ 薄片内的载流子属于零质量狄拉克费米子，具有较高的费米速度和载流子迁移率。当将硼烯 $\beta_{12}$ 薄片转移到 Ag(111)基底上时，其电子结构受到样品-基底晶格不匹配的影响，两个狄拉克锥分别沿 $\Gamma$-$Y$ 方向劈裂形成新的狄拉克锥，如图 4.16（c）所示。之后通过 ARPES 测量可以得到 Ag(111)基底上硼烯 $\beta_{12}$ 薄片的狄拉克锥能带结构，证明它与基底通过晶格不匹配相互作用之后确实产生了狄拉克锥分裂，形成如图 4.16（d）所示的能带结构。

　　与石墨烯类似，硅烯和锗烯具有狄拉克锥的电子结构。Cahangirov 等在 2009年提出平面外轻微弯曲的硅烯和锗烯的二维单层结构是可以稳定存在的[30]，如

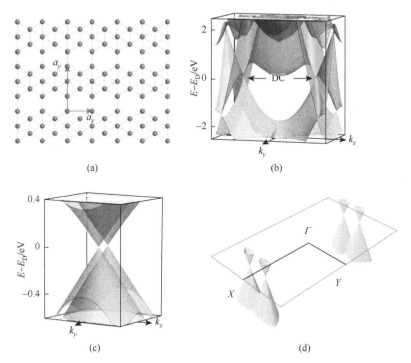

图 4.16　（a）硼烯 $\beta_{12}$ 薄片的晶体结构示意图；（b）孤立的硼烯 $\beta_{12}$ 薄片的三维能带结构，其狄拉克锥由 DC 标示；（c）硼烯 $\beta_{12}$ 薄片的狄拉克锥在 Ag(111)基底的作用下产生沿 $\Gamma$-$Y$ 方向的劈裂；（d）Ag(111)基底上硼烯 $\beta_{12}$ 薄片的三维能带结构示意图[29]

图 4.17（a）所示。同时，通过对声子谱的计算分析可以发现，完全平面的六角结构具有虚频不能稳定，而轻微弯曲的六角结构则不存在虚频，这与能量学分析是一致的。硅烯和锗烯的能带结构如图 4.17（b）所示，从中可以清楚地观察到位于布里渊区 $K$ 点处的狄拉克锥，所以这两者中的载流子均属于零质量狄拉克费米子。省略 $k^2$ 高阶小项的影响，利用式（4.1.1）拟合能带结构中的线性电子色散可以得到硅烯和锗烯中的费米速度均约为 $10^6$ m/s，与石墨烯一致。在纳米器件应用中，边缘的电子结构显得尤为重要。硅烯的扶手形边缘纳米带是非磁性的直接带隙半导体，其带隙小于石墨烯纳米带。总体来说，其带隙随着宽度的减小而增大，但展现周期振荡的特点。如图 4.17（c）所示，宽度为 $3p$ 和 $3p+1$ 的纳米带的带隙基本遵循随宽度减小而增大的规律，而宽度为 $3p+2$ 时带隙几乎为零且不随宽度而变化。而硅烯的锯齿形边缘纳米带因为其边缘效应的影响，具有磁学性质，这将在之后低维材料的磁学性质部分详细讨论。

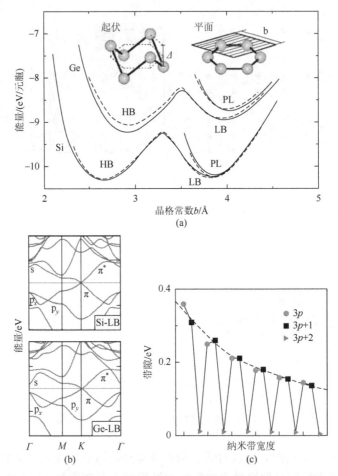

图 4.17    （a）二维硅烯和锗烯的能量随晶格常数的变化；实线和虚线分别是由采用 PAW 势和超软赝势的 LDA 方法计算得到，HB、LB 和 PL 分别表示高起伏的、低起伏的和平面的结构，插图展示了起伏结构和平面结构的示意图；（b）具有低起伏的二维硅烯和锗烯的能带结构；（c）硅烯扶手型纳米带的带隙随纳米带宽度的变化[30]

## 4.2    低维材料的光电子学性质

在 4.1 节中已经对多种低维材料（如石墨烯、二硫化钼及黑磷等）的基本电子结构进行了深入的讨论，其电子结构所带来的本征光学性质对于低维材料在未来纳米光电或光学器件中的应用十分重要，所以本节将单独讨论相关内容。低维材料的本征光学性质与其基本电子结构紧密相关，如直接带隙的能带结构意味着该材料具备较好的光吸收与光发射性能、不同大小的直接带隙对不同波长的光具有选择性，以及激子的产生与其相互间的作用也与能带结构密切相关等。

### 4.2.1　多种二维材料的光电子学性质

　　材料的光学性质和其电子结构紧密相关，但是由于对称性和电子-空穴相互作用，能带中得到的直接带隙并非直接对应光学带隙。材料的光学带隙等光学性质可以通过光吸收谱或光致发光（photoluminescence，PL）谱直接体现。在最近的研究中，单层 $MoS_2$ 和二维 bP 由于具有合适能量大小的直接光学带隙而受到重视，下面将就这两者的光学性质展开详细讨论。

　　二维单层的 $MoS_2$ 具有位于布里渊区 $K$ 点处的光学带隙，因此具有较好的光学特性[15]。具体而言，在它的光致发光谱中，如图 4.18（a）所示，627 nm 和 677 nm（1.85 eV 和 1.98 eV）两个光致发光峰分别对应于能带结构中布里渊区 $K$ 点处自旋轨道劈裂的直接带隙 [图 4.18（a）中插图]，均小于计算得到的 $K$ 点处的直接带

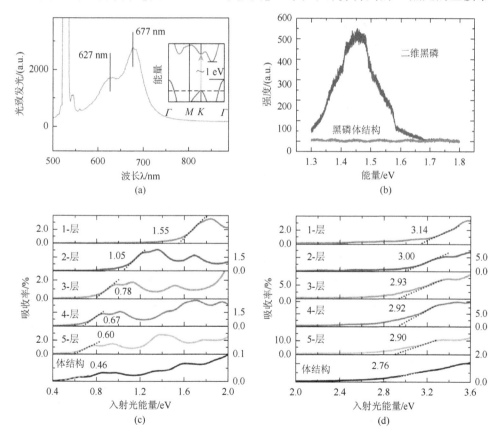

图 4.18　（a）层状 $MoS_2$ 的光致发光谱，插图展示体结构 $MoS_2$ 的能带结构[15]；（b）二维和体结构 bP 的光致发光谱[31]；不同厚度的 bP 对沿扶手形方向（c）和锯齿形方向（d）线偏振光的吸收谱[22]

隙 2.14 eV（由 HSE06 计算得到）。两者的差别主要是因为电子-空穴相互作用引起的激子效应。

二维 bP 具有如图 4.8(b)所示的能带结构，其直接带隙约为 1.53 eV（由 HSE06 计算得到）且位于布里渊区的 $\Gamma$ 点[22]。其较强的各向异性的电子结构使得对于不同偏振方向的偏振光的吸收产生差异，即线性二色性（linear dichroism）。如图 4.18（c）所示，偏振方向与 bP 扶手形方向一致的入射光的第一个吸收峰在不同厚度体系中均位于与能带带隙一致的能量位点。而偏振方向与锯齿形方向相同的入射光吸收谱则与带隙没有直接关系，且随着厚度的变化仅有微小改变，如图 4.18（d）所示。这种线性二色性可用于确定 bP 的晶向（crystal orientation）。在图 4.18（b）所示的二维 bP 的光致发光谱中可以得到具有 1.45 eV 能量的发光信号，这与之前计算得到的 1.53 eV 是一致的；而 bP 体结构由于层间相互作用显著而不具有显著的光致发光信号[31]。

具有类似二维 bP 结构的 13-15 族化合物 MX（M = Ge 或 Sn，X = S 或 Se），同样具有直接光学带隙和特殊的本征光学性质。密歇根大学的 Shi 和 Kioupakis 计算了 SnSe 和 GeSe 的能带结构，并发现其对可见光具有极强的吸收[32]。GeSe 和 SnSe 的二维结构如图 4.19（a）所示，与二维 bP 极其类似。这两种二维材料的带隙均随着层数的减小而不断增大，在单层时带隙最大，这是随着层数的减少量子局限效应增强而引起的。如图 4.19（b）和（c）所示，GeSe 和 SnSe 在单层时分别具有直接和间接带隙，其大小分别为 1.87 eV 和 1.63 eV。同时，二维材料减弱的库仑屏蔽效应使得 GeSe 和 SnSe 具有较强的激子效应（GeSe 和 SnSe 的激子结合能（excition binding energy）分别为 0.32 eV 和 0.27 eV），表明二维体系中激子在室温下具有较好的热稳定性。体系的光学吸收 $A$ 具有如下形式

$$A(E) = 1 - e^{-\alpha(E)d} = 1 - e^{-2\pi E/hc\varepsilon_2 d} \tag{4.2.1}$$

其中，$\alpha$ 为吸收系数；$\varepsilon_2$ 为介电函数的虚部；$d$ 为模拟元胞垂直于材料平面的厚度。

图 4.19（d）和（e）展示了计算得到的单层 GeSe 和 SnSe 分别对偏振方向沿晶体锯齿形和扶手形方向的光学吸收谱。由于材料具有面内各向异性，它们对两个具有相互垂直偏振方向的光的吸收是不一样的。从 4.19（d）和（e）中还可看出，GeSe 和 SnSe 对可见光范围内光子的吸收率较高（接近 40%，并在双层结构中最高达到 47%）。这是因为该类型二维材料中的能带极值处附近具有较多平缓的能带，导致能带极值处的电子态密度较大，显著提高了光学转化效率。由于二维 GeSe 和 SnSe 材料对可见光具有较高光学吸收率，它们在太阳能电池的应用中具有巨大潜力。通过计算可以发现，单层 GeSe 和 SnSe 对太阳能的转化效率分别约为 5.2% 和 7.1%，而双层结构的转化效率将提升到 7.2% 和 10.4%，已经与目前极为高效的有机与染料敏化的太阳能电池的性能相当，这说明超薄 SnSe 具有作为高效柔性薄膜太阳能电池的巨大潜力。

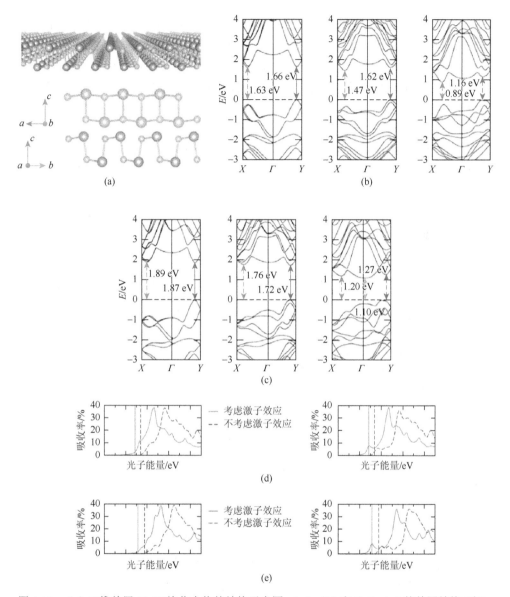

图 4.19  （a）二维单层 13-15 族化合物的结构示意图；SnSe（b）和 GeSe（c）的单层结构（左）、双层结构（中）及体结构（右）的能带结构；二维单层 SnSe（d）和 GeSe（e）分别对偏振方向沿晶体锯齿形方向（左）和扶手形方向（右）的线偏振光的光学吸收谱[32]

### 4.2.2  激子效应

为了正确解析材料的激子特性，需要采用在 GW 近似基础上对电子-空穴相互作用作静态屏蔽近似的多体微扰理论 Bethe-Salpeter 方程（BSE）。

　　表 4.2 总结了最近利用不同方法和 $K$ 点取样得到的多种二维材料的激子结合能。从该表中可以发现多个趋势性规律。首先，对第 6 族金属硫族化合物，硫族元素的相对原子质量越大，激子结合能越小。虽然随着元素相对原子质量的增加，二维过渡金属硫族化合物的有效质量少许增加（增大激子结合能），但显著增强的介电屏蔽使得激子结合能产生红移。其次，所列单层材料的激子结合能都高于 0.5 eV，显著大于它们对应的体材料的激子结合能。一方面，随着二维材料层间距的增加，屏蔽变得越来越弱；另一方面，电子和空穴的波函数被限制在层状材料中，因此它们的交叠变得非常显著。这两个因素都引起了低维体系中更强的激子结合能。

**表 4.2　计算得到的多种二维材料的激子结合能及其参数选择**

| 二维材料 | 参考文献 | 方法 | $K$ 点 | 激子结合能/eV |
|---|---|---|---|---|
| h-BN | [33] | LDA + Partial sc GW | — | 2.1（m），0.7（bu） |
| | [34] | LDA + Non-sc GW | 36×36×1 | 1.9（m） |
| MoS$_2$ | [35] | LDA + One-step Partial sc GW | 72×72×1/300×300×1 | 0.96/0.63 |
| | [36] | LDA + Non-sc GW | 300×300×1 | 0.63（m） |
| | [37] | LDA + Non-sc GW | 45×45×1 | 0.6（m） |
| | [38] | PBE + Non-sc GW | 12×12×1/12×12×3 | 1.1（m），0.13（bu） |
| | [39] | LDA + sc GW + model | 8×8×1 | 0.897（m），0.424（bi） |
| | [40] | PBE + Non-sc GW | 6×6×1 | 1.03（m），0.91 |
| | [41] | PBE + Partial sc GW | 多种 $k$ 点取样 | 0.54～1.03 |
| | [42] | LDA + Non-sc GW | 51×51×1 | 0.15 |
| MoSe$_2$-Rama | [38] | PBE + Non-sc GW | 12×12×1/12×12×3 | 0.78（m），0.11（bu） |
| | [40] | PBE + Non-sc GW | 6×6×1 | 0.91 |
| MoTe$_2$-Rama | [38] | PBE + Non-sc GW | 12×12×1/12×12×3 | 0.62（m），0.07（bu） |
| | [40] | PBE + Non-sc GW | 6×6×1 | 0.71 |
| WS$_2$-Rama | [40] | PBE + Non-sc GW | 6×6×1 | 1.04 |
| | [41] | PBE + Partial sc GW | 多种 $k$ 点取样 | 0.54～1.07 |
| WSe$_2$ | [40] | PBE + Non-sc GW | 6×6×1 | 0.90 |
| 少层 α-P | [43] | PBE + Non-sc GW | 56×40×1/35×25×10（体相） | 0.8（m），0.55（bi）0.45（tri），0.03（bu） |
| | [44] | PBE + Partial sc GW | 11×15×1 | 0.85 |
| ReSe$_2$ | [45] | LDA + GW | 11×11×1/14×12×10 | 0.86（m），0.12（bi） |
| | [46] | PBE + Partial sc GW | 32×32×1 | 1.02 ReS$_2$ 0.87 ReSe$_2$ |

| 二维材料 | 参考文献 | 方法 | $K$ 点 | 激子结合能/eV |
|---|---|---|---|---|
| SiC | [47] | LDA + Non-sc GW | 18×18×1 | 1.17（m），0.1（bu） |
| 石墨烷 | [48] | LDA + GW | 30×30×1 | 1.6 |
| 氟化石墨烯 | [44] | PBE + Partial sc GW | 15×15×1 | 2.03 |

注：表中 Non-sc 和 Partial sc 分别代表非自洽和部分自洽计算；m、bi、tri 和 bu 分别代表单层、双层、三层及体材料

从采用不同参数选择得到的单层 $MoS_2$ 的结果比较中，可以发现激子结合能的显著变化，范围为 0.15～1.1 eV。差异的来源在于不同模拟中收敛设置不一致。不同于三维体结构，二维介电体系的极化和介电函数只能限制在材料所在区域。为了准确描述二维介电函数的这些特征，需着重考虑两个因素以得到准确的激子结合能：截断的库仑相互作用和精细的 $K$ 点取样。密度泛函理论中采用的周期性边界条件不可避免地引入层间屏蔽相互作用，而具有长程相互作用特性的响应函数使得层间屏蔽相互作用随着层间距的收敛非常缓慢[36, 37]。层间屏蔽相互作用导致显著增加的介电常数和减小的准粒子带隙。为了避免这种虚假的相互作用，一般采用在体系的非周期方向截断库仑相互作用的办法[49, 50]。截断的库仑相互作用模拟了无限的层间距离，从而给出了正确的介电函数对波矢的强烈依赖。而介电响应函数对波矢强烈依赖的特性也需要精细的 $K$ 点取样才能够解析。因此，截断的库仑相互作用和精细的 $K$ 点取样是相互耦合在一起的，需要同时考虑以得到收敛的激子结合能。采用 300×300×1 的 $K$ 点取样和截断的库仑相互作用，Qiu 等[36]得到 $MoS_2$ 的基态激子结合能为 0.63 eV，非常接近于利用光电流谱得到的实验值（≥0.57 eV）[51]。这一充分收敛的研究同时揭示了最低能量的束缚激子态（A态和 B 态激子）和它们的激发态（A′态和 B′态）及一个共振态（C 态激子），见图 4.20（a）。后三种激子态在前人未完全收敛的研究中难以清晰地得到。

将计算得到的激子态结构和二维类氢模型对比非常有意义。二维类氢模型的哈密顿量可以表述为

$$H = -\frac{\nabla^2}{2\mu} - \frac{e^2}{\varepsilon r} \tag{4.2.2}$$

其中，$\mu = (m_e^{-1} + m_h^{-1})^{-1}$ 为激子的有效质量；第二项为局域屏蔽的库仑相互作用。如图 4.20（b）所示，计算得到的激子态结构显著偏离二维类氢模型的里德堡系列能谱。首先，GW-BSE 模拟中得到的激子态分布更加均匀，激发态的结合能显著增强。其次，具有高角动量的激子态比低角动量的激子态更加稳定。这样的行为与二维材料的电场屏蔽特性紧密相关。由于二维层状材料内的电场屏蔽比周围环境更加有效，随着激发激子态中电子和空穴的空间分离增大，更大部分的电场将

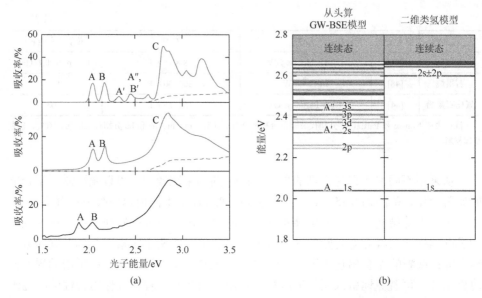

图 4.20 （a）在考虑（实线）和不考虑（虚线）电子-空穴相互作用计算得到的 $MoS_2$ 的吸收谱（上）；与上面板类似，但考虑了准粒子寿命效应（中）；从参考文献[57]中得到的实验吸收谱（下）。（b）从 GW-BSE（左）计算和二维类氢模型（右）得到的激子能级[36]

穿透于周围媒介当中，并感受到更弱的屏蔽。因此，它们的激子结合能增强。在考虑了屏蔽库仑相互作用的非局域性之后[52]，Chernikov 等的研究展现了理论和实验激子激发谱之间极佳的一致性[53]。对介电屏蔽的非局域性的更细致分析可以参考文献[36]、[37]、[50]。利用不同的光学方法，非二维类氢模型的里德堡系列激子激发能谱已经在多种过渡金属硫族化合物中观察到，包括 $WS_2$ 中的反射微分谱[53]、$WSe_2$ 中的线性吸收和双光子光致发光激发谱[54]、$WSe_2$ 中的二次谐波光谱和单及双光子吸收谱[55]、$MoS_2$ 和 $WS_2$ 中的光致发光激发谱[56]。

类氢模型虽然在描述激子能级时不够准确，但可以被用来理解二维材料中激子结合能的趋势。Choi 等[44]用 GW-BSE 方法总结了多种二维材料的激子结合能，包括各向异性的 bP 和多种各向同性体系（$MoS_2$、SiC、石墨烯、氟化石墨烯及六方氮化硼），发现激子基态结合能和准粒子带隙之间存在线性关系。根据二维类氢模型，基态激子结合能可以表达为

$$E_b = \frac{2\mu e^4}{(\hbar \varepsilon)^2} \qquad (4.2.3)$$

如果把具有无穷小厚度的二维材料的介电屏蔽近似为真空，则介电常数 $\varepsilon$ 可以假设为 1。另外，$\boldsymbol{k \cdot p}$ 微扰理论显示在具有粒子-空穴对称性的电子结构中，电子和空穴的有效质量近似正比于带隙。所以可以得到 $E_b \propto \mu \propto E_g$，即激子结合能和带隙的线性关系。基于以上的模型分析，可以预测二维材料的有限厚度及粒子-

空穴对称性的破缺可能在一定程度上破坏线性标度关系，特别是在小带隙极限情况下，激子结合能原则上可以大过带隙，可能出现激子绝缘体等新奇现象。线性标度律的适用范围及其向其他低维体系的推广仍需要更系统的研究。另外，通过直接推导二维极化率和 $E_g$ 之间的关系，$E_b$ 屏蔽的氢模型，可以较准确地得到 $E_g$ 和 $E_b$ 之间的关系 $E_g \approx E_b/4$[58]。

尽管上述分析清晰地显示了第一性原理模拟在预测光学转变的准确性，应该指出的是在这些理论模拟中，温度和动力学屏蔽效应都被忽略了。当比较实验和理论的吸光率[57]时，第一个显著的差别是实验谱中 A′ 和 B′ 峰都抹平了，如图 4.20（c）所示。在加入电子-声子相互作用以考虑温度效应以后[36, 42]，实验和理论结果的符合度才显著提高。进一步对耶利亚什贝尔格（Eliashberg）函数的分析显示，A（或 B）和 C 激子态分别与平面外 $A_{1g}$ 和平面内 $E_{2g}$ 声子相互耦合，这种和不同声子的耦合可以通过精细调节激光能量至 1.75 eV、2.05 eV 和 2.7 eV，产生共振拉曼（Raman）散射进行探测[59]。随着准粒子能量增加到足够高的程度，它们可以和上述光学-声子有效相互作用，准粒子的散射率响应也会显著增加。因此，有效调控电子-声子相互作用的方法，如应变和介电屏蔽，都可以用来调节二维材料的光学性质。

除了电子-声子相互作用外，电子-电子相互作用是另一个影响激子性质的重要因素。通过缺陷工程、静电门压或者化学功能化实现掺杂是一种有效控制电子-电子相互作用的方法。随着掺杂浓度增加，一方面，多体电子-电子相互作用引起显著的能带重整化；另一方面，动力学效应也使得电子屏蔽增强，从而导致激子结合能减弱。通过引入在等离激元-极点近似下的激子等离子体激元相互作用，Gao 等[60]揭示了能带重整化和屏蔽作用的相消效应使得实验中观察到随掺杂浓度几乎不变的激子峰位[61, 62]，然而激子结合能本身在掺杂情况下可以变化达到几百毫电子伏。

不同于各向同性的 TMDCs，其他具有更低对称性的二维材料具有高度各向异性的激子谱。这些各向异性的光学性质使得它们适合极化敏感的相关应用，如线性偏光器和光学逻辑电路。单层 bP 和扭曲的 1T 相 ReX$_2$（X 为 S 或 Se）是两个典型代表。它们降低的对称性使得载流子在一个方向上更容易运动（bP 的扶手形方向和 ReX$_2$ 中 Re 原子成键的锯齿形方向），而在另一个垂直方向则更固着。因此，这些材料中的激子波函数分布也显示出高度的各向异性，对应的发射是偏振光。图 4.21（a）显示的是单层 bP 中基态激子的电子电荷密度分布图（空穴固定在白点处）[63]，可以看到密度分布沿扶手形（$x$）方向大范围延展，展示强烈的各向异性。这一特性也导致实验中不论使用何种极化光激发，其光致发光沿锯齿形（$y$）方向总是小于扶手形方向的 3%。类似地，图 4.21（b）展示的 ReSe$_2$ 中基态激子的电子电荷密度（空穴固定在中心）空间电荷分布的侧视和顶视图也清晰地表现出各向异性[45]。

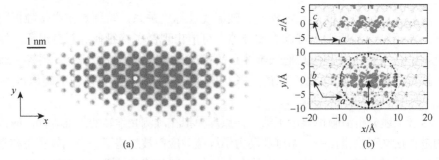

图 4.21　单层 bP 中基态激子的电子电荷密度（空穴固定在白点处）（a）[63]和 ReSe$_2$ 晶体中基
态激子空间分布的侧视及俯视图（空穴固定在中心）（b）[45]

　　除了上述激子的基态性质外，实验中更多的是利用各种光学手段测试激子
的动力学行为，特别是激子辐射寿命、光激载流子散射、光激载流子的分离与
复合等。在这方面的代表性方法主要可以分为以下三类：费米黄金法则近似、
实时含时密度泛函理论和含时密度矩阵方法。基于费米黄金法则，Palummo 等[64]
研究了 MX$_2$（M = Mo、W；X = S、Se）单层、双层及异质双层中激子辐射寿
命，揭示其大幅度可调性的内在原因。考虑一个位于 S 态，质量为 $M_S$，具有波
矢 $\boldsymbol{Q}$ 的激子，其能量可以表示为 $E_S(\boldsymbol{Q}) = E_S(0) + \hbar^2 Q^2 / 2M_S$。对应的激子辐射过
程中，初态为一个激子和零个光子 $|S(\boldsymbol{Q}),0\rangle$，末态为电子基态和一个动量为 $\boldsymbol{q}$、
极化率为 $\lambda$ 的光子 $|G,1_{q,\lambda}\rangle$。根据费米黄金法则，它们之间的衰减率 $\gamma_S(\boldsymbol{Q})$ 可以
表示为

$$\gamma_S(\boldsymbol{Q}) = \frac{2\pi}{\hbar} \sum_{q,\lambda} |\langle G,1_{q,\lambda}|H_{\text{int}}|S(\boldsymbol{Q}),0\rangle|^2 \delta(E_S(\boldsymbol{Q}) - \hbar c q) \tag{4.2.4}$$

其中，$c$ 为光速；$\delta$ 为狄拉克 $\delta$（Dirac delta）函数。对 $H_{\text{int}}$ 采用偶极近似，并按照
Spataru 等的方法[65]可以推导出如下表达式：

$$\gamma_S(\boldsymbol{Q}) = \tau_S^{-1}(\boldsymbol{Q}) = \gamma_S(0) \left\{ \sqrt{1 - \left(\frac{\hbar c Q}{E_S(\boldsymbol{Q})}\right)^2} + \frac{1}{2} \frac{\left[\frac{\hbar c (Q_x - Q_y)}{E_S(\boldsymbol{Q})}\right]^2}{\sqrt{1 - \left(\frac{\hbar c Q}{E_S(\boldsymbol{Q})}\right)^2}} \right\} \tag{4.2.5}$$

其中，$Q_x$ 和 $Q_y$ 分别为波矢 $\boldsymbol{Q}$ 在 $x$ 和 $y$ 方向的分量；$\tau_S(\boldsymbol{Q})$ 为辐射寿命；$\gamma_S(0)$ 为 $\boldsymbol{Q} = 0$
时的衰退率：

$$\gamma_S(0) = \tau_S(0)^{-1} = \frac{8\pi e^2 E_S(0)}{\hbar^2 c} \frac{\mu_S^2}{A_{\text{uc}}} \tag{4.2.6}$$

其中，$A_{uc}$ 为单位原胞的面积；$\mu_S^2$ 与激子跃迁偶极矩的模数平方成正比，与计算中二维体系的原胞数（或计算中 2D $k$ 点数目 $N_k$）成反比：

$$\mu_S^2 = \frac{\hbar^2}{m^2 E_S^2(0)} \frac{|\langle G|p_{\parallel}|\Psi_S(0)\rangle|^2}{N_k} \tag{4.2.7}$$

其中，$m$ 为电子质量；$p_{\parallel}$ 为平面内动量算符；$\Psi_S$ 为 S 态激子波函数。为了描述 S 态激子在温度 $T$ 下的辐射率，可以将 $\gamma_S(\boldsymbol{Q})$ 对动量 $\boldsymbol{Q}$ 进行平均，其中最大动量 $Q_0$ 可以由激子色散关系和光子色散关系的交点得到，即 $Q_0 = E_S(Q_0)/\hbar c$，得到平均的辐射寿命 $\langle \tau_S \rangle$：

$$\langle \tau_S \rangle = \tau_S(0) \frac{3}{4} \left( \frac{E_S(0)^2}{2M_S c^2} \right)^{-1} k_B T \tag{4.2.8}$$

式（4.2.8）中所需的激子能量和激子跃迁偶极矩都可以由 BSE 得到。在实际的体系中，需要考虑多种激子态（包括亮态和暗态）对辐射的贡献，将式（4.2.8）进一步进行平均得到有效的辐射寿命：

$$\langle \tau_{eff} \rangle^{-1} = \frac{\sum\limits_{S} \langle \tau_S \rangle^{-1} e^{-E_S(0)/k_B T}}{\sum\limits_{S} e^{-E_S(0)/k_B T}} \tag{4.2.9}$$

图 4.22（a）显示了单层 $MX_2$（M = Mo、W；X = S、Se）的亮态和暗态的 A 和 B 激子能谱。这些激子中，亮态 A 激子对 PL 的贡献最大。在低温（4 K）和室温时得到 A 激子的寿命分别为 1～10 ps 和 1～5 ns，这些结果和实验的观察结果非常一致[66, 67]。进一步和实验[67]对比，可知实验中室温下存在的 5 ps 衰减很可能由更快的缺陷捕获激子过程引起。对比 Mo 和 W 基 $MX_2$ 的能谱可以发现，W 基单层 $WX_2$ 中在 A 和 B 激子之间存在很多 $A^*$ 激子系列，这些激子虽然大部分都是暗态激子，但是它们在有效激子寿命中贡献了更高的权重，因此，室温下激子寿命比 Mo 基单层的长五倍以上。

图 4.22（b）显示了多种双层结构的激子能谱和对应的零温时本征辐射寿命。有意思的结果可以概括为以下两个方面：第一，随着层数的增加，激子的有效辐射寿命显著增加。例如，双层 $MoS_2$ 的 A 激子在室温下的辐射寿命为 440 ps（单层为 270 ps）。显著增加的寿命主要归因于随层数增加逐渐去局域化的 A 激子，去局域化使得偶极矩阵元减小，从而增加了寿命。第二，$MoS_2/WS_2$ 和 $MoSe_2/WSe_2$ 的双层异质结构中出现了新的低能量层间激子。这些激子主要是由异质结构的 type II 能带对齐引起的。在这些异质体系中，导带底（CBM）主要来源于 Mo 基单层，而价带顶（VBM）来源于 W 基单层。这一能带结构使得电子-空穴在空间上的交叠非常少，跃迁矩阵元减小，直接导致更长的辐射寿命。$MoS_2/WS_2$ 和 $MoSe_2/WSe_2$ 的室温辐射寿命分别达到约 30 ns 和 21 ns。这些结果能够较好地与实验结果对比[68]，进一步的实验也直接验证了异质结构中出现的两个层间激子能级[69]。

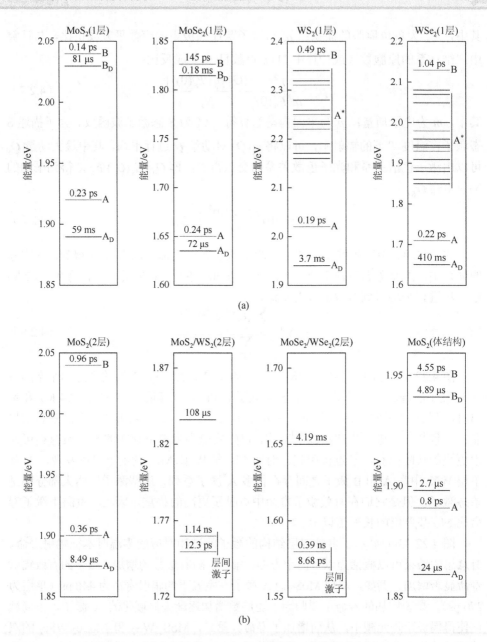

图 4.22 （a）单层 TMDCs 中低能级激子的能量和零温时本征辐射寿命（横线上方）；（b）双层 TMDCs 中低能级激子的能量和零温时本征辐射寿命[64]

黑色和灰色横线分别代表暗态（下标为 D）和亮态激子；而横线右边标识了不同的激子态

除了辐射寿命外，利用含时的非平衡格林函数（non-equilibrium Green's function，NEGF）方法，Molina-Sánchez 等[70]深入研究了 $WSe_2$ 中的载流子动力学，从而揭示了载流子去极化过程，解释了含时克尔（Kerr）实验结果。为了得到载流子的非平衡动力学，他们采用了含时密度矩阵 $\rho(\tau)_l$ 的卡丹诺夫-贝姆（Kadanoff-Baym）方程（KBE）。$\rho_p(\tau)$ 采用 KS 轨道基描述了电子-空穴对 $l=(nm\mathbf{k})$，其中，$n$ 和 $m$ 为能带指数；$\mathbf{k}$ 为晶体动量。KBE 表达为

$$\partial_t \rho(\tau)_l = \partial_t \rho(\tau)_l|_{\text{coh}} + \partial_t \rho(\tau)_l|_{\text{coll}} \tag{4.2.10}$$

其中，第一、二项分别为相干和碰撞项。相干项描述了激光和系统的相互作用，并包含了电子-电子相互作用：

$$\partial_t \rho(\tau)_l|_{\text{coh}} = \varepsilon_l \rho(\tau)_l + [\Delta\Sigma^{H_{\text{xc}}}, \rho]_l + [U(\tau), \rho]_l \tag{4.2.11}$$

其中，$\varepsilon_l = (\varepsilon_{nk} - \varepsilon_{mk})$ 为平衡体系时准粒子本征态之间的能量差；$\Delta\Sigma^{H_{\text{xc}}}$ 为在时间 $\tau$ 体系的 Hartree 势与交换关联自能的变化，描述了电子-空穴相互作用；$U(\tau) = -V\boldsymbol{E}(\tau) \cdot \boldsymbol{P}_l$ 为圆偏振光引起的势，$V$、$\boldsymbol{E}(\tau)$ 和 $\boldsymbol{P}_l$ 分别为原胞体积、电场和偶极矩阵元矢量。上述形式得到的结果和广泛采用的 Bethe-Salpeter 方程得到的结果一致。碰撞项通过格林函数方法[71, 72]考虑电子-声子、电子-电子和电子-光子等相互作用，从而描述电荷的去相干和散射过程。通过解 KBE 可以得到含时的密度矩阵，进而得到非平衡的电子占据数：

$$f_{nk}(\tau) = \rho_{nnk}(\tau) \tag{4.2.12}$$

利用非平衡的电子占据数可以得到各种物理观测量随时间的变化。而与我们所讨论的最为密切的物理观测量就是介电常数 $\varepsilon_{\alpha\beta}(\omega, \tau)$ 其中 $\alpha, \beta = \{x, y\}$：

$$\varepsilon_{\alpha\beta}(\omega, \tau) = \delta_{\alpha\beta} - \frac{4\pi e^2}{\hbar} \sum_{ll'} (x_l^\alpha)^* \frac{f_l(\tau)}{\hbar\omega - \varepsilon_l + i\eta} x_{l'}^\beta \tag{4.2.13}$$

其中，$x_l^\alpha = x_{cvk}^\alpha$ 为光学偶极矩阵元；$f_l(\tau) = f_{vk}(\tau) - f_{ck}(\tau)$ 为电子占据数之差；$\varepsilon_l = \varepsilon_{vk} - \varepsilon_{ck}$ 为电子能量差。只有当对称性破缺时，其非对角项（$\alpha \neq \beta$）非零，这可以通过外加激光来实现。实验中得到的 Kerr 角主要由介电函数的非对角矩阵元决定：

$$\theta_K(\omega, \tau) = \mathfrak{R}\left[\frac{-\varepsilon_{xy}(\omega, \tau)}{(\varepsilon_{xx}(\omega, \tau) - 1)\sqrt{\varepsilon_{xx}(\omega, \tau)}}\right] \tag{4.2.14}$$

其中，$\omega$ 为探测频率。

利用这一方法得到的 Kerr 角和实验结果符合得非常好，并且能够很好地反映低温 $T \to 0$ K 时的物理情况，即零点振动的贡献，如图 4.23（a）所示。图中还显示出两个不同的特征时间（虚直线和实直线），这主要是因为由价带（VB）和导带（CB）差别巨大的自旋轨道耦合强度引起的不同散射率。图 4.23（b）显示了 150 K 时不同 $K$ 点（$K^+$ 和 $K^-$）价带和导带谷占据数随着时间的演化。CB 载流子谷间散射显著快于 VB。CB 电子在 1000 fs 时谷极化（valley polarization）基本消失，而 VB 空穴仍保持较高极化率。温度越高，由快过程到慢过程的转换时间越早［图 4.23（a）中拐点］。图 4.23（c）显示了 CB 和 VB 在 $K$ 空间的电子态密度随着时间的演化。在初态，电子和空穴只占据 $K^+$ 谷，产生极化；随着时间的推移，它们可以散射到 $K^-$ 谷。由于 $MoS_2$ 特殊的电子结构，这种散射只能通过下述两种方式进行：①直接

自旋翻转;②自旋守恒,但需克服自旋轨道耦合(SOC)能量差$\Delta_{so}$。第一种方式对电子和空穴来说不存在大差别。但是对于第二种散射方式,由于导带 SOC 能量差$\Delta_{so}^{c}$比较小(仅有 30 meV),电子较容易通过和声子作用发生;而价带 SOC 能量差$\Delta_{so}^{v}$达到接近 0.5 eV,在室温下很难克服。因此,空穴只能通过自旋翻转过程进行散射,而该过程的散射概率一般较小。由上述分析可知,与电子相比,空穴的退极化过程缓慢得多。同时,也可以看到电子-声子相互作用在这一分析过程中的重要性,这主要是由于电子-电子相互作用仅在高激光强度、高载流子密度情况下才比较重要,而实验样品的载流子密度则一般较低($10^{-12}$ cm$^{-2}$)。

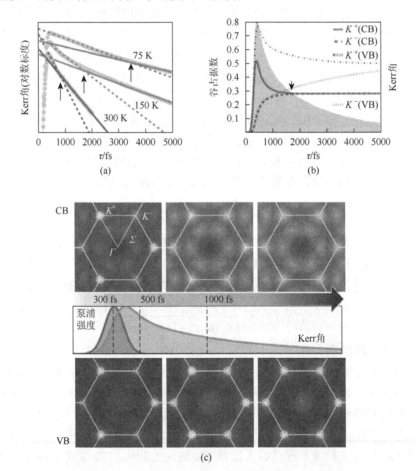

图 4.23  (a) 不同温度下,Kerr 角随时间的变化关系,虚直线和实直线分别拟合了快和慢两个组分,而箭头代表快衰变到慢衰变的转变;(b) 在 150 K 下,不同谷占据数随时间的变化关系(阴影部分代表了 Kerr 角;在 1 ps 时,导带电子的动力学行为已经平衡,而价带空穴仍然从一个谷向另一个谷迁移);(c) 在 300 K 下,300 fs、500 fs 和 1000 fs 时,光激发的电子(CB)和空穴(VB)占据数的变化[70]

实时含时密度泛函在研究各种纳米材料界面的电荷分离和复合过程应用非常广泛。为了很好地理解这一方法，接下来以 Li 等[73]对 MoS$_2$/WS$_2$ 异质体系的研究为例进行阐述。在含时密度泛函（TDDFT）框架中，单电子 KS 轨道 $\Psi_n(\boldsymbol{r},t)$ 的运动方程可表示为

$$i\hbar\frac{\partial}{\partial t}\Psi_n(\boldsymbol{r},t) = H(\boldsymbol{r},\boldsymbol{R},t)\Psi_n(\boldsymbol{r},t)$$

$$\sum_{n=1}^{N_e}\Psi_n(\boldsymbol{r},t) = \rho(\boldsymbol{r},t)$$

（4.2.15）

其中，$N_e$ 为总电子数；$\rho$ 为电子密度。除了电子密度及其梯度外，由于体系原子的移动和外加激光的电场影响，哈密顿量 $H(\boldsymbol{r},\boldsymbol{R},t)$ 依赖于时间。由于 KS 哈密顿量的本征解构成了完备空间，$\Psi_n(\boldsymbol{r},t)$ 可以通过在 MD 模拟中当前原子位置 $\boldsymbol{R}$ 下的哈密顿量的绝热 KS 轨道 $\Phi_k(\boldsymbol{r},\boldsymbol{R},(t))$ [$(t)$ 代表解隐式依赖于时间] 展开得到：

$$\Psi_n(\boldsymbol{r},t) = \sum_k C_k^n(t)\Phi_k(\boldsymbol{r},\boldsymbol{R},(t))$$

（4.2.16）

结合上述运动方程，可以得到系数 $C_k^n(t)$ 的运动方程：

$$i\hbar\frac{\partial}{\partial t}C_j^n(t) = \sum_k C_k^n(t)(\varepsilon_k\delta_{jk} + d_{jk})$$

（4.2.17）

其中，$\varepsilon_k$ 为绝热态 $k$ 的能量，$d_{jk}$ 为绝热态 $k$ 和 $j$ 之间的非绝热耦合强度，表达式为

$$d_{jk} = -i\hbar\langle\Phi_j|\nabla_{\boldsymbol{R}}|\Phi_k\rangle\frac{\mathrm{d}\boldsymbol{R}}{\mathrm{d}t} = -i\hbar\left\langle\Phi_j\left|\frac{\partial}{\partial t}\right|\Phi_k\right\rangle$$

（4.2.18）

在实现中，非绝热的 MD 是通过最小切换表面跃迁（fewest switching surface hopping）模型[74, 75]得到，绝热态 $k$ 和 $j$ 在实际 d$t$ 范围内的跃迁概率为

$$\mathrm{d}P_{jk} = \frac{-2\mathrm{Re}(A_{jk}^*d_{jk}\boldsymbol{R})}{A_{jj}}\mathrm{d}t; \quad A_{jk} = c_jc_k^*$$

（4.2.19）

而电子-空穴的复合由去相关引起的表面跃迁[76]得到，相关性的损失主要由电子和声子之间的耦合引起。

图 4.24（a）显示了 MoS$_2$/WS$_2$ 形成的 type II 异质结的分波态密度和 CBM 及 VBM 处的电荷密度分布。其中（1）和（4）分别对应的是空穴和电子的施主态，在 MoS$_2$ 和 WS$_2$ 之间去局域化地分布。电子和空穴的施主轨道向受主（MoS$_2$ 为电子受主，而 WS$_2$ 为空穴受主）延展，主要是由于受主材料具有更高的态密度，

见图 4.24（a）中分波态密度图。这样的电子结构特性也说明在光激发过程中已经发生了一部分的电子转移。对比激发的初态（1）和（4）还可以发现，层间范德瓦耳斯（vdW）间隙的 S 原子空穴态都分布有电子态，因此空穴之间的耦合比电子更强。电子-空穴分离的终态（2）和（3）主要局域于单一材料中，在两种材料中几乎没有交叠，这也使得电子-空穴复合的速率很低。

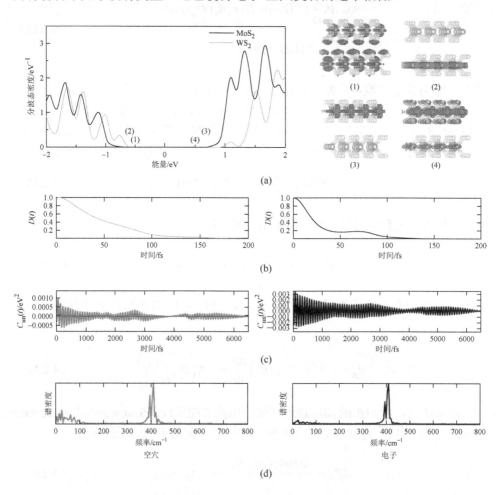

图 4.24　（a）MoS$_2$/WS$_2$ 异质结的分波态密度（左）和重要的带边态 [（1）～（4）] 的电荷密度（右），原子结构中，上层为 MoS$_2$，下层为 WS$_2$；空穴（左）和电子（右）转移过程中的去相位函数（b）、非归一化带隙自关联函数（c）及其傅里叶变化的谱密度（d）[73]

除了电子-电子相互作用外，电子-声子相互作用对电荷分离和电子-空穴复合扮演重要角色。电子-声子相互作用主要分成弹性和非弹性两类，弹性相互作用主要使得电子波函数的相位随机化，引起量子相关的丢失；而非弹性相互作用主要引起电子能量向热能的转换。弹性电子-声子相互作用时间尺度可以通过计算各个过程中成对的初态和末态的纯退相位时间 $D(t)$[77]得到。$D(t)$可以通过高斯（Gaussian）和指数形式的组合拟合得到：

$$f(t) = \left\{ B\exp\left(-\frac{t}{\tau_e}\right) + (1-B)\exp\left[-\frac{1}{2}\left(\frac{t}{\tau_g}\right)^2\right] \right\} \frac{1 + A\cos(\omega t)}{1 + A} \quad (4.2.20)$$

纯退相位时间可以通过加权平均得到，$\tau = B\tau_e + (1-B)\tau_g$。图 4.24（b）显示了电子和空穴转移的去相位函数，可以看到电子-空穴相互作用使得电子的去相位时间比空穴短得多。一般而言，快速的去相干是由异质体系带隙振荡相关性损失或者大的振荡幅度引起的[78]。图 4.24（c）显示了电子和空穴转移过程中非归一化的带隙自关联函数 ACFs，$C_{un}(t)$。两种情况下，ACFs 都具有类似的时间尺度，但是，电子 ACF 的初始值（衡量带隙的振荡）显著大于空穴，因此引起更快的电子去相干。图 4.24（d）进一步显示了 ACFs 的傅里叶变换，展示了起主要耦合作用的声子模式。除了起主要作用的 $A_{1g}$ 平面外振动声子（对 $MoS_2$ 为 404.1 $cm^{-1}$；对 $WS_2$ 为 420.4 $cm^{-1}$），低频声子部分对空穴转移的贡献更大，从而引起略快的 ACF 衰退。此外，计算也显示，空穴的非绝热耦合比电子更大，这与前面对电子态的分析一致。

综上分析，可以总结空穴转移更快的主要原因如下：①光生空穴的态密度在层间分布更强；②空穴的非绝热耦合更大；③空穴的量子相干时间更长。电子和空穴转移的时间分别为 60 fs 和 750 fs。类似的计算可以得到电子-空穴复合时间，约为 2.2 ns。显著增加的复合时间主要是由初态之间的耦合很弱引起的。

为了进一步深入理解层间耦合对 $MoS_2/WS_2$ 异质结光学性质的影响，Zhang 等[79]采用基于 TDDFT 的 Ehrenfest 动力学办法研究了不同堆垛构型下电荷转移过程。针对 $AB_1$-2H 构型 [图 4.25（a）为其静态能带结构]，图 4.25（b）显示能带随着时间的演化，其中光激发的空穴和电子能级分别由橙色和暗黄色标识。在光激发的初始阶段，空穴态在 VBM 以下 0.48 eV。随着时间的演化，空穴态越来越接近 VBM，在 150 fs 时，它们之间的能量差仅为 0.13 eV。此时，$MoS_2$ 中的激发空穴态和 $WS_2$ 中的占据态在很大程度上发生混合，伴随着空穴的转移。图 4.25（d）～（f）显示了空穴在不同时间的空间分布演化。在初始时，大于 90% 的空穴态分布在 $MoS_2$ 层；在 60 fs 时，约 25% 的空穴转到 $WS_2$ 层；而在 150 fs 时，转移的空穴态达到 50%。图 4.25（c）中积分得到的从 $MoS_2$ 转移到 $WS_2$ 的光生电子和光生空穴的比例，进一步验证了空穴的转移可以发生在 150 fs 左右，而在相同时间尺度下，电子仍主要局限在 $MoS_2$ 中。细致的分析显示，平面外的 $A_{1g}$ 声子模式对电荷转移起着重要作用，而层与层之间的堆垛和相互作用，则可以改变 $A_{1g}$ 声子，从而对电荷转移产生影响。

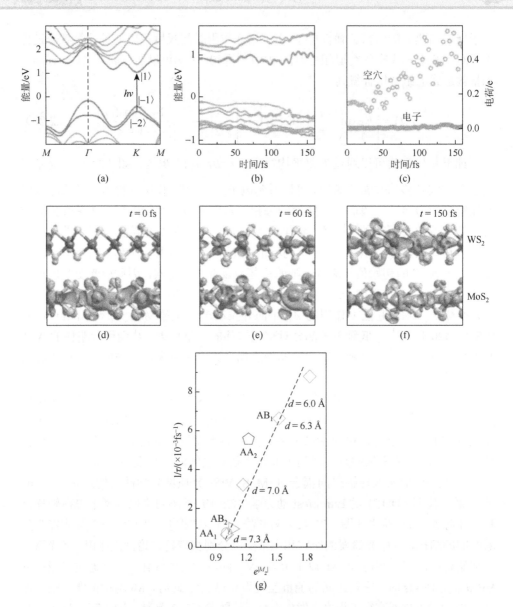

图 4.25 （a）AB₁-2H 堆垛的 MoS₂/WS₂ 异质结的能带结构，$K$ 点附近的态由$|1\rangle$、$|-1\rangle$ 和$|-2\rangle$
表示；（b）光激发后电子能级演化图，其中橙色与暗黄色线代表了光激发的空穴与电子态；
（c）光激发的空穴与电子从 MoS₂ 转移到 WS₂ 的比例；0 fs（d）、60 fs（e）和 150 fs（f）时空
穴密度的空间分布图，等能值为 0.02 e/Å³(上层为 WS₂，下层为 MoS₂)；（g）电荷转移速率与$|-2\rangle$
和$|-1\rangle$ 之间偶极跃迁强度的关系[79]

两层 MX₂ 堆垛方式可以分为两类，AB 和 AA 堆垛。其中，AB 堆垛结构的
两层 MX₂ 中 M—X 键方向相反；AA 堆垛的两层 MX₂ 中 M—X 键方向相同。根

据两层之间 M 和 X 的相对位置，可以进一步分成 $AB_1$-2H、$AB_2$-2H、$AA_1$-3R 和 $AA_2$-3R 等，下标 1 代表上层的 M 与下层的 X 对齐，而下标 2 代表两层的 M 和 X 分别对齐。其中，$AB_1$-2H、$AB_2$-2H 和 $AA_1$-3R 的层间距相似，为 6.3 Å；而 $AA_2$-3R 堆垛层与层之间距离为 6.8 Å，代表了一种更弱的相互作用。基于上述相互作用强度的结果，人们可能认为不同结构中电荷转移的特征时间关系为 $\tau_{AB_1} \approx \tau_{AB_2} \approx \tau_{AA_1} \ll \tau_{AA_2}$。然而，具体的计算显示 $\tau_{AB_1}$ 和 $\tau_{AA_2}$ 约为 100 fs；而 $\tau_{AB_2}$ 和 $\tau_{AA_1}$ 约为 1000 fs，即 $\tau_{AB_1} \approx \tau_{AA_2} \ll \tau_{AB_2} \approx \tau_{AA_1}$。可以看到，电荷转移并不与层间相互作用直接相关，而应与具体的电荷转移态相关；对空穴转移来说，关系最为密切的态为价带顶附近分别位于 $MoS_2$ 和 $WS_2$ 层的态，分别记为$|-2\rangle$ 和$|-1\rangle$。这两个态之间的耦合强度可以由偶极跃迁矩阵元 $M$ 来表示：

$$M = \langle -2| \hat{Z} |-1\rangle \qquad (4.2.21)$$

其中，$\hat{Z}$ 为垂直于 $MX_2$ 平面方向的位置算符。图 4.25（g）中显示 $1/\tau$ 与四种不同堆垛的 $e^{|M_z|}$ 存在很好的正相关。此外，通过人为改变层与层之间的距离，$1/\tau$ 与 $e^{|M_z|}$ 仍能保持很好的线性关系。由此可知，$M$ 可以作为判定 $MoS_2$/$WS_2$ 之间电荷转移动力学的关键参数。

### 4.2.3  光电子学性质的调制

在实际应用中，二维材料往往因为基底等环境的影响而产生一定的结构应变，在能够承受的范围内，这样的应变将会改变该材料的能带结构从而改变其光学性质。可以通过在二维材料中引入特定的应变而实现对其光电子学性质的调制。基于这样的思路，Feng 等在 2012 年提出可以通过利用纳米探针压迫 $MoS_2$ 薄膜使其凹陷形成漏斗（funnel）状的纳米结构，如图 4.26（a）所示，从而实现调制能带结构使其具有分离与集中光致载流子的作用[21]，并且该激子漏斗效应已经在实验上取得不少的进展[80, 81]。该漏斗结构的能带结构沿半径方向的变化如图 4.26（c）所示，产生的激子被有效地集中到漏斗中央。随着探针压迫程度的提升，结构应变增大，原子间的共价相互作用由于键长变长而逐渐减弱，这使得能带结构发生显著的改变，形成三种可能的太阳能漏斗机制（分别称为种类 Ⅰ、种类 Ⅱ 和种类 Ⅲ 漏斗）。其中，在种类 Ⅰ 漏斗中，光激发电子的能级随着应变的增大而降低，而其空穴的能级却不断升高；同时在如图 4.26（a）所示的漏斗结构中越往漏斗中心应变越大，所以光激发电子和空穴的能级分别将由漏斗边缘到漏斗中心不断降低和升高，形成如图 4.26（e）左图所示的 Ⅰ 类能带结构（漏斗半径 $r$ 为横坐标）。所以，光激发的电子和空穴均沿着能带向较低能量的漏斗中心集中。而在种类 Ⅱ 漏斗中，如图 4.26（e）中图所示，光激发的电子和空穴由于两者间的激子结合能较弱，将沿着能带分别向漏斗中央和边缘集中（即电子-空穴分离），形成类似第二类异质结的特性。最后在种类Ⅲ漏斗中，电子和空穴间激子结合能较强，两者一起沿能带向漏斗中心集中。而二维 $MoS_2$ 形成的太阳能漏斗即属于种类Ⅲ漏斗，如图 4.26（e）右图所示，可以将光激发产生的载流子均集中到漏斗中心，具有实现对太阳能高效利用的潜力。

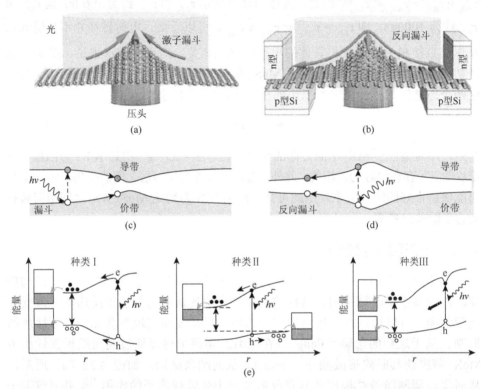

图 4.26    由点压迫形成的 $MoS_2$（a）和 bP 激子漏斗（b）；$MoS_2$（c）和 bP 激子漏斗（d）的能带结构沿半径的变化，箭头表示激子被集中的方向；（a）～（d）引自参考文献[82]；（e）三种激子漏斗机制的示意图[21]

有趣的是，二维 bP 在应变的作用下具有与上述 $MoS_2$ 类似的漏斗效应，即可以通过不均一应变的方式来控制激子运动，而且该效应在 bP 中更强并具有相反的激子运动趋势[82]。通过计算发现，bP 具有较强的各向异性的反向漏斗效应（inverse funnel effect），即激子被高效地驱离漏斗中央区域，如图 4.26（b）所示，并且该漏斗效应比 $MoS_2$ 的更为高效。具体而言，bP 具有与 $MoS_2$ 不一样的晶体结构，即起伏结构，使 bP 能带结构中直接带隙随着结构应变的增大而增大，如图 4.26（d）所示，这与图 4.26（c）中二维 $MoS_2$ 的直接带隙随应变增大而减小的变化趋势相反。bP 中不寻常的带隙随应变的变化趋势是因为其带隙由面内和面外跃迁积分（hopping integral）共同决定，其中面内跃迁积分<0 而面外跃迁积分>0；bP 结构具有正面外泊松比（Poisson ratio），所以在拉伸应变作用下面内跃迁积分减小而面外跃迁积分则增大，最终使得 bP 直接带隙随着应变增大而增大[82]。所以 bP 在探针压迫下形成漏斗结构后，如图 4.26（d）所示，带隙由漏斗边缘到漏斗中心不断增大，体系中产生的激子（电子和空穴对）将向着能量较低的区域（即漏斗边缘）移动。由于 bP 中的载流子具有显著的各向异性，即载流子沿扶手形方向的迁移率较高，所以激子向漏斗边缘的移动同样具有显著的各向异性，即激子的移动主要集中在扶手形方向上。具体而言，其沿扶手形方向的漏斗效应距离（funnel distance）可达 440 nm，而沿锯齿形方向仅有 20 nm。当形成漏斗结构的 bP 层数增加时，其具有的漏斗效应将会增强，因为层数增加将减小体系的带隙，激子的能量将随之减小，同时体系内声子密度也将减小，从而延长了激子的寿命；同时层数的增加也将导致激子质量减小，综合这两个因素，多层 bP 形成的漏斗结构具有更长的漏斗效应距离。例如，三层 bP 形成的漏斗在环境温度为 5 K 时的漏斗效应距离可达几十微米。二维 bP 中的漏斗效应可以将应变源和激子集中位置有效区分开来并具有优于 $MoS_2$ 的性能，这使得其具有广泛应用到光电器件（如太阳能电池等）中的巨大潜力。

　　因为 bP 在室温下的稳定性与石墨烯等二维材料相比较差，所以在实际应用中为了避免 bP 的降解，一般需要将其封装在其他材料中。一般认为封装不会明显地影响 bP 的光学性质，但是伯克利加州大学的 Qiu 等通过模拟发现，在封装的影响下 bP 中的激子结合能显著减小，虽然光学带隙大致保持不变，但是其光学吸收谱和激发态的本质均发生显著改变[83]。通常来说，可以将 bP 封装在 h-BN 和蓝宝石（$Al_2O_3$）之间来避免降解，其结构示意如图 4.27（a）所示，但是它们之间的相互作用将引入环境屏蔽效应，从而影响 bP 的电子结构与光学性质。如图 4.27（b）左图、中图与右图所示，孤立 bP 的准粒子带隙（quasi-particle gap）、光学带隙及最低激子结合能均随着体系层数的增加而显著减小。将 bP 分别置于 h-BN 基底上、蓝宝石基底上及夹在 h-BN 和蓝宝石封装的中间可以发现，其准粒子带隙与激子结合能在基底的影响下均出现较大的重整归一化，这是因为 bP 具有较小的固有介电常数；另外，bP 的光学带隙并没有因为封装的影响出现显著的变化（变化范围在 0.1 eV 之内），这是由于在 bP 的封装体系中，屏蔽效应与其体结构类似而其波函数却被局限在二维平面内，所以其准粒子带隙与激子结合能的重整归一化相互抵消，最终使得处于封装中的 bP 的光学带隙大致保持不变。即使如此，封装仍然显著地改变了 bP 的光学吸收谱。如图 4.27（c）和（d）所示，二维 bP 在封装之后的吸收率显著降低，并且在孤立 bP 中的第一吸收峰在封装之后显著变宽。封装对光学吸收谱的影响在四层 bP 中尤为明显，如图 4.27（d）所示，包括了电子-空穴相互作用的吸收谱与未包括的几乎完全一致,这意味着该体系中的激子效应被显著压制。

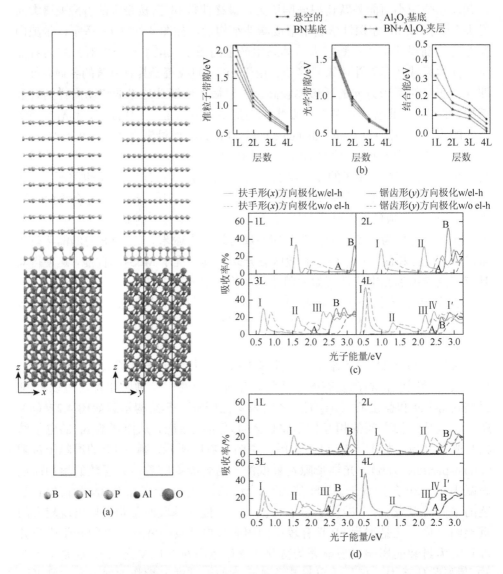

图 4.27 (a) 二维 bP 封装在 h-BN 和蓝宝石之间的结构侧视示意图;(b) bP 的准粒子带隙、光学带隙和最低激子结合能随其层数的变化;单层至四层 bP 在封装前 (c) 和封装后 (d) 的光学吸收谱[83]

红色和黑色分别表示对沿扶手形方向和锯齿形方向的偏振光的吸收谱;实线和虚线则分别表示是否包含了电子-空穴相互作用;1~4L 表示单层至四层 bP

# 4.3　各种缺陷对低维材料电子学和光电子学性质的影响

在 4.1 节中已经对几种最具代表性低维材料的基本电子结构进行了详细的讨论，同时介绍了通过纳米结构工程或外界环境改变等方法调制它们的电子结构。本节将着重讨论低维材料引入缺陷之后其电子结构、电学和光电子学性质的变化。低维材料中比较典型的缺陷分为点缺陷、位错和晶界。其中，点缺陷主要体现为单原子空位，单原子空位周围的最邻近的原子往往可以形成未配位的悬挂键，并使局部的晶格结构发生重构，显著地改变该区域的电子结构。而对于位错和晶界而言，它们的存在使体系分为晶向不同的区域，这些区域之间的电荷输运和电子性质在位错和晶界附近受到极大影响。由于现今主流的合成低维材料的化学气相沉积法在制得的大尺寸低维材料样品中极易引入位错和晶界，所以针对低维材料中位错和晶界引起的电子性质的研究便显得尤为重要。

## 4.3.1　点缺陷

石墨烯中存在的单空位缺陷是典型的点缺陷，其可以引入零能量模式（zero-energy mode），通过调控随机分布的单空位能够显著影响石墨烯中的电荷输运[84]。零能量模式（即低能量的杂质态）对石墨烯狄拉克点处的输运影响较大，其本身表现为波函数与空位间距离呈倒数衰减，并且其可以通过增强狄拉克点的电导率来产生一个超金属机制（supermetallic regime）。零能量模式引入的超金属态具有显著的鲁棒性，但被限制在均匀占据晶格的空位且空位密度极低的范围内。对于仅占据其中一个子晶格的空位，由于带隙的形成不具有低能量输运，而带隙范围外的高能量输运与平均占据子晶格的空位几乎一致。上述系统中电子输运性质可以由仅考虑了第一近邻耦合的紧束缚哈密顿量描述[84]

$$H = \sum_{r_i} \varepsilon_i(r_i) |r_i><r_i| + \sum_{r_i, r_j} t_{i,j} |r_i><r_j| \tag{4.3.1}$$

其中，$\varepsilon_i(r_i)$ 为每个原子的在位电势（on-site potential）；$t_{i,j}$ 为最近邻间的跃迁积分。基于此哈密顿量，体系中的零频率电导率 $\sigma(E, t)$ 可以表示为[84]

$$\sigma(E,t) = e^2 \rho(E) \Delta X^2(E,t) / t \tag{4.3.2}$$

其中，$\rho(E)$ 为电子态密度；$t$ 为时间；$\Delta X^2(E, t)$ 为具有能量 $E$ 且在时间 $t$ 时的波包均方位移，具有以下形式[84]

$$\Delta X^2(E,t) = \frac{\mathrm{Tr}[\delta(E-H) | \hat{X}(t) - \hat{X}(0)|^2]}{\mathrm{Tr}[\sigma(E-H)]} \tag{4.3.3}$$

其中，Tr 为求迹（trace）。将式（4.3.3）得到的均方位移 $\Delta X^2(E, t)$ 除以时间 $t$ 可得到系统中电荷的扩散系数[84]

$$D(E,t) = \Delta X^2(E,t) / t \tag{4.3.4}$$

一般而言，在缺陷的作用下，$D(t)$ 开始时展现短时间的弹道运动，一定时间之后渐渐饱和，并因为量子干扰的作用不断衰减。通过这个特性还可以估算电荷的平均自由程[84]

$$l_e(E) = D_{\max}(E) / 2v(E) \tag{4.3.5}$$

其中，$v(E)$ 为载流子速度。通过以上分析，具有缺陷的石墨烯样品的电导率 $\sigma$、电荷的扩散系数 $D$ 及其平均自由程 $l_e$ 可以清楚展现样品中的电荷输运特性。

首先考虑空位缺陷均匀占据石墨烯中两个子晶格 A 与 B 的情况，在缺陷密度增大时（由 0.0% 到 0.8%），体系的电子态密度在 $E = 0$ eV 处引入一个较宽的峰，如图 4.28（a）中左侧插图所示，这即是由缺陷引起的零能量模式。而具有 0.8% 缺陷的石墨烯体系电导率在 $-0.6 \sim 0.6$ eV 的范围内先降低再升高，并且在 $\pm 0.25$ eV 范围内保持着电导率最小值恒定在 $\sigma_{\min} = 4e^2/\pi h$，但在 $E = 0$ eV 处出现一个较高的电导率升高（对应于零能量模式引起的超金属性）。如图 4.28（a）所示。狄拉克点附近具有的较高电导率源自中间禁带（midgap）态增强的电子态密度。而随着时间的推移，电导率开始衰减，特别是零能量态衰减尤为显著。除电导率之外，电荷输运的平均自由程 $l_e$ 也是一个衡量体系输运性能的重要指标。如图 4.28（a）中右侧插图所示，随着石墨烯中均匀占据两个不同子晶格的空位的密度由 0.1% 升高到 0.4%，平均自由程显著下降（由开始的几十纳米降低到几纳米）。相反的是，当空位缺陷仅占据其中一个子晶格时，子晶格的对称性被完全破坏，其电子态密度和电导率与均匀占据子晶格的情况不同。如图 4.28（b）所示，0.8% 缺陷密度的体系的电导率随着能量接近狄拉克点的过程中开始不断降低，在 $0 < |E| < 0.3$ eV 范围内为零，仅在狄拉克点处出现极高的峰；而在电子态密度中，如图 4.28（b）中左侧插图所示，在 $E = 0$ eV 处具有极高的零能量态，这即是电导率在 $E = 0$ eV 时急剧增大的原因，在能量远离狄拉克点直到 $|E| = 0.25$ eV 的范围内呈现带隙，这直接导致了该体系不能传输较低能量的电荷。虽然此时的零频率电导率在接近狄拉克点时远大于前一种情况，但是随着时间的推移，该电导率急剧减小（仅在时间过去 0.8 ps 后剩余约 $e^2/h$），这表明零能量模式在该体系中不参与电荷的输运。如图 4.28（b）右侧插图所示，两种缺陷体系不同能量电荷的扩散系数随时间的变化可以更加直观地展现这两种体系的异同，其中能量较高（$E = 0.5$ eV）的电荷在两种缺陷体系中（AA 和 AB）的扩散系数 $D$ 较大（$\sim 1.2$ nm$^2$/fs）且随时间衰减缓慢，具有几乎一致的输运性质；而能量为零的电荷在 AB 缺陷体系中明显具有更大的初始扩散系数 $D$（AB 为 $\sim 0.1$ nm$^2$/fs，AA 为 $\sim 0.01$ nm$^2$/fs），并且两个体系的扩散系数 $D$ 均随时间有明显衰减。

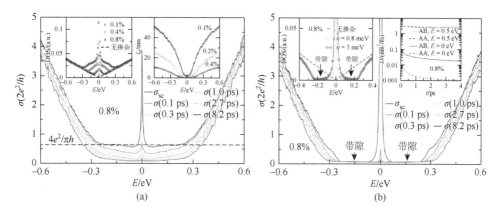

图 4.28　具有 0.8%均匀分布于两个子晶格的空位缺陷的石墨烯（a）和具有 0.8%仅占据一个子
晶格的空位的石墨烯（b）在不同时间尺度下的电导率与电子能级的关系[84]

（a）中左侧插图为态密度随空位浓度的变化，右侧插图为空位密度分别为 0.1%、0.2%及 0.4%时的平均自由程；
（b）中左侧插图表示由零能量模式得到的具有带隙的态密度，而右侧插图则表示在能量分别为 0.5 eV 和 0 eV 时，
具有 AB 和 AA 两种空位分布体系的扩散系数随时间的变化

对于 bP，利用低温扫描隧道显微镜/谱技术，Kiraly 等[85]捕捉到了多层 bP 结
构中不同子晶格上单磷空位不同的特征电荷密度分布，如图 4.29（a）所示。这些
电荷密度在扶手形方向上延展范围显著大于锯齿形方向，这与 bP 各向异性的电
子结构及扶手和锯齿形方向有效质量的巨大差别一致。电荷密度的各向异性和
其子晶格位置依赖的取向可由紧束缚计算很好地描述，如图 4.29（b）所示。通过
扫描隧道显微镜测量不同空位的高度可以确定它们在 bP 中不同的深度，更进一
步可以探测这些空位的深度和电子结构之间的关联。

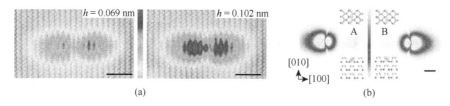

图 4.29　扫描隧道显微镜（a）和紧束缚计算（b）得到的多层 bP 中不同子晶格上单磷空位的
电荷密度分布图[85]

这些占主导地位的低能量点缺陷对二维材料的电子学性质，特别是内在输运行
为有着重要影响。实验上，$MoS_2$ 和 bP 分别显示的是 n 型和 p 型导电性。在 $MoS_2$
中由于单硫空位（$V_S$）具有最低的形成能，一般认为它们是施主，引起了其内在的
n 型导电性。但是，理论研究已经证实 $V_S$ 仅仅在价带顶上方和深入带隙中间分别
引入一个占据态和双重简并的非占据态[86]。如图 4.30（a）所示，这些非占据的深

带隙态在 n 型条件下只能作为受主，这一推论确实被后来的针对带电点缺陷的系统计算所证实[87]。图 4.30（b）显示的是硫富余情况下多种带电点缺陷的形成能。可以看出，$V_S$ 的中性态和负一价态的转变能级远远低于导带底，从而对 n 型导电造成不利影响。另外，实验上通过用硫醇基团[88]或者氧原子[89]来饱和硫族元素空位可以显著提高导电率。从该图中还可以看出，大部分的内在缺陷只能稳定在中性或者负电态。因此，一些研究认为外在缺陷（如 Re）或者不可避免的界面[90]引起了无处不在的 n 型导电行为。对于 bP，Liu 等[91]已经证实大部分的低能量缺陷，包括点缺陷和晶界，都不引入带隙内的缺陷态，因此是电学非活性的。相反，高能量的点缺陷，如单磷空位和间隙（吸附）磷原子，在价带顶附近引入非占据的受主态。这些态也被随后磷空位的扫描隧道谱观测到[85]。这多种缺陷的电学特性与价带顶和导带底附近的独特电荷分布特性密切相关，将于下面详细讨论。

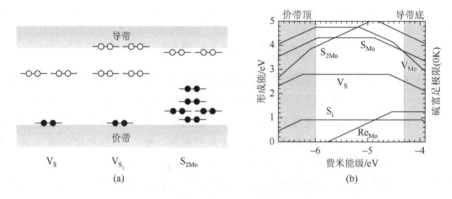

图 4.30　（a）$MoS_2$ 中一些中性低能量点缺陷的能级示意图，填充和中空的点分别代表占据和非占据电子[86]；（b）硫富余情况下多种带电点缺陷形成能随费米能级的变化图[87]

　　$MoS_2$ 和 bP 可以被分别认为是缺陷敏感和缺陷耐受半导体的代表。Pandey 等[92]研究了 29 种 TMDCs 中硫族元素空位的电子性质。研究显示存在硫空位时，第 6 族过渡金属与硫族元素结合的 TMDCs 中倾向引入深能级态，而第 4 族金属的硫族化合物却易于引入浅缺陷能级态。缺陷敏感的第 6 硫族化合物的价带顶和导带底主要由金属的 d 轨道和硫族元素的 p 轨道贡献，说明带隙主要来源于成键态和反键态的劈裂。因此，具有悬挂键的硫族空位主要引入深能级态。另外，缺陷耐受的第 4 族金属硫族化合物的价带顶和导带底的轨道来源于不同元素的不同轨道，从而硫族空位主要形成接近价带顶和导带底的浅缺陷能级态。图 4.31（a）的内插图展示了这两类 TMDCs 轨道组成的示意图。价带顶和导带底轨道特性的相似度可以由它们附近的能带进行归一化轨道交叠（NOO）来定量地描述，得到的表述符（记为 $D$）将会在 0～1，两个极端分别对应完全不同（正交）和等同的轨道特性。图 4.31（a）中 29 种不同 TMDCs 的结果确实显示，当 $D$ 接近于 1 时，化合物是缺陷敏感的；而 $D$ 显著不同于 1 时，化合物是缺陷耐受的。需要强调的是，这一规则可以被扩展到不同的缺陷（如位错等）或者其他二维材料。例如，bP 的价带顶和导带底主要由连接不同层磷原子的 P—P 键和连接同层磷原子的 P—P 键构成，它们之间的归一化轨道交叠将接近于 0，与它的缺陷耐受特性相一致。

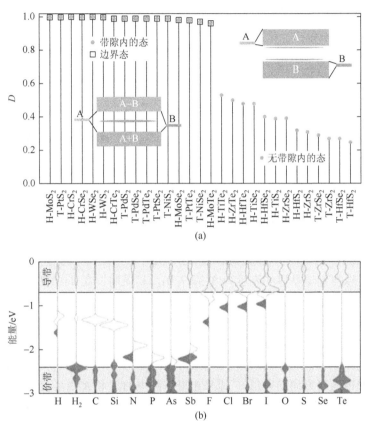

图 4.31　（a）不同二维硫族化合物的归一轨道交叠的表述符（$D$）[92]；（b）$MoS_2$ 中不同取代杂质的态密度[94]

（a）中红和绿圆形分别代表移除一个硫族元素原子后为缺陷敏感和缺陷耐受化合物；黑框代表在形成纳米带后会引入深能级态的化合物；内插图为缺陷敏感及缺陷耐受两种化合物的能级及其轨道组成示意图（参阅正文中更多讨论）

　　缺陷工程是控制半导体电子性质的最有效方法。例如，利用化学气相输运方法在 $MoS_2$ 中取代掺杂 Nb，可以有效地把 n 型 $MoS_2$ 调节为 p 型导电。但是其掺杂浓度相对较低，只有 $3 \times 10^{19}\ cm^{-3}$（$\sim 0.01\%$）[93]。相比于三维体结构，二维材料的完全开放特性使得缺陷和外在杂质或者辐射源的相互作用非常有效。由于传统的离子注入方法可能破坏超薄的二维材料，一般采用电子照射的方法来实现有目地在 $MoS_2$ 中引入单硫空位或者空位团簇。这些空位可以被巧妙引入的杂质饱和，从而显著改变材料的电子性质。Komsa 等[94]研究了 16 种不同的外来杂质，包括施主、受主、双重受主和等电子杂质等。由于空位的高度活性，大部分的杂质有着负形成能，说明这些掺杂非常容易形成。更为重要的是，导电性可以被比较方便地从 n 型调节到 p 型。如图 4.31（b）所示，这一策略可以将费米能调节到自旋和轨道极化强烈的价带顶附近，从而可以促进基于相关性质的多种新型电子和光电子器件的发展。

### 4.3.2 位错与晶界

位错及其组成的晶界是大规模生长多晶样品中常见的固有拓扑缺陷，这些晶界的存在将显著调控材料的电学和光学特性，如多晶石墨烯中的电子输运及负折射系数。

晶界可以看成由位错组成的周期性排列，而通过晶界的电子传输在 k 空间中遵循动量守恒定律。根据晶界结构的不同，石墨烯体系中的电子传输在晶界处有不同的现象：在很大的能量范围内要么呈现较高的透过率，要么具有近乎完全的电子反射[95]。石墨烯中的晶界一般具有较好的周期结构，其结构周期长度为 1～5 nm。晶界作为一维的界面，其两边是具有不同晶向的晶畴（domain），而且晶界结构的周期长度可以由两个平移矢量（translation vector）$(n_L, m_L)|(n_R, m_R)$ 表示，其中 L 和 R 分别代表晶界的左边和右边区域。如图 4.32（a）所示，根据左右两个区域中的平移矢量可以得到该晶界的表示为 $(5, 3)|(7, 0)$，其周期长度 $d = 1.72$ nm，并且该晶界是由能量最低的五边形（红色）和七边形（蓝色）的组合对（位错，可标记为 5|7）所构成。当石墨烯中的电子输运跨越晶界时，电荷载流子相当于经历了一个等效的布里渊区旋转。如图 4.32（b）所示，假设电荷载流子跨越图 4.32（a）中的晶界，其经历的布里渊区在跨越晶界前后等效旋转了角度 $\theta_L + \theta_R$（分别为两区域晶向与晶界面内垂直方向的夹角），原来布里渊区中的 K 和 K′ 点（蓝色）在旋转后称为 $K_r$ 和 $K'_r$ 点（红色）。当 $n_L-m_L$ 与 $n_R-m_R$ 均为三的倍数时，旋转前的一个 K 点和旋转后的一个 $K_r$ 点均位于晶界一维布里渊区的等效 $\Gamma$ 点延长线上，晶界两边区域的各一个 K 和 $K_r$ 点均可以映射到晶界的一维布里渊区的 $\Gamma$ 点上，从而使两者的狄拉克点重合，如图 4.33（a）所示。该晶界处的电子输运几乎不受影响，全部透过，这样的晶界被称为 Ia 类晶界。而当 $n_L-m_L$ 与 $n_R-m_R$ 均不是三的倍数时，K 和 $K_r$ 映射点到晶界一维布里渊区延长线 [$k_∥ = 2n\pi/d$，$n \in$ 整数，即图 4.32（b）中的实线] 的最近距离固定为 $2\pi/(3d)$，那么这两个狄拉克点将被分开并折叠到两个 k 点$-2\pi/(3d)$ 和 $2\pi/(3d)$，如图 4.33（b）所示，此时电子输运同样可以透过，此类晶界被称为 Ib 类晶界。当 $n_L-m_L$ 是三的倍数而 $n_R-m_R$ 不是（或者 L 和 R 调换）时，将出现显著的晶界两边区域的动量-能量映射错位，使得在晶界体系中出现输运带隙（transport gap）阻碍电子的输运，如图 4.33（c）所示。这种类型的晶界被称为 II 类晶界，其中的输运带隙可以表示为[95]

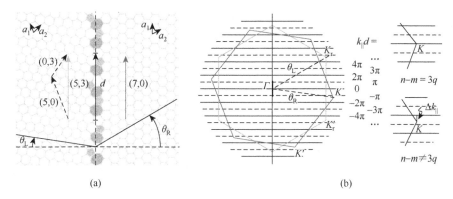

图 4.32　（a）石墨烯中倾斜晶界的结构示意图；该晶界两边的晶粒间晶向夹角为 $\theta = \theta_L + \theta_R = 8.2° + 30.0° = 38.2°$，晶界处给出了三种可能的基本位错；（b）左图为石墨烯晶界两边的晶粒和一维周期晶界结构的布里渊区的示意图；其中黑色线代表晶界的一维布里渊区，$K$($k_r$) 和 $K'$($k_r'$) 表示的六角形分别代表相对于晶界旋转了 $\theta_L$($Q_R$) 角度的石墨烯晶粒的第一布里渊区；右图为二维布里渊区顶点 $K$ 和 $K'$ 在 $n-m = 3q$ 与 $n-m \neq 3q$ 两种情况下分别对应于实线 $k_\parallel = 2n\pi/d$ 的位置[95]

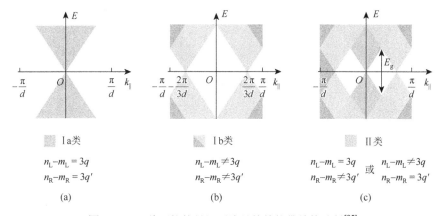

图 4.33　三种可能的晶界两边晶粒的能带结构映射[95]

$$E_g = \hbar v_F \frac{2\pi}{3d} \approx \frac{1.38}{d}(\text{eV}) \qquad (4.3.6)$$

其中，$v_F$ 为费米速度；$d$ 为晶界的周期长度，nm。可以看出 II 类晶界的输运能隙仅与周期长度 $d$ 有关。对于在实验中代表性的 $d$ 值而言，具有 II 类晶界的石墨烯样品能够完美地反射较大能量范围内的低能量载流子。根据以上的分析可知，仅需要晶界的周期长度和晶界两边区域晶向的指向便可以确定是否可能存在输运带隙及推算其大小。而当 $n_L = n_R$ 及 $m_L = m_R$ 时，晶界两边的区域晶向是对称的，这种对称晶界必然属于 I a 类或者 I b 类。通过密度泛函理论对如图 4.34（a）和（d）中所示的两种具有代表性的晶界(2, 1)|(2, 1)与(5, 0)|(3, 3)进行计算进一步验证了上述结论。其中(2, 1)|(2, 1)晶界属于 I b 类晶界，具有较低的形成能（3.4 eV/nm）

和最小的周期长度（0.65 nm），计算得到该晶界的电子透过率在不同能量和动量影响下的变化，如图 4.34（b）所示，非常接近图 4.33（b）中的结论。即使在该体系中缺陷密度较大，在较大能量范围内的电荷载流子仍然具有极高的透过率，如图 4.34（c）所示，可得透过率约为 80%。而在(5, 0)|(3, 3)晶界中，因为其属于 II 类晶界，根据它的周期长度（~1.25 nm）可以由式（4.3.2）计算得到一个极大的输运带隙 $E_g = 1.10$ eV，这与通过密度泛函理论计算得到 1.04 eV［图 4.34（e）］极为符合，同时对透过率的计算表明该晶界几乎不允许电荷的透过，如图 4.34（f）所示。通过在石墨烯中引入 II 类晶界在实际应用中具有重要的价值，原始的石墨烯不是半导体，当应用到电子器件中时仅能展现极小的开关比（~5），但是在引入适当的反射晶界后，石墨烯电子器件的开关比可达 1000，可以实现较好的器件性能。

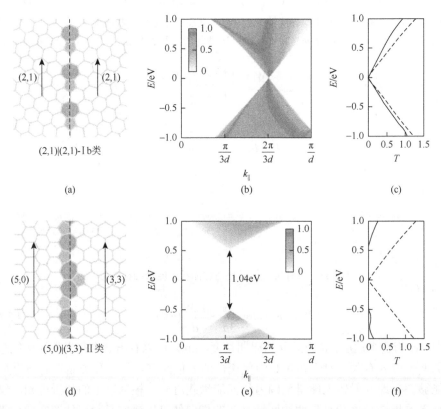

图 4.34  石墨烯(2, 1)|(2, 1)晶界的结构示意图（a）、透过率随横向动量 $k_{\parallel}$ 和能量 $E$ 的变化（b）及平均每单位长度的零偏压透过率随能量的变化（c）；（c）中的实线和虚线分别代表具有晶界的和原始石墨烯中的情况；石墨烯(5, 0)|(3, 3)晶界的结构示意图（d）、透过率随横向动量 $k_{\parallel}$ 和能量 $E$ 的变化（e）及平均每单位长度的零偏压透过率随能量的变化（f）；（f）中的实线和虚线分别代表具有晶界的和原始石墨烯中的情况[95]

随后，Gargiulo 等对于石墨烯晶界的研究发现了一个奇异的现象，当体系中具有最小伯格斯矢量 $b$ 为(1, 0)的位错密度减小时，晶界处对低能量电荷的透过率不断减小，他们认为这可能是由拓扑缺陷带来的电荷载流子散射（scattering）引起的[96]。描述晶界缺陷中位错的伯格斯矢量 $b$ 是一种结构拓扑不变量（invariant），由晶界中五边形和七边形的相对位置确定，该矢量对体系中的输运性质具有显著影响。在由具有最小伯格斯矢量 $b$ =(1, 0)的位错形成的晶界中，如图 4.35（a）所示，当位错密度较小时晶界处的低能量电荷载流子的透过率受到极大地抑制；而具有 $b$ =(1, 1)的位错［图 4.35（b）］表现为普通散射中心，对电子输运影响甚微。首先，在具有 $b$ =(1, 0)位错的对称晶界(1, 2)|(2, 1)中，周期长度 $d \approx 6.5$Å，其透过率与能量和横向动量之间的关系如图 4.35（c）所示，透过率的分布与原始石墨烯没有大的区别；但在(8, 9)|(9, 8)晶界（周期长度 $d = 36.2$Å，位错密度减小）中狄拉克点处的电导率明显下降，并且出现了由较小布里渊区中能带折叠引起的多电导通道（channel），如图 4.35（d）所示。在位错周期长度由 6.5Å 增大到 386Å 的过程中，其不同横向动量处的电子透过率随着周期长度的增加（位错密度降低）而不断降低，如图 4.35（e）所示。在电子垂直入射（$q_{\parallel} = 0$）时，不同晶界（对称、非对称及简并晶界）的透过率 $T$ 与周期长度 $d$ 之间存在 $T \propto d^{-\gamma}$ 的关系，如图 4.35（f）所示，其指数 $\gamma \approx 0.5$，并且这种标度规律（scaling law）跟位错伯格斯矢量及晶界间的相对指向无关。这种在位错密度减小时出现的反常透过率下降（或散射增强）意味着这种输运行为是由体系的拓扑性质决定的。图 4.35（g）展示了具有不同周期长度的晶界的局域电子态密度（LDOS），可以发现这些晶界在原始石墨烯的导带和价带中均额外引入了范霍夫奇点（van Hove singularity）；而当 $d$ 增加时，范霍夫奇点峰的位置将最终汇集到狄拉克点（$E = 0$ eV），如图 4.35（g）所示。这些峰来自位错处的局域电子态，这将导致低能量电荷出现共振后向散射（resonant backscattering）。晶界中位错间有限的距离 $d$ 可以允许局域态之间相互杂化，当距离 $d$ 增大时，杂化效应减弱，减小晶界引入的范霍夫奇点峰的能量，如图 4.35（h）所示，最终使得狄拉克点处的透过率急剧减小。一般地，可以得到推论：凡是具有 $b = (n, m)$ 位错（其中 $n-m \neq 3q$，$q$ 属于整数）的晶界均对电荷的透过具有类似的效应，因为电荷绕过这些位错时增加的相位 $k \cdot b$ 的值是一样的；而对 $n-m = q$ 的位错，电荷增加的相位 $k \cdot b = 0$，其散射现象与普通散射（不具有拓扑性）一致。

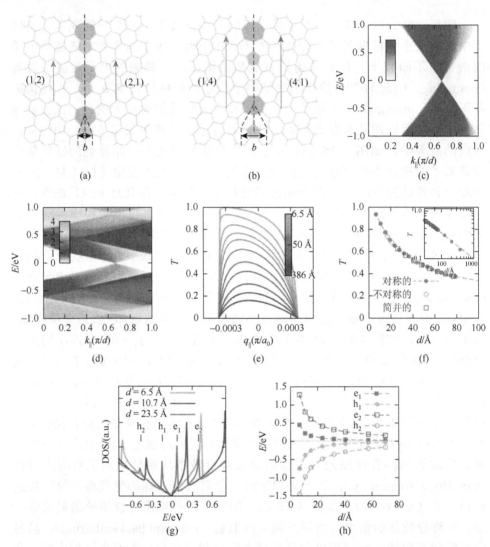

图 4.35　(a) 最小伯格斯矢量为(1, 0)的(1, 2)|(2, 1)晶界结构示意图；(b) 最小伯格斯矢量为(1, 1)的(1, 4)|(4, 1)晶界结构示意图；石墨烯中跨越由 **b** =(1, 0)位错构成的周期晶界的电子输运，周期长度为 d = 6.5Å (c) 与 36.2Å (d) 的晶界的透过率随着能量 E 和横向动量 $k_{\parallel}$ 的变化；(e) 不同晶界周期长度 d 的狄拉克点附近的透过率随 $q_{\parallel}$ 的变化；(f) 垂直于晶界的入射载流子的低能透过率在对称、非对称及简并晶界情况下随晶界周期长度 d 的变化，插图为对数图；(g) 由 **b** =(1, 0)位错构成的具有不同周期长度 d 的晶界在界面处的态密度；(h) 态密度中峰的位置随周期长度 d 的变化[96]

多晶石墨烯中电荷输运虽然受到晶界的限制，但是通过对多晶形态（morphology）与其带来的电荷输运性质间关系的理论研究，van Tuan 等[97]于 2013 年得出当多晶内各区域良好连接时，体系的平均自由程和电导率均具有关于平均晶粒（grain）尺寸的标度性质（scaling property）。如图 4.36（a）所示，考虑三种具有不同晶粒尺寸（平均尺寸分别为 13 nm、18 nm 和 25.5 nm）的多晶石墨烯体系。其中平均区域尺寸为 18 nm 的连接区域的典型晶界结构如图 4.36（b）所示，其主要由五边形和七边形构成的位错组成。为了研究区域间连接度（connectivity）和区域尺寸分布对输运性质的影响，进一步考虑额外两个平均尺寸均为 18 nm 的多晶体系：一种的晶界中存在不连续的边界（连接度较弱），用 br-18 表示；另一种的晶界完好但各个区域的尺寸变化较大（虽然平均尺寸仍为 18 nm），用 avg-18 表示。类似地，通过式（4.3.1）中的紧束缚哈密顿量可计算得到上述五种体系的电子态密度，如图 4.36（c）所示。以完美石墨烯的电子态密度作为参照，在远离 $E = 0$ eV 点的范围内态密度对区域尺寸和晶界完整性并不敏感，仅仅在能量 $E = \pm 2.9$ eV 时这五种体系均展现略微变宽的范霍夫奇点（其中 $-2.9$ eV 为最近邻跃迁能量），这说明晶界引入的扰动有限。但是在 $E = 0$ eV 处，如图 4.36（d）所示，所有多晶体系的零能量模式均得到增强，其中最强的零能量模式来自 br-18 体系，这是因为 br-18 体系具有最多的中间禁带态。基于上述讨论可进一步研究这些多晶体系的输运性质，包括式（4.3.2）中的零频率电导率、式（4.3.4）中的电荷扩散系数及式（4.3.5）中的平均自由程。在晶界处连接度较高的体系（13 nm、18 nm、25.5 nm 及 avg-18）中，扩散系数 $D(t)$ 受到量子干扰的影响最小，于是在达到饱和后随着时间的推移缓慢衰减，而且饱和值的大小随着区域尺寸的减小而减小，如图 4.36（e）所示。而晶界处连接度较低的 br-18 nm 体系的扩散系数在达到饱和（饱和扩散系数在所有体系中最小，仅为 2 nm²/fs）之后迅速衰减。值得注意的是，同样具有 18 nm 的平均区域尺寸的两个体系（18 nm 和 avg-18）中，尺寸分布变化幅度较大的 avg-18 体系的饱和值较低且其衰减稍快（与 18 nm 体系相比较）。而在不同体系的电荷平均自由程与能量关系 [图 4.36（f）] 中，可以看到区域尺寸越小、区域尺寸分布越不均匀或者晶界处连接度不高均将使得平均自由程明显减小，特别是 br-18 体系中平均自由程最小（低于 5 nm）。其中，晶界处连接度良好的三种体系（13 nm、18 nm 和 25.5 nm）的平均自由程呈现极为特别的标度关系，即 $\sqrt{2} \times l_e^{13nm} \approx l_e^{18nm}$ 与 $\sqrt{2} \times l_e^{18nm} \approx l_e^{25.5nm}$，这正好与这些体系中的区域平均尺寸具有类似的关系（$\sqrt{2} \times 13 \approx 18$ 及 $\sqrt{2} \times 18 \approx 25.5$）。所以，多晶石墨烯具有的输运性质关于区域尺寸的标度特性，对通过控制石墨烯生长中的形态来调控其输运性质具有重要意义。

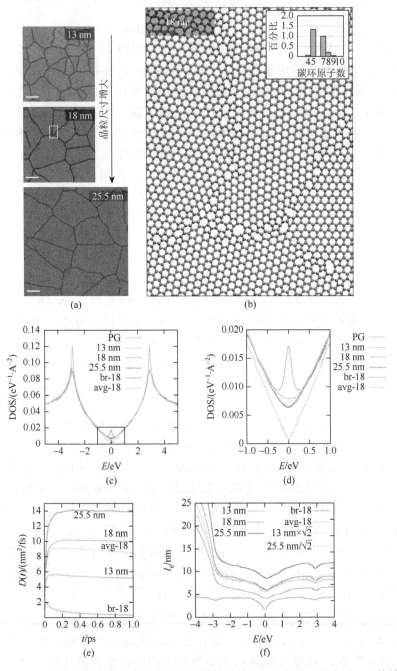

图 4.36 （a）三种具有均匀晶粒尺寸分布的石墨烯结构；（b）晶粒尺寸为 18 nm 的结构示意图，对应（a）中白色方框；（c）完美石墨烯（PG）和具有不同晶粒尺寸的态密度；（d）费米面附近放大的态密度；（e）不同体系中载流子扩散系数随时间的变化；（f）不同体系中载流子平均自由程随载流子能量的变化[97]

　　除了对电子输运具有重要影响外，晶界对谷输运也具有重要影响。Gunlycke 和 White[98]在 2011 年对一种特殊的由两个五元环和一个八元环（558）周期排列组成的晶界研究发现，它能对石墨烯不同谷（$K$ 和 $K'$）电子产生不同散射，在高角度情况下，谷极化率可以得到 100%。Nguyen 等在 2016 年进一步提出在多晶石墨烯中可以实现对谷极化（valley-polarized）电流的操纵及得到狄拉克费米子的类光学行为[99]。在晶界两边的晶向不同的两个区域在外界应变的作用下将具有互相不匹配的电子结构，在极宽的透过方向范围内完美地实现谷极化，并且该晶界对于电子波（electron wave）的通过可能具有负折射率（negative refraction index）。理论上，考虑一个电子的德布罗意波（de Broglie wave）由晶界的左边区域接近晶界，其速度与动量可分别表示为 $v_1 = v_1(\cos\varphi_1, \sin\varphi_1)$ 与 $k_1 = D_1 + q_1$，其中 $q_1 = q_1(\cos\varphi_1, \sin\varphi_1)$ 且 $\varphi_1$ 是入射角，$D$ 表示位于 $K$ 点处的狄拉克锥（谷）。在晶界处，该电子波一部分被晶界反射而另一部分穿过晶界在右边区域形成透射态，其速度和动量分别为 $v_2 = v_2(\cos\varphi_2, \sin\varphi_2)$ 与 $k_2 = D_2 + q_2$，其中 $q_2 = q_2(\cos\varphi_2, \sin\varphi_2)$ 且 $\varphi_2$ 是折射角。由于在沿晶界方向（$y$ 方向）上动量守恒，则分别位于 $K$ 和 $K'$ 点处的两个狄拉克锥 $D$ 与 $D'$ 中的电子传输必须分别满足关系 $q_1\sin\varphi_1 - q_2\sin\varphi_2 = D_{2y} - D_{1y}$ 与 $q_1\sin\varphi_1 - q_2\sin\varphi_2 = -(D'_{2y} - D'_{1y})$。在应变较小时，$q_1 \approx q_2 = q$，入射角和折射角 $\varphi_{1,2}$ 可以写作[99]

$$\sin\varphi_1 - \sin\varphi_2 = \eta_v \alpha(q) \qquad (4.3.7)$$

其中，$\alpha(q) = (D_{2y} - D_{1y})/q$，以及对于 $D$ 谷和 $D'$ 谷 $\eta_v = \pm 1$。而且电子和空穴的群速度（group velocity）分别平行和反平行于动量，即对于空穴，式（4.3.7）中等号右边要加负号。在应变较小时，石墨烯狄拉克点附近的能量散射仍然保持线性 $E = \pm\hbar v_F q$。所以式（4.3.7）可以改写为[99]

$$\sin\varphi_1 - \sin\varphi_2 = \eta_v \hbar v_F (D_{2y} - D_{1y})/E \qquad (4.3.8)$$

　　值得注意的是，在没有应变时式（4.3.8）仍然成立。利用式（4.3.8）可以直观地研究和展示石墨烯晶界的谷电子学（valleytronics）和电子光学（electronic-optics）特性。首先，石墨烯中的谷电子学利用了在其中传输的电流以波的形式存在于布里渊区 $K$ 和 $K'$ 点处谷中的特性，通过操控这两个谷中的载流子可以对数据进行编码。而通过破坏石墨烯的谷简并可以实现产生和探测谷极化，这依赖于石墨烯纳米结构中的谷过滤效应和（或）空间上区分的谷分辨（valley-resolved）电流。两个区域的晶向不同而使得它们的电子结构不匹配，在晶界处的电子输运在此处形成一个有限大小的输运带隙，这个现象在引入外界结构应变时尤为显著，可以实现较高的谷极化。对于两种不同的晶界(2, 1)|(1, 2) 和(0, 7)|(3, 5)，如图 4.37（a）和（b）所示，分别由 GB1 和 GB2 表示，施加

结构应变的大小和方向角由图 4.37（a）和（b）中的 $\sigma$ 和 $\theta$ 表示。在施加结构应变时，晶界两边的晶粒由于其不同的晶向而对应变产生不同的反应，两个区域的狄拉克锥在动量空间中的位置分开，如图 4.37（c）所示，这种狄拉克锥的错位将引入输运带隙，降低透过率。具体而言，在图 4.37（a）和（b）分别所示的两种晶界 GB1 和 GB2 体系中，通过计算可以得到两个不同谷 $D$ 和 $D'$ 的透过率 $T'_{D,D}$ 和谷极化度 $P_{\mathrm{val}} =(T_D-T'_D)/(T_D + T'_D)$ 在不同结构应变下关于入射角 $\varphi_1$ 的函数，分别如图 4.37（d）和（e）所示。在没有施加应变时，晶界处的透过率 $T'_{D,D}$ 在几乎所有入射角范围内均不为零且关于角度对称，且其谷极化度 $P_{\mathrm{val}}$ 有限，仅在入射角极大时呈现完全极化。而当施加应变之后，透过率 $T'_{D,D}$ 在不同入射角范围内出现空隙，并在这些入射角范围内的谷极化度显著增强，其中当单轴应变为 3% 时，GB1 和 GB2 体系均在入射角为 15°～90° 具有完全谷极化（$P_{\mathrm{val}} = 1$）。

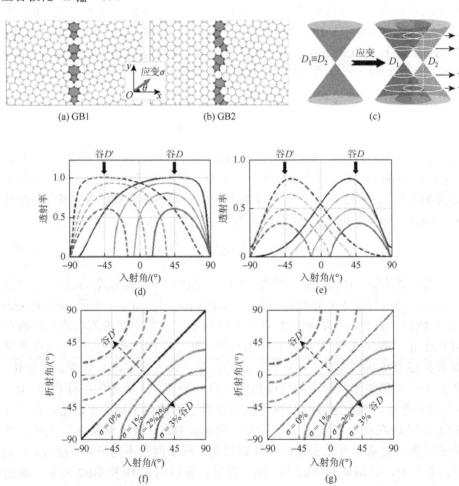

(a) GB1　　　　　　　(b) GB2　　　　　　　(c)

(d)　　　　　　　　　　　　(e)

(f)　　　　　　　　　　　　(g)

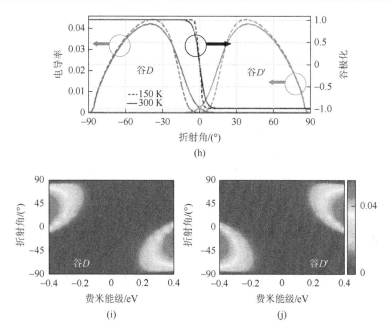

图 4.37　石墨烯的(2, 1)|(1, 2)晶界 GB1（a）和(0, 7)|(3, 5)晶界 GB2（b）的结构示意图，插图表示应变的大小 $\sigma$ 和方向角 $\theta$；（c）石墨烯第一布里渊区中位于 $K$ 或 $K'$ 点处的狄拉克锥在应变下的劈裂，形成 $D_1$ 和 $D_2$ 两个狄拉克锥；GB1（d）和 GB2（e）中劈裂形成的两个狄拉克锥 $D$ 和 $D'$ 处的载流子透过率在不同结构应变和能量 $\varepsilon = 0.3$ eV 下随其入射角的变化，其中黑色、绿色、红色及蓝色曲线分别代表在应变为 0%、1%、2% 及 3% 下的结果；GB1（f）和 GB2（g）中折射系数由应变引入的调控；（h）电导率（左边 $y$ 轴，单位为 $2\,e^2W/3\pi ha_0$）和谷极化（右边 $y$ 轴）在不同温度下随折射角 $\varphi_2$ 的变化；GB1 在室温（300 K）与 3%应变情况下的谷 $D$（i）和谷 $D'$（j）的电流强度随费米面 $E_F$ 和折射角 $\varphi_2$ 的变化[99]

　　其次，多晶石墨烯中的电子传输具有类光学特性。在原始石墨烯中的电子由于具有弹道（ballistic）输运特性可以沿直线轨迹传输，其波（wave）特性表现为多种界面和折射效应，电子（或空穴）的群速度与它们的动量方向平行（或相反），这将导致在石墨烯 p-n 结中传输的载流子具有负折射率。式（4.3.8）展示了晶界处的电子传输具有类光学的行为，并且具有新的折射规律。GB1 和 GB2 体系的入射角和折射角 $\varphi_{1,2}$ 之间在不同结构应变作用下的关系如图 4.37（f）和（g）所示。当体系没有应变或晶界两边区域具有相同晶向时，入射角与折射角相等，不发生电子轨迹折射；相反地没有这些限制时，根据式（4.3.8）可知折射系数可以轻易被应变或载流子能量所调控。具体来说，当应变较小（$\sigma \leqslant 2\%$）时，正负折射率均可以存在；但当应变较大（$\sigma = 3\%$）时，在所有入射角范围内折射率均为负值。同时，晶界处的透过率 $T'_{D,D}$ 仅在满足 $\varphi_2 \approx -\varphi_1 = -\varphi_h$ 的特定方向具有较高值，其中 $\varphi_h = \eta_v \arcsin[\alpha(q)/2]$，并且该角度 $\varphi_h$ 可以由改变载流子能量和结构应变实现调控。例如，在载流子能量 $E = 0.3$ eV 及应变约为 3%时两个谷的 $\varphi_h$ 分别为 40°和−40°。所以载流子在注入石墨烯晶界体系中后，其中一个谷中的载流子被晶界完全反射，而另一个谷中的大部分折射通过晶界，得到的透射和反射束均高度谷极化。

最后，通过上面讨论的特性可以在体系中实现电流的方向区分，如图 4.37（h）所示，室温环境下，在 $\varphi_2$ 绝对值约为 40°时，方向上严格区分的两谷电流分别具有最大的电导率，并且具有高度的谷极化。同时，当通过静电门压改变费米能级 $E_F$（即调整载流子能量的大小）时，高强度电流的方向将随着|$E_F$|的增大而向较小角度移动，如图 4.37（i）和（j）所示。

更具体地研究垂直晶界应变对晶界输运的影响可以考虑三种典型的石墨烯晶界：具有金属性的对称晶界 GB-Ⅰ(2, 1)|(1, 2)、半导体晶界 GB-Ⅱ(5, 0)|(3, 3) 及非对称金属晶界 GB-Ⅲ(5, 3)|(7, 0)[100]。同样可以利用式（4.3.1）的紧束缚哈密顿量计算得到三种晶界体系的电荷透过率关于动量和能量的分布图，如图 4.38（a）所示。当体系中均未施加结构应变（即 $\delta = 0$）时，电荷（能量范围在 ±1 eV 以内）在 GB-Ⅰ和 GB-Ⅲ两种晶界处均能透过，而 GB-Ⅱ晶界将产生一个较大的输运带隙（大小约为 1 eV）阻碍电荷的透过。当这三个体系受到应变的作用时，其透过率分布将显著变化。具体而言，在 GB-Ⅰ晶界中，压缩和拉伸应变均对该晶界的透过率影响甚微；但在 GB-Ⅱ和 GB-Ⅲ两种晶界中应变对其影响显著，拉伸应变将增大这两种晶界的输运带隙，影响其电荷输运性能，而压缩应变则会减小（或增大）GB-Ⅱ（或 GB-Ⅲ）的输运带隙，如图 4.38（a）中图和下图所示。所以 GB-Ⅱ晶界在应变的作用下出现了由半导体到导体的转化，而 GB-Ⅲ晶界则因为应变由导体转化为半导体。这些晶界在应变作用下展示的不同特性主要来自具有不同晶向的晶粒对特定方向应变的不同反应。例如，在 GB-Ⅰ对称晶界体系中的应变将使晶界两边区域的狄拉克点的动量空间位置 $k_L$ 和 $k_R$ 转移相同的距离（$k_L$ 和 $k_R$ 的两条曲线重合），如图 4.38（b）所示，所以体系中并没有出现输运带隙且对应变不敏感。在 GB-Ⅱ晶界中，如图 4.38（c）所示，位置 $k_R$ 在不同应变下大致保持不变（$k_R = 0$），但 $k_L$ 在拉伸（或压缩）应变的作用下逐渐变大（或减小），而 $k_L$ 和 $k_R$ 之间的差值代表着电荷输运的难易程度（差值越大输运越难），所以该晶界的输运带隙随着拉伸应变而增大并且随着压缩应变而减小。在 GB-Ⅲ晶界中，当应变为零时，$k_L$ 和 $k_R$ 在同一布里渊区位点（均为 $2\pi/3W$），所以此时该晶界并不具有输运带隙，如图 4.38（d）所示；但是在施加应变之后，拉伸应变使得 $k_L$ 仅略微改变而 $k_R$ 却显著减小，两边狄拉克点的位置间距变大，从而使得输运带隙增大，而在施加压缩应变时，$k_R$ 先增大到最大值 $\pi/W$ 再减小而 $k_L$ 一直减小，所以输运带隙在压缩应变约为−0.12 时增大到最大值然后渐渐减小。

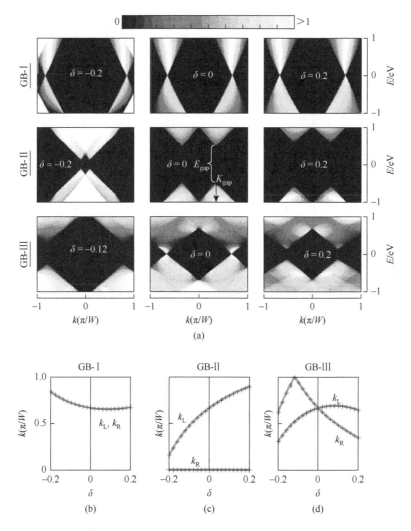

图 4.38  （a）石墨烯晶界 GB-Ⅰ、GB-Ⅱ及 GB-Ⅲ电荷透过率在无应变及压缩和拉伸应变作用下随能量和动量的变化；（b）～（d）三种晶界中 $k_L$ 和 $k_R$ 随应变大小的变化；$k_L$ 和 $k_R$ 分别代表晶界左边和右边晶粒的狄拉克点的动量[100]

对于 h-BN，其大角度晶界存在内在的极性，因此沿着晶界方向带来了额外局域电荷。理论分析显示，N—N 键和 B—B 键会分别在价带顶和导带底引入缺陷态 [图 4.39（a）]，进而有效地降低带隙[101, 102]。在理论预测不久以后，实验通过超高分辨率的透射电子谱和扫描隧道显微镜观测到 B5|7、N5|7 和 4|8 晶界[102]，分别如图 4.39（b）中的右图和左图所示。

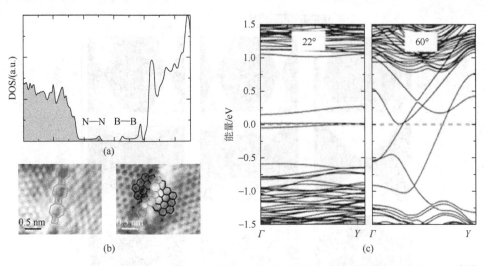

图 4.39　(a)由 N—N 键和 B—B 键构成的晶界分别在价带顶和导带底引入占据态和非占据态[101]；(b)h-BN 中 4|8 和 5|7 晶界的扫描电子显微镜图像，其对应的原子模型示意地叠加在上方[102]；(c)小角度（22°）和大角度（60°）晶界的能带结构[103]

　　对 TMDCs 来说，小角度和 60°扶手形晶界具有完全不同的电学行为，如图 4.39（c）所示[103]。类似于点缺陷中的悬挂键，小角度晶界主要引入的是深带隙态，它们主要作为载流子陷阱或者电子-空穴复合中心，从而对材料的导电性造成不利影响。基于多晶样品的场效应管的实验显示，随着不同种类和取向的晶界浓度增加，材料的电学性质逐步衰减[104]。与此形成鲜明对比的是，60°扶手形晶界中紧密接触的位错核的电子态能有效交叠，进而引入具有高度色散性的能带。费米能级穿过这些态使得 60°扶手形晶界在沿晶界方向表现出金属性，显著不同于二维完整结构的半导体行为[103, 105]。当今纳米技术的发展使得人们可以直接探测单个晶界的电学行为。在纳米尺度上，利用在单个晶界上构建场效应管器件，研究人员揭示了小角度晶界和 60°孪晶完全不同的电学行为[106]。相比于无缺陷的 MoS$_2$，小角度晶界将电子迁移率减少一半，而仅有几个原子宽度的 60°孪晶则展现更高的电导率。随后，扫描透射显微镜直接观察到 MoSe$_2$ 中 60°孪晶中带隙间态引致的金属性[107]。系统的理论分析揭示了孪晶的金属性是 TMDCs 的一种内在属性，主要由垂直晶界的极化不连续引起[108]。

　　之前讨论的晶界两边的区域均是不同尺寸的石墨烯组成的，而在实验中利用 CVD 生长的方法也可制得大尺寸的共面的石墨烯和 h-BN 异质结，在其中形成两边区域分别为不同材料的晶界，并具有特殊的输运性质[109]。因为石墨烯多晶中的晶界具有在狄拉克点附近的范霍夫奇点，而 h-BN 中的晶界则减小其带隙大小并在禁带中引入新的态 [图 4.39（a）]，所以石墨烯和 h-BN 的界面也可以带来低能量边界态。类似地，可以利用式（4.3.1）中的紧束缚哈密顿量计算得到该异质结体系中晶界的输运性质。然而，因为晶界处的电子性质对界面的构型十分敏感，故而需要改进式（4.3.1）中的在位项（on-site term），使其包含一个与位置相关的静电势，最终得到的在位项为[109]

$$\varepsilon_i(\boldsymbol{r}_i) = \varepsilon_{i0} + \sum_{\alpha}^{n_q} \frac{A_i^{\mathrm{B}}}{\left|\boldsymbol{r}_i - \boldsymbol{r}_\alpha^{\mathrm{B}}\right|} \mathrm{e}^{-\left|\boldsymbol{r}_i - \boldsymbol{r}_\alpha^{\mathrm{B}}\right|/\lambda_i} - \sum_{\alpha}^{n_q} \frac{A_i^{\mathrm{N}}}{\left|\boldsymbol{r}_i - \boldsymbol{r}_\alpha^{\mathrm{N}}\right|} \mathrm{e}^{-\left|\boldsymbol{r}_i - \boldsymbol{r}_\alpha^{\mathrm{N}}\right|/\lambda_i} \tag{4.3.9}$$

其中，$\varepsilon_i(\boldsymbol{r}_i)$ 为位于 $\boldsymbol{r}_i$ 的第 $i$ 种原子的在位能量（on-site energy）；$\varepsilon_{i0}$ 为远离晶界的原子的在位能量；$A_i^{\mathrm{B}}$ 与 $A_i^{\mathrm{N}}$ 分别为 C-B 与 C-N 界面的势能；$r_\alpha^{\mathrm{B}}$ 与 $r_\alpha^{\mathrm{N}}$ 分别为 C-B 与 C-N 界面处过剩电荷的位置；$\lambda_i$ 为界面势能的衰减长度。式（4.3.9）是对所有的 $n_q$ 电荷在半径为 1 nm 范围内求和。而后根据瓦尼尔方法可以得到在位能量和最近邻跃迁能，如表 4.3 所示。

**表 4.3　在位的和最邻近的紧束缚哈密顿量参数**[109]

| 在位能量/eV | | |
| --- | --- | --- |
| $\varepsilon_{C0}$ | $\varepsilon_{B0}$ | $\varepsilon_{N0}$ |
| 0.0 | 3.09 | −1.89 |
| 边界静电势参数 | | |
| $\lambda_C$ | $\lambda_B = \lambda_N$ | $A_i^{\mathrm{B}} = A_i^{\mathrm{N}}$ |
| 6.78 Å | 12.56 Å | 0.56 eV·Å |
| 最邻近跃迁能/eV | | |
| $t_{CC}$ | $t_{CB}$ | $t_{CN}$ | $t_{BN}$ |
| −2.99 | −2.68 | −2.79 | −3.03 |

在 h-BN 高浓度下，该体系的晶界一定含有 B—B 键和 N—N 键，在计算时选取 $t_{BN}$ 和 $1.1\varepsilon_{i0}$ 分别作为跃迁能和在位能量。石墨烯体系中的 h-BN 区域随着其密度的增大而增多，如图 4.40（a）左图所示。而该体系中石墨烯区域和 h-BN 区域间的典型晶界如图 4.40（a）右图所示，可以发现晶界仍然主要由五边形和七边形构成的位错组成，但其中的组分将包含三种原子（硼、碳和氮原子）。通过计算可以得到具有不同 h-BN 区域密度的体系（区域平均尺寸约为 40 nm）在室温下的电子态密度，如图 4.40（b）所示。其中，h-BN 密度由 0%（纯石墨烯）到 100%（纯氮化硼）增加的过程中，带隙显著地不断增大，但是在电子的一端具有更快的衰减速度，这种由石墨烯-氮化硼晶界引起的电子和空穴的非对称性将在电子这一侧

的态密度中产生更多的共振（resonance）。所以，这种共振现象同样会随着氮化硼密度的增加而趋于明显，这是由在带隙范围内形成的边界态引起的，且当体系中氮化硼密度达到100%时尤为显著（紫色曲线），如图4.40（c）给出的体系中所有晶界的局域电子态密度所示。具体而言，能量为–1.2 eV 和 2.0 eV 的两处共振态来自晶界中的 B—B 键或 N—N 键；而在能量为 0 eV 和 0.76 eV 的共振态均在多晶的石墨烯（0%）和 h-BN（100%）中存在，可以作为晶界存在的"指纹"。所有这些共振态均位于晶界局域内，如图4.40（c）中插图所示。这些晶界处的特点将极大地影响其中的电荷输运性质，可以由式（4.3.4）所示的时间相关电荷扩散系数 $D(E, t)$描述，其中 $X^2$ 为均方位移，其形式由式（4.3.3）给出。基于电荷扩散系数可以通过式（4.3.2）进一步得出能量相关的零频率电导率 $\sigma(E)$，如图4.40（d）所示，可以看到在电荷中性（charge-neutrality）点附近电导率随着氮化硼密度的增加降低了超过两个数量级。在固定载流子浓度（$n = 0.3 \times 10^{12}$ cm$^{-2}$）的情况下，体系中载流子的迁移率 $\mu = \sigma(n)/n$ 随着 h-BN 密度的增加将显著降低，同时体系的电阻则显著升高，分别如图4.40（e）和其中插图所示，这清晰地表明 h-BN 的存在限制了体系中的电荷输运。

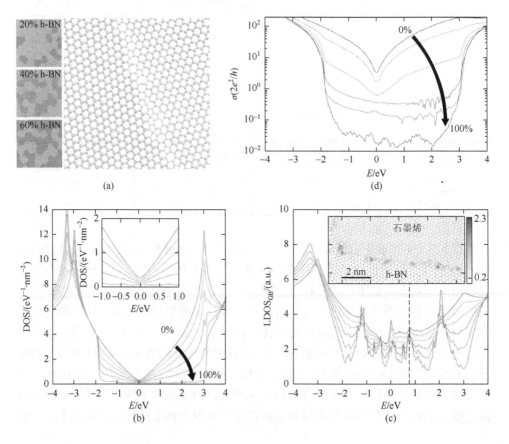

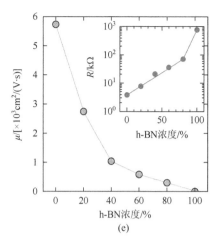

(e)

图 4.40　（a）具有 20%、40% 和 60%h-BN 晶粒（平均尺寸为 40 nm）的石墨烯晶体结构示意图（左图），右图则为石墨烯和 h-BN 形成的晶界结构示意图，灰色、粉色、蓝色与青色原子分别表示碳、硼、氮和晶界处原子；（b）具有不同 h-BN 晶粒密度的体系态密度，其由红色到紫色曲线分别表示密度由 0% 到 100% 的变化，相邻两条曲线间密度相差 20%，插图展示能量在 $-1 \sim 1$ eV 的态密度；（c）晶界处的局域态密度，其中插图表示该局域态密度在实空间上的投映；（d）在不同 h-BN 晶粒密度下体系电导率随能量的变化；（e）载流子迁移率随 h-BN 浓度的变化；载流子密度 $n = 0.3 \times 10^{12}$ cm$^{-2}$ 是固定的，插图展示了在同样载流子密度下体系的电阻随 h-BN 浓度的变化[109]

## 4.4　异质结对光电子学性质的调控

在目前已经发现的多种低维光电材料中，由于具有合适大小的带隙，在吸收光子后可以产生电子-空穴对，但是如果缺乏有效的电子-空穴分离手段就不能形成可观的光电流，不利于这些低维材料在光学中的应用。但是，在不同低维半导体材料中，其能带结构的导带底和价带顶相对于真空能级的能量是不同的，通过设计将不同二维材料组合成异质结，可以实现不同材料间电荷有效转移。

### 4.4.1　能带对齐与异质结种类

通过将理论计算得到的各种低维材料的电子能带结构统一以真空能级为参照进行校准[110]，并将其中的两种或多种低维材料横向或纵向地组合起来，可以得到不同功能和用途的异质结。例如，在 TMDCs 中，如图 4.41（a）所示，不同组成元素的 TMDCs 的导带底和价带顶相对真空能级的能量值（位置）并不一致[110]，其中曲线连接的红色和蓝色方块分别代表由 HSE06 计算得到的能带对齐（alignment）。类似地，其他低维材料的能带结构中导带底和价带顶的位置（以真空能级为参照）同样可以被计算出来，包括第 13～15 族元素形成的二维材料 [图 4.41（b）]、

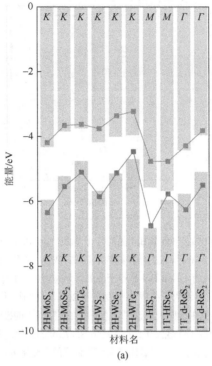

(a)

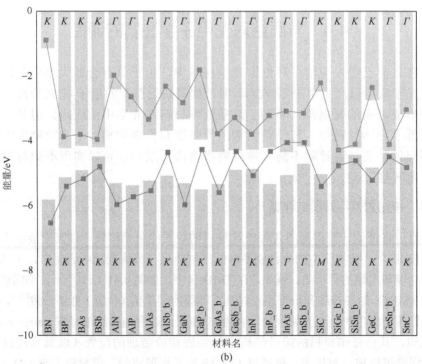

(b)

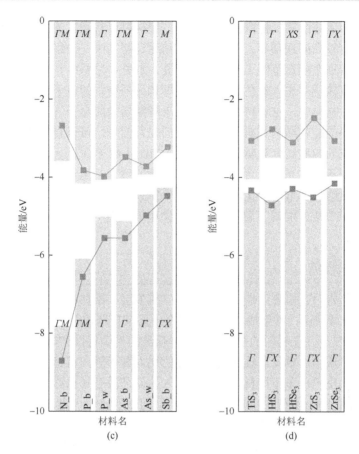

图 4.41　(a) TMDCs 的能带对齐；红色和蓝色柱状图分别代表由 PBE 方法计算得到的导带底
和价带顶，而红色和蓝色曲线则表示由 HSE 方法计算得到的结果；第 13～15 族元素形成的二维
材料（b）、二维第 15 族元素形成的单质二维材料（c）和 TMTCs（d）的能带对齐[110]

第 15 族元素形成的单质二维材料[图 4.41(c)]及过渡金属三硫族化合物（TMTCs，
如图 4.41（d）所示）。这些低维材料的能带结构相对真空能级的对齐信息的获得
对不同用途异质结的设计具有重要的指导作用。

　　根据异质结中组成材料的能带对齐及其功能和用途（如太阳能电池和发光二
极管 LED）的不同可以将其分为三个种类：第 I 类、第 II 类和第 III 类异质结。其
中，第 I 类异质结如图 4.42（a）所示，其中间组成材料的导带底较两边组分低且
其价带顶较高，这使得该异质结可以在空间上将电子和空穴局限在一起，高效地
促进它们之间的重新结合并发光，其代表性的应用为 LED、激光器。而第 II 类异
质结的阶梯状的能带对齐方式 ［图 4.42（b）］可以将激发的电子和空穴有效地分
开并将它们局限在不同的组成材料中进行传输，这使得第 II 类异质结十分适合应
用在太阳能电池和光学探测器。同时，图 4.42（c）中的能带对齐也属于第 II 类异

质结，该类异质结由三层材料构成，中间一层材料可将激发的电子束缚在其中，使其能够具有较高的迁移率。第Ⅲ类异质结通过将其中一个组成材料的导带底和另一个的价带顶在能量范围上产生一定重叠，如图 4.42（d）所示，蓝色价带顶中的电子可以直接隧穿进入红色的导带底，即该异质结中的电子实现了从一种材料隧穿到另一种材料中，这种特性可以应用于隧穿场效应电子管。通过之前得到的各种低维材料的能带结构相对于真空能级的位置信息，可以直观地得到两种低维材料组合形成的异质结究竟属于哪个种类，如图 4.42（e）所示，其中既包含了已经在实验中制备的体系也包含了理论计算预测的体系，这对于设计具有不同功能和用途的异质结具有重要意义。例如，2H-MoS$_2$ 与 InAs、InSb 及 Sb 这三种二维材料组成的异质结分别属于第Ⅰ类、第Ⅱ类和第Ⅲ类，大大提高了异质结设计和制备的效率。

### 4.4.2  纵向异质结

在参考能带对齐信息的情况下，将两层或多层二维材料叠加在一起可以形成纵向（vertical）异质结，其组成材料间的结合主要来自范德瓦耳斯力（van der Waals force）。这些仅有几层材料的范德瓦耳斯异质结的光学特性会显著地受到的影响。除了在组成异质结的单层二维材料中存在的层内激子外，范德瓦耳斯异质结中还存在因电子和空穴位于不同材料层中而引入的复杂激子（也称为非直接激子或层间激子）；正是因为电荷在空间上的分离，层间激子比层内激子具有更长的电子-空穴复合寿命，并且层间激子反过来也对光吸收后的电荷分离过程起着重要的作用[111]。其中，电子和空穴相互结合在一起的强度是由激子结合能来描述的，而在纵向异质结中的层间激子结合能会比层内激子低，这是由其中的电子和空穴间的分离距离较大引起的。所以，研究纵向异质结中的光学性质需要同时考虑能带对齐方式和层间激子的作用。

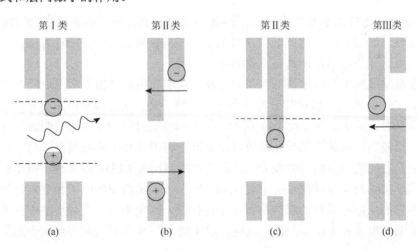

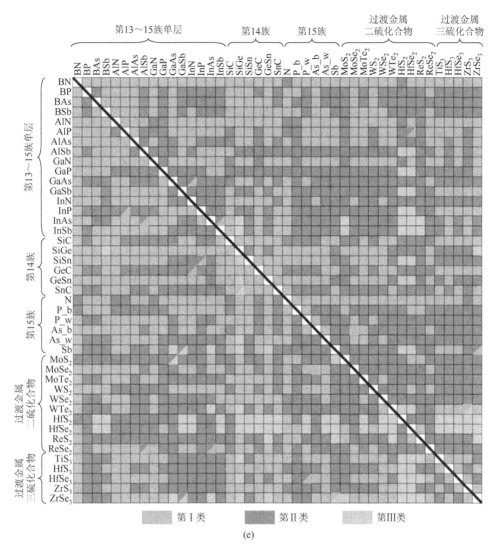

图 4.42　(a) ~ (d) 三种异质结的能带对齐示意图；(e) 异质结周期表，第 I 类、第 II 类和第 III 类异质结分别由绿色、红色和蓝色表示[110]

　　Latini 等精确计算并研究了 $MoS_2$/h-BN/$WSe_2$ 异质结（即 $MoS_2$/$WSe_2$ 双层结构之间插层了不同层数的 h-BN）体系的和光致发光谱[111]。前面已经提到，层间激子存在的一个必要条件便是形成第 II 类异质结，即其中的导带底和价带顶分别位于不同的材料层中。由于 $MoS_2$ 和 $WSe_2$ 的晶格并不匹配（晶格常数不相等），在形成异质结的过程中它们之间可能存在一定角度，如图 4.43 (a) 所示。结构应变在 1%范围内选定两种分别具有 16.1°和 34.4°相对角度的 $MoS_2$/$WSe_2$ 异质结，两者的第一布里渊区的相对转动如图 4.43 (b) 中的左图和右图所示。通过计算可以得到这两个

MoS$_2$/WSe$_2$ 异质结体系的能带结构分别如图 4.43（c）和（d）中圆点所示，从中可以发现导带底均位于 MoS$_2$ 层（蓝色圆点）中而价带顶均位于 WSe$_2$ 层（红色圆点）中，并且其导带底和价带顶均位于布里渊区中的 $K$ 点。通过与孤立 MoS$_2$ 和 WSe$_2$ 的能带结构［分别为图 4.43（c）和（d）中蓝色和红色曲线］进行比较可以发现，层间杂化主要发生在 $\Gamma$ 点，而其他 $k$ 点主要表现为由层间作用（即两种材料带隙中心不匹配引起的电荷重分布而形成的偶极矩）引起的能量平移。具体而言，MoS$_2$ 的能带能量上移而 WSe$_2$ 的下移，使得层间带隙增大了 0.21 eV。根据能带结构的计算结果可以认为 MoS$_2$/WSe$_2$ 异质结体系属于第 II 类异质结，能够具有层间激子。同时，具有两种相对角度的异质结的能带结构大致一致，说明对齐角度对于异质结的能带特性影响较弱。通过对能带计算更为精确的 G$_0$W$_0$ 方法，可进一步分析该异质结体系的层间分离作用对带隙和的影响。首先，在这两层材料之间插入数层 h-BN 或者同等厚度的真空层，计算得到的最低层内和层间激子结合能随 h-BN 层数的变化如图 4.43（e）和（f）所示。两种情况下的层间相似，这说明 h-BN 的作用主要是增强电子与空穴间的分离。相反的是，层内激子结合能在插入真空层时随层数增加而增大，而在插入 h-BN 时大致保持不变，这是因为 h-BN 层的插入抵消了由 MoS$_2$ 和 WSe$_2$ 分离减弱的屏蔽效应，从而使得激子结合能大致不变。

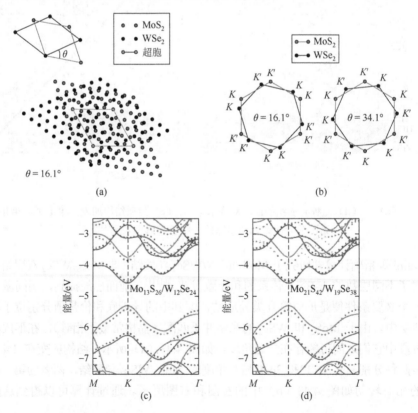

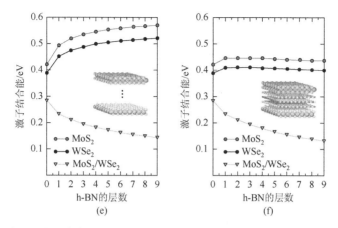

图 4.43　（a）实空间中对齐角 $\theta$ 为 16.1° 的最小原胞和超胞的示意图；（b）MoS$_2$ 和 WSe$_2$ 在对齐角 $\theta$ 为 16.1° 和 34.4° 时的布里渊区；$\theta$ 为 16.1°（c）和 34.4°（d）的 MoS$_2$/WSe$_2$ 异质结的及孤立 MoS$_2$ 和 WSe$_2$ 单层的能带结构；蓝色和红色分别表示 MoS$_2$ 和 WSe$_2$ 的能带，而圆点和曲线则分别表示异质结和孤立单层的能带；MoS$_2$/WSe$_2$ 异质结的层内和层间激子结合能随插入与不同 h-BN 层数厚度相等的真空层（e）和 h-BN 的层数（f）的变化[111]

其次，可以通过计算得到的结果预测最低能光致发光峰的位置[111]

$$E_{PL} = E_{IG} - E_b^{inter} \tag{4.4.1}$$

其中，$E_{IG}$ 为层间带隙；$E_b^{inter}$ 为层间激子结合能。图 4.44（a）和（b）分别给出了计算得到的孤立单层及具有不同层数 h-BN 的 MoS$_2$/h-BN/WSe$_2$ 异质结的最低能光致发光峰的位置［由红色（有基底）和蓝色（无基底）的实心正方形、倒三角形和圆形表示］与实验结果（由不同颜色的阴影区域表示）的比较。从中可以发现，G$_0$W$_0$ 方法计算得到的孤立 MoS$_2$ 光致发光峰的位置与实验结果最为接近。但是，在孤立 WSe$_2$ 中 G$_0$W$_0$ 方法仍然低估了约 0.13 eV，同时在异质结的结果中可以看出，计算得到的结果比实验得到的也低估了约为 0.13 eV。所以，将异质结计算结果向上平移 0.13 eV 可以得到计算与实验间的较好符合，如图 4.44（b）中插图所示。

### 4.4.3　横向异质结

除了常见的纵向异质结外，在同一个二维平面内也可以形成单层的横向异质结，该结构同样可以调制器件的电子学与光电子学性质，其中最具代表性的体系是石墨烯和 h-BN 组成的混合体系。Bernardi 等研究并解释了石墨烯和 h-BN 混合单层结构的电子带隙和光学吸收谱分别随着碳区域尺寸而变化的性质[112]。在其扶手形边界的体系中，碳区域浓度的变化将显著影响体系的能带结构。具体而言，随着碳区域浓度的增大，带隙的大小由纯 h-BN 的 4.6 eV 渐渐减小到纯石墨烯的 0 eV，如图 4.45（a）下图所示。有趣的是在图 4.45（a）下图中，当两个扶手形边界体系（宽度分别为 8 列和 16 列原子）的碳原子浓度一样时，带隙的

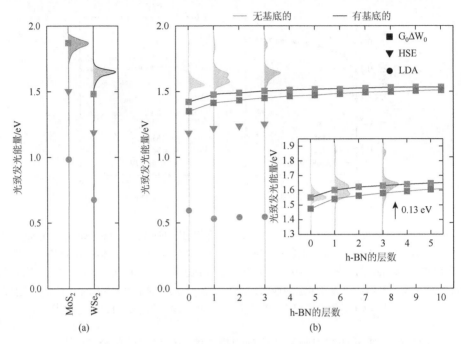

图 4.44    孤立 $MoS_2$ 和 $WSe_2$（a）及 $MoS_2$/h-BN/$WSe_2$ 异质结（b）的计算和实验得到的激子光
致发光峰的位置[111]

实验结果由各种颜色的阴影表示；插图展示了异质结的计算结果向上平移了 0.13 eV 能量后与实验结果的比较

大小并不一致，但是当两个体系中碳区域的尺寸（即碳原子的列数）相同时［如
图 4.45（a）下图中箭头所示，两个体系均具有三列碳原子］则具有几乎相同的带
隙大小。这个特性同样也在锯齿形边界的两个不同尺寸体系中存在，如图 4.45（b）
下图所示。这表明碳和 h-BN 横向异质结体系的能带结构与碳区域的尺寸而不是
与体系中的化学组分直接相关。为了更细致地分析碳区域尺寸对体系能带结构的
影响，可以通过计算体系中能带结构和局域电子态密度随碳区域尺寸的变化来详
细讨论。该扶手形边界体系由 $C_x(BN)_{8-x}$ 表示，其中 $x$ 表示碳原子的列数。在 $x=1$、
4 和 7 这三个体系中的布里渊区 $X$ 点均具有较大的直接带隙，分别如图 4.45（c）、
（d）和（e）所示，对应于高能量光学吸收峰，而在 $\Gamma$-$Y$ 线中的带隙随着碳原子
列数 $x$ 的增加而急剧减小，并在仅剩 1 或 2 列 h-BN 区域时关闭带隙形成狄拉克
锥。在这三种体系的局域电子态密度中，带隙附近的态主要来自碳原子，而碳和
h-BN 的杂化则主要贡献了远离带隙的态，并且碳原子态被 h-BN 形成的导带和
价带中的等效准粒子能垒局限在带隙附近。接下来将讨论该体系的光吸收性质。
图 4.45（f）展示了扶手形边界体系 $C_1(BN)_7$ 的 RPA 光学吸收谱的结果，其中两
个吸收峰分别对应于图 4.45（c）中沿 $\Gamma$-$Y$ 方向（低能量吸收峰）和 $X$ 点（高能量
吸收峰）的两个直接带隙。并且随着碳区域尺寸 $x$ 的增大，吸收峰将发生红移，

低能量吸收峰的相对强度增强而高能量吸收峰的减弱，如图 4.45（f）中绿色箭头所示。这些结果均与 Ci 等在 2010 年的实验测量结果非常符合[113]。

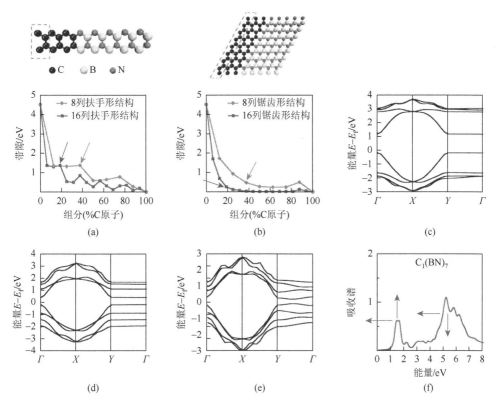

图 4.45　沿扶手形（a）和锯齿形方向（b）的石墨烯和 h-BN 构成的横向异质结的结构示意图（上）和能隙随碳原子组分的变化（下）；（c）～（e）碳原子浓度分别为 1/7、1/1 和 7/1 的横向异质结 $C_1(BN)_7$、$C_4(BN)_4$ 和 $C_7(BN)_1$ 的能带结构；（f）$C_1(BN)_7$ 横向异质结的 RPA 光吸收谱，其中绿色箭头表示随着碳原子浓度的升高，吸收谱中两个吸收峰的变化趋势[112]

## 参 考 文 献

[1]　Neto A C, Guinea F, Peres N M, et al. The electronic properties of graphene. Rev Mod Phys, 2009, 81: 109-162.

[2]　Wang J, Deng S, Liu Z, et al. The rare two-dimensional materials with Dirac cones. Nat Sci Rev, 2015, 2: 22-39.

[3]　Trevisanutto P E, Giorgetti C, Reining L, et al. Ab initio GW many-body effects in graphene. Phys Rev Lett, 2008, 101: 226405.

[4]　Morozov S, Novoselov K, Katsnelson M, et al. Giant intrinsic carrier mobilities in graphene and its bilayer. Phys Rev Lett, 2008, 100: 016602.

[5]　Novoselov K S, Geim A K, Morozov S, et al. Two-dimensional gas of massless Dirac fermions in graphene. Nature, 2005, 438: 197-200.

[6]　Zhang Y，Tan Y W，Stormer H L，et al. Experimental observation of the quantum Hall effect and Berry's phase in graphene. Nature，2005，438：201-204.

[7]　Zhou S Y，Gweon G H，Lanzara A. Low energy excitations in graphite：the role of dimensionality and lattice defects. Ann Phys，2006，321：1730-1746.

[8]　Bostwick A，Ohta T，Seyller T，et al. Quasiparticle dynamics in graphene. Nat Phys，2006，3：36-40.

[9]　Ohta T，Bostwick A，McChesney J L，et al. Interlayer interaction and electronic screening in multilayer graphene investigated with angle-resolved photoemission spectroscopy. Phys Rev Lett，2007，98：206802.

[10]　Son Y W，Cohen M L，Louie S G. Energy gaps in graphene nanoribbons. Phys Rev Lett，2006，97：216803.

[11]　Long M Q，Tang L，Wang D，et al. Theoretical predictions of size-dependent carrier mobility and polarity in graphene. J Am Chem Soc，2009，131：17728-17729.

[12]　de Juan F，Sturla M，Vozmediano M A H. Space dependent Fermi velocity in strained graphene. Phys Rev Lett，2012，108：227205.

[13]　Choi S M，Jhi S H，Son Y W. Effects of strain on electronic properties of graphene. Phys Rev B，2010，81：081407.

[14]　Yu L，Ruzsinszky A，Perdew J P. Bending two-dimensional materials to control charge localization and Fermi-level shift. Nano Lett，2016，16：2444-2449.

[15]　Splendiani A，Sun L，Zhang Y，et al. Emerging photoluminescence in monolayer $MoS_2$. Nano Lett，2010，10：1271-1275.

[16]　Kang J，Zhang L，Wei S H. A unified understanding of the thickness-dependent bandgap transition in hexagonal two-dimensional semiconductors. J Phys Chem Lett，2016，7：597-602.

[17]　Dai J，Zeng X C. Titanium trisulfide monolayer：theoretical prediction of a new direct-gap semiconductor with high and anisotropic carrier mobility. Angew Chem，2015，127：7682-7686.

[18]　Yoon Y，Ganapathi K，Salahuddin S. How good can monolayer $MoS_2$ transistors be？Nano Lett，2011，11：3768-3773.

[19]　Cai Y，Zhang G，Zhang Y W. Polarity-reversed robust carrier mobility in monolayer $MoS_2$ nanoribbons. J Am Chem Soc，2014，136：6269-6275.

[20]　Yun W S，Han S W，Hong S C，et al. Thickness and strain effects on electronic structures of transition metal dichalcogenides：$2H\text{-}MX_2$ semiconductors （M = Mo，W；X = S，Se，Te）. Phys Rev B，2012，85：033305.

[21]　Feng J，Qian X，Huang C W，et al. Strain-engineered artificial atom as a broad-spectrum solar energy funnel. Nat Photonics，2012，6：866-872.

[22]　Qiao J，Kong X，Hu Z X，et al. High-mobility transport anisotropy and linear dichroism in few-layer black phosphorus. Nat Commun，2014，5：4475.

[23]　Villegas C E P，Rocha A R，Marini A. Anomalous temperature dependence of the band gap in black phosphorus. Nano Lett，2016，16：5095-5101.

[24]　Li Y，Yang S，Li J. Modulation of the electronic properties of ultrathin black phosphorus by strain and electrical field. J Phys Chem C，2014，118：23970-23976.

[25]　Fei R，Yang L. Strain-engineering the anisotropic electrical conductance of few-layer black phosphorus. Nano Lett，2014，14：2884-2889.

[26]　Rodin A S，Carvalho A，Castro Neto A H. Strain-induced gap modification in black phosphorus. Phys Rev Lett，2014，112：176801.

[27]　Li Z，Cao T，Wu M，et al. Generation of anisotropic massless Dirac fermions and asymmetric klein tunneling in few-layer black phosphorus superlattices. Nano Lett，2017，17：2280-2286.

[28] Qi J, Qian X, Qi L, et al. Strain-engineering of band gaps in piezoelectric boron nitride nanoribbons. Nano Lett, 2012, 12: 1224-1228.

[29] Feng B, Sugino O, Liu R Y, et al. Dirac fermions in borophene. Phys Rev Lett, 2017, 118: 096401.

[30] Cahangirov S, Topsakal M, Aktürk E, et al. Two-and one-dimensional honeycomb structures of silicon and germanium. Phys Rev Lett, 2009, 102: 236804.

[31] Liu H, Neal A T, Zhu Z, et al. Phosphorene: an unexplored 2D semiconductor with a high hole mobility. ACS Nano, 2014, 8: 4033-4041.

[32] Shi G, Kioupakis E. Anisotropic spin transport and strong visible-light absorbance in few-layer SnSe and GeSe. Nano Lett, 2015, 15: 6926-6931.

[33] Wirtz L, Marini A, Rubio A. Excitons in boron nitride nanotubes: dimensionality effects. Phys Rev Lett, 2006, 96: 126104.

[34] Galvani T, Paleari F, Miranda H P C, et al. Excitons in boron nitride single layer. Phys Rev B, 2016, 94: 125303.

[35] Qiu D Y, da Jornada F H, Louie S G. Optical spectrum of $MoS_2$: many-body effects and diversity of exciton states. Phys Rev Lett, 2013, 111: 216805.

[36] Qiu D Y, da Jornada F H, Louie S G. Screening and many-body effects in two-dimensional crystals: monolayer $MoS_2$. Phys Rev B, 2016, 93: 235435.

[37] Hüser F, Olsen T, Thygesen K S. How dielectric screening in two-dimensional crystals affects the convergence of excited-state calculations: monolayer $MoS_2$. Phys Rev B, 2013, 88: 245309.

[38] Komsa H P, Krasheninnikov A V. Effects of confinement and environment on the electronic structure and exciton binding energy of $MoS_2$ from first principles. Phys Rev B, 2012, 86: 241201.

[39] Cheiwchanchamnangij T, Lambrecht W R L. Quasiparticle band structure calculation of monolayer, bilayer, and bulk $MoS_2$. Phys Rev B, 2012, 85: 205302.

[40] Ramasubramaniam A. Large excitonic effects in monolayers of molybdenum and tungsten dichalcogenides. Phys Rev B, 2012, 86: 115409.

[41] Shi H L, Pan H, Zhang Y W, et al. Quasiparticle band structures and optical properties of strained monolayer $MoS_2$ and $WS_2$. Phys Rev B, 2013, 87: 155304.

[42] Molina-Sanchez A, Palummo M, Marini A, et al. Temperature-dependent excitonic effects in the optical properties of single-layer $MoS_2$. Phys Rev B, 2016, 93: 155435.

[43] Tran V, Soklaski R, Liang Y F, et al. Layer-controlled band gap and anisotropic excitons in few-layer black phosphorus. Phys Rev B, 2014, 89: 235319.

[44] Choi J H, Cui P, Lan H P, et al. Linear scaling of the exciton binding energy versus the band gap of two-dimensional materials. Phys Rev Lett, 2015, 115: 066403.

[45] Arora A, Noky J, Druppel M, et al. Highly anisotropic in-plane excitons in atomically thin and bulklike 1T'-$ReSe_2$. Nano Lett, 2017, 17: 3202-3207.

[46] Zhong H X, Gao S Y, Shi J J, et al. Quasiparticle band gaps, excitonic effects, and anisotropic optical properties of the monolayer distorted 1T diamond-chain structures $ReS_2$ and $ReSe_2$. Phys Rev B, 2015, 92: 115438.

[47] Hsueh H C, Guo G Y, Louie S G. Excitonic effects in the optical properties of a SiC sheet and nanotubes. Phys Rev B, 2011, 84: 085404.

[48] Cudazzo P, Attaccalite C, Tokatly I V, et al. Strong charge-transfer excitonic effects and the bose-einstein exciton condensate in graphane. Phys Rev Lett, 2010, 104: 226804.

[49] Ismail-Beigi S. Truncation of periodic image interactions for confined systems. Phys Rev B, 2006, 73: 233103.

[50] Rozzi C A, Varsano D, Marini A, et al. Exact Coulomb cutoff technique for supercell calculations. Phys Rev B, 2006, 73: 205119.

[51] Klots A R, Newaz A K M, Wang B, et al. Probing excitonic states in suspended two-dimensional semiconductors by photocurrent spectroscopy. Sci Rep, 2014, 4: 6608.

[52] Berkelbach T C, Hybertsen M S, Reichman D R. Theory of neutral and charged excitons in monolayer transition metal dichalcogenides. Phys Rev B, 2013, 88: 045318.

[53] Chernikov A, Berkelbach T C, Hill H M, et al. Exciton binding energy and nonhydrogenic rydberg series in monolayer WS$_2$. Phys Rev Lett, 2014, 113: 076802.

[54] He K L, Kumar N, Zhao L, et al. Tightly bound excitons in monolayer WSe$_2$. Phys Rev Lett, 2014, 113: 026803.

[55] Wang G, Marie X, Gerber I, et al. Giant enhancement of the optical second-harmonic emission of WSe$_2$ monolayers by laser excitation at exciton resonances. Phys Rev Lett, 2015, 114: 097403.

[56] Hill H M, Rigosi A F, Roquelet C, et al. Observation of excitonic rydberg states in monolayer MoS$_2$ and WS$_2$ by photoluminescence excitation spectroscopy. Nano Lett, 2015, 15: 2992-2997.

[57] Mak K F, Lee C, Hone J, et al. Atomically thin MoS$_2$: a new direct-gap semiconductor. Phys Rev Lett, 2010, 105: 136805.

[58] Jiang Z Y, Liu Z R, Li Y C, et al. Scaling universality between band gap and exciton binding energy of two-dimensional semiconductors. Phys Rev Lett, 2017, 118: 266401.

[59] Carvalho B R, Malard L M, Alves J M, et al. Symmetry-dependent exciton-phonon coupling in 2D and bulk MoS$_2$ observed by resonance Raman scattering. Phys Rev Lett, 2015, 114: 136403.

[60] Gao S, Liang Y, Spataru C D, et al. Dynamical excitonic effects in doped two-dimensional semiconductors. Nano Lett, 2016, 16: 5568-5573.

[61] Mak K F, He K L, Lee C, et al. Tightly bound trions in monolayer MoS$_2$. Nat Mater, 2013, 12: 207-211.

[62] Ross J S, Wu S F, Yu H Y, et al. Electrical control of neutral and charged excitons in a monolayer semiconductor. Nat Commun, 2013, 4: 1474.

[63] Wang X M, Jones A M, Seyler K L, et al. Highly anisotropic and robust excitons in monolayer black phosphorus. Nat Nanotechnol, 2015, 10: 517-521.

[64] Palummo M, Bernardi M, Grossman J C. Exciton radiative lifetimes in two-dimensional transition metal dichalcogenides. Nano Lett, 2015, 15: 2794-2800.

[65] Spataru C D, Ismail-Beigi S, Capaz R B, et al. Theory and ab initio calculation of radiative lifetime of excitons in semiconducting carbon nanotubes. Phys Rev Lett, 2005, 95: 247402.

[66] Shi H, Yan R, Bertolazzi S, et al. Exciton dynamics in suspended monolayer and few-layer MoS$_2$ 2D crystals. ACS Nano, 2013, 7: 1072-1080.

[67] Lagarde D, Bouet L, Marie X, et al. Carrier and polarization dynamics in monolayer MoS$_2$. Phys Rev Lett, 2014, 112: 047401.

[68] Rivera P, Schaibley J R, Jones A M, et al. Observation of long-lived interlayer excitons in monolayer MoSe$_2$-WSe$_2$ heterostructures. Nat Commun, 2015, 6: 6242.

[69] Yu Y, Hu S, Huang L, et al. Equally efficient interlayer exciton relaxation and improved absorption in epitaxial and nonepitaxial MoS$_2$/WS$_2$ heterostructures. Nano Lett, 2015, 15: 486-491.

[70] Molina-Sánchez A, Sangalli D, Wirtz L, et al. Ab initio calculations of ultrashort carrier dynamics in two-dimensional materials: valley depolarization in single-layer WSe$_2$. Nano Lett, 2017, 17: 4549-4555.

[71] Marini A. Competition between the electronic and phonon-mediated scattering channels in the out-of-equilibrium

carrier dynamics of semiconductors: an ab-initio approach. J Phys Conf Ser, 2013, 427: 012003.

[72]　de Melo P M M C, Marini A. Unified theory of quantized electrons, phonons, and photons out of equilibrium: a simplified ab initio approach based on the generalized Baym-Kadanoff ansatz. Phys Rev B, 2016, 93: 155102.

[73]　Li L, Long R, Prezhdo O V. Charge separation and recombination in two-dimensional $MoS_2/WS_2$: time-domain ab initio modeling. Chem Mater, 2017, 29: 2466-2473.

[74]　Tully J C. Molecular dynamics with electronic transitions. J Chem Phys, 1990, 93: 1061-1071.

[75]　Parandekar P V, Tully J C. Mixed quantum-classical equilibrium. J Chem Phys, 2005, 122: 094192.

[76]　Jaeger H M, Fisher S, Prezhdo O V. Decoherence-induced surface hopping. J Chem Phys, 2012, 137: 22A545.

[77]　Nelson T R, Prezhdo O V. Extremely long nonradiative relaxation of photoexcited graphane is greatly accelerated by oxidation: time-domain ab initio study. J Am Chem Soc, 2013, 135: 3702-3710.

[78]　Akimov A V, Prezhdo O V. Persistent electronic coherence despite rapid loss of electron-nuclear correlation. J Phys Chem Lett, 2013, 4: 3857-3864.

[79]　Zhang J, Hong H, Lian C, et al. Interlayer-state-coupling dependent ultrafast charge transfer in $MoS_2/WS_2$ bilayers. Adv Sci, 2017, 4: 1700086.

[80]　Castellanos-Gomez A, Roldán R, Cappelluti E, et al. Local strain engineering in atomically thin $MoS_2$. Nano Lett, 2013, 13: 5361-5366.

[81]　Li H, Contryman A W, Qian X, et al. Optoelectronic crystal of artificial atoms in strain-textured molybdenum disulphide. Nat Commun, 2015, 6: 7381.

[82]　San-Jose P, Parente V, Guinea F, et al. Inverse funnel effect of excitons in strained black phosphorus. Phys Rev X, 2016, 6: 031046.

[83]　Qiu D Y, da Jornada F H, Louie S G. Environmental screening effects in 2D materials: renormalization of the bandgap, electronic structure, and optical spectra of few-layer black phosphorus. Nano Lett, 2017, 17: 4706-4712.

[84]　Cresti A, Ortmann F, Louvet T, et al. Broken symmetries, zero-energy modes, and quantum transport in disordered graphene: from supermetallic to insulating regimes. Phys Rev Lett, 2013, 110: 196601.

[85]　Kiraly B, Hauptmann N, Rudenko A N, et al. Probing single vacancies in black phosphorus at the atomic level. Nano Lett, 2017, 17: 3607-3612.

[86]　Zhou W, Zou X L, Najmaei S, et al. Intrinsic structural defects in monolayer molybdenum disulfide. Nano Lett, 2013, 13: 2615-2622.

[87]　Komsa H P, Krasheninnikov A V. Native defects in bulk and monolayer $MoS_2$ from first principles. Phys Rev B, 2015, 91: 125304.

[88]　Yu Z H, Pan Y M, Shen Y T, et al. Towards intrinsic charge transport in monolayer molybdenum disulfide by defect and interface engineering. Nat Commun, 2014, 5: 5290.

[89]　Lu J P, Carvalho A, Chan X K, et al. Atomic healing of defects in transition metal dichalcogenides. Nano Lett, 2015, 15: 3524-3532.

[90]　Dolui K, Rungger I, Das Pemmaraju C, et al. Possible doping strategies for $MoS_2$ monolayers: an ab initio study. Phys Rev B, 2013, 88: 075420.

[91]　Liu Y Y, Xu F B, Zhang Z, et al. Two-dimensional mono-elemental semiconductor with electronically inactive defects: the case of phosphorus. Nano Lett, 2014, 14: 6782-6786.

[92]　Pandey M, Rasmussen F A, Kuhar K, et al. Defect-tolerant monolayer transition metal dichalcogenides. Nano Lett, 2016, 16: 2234-2239.

[93]　Suh J, Park T E, Lin D Y, et al. Doping against the native propensity of $MoS_2$: degenerate hole doping by cation

substitution. Nano Lett，2014，14：6976-6982.

[94] Komsa H P，Kotakoski J，Kurasch S，et al. Two-dimensional transition metal dichalcogenides under electron irradiation：defect production and doping. Phys Rev Lett，2012，109：035503.

[95] Yazyev O V，Louie S G. Electronic transport in polycrystalline graphene. Nat Mater，2010，9：806-809.

[96] Gargiulo F，Yazyev O V. Topological aspects of charge-carrier transmission across grain boundaries in graphene. Nano Lett，2014，14：250-254.

[97] van Tuan D，Kotakoski J，Louvet T，et al. Scaling properties of charge transport in polycrystalline graphene. Nano Lett，2013，13：1730-1735.

[98] Gunlycke D，White C T. Graphene valley filter using a line defect. Phys Rev Lett，2011，106：136806.

[99] Nguyen V H，Dechamps S，Dollfus P，et al. Valley filtering and electronic optics using polycrystalline graphene. Phys Rev Lett，2016，117：247702.

[100] Kumar S B，Guo J. Strain-induced conductance modulation in graphene grain boundary. Nano Lett，2012，12：1362-1366.

[101] Liu Y Y，Zou X L，Yakobson B I. Dislocations and grain boundaries in two-dimensional boron nitride. ACS Nano，2012，6：7053-7058.

[102] Li Q C，Zou X L，Liu M X，et al. Grain boundary structures and electronic properties of hexagonal boron nitride on Cu(111). Nano Lett，2015，15：5804-5810.

[103] Zou X，Liu Y，Yakobson B I. Predicting dislocations and grain boundaries in two-dimensional metal-disulfides from the first principles. Nano Lett，2013，13：253-258.

[104] Najmaei S，Amani M，Chin M L，et al. Electrical transport properties of polycrystalline monolayer molybdenum disulfide. ACS Nano，2014，8：7930-7937.

[105] Zou X L，Yakobson B I. Metallic high-angle grain boundaries in monolayer polycrystalline WS$_2$. Small，2015，11：4503-4507.

[106] van der Zande A M，Huang P Y，Chenet D A，et al. Grains and grain boundaries in highly crystalline monolayer molybdenum disulphide. Nat Mater，2013，12：554-561.

[107] Liu H J，Jiao L，Yang F，et al. Dense network of one-dimensional midgap metallic modes in monolayer MoSe$_2$ and their spatial undulations. Phys Rev Lett，2014，113：066105.

[108] Gibertini M，Pizzi G，Marzari N. Engineering polar discontinuities in honeycomb lattices. Nat Commun，2014，5：5157.

[109] Barrios-Vargas J E，Mortazavi B，Cummings A W，et al. Electrical and thermal transport in coplanar polycrystalline graphene-hBN heterostructures. Nano Lett，2017，17：1660-1664.

[110] Özçelik V O，Azadani J G，Yang C，et al. Band alignment of two-dimensional semiconductors for designing heterostructures with momentum space matching. Phys Rev B，2016，94：035125.

[111] Latini S，Winther K T，Olsen T，et al. Interlayer excitons and band alignment in MoS$_2$/hBN/WSe$_2$ van der Waals heterostructures. Nano Lett，2017，17：938-945.

[112] Bernardi M，Palummo M，Grossman J C. Optoelectronic properties in monolayers of hybridized graphene and hexagonal boron nitride. Phys Rev Lett，2012，108：226805.

[113] Ci L，Song L，Jin C，et al. Atomic layers of hybridized boron nitride and graphene domains. Nat Mater，2010，9：430-435.

# 第5章

## 低维材料的磁学性质

二维材料除了具有区别于体材料的电子学性质和光电子特性外，还具有新奇的磁学性质，这使得二维磁性材料可以应用在纳米或柔性磁性器件中。自石墨烯的发现开启了二维材料性质研究的新领域以来，经过多年的研究，在以石墨烯和 $MoS_2$ 为代表的二维材料中，通过多种方法，如利用边缘效应及引入缺陷等，可以引入磁性并具有良好的性能。本章将以石墨烯与 $MoS_2$ 的磁性引入为主要讨论对象，然后介绍其他二维材料（如 h-BN、$MnO_2$ 与 GaSe 等）的磁性现象。在应用上，二维磁性材料的特性使其极为适合自旋电子学（spintronics）的应用，如利用其铁磁半金属（half-metallicity）特性可以实现自旋场效应晶体管（spin-FET）中至关重要的单自旋电子注入与过滤、可用来制备纳米尺度的数据存储单元实现超高密度存储器件，以及利用巨磁阻效应制作纳米自旋开关（spin-valve）。

## 5.1 磁学性质的基本概念

磁性材料的某些原子具有仅部分占据的电子轨道，使其具有未配对的电子。根据泡利原理，具有同一轨道量子数（$m$、$l$、$n$）的电子只能分别具有两个相反自旋态中的一个；并且根据洪德规则（Hund's rules），最先填充一个电子壳（electronic shell）的几个电子倾向于同自旋方向（被称为多数自旋或自旋向上），这些未配对电子将优先占据能量较低的多数自旋态（自旋向上）而表现出净自旋，从而使得原子具有局域磁矩。这些局域磁矩的集体作用形成材料的宏观磁性。根据磁性材料对外界磁场的反应，可以将磁性特性分为铁磁性（ferromagnetism）、反铁磁性（anti-ferromagnetism）、顺磁性（paramagnetism）及抗磁性（diamagnetism）四类。其中铁磁性材料具有自发磁矩，且可在外场作用下发生偏转，具有重要的应用前景和研究价值。

目前得到的大多数二维材料均不具有磁性，在这些材料中引入铁磁性是一个重要挑战。根据前面的讨论可知，在二维材料中引入铁磁性的关键在于材料中存在未配对的电子，进而使得该材料的电子态密度产生自旋劈裂，即在自旋向上和向下通道中具有不对称的态密度分布。一般而言，铁磁材料可分为三类：铁磁半导体、铁磁导体及铁磁半金属。其中，在铁磁半导体中，其两种自旋通道的态密度发生劈裂产生磁性，但费米面并未穿越态密度，在能带结构中存在带隙；铁磁导体的态密度在发生自旋劈裂的同时被费米面穿越，带隙消失；而铁磁半金属较为特殊，其中一个自旋的态密度被费米面穿越表现导体的特性，另一个自旋的态密度仍保持半导体的特性。这样，具有半金属特性的磁性材料具有选择性导通某一种自旋的电子，而对另一种自旋的电子半导或是绝缘。为了在二维材料中实现上述三种铁磁性，一般需要在费米面附近引入较高的电子态密度，即引入范霍夫奇点，这将导致材料的电子不稳定性（electronic instability），从而使得费米面附近的能带产生自旋极化劈裂而实现磁性。

在石墨烯出现之后，科学家对在低维材料中实现磁性的尝试从未停止。早期的研究发现，利用边缘效应引入的局域化电子态可在低维材料中引入磁性，其中最具代表性的就是制备二维材料的纳米带或纳米薄片（nano-flake），以尽可能多地产生边缘态。但是这种方法需要对纳米结构的精细调控，在目前仍是一个巨大的挑战。之后通过在二维结构中引入缺陷而产生磁性，虽然在实验中更易实现，但该方法不易实现对材料磁性的调控。最新的研究通过载流子掺杂（carrier doping）方法在二维材料中引入磁性，并可通过门电压进行调控。下面将着重讨论几种最具代表性的二维材料的磁性引入和调制机制。

## 5.2　石墨烯中的磁性

石墨烯因其完美的单层二维晶体结构及特殊的电学特性（如狄拉克锥能带结构与各向同性的高载流子迁移率等）而广受关注，在其中实现磁性也引起巨大的研究兴趣。迄今，在石墨烯中引入磁性主要依靠两种方法：利用边缘效应和引入缺陷。

### 5.2.1　边缘效应

在石墨烯中引入边缘效应最直接的方法就是利用纳米结构工程将其制成纳米带或者纳米薄片，使得自旋极化态局限在体系的边缘，从而实现引入自旋极化及磁性。早在 2006 年，Son 等发现边缘氢化的锯齿（zigzag）形边缘石墨烯纳米带在平面均匀电场的作用下具备磁性且为半金属，可实现完全自旋极化的电流[1]。当石墨烯的两个边缘均为锯齿形边缘时，其边缘处存在极度局域化的电子态。这些边缘态从边缘到纳米带中央具有指数衰减的特性，且沿边缘方向延伸，如图 5.1（a）所示。基态时，两个边缘的局域化边缘态具有相反的磁化方向（边缘的极化态的总能量比非极化态低 20 meV/边缘原子，更稳定），磁矩为 0.43 $\mu_B$/边缘原子（$\mu_B$ 代表玻尔磁子，即 Bohr magneton），整个石墨烯纳米带结构的总自旋为零。由于这些边缘态位于纳米带能带结构中的费米面附近，如图 5.1（b）左图所示，所以外加的面内电场可有效移动这些边缘态，从而调控其磁性行为。当引入垂直于纳米带边缘的面内电场之后，自旋向下（蓝色）边缘态的导带底和价带顶之间的带隙减小，而自旋向上（红色）的带隙则变得更大，如图 5.1（b）中图所示，能带发生自旋劈裂，在体系中实现磁性；而当电场强度增大到 0.1 V/Å 时，自旋向下边缘态的带隙关闭，能带结构变为自旋向上态具有半导体带隙而自旋向下态为导体，从而实现半金属性，如图 5.1（b）右图所示。

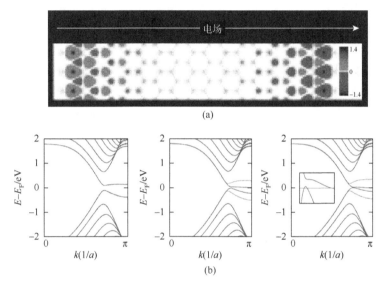

图 5.1　（a）无外电场情况下石墨烯纳米带基态的自旋向上（红色）和自旋向下（蓝色）电荷密度之差（自旋电荷密度）的空间分布；（b）宽度为 16 的锯齿形边缘纳米带在外电场强度分别为 0.0（左）、0.05 V/Å（中）及 0.1 V/Å（右）时的自旋极化能带结构，红线和蓝线分别代表自旋向上和向下的态，右图的插图表示在|$E-E_F$|<50 meV 和 $0.7\pi \leqslant k \leqslant \pi$ 范围内的能带结构[1]

　　电场在石墨烯锯齿型纳米带中引入磁性及半金属性的物理过程如下[1]：在电场引入之前，石墨烯锯齿型纳米带的两个边缘（左右边缘分别由 L 和 R 表示）分别具有自旋向上态与自旋向下态，而在纳米带的中央（由 M 表示）几乎不具有自旋态，如图 5.2（b）所示。其中，纳米带左边缘的电子态密度显示自旋向上的电子态（由 α 表示）位于费米面之下，呈现被占据状态，而自旋向下的电子态（由 β 表示）未被占据是空态，如图 5.2（a）所示，于是左边缘表现自旋向上；而纳米带的右边缘恰恰相反，表现自旋向下。在施加由左至右的面内电场之后，如图 5.2（c）所示，左边缘的电子态在电势的作用下向下移动，使得原本未被占据的自旋向下态穿越费米面变得被部分占据；而在右边缘中自旋向下态上移也穿越了费米面，这就使得整个纳米带中的自旋向下态均越过费米面，实现对自旋向下电子的导通；在整个电场作用过程中，自旋向上的占据态与未占据态均远离费米面，使带隙增大。因此，在电场作用下石墨烯锯齿型纳米带的左右两个边缘均出现自旋向下的铁磁排列，如图 5.2（d）所示。值得一提的是，电场引起石墨烯锯齿型纳米带中产生半金属性的特性与纳米带的尺寸密切相关。图 5.2（e）显示不同宽度的纳米带体系的两个自旋态带隙随着电场强度变化。其中，自旋向下态带隙恰好关闭时的临界场强随着纳米带宽度的增加而减小，这是因为两个边缘之间的静电势的差值与体系的尺寸成正比，为了实现半金属性中自旋向下态带隙的关闭，体系尺寸越大则需要引入的电场强度也越小。

施加横向电场的方法虽然物理清晰，但是由于电场强度太大，实际上极难实现。2008 年 Kan 等提出在锯齿型纳米带的两个边缘连接不同官能团，可在体系中引入等效电场从而实现半金属性[2]。如图 5.3（a）所示，在石墨烯锯齿型纳米带的两个边缘分别引入—$CH_3$ 和—$NO_2$ 官能团，其自旋电荷密度（spin charge density）在连接—$NO_2$ 的上边缘自旋向下，而在连接—$CH_3$ 的下边缘自旋向上。$NO_2$-$CH_3$ 官能团对引入的自旋电荷密度主要分布在纳米带边缘的碳原子上，这是因为—$NO_2$ 和—$CH_3$ 官能团虽然饱和了边缘处碳原子 $\sigma$ 轨道的 $sp^2$ 悬挂键，但对边缘态的 $\pi$ 轨道几乎没有影响。该方法得到半金属性的能带结构如图 5.3（b）所示。该体系的半金属性仍受到宽度的影响，随着宽度的增加，自旋向上的带隙缓慢减小；而自旋向下的带隙一直为零，与体系宽度无关。

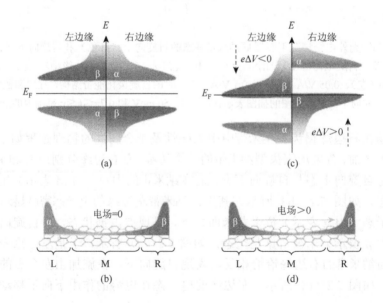

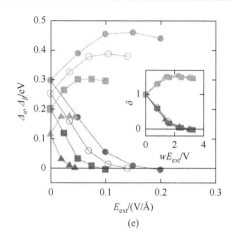

(e)

图 5.2　石墨烯锯齿形边缘纳米带在无外电场时的电子态密度示意图（a）与最高占据价态的自旋空间分布（b）；在施加外电场后的电子态密度示意图（c）和最高占据价态的自旋空间分布（d）；（e）半金属性与石墨烯纳米带体系尺寸的关系，其中红色与蓝色分别表示自旋向上和向下带隙的大小随外加电场强度的变化，而实心圆、空心圆、方块及三角分别表示宽度为 8、11、16 及 32 的锯齿型纳米带[1]

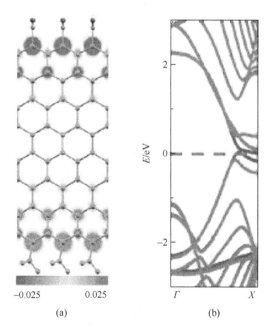

(a)　　　　　　(b)

图 5.3　NO$_2$-CH$_3$ 官能团对修饰的石墨烯锯齿型纳米带的原子结构和自旋密度分布（a）及对能带结构的影响（b），其中红色和蓝色分别代表自旋向上和向下态[2]

　　虽然利用一维石墨烯锯齿型纳米带边缘处的自旋极化局域态可引入磁性，但这些方法在器件应用中仍然面临巨大的挑战。由于一维体系中长程磁性排列在有限温度的情况下极难实现，所以理清石墨烯边缘处磁性排列的作用范围及揭示其背后的物理机制便显得尤为重要[3]。这里将主要对石墨烯锯齿形边缘的磁相关性（magnetic correlation）进行讨论。由上述讨论可知，石墨烯锯齿型纳米带的基态电子自旋构型为：边缘处体现铁磁性排列而两个边缘之间则为反铁磁排列。通过激发，边缘处的磁矩将会在横向（transverse，与纳米带延伸方向正交）和纵向（longitudinal，平行于纳米带延伸方向）两个方向发生不同的波动，产生不同的磁相关性长度（magnetic correlation length）。其中横向的激发态（自旋波）在边缘处表现为沿边缘方向的电子自旋磁矩的持续旋转，如图 5.4（a）所示；而纵向的波动则表现为分隔两种相反方向磁矩的自旋共线畴壁（spin-collinear domain wall）的移动，如图 5.4（b）所示。为了计算在自旋波动（spin-wave fluctuation）存在时的磁相关性参数，可采用最近邻一维经典海森堡（Heisenberg）模型

$$H = -a\sum_i \hat{s}_i^z \hat{s}_{i+1}^z - d\sum_i \hat{s}_i^z \hat{s}_{i+1}^z - m\boldsymbol{B}\sum_i \hat{s}_i \qquad (5.2.1)$$

其中，$\hat{s}_i$ 为在 $i$ 处的磁矩单位向量；$\hat{s}_i^z$ 中右上角的角标 $z$ 代表沿纳米带周期方向；$\boldsymbol{B}$ 为外界磁场向量；$a$ 和 $d$ 分别为海森堡耦合（Heisenberg coupling）和轴向各向异性（axial anisotropy）参数。海森堡耦合 $a$ 可以由自旋波刚度、磁矩及晶格常数计算得出，在石墨烯锯齿形边缘的体系中 $a$ 的值约为 105 meV；而轴向各向异性参数 $d$ 因石墨烯中固有自旋轨道耦合很微弱而很小，大约仅为 0.01 meV。所以 $d$ 与 $a$ 的比值 $d/a \approx 10^{-4}$，与实验结果比较符合。而自旋相关性的衰减方程为

$$\hat{s}_i^\alpha \hat{s}_{i+l}^\alpha = \left\langle \hat{s}_i^\alpha \hat{s}_i^\alpha \exp\left(-\frac{l}{\xi^\alpha}\right) \right\rangle \qquad (5.2.2)$$

其中，$l$ 为与 $i$ 处自旋态具有相关性的位点与 $i$ 之间的最远距离；$\xi^\alpha$ 为沿 $\alpha$ 方向的自旋相关性长度（$\alpha = x、y$ 及 $z$，其中 $z$ 沿纳米带延伸的方向，而 $x$ 与 $y$ 均垂直于纳米带延伸的方向）。可以看到一维体系中自旋相关性具有指数型衰减，表明在该体系中自旋相关性很难具有较大的长度。在外场为零时，温度对横向自旋波动的影响很大，如图 5.4（c）所示，当温度高于临界温度 $T = \sqrt{ad} \approx 10$ K 时，式（5.2.1）中第二项对体系基本没有影响，所以沿 $x$、$y$ 和 $z$ 三个方向的自旋相关性长度与温度的关系均展现各向同性（$d/a = 0$）的特性。此时，沿 $x$ 或 $y$ 方向的横向自旋相关性长度（$T > 10$ K）为

$$\xi_{SW}^{x/y} \approx 300 \text{ nm} \cdot K/T \qquad (5.2.3)$$

其中，SW 为横向自旋波，即表明这是横向自旋相关性长度。其中，随着温度自 10 K 开始升高，$x$、$y$ 和 $z$ 三个方向上的横向自旋相关性长度单调减小，在温度为 10 K 时取得最大值，约为几十纳米。而在温度低于 10 K 时，式（5.2.1）中第二项（各向异性项）的影响不可忽略。所以在 $d/a = 10^{-4}$ 的情况下，如图 5.4（c）所示，沿 $z$ 方向的横向自旋相关性长度（$T < 10$ K）则变为

$$\xi_{SW}^z \propto \sim \exp(\sqrt{8ad}/k_B T) \qquad (5.2.4)$$

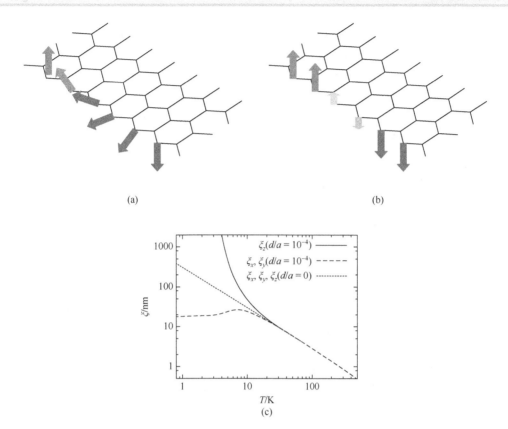

图 5.4　石墨烯锯齿形边缘的横向（a）和纵向（b）低能量自旋激发示意图，箭头代表最外边缘处原子的磁矩，其长短表示磁矩的大小；（c）相互关联长度沿石墨烯纳米带周期方向（$\xi_z$）与垂直于纳米带周期方向（$\xi_x$ 与 $\xi_y$）在轻微各向异性（$d/a = 10^{-4}$）和各向同性（$d/a = 0$）情况下与温度的关系[3]

可以看出在温度低于 10 K 之后，沿 $z$ 方向的横向自旋相关性长度随温度减小急剧增大，甚至可能达到微米尺度；但是在与 $z$ 方向正交的平面内，横向自旋相关性长度大致维持在～10 nm 的水平。除横向自旋相关性之外，在纳米带边缘还存在以自旋共线畴壁为表现形式的纵向自旋相关性，其长度（$T < 10\,\mathrm{K}$）可由式（5.2.5）表示

$$\xi_{\mathrm{dw}}^{\alpha} \propto \sim \exp(E_{\mathrm{dw}}/k_{\mathrm{B}}T) \tag{5.2.5}$$

其中，$E_{\mathrm{dw}}$ 为畴壁的形成能量（creation energy），并且 $E_{\mathrm{dw}} \gg \sqrt{8ad}$，这使得畴壁纵向自旋相关性长度随温度的变化较小，与横向的相比可以忽略。所以，石墨烯锯齿形边缘总的自旋相关性长度 $\xi$ 可以表示为

$$\frac{1}{\xi} = \frac{1}{\xi_{\mathrm{SW}}} + \frac{1}{\xi_{\mathrm{dw}}} \approx \frac{1}{\xi_{\mathrm{SW}}} \tag{5.2.6}$$

通过式（5.2.6）与式（5.2.3）可以计算得到，在约为 300 K 的室温环境下石墨烯锯齿形边缘总的自旋相关性长度约为 1 nm。虽然 1 nm 左右的磁性排列很短，但对于室温环境下纳米结构的自旋电子学器件而言已经是重大的进步，而且随着温度的降低，特别是低于 10 K 之后，该体系有可能具有微米尺度的磁性排列。由于式（5.2.1）中海森堡耦合 $a$ 的大小是材料固有特性，几乎不能改变，所以仅能通过改变轴向各向异性参数 $b$ 来增强自旋相关性长度 $\xi$，这个过程也将必然提升该体系的临界温度（现在约为 10 K）。实现上述目的的方法主要有外加电场、增加体系曲率及利用基底与样品的耦合效应。

在以上分析的基础上可以进一步讨论如何利用边缘效应在比纳米带更为复杂的石墨烯结构中引入磁性。2008 年，Wang 等提出任意形状的有限尺寸石墨烯纳米片（GNF）可具有净自旋与磁性[4, 5]。他们认为在 GNF 结构中的 π 键存在拓扑不稳定性（topological frustration），即体系中所有的 π 键不能被同时饱和，这导致该体系费米面处的简并态产生自旋劈裂。其中，可用零化度（nullity）$\eta$ 来表示 π 键中非成键态（也被称为零能本征态）的数目。当 $\eta = 0$ 时，体系中所有碳原子可被一系列相邻成对键（adjacent pairwise bond）连接，所有的 $p_z$ 轨道均完美配对；但当 $\eta > 0$ 时，由于结构拓扑性质的影响，体系中的 $p_z$ 轨道不能被同时全部配对，这便是拓扑不稳定现象。石墨烯中的相邻两个碳原子并不等效，如图 5.5（a）所示，A 和 B 分别表示两种不等效的碳原子所在的子晶格，于是 GNF 可以分为两类：第一类，A 和 B 两个子晶格中最多仅有一个存在拓扑不稳定；第二类，A 和 B 两个子晶格中均存在拓扑不稳定。

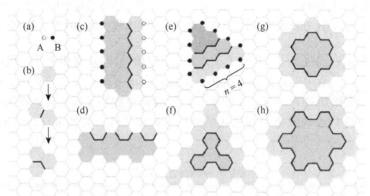

图 5.5　不同种类的石墨烯纳米片[4]

（a）石墨烯的两个子晶格 A（白色）和 B（黑色）；（b）A 和 B 相互平衡的六角形成的石墨烯纳米片，其 $N_A = 7$ 而 $N_B = 6$，并具有 0.5 的总自旋；（c）锯齿形边缘的石墨烯纳米带；（d）扶手形边缘的石墨烯纳米带；（e）具有四个边缘碳原子的锯齿形边缘的三角石墨烯纳米片；（f）扶手形边缘的三角石墨烯纳米片；（g）锯齿形边缘的六角石墨烯纳米片；（h）扶手形边缘的六角石墨烯纳米片

在第一类 GNF 中，结构一般具有高度对称性，它的零化度 $\eta$ 可以直接由 GNF 的拓扑性质计算得到[5]

$$\eta = 2 \times \max\{N_A, N_B\} - N = |N_A - N_B| \tag{5.2.7}$$

其中，$N$ 为 GNF 晶格结构中碳原子顶点的数目；$N_A$ 和 $N_B$ 分别为石墨烯六角结构中两个子晶格位点 A 和 B 在体系中的数目。利用式（5.2.7）得到的零化度 $\eta$ 可以轻松通过 $S = |N_A - N_B|/2 = \eta/2$ 计算得到整个体系的总自旋 $S$。所以，根据式（5.2.7）可以归纳多种常见第一类 GNF 的零化度 $\eta$ 及体系总自旋 $S$，如石墨烯纳米带（GNR）、三角形或六边形 GNF 等。如图 5.5（b）所示，通过六元环的组合得到由三个六元环组成的锯齿形边缘的三角 GNF，其每个边缘有 $n = 2$ 个碳原子，在这个体系中 $N_A$ 和 $N_B$ 分别为 7 和 6，由式（5.2.7）可得该体系的零化度 $\eta$ 为 1，总自旋 $S$ 为 0.5。扩大锯齿形边缘的三角 GNF 的尺寸到每个边缘具有 $n = 4$ 个碳原子时，如图 5.5（e）所示，可以同样得到它的 $\eta$ 和 $S$ 分别为 3 和 1.5。有趣的是，在这样的 GNF 结构中 $\eta$ 和 $n$ 存在关联 $\eta = n - 1$。可以发现，锯齿形边缘的三角 GNF 的体系净磁矩 $S$ 与 GNF 的尺寸 $n$ 呈线性正相关[4, 5]

$$S = (n-1)/2 \tag{5.2.8}$$

而如图 5.5（c）、（d）及（f）～（h）所示的纳米带、三角形扶手边缘 GNF、六边形锯齿或扶手边缘 GNF 的零化度 $\eta$ 均为零，这些体系的总自旋 $S$ 也为零，不具有整体的净磁性。如图 5.6（a）所示，宽度 $n = 5$ 的锯齿形边缘的三角 GNF 的自旋向下电荷密度集中于边缘碳原子所在的子晶格上（假设为 A），而自旋向上的电荷密度主要位于子晶格 B 位点上；整个体系基态是自旋极化的（自旋极化能量比非极化能量低 0.48 eV），表现出具有总自旋 $S = 2$ 的亚铁磁性（ferrimagnetism）排列。随着锯齿形边缘的三角 GNF 尺寸的进一步增大（超过纳米尺度），其能带结构中的自旋劈裂并不会消失，且具有大约为 0.5 eV 的带隙，这使得该体系可能具有室温下的铁磁性。而且该体系的总自旋对缺陷并不敏感，在体系存在少量缺陷的情况下，总自旋并不会发生较大的变化。传统化学上的自下而上（bottom-up）方法在制备这种 GNF 时显得格外无力，但是通过自上而下（to-down）刻蚀得到需要的结构是一种可行的方法。

在第二类 GNF 中，其零化度 $\eta$ 变为[5]

$$\eta > |N_A - N_B| \tag{5.2.9}$$

所以，在此类 GNF 中子晶格即使完全匹配，零化度 $\eta$ 也可能是不为零的有限值。然而，该体系的总自旋仍然可以通过 $S = |N_A - N_B|/2$ 计算得到。在如图 5.6（b）所示的 GNF 结构中，$\eta = 4$ 但 $S = 0$，其自旋向上的电荷密度全部位于该 GNF 的左边且集中在边缘，而自旋向下的电荷密度则集中于右边的边缘。所以，左右两边结构中分别具有铁磁性（FM）的磁矩排列，而整个体系则展现反铁磁（AFM）排列。因此，此类领结状的 GNF 结构可以作为逻辑电路中的纳米非门（NOT gate）器件，当翻转其中一边的自旋时（可看作输入），作为输出的另一边的自旋必然跟

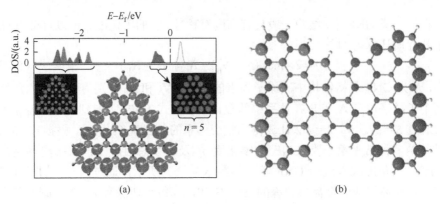

图 5.6 （a）具有铁磁排列与线性缩放净自旋的锯齿边缘三角石墨烯纳米片[4]；（b）领结状石墨烯纳米片的总自旋分布的等密度面，其中相反的边缘展现相反的自旋[5]

（a）中上图为自旋极化态密度，下图为上下自旋间密度差的空间分布，右插图和左插图分别表示单占据分子轨道和其他所有占据轨道的自旋密度，红色和蓝色分别表示自旋向上和向下的态；（b）中红色和蓝色分别表示自旋向上和向下的态

着翻转。实现翻转输出的能量由于碳材料中极弱的自旋轨道耦合而非常低（远小于 $k_B T$），可以实现低能耗工作；而且其磁耦合 $2J = E_{FM} - E_{AFM}$ 的大小为 45 meV，大于室温时的最小能量耗散（在 300 K 时约为 18 meV），同时也远大于皮秒（pico-second）级别的自旋翻转所需要的能量劈裂（约为 2 meV），所以该器件可以在室温下实现超快切换。

### 5.2.2 缺陷

由于石墨烯的纳米结构工程在目前的技术条件下仍然面临较大的困难，所以在石墨烯体系中通过引入缺陷而实现磁性便成为一个新的选择。引入的缺陷一般包括吸附原子、空位、拓扑缺陷及掺杂。缺陷可以在其局域范围内改变电子分布，使部分电子由于未能配对而具有净自旋。

在研究纯碳体系的实验中可以观测到磁性[6]，这引发了人们对于磁性来源于吸附碳原子（carbon adatom）的猜测。2003 年，Lehtinen 等发现石墨烯表面上的吸附碳原子可以引入磁性[7]。如图 5.7（a）和（b）中"0"所示，吸附碳原子在位于石墨烯表面两个相邻碳原子之间中点处时最为稳定，形成类似"桥"状的结构。该吸附原子具有 0.45 $\mu_B$ 的磁矩，并且该体系的基态即为磁化态。通过对吸附原子的自旋极化态密度的分析可以发现，极化态密度主要由吸附原子的 p 轨道贡献，石墨烯面内与吸附碳原子相连接的两个碳原子具有 $sp^2$-$sp^3$ 杂化而吸附原子本身仍为 $sp^2$ 杂化，如图 5.7（c）所示。其中，吸附碳原子中两个电子参与到和石墨烯碳原子成共价键中，一个电子在 $sp^2$ 悬挂键中，而剩下一个电子由 $sp^2$ 键和 $p_z$ 轨道共享。由于 $p_z$ 轨道垂直于吸附原子与基底成键所形成的平面，在对称性的限制下高度局域化，从而产生自旋极化。该体系的磁性与体系的尺寸没有关系，对于不同尺寸的超胞（含有 50～98 个原子）均为基态自旋极化；同时磁化较非磁化的能量低 35.5 meV，等效于 100～200 K 的居里温度（Curie temperature）。

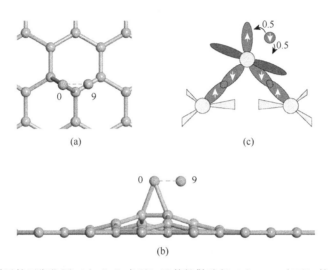

图 5.7　吸附原子的平衡位置（由"0"表示）及其扩散路径（由 0→9 表示）的顶视图（a）和侧视图（b），其中红色虚线表示吸附碳原子的扩散路径；（c）吸附原子和两个表面碳原子间处于平衡位置时的成键轨道示意图，其中紫色 p 轨道垂直于吸附原子与基底成键所形成的平面[6]

　　除吸附碳原子外，氢原子（H）、氧原子（O）及氟原子（F）在石墨烯表面的吸附也能在体系中引入磁性。吸附单个氢原子将使成键的碳原子产生一定程度的突出，这将在吸附位点处引入较强的铁磁性，每个吸附位点具有 $1\,\mu_B$ 磁矩，且该磁矩并不会随着吸附位点浓度的变化而改变[8]。通过如图 5.8（a）所示吸附单个氢原子的石墨烯的电子态密度可以看出，吸附氢原子后的石墨烯电子态密度仅在费米面附近引入 $p_z$ 轨道的缺陷态，且该缺陷态中仅有自旋向上的态被占据，使得体系具有自旋极化。石墨烯的氢化是一个可逆的过程，这使得氢化的覆盖率灵活可调。通过调节石墨烯氢化的覆盖率，理论上可以精确控制并实现仅一个表面氢化的石墨烯（即半氢化，graphone）并具有磁性[9]。相反，Elias 等于 2009 年在实验中成功制得完全氢化的石墨烯（即石墨烷，graphane）[10]却不具有磁性，这说明在石墨烯中引入部分饱和的碳原子对体系磁性至关重要。在石墨烯晶体结构中，子晶格 A 和 B 分别表示两个相邻的不等价碳原子，所以在 graphone 中子晶格 A 处的碳原子被氢化而 B 处的却没有，形成如图 5.8（b）所示的结构。氢化的碳原子与氢原子连接形成较强的 σ 键而破坏了原来的 π 键，所以使得位于子晶格 B 处的未被氢化的碳原子恢复 $sp^2$ 杂化，剩余一个电子未能配对（局域化），从而在子晶格 B 处形成约为 $1 \mu_B$ 的净磁矩。子晶格 B 的碳原子具有的磁矩在整个体系中倾向铁磁排列。如图 5.8（c）所示，在一个 2×2 的超胞中，位于子晶格 B 的碳原子有 4 个，其磁矩的排列在基态时为铁磁排列，形成约为 $4 \mu_B$ 的总磁矩；而反铁磁和非磁化的排列均具有比铁磁排列更高的能量。除此之外，吸附—OH 基团和 F 原子的石墨烯也具有磁性[11]。与前面讨论的半氢化石墨烯类似，吸附基团均位于同一侧表面并占据相同的子晶格。OH-graphene 的晶体结构如图 5.9 所示，而 F-graphene 的结构则是将图 5.9 中的 OH 替换为 F。在这两个体系中，未吸附基团的碳原子中 2p 电子没有饱和，于是 p-p 相互作用便在体系中引入磁性。OH-graphene 与 F-graphene 分别具有铁磁性和反铁磁性，其未官能团化的碳原子分别具有 0.88 $\mu_B$ 与 0.80 $\mu_B$ 的磁矩。通过利用平均场理论及铁磁与反铁磁间的能量差，可以计算得到上述两个吸附体系的居里温度或奈尔（Néel）温度

$$T_C = T_N = \frac{2 \times |E_{FM} - E_{AFM}|}{k_B \gamma} \tag{5.2.10}$$

其中，$\gamma$ 为维度；$E_{FM}$ 与 $E_{AFM}$ 分别为单个元胞中铁磁构型与反铁磁构型的能量。通过计算可以大致估计得到 graphone、OH-graphene 和 F-graphene 的居里（或奈尔）温度分别为 417 K、29 K 和 754 K。虽然平均场理论往往会高估磁性体系的居里温度，但是这里较高的居里温度表明其仍然是极有潜力的高温磁性二维材料。

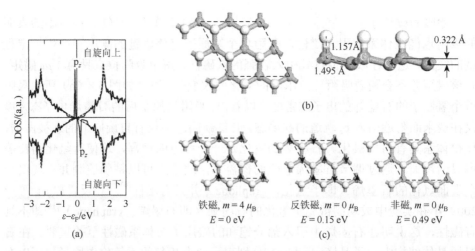

图 5.8　（a）具有单个氢原子化学吸附的石墨烯态密度，其中虚线表示未吸附的石墨烯态密度[8]；（b）仅氢化石墨烯其中一个子晶格碳原子的顶视和侧视结构示意图；（c）半氢化石墨烯三种不同的磁性构型：铁磁、反铁磁和非磁；下方标示了三种构型各自具有的磁矩和相对于铁磁构型的自旋极化能大小，灰色和白色球分别代表碳和氢原子[9]

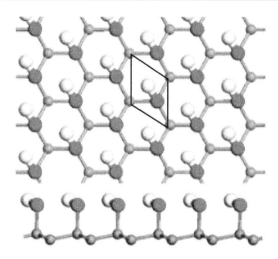

图 5.9　—OH 基团吸附在其中一个石墨烯表面的结构顶视和侧视示意图[11]

黑色、红色及白色小球分别代表碳、氧和氢原子

　　在石墨烯中，单个碳原子的空位是一种较为常见的点缺陷，也能够在体系中引入磁性[8]。如图 5.10（a）所示，单个碳原子的空位将使石墨烯的晶体结构在空位处出现重构。其中，一个碳原子被去掉后，最邻近该空位处的三个处于相同子晶格的碳原子均具有未饱和的悬挂键，其中两个悬挂键发生重构成键形成五元环（姜-泰勒形变，Jahn-Teller distortion），而第三个碳原子的悬挂键仍然未饱和，具有局域净磁矩。体系磁性主要由局域化的 $sp^2$ 悬挂键态的磁矩（$1\,\mu_B$）与邻近的缺陷态磁矩（$<1\,\mu_B$）组成，如图 5.10（a）所示。通过哈伯德模型（Hubbard model）对具有缺陷的石墨烯体系进行计算可知，该体系中点缺陷在两个子晶格上不均匀（unequally）分布可以引入净磁矩[12]。哈伯德模型的平均场近似可以较为精确地描述碳原子的 π 电子体系，其相应的哈密顿量为[12]

$$\hat{H} = -t \sum_{<i,j>,\sigma} (c_{i,\sigma}^{\dagger} c_{j,\sigma} + c_{j,\sigma}^{\dagger} c_{i,\sigma}) + U \sum_{i,\sigma} n_{i,\sigma} \langle n_{i,-\sigma} \rangle \qquad (5.2.11)$$

其中，$t$ 和 $U$ 分别为跃迁积分和在位库仑排斥（on-site Coulomb repulsion）；$c_{i,\sigma}$ 为 $i$ 位点具有自旋 $\sigma$ 的电子湮灭算符；$c_{i,\sigma}^{\dagger}$ 为对应的产生算符；$\langle i,j \rangle$ 为成键的两个原子组成的原子对；$n_{i,\sigma}$ 为第 $i$ 个原子处的自旋电荷密度。式（5.2.11）所示的哈密顿量 $\hat{H}$ 的第一个求和项表示第 $i$ 个原子附近与该原子成键的原子带来的单轨道束缚（single-orbital tight-binding）的影响，而第二个求和项则表示在位库仑排斥作用。通过计算易得第 $i$ 个原子处的自旋电荷密度为[12]

$$M_i = (n_{i\uparrow} - n_{i\downarrow})/2 \qquad (5.2.12)$$

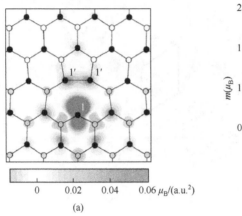
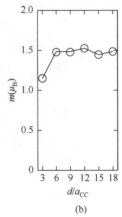

(a)　　　　　　　　　　　　　(b)

图 5.10　（a）位于子晶格 A 的空位缺陷在石墨烯平面内的自旋密度投影，其中空心圆和实心圆分别表示子晶格 A 和 B；（b）平均每个缺陷位置的磁矩与最邻近空位缺陷间距离 $d/a_{CC}$（$a_{CC}$ 为碳碳键长）的关系[8]

　　对于石墨烯，两个子晶格具有反平行的局域磁矩，使得石墨烯整体不具有磁性。但点缺陷会打破子晶格对称性进而引入磁性，通过式（5.2.11）和式（5.2.12）的计算可得不同大小的库仑排斥作用（$U/t$）下体系平均净磁矩与空位浓度的关系，如图 5.11（a）和（b）所示。其中，当空位在石墨烯两个子晶格中均匀分布时，如图 5.11（a）所示，子晶格 A 和 B 的平均磁矩分别随空位浓度的增加而增大，而且库仑作用越大磁矩也越大，但是两个子晶格的平均磁矩之和为零，使得整个石墨烯体系不具有净磁矩。但当点缺陷在两个子晶格中不均匀分布时[图 5.11（b），空位都位于子晶格 B]，随着空位浓度的增加子晶格 A 的平均磁矩的绝对值的增幅远大于子晶格 B 的平均磁矩，于是整个体系的平均净磁矩（由空心圆圈表示）随着空位浓度的增加而线性增大。因此，点缺陷（包括吸附原子与基团或空位）能够在石墨烯中引入磁性，并且体系的净磁矩的大小与点缺陷的浓度有着直接的关系。

　　Nair 等通过实验证实点缺陷确实可引入磁性，但是磁性的具体表现却有所不同[13]。完美的石墨烯不具有净磁矩，在外界磁场的作用下显示抗磁性，当温度低于 50 K 时可测得石墨烯中具有极小的顺磁性（~40 ppm）。在完美石墨烯体系中可引入两种常见的点缺陷，即 F 原子吸附与空位。在吸附 F 原子之后，体系展示出比完美石墨烯的背景顺磁性强度超过一个数量级的顺磁性，并且该顺磁性磁矩在不同 F 原子浓度下随外界施加的面内磁场强度的变化可以由布里渊函数精确表示[13]。

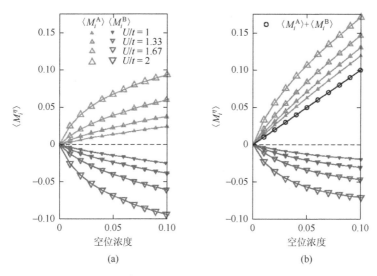

图 5.11　位于石墨烯子晶格 A 和 B 的碳原子平均磁矩随空位浓度在不同 $U/t$ 取值情况下的变化[12]。

（a）空位平均分布在两种子晶格上；（b）空位仅分布在子晶格 B 上

$$M = NgJ\mu_B \left\{ \frac{2J+1}{2J} \cot\left[ \frac{z(2J+1)}{2J} \right] - \frac{1}{2J} \cot\left( \frac{z}{2J} \right) \right\} \qquad (5.2.13)$$

其中，$z = gJ\mu_B H/k_B T$；$g$ 为 $g$ 因子；$J$ 为角动量数；$H$ 为外界磁场强度；$N$ 为自旋数量。当 $J = 0.5$ 时，该布里渊函数可很好地拟合实验中得到的体系净磁矩 $\Delta M$ 与外界施加的面内磁场 $H/T$ 之间的关系。如图 5.12（a）所示，在温度为 1.8 K 的环境中，体系净磁矩随着外界平行磁场的增大而增大，并最终趋于饱和。同时，氟原子的浓度越大，磁矩随磁场的增幅就越明显。在实验上通过测量磁化率（magnetic susceptibility）$\chi$ 与环境温度 $T$ 关系的方法可判定体系的磁序。如图 5.12（b）所示，实验测得的吸附氟原子浓度为 F/C = 0.9 时的石墨烯样本的磁化率由实心圆点表示，磁化率随着温度升高而迅速降低，而在温度大于 25 K 后转变为缓慢降低。其中，磁化率与温度的关系可以由居里法则（Curie law）精确拟合[13]

$$\chi = M/H = NJ(J+1)g^2\mu_B^2/(3k_B T) \qquad (5.2.14)$$

可以看出，体系的磁化率的倒数与温度呈线性关系，如图 5.12（b）中插图所示，说明氟原子吸附的石墨烯中不具有磁有序排列，这与之前理论预测的该体系具有反铁磁性不同。而且每个吸附原子对整体磁矩的贡献也远小于理论计算的结果（在实验中约 1000 个吸附原子中仅有一个对顺磁性有贡献）。这是因为在石墨烯表面吸附的氟原子具有较强的团聚（clustering）趋势，而氟原子的团聚使得磁性将仅由团聚的边缘原子贡献，且产生的磁矩将受到这些边缘原子附近的吸附原子分布的影响。具体而言，只有当其中一个子晶格（如子晶格 A）有吸附原子，且周围邻近子晶格 B 没有吸附原子时，可以贡献整体净磁矩，而吸附原子的团聚对磁矩的贡献很小。可以看出，吸附氟原子浓度的变化可以影响石墨烯表面的团聚现象，从而影响体系的平均磁矩（以实际具有磁矩的氟原子的数量作为分母，即 $\mu_B$/F 原子 $\times 10^{-3}$）。如图 5.12（c）所示，在 0.0~0.6 的较小浓度范围内，氟原子较易在褶皱处发生团聚，对体系的平均磁矩贡献较小，仅约为 $0.5 \times 10^{-3}$ $\mu_B$/F 原子；但当浓度超过 0.6 之后，褶皱被氟团簇全部占据，氟原子或者小团簇倾向于分散在石墨烯基底上，从而使得体系平均磁矩显著增大。同理，在石墨烯中引入空位缺陷也有类似的效果，如图 5.12（d）所示，在空位浓度很低（约为 $5.0 \times 10^{18}$ $g^{-1}$）时，平均每个空位可以引入 0.38 $\mu_B$/缺陷的磁矩，之后随着浓度的增加，平均磁矩大约稳定在 0.10 $\mu_B$/缺陷左右。在图 5.12（d）的插图中，整个体系的净磁矩 $\Delta M$ 在温度为 2 K 的环境中随着温度的升高而升高，并且磁矩升高的幅度与空位浓度呈正相关。

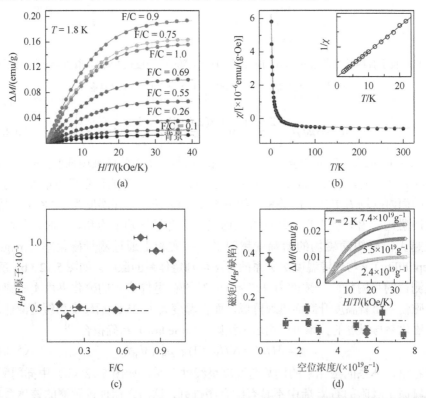

图 5.12　（a）净磁矩 $\Delta M$ 在不同氟原子浓度 F/C 比例下与面内磁场强度 $H$ 的关系，圆点表示实验数据而实线表示理论拟合曲线；（b）磁化率 $\chi$ 对温度的依赖，插图表示磁化率的倒数与温度呈线性关系，圆点表示实验数据而实线表示理论拟合曲线；（c）平均每个氟原子具有的磁矩与 F/C 比例的关系；（d）平均每个缺陷具有的磁矩与空位浓度的关系，插图表示净磁矩 $\Delta M$ 在不同空位浓度下与面内磁场强度 $H$ 的关系，曲线表示对理论的拟合[13]

通过在石墨烯中的碳原子空位处填入过渡金属原子，填入的过渡金属原子的 s、p、

d 轨道和碳原子的 sp$^2$ 轨道杂化而产生局域自旋极化，进而使整个体系产生磁性，此方法被 Krasheninnikov 等通过 DFT 计算确认[14]。当过渡金属原子吸附于单空位时，形成如图 5.13（a）和（b）所示的 M@SV 晶体结构（M 代表金属，SV 代表单空位），过渡金属原子略微突出石墨烯的表面并与三个具有悬挂键的碳原子成键。如图 5.13（e）中实心三角形所示，当 M@SV 体系中的过渡金属为钒、铬、锰、钴、铜及金时具有不为零的净磁矩，其中除了锰（$\sim$2.7 $\mu_B$）和铬（$\sim$2 $\mu_B$）外其他金属体系均展现$\sim$1 $\mu_B$ 的净磁矩。而过渡金属原子吸附在双空位缺陷（M@DV，DV 代表双空位）的结构如图 5.13（c）和（d）所示，过渡金属原子与四个具有悬挂键的碳原子成键且略微突出石墨烯表面（突出程度小于 M@SV）。其中，V@DV 的结构有所不同，如图 5.13（e）中插图所示。在 M@DV 体系中，由钒到钴之间的所有过渡金属均可在体系中引入净磁矩 [图 5.13（e）中实心方块]，其中钒、锰和铁具有约为 3.0 $\mu_B$ 的净磁矩，而铬和钴分别具有约为 2.0 $\mu_B$ 和 1.4 $\mu_B$ 的净磁矩。不难看出 M@DV 体系的磁矩普遍比 M@SV 的大，主要是 DV 体系中较大的空位面积使得杂质原子与配位键之间的相互作用变弱，从而得到更大的自旋极化态。以下将以锰原子的两种体系（Mn@SV 与 Mn@DV）为例说明该体系中净磁矩的来源。如图 5.14（a）和（b）所示，锰原子在单空位和双空位石墨烯体系中的自旋极化电荷密度显示，体系的总净磁矩主要来源于锰原子，周围近邻的碳原子仅有极少的贡献。具体而言，如图 5.14（c）所示，在 Mn@SV 系统中，锰原子处具有 3 $\mu_B$ 的自旋向上态，而最近邻的三个碳原子 σ 电子分别具有 1/3 $\mu_B$ 的自旋向上态，同时周围碳原子的 π 电子具有 1 $\mu_B$ 自旋向下态，所以得到该缺陷处的总净磁矩约为 3 $\mu_B$。在 Mn@DV 系统中，锰原子仍具有 3 $\mu_B$ 自旋向上态，如图 5.14（d）所示，不同的是锰原子周围的四个最近邻碳原子并不处于同一子晶格，故其中两个碳原子具有自旋向上的1/3 $\mu_B$ 而另两个具有自旋向下的 1/3 $\mu_B$，最终该系统总净磁矩仍约为 3 $\mu_B$。

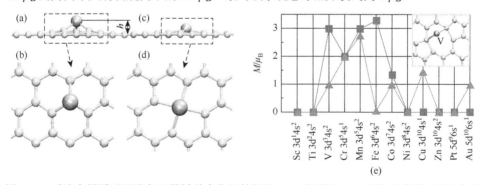

图 5.13　过渡金属原子吸附在石墨烯单空位处的侧视（a）和顶视（b）结构示意图；过渡金属原子吸附在石墨烯双空位处的侧视（c）和顶视（d）结构示意图，过渡金属和碳原子分别由深色和浅色表示；（e）不同过渡金属原子吸附在石墨烯单空位 SV（三角形）和双空位 DV（方形）处整个体系的净磁矩 $M$；插图显示与其他过渡金属在 DV 处吸附具有不同结构的钒原子吸附体系的结构示意图[14]

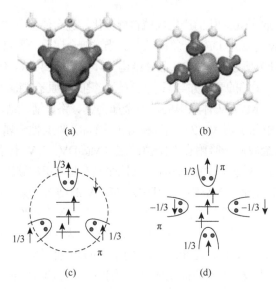

图 5.14　Mn@SV（a）和 Mn@DV（b）吸附体系的原子结构与自旋极化电荷密度分布，其中红色和蓝色分别表示自旋密度的正值和负值；Mn@SV（c）和 Mn@DV（d）吸附体系的电子结构示意图[14]

　　虽然上述方法可有效地在石墨烯体系中引入磁性，但其居里温度 $T_C$ 通常远低于室温。而磁性体系中 $T_C$ 的提高可通过增大其磁各向异性（magnetic anisotropy）来实现。磁各向异性源自垂直及平行于石墨烯平面的自旋轨道耦合之间的竞争，对应的磁各向异性能（magnetic anisotropy energy，MAE）与角动量 $L_x$ 与 $L_z$ 的近似表达式为[15]

$$\mathrm{MAE} = \xi^2 \sum_{u,o,\alpha,\beta} (2\delta_{\alpha,\beta} - 1) \left[ \frac{|< u,\alpha \,|\, L_z \,|\, o,\beta >|^2}{\varepsilon_{u,\alpha} - \varepsilon_{o,\beta}} - \frac{|< u,\alpha \,|\, L_x \,|\, o,\beta >|^2}{\varepsilon_{u,\alpha} - \varepsilon_{o,\beta}} \right] \quad (5.2.15)$$

其中，$\xi$ 为自旋轨道耦合的大小；$\varepsilon_{u,\alpha}$ 和 $\varepsilon_{o,\beta}$ 分别为未占据的 $\alpha$ 自旋态和占据的 $\beta$ 自旋态。显然，元素相对原子质量越大，自旋轨道耦合越大，则 MAE 越大（对应较高的 $T_C$ 温度）；贡献磁性的能带越窄，式（5.2.15）中的分母越小，MAE 越大。在多数纳米结构中，磁各向异性能仅有数个毫电子伏（~meV，对应的 $T_C$ 小于 50 K）。为了得到在室温下可以稳定工作的磁纳米材料，磁各向异性能需要达到 30~50 meV。而过渡金属二聚体（dimer）具有较大的磁各向异性能（40~70 meV）。早在 2009 年 Xiao 等预言了 Co-Co 和 Co-Ir 二聚体在石墨烯基底上具有磁性[16]，但因 3d 吸附原子在石墨烯表面具有极高的迁移率，这使得该体系在室温下极不稳定。之后，Hu 和 Wu 在 2014 年提出过渡金属二聚体（如 Pt-Ir 和 Os-Ru）可以在具有空位缺陷的石墨烯基底上稳定存在且具有磁性[15]。过渡金属二聚体可以在具有缺陷的石墨烯基底上形成垂直结构（A-B@defect，A 与 B 分别代表两种不同

的过渡金属原子）。如图 5.15（a）所示，A 原子远离石墨烯基底保持其磁性，而
B 原子则固定在石墨烯基底结构中；同时石墨烯基底具有两种不同的空位缺陷，
其一是单空位（SV），A-B 二聚体与基底构成如图 5.15（b）所示的结构，其二是
氮化边缘的双空位（NDV），A-B 二聚体与其组成如图 5.15（c）所示的结构。通
过对不同 A-B 二聚体在两种缺陷上的 MAE 计算，可以得到共九种构型的体系具
有大于 30 meV 的正 MAE，分别为 Ir-Co@SV、Pt-(Co, Rh, Ir)@SV、Os-(Ru, Os)@
NDV、Ir-(Co, Rh)@NDV 及 Pt-Co@NDV，如图 5.15（d）和（e）所示。进一步
考虑 A-B 二聚体结构中 A 和 B 的位置交换和 A 从垂直结构上移开的可能性，通
过能量学分析可知，Pt-Ir@SV 和 Os-Ru@NDV 这两种构型的结构相当稳定。同时，
这两种构型的 MAE 分别约为 85 meV/二聚体与 65 meV/二聚体，对应的 $T_C$ 均高
于室温，具有在室温下作为纳米磁性材料的巨大潜力。

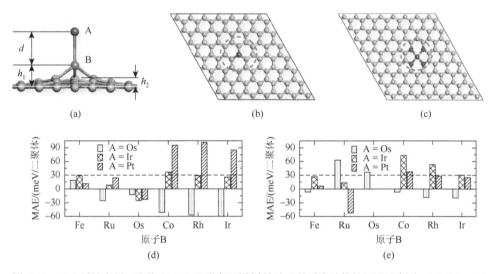

图 5.15　（a）过渡金属二聚体（A-B）吸附在石墨烯缺陷处的垂直结构的侧视示意图；A-B@SV（b）
和 A-B@NDV（c）的结构顶视示意图；不同过渡金属二聚体 A-B 构成的 A-B@SV（d）和
A-B@NDV（e）体系的磁各向异性能 MAE[15]

　　同时，具有边缘效应和缺陷效应的石墨烯纳米结构可具有新奇的磁性。
Bieri 等通过自下而上的方法成功制得了二维周期性的异三氮杂环聚合物
（hetero triangulene polymer）纳米片，鉴于此，Kan 等研究了掺杂石墨烯有机
多孔纳米片材料的磁性性质[17]。在讨论周期性多孔结构的磁性之前，首先考
虑组成有机多孔薄膜结构的单个组成单元（即掺杂的三角形石墨烯纳米片）
的磁性。如图 5.16 所示，三种多孔结构的组成单元均为边缘氢化的三角形石墨
烯纳米片，其中（a）为硼掺杂、（b）为未掺杂，而（c）为氮掺杂。在未

掺杂三角形石墨烯纳米片中,满占的自旋向上 π 轨道中恰好产生 $2\mu_B$ 的磁矩,如图 5.16 (b) 所示。而在硼和氮掺杂的两个体系中,相对于未掺杂体系,其 π 轨道中分别引入了一个空穴和一个额外电子 [图 5.16 (a) 和 (c)]。因此,硼掺杂体系 π 轨道仅有一个电子,故具有 $1\mu_B$ 的净磁矩;氮掺杂体系多出一个电子占据自旋向下的 π 轨道,整体也具有 $1\mu_B$ 的净磁矩。虽然这三种组成单元均具有磁性,但是这些单元组成的多孔结构的磁耦合并不一致。首先,对于无掺杂纳米片而言,因为自旋向上 π 轨道被满占,所以相邻三角纳米片间的电子跃迁仅能以反铁磁方式进行,如图 5.16 (d) 所示。在该体系中,反铁磁排列比铁磁排列的能量低 168 meV/原胞。其次,硼和氮掺杂的纳米片均由于 π 轨道未满占而允许铁磁方式的电子跃迁,其铁磁排列的能量最低,如图 5.16 (e) 所示。氮掺杂体系组成的多孔结构具有半金属性,如图 5.17 (a) 所示,其自旋向上的能带展现半导体性,而其自旋向下的能带展现金属性,可以实现很好的自旋选择性通过。与半导体中掺杂的过渡金属原子 d 和 f 电子高度局域化的磁性不同,氮掺杂的三角形石墨烯纳米片组成的多孔结构的半金属性具有很好的延展性。如图 5.17 (b) 所示,费米面附近的自旋向下的电荷密度延展于整个多孔结构。同理,硼掺杂的体系组成的多孔结构具有类似的半金属性。为了进一步检验该多孔结构的实用性,通过计算可以得到该体系在结构应变作用下,其半金属性可以在 ±5% 的应变下存在,展示出较强的抗形变能力。

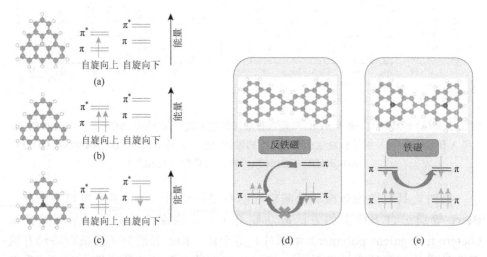

图 5.16 硼掺杂 (a)、未掺杂 (b) 及氮掺杂 (c) 的三角形石墨烯纳米片的结构示意图;无掺杂相邻纳米片的磁矩以反铁磁方式排列 (d) 及氮掺杂相邻纳米片的磁矩以铁磁方式排列 (e) 的自旋极化的分子轨道能级示意图;蓝色、绿色、粉色与白色圆球分别表示氮、碳、硼及氢原子[17]

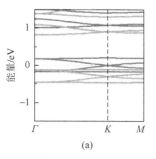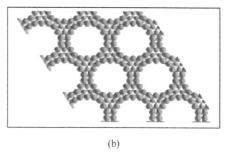

(a)　　　　　　　　　　　　　(b)

图 5.17　（a）氮掺杂的三角形石墨烯纳米片的自旋极化能带结构，绿色和蓝色分别表示自旋
向上和向下能带；（b）费米面处的自旋向下的电荷密度分布[17]

## 5.3　二硫化钼中的磁性

二维二硫化钼因其较高的载流子迁移率和大小适中的直接带隙，成为石墨烯之后研究最为广泛的二维材料。二硫化钼磁性的实现将使它的应用范围进一步拓宽，实现更多的纳米器件应用。二硫化钼虽然含有过渡金属钼原子，但是其体结构和二维单层结构均不具有宏观磁性，这是因为其中的 $Mo^{4+}$ 处于三角棱柱配位（coordination）中，两个未配对 4 d 电子恰好具有相反的自旋[18]。受到在石墨烯中引入磁性的启发，利用边缘效应和缺陷可能在二硫化钼纳米结构中引入磁性。

### 5.3.1　边缘效应

与石墨烯类似，二硫化钼可通过纳米结构工程制成纳米带，通过利用纳米带结构的边缘态引入磁性[19]。在两种不同的边缘中，扶手形边缘的纳米带不具有磁性，但锯齿形边缘的纳米带［如图 5.18（a）所示，宽度为 8］具有基态铁磁性，其具有的极化能与总磁矩均随着纳米带宽度的增大而增大，如表 5.1 所示。但是按每单位元胞计的磁矩却随着宽度的增大而减小，如表 5.1 中括号内所示，这是因为二硫化钼纳米带的磁性来源于未饱和的边缘原子，其数目不随宽度变化。从图 5.18（b）中可以更直观地发现未配对的自旋主要集中在锯齿型纳米带的边缘钼原子和硫原子上，而在纳米带内部的钼原子仅仅贡献了极少的未配对自旋。与石墨烯纳米带两个边缘的磁矩遵循反铁磁排列不同，二硫化钼锯齿型纳米带的磁矩遵循铁磁排列，这对于该纳米带结构在纳米磁性器件中的应用极为有利。边缘磁性具有较强的鲁棒性，即使对边缘进行氢化（边缘的钼原子和硫原子分别被两个或一个氢原子饱和），该体系仍然具有基态铁磁性，磁矩仅稍微变弱。例如，在宽度为 8 的锯齿型纳米带中氢化将使其单位磁矩由原来的 0.768 $\mu_B$ 降低到 0.643 $\mu_B$。

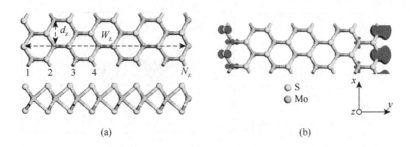

图 5.18 宽度为 8 的 $MoS_2$ 锯齿型纳米带结构的顶视和侧视示意图（$N_z$ 表示纳米带的宽度）（a）及该体系上下自旋间密度差的空间分布（b）[19]

表 5.1 不同宽度（$N_z$）$MoS_2$ 锯齿型纳米带的自旋极化态和非极化态之间的能量差（$\Delta E$）及单位元胞具有总磁矩（$M$），括号表示平均每个 $MoS_2$ 分子式的单位磁矩[19]

| $N_z$ | $\Delta E$/meV | $M$（$\mu_B$） |
|---|---|---|
| 5 | −29.88 | 0.733（0.147） |
| 6 | −32.30 | 0.751（0.125） |
| 7 | −35.24 | 0.764（0.109） |
| 8 | −35.62 | 0.769（0.096） |
| 9 | −36.80 | 0.772（0.086） |
| 10 | −38.76 | 0.792（0.079） |
| 24 | −57.30 | 0.879（0.037） |

Xu 等进一步发现在以 $WSe_2$ 为代表的 TMDCs 锯齿型纳米带的金属边缘（即以 W 原子终结的边缘）进行（Co）原子的替代掺杂，可成功引入半金属性[20]。$WSe_2$ 锯齿型纳米带的两个边缘（即 W 边缘和 Se 边缘）可具有不同的 Se 原子覆盖率，其不同的边缘结构如图 5.19（a）所示。其中，Se 原子覆盖率为 50% 的 W 边缘（W50）和 100% 的 Se 边缘（Se100）在相当大的 Se 原子化学势范围内分别为各自边缘最稳定的构型，如图 5.19（b）所示，即 W50-Se100 构型的纳米带最为稳定。并且，Co 原子在该纳米带 W50 边缘上的 W 原子处替代掺杂形成能最低，说明该型掺杂最可能发生在 W50 边缘。所以，Co 在 W 边缘掺杂的 W50-Se100 纳米带（Co-W50-Se100）为最稳定的结构。其自旋极化的态密度和能带结构如图 5.19（c）所示，该体系具有自旋向下导通的半金属性，并且该半金属性主要由纳米带的两个边缘贡献。同时，该体系的自旋向上带隙与半金属带隙（价带顶到费米面间的能量差）随着纳米带宽度的增大略微增强，并在宽度≥8（即宽度为 8 条锯齿线）时趋于稳定（分

别约为 0.42 eV 与 0.15 eV），如图 5.20（a）中红色所示。类似地，Co 边缘掺杂的 Mo50-S100 纳米带也具有半金属性，其自旋向上带隙与半金属带隙［如图 5.20（a）中黑色所示］具有与 W50-Se100 体系类似的变化趋势，仅在宽度为 6 时发生较大突变（得到最大值分别为 0.40 eV 与 0.19 eV）。如图 5.20（b）所示，在保持体系半金属性的情况下，Co 原子的边缘掺杂浓度可以低至 60%；并且其半金属性的能带结构可以耐受 5% 沿纳米带周期方向的拉伸结构应变，如图 5.20（c）所示。这些结果表明该半金属纳米带在实际应用中具有较高可行性。

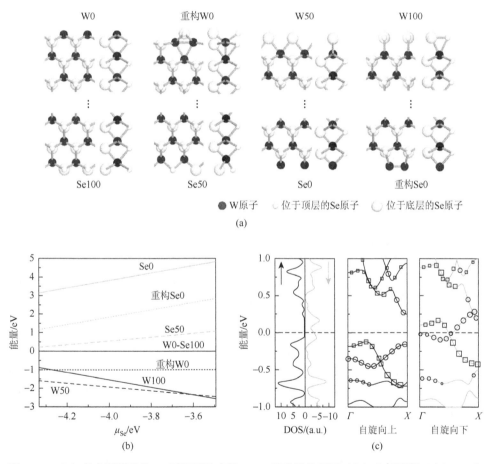

图 5.19　（a）具有不同边缘 Se 原子覆盖率的 WSe$_2$ 纳米带的顶视（左）和侧视图（右）；W 和 Se 分别表示 W 边缘和 Se 边缘，0、50 和 100 则分别表示 Se 原子覆盖率为 0%、50% 和 100%；（b）不同 W 边缘和 Se 边缘相对于参考构型（W0 和 Se100）的能量随 Se 原子化学势的变化；（c）宽度为 4 的 Co-W50-Se100 纳米带的自旋极化态密度和能带结构；空心圆和方框分别表示 Se 边缘和 W 边缘对能带的贡献[20]

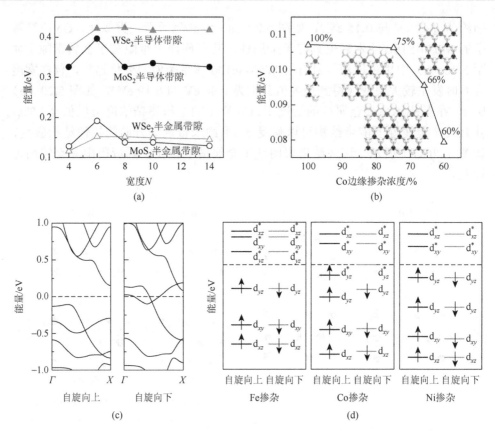

图 5.20　（a）Co-W50-Se100 与 Co-Mo50-S100 纳米带的半金属带隙和半导带隙与纳米带宽度 $N$ 的关系；（b）Co 边缘掺杂浓度对宽度为 4 的 Co-W50-Se100 纳米带半金属带隙的影响；插图展示了 Co 边缘掺杂浓度分别为 100%、75%、66% 及 60% 时的单周期结构；（c）宽度为 4 的 Co-W50-S100 纳米带在 5% 沿纳米带周期方向拉伸应变下的能带结构；（d）Fe、Co 和 Ni 掺杂时电子占据示意图[20]

　　进一步分析当 W50-Se100 纳米带具有不同的金属掺杂在边缘时（即 Fe、Co 和 Ni）的掺杂金属 d 轨道的占据，可以分析该体系半金属性质的来源[20]。这三种掺杂金属分别与其附近的 Se 原子相互作用，使它们各自具有的五个 3d 轨道（即 $d_{xy}$、$d_{yz}$、$d_{xz}$、$d_{z^2}$ 和 $d_{x^2-y^2}$）均发生劈裂形成成键态 d 和反键态 $d^*$。因为在三种掺杂情况下，$d_{z^2}$ 和 $d_{x^2-y^2}$ 轨道占据没有明显的区别，所以之后的分析将省略。金属原子 $d_{xz}$ 轨道和 Se 原子 p 轨道显著交叠（overlap），使得 $d_{xz}$ 轨道的 d 和 $d^*$ 具有最大的劈裂；而金属原子的 $d_{yz}$ 轨道因为和 Se 的 p 轨道间相互作用最弱，所以 $d_{yz}$ 轨道的 d 和 $d^*$ 具有最小的劈裂。据此可以得到三种掺杂金属 $d_{xy}$、$d_{yz}$ 和 $d_{xz}$ 轨道的排布，如图 5.20（d）所示。当掺杂原子为 Fe 时，两个自旋的成键态全部被占据，故不具有自旋极化。当将掺杂原子由 Fe 换为 Co 时，将在体系中额外引入一个 3d

电子并部分占据 $d_{yz}^*$ 轨道,根据斯托纳(Stoner)规则,自旋向下的 $d_{yz}^*$ 轨道将仅被部分占据,形成跨越费米面的能带,并且展现自旋极化(磁性)。当掺杂原子为 Ni 时,额外引入的 3d 电子将 Co 掺杂时未满占的自旋向下 $d_{yz}^*$ 轨道填满,使得体系中的未配对电子消失,故不再具有自旋极化。

## 5.3.2　缺陷

当二硫化钼引入缺陷后,在缺陷附近的区域可能出现未饱和的电子轨道,即存在未配对的电子贡献净自旋。在二硫化钼纳米结构中引入的缺陷主要有三种:一是吸附原子、二是空位、三是位错和晶界,下面将针对这三种缺陷引入的磁性展开讨论。

单个磁性原子吸附在二维单层材料上可最大可能地逼近数据储存器件小型化的单原子物理极限,使得实现单个吸附原子磁体(single adatomic magnet)的终极目标成为可能。为了使原子尺度磁体具有足够的对抗热扰动(thermal fluctuation)和自旋退相干(spin decoherence)的稳定性,需在体系中引入足够大的磁各向异性能,可以通过式(5.2.15)计算得到。为了在二硫化钼纳米结构中实现这个目标,Cong 等提出通过在二硫化钼二维单层结构中的硫空位处吸附过渡金属锰和铁原子,可在兼顾较高化学稳定性的前提下引入极强的磁各向异性能[21]。在二硫化钼单层上最稳定的过渡金属吸附位点如图 5.21(a)所示(即八面体位点),单个吸附铁原子和锰原子的结合能分别为 1.34 eV 和 1.18 eV,且这两种吸附体系分别具有 4.0 $\mu_B$ 与 5.0 $\mu_B$ 的磁矩(主要来源于吸附过渡金属原子)。但如表 5.2 所示,在二硫化钼单层上吸附过渡金属原子的体系的 MAE 非常小,使得该体系对抗热扰动和自旋退相干的稳定性较差;并且如图 5.21(a)所示,原始二硫化钼表面的吸附原子距离二维表面较远,该系统在空气中可能不稳定。为了获得更为稳定的二硫化钼单层吸附过渡金属原子的磁性体系,可利用二硫化钼单层中经常存在的缺陷位点来实现更稳定的吸附。在单层二硫化钼中,一对硫原子缺失将形成一个 $V_{S_2}$ 空位,在该空位处吸附的铁原子和锰原子 [图 5.21(b)] 分别具有 3.51 eV 和 3.50 eV 的结合能。如表 5.2 所示,此时体系的 MAE 较大(分别为-3.6 meV 和 1.3 meV),说明过渡金属原子(铁和锰)吸附在二硫化钼单层的 $V_{S_2}$ 空位缺陷位点是相当稳定的。同时,从表 5.2 中可以看出铁吸附体系的总磁矩为 2.0 $\mu_B$,但是吸附铁原子自身具有 3.0 $\mu_B$ 的磁矩,自旋向上与自旋向下的 3d 电子数分别为 4.8 和 1.8,总电子数超过了孤立铁原子中 3d 电子的数量(6 个)。多余的电子由周围钼原子中的部分 3d 电子在轨道杂化作用的影响下转移得到,从而在周围钼原子中形成了-1 $\mu_B$ 的磁矩,如图 5.21(c)所示。重要的是,这两个体系具有较大的 MAE,铁原子吸附体系的 MAE 为-3.6 meV 且具有面外的易磁化方向（easy axis of magnetization）；而锰原子吸附体系易磁化方向为面内，MAE 为 1.3 meV。

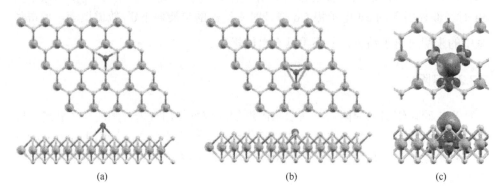

(a)  (b)  (c)

图 5.21  铁原子吸附于二硫化钼单层表面（a）与二硫化钼硫空位处（b）的顶视和侧视图，其中青色、黄色及红色圆球分别表示钼、硫和铁原子；（c）在二硫化钼单层上的铁吸附原子的自旋密度分布的等值面，其中红色和蓝色分别表示自旋向上和向下的态[21]

表 5.2  锰和铁原子吸附到二硫化钼表面与其硫空位（$V_{S_2}$）处的结合能（$E_B$）、与顶层硫原子间距（$\Delta h$）、总磁矩（*m.m.*）及磁各向异性能（**MAE**）[21]

| 吸附体系 | $E_B$/eV | $\Delta h$/Å | $m.m./\mu_B$ | MAE/meV |
|---|---|---|---|---|
| $MoS_2$ 吸附 Fe | 1.34 | 1.75 | 4.0（4.0） | −0.3 |
| $MoS_2$ 吸附 Mn | 1.18 | 1.77 | 5.0（5.0） | −0.2 |
| $MoS_2$ 硫空位处吸附 Fe | 3.51 | 0.28 | 2.0（3.0） | −3.6 |
| $MoS_2$ 硫空位处吸附 Mn | 3.50 | 0.34 | 3.0（4.0） | 1.3 |

注：括号内表示吸附原子自身的磁矩

虽然在二硫化钼单层结构的 $V_{S_2}$ 硫空位处吸附过渡金属原子可引入磁性，但是这种方法较为复杂，仅引入空位从而引入未配对电子和磁性将更具优势。由于 2H 相单层二硫化钼中 $Mo^{4+}$ 的 4d 电子构型不具有磁性，需要通过特定方法将这样的电子构型改变从而引入磁性。在这样的思路下，Cai 等提出可通过在 2H 相单层二硫化钼结构中掺入（incorporate）1T 相的二硫化钼从而引入磁性[18]。而 2H 和 1T 相之间的转变可以通过引入空位实现。通过计算 1T 与 2H 相二硫化钼之间的形成能随着硫空位浓度变化的关系 [图 5.22（a）]，可知硫空位越多 2H 到 1T 相的转变就越容易，当硫空位浓度大于 8%时两者间形成能的差值几乎为零。在 1T 相的二硫化钼中，虽然每个 $Mo^{4+}$ 具有 2 $\mu_B$ 的磁矩，但是这些磁矩间呈反铁磁排列，整个体系并不具有宏观磁矩；而在掺入 1T 相的 2H 相二硫化钼（1T@2H-$MoS_2$）的电子态密度中出现具有 4d 特征的位于带隙中的态，如图 5.22（b）所示，呈现磁性特征。此外，在 1T@2H-MoS$_2$ 体系中，1T 相区域的间隔平均约为 2 nm，如图 5.22（c）所示，其中硫空位附近（可看作一个极化子，polaron）钼离子的自旋方向将与该空位的一致，且这些钼离子间为铁磁相互作用，最终形成宏观上可观测的铁磁性。

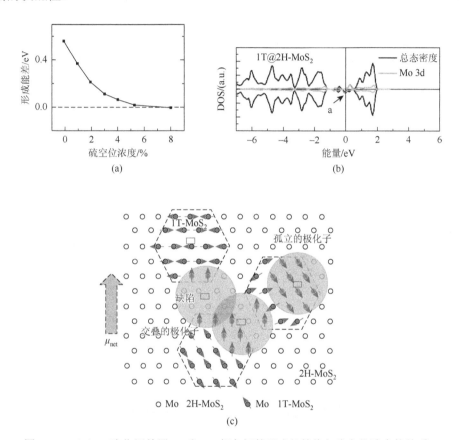

图 5.22　（a）二硫化钼单层 1T 和 2H 相之间的形成能差值与硫空位浓度的关系；（b）1T@2H-MoS$_2$ 体系的电子态密度；（c）二硫化钼中磁极化子的示意图[18]

在 CVD 制备的二硫化钼过程中，不可避免地会出现拓扑缺陷（如位错及位错组成的晶界），而晶界可以在二硫化钼单层结构中引入磁性。虽然小角度晶界的深带隙态会对材料的电学和光电学方面的应用造成不利影响，但该缺陷引致的 Stoner 效应可能带来新奇的磁性[22]。图 5.23（a）展示了非自旋极化的 Mo5|7 位错的电子结构。电荷密度分布图显示它的两个局域态分别具有成键（$\delta$）和反键（$\delta^*$）特性，而单电子占据了成键态。当局域态的电子态密度足够高时，整个体系倾向于自旋极化。第一性原理计算显示自旋极化态比非自旋态能量低 36 meV。自旋密度分布分析也证实磁性主要由 Mo5|7 位错贡献，如图 5.23（b）所示，进一

步的态密度分析指出自旋密度主要由 Mo 的 $4d_{x^2-y^2}$、$4d_{xy}$ 及 $4d_{z^2}$ 和 S 的 $3p_x$ 贡献。类似地，S5|7 的缺陷态也由成键和反键态贡献，不同之处在于单电子占据了反键态。随着倾斜角变大，位错的密度和磁矩密度增大。同时，邻近位错的电子态交叠增大使得局域态的色散性增大，交换劈裂也因此增大，进而导致了晶界角在 13°~32° 的晶界的半金属性。在晶界角大于 47° 时，能量稳定的晶界由 4|8 组成，并变成反铁磁性。应该指出的是，晶界的磁性显著不同于石墨烯中观察到的磁性：石墨烯的磁性主要来源于能够被退火或饱和的一些缺陷，如空位、吸附原子或者边界。晶界作为拓扑缺陷不能通过局域结构重组而被退火，因此它们的磁性具有极强的鲁棒性。这一特性特别有利于它们在自旋电子学中的潜在应用。

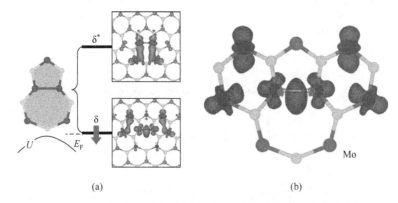

(a)                            (b)

图 5.23  (a) Mo5|7 引起的成键和反键态示意图及其对应的轨道分波密度分布图 ($5 \times 10^{-4}$ e/Å$^3$)；
(b) Mo5|7 的磁化密度分布图 ($2 \times 10^{-3}$ e/Å$^3$) [22]

## 5.4  其他低维材料中的磁性

除了石墨烯及以二硫化钼为代表的过渡金属硫族化合物外，仍然存在很多其他广受关注的低维材料可以通过利用边缘效应、缺陷工程及载流子掺杂等方法实现磁性，这些低维材料包括但不限于六方氮化硼 h-BN、二维黑磷 bP、类似 bP 的二维 14~16 族化合物（如 GeSe 和 SnSe 等）、二维硒化镓 GaSe 及 MnPSe$_3$ 等。这些磁性低维材料的预言与发现拓展了磁性低维材料的范围，使得纳米磁性材料与器件拥有更多可选的备用材料，同时也促进了对纳米尺度的磁性的基础研究。

### 5.4.1  缺陷引入的磁性

二维 bP 和蓝磷（blue phosphorus）单层结构 [图 5.24 （a）和（b）] 可在引

入过渡金属替代掺杂之后形成稀磁半导体甚至是半金属，并且这些体系具有的磁性可由基于过渡金属 d 轨道和缺陷能级间杂化作用的模型所描述[23]。为了研究替代掺杂对电子结构的影响，可首先研究单空位的性质。具有单空位的二维蓝磷不具有磁性；但单空位可以在二维 bP 中引入磁性且其磁矩约为 $1.0\,\mu_B$，这些磁矩主要来自空位周围最邻近的两个磷原子的未饱和键。在此基础上，在空位处结合单个 3d 过渡金属原子（由钪到镍）从而实现替代掺杂，通过计算可以得到不同的 3d 过渡金属原子本身具有的磁矩及掺杂到二维 bP 与蓝磷结构后的磁矩。如图 5.25（a）所示，掺杂体系中过渡金属原子的磁矩与孤立原子相比较小，这是因为过渡金属原子中的部分电子在掺杂时转移到了周围的磷原子中。由图 5.25（a）可以看出，不同的过渡金属原子掺杂在 bP 和蓝磷中所展示的磁矩大小是一致的，这说明 bP 和蓝磷结构的不同并未影响掺杂原子引入的磁性。其中，钪原子和钴原子的掺杂体系不具有磁性，而掺杂体系随着过渡金属钛、钒、铬、锰、铁和镍的顺序依次展示 $1.0\,\mu_B$、$2.0\,\mu_B$、$3.0\,\mu_B$、$2.0\,\mu_B$、$1.0\,\mu_B$ 和 $1.0\,\mu_B$ 的磁矩，这正好符合洪德规则。如图 5.25（c）和（d）所示，不同过渡金属原子掺杂于 bP 和蓝磷单层结构时具有几乎一致的最外层电子构型，因而具有一样的磁矩。在具有磁性的掺杂体系中，钛、钒、铬、锰、铁和镍掺杂的 bP 单层结构及钛、钒、铬、锰和铁掺杂的蓝磷单层结构均属于稀磁半导体，自旋向上和自旋向下极化的能带劈裂均位于费米面的两侧，整个体系仍然保持为半导体。例如，在钛掺杂的蓝磷中，其能带结构如图 5.25（b）中左图所示，为磁性半导体。但是，镍掺杂的蓝磷单层结构则展示出金属性质，其自旋极化的能带结构如图 5.25（b）中右图所示。

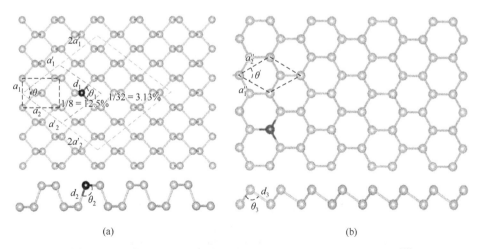

(a)　　　　　　　　　　　　　　(b)

图 5.24　二维 bP（a）和蓝磷（b）单层结构的顶视和侧视示意图[23]

（a）中两个菱形原胞分别对应 1/8 和 1/32 两种掺杂浓度

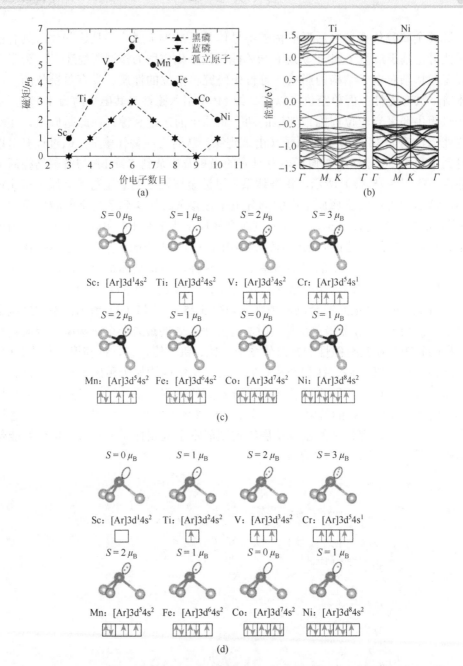

图 5.25　（a）孤立的过渡金属原子及它们掺杂到二维 bP 和蓝磷中的自旋磁矩与价电子数目的关系；（b）钛（左）和镍（右）掺杂的二维蓝磷的自旋极化能带结构；由不同过渡金属原子掺杂的二维 bP（c）和蓝磷（d）的自旋磁矩示意图（洪德规则）[23]

类似地，Huang 等发现可通过在六方氮化硼单层结构中引入空位缺陷进而引入磁性[24]。具体而言，他们主要考虑了三种单层氮化硼缺陷体系，如图 5.26（a）～（c）所示，分别是硼原子单空位 $V_B$、氮原子单空位 $V_N$ 及硼氮双原子空位 $V_{BN}$。在 $V_B$ 的情况中，$V_B$ 周围的三个氮原子分别具有 $1\mu_B$、$1\mu_B$ 和$-1\mu_B$ 的磁矩；在 $V_N$ 的情况中，$V_N$ 周围的三个硼原子具有 $1\mu_B$ 的总磁矩；而 $V_{BN}$ 体系是非磁的。

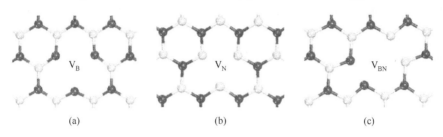

图 5.26　具有硼原子空位（a）、氮原子空位（b）、硼氮双原子空位（c）的二维六方氮化硼结构示意图[24]

### 5.4.2　具有固有磁性的二维材料

在二维磁性材料的研究中，完美二维单层结构在没有任何外界调控时也可具有磁性，这有利于二维材料在纳米磁性器件中的应用。理论计算预测了多种二维材料具有固有磁性，如二氧化锰（$MnO_2$）单层结构、二维类石墨碳氮化物（g-$C_4N_3$）及二维过渡金属二氮化物（如 $MoN_2$ 与 $YN_2$）等。下面将详细讨论这些二维材料所具有的固有磁性及可能的调制方式。

二维二氧化锰单层结构及 $4\times4$ 超胞中铁磁和反铁磁的排列如图 5.27（a）所示，其于 2003 年由 Omomo 等成功制备[26]，并由 Kan 等于 2013 年通过理论计算提出该二维材料具有固有的高温铁磁性[25]。在二维二氧化锰单层结构中，每个锰原子位点具有铁磁排列的 $3.3\mu_B$ 的磁矩，而每个氧原子具有反铁磁排列的$-0.16\mu_B$ 的磁矩（平均每个元胞的铁磁排列的能量较反铁磁排列低 62 meV），所以每个二氧化锰原胞中具有约为 $3\mu_B$ 的净磁矩。由于锰原子处于八面体配位中，其 d 轨道劈裂为具有较高能量的 $d_{z^2}$ 和 $d_{x^2-y^2}$，以及具有较低能量的 $d_{xy}$、$d_{yz}$ 与 $d_{xz}$。根据洪德规则每个锰原子的三个较低能量 3d 轨道被具有相同自旋的电子占据，单个元胞便具有 $3\mu_B$ 的净磁矩。锰原子磁矩之间的铁磁排列是由两个锰原子间的双交换相互作用引起。利用杂化泛函（HSE06）计算得到二维二氧化锰单层结构的自旋极化能带结构如图 5.27（b）所示，清晰地展示了该体系属于磁性半导体并具有 3.41 eV 的间接带隙（自旋向上）。通过蒙特卡罗模拟可以估计该体系的居里温度。基于伊辛模型（Ising model）的磁耦合哈密顿量为[25]

$$H = -\sum_{\langle i,j \rangle} J_{ij}\mu_i\mu_j \tag{5.4.1}$$

其中，$\mu$ 为单位元胞的磁矩；$J$ 为自旋交换系数，可以由 $J=(E_{\mathrm{AFM}}-E_{\mathrm{FM}})/4\mu_{\mathrm{uc}}^2$ 计算得到。如图 5.27（c）所示，在蒙特卡罗模拟得到的单位元胞磁矩随温度的变化曲线中，磁矩在温度约为 140 K 时急剧减小，故该体系的居里温度约为 140 K。为了更进一步提升该体系的居里温度，可在二氧化锰二维结构中施加双轴拉伸应变。在此过程中，Mn—O 键长增大导致它们之间的轨道杂化减弱，使得锰原子和氧原子具有的磁矩增强，如图 5.27（d）所示，这将使体系中锰原子间的铁磁耦合得到强化，从而增大交换系数及居里温度。当拉伸应变为 5% 时，居里温度提升到约为 210 K。

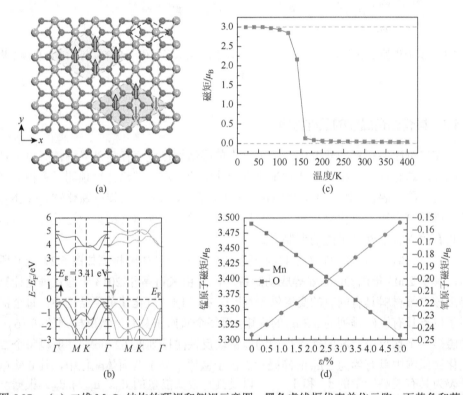

图 5.27　（a）二维 $MnO_2$ 结构的顶视和侧视示意图；黑色虚线框代表单位元胞，而黄色和蓝色虚线框分别代表 4×4 超胞中的铁磁和反铁磁排列，箭头代表面外磁矩；（b）具有铁磁排列的二维 $MnO_2$ 单层结构的自旋极化能带结构。其中左边和右边分别表示自旋向上和向下的能带。（c）二维 $MnO_2$ 单个元胞具有的总磁矩随温度的变化；（d）Mn 和 O 位点的磁矩随拉伸应变的变化[25]

　　虽然二维 bP 本身并不具备磁性，但 Shi 和 Kioupakis 于 2015 年预测与 bP 结构类似的 GeSe 和 SnSe 在考虑了自旋轨道耦合的情况下，能带结构发生劈裂且具有明显的各向异性，可用于定向的自旋输运[27]。二维单层 GeSe 和 SnSe

的晶体结构侧视示意如图 5.28（a）所示，因此它们也具有反演对称性缺失。在反演对称性缺失和自旋轨道耦合的共同作用下，能带结构中的自旋简并被破坏，如图 5.28（b）和（c）所示，在 $\Gamma$-$X$ 方向上的能带中引入自旋劈裂。而 $\Gamma$-$Y$ 方向上的能带，由于该方向上的晶体对称性仍然保持自旋简并，所以该二维体系具有显著的各向异性的自旋能带劈裂，可以实现沿 $\Gamma$-$X$ 方向的自旋输运。

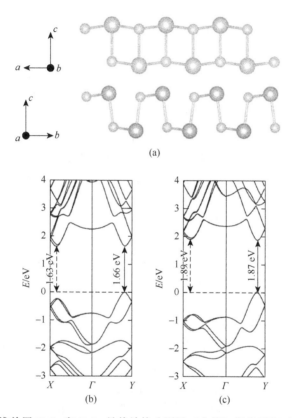

图 5.28　（a）二维单层 GeSe 和 SnSe 晶体结构分别沿（上部）锯齿形和（下部）扶手形方向的侧视示意图，其中深色和浅色球分别表示 Ge（Sn）及 Se 原子；SnSe（b）和 GeSe（c）二维单层结构的能带结构[27]

多数二维磁性材料的磁性并不能在室温条件下保持，这就使得二维高温磁性材料的发现尤为重要。Wu 等发现过渡金属二氮化合物（TMN$_2$，尤其是二氮化钼）具有高温铁磁性[29]，并且该材料在实验中已经被成功制备[30]。过渡金属二氮化合物具有与 2H 相的过渡金属硫族化合物类似的晶格结构，如图 5.29（a）所示。二氮化钼具有固有的基态铁磁性，其铁磁构型的能量显著低于反铁磁和非磁态，如图 5.29（b）中 A 点所示。其中氮原子的 2p 轨道和钼原子的 4d 轨道分别贡献了约 0.42 $\mu_B$ 与 0.13 $\mu_B$ 的磁矩,其自旋极化的能带如图 5.30(a)所示。通过分波态密度计算进一步发现,该体系的磁性主要由氮离子的 $p_z$ 轨道所贡献,如图 5.30(b)所示。类似地,利用式(5.4.1)并结合伊辛模型,通过蒙特卡罗方法估计二维二氮化钼的居里温度大约为 420 K,如图 5.31(a)所示,远高于室温,具有巨大的纳米磁性应用前景。

在此基础上,Wang 等发现拉伸应变可以显著减小二维二氮化钼结构中上下两层氮原子间的间距并使它们成键,同时磁矩由氮原子(2p 轨道)所在的子晶格转移到钼原子(4d 轨道)所在的子晶格,并且体系中的磁矩由原本的铁磁排列转化为反铁磁排列[28]。在图 5.29(a)所示的二维二氮化钼结构中,上下两层氮原子间的间距由 $d_{N-N}$ 表示,在结构中没有应变时(称为 α 相)$d_{N-N}$ = 2.19 Å,远远大于氮—氮成键的典型距离(~1.45 Å),此时两层氮原子之间的相互作用可以忽略不计。但是在 α 相的结构中施加面内双轴应变后[图 5.29(b)],当晶格常数增大到约 3.13 Å(~5%应变)时,该体系的能量曲线由增大立即变为减小;随着晶格常数的进一步增大,体系的能量减小并在约为 3.30 Å 时出现如图 5.29(b)中 B 表示的能量最低点,此时的晶体结构被称为 β 相并具有反铁磁排列,其中的磁矩约为 0.83 $\mu_B$ 且均由钼原子贡献。由 α 相(<3.13 Å)到 β 相(>3.13 Å)的转变过程 $d_{N-N}$ 随应力变化如图 5.31(b)所示,在相变点处(晶格常数 3.13 Å)的 $d_{N-N}$ 由原来的约 2.1 Å 突然减小到约 1.7 Å;在由 B 点表示的反铁磁 β 相结构中 $d_{N-N}$ 约为 1.54 Å,与典型的 N—N 单键(~1.45 Å)极为接近,这意味着在相变后两层氮原子之间形成了化学键。如图 5.32(a)所示,α 相和 β 相的电子局域化函数分布图清晰地展示 β 相中两层氮原子之间出现了共价键的特征,相反在 α 相中完全没有成键的迹象。在如图 5.32(b)所示的 α 相和 β 相的差分电荷密度分布图中可以看到,在 β 相中两层氮原子之间存在 α 相中没有的电荷累积。这些都说明结构应变确实在二维二氮化钼中引起上下两层氮原子从非成键态到成键态的相变。该相变使得体系由铁磁排列变为反铁磁,这是因为在 α 相结构中氮原子的 $p_z$ 轨道在费米面附近形成部分占据的高强度态密度峰,形成了铁磁排列的磁矩,如图 5.32(c)所示;但是在 β 相中由于上下两层氮原子成键,所以氮原子的 2p 轨道被饱和,如图 5.32(d)所示,抑制了氮位点的磁矩。另外,体系是否具有铁磁性可由 Stoner 判据 $JD(E_F)$ 决定,其中 J 为交换相互作用的强度,D 为费米面附近非自旋极化的态密度。如图 5.32(c)所示,在 α 相中,费米面附近的峰来自氮原子 $p_z$ 轨道,并且其较窄的展宽说明这些态高度局域化并具有较强交换相互作用,所以 $JD(E_F)$ 必然远大于 1(在 A 点约为 7.5),因而 α 相的二维二氮化钼结构具有铁磁性。相反地,在 β 相中,由于氮原子 2p 轨道的饱和导致费米面附近的峰显著降低并变宽,这使得 $JD(E_F)$ 约为 1,因此 β 相的铁磁性受到抑制。

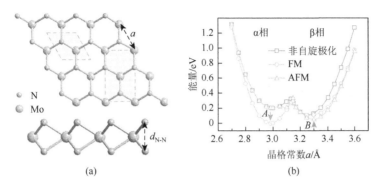

(a)　　　　　　　　　　(b)

图 5.29　（a）二维 $MoN_2$ 单层结构的顶视和侧视示意图；（b）三种磁性构型（非自旋极化、FM 和 AFM）的能量与晶格常数之间的关系，其中 $A$ 和 $B$ 表示 α 相和 β 相的局域能量最小态[28]

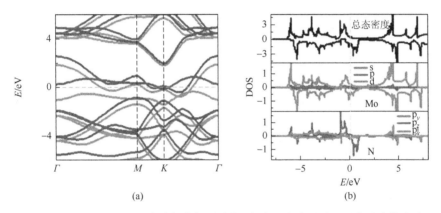

(a)　　　　　　　　　　(b)

图 5.30　（a）二维单层 $MoN_2$ 的自旋极化能带结构；粉色和蓝色曲线分别代表自旋向上和向下能带；（b）二维单层 $MoN_2$ 的总态密度和分波态密度；中间面板中红、蓝和绿色分别代表 Mo 原子的 s、p 和 d 轨道，而下面板中红、蓝和绿色则分别代表 N 原子的 $p_y$、$p_z$ 和 $p_x$ 轨道[29]

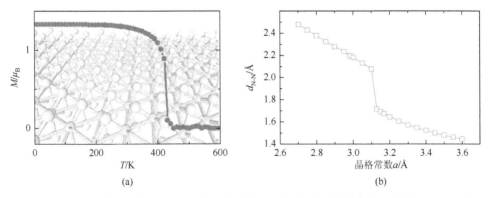

(a)　　　　　　　　　　(b)

图 5.31　（a）二维单层 $MoN_2$ 中每分子式单位具有的总磁矩随温度的变化[29]；（b）二维 $MoN_2$ 结构中 N—N 键距离 $d_{N-N}$ 随晶格常数 $a$ 的变化（非自旋极化情况），该曲线在 FM 和 AFM 情况下类似[28]

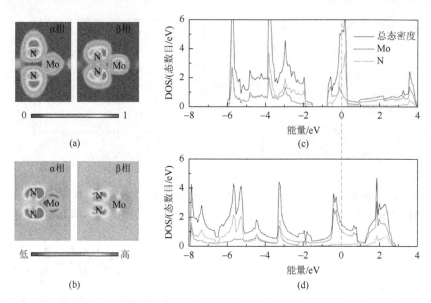

图 5.32 二维 $MoN_2$ 的 α 相最稳定结构（A 态）和 β 相最稳定结构（B 态）的电子局域化函数（a）和差分电荷密度（b）；二维 $MoN_2$ 的 A 态（c）和 B 态（d）结构在非自旋极化情况下的态密度[28]

　　过渡金属二氮化合物中的过渡金属原子有多种选择，且存在着其他的可能构型，其中 1T 相二氮化钇（$YN_2$）具有磁性且为半金属[29,31]。1T 相二维 $YN_2$ 的稳定结构如图 5.33（a）所示。其能带结构具有显著的自旋极化特性，其中在自旋向上能带结构中具有较大的绝缘带隙（约为 4.57 eV），而在自旋向下能带结构中具有狄拉克锥 [图 5.33（b）]。这种特殊的半金属属性使得该材料既具有半金属性质（半金属带隙约为 0.6 eV），自旋向下电子又具有极高的费米速度（约为 $3.7 \times 10^5$ m/s）和迁移率。因此，$YN_2$ 具有极高的自旋电子学应用前景。

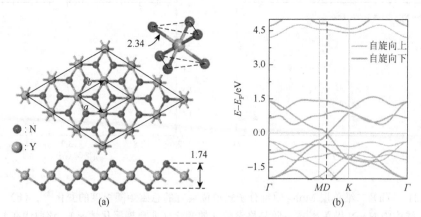

图 5.33 1T 相二维单层 $YN_2$ 晶体结构的顶视和侧视示意图（a）及自旋极化能带结构（b）[31]

不含有金属元素的二维材料同样可能具有固有磁性和半金属性。Du 等发现，实验中已经制备得到的二维单层 g-C$_4$N$_3$ 具有固有铁磁半金属性[32]，其晶体结构如图 5.34（a）所示。如图 5.34（b）所示，二维单层 g-C$_4$N$_3$ 具有基态铁磁性，反铁磁性和非磁性两种情况的能量均较铁磁性高。铁磁基态下，平均每化学式具有 1.0 $\mu_B$ 的磁矩，并平均分布在三个氮原子上。在如图 5.34（c）所示的能带结构中，上下自旋的能带均出现自旋劈裂，且费米面仅穿过自旋向下的能带，故该体系展现半金属性。

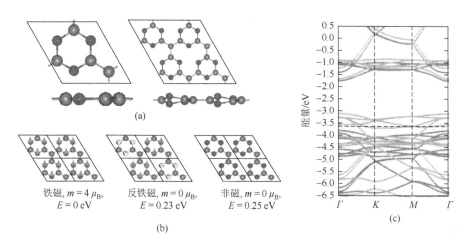

图 5.34　（a）二维单层 g-C$_4$N$_3$ 的 1×1（左）和 2×2 元胞（右）的原子结构顶视和侧视示意图，其中绿色和蓝色圆球分别代表 C 和 N 原子；（b）g-C$_4$N$_3$ 的 2×2 元胞在 FM（左）、AFM（中）及 NM 态（右）时具有的磁矩和相对能量；（c）g-C$_4$N$_3$ 的 2×2 元胞的自旋极化能带结构，其中红色和绿色曲线分别表示自旋向上和向下的能带[32]

### 5.4.3　载流子掺杂

由于对缺陷态的精确控制十分困难，通过缺陷态引入磁性在实验上仍然存在极大的挑战，这对其在自旋电子学中的应用不利。另外，具有固有磁性的材料缺乏对其磁性高效的外界调控方式。而载流子掺杂可以有效地调控半导体材料的电子结构，是一种较为理想的调控方式。在某些低维材料特别是二维材料中，"墨西哥帽"形状的能带结构及范霍夫奇点（第 5.1 节）的存在使得可以利用载流子掺杂实现自旋劈裂从而引入磁性。本小节将主要以二维单层 MnPSe$_3$ 与 GaSe 为例讨论二维材料中由载流子掺杂引入的磁性与半金属性，这些发现为低维材料中引入半金属性和调控自旋取向这两个自旋电子学中的难题提供了解决方案。

层状材料 $MnPSe_3$ [图 5.35（a）] 具有较低的剥离能 [$\sim 0.24\,J/m^2$，小于石墨中的（$\sim 0.36\,J/m^2$）]，使得体结构 $MnPSe_3$ 通过剥离可能得到二维单层的结构。二维单层 $MnPSe_3$ 的基态为反铁磁半导体，在载流子掺杂的作用下转化成为铁磁半金属[33]。有趣的是，不管是电子还是空穴掺杂都可以实现半金属性。$MnPSe_3$ 的自旋极化能带结构如图 5.35（b）所示（由杂化泛函计算得到），其具有 $2.62\,eV$ 的直接带隙。在费米面的附近，该体系具有较大的态密度，即范霍夫奇点 [图 5.35（c）]，这意味着体系具有较大的电子不稳定性，故可通过载流子掺杂等方式引入磁性。如图 5.36（a）所示，在电子或空穴掺杂浓度小于 $3.0\times 10^{13}\,cm^{-2}$ 时，体系的基态仍然具有反铁磁性，进一步增大载流子的掺杂浓度将使体系由反铁磁排列转化为铁磁排列。在超过临界载流子浓度 $3.0\times 10^{13}\,cm^{-2}$ 时，铁磁态的稳定性随着载流子浓度的增大而增强；在载流子浓度达到 $1.4\times 10^{14}\,cm^{-2}$ 时，电子掺杂和空穴掺杂的体系具有的铁磁态较反铁磁态的能量分别低 $126\,meV$ 和 $87\,meV$。通过蒙特卡罗方法可以得到该电子和空穴掺杂浓度下的二维单层 $MnPSe_3$ 的居里温度分别约为 $206\,K$ 和 $138\,K$。在电子和空穴掺杂浓度为 $1.4\times 10^{14}\,cm^{-2}$ 时，能带结构如图 5.36（b）和（c）所示，都表现出半金属性。特别的是，空穴掺杂将使体系展现自旋向上极化，而电子掺杂则为自旋向下极化。所以，处于铁磁态的二维 $MnPSe_3$ 是一种双极（bipolar）磁性半导体，即其价带和导带分别具有不同的自旋极化取向。这是因为在载流子掺杂的影响下，费米面可以移动到导带或价带中，从而使得体系展现不同取向的自旋极化。

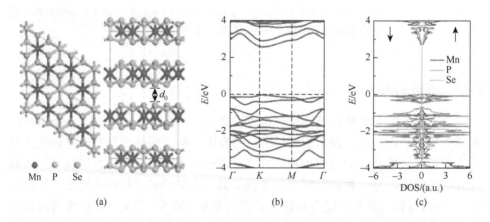

图 5.35　（a）二维单层 $MnPSe_3$ 晶体结构的顶视和其层状体结构的侧视示意图；二维单层 $MnPSe_3$ 晶体由 HSE06 泛函计算得到的自旋极化能带结构（b）和不同原子的投影态密度（c）[33]

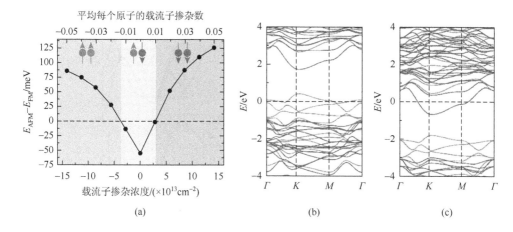

图 5.36　（a）二维单层 MnPSe$_3$ 具有的 AFM 和 FM 态相对于零掺杂基态的能量随载流子掺杂浓度的变化；正负载流子浓度分别对应电子和空穴掺杂；向上和向下箭头分别表示自旋向上和自旋向下；二维单层 MnPSe$_3$ 在空穴（b）和电子掺杂（c）（浓度均为 $1.4 \times 10^{14}$ cm$^{-2}$）时的自旋极化能带结构[33]

　　随后，Cao 等发现另一种二维材料 GaSe［图 5.37（a）］同样具有"墨西哥帽"能带结构，并且能够由空穴掺杂引入铁磁半金属性[34]。GaSe 为层状结构，当它的层数小于 7 时带隙由直接带隙变为间接带隙。在这个过程中，其导带底仍然位于布里渊区的 $\Gamma$ 点，但原本位于 $\Gamma$ 点的价带顶的能量在单层结构中降低，使得价带顶移动到 $\Gamma$ 点的周围，如图 5.37（b）所示，最终形成"墨西哥帽"形状的能带。这种"墨西哥帽"能带将在态密度的费米面附近引入范霍夫奇点，可以引入与 MnPSe$_3$ 类似的载流子掺杂控制的磁性。该体系在基态时仅在 $\Gamma$-K 和 $\Gamma$-K′ 这两个方向上具有极轻微且方向相反的自旋劈裂，如图 5.38（b）中能带边缘放大图所示。虽然二维单层 GaSe 并不展现磁性，但是在较少量空穴掺杂的情况下可产生铁磁基态。体系中平均每个载流子具有的磁矩与掺杂浓度之间的关系如图 5.38（c）所示。当空穴掺杂浓度仅为 $8.0 \times 10^{12}$ cm$^{-2}$ 时,体系中平均每个载流子便具有了 0.4 $\mu_B$ 的磁矩，此时体系中的自旋极化能仅有不到 0.1 meV/空穴；增大空穴的掺杂浓度将使得体系磁矩增大，在空穴掺杂浓度约为 $3.0 \times 10^{13}$ cm$^{-2}$ 时达到磁矩的最大值，约为 1.0 $\mu_B$/空穴；该磁矩在空穴掺杂浓度达到约 $1.0 \times 10^{14}$ cm$^{-2}$ 前保持大致不变；进一步增大空穴掺杂浓度将显著减小体系磁矩,在浓度大于 $1.3 \times 10^{14}$ cm$^{-2}$ 后该体系恢复到非磁性。在整个磁矩随空穴掺杂浓度变化的过程中，自旋极化能先随着浓度增大而增大，在浓度达到 $7.0 \times 10^{13}$ cm$^{-2}$ 时达到最大值,此时体系的磁性最为稳定；之后自旋极化能则随着浓度增加显著降低，如图 5.38（c）中上三角所示。值得一提的是，二维单层 GaSe 仅具有极其微弱的磁各向异性能，其平面外和平面内取向的自旋态间的能量差在整个过程中均小于 0.3 meV/空穴，如图 5.38（c）

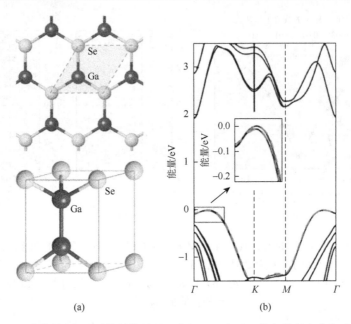

(a)　　　　　　　　　　(b)

图 5.37　（a）二维单层 GaSe 晶体结构的顶视和侧视示意图，其中蓝色和黄色球分别代表 Ga
和 Se 原子；（b）二维单层 GaSe 的能带结构；黑色实线为由 LDA 泛函算得的能带，而红色虚
线为由 GW 方法算得的最高价带；插图展示在 $\Gamma$ 点附近处放大的能带结构[34]

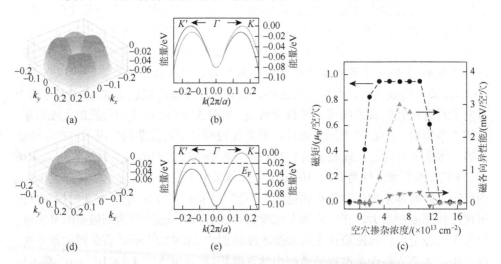

(a)　　　　　　　　(b)

(d)　　　　　　　　(e)　　　　　　　(c)

图 5.38　单层 GaSe 处于自旋垂直于平面的铁磁态时的能带结构，其中紫色和蓝色分别表示自
旋向上和向下电子态；单层 GaSe 在空穴掺杂浓度为 0（a）和 $7 \times 10^{13}$ cm$^{-2}$（d）时的三维能带
结构，其中黑色曲线表示费米面；单层 GaSe 在空穴掺杂浓度为 0（b）和 $7 \times 10^{13}$ cm$^{-2}$（e）时
沿高对称方向的能带结构，其中黑色曲线表示费米面；（c）平均每个空穴具有的磁矩和自旋极
化能在面外自旋极化铁磁态时随空穴掺杂浓度的变化；圆和上三角分别代表磁矩和自旋极化
能，倒三角则表示磁各向异性能的大小[34]

中倒三角所示。在体系磁性最为稳定时，即空穴掺杂浓度为 $7.0 \times 10^{13} \ cm^{-2}$ 时，其三维和 $\Gamma$ 点附近放大的能带结构分别如图 5.38（d）和（e）所示，自旋向上的能带越过费米面而自旋向下的能带位于费米面以下，形成了对自旋向上选择性导通的半金属性。因此，与二维单层 $MnPSe_3$ 类似，可通过静电门压的方式调控空穴掺杂浓度来控制二维单层 GaSe 中的磁性。

## 参 考 文 献

[1]　Son Y W，Cohen M L，Louie S G. Half-metallic graphene nanoribbons. Nature，2006，444：347.

[2]　Kan E J，Li Z，Yang J，et al. Half-metallicity in edge-modified zigzag graphene nanoribbons. J Am Chem Soc，2008，130：4224-4225.

[3]　Yazyev O V，Katsnelson M I. Magnetic correlations at graphene edges：basis for novel spintronics devices. Phys Rev Lett，2008，100：047209.

[4]　Wang W L，Meng S，Kaxiras E. Graphene nanòflakes with large spin. Nano Lett，2008，8：241-245.

[5]　Wang W L，Yazyev O V，Meng S，et al. Topological frustration in graphene nanoflakes：magnetic order and spin logic devices. Phys Rev Lett，2009，102：157201.

[6]　Makarova T L，Sundqvist B，Höhne R，et al. Magnetic carbon. Nature，2001，413：716-718.

[7]　Lehtinen P O，Foster A S，Ayuela A，et al. Magnetic properties and diffusion of adatoms on a graphene sheet. Phys Rev Lett，2003，91：017202.

[8]　Yazyev O V，Helm L. Defect-induced magnetism in graphene. Phys Rev B，2007，75：125408.

[9]　Zhou J，Wang Q，Sun Q，et al. Ferromagnetism in semihydrogenated graphene sheet. Nano Lett，2009，9：3867-3870.

[10]　Elias D C，Nair R R，Mohiuddin T M G，et al. Control of graphene's properties by reversible hydrogenation：evidence for graphane. Science，2009，323：610-613.

[11]　Li L，Qin R，Li H，et al. Functionalized graphene for high-performance two-dimensional spintronics devices. ACS Nano，2011，5：2601-2610.

[12]　Yazyev O V. Magnetism in disordered graphene and irradiated graphite. Phys Rev Lett，2008，101：037203.

[13]　Nair R R，Sepioni M，Tsai I L，et al. Spin-half paramagnetism in graphene induced by point defects. Nat Phys，2012，8：199.

[14]　Krasheninnikov A V，Lehtinen P O，Foster A S，et al. Embedding transition-metal atoms in graphene：structure，bonding，and magnetism. Phys Rev Lett，2009，102：126807.

[15]　Hu J，Wu R. Giant magnetic anisotropy of transition-metal dimers on defected graphene. Nano Lett，2014，14：1853-1858.

[16]　Xiao R，Fritsch D，Kuz'min M D，et al. Co dimers on hexagonal carbon rings proposed as subnanometer magnetic storage bits. Phys Rev Lett，2009，103：187201.

[17]　Kan E，Hu W，Xiao C，et al. Half-metallicity in organic single porous sheets. J Am Chem Soc，2012，134：5718-5721.

[18]　Cai L，He J，Liu Q，et al. Vacancy-induced ferromagnetism of MoS₂ nanosheets. J Am Chem Soc，2015，137：2622-2627.

[19]　Li Y，Zhou Z，Zhang S，et al. MoS₂ nanoribbons：high stability and unusual electronic and magnetic properties. J Am Chem Soc，2008，130：16739-16744.

[20]    Xu R，Liu B，Zou X，et al. Half-metallicity in Co-doped WSe₂ nanoribbons. ACS Appl Mater Interfaces，2017，9：38796-38801.

[21]    Cong W T，Tang Z，Zhao X G，et al. Enhanced magnetic anisotropies of single transition-metal adatoms on a defective MoS₂ monolayer. Sci Rep，2015，5：9361.

[22]    Zou X，Liu Y，Yakobson B I. Predicting dislocations and grain boundaries in two-dimensional metal-disulfides from the first principles. Nano Lett，2013，13：253-258.

[23]    Yu W，Zhu Z，Niu C Y，et al. Dilute magnetic semiconductor and half-metal behaviors in 3d transition-metal doped black and blue phosphorenes：a first-principles study. Nanoscale Res Lett，2016，11：77.

[24]    Huang B，Xiang H，Yu J，et al. Effective control of the charge and magnetic states of transition-metal atoms on single-layer boron nitride. Phys Rev Lett，2012，108：206802.

[25]    Kan M，Zhou J，Sun Q，et al. The intrinsic ferromagnetism in a MnO₂ monolayer. J Phys Chem Lett，2013，4：3382-3386.

[26]    Omomo Y，Sasaki T，Wang，et al. Redoxable nanosheet crystallites of MnO₂ derived via delamination of a layered manganese oxide. J Am Chem Soc，2003，125：3568-3575.

[27]    Shi G，Kioupakis E. Anisotropic spin transport and strong visible-light absorbance in few-layer SnSe and GeSe. Nano Lett，2015，15：6926-6931.

[28]    Wang Y，Wang S S，Lu Y，et al. Strain-induced isostructural and magnetic phase transitions in monolayer MoN₂. Nano Lett，2016，11：4576-4582.

[29]    Wu F，Huang C，Wu H，et al. Atomically thin transition-metal dinitrides：high-temperature ferromagnetism and half-metallicity. Nano Lett，2015，15：8277-8281.

[30]    Wang S，Ge H，Sun S，et al. A new molybdenum nitride catalyst with rhombohedral MoS₂ structure for hydrogenation applications. J Am Chem Soc，2015，137：4815-4822.

[31]    Liu Z，Liu J，Zhao J. YN₂ monolayer：novel p-state Dirac half metal for high-speed spintronics. Nano Res，2017，10：1972-1979.

[32]    Du A，Sanvito S，Smith S C. First-principles prediction of metal-free magnetism and intrinsic half-metallicity in graphitic carbon nitride. Phys Rev Lett，2012，108：197207.

[33]    Li X，Wu X，Yang J. Half-metallicity in MnPSe₃ exfoliated nanosheet with carrier doping. J Am Chem Soc，2014，136：11065-11069.

[34]    Cao T，Li Z，Louie S G. Tunable magnetism and half-metallicity in hole-doped monolayer GaSe. Phys Rev Lett，2015，114：236602.

# 第6章

# 低维材料热输运性质

## 6.1 热输运基本概念

固体中导热是声子、电子、磁振子（magnon）等能量载流子输运的过程。不同载流子对热能输运的贡献取决于所研究的温度和物质材料本身，一般在半导体与绝缘体中，声子对热能的输运起主导作用，而金属中电子在导热过程中起主导作用。热导率（thermal conductivity）$\kappa$ 是物质导热能力的量度，在经典的热力学上是一个非平衡物理量，可通过傅里叶定律进行表示

$$\kappa = -\frac{Q}{\nabla T} \qquad (6.1.1)$$

其中，$Q$ 为热流密度；$\nabla T$ 为温度梯度。热导率通常是一个二阶张量，在各向同性的物质中可简化为一个标量，并随温度和压力的变化而变化。在传热工程领域中，一个物体的热阻与其几何结构和热导率有关，减小或增大传热热阻对实际应用具有重要意义。

在传热学中，对于一个具体的导热问题，根据能量守恒定律和傅里叶定律，可以建立物体中温度场的完整数学关系式，称为导热微分方程。在忽略质量传输的情况下，对各向同性物质，其导热微分方程可以表示为[1]

$$\rho c \frac{\partial T}{\partial t} = \nabla(\kappa \nabla T) + \dot{\psi} \qquad (6.1.2)$$

这是笛卡尔坐标系中三维非稳态导热微分方程的一般形式，其中 $\rho$、$c$、$t$ 及 $\dot{\psi}$ 分别为物质的密度、单位质量比热容、时间及单位时间内单位体积的生成热（源项）。对于常物性、无内热源的情况，可以进一步简化为

$$\frac{\rho c}{\kappa} \frac{\partial T}{\partial t} = \nabla^2 T \qquad (6.1.3)$$

给定初始条件和边界条件后，通过求解该微分方程可以得到所研究系统的温度场分布。式（6.1.1）和式（6.1.2）是描述固体中导热现象的基本方程，并存在一定的适用准则[2]：

（1）系统是经典的，符合经典热力学；

（2）系统可被处理为连续介质模型；

（3）声子、电子、磁振子等能量载流子处于扩散输运，如载流子之间的相互作用是散射碰撞的主要来源，不存在载流子的界面与边界散射；

（4）材料的性质已知。

随着纳米技术的不断发展，人们所研究的材料尺度逐渐微纳化。自 2004 年 Geim 等[3]发现石墨烯以来，硅烯、磷烯（phosphorene）、六方氮化硼、过渡金属硫族化合物等的单层及多层材料不断问世。在这些小尺度的低维材料中，上述准则（1）～（3）的适用性是存疑的，材料的尺度效应与量子效应将不能被忽略，而统计涨落也会不同于三维体结构。同时，由于当前实验装置对微纳尺度下热导率测量的限制，运用计算材料学的方法对材料的热导率进行有效预测显得尤为重要。

## 6.2　热导率的计算方法

热导率计算的理论模型主要可分为玻尔兹曼输运方程（Boltzmann transport equation，BTE）、分子动力学方法及非平衡格林函数法等，它们可以是经典的或基于第一性原理。

### 6.2.1　Green-Kubo 线性响应理论

经典的平衡态分子动力学（equilibrium molecular dynamics，EMD）模拟采用格林-久保（Green-Kubo）方法计算材料的热导率。当系统处于平衡态时，由于系统不存在外部驱动力，此时处于线性响应区域。基于涨落-耗散理论，热导率等输运参数可以通过 Green-Kubo 公式得到，对于各向同性材料，其热导率可表示为

$$\kappa = \frac{1}{k_{\mathrm{B}}VT^2}\int_0^\infty \frac{\langle \boldsymbol{J}(0)\boldsymbol{J}(t)\rangle}{3}\mathrm{d}t \qquad (6.2.1)$$

其中，$\boldsymbol{J}(0)\boldsymbol{J}(t)$ 为热流自相关函数；$k_{\mathrm{B}}$ 为玻尔兹曼常量；$V$ 为系统的体积；$T$ 为当前系统的热力学温度；$t$ 为模拟时间；$\langle\rangle$ 表示系综平均。统计力学指出对一个物理量进行系综平均等同于对该物理量进行时间平均。在分子动力学模拟中，模拟系统的热通量由式（6.2.2）给出

$$\boldsymbol{J} = \frac{\mathrm{d}}{\mathrm{d}t}\sum_i r_i E_i \qquad (6.2.2)$$

该式将遍历系统中的每个原子，$r_i$ 与 $E_i$ 分别为原子的位置矢量与总能量（动能与势能之和）。Li[4]得出了 $n$ 体势热流的一般表达式，对于对势（$n=2$），式（6.2.2）可以改写为

$$J = \sum_i E_i \mathbf{v}_i + \frac{1}{2}\sum_{i,j}(\mathbf{F}_{ij}\mathbf{v}_i)\mathbf{r}_{ij} \tag{6.2.3}$$

其中，$\mathbf{v}$ 为原子的速度矢量；$\mathbf{F}_{ij}$ 为两体作用力。该式的第一项为对流项，第二项为传导项，在分子动力学模拟中可以直接实现。对于多体势（$n>2$），如三体势，对它进行分解，从而能够转化为对势。与式（6.2.3）相比，额外增加了传导项

$$J = \sum_i E_i \mathbf{v}_i + \frac{1}{2}\sum_{i,j}(\mathbf{F}_{ij}\mathbf{v}_i)\mathbf{r}_{ij} + \frac{1}{6}\sum_{i,j,k}(\mathbf{F}_{ijk}\mathbf{v}_i)(\mathbf{r}_{ij}+\mathbf{r}_{ik}) \tag{6.2.4}$$

其中，$\mathbf{F}_{ijk}$ 为三体势作用力。经研究发现，此多体势的分解方法不会影响热导率的计算结果[5]。此外，鉴于 Green-Kubo 方法是基于平衡态的统计，为了得到收敛、准确的热导率，还需在相空间中进行多次不同的取样后平均，同时，对各项同性材料，未进行相空间取样的热导率往往不满足各向同性。

在经典的分子动力学模拟中，利用 Green-Kubo 方法，人们已经成功地预测了相当一部分半导体与绝缘体的热导率，并与实验很好地符合。然而，在基于电子结构的第一性原理计算中，如密度泛函理论，由于单原子的能量在量子力学中不能准确定义，Green-Kubo 方法在第一性原理计算中的应用受到了限制。Marcolongo 等[6]指出，虽然量子力学中未能准确定义单原子的能量，但热导率结果并不受其影响，主要是因为能量的扩张性（extensivity）与守恒性（conservation）所带来的规范不变性（gauge invariance）。他们测试了液态氩的热导率，发现基于从头算分子动力学模拟的 Green-Kubo 方法所得到的结果，与经典的平衡态分子动力学模拟及从头算非平衡态分子动力学模拟的结果相一致。此外，Carbogno 等[7]利用原子核的维里项，根据维里定律和局部应力张量，提出了热流在第一性原理中的新表达，较为准确地计算了 Si 与 ZrO$_2$ 两种材料的热导率值，并极大地降低了从头算分子动力学模拟的计算量。这些新发展的计算方法，将对今后预测新型材料热输运性质产生重大的影响。

Hong 等[8]基于经典的分子动力学模拟，采用 Green-Kubo 方法计算单层 MoSe$_2$ 与 MoS$_2$ 的热导率。图 6.1 为对 10 次独立热导率计算进行统计平均后的单层 MoSe$_2$ 与 MoS$_2$ 纳米片热流自相关函数随时间的变化。随着时间的增加，单层 MoSe$_2$ 与 MoS$_2$ 纳米片的热流自相关函数不断衰减，分别在 150 ps 与 200 ps 后衰减为 0，此后在 0 上下振荡波动，表现出热流自相关函数良好的收敛特性。运用式（6.2.1）对热流自相关函数进行数值积分，可以得到单层 MoSe$_2$ 与 MoS$_2$ 纳米片的热导率随时间的变化，如图 6.2 所示。从图中可以看出，单层 MoSe$_2$ 与 MoS$_2$ 纳米片沿锯齿形与扶手形方向的热导率分别在 250 ps 与 500 ps 后达到收敛。对 10 次独立的热导率计算进行统计平均且达到收敛条件后，单层 MoSe$_2$ 沿锯齿形与扶手形方向的热导率分别为（44.63±2.50）W/(m·K)与（44.38±2.08）W/(m·K)，而单层 MoS$_2$ 沿锯齿形与扶手形方向的热导率分别为（108.74±6.68）W/(m·K)与（102.32±6.05）W/(m·K)，体现出 MoSe$_2$ 与 MoS$_2$ 两种纳米材料热导率的各向同性。值得一提的是，Green-Kubo 方法

的计算结果为热导率张量，对于各向异性的材料可以节省大量的计算时间，并能够很方便地验证材料热导率是否满足各向同性。此外，从图 6.1 与图 6.2 中还可以发现单层 $MoS_2$ 的热流自相关函数与热导率均收敛得比 $MoSe_2$ 慢。当材料的热导率越大，运用 Green-Kubo 方法计算热导率时，其热流自相关函数衰减得越慢，热导率随时间收敛得越慢。对热流自相关函数运用函数 $e^{-\tau/t}$ 进行拟合，所得到的衰减常数 $\tau$ 可粗略地作为该材料中声子的平均弛豫时间或寿命[2, 5]。材料的热导率越大，该平均弛豫时间越长，Green-Kubo 方法计算热导率便越难收敛，所消耗的计算资源越大。

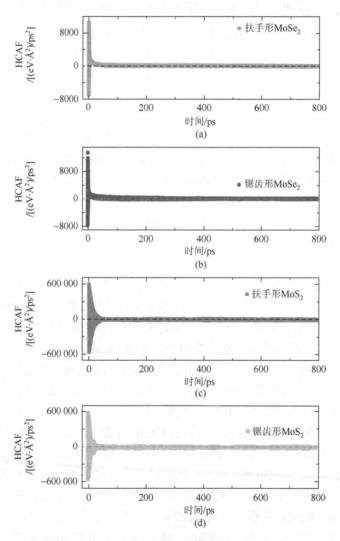

图 6.1  单层 $MoSe_2$[(a)、(b)]与 $MoS_2$[(c)、(d)]纳米片沿锯齿形与扶手形方向的热流自相关函数随时间的变化[8]

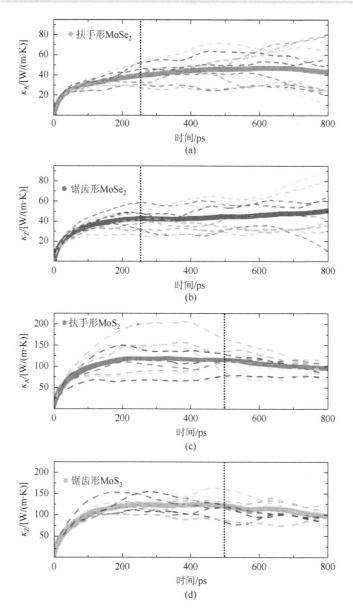

图 6.2 单层 $MoSe_2$[(a)、(b)]与 $MoS_2$[(c)、(d)]纳米片沿锯齿形与扶手形方向的热导率随时间的变化[8]

虚线表示 10 次独立的热导率计算,粗实线表示 10 次独立热导率计算的平均,竖直的点线标识了热导率开始收敛的位置

如图 6.3 所示,为平衡态 Green-Kubo 方法计算热导率的尺寸效应,单层 $MoSe_2$ 与 $MoS_2$ 的热导率均在 30×30 个晶胞后开始收敛,在 50×50 个晶胞后达到收敛,体现出 Green-Kubo 方法计算所得热导率较小的尺寸效应。通常,在平衡态分子动

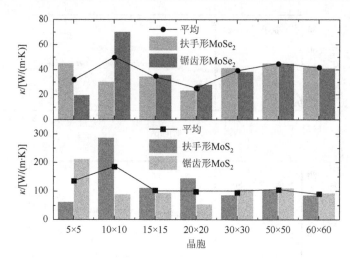

图 6.3　Green-Kubo 方法模拟中单层 MoSe$_2$ 与 MoS$_2$ 纳米片热导率的尺寸效应[8]

单层 MoSe$_2$ 与 MoS$_2$ 纳米片的热导率均在 50×50 个晶胞后收敛

力学模拟计算热导率的过程中，由于模拟系统内部不存在温度梯度与明显的声子散射过程，平衡态的 Green-Kubo 方法所得到的热导率结果往往与无限大的情况很接近，尺寸效应不明显。因此，Green-Kubo 方法适用于需要计算热导率张量、材料真实的热导率值不大的情况。

### 6.2.2　直接法

直接法是运用傅里叶定律计算热导率的一种非平衡态分子动力学（non-equilibrium molecular dynamics，NEMD）方法，直接模拟材料的导热过程，与实验上测量材料热导率的过程极为相似。通常有两种 NEMD 方法，恒热流法与恒温度梯度法。如图 6.4（a）所示，为 NEMD 模拟计算材料热导率的示意图，恒热流法在模拟系统的左侧添加恒定的热流，并从右侧流出，从而建立温度梯度；而恒温度梯度法

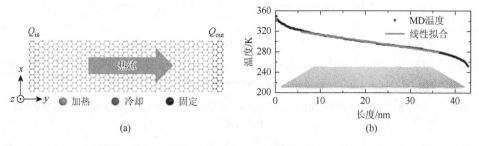

图 6.4　（a）NEMD 模拟图解：最外层的黑色原子链被固定，沿 $x$（宽度）方向为周期性边界条件，沿 $y$（热流）与 $z$（面外）方向为自由边界条件，红色与蓝色的原子分别表示热浴与热沉。（b）43.15 nm 长的单层扶手形 MoSe$_2$ 纳米带沿热流方向的温度分布[8]

通过固定左侧与右侧的温度，形成温差，观察模拟系统对温度梯度的热流响应。此外，在 NEMD 模拟中，可以通过固定热浴与热沉附近一小部分原子来增强非平衡态模拟的稳定性。在系统达到稳定、处于稳态导热后，在热传导方向上将模拟系统划分为多个细小区域，并对这些区域内原子的温度进行空间平均和时间平均，所得温度分布曲线用于拟合得到非平衡态模拟中的温度梯度，最后应用式（6.1.1）的傅里叶定律计算材料的热导率。

运用恒温度梯度法的 NEMD 模拟，由于热导率是与温度相关的一个物理量，热浴与热沉之间的温差大小将直接影响热导率结果的准确性。如果在热浴与热沉之间采用很大的温差，所模拟的系统中容易出现温度的非线性区域，将直接影响对热导率的计算，因为傅里叶定律需要一个线性的温度响应来计算热导率。而当热浴与热沉之间的温差很小时，由系统固有的涨落行为所带来的温度变化与温差的大小相当，也会对热导率计算的准确性产生影响。

类似地，采用恒热流法的 NEMD 模拟计算材料的热导率时，热流的大小对热导率的计算结果也有不同程度的影响。较大的热流有可能直接使得热浴中的原子飞掉，因为得到这些能量后原子的动能将显著增大；而冷浴中抽出大量的能量也有可能使得原子的动能变为负值，这会导致模拟过程出错。与施加过小温差的情况相同，当添加和抽出的能量过小时，热导率的计算结果会受到系统涨落行为的影响[2]。因此，对于不同的模拟系统，选用合适的温差或热流大小来进行非平衡态模拟是准确计算热导率的前提。

与平衡态的 Green-Kubo 方法相比，NEMD 方法计算热导率存在显著的尺寸效应。直接法的尺寸效应主要是由热输运过程中声子发生边界或界面散射导致，模拟系统的热浴和热沉是两个边界或界面。当系统的尺寸不够大时，在热浴和热沉周围的温度分布呈现非线性变化，图 6.4（b）为 300 K 下单层 $MoSe_2$ 纳米片中的温度分布，其热流方向上长度尺寸为 43.15 nm。由于傅里叶定律计算热导率不能应用于非线性温度区域，在计算单层 $MoSe_2$ 纳米片中的温度梯度时，应对温度曲线的线性区域进行线性拟合，以提高热导率计算的准确性和可靠性。需要注意的是，模拟系统沿热流方向被细分为数个小区域，通过对这些小区域内的原子进行温度的空间和时间平均，来获取每个小区域的总体温度大小，用于最后的温度梯度拟合。因此，对模拟系统进行小区域的划分时，这些小区域应足够多，每个区域内都应包含足够多的原子（至少 4 个晶胞以上），这将有利于每个小区间的温度统计平均和温度梯度拟合[2]。

在 Green-Kubo 方法中，所有的声子模式均是非定域的，其尺寸效应主要源于原子数目太少时不足以构建和描述所有的声子散射过程。如图 6.3 所示，30×30×1 的晶胞大小（远小于 1 万个原子）便能够消除单层 $MoSe_2$ 与 $MoS_2$ 纳米片热导率的尺寸效应。而采用直接法计算材料的热导率时，由于模拟系统在热流方向上的长度有限，当模拟系统的长度小于无限大情况中的声子平均自由程时，一部分声子将处于弹道输运状态，计算的热导率表现出显著的尺寸依赖性，随着模拟系统沿热流方向尺寸的增大，热导率有显著的提高。除运用 Green-Kubo 方法外，Hong 等[8]还使用基于经典 NEMD 模拟的直接法，计算单层 $MoSe_2$ 与 $MoS_2$ 在 300 K 下的热导率。图 6.5（a）为宽度约 10 nm 的单层 $MoSe_2$ 与 $MoS_2$ 纳米带的热导率随长度尺寸的变化。从图 6.5（b）中可以发现，当采用周期性边界条件时，模拟系统的宽度对热导率没有影响。而当模拟的长度尺寸从 10.64 nm 逐渐变化到 519.83 nm 时，单层 $MoSe_2$ 纳米带沿扶手形方向的热导率从 1.83 W/(m·K)增大到 24.12 W/(m·K)；其沿锯齿形方向的热导率也展现出相似的尺寸效应，当模拟的长度从 10.04 nm 变化到 530.06 nm 时，单层 $MoSe_2$ 纳米带沿锯齿形方向的热导率从 2.04 W/(m·K)增大到 24.89 W/(m·K)，同时反映出单层 $MoSe_2$ 热导率的各向同性。类似地，随着模拟系统长度尺寸的增大，单层 $MoS_2$ 纳米带沿锯齿形与扶手形方向的热导率分别从 5.46 W/(m·K)增大到 61.04 W/(m·K)和 65.34 W/(m·K)。从基于 NEMD 模拟的直接法计算单层 $MoSe_2$ 与 $MoS_2$ 纳米材料的热导率例子中可以看出，直接法计算的热导率存在显著的尺寸效应。不同材料热导率的尺寸效应是不同的，导致尺寸效应的原因主要有[2]：

（1）模拟系统的有限尺寸使得声子模式不能自然地湮灭（模拟系统的长度小于声子平均自由程）；

（2）不存在长波声子模式；

（3）模拟系统中间的导热区域与热浴、热沉之间存在界面热阻。

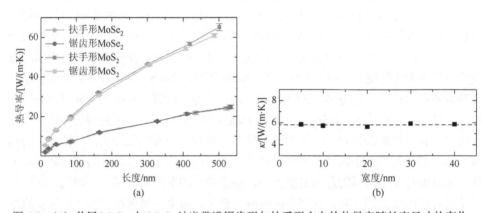

图 6.5 （a）单层 $MoSe_2$ 与 $MoS_2$ 纳米带沿锯齿形与扶手形方向的热导率随长度尺寸的变化；
（b）43.15 nm 长的扶手形 $MoSe_2$ 纳米带的热导率随宽度尺寸的变化，每个数据点表示 5 个独立 MD 模拟取平均的结果[8]

由于计算资源的限制及无法直接模拟无限大的系统，Schelling 等[5]通过对声子散射的简单描述，运用马西森（Matthiessen）定则推导出消除尺寸效应后无限大体系的热导率 $\kappa_\infty$

$$\frac{1}{\kappa} = \frac{1}{\kappa_\infty}\left(\frac{l}{L} + 1\right) \tag{6.2.5}$$

其中，$l$ 为有效声子平均自由程。通过对一系列的 $1/\kappa$ 与 $1/L$ 进行线性拟合，运用式（6.2.5）可外推得到无限大系统的热导率 $\kappa_\infty$。为了保证线性拟合的质量，所计算热导率的最大尺寸应超过系统的有效声子平均自由程 $l$。如图 6.6（a）所示，使用 5 个数据点进行拟合时，单层 MoSe$_2$ 中锯齿形与扶手形方向上拟合的热导率分别为 40.97 W/(m·K) 和 42.55 W/(m·K)；而使用 4 个数据点进行拟合时，得到的热导率值沿锯齿形与扶手形方向上分别为 42.28 W/(m·K) 和 45.21 W/(m·K)。4 个数据点与 5 个数据点拟合所得的热导率偏差分别为 3.10% 和 5.88%。室温下，第一性原理计算的结果为 54 W/(m·K)[9]，同时实验的测量值为（59±18）W/(m·K)[10]，Hong 等[8]运用经典的分子动力学模拟所得到的热导率结果与前两者符合得很好。通过 5 个数据点进行拟合，尺寸无穷大的单层 MoS$_2$ 沿锯齿形与扶手形方向的热导率分别为 108.23 W/(m·K) 和 100.30 W/(m·K)，而采用 4 个数据点拟合的锯齿形与扶手形方向的热导率分别为 112.36 W/(m·K) 和 102.56 W/(m·K)，它们之间的偏差分别为 3.68% 和 2.20%。单层 MoS$_2$ 热导率的分子动力学模拟结果也与第一性原理计算结果 103 W/(m·K)[9]及实验测量值（84±17）W/(m·K)[10]很好地保持一致。

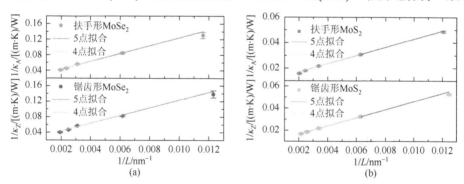

图 6.6 锯齿形与扶手形 MoSe$_2$（a）与 MoS$_2$ 纳米带（b）$1/\kappa$ 与 $1/L$ 之间的线性拟合关系[8]

每个数据点表示 5 个独立 MD 模拟取平均的结果

以上对非平衡态直接法计算热导率的阐述是基于经典的分子动力学模拟，随着计算方法的不断发展与进步，研究者成功将傅里叶定律计算热导率的直接法运用于从头算分子动力学模拟，计算了方镁石[11]、UO$_2$[12]、钙钛矿[13]、黑磷[14]等材料的热导率。Stackhouse 等[11]运用基于第一性原理的非平衡态分子动力学模拟，采用傅里叶定律计算了地球核幔边界上（136GPa、4100 K）方镁石（MgO）的热导率，为（20±5）W/(m·K)，与现存的实验数据相符合[15]。Qin 等[14]运用相同的方法计算了单层黑磷的热导率，发现范德瓦耳斯作用极大地影响了黑磷热导率的准确性，并引起了原子间的共振作用。由于从头算分子动力学使用量子力学方法描述原子之间的相互作用，相比于采用经验势描述原子之间相互作用的经典分子动力学，从头算分子动力学计算的热导率结果更加准确和可靠。

### 6.2.3 声子玻尔兹曼输运方程

前面介绍两种计算热导率的方法均是系统级的方法，无法直接获取热输运过程中相关声子的性质。为了能够更加深入地理解材料的导热过程，描述和量化声子与声子、电子、缺陷、边界等之间的相互作用，并计算声子等载流子的性质，对从预测、设计与调控新型低维材料的热导率具有重要意义。1929 年，Peierls[16] 首次提出了对半导体与绝缘体热导率的微观描述，即著名的声子玻尔兹曼输运方程（phonon Boltzmann transport equation，PBTE）。通过求解声子玻尔兹曼输运方程，即可得到材料的热导率。然而，由于不能准确地描述原子之间的非谐作用，以及多声子散射过程和求解玻尔兹曼输运方程的复杂性，极大地限制了该方法的发展。随着密度泛函微扰理论（density functional perturbation theory，DFPT）[17] 及数值计算方法的发展和进步，通过 DFPT 等基于电子结构的方法，可以非常准确地计算出原子间的力常数，用于描述声子的色散关系、声子的相互作用，计算得到的热导率值与实验测量值符合得很好。

对玻耳兹曼输运方程方法更加详细的描述可参考文献[18]、[19]，此处仅作简单的介绍。在半导体与绝缘体中，声子对热能输运起主导作用。在 $x$ 轴方向上施加温度梯度，由声子流动引起的热流密度为

$$Q = \frac{1}{V} \sum_q \sum_\nu \hbar \omega_{q\nu} v_{q\nu} n_{q\nu} \tag{6.2.6}$$

式（6.2.6）对所有具有波矢 $q$、偏振 $\nu$ 的声子模式进行求和，其中，$V$ 为体积；$\hbar$ 为约化普朗克常量；$\omega_{q\nu}$ 为声子频率；$v_{q\nu}$ 为声子群速度；$n_{q\nu}$ 为声子分布函数。声子为波色子，处于平衡态时，服从波色-爱因斯坦分布

$$n_{q\nu}^{\mathrm{o}} = \frac{1}{\mathrm{e}^{\hbar \omega_{q\nu}/k_B T} - 1} \tag{6.2.7}$$

将式（6.2.6）代入式（6.1.1）（傅里叶定律），可以得到

$$-\kappa \nabla T = \frac{1}{V} \sum_q \sum_\nu \hbar \omega_{q\nu} v_{q\nu} n_{q\nu} \tag{6.2.8}$$

在任意给定时刻，当在材料中施加温度梯度 $\nabla T$，声子分布函数 $n_{q\nu}$ 由 PBTE 得到。当材料处于稳态且无外部作用力时，声子的分布在漂移项和散射项的作用下保持平衡，PBTE 可表示为

$$v_{q\nu} \left( \frac{\partial n_{q\nu}}{\partial T} \right) \nabla T = \left( \frac{\partial n_{q\nu}}{\partial t} \right)_{\mathrm{coll}} \tag{6.2.9}$$

材料中声子可以被其他声子、电子、缺陷、边界等散射，$(\partial n_{q\nu}/\partial t)_{\mathrm{coll}}$ 表示由这些

散射机制所致的声子分布总变化。在确定由各种声子散射机制导致的声子分布总变化后，通过对式（6.2.8）和式（6.2.9）的联立求解，即可得到材料的热导率。

为了描述声子的散射过程，首先确定材料的总势能 $\psi$，并采用泰勒级数展开为原子位移的级数。当材料处于较低温度（室温及以下）时，本征的声子-声子散射主要表现为三声子散射，同时高阶声子散射机理非常复杂，对总势能的泰勒展开仅展开到三阶

$$\psi = \psi_0 + \sum_{bl\alpha} \frac{\partial \psi}{\partial u_{bl}^\alpha}\bigg|_0 u_{bl}^\alpha + \frac{1}{2} \sum_{bl,b'l'} \sum_{\alpha\beta} \frac{\partial^2 \psi}{\partial u_{bl}^\alpha \partial u_{b'l'}^\beta}\bigg|_0 u_{bl}^\alpha u_{b'l'}^\beta$$
$$+ \frac{1}{3!} \sum_{bl,b'l',b''l''} \sum_{\alpha\beta\gamma} \frac{\partial^3 \psi}{\partial u_{bl}^\alpha \partial u_{b'l'}^\beta \partial u_{b'l'}^\gamma}\bigg|_0 u_{bl}^\alpha u_{b'l'}^\beta \partial u_{b'l'}^\gamma \tag{6.2.10}$$

其中，$u_{bl}^\alpha$ 为第 $l$ 个晶胞中第 $b$ 个原子沿 $\alpha$ 方向上的位移。式（6.2.10）中总势能对原子位移的二阶与三阶偏导分别为原子间二阶与三阶力常数，可记作

$$\phi_{bl,b'l'}^{\alpha\beta} = \frac{\partial^2 \psi}{\partial u_{bl}^\alpha \partial u_{b'l'}^\beta}\bigg|_0 \tag{6.2.11}$$

$$\phi_{bl,b'l',b''l''}^{\alpha\beta\gamma} = \frac{\partial^3 \psi}{\partial u_{bl}^\alpha \partial u_{b'l'}^\beta \partial u_{b''l''}^\gamma}\bigg|_0 \tag{6.2.12}$$

系统总势能进行泰勒展开后的第三项为势能的简谐项，对应的二阶力常数用于构造动力学矩阵 $\boldsymbol{D}_{bb',q}^{\alpha\beta}$，即

$$\boldsymbol{D}_{bb',q}^{\alpha\beta} = \frac{1}{\sqrt{m_b m_{b'}}} \sum_{l'} \phi_{b0,b'l'}^{\alpha\beta} \exp(i\boldsymbol{q}\boldsymbol{\gamma}_{l'}) \tag{6.2.13}$$

其中，$m_b$ 为晶胞中第 $b$ 个原子的质量。对动力学矩阵进行对角化则可得到声子频率，并描述声子的色散关系。

系统总势能的三阶项为非谐项，用于描述材料本征的三声子散射。声子的散射过程应满足动量与能量守恒，即

$$\boldsymbol{q} + \boldsymbol{q}' = \boldsymbol{q}'' + (\boldsymbol{G}), \quad \hbar\omega_{qv} + \hbar\omega_{q'v'} = \hbar\omega_{q''v''} \tag{6.2.14}$$

$$\boldsymbol{q} = \boldsymbol{q}' + \boldsymbol{q}'' + (\boldsymbol{G}), \quad \hbar\omega_{qv} = \hbar\omega_{q'v'} + \hbar\omega_{q''v''} \tag{6.2.15}$$

其中，$\boldsymbol{G}$ 为倒格矢，根据 $\boldsymbol{G}$ 是否为零可将声子的散射过程分为 N 过程（$\boldsymbol{G} = 0$）和 U 过程（$\boldsymbol{G} \neq 0$）散射。在固体物理中，一般认为声子的 N 过程散射由于在散射前后热流方向保持不变，不产生热阻；而声子的 U 过程散射是一种非弹性散射，总动量发生变化，显著地改变了热流的方向，该过程将产生热阻。此外，式（6.2.14）为声子的吸收过程，声子 $qv$ 通过吸收声子 $q'v'$ 转变为声子 $q''v''$；而式（6.2.15）代表声子的发射过程，声子 $qv$ 湮灭为声子 $q'v'$ 和声子 $q''v''$。所有的声子散射过程都应满足动量与能量守恒，才可能发生。

三声子散射的散射速率可以通过费米黄金定则（Fermi's golden rule）进行计算

$$\Upsilon_i^f = \frac{2\pi}{\hbar} |\langle f | \psi_3 | i \rangle|^2 \, \delta(E_f - E_i) \tag{6.2.16}$$

其中，$i$ 和 $f$ 分别为散射的初态和末态；$\psi_3$ 为式（6.2.10）中的第四项，即三声子耦合势；$\delta$ 函数 $\delta(E_f - E_i)$ 则用于保证声子散射过程中的能量守恒。声子模式 $qv$ 的总散射速率运用式（6.2.16）对所有动量与能量守恒的声子散射过程进行求和，同时通过对声子的平衡态分布施加足够小的一阶微扰量 $\theta_{qv}$，可得到

$$-\left(\frac{\partial n_{qv}}{\partial t}\right)_{\text{coll}} = \sum_{q'v',v''} \begin{bmatrix} \Gamma_{qvq'v'q''v''}^{+}(\theta_{qv} + \theta_{q'v'} - \theta_{q''v''}) \\ + \frac{1}{2}\Gamma_{qvq'v'q''v''}^{-}(\theta_{qv} - \theta_{q'v'} - \theta_{q''v''}) \end{bmatrix} \tag{6.2.17}$$

其中，$\Gamma_{qvq'v'q''v''}^{\pm}$ 为总声子散射速率，右上角的正负号分别对应声子的吸收和发射过程。假定声子对平衡分布的偏移量很小并与温度无关，联立式（6.2.9）和式（6.2.17），线性化 PBTE 可以写成

$$-\boldsymbol{v}_{qv}\left(\frac{\partial n_{qv}^{\circ}}{\partial T}\right)\nabla T = \sum_{q'v',v''} \begin{bmatrix} \Gamma_{qvq'v'q''v''}^{+}(\theta_{qv} + \theta_{q'v'} - \theta_{q''v''}) \\ + \frac{1}{2}\Gamma_{qvq'v'q''v''}^{-}(\theta_{qv} - \theta_{q'v'} - \theta_{q''v''}) \end{bmatrix} \tag{6.2.18}$$

式（6.2.18）表明，通过求解 PBTE 得到声子模式 $qv$ 的微扰量 $\theta_{qv}$，涉及另外两个声子未知的微扰量 $\theta_{q'v'}$ 与 $\theta_{q''v''}$。因此，PBTE 的解需要通过自洽迭代的方法得到。

此外，为了节省计算资源，求解 PBTE 还可以应用单模式弛豫时间近似（single-mode relaxation time approximation，SMRTA），该方法求解声子模式弛豫到平衡态的散射速率时，认为其他声子模式均处于平衡态参与到声子散射中，即声子没有被集体激发。运用 SMRTA 方法时，PBTE 可以被简化为

$$-\boldsymbol{v}_{qv}\left(\frac{\partial n_{qv}^{\circ}}{\partial T}\right)\nabla T = \frac{n_{qv} - n_{qv}^{\circ}}{\tau_{qv}} \tag{6.2.19}$$

其中，$\tau_{qv}$ 为声子弛豫时间（寿命）。值得一提的是，SMRTA 方法对声子的 N 过程散射也处理为存在热阻，因此在 SMRTA 方法计算的热导率会比迭代法的结果偏低。在声子的 U 过程散射在热输运过程中起主导作用的材料中，SMRTA 方法与迭代法的结果相当；而对于材料中 N 过程散射起主导作用的情况将显著低估材料的热导率，特别是在低维纳米材料中，声子往往是被集体激发。通过求解 PBTE，最终得到扰动后的声子分布函数 $n_{qv}$，材料的热导率可表示为

$$\kappa_{\alpha\beta} = \frac{\hbar^2}{k_{\text{B}}T^2 V}\sum_{qv} \upsilon_{qv}^{\alpha}\upsilon_{qv}^{\beta}\omega_{qv}^{2}n_{qv}(n_{qv}+1)\tau_{qv} \tag{6.2.20}$$

基于以上对声子玻尔兹曼输运方程理论的描述，计算材料的热导率需要原子间的二阶力常数与三阶力常数作为输入，描述原子之间的作用可以基于经典的力

场或第一性原理计算。计算二阶力常数常用的方法有小位移法和密度泛函微扰理论（DFPT）法。小位移法需要构建超晶胞，根据晶体的对称性对超晶胞中的一些原子施加小位移，使得其偏离平衡位置，并计算该位移原子对其他原子产生的作用力，通过有限差分的方法构造原子间的二阶力常数。小位移法是在实空间里进行二阶力常数的求解，通常需要很大的超晶胞以保证较大的力截断距离，对计算资源消耗较大；而 DFPT 法在倒空间中进行，先计算倒空间中各声子网格点上的力常数，再应用傅里叶变化将倒空间中的力常数转换到实空间中。DFPT 法计算仅需要一个原胞，相比于小位移法可一定程度节省计算时间。由于目前 DFPT 法尚无法处理含有三个自由度的情况，因此原子间三阶力常数的计算通常通过小位移法进行计算。

二阶力常数将用于构造动力学矩阵 [式（6.2.13）] 进行晶格动力学计算，能够得到声子的色散关系。声子群速度为色散曲线的偏导数 $\partial \omega / \partial \boldsymbol{q}$，可通过中心差分得到。

$$v_{qv} = \frac{\omega_{qv}}{\partial \boldsymbol{q}} = \frac{\omega_{q+\Delta q,v} - \omega_{q-\Delta q,v}}{2\Delta \boldsymbol{q}} \qquad （6.2.21）$$

三阶力常数描述了材料中的三声子相互作用，用于求解本征的三声子散射速率。最终通过 SMRTA 法或迭代法，可以得到材料的热导率。应用 PBTE 法计算材料的热导率，还需要对二阶及三阶力常数的力截断距离和超晶胞尺寸、声子网格大小等参数进行热导率的收敛性测试，以保证所计算热导率的准确性与可靠性，具体可参考文献[18]、[20]。

声子玻尔兹曼输运方程是从微观声子载流子角度预测材料热输运性质的有效手段，Jain 和 McGaughey[21]运用第一性原理计算，采用 PBTE 预测了单层黑磷与蓝磷的热导率。为了能够准确地得到单层黑磷与蓝磷热导率的理论值，他们首先测试了真空层厚度、超晶胞尺寸、三阶力常数的截断距离对两种二维磷材料的影响。对于黑磷与蓝磷，测试表明采用含 144 个和 128 个原子的超晶胞、真空层厚度分别为 30Å 和 17Å 进行热导率计算较为合理。同时，图 6.7 显示 300 K 下黑磷与蓝磷热导率（SMRTA 法）随三阶力常数截断距离的变化。从图中可以看出，黑磷与蓝磷的热导率均在 5.5Å 的截断距离后收敛。

如图 6.8（a）所示，可以看出黑磷与蓝磷热导率随温度的升高而降低。这是由于温度越高，材料的非谐效应越强，本征的声子-声子散射剧烈，声子平均自由程降低，热导率下降。此外，黑磷的热导率存在显著的各向异性：300 K 下，其锯齿形方向与扶手形方向的热导率分别为 110 W/(m·K) 与 36 W/(m·K)。各向异性导热主要是源于黑磷色散曲线的各向异性，导致声子群速度的大小存在方向依赖性。而蓝磷的热导率是各向同性的，300 K 下，其热导率为 78 W/(m·K)。为了进一步说明黑磷与蓝磷热输运性质的差异，图 6.8（b）中给出了 300 K 下黑磷与蓝

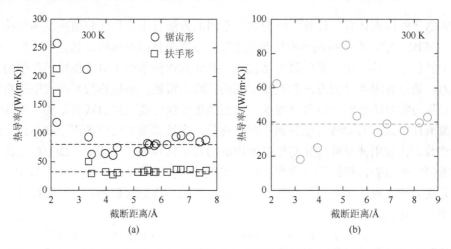

图 6.7　300 K 下，单层黑磷（a）与蓝磷（b）热导率随三阶力常数截断距离的变化[21]

磷热导率随平均自由程的累积函数，能够反映不同平均自由程的声子对热导率的贡献。在黑磷中，对热导率的主要贡献来自平均自由程在 10 nm 到 1 μm 的声子；而在蓝磷中，热导率由平均自由程为 50~200 nm 的声子主导，贡献了 80%。

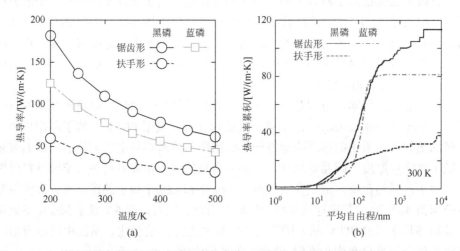

图 6.8　（a）单层黑磷与蓝磷热导率随温度的变化（热导率通过迭代法得到）；（b）300 K 下单层黑磷与蓝磷热导率随平均自由程的累积函数[19]

### 6.2.4　Landauer-非平衡格林函数法

　　由于低维材料中输运的量子特性，非平衡格林函数（NEGF）作为能系统处理多体相互作用的方法在近年来迅速发展，其算法上沿袭了较为成熟的电子 NEGF 方法[22]。由于声子是波色子，而电子是费米子，两者在格林函数上的定义显然不同，但处理多体相互作用的思想是类似的。在低维纳米材料中，声子热输运往往不再满足经典的傅里叶导热定律，而声子 NEFG 法能对该现象进行有效的处理。

首先，在不考虑多体相互作用（如声子-声子散射、电子-声子散射等）的声子导体两端分别连接热浴和热沉（图 6.9），并认为热浴和热沉处于热平衡，其温度分别是 $T_H$ 和 $T_C$，且 $T_H$ 大于 $T_C$。在这种情况下，声子弛豫仅发生在两端的热浴与热沉中，此模型称为热输运的朗道尔（Landauer）模型[23]。左右两端的热浴和热沉分别向中心的声子导体发射声子，来自左端热浴、能级为 $\nu$、频率为 $\omega$ 的声子所携带通过中心导体的热流可表示为

$$q_\nu^L(\omega) = \hbar\omega|v_\nu(\omega)|D_\nu^+(\omega)n(\omega,T_H) \qquad (6.2.22)$$

同理，来自右端热沉、能级为 $\nu$、频率为 $\omega$ 的声子所携带通过中心导体的热流可表示为

$$q_\nu^R(\omega) = \hbar\omega|v_\nu(\omega)|D_\nu^-(\omega)n(\omega,T_C) \qquad (6.2.23)$$

式（6.2.22）与式（6.2.23）中，$D_\nu^\pm(\omega)$ 为热浴和热沉中单位长度所具有的声子态密度，上标 $\pm$ 表示这些声子群速度 $v_\nu(\omega)$ 的方向，$+$ 为群速度方向向右，$-$ 为群速度方向向左。在准一维系统，其态密度为

$$D_\nu^\pm(\omega) = \frac{1}{2\pi|v_\nu(\omega)|} \qquad (6.2.24)$$

将式（6.2.24）代入式（6.2.22）与式（6.2.23）中，消去声子群速度，来自热浴和热沉的声子所携带的热流可进一步化简为

$$q_\nu^L(\omega) = \frac{1}{2\pi}\hbar\omega n(\omega,T_H) \qquad (6.2.25)$$

$$q_\nu^R(\omega) = \frac{1}{2\pi}\hbar\omega n(\omega,T_C) \qquad (6.2.26)$$

来自热浴和热沉的入射声子并不是全部通过中心声子导体，有一些声子被中心声子导体反射回来。声子通过中心声子导体的情况可用透射率 $\zeta_\nu(\omega)$ 来表示，则图 6.9 中通过中心声子导体的净热流可表示为

$$q_\nu(\omega) = \frac{1}{2\pi}\hbar\omega\zeta_\nu(\omega)[n(\omega,T_H)-n(\omega,T_C)] \qquad (6.2.27)$$

应用式（6.2.27）对系统中所有的声子模式求和，同时当左端热浴和右端热沉之间的温差 $\Delta T$ 非常小 $\left(\Delta T \ll \frac{T_H+T_C}{2}\right)$ 时，通过中心声子导体的总热流可转化为

$$I = \frac{\Delta T}{2\pi}\int_0^\infty \hbar\omega\frac{\partial n(\omega)}{\partial T}\zeta(\omega)\mathrm{d}\omega \qquad (6.2.28)$$

其中，$\zeta(\omega)$ 为总声子透射率，由对相同频率的所有能级上的声子模式求和得到。

根据式（6.2.28），可以发现应用 Landauer 模型得到的热流大小与温度梯度无关，而与温差成正比，因此可定义系统的热导为

$$\sigma = \frac{I}{\Delta T} = \frac{1}{2\pi}\int_0^\infty \hbar\omega\frac{\partial n(\omega)}{\partial T}\zeta(\omega)\mathrm{d}\omega \qquad (6.2.29)$$

根据 Landauer 声子输运理论，计算准一维系统的热导仅需要计算系统中声子的透射率 $\zeta(\omega)$。在低维纳米材料中，特别是当材料的尺寸远小于声子平均自由程时，声子将直接经历一个没有散射的弹道输运过程。此时，材料中不会存在明显的温度梯度，是一个非傅里叶导热过程。在这些尺寸下，热导率是一个随材料尺寸线性变化的量，而热导这一物理量不随材料尺寸的变化而变化，因此用热导而非热导率来表征纳米材料的热输运能力。热导率可进一步通过热导表示为

$$\kappa = \sigma L/S \qquad (6.2.30)$$

其中，$L$ 和 $S$ 分别为材料的长度和横截面积。当材料的长度尺寸足够大时，热能输运从弹道输运转变为扩散输运，热导率将不随尺寸发生变化。

图 6.9　准一维系统中声子输运的 Landauer 模型

其次，当声子输运过程为完全弹道输运，所有声子没有发生任何散射地穿过中心声子导体，此时对于所有声子模式，透射率 $\zeta_v(\omega)$ 都为 1。在完全弹道输运时，总声子透射率为

$$\zeta(\omega) = \sum_v \zeta_v(\omega) = \varXi(\omega) \qquad (6.2.31)$$

其中，$\varXi(\omega)$ 为频率为 $\omega$ 时的声子数。此外，对于纳米线、纳米管等一维系统，存在四种声学声子模式，对应于刚体的三个平移自由度和一个旋转自由度；这与体材料的情况不同，在体材料中只有三种声学声子模式。当温度非常低，即光学声子未被激发时，在准一维或一维系统中，热能输运仅靠这四种声学声子模式，即 $\zeta_v(\omega)$ 等于 4。将 $\zeta_v(\omega) = 4$ 代入式（6.2.29），令 $x = \dfrac{\hbar\omega}{k_{\mathrm B}T}$，低温下，准一维系统的热导可表示为

$$\sigma(T) = 4 \times \frac{k_{\mathrm{B}}^2 T}{h} \int_0^\infty \frac{x^2 \mathrm{e}^x}{(\mathrm{e}^x - 1)^2} \mathrm{d}x = 4 \frac{\pi k_{\mathrm{B}}^2 T}{3h} \equiv 4\sigma_0 \qquad (6.2.32)$$

其中，$h$ 为普朗克常量。在低温下，材料的热导可以量子化为 $\sigma_0$，给出单个导热通道最大的热导值（上限），即

$$\sigma_0 = \frac{\pi k_{\mathrm{B}}^2 T}{3h} = (9.4 \times 10^{-13} \ \mathrm{W/K^2}) \times T \qquad (6.2.33)$$

热导的量子化与一维量子线中电导的量子化非常类似，区别在于热导量子输运热能 $k_{\mathrm{B}}T$，而电导量子输运电荷 $e$。自从理论上[24, 25]证明存在热导量子 $\sigma_0$，研究者开始运用实验的方式验证热导量子 $\sigma_0$ 的存在，然而由于 $\sigma_0$ 的值极小，想从实验上观测到 $\sigma_0$ 非常困难，需要非常灵敏的测量仪器。直到 2000 年，Schwab 等[26]通过 SiN 纳米线在 0.6 K 的极低温度下进行实验，成功地探测到 $\sigma_0$ 的大小。

由 Landauer 声子输运理论可知，计算材料的热导仅由声子透射率决定。除了理想的弹道输运外，直接计算每个声子的透射率 $\zeta_\nu(\omega)$ 是非常困难的，一种有效求解低维纳米材料的声子透射率的数值方法是 NEGF 法。根据 NEGF 法，总声子透射率为

$$\zeta(\omega) = \mathrm{Tr}[\boldsymbol{\Gamma}_{\mathrm{R}}(\omega) \boldsymbol{G}^{\mathrm{r}}(\omega) \boldsymbol{\Gamma}_{\mathrm{L}}(\omega) \boldsymbol{G}^{\mathrm{a}}(\omega)] \qquad (6.2.34)$$

其中，$\boldsymbol{G}^{\mathrm{r}}(\omega)$ 和 $\boldsymbol{G}^{\mathrm{a}}(\omega)$ 分别为中心声子导体的推迟格林函数和超前格林函数；$\boldsymbol{\Gamma}_{\mathrm{L}}(\omega)$ 和 $\boldsymbol{\Gamma}_{\mathrm{R}}(\omega)$ 为声子散射速率或展宽函数。因此，计算系统的总声子透射率即为计算中心声子导体的格林函数，由于格林函数的计算过程十分复杂，在这里不再详细赘述，读者可参考文献[22]、[23]、[27]。Landauer-NEGF 法研究热输运问题最大的挑战在于格林函数考虑多体相互作用非常复杂，目前暂时仅能考虑两端热浴和热沉区对中心散射区（声子导体）的影响，而加入声子-声子相互作用能够用于研究弹道-扩散区的声子输运行为[28]，考虑声子导体内的声子多体作用的研究相对较少。

采用 Landauer-NEGF 法计算低维纳米材料的热导，首先应计算系统的哈密顿量，可运用经典力场或第一性原理进行计算。系统的哈密顿量是运用 NEGF 法计算总声子透射率的输入参数，再计算出中心声子导体的格林函数后，应用式（6.2.34）计算系统的总声子透射率，最后根据式（6.2.29）便能得到所研究材料的热导。

自从 Schwab 等[26]于 2000 年成功通过实验在极低的温度下，从 SiN 纳米线中探测到普适的热导量子，即 $\pi k_{\mathrm{B}}^2 T / 3h$，人们开始尝试验证在其他纳米材料中是否同样存在热导量子。2004 年，Yamamoto 等[29]基于 Landauer 声子输运理论，采用非平衡格林函数法研究了单壁 CNT 的量子导热机理，发现 CNT 的热导也能被量子化，且该热导量子不随管径和手性发生变化。随后，Chiu 等[30]于 2005 年

成功通过实验在多壁碳纳米管中探测到了普适的热导量子。CNT 被实验和模拟证实拥有极高的热导率，主要由于声子在 CNT 中输运基本不发生散射，其平均自由程可达微米量级。根据 Yamamoto 等的模拟可知，在 CNT 等一维纳米材料中存在不同体材料的四个声学声子模式。如图 6.10 所示，这四种声学声子分别为一纵波声学声子，两简并的弯曲声学声子及一转动（twisting）声学声子，它们在 $\Gamma$ 点附近均保持线性的色散关系。最低的光学声子模式，即 $E_{2g}$ 拉曼活性（Raman active）模式在 $\Gamma$ 点处也是二重简并，并有一个大小为 2.1 meV 的带隙。该带隙可由管径 $R$ 进行调控，与 $1/R^2$ 成正比，随管径 $R$ 的增大而减小，如图 6.10 的插图所示。

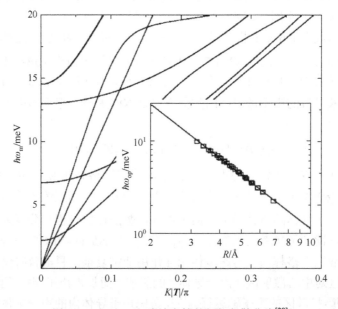

图 6.10  (10, 10) 碳纳米管的低能色散曲线[29]

四种声学模式：一纵波声学模式、双重简并的横波声学模式及一转动声学模式（从上往下）；
插图：最低光学声子模式的带隙 $\hbar\omega_{op}$ 随管径的变化

图 6.11（a）为不同手性 CNT 归一化（除以 $4\kappa_0$，$\kappa_0$ 为热导量子）的热导随温度的变化。可以发现，在低温极限时，不同手性 CNT 的热导计算值均趋于 1，表明 CNT 的热导能够被量子化，存在一普适的热导量子 $\kappa_0$，并与 CNT 的手性和管径无关。当温度足够低，低于最低光学声子的带隙时，仅有四种声学声子模式被激发，参与 CNT 中的热能输运。根据式（6.2.32），可以得到在低温极限时，CNT 的热导为 $4\kappa_0$（4 表示四种声学声子模式）。此外，图 6.11（a）还反映出不同手性 CNT 热导随温度的变化关系是不同的。然而，当考虑 $\Gamma$ 点的四种声学声子模式和能量最低的两种光学声子模式，采用无量纲温度 $\tau_{op} = k_B T/\hbar\omega_{op}$，可以发

现不同手性 CNT 热导随温度变化一致，如图 6.11（b）所示。不同手性 CNT 热导随无量纲温度 $\tau_{op}$ 的变化可简单表示为

$$\frac{\kappa_{ph}}{4\kappa_0} \approx 1 + \frac{3}{\pi^2} e^{-1/\tau_{op}} \left( 1 + \frac{1}{\tau_{op}} + \frac{1}{2\tau_{op}^2} \right) \tag{6.2.35}$$

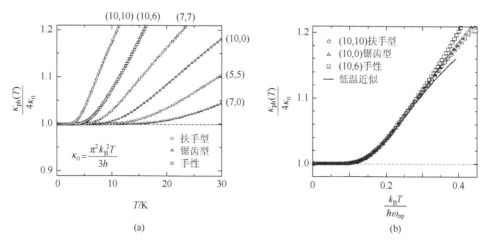

图 6.11　不同手性（$n, m$）碳纳米管在低温下的声子热导（a）和热导随归一化温度的变化（b）[29]

图 6.11（b）中，不同手性的 CNT 热导在 $\tau_{op}$ 约为 0.14 前均出现了相当宽度的水平区域，与式（6.2.35）符合得很好。低温下，CNT 热导仅与最低光学声子模式的带隙 $\hbar\omega_{op}$ 有关，而带隙 $\hbar\omega_{op}$ 仅由 CNT 的管径 $R$ 所决定。因此，低温下，CNT 的热导及其变化仅与 CNT 的管径有关。

## 6.3　结构、缺陷等对热输运性质的调控

与体材料不同，低维纳米材料热输运性质可以通过改变其结构与尺寸[31-34]、施加外部应力[35-38]、引入缺陷[39-42]、同位素掺杂[43-46]、边缘功能化[47, 48]、构建异质结构[49]、置于不同的基底上[50-56]等方法进行有效的调控，使其热导率等符合与满足相关应用的需求。因此，从声子等载流子角度研究热输运的调控机制，对低维纳米材料在电子、光电及热电器件等应用具有重要意义。

石墨烯作为一种典型的二维纳米材料，其优越的电子与光学性质[57-59]，引起了科学界广泛的关注。同时，在热输运性质方面，石墨烯具有与碳纳米管相似的高热导率。在室温下石墨烯的热导率远远大于金刚石的热导率，是目前发现的热导率最高的材料[60]。石墨烯的高热导率主要源于碳原子质量轻、sp$^2$ 杂化的键强度

高、群速度大和极长平均自由程的弯曲声子（flexural phonon）[61]，此外，单层石墨烯中对称性所引起的声子散射选择性进一步限制了奇数个弯曲声子散射过程的发生[62]。因此，研究石墨烯中声子热输运过程，对理解低维材料中热输运机理具有重大意义，有助于掌握调控低维纳米材料的热输运性质的方法。本节将以石墨烯为研究对象，探索调控低维纳米材料热导率的方法。

早在 2009 年，Xu 等[63]率先运用非平衡格林函数法研究了手性对石墨烯纳米带热导的影响，发现石墨烯纳米带中存在显著的各向异性导热，室温下锯齿形方向的热导比扶手形方向的热导高 30%，当纳米带的宽度大于 100 nm 时，热导的各向异性随之消失。图 6.12（a）显示石墨烯纳米带与碳纳米管单位面积热导 $\sigma/S$ 随宽度的变化（对于碳纳米管，将其周长作为宽度）。在碳纳米管中，扶手型与锯齿型管的热导基本相同，可视为各向同性导热；此外，碳纳米管的单位面积热导基本不随其宽度发生变化，换句话说，碳纳米管的热导不依赖于其手性与宽度。然而，在石墨烯中，热导具有显著的尺寸与手性依赖性。首先，随着其宽度的不断增大，石墨烯纳米带的单位面积热导不断降低，并逐渐收敛。其次，通过定义石墨烯纳米带的各向异性系数 $\eta = [(\sigma/S)_{ZGNR} / (\sigma/S)_{AGNR}] - 1$，图 6.12（b）中给出不同温度下，石墨烯纳米带各向异性系数随其宽度的变化。可以看出，石墨烯纳米带越窄，热输运各向异性越显著。此外，在图 6.12（a）的插图中，可以发现纳米带宽度较大时，锯齿型与扶手型石墨烯纳米带的单位面积热导随其宽度变化非常缓慢。当石墨烯纳米带的宽度足够大时，其热导的各向异性将消失，因为石墨烯纳米片中热导是各向同性的[64]。室温下该宽度临界值约为 140 nm。石墨烯

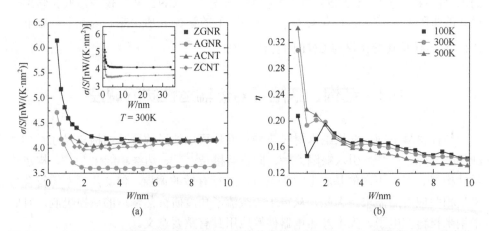

图 6.12    （a）300 K 下石墨烯纳米带与碳纳米管单位面积热导（$\sigma/S$）随宽度（$W$）的变化；（ZGNR：锯齿型石墨烯纳米带，AGNR：扶手型石墨烯纳米带，ZCNT：锯齿型碳纳米管，ACNT：扶手型碳纳米管；插图为宽度 0.5～35 nm 下锯齿型与扶手型石墨烯纳米带单位面积热导的变化；（b）100 K、300 K 与 500 K 下各向异性系数随宽度的变化[63]

纳米带热导的各向异性主要源于不同带边不同的边界散射机制，因此，纳米结构化是调控石墨烯纳米带热输运性质的有效手段。

　　石墨烯的热导率也可以通过原子层数进行调控，Zhong 等[33]运用非平衡分子动力学模拟研究了手性与厚度对石墨烯纳米带热导率的影响。如图 6.13 所示，石墨烯纳米带的热导率随原子层数的增多而减小，反映了热导率从二维石墨烯到三维石墨的转变。该现象与 Ghosh 等[65]的实验研究相符，实验发现当石墨烯的原子层数从 2 增加到 4 时，其热导率从 2800 W/(m·K)减小到 1300 W/(m·K)。同时，从图 6.13 的插图中可以看出，石墨烯纳米带的热导率随原子层数变化的趋势与其在模拟中所采用的宽度无关。这是由于随着原子层数的增多，横截面方向上的声子耦合增强，声子在层与层之间发生散射，同时垂直石墨烯纳米带平面的弯曲声子模式对热导率的贡献起主导作用，多层原子之间的范德瓦耳斯力进一步限制了弯曲声子模式，使得石墨烯的热导率降低。在室温下，对于单层石墨烯纳米带，其锯齿形方向的热导率为 2276 W/(m·K)，比扶手形方向的热导率高了43%。然而，随着原子层数的增多，锯齿形方向的热导率变得与扶手形方向的相当，并在 5 层原子后要略低于扶手形方向的热导率。从图 6.14 中，可以发现单层石墨烯沿扶手形方向的热导率在温度较低（＜220 K）时反而高于锯齿形方向的热导率。此外，低温时，锯齿形方向的热导率随温度呈现~$T^2$ 的变化，而扶手形方向的热导率与温度保持~$T$ 的变化，说明手性可以影响热导率与温度之间的幂律关系。同时，$T^2$ 幂律关系也表明在该温度范围内，石墨烯中的声子是以弹道输运为主[66]。

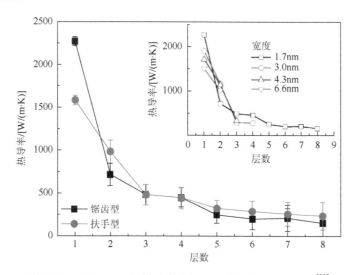

图 6.13　325 K 下石墨烯纳米带热导率随原子层数的变化[33]

插图为不同宽度的锯齿型石墨烯纳米带热导率随原子层数的变化

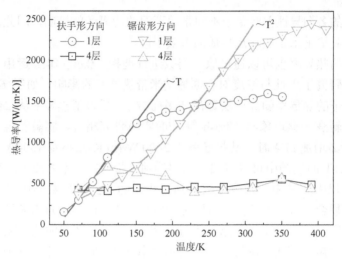

图 6.14　单层与四层石墨烯热导率随温度的变化[33]

实验上合成与剥离石墨烯，难以避免引入各种缺陷，如空位、晶界、同位素掺杂等，因此理解缺陷对热输运的作用机理有助于进一步调控石墨烯的热导率。Haskins 等[39]运用经典分子动力学模拟，并利用 Green-Kubo 方法计算了具有粗糙边缘及空位缺陷的石墨烯热导率，分析了边缘与空位对热输运过程的影响。首先，鉴于常用的描述碳碳相互作用的特索夫（Tersoff）势函数[67]存在低估声学声子频率、低频弯曲声学声子在 $\Gamma$ 点附近呈现线性色散等问题，该势函数将显著低估石墨烯的热导率。因此，Haskins 等采用优化后的 Tersoff 势来描述石墨烯中的碳碳相互作用，该优化后的势函数能够很好地再现低频弯曲声学声子模式在 $\Gamma$ 点附近的二次色散关系。如图 6.15（a）所示，应用优化后的 Tersoff 势所得的室温时石墨烯热导率为 2600 W/(m·K)，与实验值及其他理论计算值相符；相反，未优化的 Tersoff 势将石墨烯的热导率严重低估了 50%~60%。图 6.15（b）显示，随着长度尺寸的不断增大，锯齿型石墨烯纳米带的热导率从弹道输运区域逐渐过渡到扩散输运区域，即热导率不再随尺寸发生明显的变化。在 75~100 nm 后，石墨烯纳米带沿锯齿形方向的热导率基本收敛，15 nm 宽时的热导率值为 2300 W/(m·K)，显著低于无限大石墨烯的热导率，表明了边缘对热导率的显著影响。同时，图 6.15（c）反映了石墨烯纳米带热导率随宽度的变化，宽度越细，其边界散射越剧烈，热导率越低。同时，石墨烯纳米带沿锯齿形方向的热导率明显大于扶手形方向的热导率，主要是由于单位长度的扶手型石墨烯边缘相比于锯齿型拥有更多的原子，其边界对热导率的影响更严重。

通过改变纳米带边缘的粗糙度来额外增加声子-边缘散射，也能够非常有效地调控材料的热导率。在边缘处，一些原子的配位数是 2，通过调控边缘的粗糙度，能够增大配位数为 2 的原子数量和比例，图 6.16（a）显示边缘粗糙度为 7.28Å 的

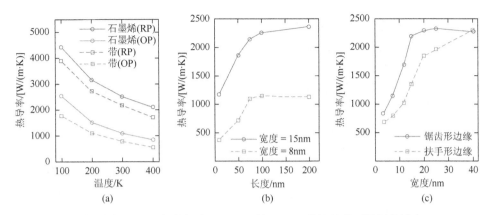

(a)　　　　　　　　(b)　　　　　　　　(c)

图 6.15　（a）采用优化（RP）与未优化（OP）后的 Tersoff 势计算的石墨烯热导率；（b）15 nm 与 8 nm 宽的锯齿型石墨烯纳米带热导率随长度尺寸的变化；（c）100 nm 长的锯齿型与扶手型石墨烯纳米带热导率随宽度尺寸的变化[39]

锯齿型石墨烯纳米带。通过计算边缘粗糙度不同的锯齿型纳米带 [图 6.16（a）]，可以发现随着石墨烯纳米带边缘粗糙度的增大，其热导率急剧下降。室温下，粗糙度为 7.28Å 的锯齿型石墨烯纳米带的热导率相比于光滑边缘的情况降低了 80%。此外，光滑边缘的石墨烯纳米带的热导率表现出了显著的温度效应，热导率随着温度的升高而降低；而当边缘的粗糙度逐渐增大后，热导率随温度基本不发生变化，表明此时声子的边缘散射在热输运中起主导作用。相似地，如图 6.16（b）所示，当单空位的浓度逐渐增大时，锯齿型石墨烯纳米带的热导率不断降低。0.0001 单空位浓度仍能保持石墨烯纳米带优秀的导热能力；当单空位浓度上升到

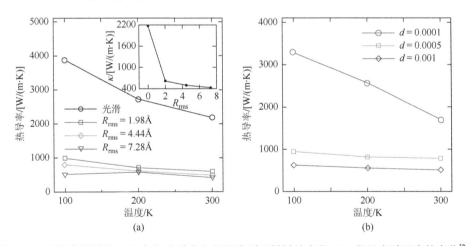

(a)　　　　　　　　　　(b)

图 6.16　光滑/粗糙边缘（a）与包含单空位的锯齿型石墨烯纳米带（b）热导率随温度的变化[39]

不同粗糙度及不同程度缺陷的纳米带所包含的原子数相同，其长度和宽度均为 500 nm 与 15 nm；插图为室温下石墨烯纳米带热导率随边缘粗糙度的变化

0.001 时，石墨烯纳米带热导率的温度曲线变得平坦，室温下其热导率相对于
0.0001 空位浓度时降低了 81%。

　　为了进一步研究缺陷态对热导率的影响，图 6.17 给出了三种典型的空位缺陷，
单空位、双空位及 Stone-Wales 缺陷。单空位通过移除一原子形成，剩下配位数为
2 的三个碳原子，是一种高能量的缺陷，能够有效打断局部晶格的 $sp^2$ 杂化。通过
移除晶格中的两个原子，材料中能够形成双空位，该缺陷局部重构形成了一个八
角形和两个五角形，使得空位周围的原子依旧保持 $sp^2$ 杂化，因此在实际材料中
更容易出现。Stones-Wales 缺陷也通过形成两个七角形和两个五角形来保持 $sp^2$ 杂
化。如表 6.1 所示，在这三种空位缺陷中，单空位对锯齿型石墨烯纳米带的热导
率影响最大。在 0.0001 这样极低的浓度下，单空位的热导率便能降低 25%，当浓
度达到 0.001 时，石墨烯纳米带的热导率降低了 81%。而 0.001 的双空位与 Stones-
Wales 缺陷浓度仅能将热导率降低 69%；当它们的 50/50 混合浓度达到 0.0023 时，
石墨烯纳米带的热导率才能降低 81%。因此，单空位与其他缺陷相比能够更有效
地降低石墨烯的热导率，主要是因为配位数为 2 的原子的不稳定性，不容易形成
声子的简正模式，造成了严重的声子散射。此外，由于双空位和 Stones-Wales 缺
陷通过局部重构依旧保持了碳—碳键的 $sp^2$ 杂化，从而这两种缺陷对热导率的影
响程度相似。当将这两种空位缺陷以 1∶1 的形式混合，石墨烯纳米带的热导率与
单种双空位或 Stones-Wales 缺陷的情况相同。

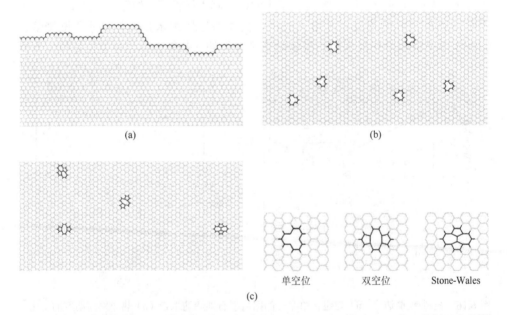

（a）　　　　　　　　　　　　　　　　（b）

单空位　　　　　双空位　　　　Stone-Wales

（c）

图 6.17　包含边缘缺陷（a）、单空位（b）、双空位与 Stone-Wales 缺陷（c）的石墨烯纳米带[39]

表 6.1　100 nm 长、15 nm 宽的锯齿型缺陷石墨烯纳米带的热导率及其降低的百分比[39]

| 类型 | 浓度 | 热导率/[W/(m·K)] | 降低百分比/% |
|---|---|---|---|
| 原始 | — | 2300 | |
| 单空位 | 0.0001 | 1726 | 25 |
| | 0.0005 | 943 | 59 |
| | 0.0010 | 426 | 81 |
| 双空位 | 0.0010 | 707 | 69 |
| Stone-Wales | 0.0010 | 709 | 69 |
| 50/50 混合 | 0.0010 | 703 | 69 |
| | 0.0017 | 612 | 73 |
| | 0.0023 | 431 | 81 |

　　类似地，Zhang 等[42]运用基于平衡态分子动力学模拟的 Green-Kubo 方法研究了单原子空位缺陷对石墨烯热导率的影响，发现仅引入 0.42%的缺陷，石墨烯的热导率便能从 2903 W/(m·K)降低到 118 W/(m·K)；当缺陷浓度达到 8.75%时，石墨烯的热导率仅 3 W/(m·K)。空位缺陷石墨烯的低热导率主要由于引入的空位缺陷带来的声子-缺陷散射。这些均表明非常低浓度的空位缺陷就能显著降低石墨烯的热导率。

　　除了上述的点缺陷外，实验中石墨烯在生长过程中将不可避免地引入扩展的拓扑缺陷，如位错与晶界，也能显著影响石墨烯的导热能力。Huang 等[68]在不考虑声子-声子相互作用的前提下，采用非平衡格林函数法研究了石墨烯中的扩展缺陷（extended defect）对其热输运性质的影响，表明引入扩展缺陷可以从声子色散与声子缺陷散射强度两个方面对石墨烯的热传导进行调控。通过改变缺陷与输运方向之间的相对朝向，能够在很大范围内对石墨烯的热导进行调控。图 6.18（a）和（b）为包含"585"扩展缺陷的石墨烯纳米带，该缺陷由一对五角形和一个八角形沿晶界方向周期性重复形成。模拟中，主要考虑晶界与热流方向平行或垂直两种情况。分别记作"585$^\parallel$"与"585$^\perp$"。鉴于石墨烯纳米带的热导不依赖于扩展缺陷的具体位置（室温下差别小于 3%），因此可以着重考虑扩展缺陷处于正中央的情况。图 6.18（c）显示室温下有无扩展缺陷的石墨烯纳米带沿锯齿形与扶手形方向单位面积热导 $\sigma/S$ 随纳米带宽度 $W$ 的变化。当纳米带的宽度大于 2 nm 时，$\sigma/S$ 基本不随宽度发生变化，表明热导与纳米线宽度近似呈线性关系。这是因为在大部分频率下，声子输运的通道数近似与宽度 $W$ 成正比。此外，"585$^\parallel$"与"585$^\perp$"的 $\sigma/S$ 存在明显的差别。室温下，在 $W$ 约为 10 nm 时，"585$^\parallel$"的 $\sigma/S$ 为 3.5 nW/(K·nm$^2$)，比"585$^\perp$"的高出 50%，表明热导的大小与纳米带边缘和位错线之间的相对方向有关。因此，可以通过调整纳米带边缘与位错之间的相对方向来对石墨烯纳米带的热导在较大的范围里实现有效的调控。

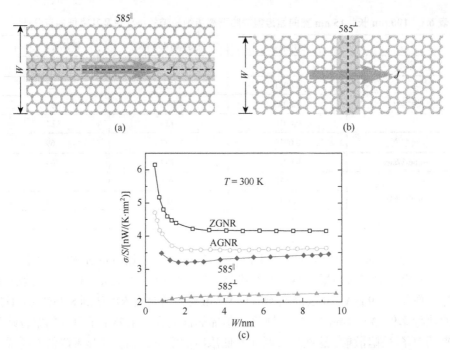

图 6.18　(a)、(b) 宽 $W$、包含 "585" 扩展缺陷的石墨烯纳米带热输运过程的示意图；一对五角形与一八角形沿位错线（虚线）方向周期性重复，热流 $J$ 的方向（箭头）平行或垂直于位错线，分别记作 "585$^{\parallel}$" 和 "585$^{\perp}$"；(c) 300 K 下，锯齿型与扶手型石墨烯纳米带、"585$^{\parallel}$" 与 "585$^{\perp}$" 单位面积热导随宽度的变化[68]

　　将锯齿型与扶手型石墨烯纳米带分别作为 "585$^{\parallel}$" 与 "585$^{\perp}$" 的对照，可进一步说明嵌入扩展缺陷降低石墨烯纳米带热导的机理。对于无缺陷的石墨烯纳米带，当 $W<2$ nm 时，$\sigma/S$ 随纳米线宽度发生剧烈变化；而当 $W>2$ nm 时，$\sigma/S$ 随纳米线宽度基本不发生变化。同时，石墨烯纳米带的热导存在本征的各向异性，室温下，锯齿形方向的 $\sigma/S$ 要比扶手形方向高出 30%。引入的扩展缺陷能够有效降低石墨烯纳米带的热导，在室温下，10 nm 宽的石墨烯纳米带，在 "585$^{\parallel}$" 与 "585$^{\perp}$" 中沿锯齿形与扶手形方向的 $\sigma/S$ 分别降低了 16% 与 37%。图 6.19 (a) 和 (b) 显示了 7.3 nm 宽、有无缺陷的石墨烯纳米带的声子透射函数。在 "585$^{\parallel}$" 中，缺陷引起的声子透射函数的降低主要体现在 150~1000 cm$^{-1}$ 与 1300~1700 cm$^{-1}$ 两个频率范围中；而在 "585$^{\perp}$" 中，声子频率大于 150 cm$^{-1}$ 的声子透射函数均有显著的降低。因此，"585$^{\perp}$" 在整个频率范围内的声子透射函数均比无缺陷的扶手型石墨烯纳米带低 [图 6.19 (c)]，即两者的声子透射函数之比小于 1。同时，图 6.19 (c) 的结果也反映出，在存在缺陷的条件下，低频声子能保持良好的准弹道输运方式，即声子透射函数略有降低；而高频声子则被这些缺陷严重散射，声子平均自由程小于样品长度，从而转为扩散输运，

即声子透射函数明显降低。最后，图 6.19（d）的结果显示，当温度小于 50 K
时，手性与扩展缺陷对石墨烯纳米带热导的影响很小，并随着温度的升高而变
得显著。

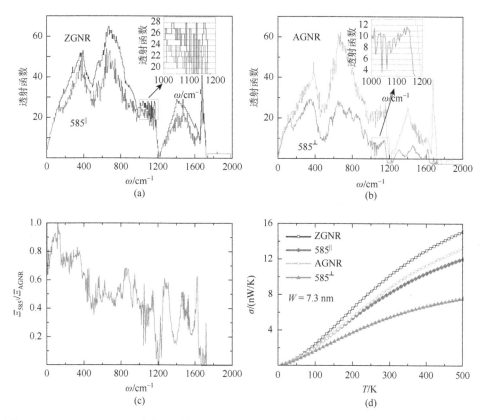

图 6.19　（a）、（b）7.3 nm 宽的石墨烯纳米带的声子透射函数随声子频率的变化；（a）与（b）
的插图为特定频率范围内，"585$^{\parallel}$"和"585$^{\perp}$"的整数与非整数声子透射函数；（c）包含扩展拓
扑缺陷的扶手型石墨烯纳米带的声子透射函数与无缺陷扶手型石墨烯纳米带的声子透射函数
的比值随声子频率的变化；（d）7.3 nm 宽的石墨烯纳米带热导随温度的变化[68]

　　在"585$^{\parallel}$"与"585$^{\perp}$"中，声子透射函数的降低源于不同的机制。在"585$^{\perp}$"
中，嵌入的扩展缺陷打破了材料的周期性，从而引发了额外的声子散射，降低了
声子透射函数。如图 6.19（b）的插图所示，"585$^{\perp}$"的声子透射函数呈现非整
数的状态，表明该降低是由声子缺陷散射引起。而在"585$^{\parallel}$"中，石墨烯纳米带
仍保持了结构的周期性，因此该声子透射函数的降低并不是由声子缺陷散射引
起。如图 6.19（a）的插图所示，"585$^{\parallel}$"的声子透射函数仍处于整数状态。为
了说明"585$^{\parallel}$"中声子透射函数降低的原因，首先着眼于无缺陷的石墨烯纳米
带。在石墨烯纳米带中，边缘从本质上也能视为一种扩展缺陷，不同的边缘对热

导的影响是不同的,这便是石墨烯纳米带热导各向异性的来源。石墨烯纳米带的边缘原子的成键情况不同,导致了键长的变化,进一步影响了声子的局域性。扶手形边缘在平行与垂直输运方向上均影响了键长,而锯齿形边缘仅在垂直输运方向上改变了键长,所以扶手形方向上局域化的声子更多,其热导更低。"585∥"的情况类似,嵌入的扩展缺陷虽然没有改变结构的周期性,但是影响了石墨烯纳米带的成键情况,从而导致局域化声子数目的增多,使得声子透射函数降低。

大面积地生长单层石墨烯一直以来是一重大难题。随着 CVD 法的发展,在铜、镍等金属表面上可以得到单层石墨烯。由于 CVD 生长过程的复杂性,得到的大面积石墨烯片中存在很多晶界。因此,研究与理解这些晶界对石墨烯各种物理性质的影响,是应用 CVD 法生长石墨烯的重要前提。Bagri 等[69]通过非平衡态分子动力学模拟,研究了倾斜晶界对多晶石墨烯热输运性质的影响。图 6.20 显示不同晶界角度的晶界示意图,晶界处由一对五-七元环沿晶界不断重复构成。随着晶界角度的增大,分隔五-七元环的六元环数目逐渐减少,所能达到最大的晶粒倾斜角为 21.7°。因此,晶界角度越大,晶界处的缺陷密度更大。

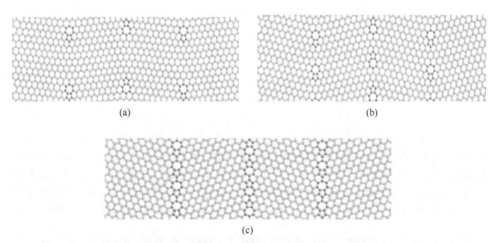

图 6.20　不同晶粒倾斜角 5.5°(a)、13.2°(b)和 21.7°(c)的倾斜晶界结构[69]

图 6.21(a)显示无缺陷的石墨烯沿锯齿形方向的温度分布曲线。中心热浴与两端热沉附近的温度呈现非线性分布,主要由于模拟系统尺寸有限,声子在热浴和热沉处发生了显著的界面散射。对图 6.21(a)中的线性区间进行线性拟合,可以得到系统的温度梯度。然后,应用傅里叶定律计算可得当前长度尺寸下石墨烯的热导率。由于 NEMD 方法计算材料的热导率存在非常显著的尺寸效应,通过计算长度为 50 nm、100 nm 与 250 nm 的石墨烯热导率〔分别为 532 W/(m·K)、

898 W/(m·K) 与 1460 W/(m·K)]，并应用式（6.2.5）的方法进行线性外推，可得到无限长石墨烯的热导率值 2650 W/(m·K)，与实验测量值及其他模拟值相符合[39, 70-72]。而在含有倾斜晶界的多晶石墨烯中，其热输运过程中的温度分布曲线如图 6.21（b）所示，在晶界处可观察到温度的跳跃。根据该温度跳跃，可以定义倾斜晶界处的热导 $G$ 为

$$G = \frac{q}{\Delta T} \qquad (6.3.1)$$

其中，$q$ 为热流密度；$\Delta T$ 为晶界处温度的差值。对石墨烯晶粒中的温度分布曲线进行线性拟合，可以得到石墨烯晶粒的热导率值。图 6.22 显示不同晶粒尺寸的石墨烯晶粒热导率随晶粒倾斜角的变化，可以看到晶粒倾斜角对石墨烯晶粒热导率的影响没有明确的关系。通过对不同晶粒尺寸的石墨烯热导率同样应用式（6.2.5）进行线性外推，可以得到 5.5°、13.2° 和 21.7° 晶界角度下石墨烯的热导率分别为 2220 W/(m·K)、2380 W/(m·K) 和 2380 W/(m·K)，表明石墨烯的导热能力受晶界角度影响较小。

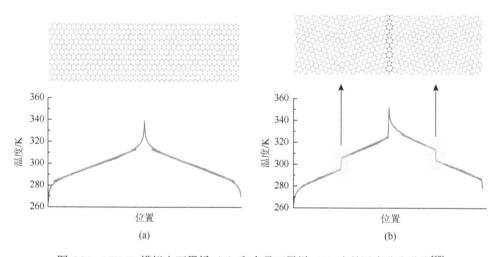

图 6.21　NEMD 模拟中石墨烯（a）和多晶石墨烯（b）中的温度分布曲线[69]

应用式（6.3.1）可以得到不同晶粒尺寸、晶界角度下晶界处的边界热导，如图 6.23 所示。这些边界热导值处于 $1.5 \times 10^{10} \sim 4.5 \times 10^{10}$ W/(K·m²)，比其他文献中所报道的热电界面热导值高很多。随着晶粒倾斜角度的增大，边界热导不断减小，这是因为晶粒倾斜角度越大，晶界处的缺陷密度越高，声子在晶界处发生的散射越严重。值得注意的是，当晶粒的尺寸非常大时，声子在晶粒中散射情况将决定整个多晶石墨烯的热导率；而当晶粒尺寸逐渐减小时，晶界散射对多晶石墨烯热导率的影响开始变得显著。当多晶石墨烯的晶粒尺寸为 $l_g$ 时，其热导率可表示为

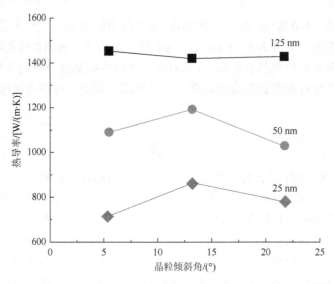

图 6.22  不同晶粒尺寸的石墨烯热导率随晶粒倾斜角的变化[69]

$$\kappa_{p}^{-1} = \kappa_{g}^{-1} + (l_{g}G)^{-1} \tag{6.3.2}$$

其中，$\kappa_{g}$ 为晶粒的热导率。采用该表达式和所计算的边界热导，可以估计晶粒尺寸的临界值为 0.1 μm，当石墨烯晶粒尺寸在此临界值以下时，倾斜晶界与晶粒对热导率的影响是相似的。综上所述，边缘、晶界等扩展缺陷也是调控低维纳米材料热输运性质的有效手段。

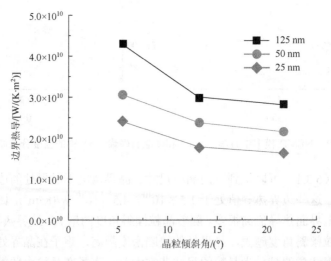

图 6.23  不同晶粒尺寸下，在晶界处的边界热导随晶粒倾斜角的变化[69]

在实验中，石墨烯样品的边界常常被钝化，同时同位素组分也是可调的。Hu

等[47]通过非平衡态分子动力学模拟，利用傅里叶定律计算了边缘钝化和同位素效应对石墨烯纳米带热导率的影响。模拟采用长度为 6 nm、宽度为 1.5 nm 的石墨烯纳米带。扶手型石墨烯纳米带在 100 K 下的热导率值为 670 W/(m·K)，之后所有计算结果均用该值进行归一化。如图 6.24 所示，不管手性、边缘是否钝化，石墨烯纳米带的热导率均随温度的升高而增大，表明石墨烯纳米带中声子散射由边缘散射起主导作用；而当石墨烯片的尺寸足够大时，其热输运过程由声子-声子散射起主导作用，热导率将随温度的升高而降低。对石墨烯纳米带使用氢进行边缘钝化后，石墨烯纳米带的热导率有非常显著的降低，100 K 下，锯齿形与扶手形方向的热导率分别降低了 60% 和 40%，主要是边缘钝化后额外引入了声子的散射。同时，可以发现当采用氢进行边缘钝化后，石墨烯纳米带沿锯齿形与扶手形方向的热导率值相当，消除了石墨烯纳米带热导率的各向异性，表明此时边缘钝化引起的声子散射超过了手性效应，起主导作用。同时，钝化的锯齿型石墨烯纳米带边缘与扶手型石墨烯纳米带边缘相似，削弱了手性对热输运的影响。

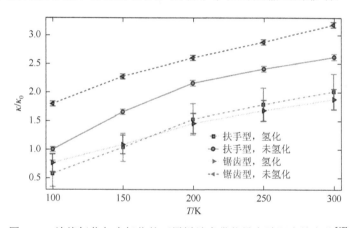

图 6.24　边缘氢化与未氢化的石墨烯纳米带热导率随温度的变化[47]

图 6.25 显示随机与超晶格分布形式的 ¹³C 元素掺杂对扶手型石墨烯纳米带热导率的影响。随机分布形式是指将 ¹³C 原子随机在石墨烯的晶格上取代掉原有的 ¹²C 原子；而超晶格形式是将由 7 条垂直热输运方向的石墨烯锯齿形原子链构成的超晶胞在热输运方向上扩胞得到，结构如图 6.26 所示，通过改变超晶胞内 7 条石墨烯锯齿形原子链中 ¹³C 链条数（$L = 0 \sim 7$）进行对同位素掺杂浓度的调控。在图 6.25 中，随着 ¹³C 掺杂浓度的增大，随机分布与超晶格形式的 ¹³C 掺杂的石墨烯纳米带热导率均先减小后增大。这是因为 ¹³C 掺杂后，在原子中形成缺陷态，引起额外的声子-同位素散射，降低了声子平均自由程；同时在这些 ¹³C 原子周围的声子模式是局域化的，进一步阻止了热能输运[46]。随着 ¹³C 掺杂浓度的升高，这种效应更加明显；当超过 0.5 的掺杂浓度后，两种类型的 ¹³C 掺杂的

石墨烯纳米带的热导率开始上升，是因为此时 $^{13}$C 原子数已经大于 $^{12}$C 原子数，使得 $^{12}$C 成为一种杂质。同时，可以发现纯 $^{13}$C 构成的石墨烯纳米带的热导率要比由 $^{12}$C 构成的低，主要是因为 $^{13}$C 原子质量更大，使得声子频率降低，声子的群速度要小一些。此外，相对于随机分布的 $^{13}$C 掺杂，以超晶格形式进行 $^{13}$C 掺杂能够更为有效地降低石墨烯纳米带的热导率。在 0.42 的掺杂浓度时，超晶格形式掺杂的扶手型石墨烯纳米带的热导率降低到原来的 74%。这是因为超晶格形式的掺杂能够引入多个界面，在热输运过程中产生严重的声子-界面散射，极大地降低了材料的热导率。因此，通过引入杂质、掺杂的方式也能够有效地调控石墨烯的热导率。

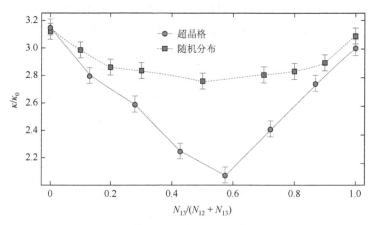

图 6.25　500 K 下扶手型石墨烯纳米带热导率随 $^{13}$C 元素掺杂浓度的变化[47]

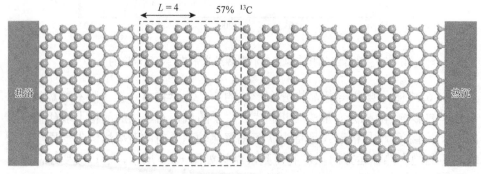

图 6.26　$^{13}$C 超晶格形式掺杂石墨烯

图中大原子为 $^{13}$C，小原子为 $^{12}$C，$^{13}$C 的掺杂浓度为 57%

　　低维纳米材料的电学、机械、光学及热输运性质均可通过施加外部应力的方法进行调控。相对于其他调控方法，应变可以对材料的性质进行连续性调控，体现了应变工程的灵活性和可靠性。Ma 等[73]运用基于密度泛函理论的第一性原理计算，通过声子玻尔兹曼输运方程计算了石墨烯的热导率，并研究了单轴拉伸对石墨烯热输运性质的影响。图 6.27（a）和（e）显示了无应力时石墨烯的声子色散曲线和态密度。石墨烯中存在 6 条色散支，即三条光学声子支（LO、TO 及 ZO）与三条声学声子支（LA、TA 及 ZA），代表不同的振动模式。图 6.27（b）~（d）表示 8%、16% 与 23% 的锯齿形方向单轴拉伸应变下石墨烯的声子色散曲线，图 6.27（f）~（h）为对应的声子态密度。在单轴拉伸应力下，由于晶体对称性的降低，$G$ 点处两条简并的光学声子支开始劈裂，并逐渐演化成带隙。在 16% 的拉伸应变下，在 35THz 附近存在大小约为 10THz 的带隙。当拉伸应变进一步增大到 23% 时，石墨烯的声子色散曲线在 $G$ 点附近出现虚频，表明此时结构不稳定，与实验测量石墨烯的拉伸断裂极限约为 25% 一致[74]。同时，可以发现随着拉伸应变的不断增大，频率高于 20THz 的声子的频率出现明显降低，体现了拉伸导致声子软化的现象，声子的群速度随之下降，不利于热输运过程。

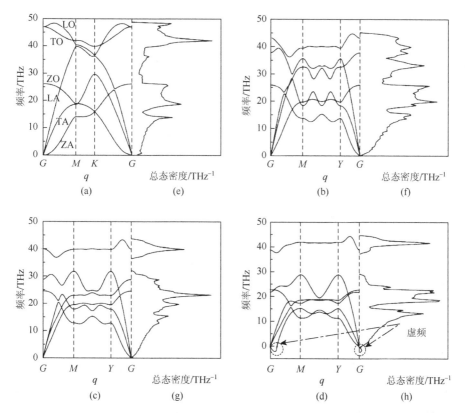

图 6.27　0%（a）、8%（b）、16%（c）和 23%（d）锯齿形方向单轴拉伸应变下石墨烯的声子色散曲线；（e）~（h）为对应的声子态密度[73]

图 6.28（a）显示了单轴拉伸下石墨烯的热容随温度的变化。随着锯齿形方向

拉伸应变的增大,高频声子的频率开始降低,因此在给定温度下,能被热激发的声子数目增多,石墨烯的热容增大;而在温度较低(<200 K)时,应变效应对声子热容的影响不明显,因为温度较低时,对热容的主要贡献来自声学声子,高频光学声子未被热激发。在温度较高时,高频光学声子开始被激发,因此应变效应的影响变得显著。此外,从图 6.28(b)所示的拉伸应变下 3 μm 宽的石墨烯纳米带热导率随温度的变化关系看出,随着拉伸应变逐渐增大,石墨烯纳米带的热导率不断降低。拉伸应变使得声子频率降低,声子发生软化,声子的群速度随之减小;同时,拉伸应变破坏了结构的对称性,声子频率的降低使得更多的声子参与到散射过程中,加强了声子散射。Wei 等[36]运用经典的非平衡态分子动力学模拟,发现在石墨烯纳米带在达到拉伸破坏极限时,其沿锯齿形与扶手形方向的热导率分别降低了 60%与 40%,体现了应变工程能够在极大的范围内对低维纳米材料的热导率进行调控,是在微纳尺度下调控热输运性质的有效方法之一。

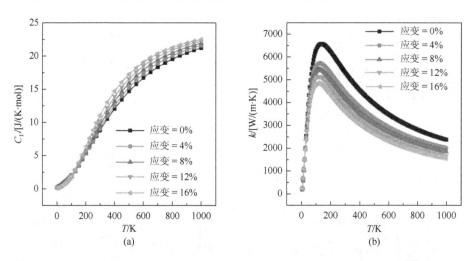

图 6.28    单轴拉伸下石墨烯的热容(a)与热导率(b)随温度的变化[73]

石墨烯在生长过程或作为电子、光电等器件的应用时,常常被集成在一些基底(如 $SiO_2$ 等)上,由于石墨烯与基底的相互作用,石墨烯中热能的输运将受到基底的影响。因此,理解声子在界面处的输运行为是利用基底效应调控热输运性质的前提。在石墨烯中,弯曲声学声子(ZA)在石墨烯热输运中起主导作用,贡献约 75%[62]。Seol 等[75]通过实验研究发现,将石墨烯置于 $SiO_2$ 基底上,能够将热导率从 3000~5000 W/(m·K)降低到约 600 W/(m·K),由于弯曲声学声子受到了 $SiO_2$ 基底的限制,发生了严重的界面散射。Ong 和 Pop[56]采用经典的分子动力学模拟和连续介质模型,研究了 $SiO_2$ 基底对石墨烯热输运性质的影响。模拟结果表明,石墨烯与 $SiO_2$ 基底的相互作用显著抑制了 ZA 声子模式,使得衬底上石墨烯的热导率相比于悬空时的降低了一个数量级，与 Seol 等的实验相符。然而随着石墨烯与 SiO$_2$ 基底相互作用的增强，衬底上石墨烯热导率逐渐增大，主要是因为 ZA 声子模式与基底的瑞利波产生耦合，增大了声子群速度。

模拟显示，当石墨烯悬浮时，29.52 nm 长、单层锯齿型石墨烯片的热导率为 256 W/(m·K)，NEMD 模拟中所产生的热流 $Q_G$ 为 $4.37\times10^{-7}$ W。图 6.29（b）所示的 SiO$_2$ 薄膜悬浮时，通过的热流 $Q_{ox}$ 为 $8.11\times10^{-8}$ W，对应的热导率为 1.17 W/(m·K)。图 6.29（c）显示了由两石墨烯片包裹 SiO$_2$ 薄膜组成的三明治结构，此时，石墨烯片与 SiO$_2$ 基底之间的作用为范德瓦耳斯作用，用伦纳德-琼斯（Lennard-Jones，LJ）势表达

$$V(r) = 4\chi\varepsilon\left[\left(\frac{\sigma}{r}\right)^{12} - \left(\frac{\sigma}{r}\right)^{6}\right] \tag{6.3.3}$$

其中，$\varepsilon$ 为势阱深度；$\sigma$ 为势能为 0 时原子之间的距离；$r$ 为两个原子之间的距离。通过调节 $\chi$ 的大小来控制石墨烯与 SiO$_2$ 基底的作用强度，默认值 $\chi$ 为 1。模拟结果显示，三明治结构的总热流 $Q$ 为 $1.62\times10^{-7}$ W，几乎是 $Q_{ox}$ 的两倍，但比 $Q_G$ 要显著降低。为了得到衬底上石墨烯片中的热流大小，假定 SiO$_2$ 基底的热导率不受与石墨烯片相互作用的影响，则$(Q-Q_{ox})/2$ 即为单个支持石墨烯片中的热流大小，为 $4.05\times10^{-8}$ W，相对于悬浮石墨烯片中的热流大小降低了 90.7%。为了说明 SiO$_2$ 基底对石墨烯热输运性质的影响，Ong 等计算了有无 SiO$_2$ 基底时石墨烯片中纵波声学（LA）声子模式与 ZA 声子模式的谱能密度 [图 6.30（a）和（b）]，

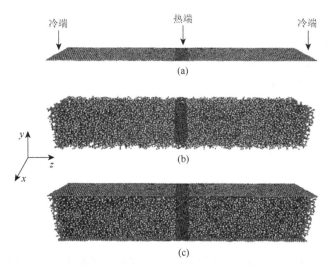

图 6.29  NEMD 模拟示意图：单层石墨烯片（a）、SiO$_2$ 薄膜（b）与 SiO$_2$ 薄膜夹于两石墨烯片中的三明治结构（c）；热流沿 $z$ 方向，中心热浴的温度为 310 K，两端热沉温度为 290 K；不同模拟中所使用的石墨烯片及 SiO$_2$ 薄膜的尺寸相同[56]

其线宽的倒数即为声子寿命。由于长波声学声子对热输运过程起主导作用,图 6.30 (a) 和 (b) 中仅列出了前 4 个 $k$ 点的 LA 和 ZA 声子模式的谱能密度。可以发现,LA 声子模式的峰在有无 $SiO_2$ 基底前后变化不大(峰所在的频率不变,且保持尖锐峰形),说明 $SiO_2$ 基底对面内的声子模式影响很小。然而,ZA 声子模式的峰在有 $SiO_2$ 基底支持后明显减弱、变宽,同时峰所在的频率变大,表明 $SiO_2$ 基底对石墨烯的 ZA 声子模式有极大的限制作用,增强了 ZA 声子模式的散射。这也证实了石墨烯中由 ZA 声子模式对热导率起主要贡献作用。

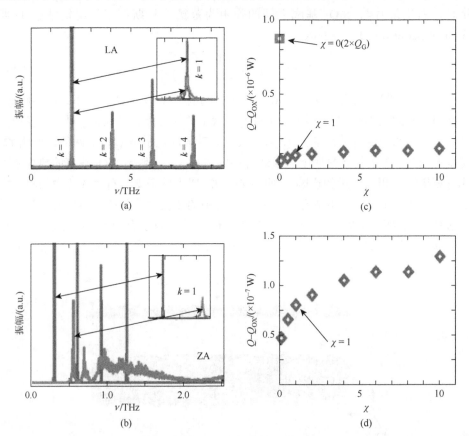

图 6.30 悬浮与衬底上石墨烯的纵波声学(LA)声子(a)与弯曲声学(ZA)声子(b)的振幅(前 4 个 $k$ 点);悬浮与衬底上石墨烯数据分别由蓝线和红线表示;(c)衬底上石墨烯的总热流密度随石墨烯与 $SiO_2$ 基底相互作用强度 $\chi$ 的变化;(d)为(c)的放大结果[56]

基于对 $SiO_2$ 基底与石墨烯片的相互作用抑制了 ZA 声子模式的理解,直观的推论是,增强它们之间的相互作用将进一步降低石墨烯片的热导率。然而,模拟结果正好相反,如图 6.30(c)和(d)所示,随着 $SiO_2$ 基底与石墨烯片之间相互作用的增强($\chi$ 从 0.1 增加到 10),$(Q-Q_{OX})$ 的值也不断增大,表明增强 $SiO_2$ 基底与石墨烯片之间的相互作用能增大石墨烯片的热导率。该违反直觉的物理现象可以通过 ZA 声子模式与 $SiO_2$ 基底中的 Rayleigh 波之间的耦合作用来理解。图 6.31 显示采用连续介质模型计算的衬底上石墨烯的色散曲线。当 $\chi = 0.0001$ 时 [图 6.31（a）]，即石墨烯片处于近悬浮状态，可以观察到线性色散的 Rayleigh 波与二次方色散的 ZA 声子模式。然而，当增大石墨烯片与 $SiO_2$ 基底之间的相互作用 [图 6.31（b）～（d）]，可以发现 Rayleigh 波与 ZA 声子色散支逐渐耦合起来，声子群速度显著增大。因此，随着石墨烯片与 $SiO_2$ 基底之间相互作用的增强，衬底上石墨烯的导热能力增大主要是 ZA 声子模式与 Rayleigh 波产生耦合，使得声子群速度增大。综上所述，选择合适的基底并通过表面修饰调整界面相互作用的强度，也可以对低维纳米材料的热输运性质进行有效的调控。

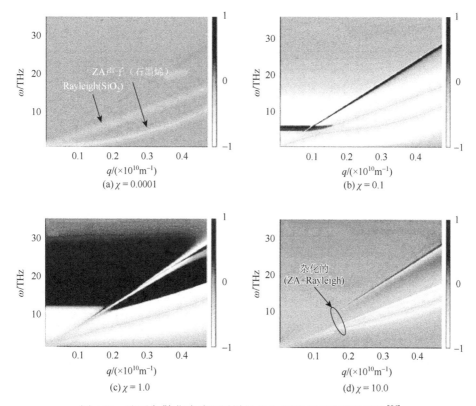

图 6.31　声子色散曲线随石墨烯与 $SiO_2$ 基底作用强度的变化[56]

除了上述介绍的方法外，还可以通过构建低维材料的异质结构来设计与调控整个异质结构的热输运性质。随着纳米材料合成技术的快速发展与进步，人们已经可以合成多种新型二维材料异质结构。Liu 等[76]运用非平衡分子动力学方法，研究了石墨烯与六方氮化硼（h-BN）面内异质结（Gr/h-BN）的热输运性质，

发现界面处的拓扑缺陷能够显著提高界面热导。图 6.32 为四种二维 Gr/h-BN 异质结构的示意图。鉴于实验和模拟研究发现锯齿形边界接触的 Gr/h-BN 更容易形成，因此该工作仅研究沿锯齿形方向上的界面热导。图 6.32（a）和（b）中异质结构的界面处不存在任何缺陷，是连贯的。当 B 原子与 C 原子相连，异质结构记作 NB-C；当 N 原子与 C 原子相连，异质结构记作 BN-C。根据实验[77]在 Gr/h-BN 界面处观察到的 5|7 缺陷，图 6.32（c）和（d）显示了两种含有 5|7 缺陷、界面不同的 Gr/h-BN 异质结构。类似地，当 B 原子与 C 原子相连时，缺陷异质结构记作 NB-C$_{5|7}$；当 N 原子与 C 原子相连时，缺陷异质结构记作 BN-C$_{5|7}$。在所有模型中，石墨烯的长度均为 106.52Å，h-BN 的长度均为 109.12Å。石墨烯的宽度为 $22a_C$，当 Gr/h-BN 异质结构界面无缺陷时，h-BN 的宽度为 $22a_{BN}$；而当 Gr/h-BN 异质结构界面存在 5|7 缺陷时，h-BN 的宽度为 $20a_{BN}$，每纳米存在 0.37 个 5|7 缺陷。

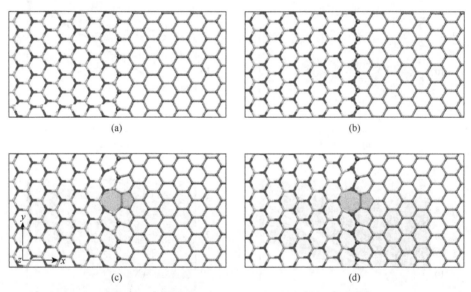

(a)   (b)   (c)   (d)

图 6.32    石墨烯与 h-BN 之间不同界面的异质结构[76]

（a）B-C 界面，NB-C；（b）N-C 界面，BN-C；（c）含有 5|7 拓扑缺陷的 B-C 界面，NB-C$_{5|7}$；（d）含有 5|7 拓扑缺陷的 N-C 界面，BN-C$_{5|7}$；图中，分别用紫、蓝及灰色表示 B、N 及 C 原子

在 NEMD 模拟中，设置热流沿 $x$ 方向，通过 $x$ 方向上的温度分布及热流的大小，即可确定 Gr/h-BN 界面处的热导，如表 6.2 所示。可以发现，界面处的成键环境对 Gr/h-BN 异质结构的界面热导有显著的影响，且 BN-C 成键界面比 NB-C 成键界面的界面热导要大，分别为 $6.42 \times 10^9$ W/(K·m²) 与 $4.35 \times 10^9$ W/(K·m²)，与 Ong 和 Zhang[78]运用非平衡格林函数法所计算的结果 [$3.52 \times 10^9$ W/(K·m²)] 非常接近。BN-C 的界面热导比 NB-C 的高 48%，主要源于界面处不同成键环境，C—N

共价键强度要大于 C—B 共价键，使得 C-N 界面更利于声子的输运。此外，从表 6.2 中发现 5|7 缺陷可以强化 Gr/h-BN 异质结构的界面导热，NB-C$_{5|7}$ 和 BN-C$_{5|7}$ 的界面热导分别比 NB-C 和 BN-C 大 18.6% 和 10.4%。然而，很多研究[69, 79, 80]均表明二维材料中的 5|7 缺陷会引起局部的声子散射，从而降低石墨烯、h-BN 等材料的热导率。同时，从表 6.2 中还可以发现，对于 NB-C 和 BN-C 两种成键界面，有无 5|7 缺陷的 Gr/h-BN 异质结构的温度跃变均在 7 K 以内。因此，5|7 缺陷主要是引起了通过 Gr/h-BN 界面热通量的变化。

表 6.2　不同界面 Gr/h-BN 异质结构的界面热导、温度跃变及热通量[76]

| 指标 | NB-C | BN-C | NB-C$_{5|7}$ | BN-C$_{5|7}$ |
|---|---|---|---|---|
| 界面热导/[×10$^9$ W/(K·m$^2$)] | 4.35±0.13 | 6.42±0.22 | 5.16±0.18 | 7.09±0.15 |
| 温度跃变/K | 6.76±0.15 | 3.37±0.09 | 6.63±0.17 | 5.45±0.14 |
| 热通量/(×10$^9$ W/m$^2$) | 29.51±0.56 | 34.48±0.70 | 34.22±0.69 | 38.61±0.93 |

由于 5|7 缺陷对 N-C 与 B-C 两种成键环境的界面热导的影响相似，后面仅通过 BN-C 和 BN-C$_{5|7}$ 的结果来进一步说明缺陷引起界面热导提高的潜在机制。如图 6.33 （a）～（c）所示，在无缺陷、界面连贯的 Gr/h-BN 异质结构中，沿界面方向不匹配应力分布是均一的。石墨烯侧受到拉伸应力作用，而 h-BN 侧受到压缩应力作用，应力的强度随离开界面距离的增大迅速降低。当声子穿过界面区域时，由于应力场的快速变化，引起了强烈的声子散射。然而，当界面处存在拓扑缺陷时，应力的分布不均匀，如图 6.33（d）～（f）所示，应力主要集中在 5|7 缺陷的位置。界面处通过形成 5|7 拓扑缺陷的方式释放了一部分由晶格不匹配带来的应力，同时使 Gr/h-BN 异质结构更加稳定。在结构弛豫后，如图 6.33（d）所示，界面处 5|7 位错核附近还存在结构的起伏形变，该形变有利于减少二维材料中位错的形成能[69, 81, 82]。因此，由于界面处 5|7 位错和结构局部起伏形变的存在，BN-C$_{5|7}$ 的应力仅集中在缺陷周围，缓解了 BN-C 中界面处应力的突变，减少了声子在界面处的散射。

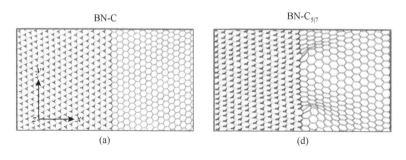

(a)　　　　　　　　　　　　　(d)

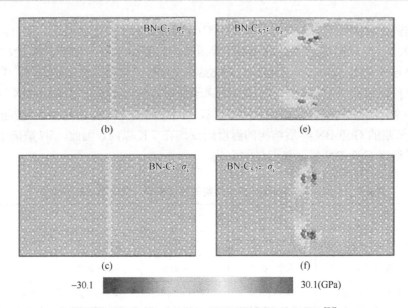

图 6.33　BN-C 与 BN-C$_{5|7}$ 异质结构中的应力分布[76]

（a）弛豫后的 BN-C 异质结构；（b）BN-C 异质结构在 $x$ 方向上的应力分布；（c）BN-C 异质结构在 $y$ 方向上的应力分布；（d）弛豫后的 BN-C$_{5|7}$ 异质结构；（e）BN-C$_{5|7}$ 异质结构在 $x$ 方向上的应力分布；（f）BN-C$_{5|7}$ 异质结构在 $y$ 方向上的应力分布

图 6.34 为通过 Gr/h-BN 异质结构界面横截面上的热通量分布，在宽度方向上将界面分为 11 个区域，P3 和 P9 为 5|7 缺陷所在的区域。除 P1 和 P11 区域由于

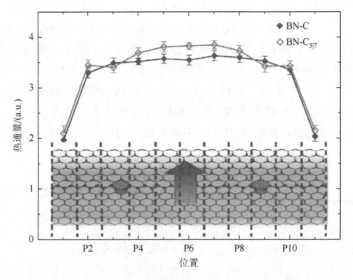

图 6.34　BN-C 与 BN-C$_{5|7}$ 异质结构横截面上的热通量分布[76]

声子边界散射导致热通量降低,P2～P10区域的热通量分布非常均匀,并且BN-C$_{5|7}$中的热通量值大于 BN-C 中的值。在 BN-C$_{5|7}$,虽然缺陷所在区域的局部的声子缺陷散射导致热通量减小,但其他无缺陷区域中显著增大的热通量,弥补了缺陷区域热通量的减小,因此通过 BN-C$_{5|7}$ 的热通量要大于 BN-C 中的,含有 5|7 缺陷的 Gr/h-BN 异质结构界面热导增大。总而言之,界面处的拓扑缺陷和结构的起伏形变缓解了由 Gr/h-BN 异质结构界面晶格不匹配所带来的界面处应力的快速变化,使得界面处应力仅集中在缺陷核周围,极大地减小声子在界面处的散射,增大了界面热导。

通过上述各种方法,人们能够从原子尺度上对低维纳米材料的热输运性质进行有效的调控,使构造的低维纳米材料满足对未来电子、光电及热电等器件的使用需求。

## 6.4  低维材料热输运应用——热整流

所谓热整流效应是指通过某特定方向的热流值与其反方向上的热流值存在较大的差异,根据热整流效应,可以定义材料的热整流系数为

$$\eta = \frac{J_+ - J_-}{J_-} \tag{6.4.1}$$

其中,$J_+$为正方向上的热流值;$J_-$为反方向上的热流值。可以通过测量材料的热整流系数来衡量其热整流的效果。实验上,Chang 等[83]通过研究不对称惯性荷载的碳纳米管和六方氮化硼纳米管,首次在纳米尺度下观察到了热整流现象。低维材料的热整流效应被认为在纳米尺度热管理和能量转化中具有重大应用价值,能够极大地提高纳米器件能量的利用率。

Hu 等[84]运用经典分子动力学模拟,研究了石墨烯纳米带的热整流效应,发现三角非对称的石墨烯纳米带具有优秀的热整流特性。如图 6.35(a)所示,定义石墨烯纳米带底边与斜边所成夹角为顶角,扶手形底边、30°顶角的非对称三角形石墨烯纳米带存在显著的热整流现象:在 180～400 K 的温度范围内,从 N 流向 W 的热流均小于从 W 流向 N 的热流。图 6.35(a)的插图反映了热整流系数随温度的变化,在 180 K 时,30°顶角的三角形石墨烯的热整流系数达 120%。同时,如图 6.35(b)所示,可以发现对称的矩形石墨烯纳米带不存在任何热整流现象,从左侧流向右侧的热流与从右侧流向左侧的热流几乎相同,细微的差异主要由分子动力学中的能量涨落和统计不确定性引起。非对称的三角形石墨烯纳米带的热导率要显著低于对称的矩形石墨烯纳米带,主要由于声子在宽度不断变化的非对称结构中输运时发生额外散射。

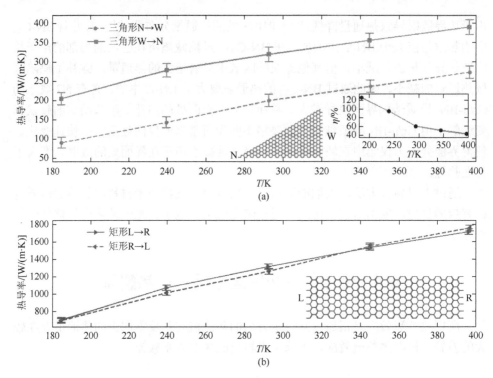

图 6.35　三角非对称（a）与矩形对称石墨烯纳米带（b）的热导率[84]

（a）中插图为热整流系数随温度的变化

　　图 6.36 进一步探索不同几何结构对非对称三角形石墨烯纳米带的热整流特性的影响。从图 6.36（a）中可以发现，当三角形石墨烯纳米带的底边长度和手性（扶手形）相同时，45°顶角三角形石墨烯纳米带的热导率低于 30°顶角时的热导率，而 60°顶角三角形石墨烯纳米带的热导率要高于 30°时的热导率。然而，如图 6.36（a）中插图所示，顶角为 45°和 60°的三角形石墨烯纳米带的热整流系数均低于顶角为 30°时的情况。对于 45°顶角的石墨烯纳米带，其斜边是不规则的，因此声子在该边缘上的散射非常剧烈，从而降低了热导率和热整流效果。在扶手形底边的三角形石墨烯纳米带中，只有 30°和 60°顶角的三角形石墨烯纳米带的斜边是规则的；然而当顶角较大时，三角形石墨烯纳米带的结构便越接近对称的矩形石墨烯纳米带（热整流系数为 0）。鉴于不规则边缘与较大的顶角均会削弱热整流效果，30°顶角的三角形石墨烯应具有最佳的热整流效应，其热整流系数最大。如图 6.36（b）和（c）所示，不论顶角为 30°或 60°，扶手形底边的三角形石墨烯纳米带的热导率均低于锯齿形底边的三角形石墨烯纳米带的热导率，但前者具有更大的热整流系数，热整流效果更佳。综合考虑，不难发现扶手形底边、30°顶角的三角形石墨烯纳米带具有最佳的热整流效应。

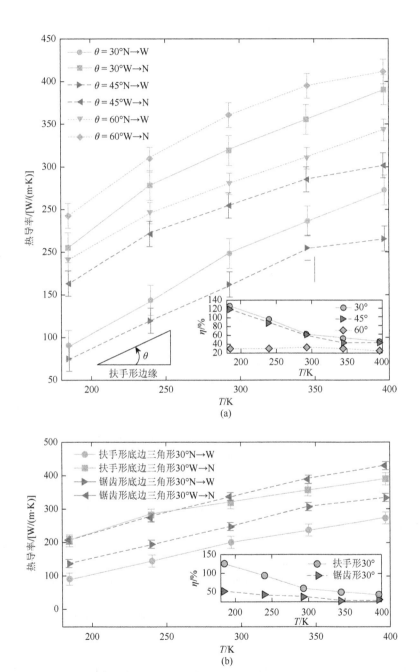

(a)

(b)

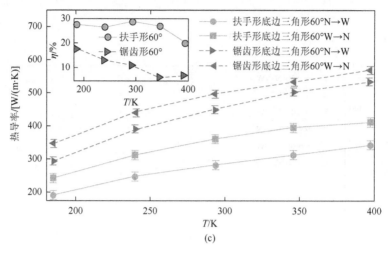

(c)

图 6.36　三角形石墨烯纳米带的热导率[84]

（a）扶手形底边时热导率随顶角的变化；（b）30°顶角时底边手性对热导率的影响；（c）60°顶角时底边手性对热导率的影响。插图为不同结构的热整流系数随温度的变化

# 参 考 文 献

[1]　杨世铭，陶文铨. 传热学. 4 版. 北京：高等教育出版社，2006.

[2]　McGaughey A J，Kaviany M. Phonon transport in molecular dynamics simulations：formulation and thermal conductivity prediction. Adv Heat Transfer，2006，39：169-255.

[3]　Novoselov K S，Geim A K，Morozov S V，et al. Electric field effect in atomically thin carbon films. Science，2004，306：666-669.

[4]　Li J. Modeling microstructural effects on deformation resistance and thermal conductivity. Department of Nuclear Engineering，Massachusetts Institute of Technology，2000.

[5]　Schelling P K，Phillpot S R，Keblinski P. Comparison of atomic-level simulation methods for computing thermal conductivity. Phys Rev B，2002，65：144306.

[6]　Marcolongo A，Umari P，Baroni S. Microscopic theory and quantum simulation of atomic heat transport. Nat Phys，2015，12：80-84.

[7]　Carbogno C，Ramprasad R，Scheffler M. Ab initio green-kubo approach for the thermal conductivity of solids. Phys Rev Lett，2017，118：175901.

[8]　Hong Y，Zhang J，Zeng X C. Thermal conductivity of monolayer MoSe$_2$ and MoS$_2$. J Phys Chem C，2016，120：26067-26075.

[9]　Gu X，Yang R. Phonon transport in single-layer transition metal dichalcogenides：a first-principles study. Appl Phys Lett，2014，105：131903.

[10]　Zhang X，Sun D，Li Y，et al. Measurement of lateral and interfacial thermal conductivity of single and bilayer MoS$_2$ and MoSe$_2$ using refined optothermal raman technique. ACS Appl Mater Interfaces，2015，7：25923-25929.

[11]　Stackhouse S，Stixrude L，Karki B B. Thermal conductivity of periclase（MgO）from first principles. Phys Rev Lett，2010，104：208501.

[12] Kim H, Kim M H, Kaviany M. Lattice thermal conductivity of UO$_2$ using ab-initio and classical molecular dynamics. J Appl Phys, 2014, 115: 123510.

[13] Yue S Y, Zhang X, Qin G, et al. Insight into the collective vibrational modes driving ultralow thermal conductivity of perovskite solar cells. Phys Rev B, 2016, 94: 115427.

[14] Qin G, Zhang X, Yue S Y, et al. Resonant bonding driven giant phonon anharmonicity and low thermal conductivity of phosphorene. Phys Rev B, 2016, 94: 165445.

[15] Goncharov A F, Beck P, Struzhkin V V, et al. Thermal conductivity of lower-mantle minerals. Phys Earth Planet Inte, 2009, 174: 24-32.

[16] Peierls R. Zur kinetischen theorie der wärmeleitung in kristallen. Ann Phys, 1929, 395: 1055-1101.

[17] Baroni S, de Gironcoli S, Corso A D, et al. Phonons and related crystal properties from density functional perturbation theory. Rev Mod Phys, 2001, 73: 515-562.

[18] Shindé S L, Srivastava G P. Length-scale dependent phonon interactions. New York: Springer, 2014.

[19] Jain A. Thermal transport in semiconductors and metals from first-principles. Carnegie Institute of Technology, Carnegie Mellon University, 2015.

[20] Li W, Carrete J, Katcho N A, et al. ShengBTE: a solver of the boltzmann transport equation for phonons. Computer Phys Commun, 2014, 185: 1747-1758.

[21] Jain A, McGaughey A J. Strongly anisotropic in-plane thermal transport in single-layer black phosphorene. Sci Rep, 2015, 5: 8501.

[22] Datta S. Electronic Transport in Mesoscopic Systems. Cambridge: Cambridge University Press, 1997.

[23] Zhang G. Nanoscale Energy Transport and Harvesting: A Computational Study. State of California Pan Stanford, 2015.

[24] Pendry J B. Quantum limits to the flow of information and entropy. J Phys A: Math Gen, 1983, 16: 2161-2171.

[25] Maynard R, Akkermans E. Thermal conductance and giant fluctuations in one-dimensional disordered systems. Phys Rev B, 1985, 32: 5440-5442.

[26] Schwab K, Henriksen E, Worlock J, et al. Measurement of the quantum of thermal conductance. Nature, 2000, 404: 974-977.

[27] Wang J S, Wang J, Lü J T. Quantum thermal transport in nanostructures. Eur Phys J B, 2008, 62: 381-404.

[28] Xu Y, Wang J S, Duan W, et al. Nonequilibrium Green's function method for phonon-phonon interactions and ballistic-diffusive thermal transport. Phys Rev B, 2008, 78: 224303.

[29] Yamamoto T, Watanabe S, Watanabe K. Universal features of quantized thermal conductance of carbon nanotubes. Phys Rev Lett, 2004, 92: 075502.

[30] Chiu H Y, Deshpande V V, Postma H W, et al. Ballistic phonon thermal transport in multiwalled carbon nanotubes. Phys Rev Lett, 2005, 95: 226101.

[31] Xu X, Pereira L F, Wang Y, et al. Length-dependent thermal conductivity in suspended single-layer graphene. Nat Commun, 2014, 5: 3689.

[32] Evans W J, Hu L, Keblinski P. Thermal conductivity of graphene ribbons from equilibrium molecular dynamics: effect of ribbon width, edge roughness, and hydrogen termination. Appl Phys Lett, 2010, 96: 203112.

[33] Zhong W R, Zhang M P, Ai B Q, et al. Chirality and thickness-dependent thermal conductivity of few-layer graphene: a molecular dynamics study. Appl Phys Lett, 2011, 98: 113107.

[34] Savin A V, Kivshar Y S, Hu B. Suppression of thermal conductivity in graphene nanoribbons with rough edges. Phys Rev B, 2010, 82: 195422.

[35] Ong Z Y, Cai Y, Zhang G, et al. Strong thermal transport anisotropy and strain modulation in single-layer phosphorene. J Phys Chem C, 2014, 118: 25272-25277.

[36] Wei N, Xu L, Wang H Q, et al. Strain engineering of thermal conductivity in graphene sheets and nanoribbons: a demonstration of magic flexibility. Nanotechnology, 2011, 22: 105705.

[37] Pei Q X, Zhang Y W, Sha Z D, et al. Tuning the thermal conductivity of silicene with tensile strain and isotopic doping: a molecular dynamics study. J Appl Phys, 2013, 114: 033526.

[38] Hu M, Zhang X, Poulikakos D. Anomalous thermal response of silicene to uniaxial stretching. Phys Rev B, 2013, 87: 195417.

[39] Haskins J, Kınacı A, Sevik C, et al. Control of thermal and electronic transport in defect-engineered graphene nanoribbons. ACS Nano, 2011, 5: 3779-3787.

[40] Wirth L J, Osborn T H, Farajian A A. Resilience of thermal conductance in defected graphene, silicene, and boron nitride nanoribbons. Appl Phys Lett, 2016, 109: 173102.

[41] Peng B, Ning Z, Zhang H, et al. Beyond perturbation: role of vacancy-induced localized phonon states in thermal transport of monolayer $MoS_2$. J Phys Chem C, 2016, 120: 29324-29331.

[42] Zhang H, Lee G, Cho K. Thermal transport in graphene and effects of vacancy defects. Phys Rev B, 2011, 84: 115460.

[43] Hu S, Chen J, Yang N, et al. Thermal transport in graphene with defect and doping: phonon modes analysis. Carbon, 2017, 116: 139-144.

[44] Wu X, Yang N, Luo T. Unusual isotope effect on thermal transport of single layer molybdenum disulphide. Appl Phys Lett, 2015, 107: 191907.

[45] Stewart D A, Savic I, Mingo N. First-principles calculation of the isotope effect on boron nitride nanotube thermal conductivity. Nano Lett, 2009, 9: 81-84.

[46] Jiang J W, Lan J, Wang J S, et al. Isotopic effects on the thermal conductivity of graphene nanoribbons: localization mechanism. J Appl Phys, 2010, 107: 054314.

[47] Hu J, Schiffli S, Vallabhaneni A, et al. Tuning the thermal conductivity of graphene nanoribbons by edge passivation and isotope engineering: a molecular dynamics study. Appl Phys Lett, 2010, 97: 133107.

[48] Kim J Y, Lee J H, Grossman J C. Thermal transport in functionalized graphene. ACS Nano, 2012, 6: 9050-9057.

[49] Zhu T, Ertekin E. Phonon transport on two-dimensional graphene/boron nitride superlattices. Phys Rev B, 2014, 90: 195209.

[50] Qiu B, Ruan X. Reduction of spectral phonon relaxation times from suspended to supported graphene. Appl Phys Lett, 2012, 100: 193101.

[51] Wang Z, Feng T, Ruan X. Thermal conductivity and spectral phonon properties of freestanding and supported silicene. J Appl Phys, 2015, 117: 084317.

[52] Hida S, Hori T, Shiga T, et al. Thermal resistance and phonon scattering at the interface between carbon nanotube and amorphous polyethylene. Int J Heat Mass Transfer, 2013, 67: 1024-1029.

[53] Ong Z Y, Pop E, Shiomi J. Reduction of phonon lifetimes and thermal conductivity of a carbon nanotube on amorphous silica. Phys Rev B, 2011, 84: 165418.

[54] Zhang X, Bao H, Hu M. Bilateral substrate effect on the thermal conductivity of two-dimensional silicon. Nanoscale, 2015, 7: 6014-6022.

[55] Guo Z X, Ding J W, Gong X G. Substrate effects on the thermal conductivity of epitaxial graphene nanoribbons. Phys Rev B, 2012, 85: 235429.

[56] Ong Z Y，Pop E. Effect of substrate modes on thermal transport in supported graphene. Phys Rev B，2011，84：075471.

[57] Castro Neto A H，Guinea F，Peres N M R，et al. The electronic properties of graphene. Rev Mod Phys，2009，81：109-162.

[58] Das Sarma S，Adam S，Hwang E H，et al. Electronic transport in two-dimensional graphene. Rev Mod Phys，2011，83：407-470.

[59] Geim A K，Novoselov K S. The rise of graphene. Nat Mater，2007，6：183-191.

[60] Balandin A A，Ghosh S，Bao W，et al. Superior thermal conductivity of single-layer graphene. Nano Lett，2008，8：902-907.

[61] Wu X，Varshney V，Lee J，et al. Hydrogenation of penta-graphene leads to unexpected large improvement in thermal conductivity. Nano Lett，2016，16：3925-3935.

[62] Lindsay L，Broido D A，Mingo N. Flexural phonons and thermal transport in graphene. Phys Rev B，2010，82：115427.

[63] Xu Y，Chen X，Gu B L，et al. Intrinsic anisotropy of thermal conductance in graphene nanoribbons. Appl Phys Lett，2009，95：233116.

[64] Saito K，Nakamura J，Natori A. Ballistic thermal conductance of a graphene sheet. Phys Rev B，2007，76：115409.

[65] Ghosh S，Bao W，Nika D L，et al. Dimensional crossover of thermal transport in few-layer graphene. Nat Mater，2010，9：555-558.

[66] Munoz E，Lu J，Yakobson B I. Ballistic thermal conductance of graphene ribbons. Nano Lett，2010，10：1652-1656.

[67] Tersoff J. Modeling solid-state chemistry: interatomic potentials for multicomponent systems. Phys Rev B，1989，39：5566-5568.

[68] Huang H，Xu Y，Zou X，et al. Tuning thermal conduction via extended defects in graphene. Phys Rev B，2013，87：205415.

[69] Bagri A，Kim S P，Ruoff R S，et al. Thermal transport across twin grain boundaries in polycrystalline graphene from nonequilibrium molecular dynamics simulations. Nano Lett，2011，11：3917-3921.

[70] Nika D L，Pokatilov E P，Askerov A S，et al. Phonon thermal conduction in graphene: role of Umklapp and edge roughness scattering. Phys Rev B，2009，79：155413.

[71] Cai W，Moore A L，Zhu Y，et al. Thermal transport in suspended and supported monolayer graphene grown by chemical vapor deposition. Nano Lett，2010，10：1645-1651.

[72] Kong B D，Paul S，Nardelli M B，et al. First-principles analysis of lattice thermal conductivity in monolayer and bilayer graphene. Phys Rev B，2009，80：033406.

[73] Ma F，Zheng H B，Sun Y J，et al. Strain effect on lattice vibration, heat capacity, and thermal conductivity of graphene. Appl Phys Lett，2012，101：111904.

[74] Lee C，Wei X，Kysar J W，et al. Measurement of the elastic properties and intrinsic strength of monolayer graphene. Science，2008，321：385-388.

[75] Seol J H，Jo I，Moore A L，et al. Two-dimensional phonon transport in supported graphene. Science，2010，328：213-216.

[76] Liu X，Zhang G，Zhang Y W. Topological defects at the Graphene/h-BN interface abnormally enhance its thermal conductance. Nano Lett，2016，16：4954-4959.

[77] Lu J，Gomes L C，Nunes R W，et al. Lattice relaxation at the interface of two-dimensional crystals: graphene and hexagonal boron-nitride. Nano Lett，2014，14：5133-5139.

[78] Ong Z Y，Zhang G. Efficient approach for modeling phonon transmission probability in nanoscale interfacial thermal transport. Phys Rev B，2015，91：174302.

[79] Hu L，Desai T，Keblinski P. Determination of interfacial thermal resistance at the nanoscale. Phys Rev B，2011，83：195423.

[80] Cao A，Qu J. Kapitza conductance of symmetric tilt grain boundaries in graphene. J Appl Phys，2012，111：053529.

[81] Chen S，Chrzan D C. Continuum theory of dislocations and buckling in graphene. Phys Rev B，2011，84：214103.

[82] Liu Y，Zou X，Yakobson B I. Dislocations and grain boundaries in two-dimensional boron nitride. ACS Nano，2012，6：7053-7058.

[83] Chang C，Okawa D，Majumdar A，et al. Solid-state thermal rectifier. Science，2006，314：1121-1124.

[84] Hu J，Ruan X，Chen Y P. Thermal conductivity and thermal rectification in graphene nanoribbons：a molecular dynamics study. Nano Lett，2009，9：2730-2735.

# 第7章

## 其他新奇低维材料

除了之前讨论的力学、电学、磁学、光学及热输运性质外，低维材料由于其丰富的结构能够具有其他新奇性质，如铁电性质、铁弹性质、压电性质、超导性质及拓扑性质。这些新奇性质近年来越来越得到材料科学领域的重视，不仅是因为这些性质背后深刻的物理原理，更是因为它们在未来纳米器件中独特且广泛的应用前景。通过利用理论计算和模拟，目前已经有大量具有上述新奇性质的低维材料（尤其是二维材料）被成功预测并研究，为实现低维材料更丰富的应用打下基础，也为低维条件下的各种物理和化学性质的研究提供指导。

## 7.1 低维铁电材料

铁电性的材料具有自发的由电偶极矩形成的电极性，并且该电极性在外界电场的作用下可以通过相转变而改变其方向（通常是由一个方向变到相反的方向），从而实现铁电材料的电极性切换。铁电材料的这种性质使得其在非易失性存储器件应用中有巨大潜力。在基于铁电材料的该类器件中，较大外电场引起铁电极性的切换从而实现数据的写入，同时可以用较小的外电场来读取之前写入的数据。自从石墨烯成功制备以来，材料科学领域对在相关低维材料（特别是二维材料）的结构中寻找类似性质产生了浓厚的兴趣，因为它们在未来纳米器件的发展中有着巨大的应用潜力。但是低维结构表面存在的去极化场常常能够抵消大多数材料的电极性，使得低维铁电材料十分稀少。因此，近年来通过理论和计算模拟的方法对低维铁电材料的成功预测吸引了不少的关注。目前，仅有少数二维材料被发现具有铁电性，其主要来源于中心对称缺失的晶体结构带来的离子位移而引发的电偶极矩。其中，拥有与二维 bP 类似晶体结构的第 14 族硫族化合物 MX（其中 M 代表 Ge 和 Sn，而 X 代表 S 和 Se）就是典型的例子，接下来将以二维 MX 的铁电性质为主进行讨论，并简要介绍其他低维铁电材料及其性质。

### 7.1.1 铁电极性与相转变

在铁电性质中，铁电极性及其相转变是两个最为重要的概念。这是因为它们不仅描述了铁电材料中铁电性的鲁棒性，更描述了铁电材料在铁电切换中的物理过程和电响应的强弱，这对于理解铁电材料的性质和拓展其应用极为重要。以下将以二维第 14 族硫族化合物 MX 为例详细探讨二维结构中的铁电极性和相转变。

二维 MX 单层结构如图 7.1 所示，由于其具有铁电性质的内在特征而可以在外界施加电场的作用下发生铁电相转变[2-5]。二维 MX 单层结构的铁电相转变发生于它的四重简并的基态之间，这四个基态的结构如图 7.2（a）～（d）所示，它们分别具有沿 $\pm x$ 和 $\pm y$ 方向的面内电极性，即 $\pm P_x$ 和 $\pm P_y$。这些电极性来源于其结构中的 M-X 原子对。具体来说，在二维 MX 结构中的分别位于上下两个子平面中最邻近的 M 和 X 原子具有不同电负性，于是产生了由 X 指向 M 方向的电偶极矩 $\boldsymbol{p}$，将这些电偶极矩在二维材料平面内的投影相加即得到该二维铁电材料平面内的自发电极化 $\boldsymbol{P_s}$。该电极性在面内外场的作用下可以发生偏转甚至反向，并且该极性方向的变化是与二维 MX 的结构变化联系在一起的，所以在由外场引发的铁电相转变过程中也会出现对应的结构转变。下面将以由具有 $-P_x$ 的 MX 基态发生铁电相转变形成具有 $+P_x$ 的基态为例详细讨论二维 MX 单层体系中的铁电相转变过程。图 7.2（a）和（b）所示的两个能量简单且具有相反自发电极矩（$-P_x$ 和 $+P_x$）的二维 MX 基态结构（也称为铁电态）在外界施加

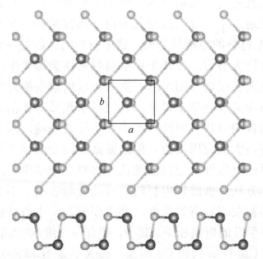

图 7.1    二维单层第 14 族硫族化合物 MX 的结构顶视和侧视示意图[1]

其中深色和浅色圆球分别表示 M 和 X 原子，$a$ 和 $b$ 则分别为较长和较短的晶格常数

面内电场的作用下能够进行铁电相转变。图 7.2（b）结构中的 M-X 原子对可以在沿–x 方向（扶手形方向）的面内电场作用下发生以 y 轴为中心的偏转，如图 7.2（e）所示，$\theta_1$ 和 $\theta_2$ 角由原来基态时均大于零的情况渐渐减小到零并进一步减小为负数，最终完成铁电相转变并形成如图 7.2（a）所示的结构。在这个过程中，二维 MX 单层的总能量随着其电极性在二维平面内投影的大小也在不断变化，通过计算模拟可以得到如图 7.2（f）所示的二维 SnSe 铁电体系的总能量与其面内电极性的关系。利用朗道-金兹堡（Landau-Ginzburg）展开式可以对该关系进行拟合[2]，

$$E = \sum_i \frac{A}{2}(P_i^2) + \frac{B}{4}(P_i^4) + \frac{C}{6}(P_i^6) + \frac{D}{2}\sum_{<i,j>}(P_i - P_j)^2 \qquad (7.1.1)$$

由式（7.1.1）对图 7.2（f）中的曲线进行拟合可以得到，二维 SnSe 具有局域最小能量的自发电极化 $P_s$ 为 151～206 pC/m，以及其发生铁电相转变的能垒为 0.94～1.72 meV/原子。而在类似的二维 GeSe 中，可以得到其铁电相转变能垒为 24～28 meV/原子，其自发电极化为 340～367 pC/m，与传统的体铁电材料（如 BaTiO$_3$）的性能相当，这说明该材料具有纳米铁电应用的巨大潜力。利用类似的方法，表 7.1 中归纳了绝大部分目前已经在理论计算上发现的二维铁电材料的铁电极性和铁电相转变能垒。其中，二维 MX 体系具有较大的铁电极性，使其能够具有明显的铁电切换信号，同时它的铁电相转变能垒大小适中，使其铁电切换不

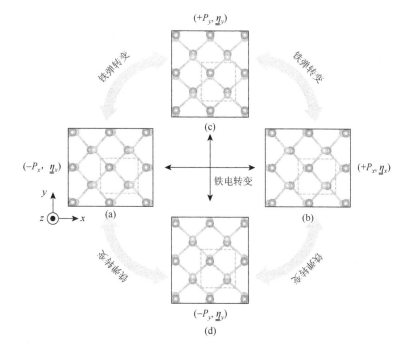

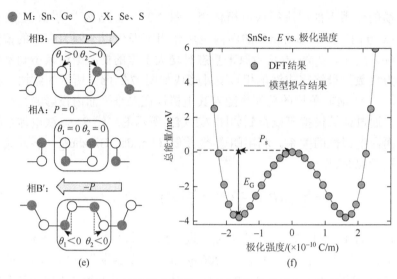

图 7.2 （a）～（d）二维第 14 族硫族化合物 MX 四个简并的铁电和铁弹基态结构示意图；其中，$\pm P_x$ 与 $\pm P_y$ 分别代表沿四个方向的电极性，$\eta_x$ 和 $\eta_y$ 则分别代表沿 $x$ 和 $y$ 方向的相转变结构应变，粗细箭头分别表示铁弹和铁电的相变过程[4]；（e）二维 MX 的（相 B 和相 B′）两个简并的极性结构和（相 A）无极性的高对称相转变中间态的侧视示意图；$P$ 代表体系中的面内极性，$\theta_1$ 和 $\theta_2$ 分别代表图中两个 M-X 原子对与竖直方向间的夹角；（f）二维 SnSe 总能量与面内极性投影大小间的关系；$P_s$ 和 $E_G$ 分别代表在基态时的自发电极矩和铁电相转变能垒[2]

至于过难且铁电态相对稳定，这些特性使得二维 MX 体系在二维铁电器件的应用中具有极高的价值。

表 7.1    不同二维材料的铁电和铁弹性质

| 二维材料 | 参考文献 | $T_C$/K | $P_s$ | 铁电相转变能垒/(meV/原子) | 自发应变/% | 铁弹相转变能垒 |
|---|---|---|---|---|---|---|
| GeS | [2] | — | 506 pC/m | 145.19 | 17.80 | 22.6 meV/原子 |
| GeSe | [2] | — | 367 pC/m | 28 | 6.60 | 4.75 meV/原子 |
| SnS | [2] | 1200 | 262 pC/m | 9.58 | 4.90 | 4.2 meV/原子 |
| SnSe | [2] | 326 | 151 pC/m | 0.94 | 2.10 | 1.3 meV/原子 |
| In₂Se₃ | [11] | | 2.36eÅ/原胞 | 13.2 | — | — |
| 1T MoS₂ | [15] | | 2.8 pC/m | — | — | — |
| Sc₂CO₂ | [10] | | 16 pC/m | 0.10 | — | — |
| BP₅ | [16] | | 326 pC/m | | 41.40 | 0.32 meV/原子 |
| bP 单层 | [3] | | — | — | 37.90 | 0.2 meV/原子 |

续表

| 二维材料 | 参考文献 | $T_C$/K | $P_s$ | 铁电相转变能垒/(meV/原子) | 自发应变/% | 铁弹相转变能垒 |
|---|---|---|---|---|---|---|
| 硼烯 | [13] | 240 | — | — | 45.60 | 0.2 meV/原子 |
| α-SnO | [14] | — | — | — | 9.45 | $1 \times 10^{12}$ eV/cm$^2$ |
| 1T'-WTe$_2$ | [9] | — | — | — | — | 0.07 meV/原子 |

注：$T_C$ 和 $P_S$ 分别代表居里温度和自发电极矩

由于二维 MX 体系中自发电极矩的改变与其结构的改变息息相关，所以除了施加外界电场，其铁电极性的改变也可以由垂直于该电极性方向的拉伸晶格形变而引起[3]。通过在二维 MX 结构的锯齿形方向上施加拉伸应力，其晶格结构能够发生沿锯齿形方向的形变，其中 M-X 原子对的电偶极矩在平面内的投影方向将改变 90°从而与应力方向相同，最终实现 90°的铁电极性相转变，如图 7.2（a）～（c）所示。这个过程与铁弹转变的过程类似，这将在 7.2 节中详细介绍。

二维 MX 体系处于基态时的铁电极性可以通过拉伸应力和光照两种方法进行调控，这使得该体系可以实现更为丰富的纳米尺度的应用[4, 5]。首先，通过施加沿着铁电极性方向（即扶手形方向）的拉伸应力，二维 MX 的结构将沿该方向发生拉伸应变，图 7.2（e）中的 $\theta_1$ 和 $\theta_2$ 两个角将变大，从而使得该体系中 M-X 原子对产生的电极性在二维平面内的投影随着沿扶手型方向拉伸应变的增大而增大[4]，如图 7.3（a）所示。在二维 GeSe 体系中，当沿扶手形方向的应力由 0%（紫色曲线）逐渐增大到 6%（橙色曲线）时，其 $P_s$ 和 $E_G$ 都随着应变增大而增大。$P_s$ 和 $E_G$ 分别由无拉伸应变时的 347 pC/m 与 0.02 eV/原子增大到 427 pC/m 与 0.07 eV/原子。其次，二维 MX 结构中的自发电极矩还可以通过光照的方式进行调制。在该过程中，其铁电极性由于光生电子的影响而减小，这个现象被称为光致应变（photostriction）[5]。例如，在二维 SnSe 体系中，Se 原子沿扶手形方向上 p 电子轨道的局域价带顶中的电子被线偏振光直接激发，然后转移到同一个 $k$ 点处的 Sn 原子 p 轨道的导带顶 [图 7.3（b）]。这样由 Se 原子到 Sn 原子的电子迁移降低了原本由 Se 指向 Sn 的电偶极矩，从而也降低了体系的自发电极矩。如图 7.3（c）所示，二维 SnSe 中铁电自发电极矩随着光照产生的载流子掺杂浓度的增大而减小。铁电自发电极矩的降低又进一步导致晶格结构形变或应力，使得该体系中沿扶手形方向的晶格常数减小而沿锯齿形方向的晶格常数增大。除了光致应变效应外，非偏振光的照射也能够降低铁电极性，这是因为光照可以在二维平面内引起位移电流（shift current），这些位移电流可以抵消掉一部分自发电极矩[6]。

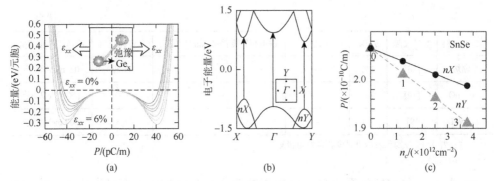

图 7.3 （a）二维 GeSe 沿扶手形方向单轴结构应变对体系中总能量和总自发电极矩的影响[4]；（b）二维 SnSe 单层的能带结构；其中，$\Gamma$ 点、沿 $\Gamma$-$X$ 及沿 $\Gamma$-$Y$ 线的三个直接光学跃迁分别由中间、左边和右边箭头标示；（c）二维 SnSe 中自发电极矩随载流子浓度的变化；其中，$nX$（实心圆）和 $nY$（实心三角）分别表示偏振方向沿 $\Gamma$-$X$ 和 $\Gamma$-$Y$ 的光激发的载流子效应[6]

## 7.1.2 居里温度与相变

在铁电性质中另一个重要的特性是居里温度 $T_C$，因为其表征了铁电自发电极矩与温度的关系。在温度高于居里温度 $T_C$ 时，体系的铁电极性随着结构的形变而消失，使得铁电性质被破坏。

美国阿堪萨斯大学的 Mehboudi 和 Barraza-Lopez 等详细研究了第 14 族硫族化合物 MX 中 GeSe 和 SnSe 单层结构在温度高于居里温度 $T_C$ 时发生由长方形元胞到正方形元胞的相变，从而使得它们的电子结构与性质发生显著改变[7]。在二维第 14 族硫族化合物 MX 的单个元胞中，上下两层原子的构型分别为 M-X 与 X-M，其中 M 与 X 上下成键的相对取向使得单层 MX 具有四重简并的基态结构。当体系温度低于其居里温度 $T_C$ 时，单层 MX 处于该四重简并的基态，上下 M-X 对在面内的投影并不重合，如图 7.4（a）左图所示，此时单层 MX 具有长方形的元胞；而在体系温度达到并超过 $T_C$ 后，原来的长方形元胞变为正方形，且上下 M-X 对在面内投影重合，使得该体系变得高度对称，如图 7.4（a）右图所示。在这个相变过程中，以单层 SnSe 为例，描述其结构变化的序参数随温度的升高在 $T_C$ 时发生显著变化。具体而言，这些序参数分别为晶格常数 $a_1$ 和 $a_2$、原子间距离 $d_1$、$d_2$ 和 $d_3$（分别为第一、第二和两个第三邻近原子间距）、单个原子与其两个第二和两个第三邻近原子间夹角 $\alpha_3$ 和 $\alpha_1$ 及第二和第三邻近原子间夹角 $\alpha_2$，如图 7.4（b）所示，它们可以详细描述单层 MX 体系在 $T_C$ 处相变时的结构变化。图 7.4（c）给出了 GeSe 体系中这些序参数随着环境温度的变化，从中可以看出，在温度由 0 K 开始上升并接近 $T_C$ 的过程中，$a_1$、$d_3$、$\alpha_3$ 和 $\alpha_2$ 先是缓慢减小，并在临近 $T_C$ 时急剧减小，并在温度大于 $T_C$ 后趋于平稳，对应于图 7.4（a）右图中的结构。而 $d_2$ 与 $\alpha_1$ 则先是增大再趋于平稳，$d_1$ 在温度升高的整个过程中大致保持不变。SnSe

单层体系中序参数具有类似的变化，从而可以得出 GeSe 和 SnSe 的居里温度分别为（350±16）K 和（175±11）K。图 7.4（d）进一步展示了 GeSe 单层在温度分别为 0 K、200 K 及 400 K 时的态密度和能带结构。其中，在温度低于和高于 $T_C$ 的情况下，GeSe 单层均具有清晰的带隙，带隙的大小在温度由 0 K 升高到 400 K

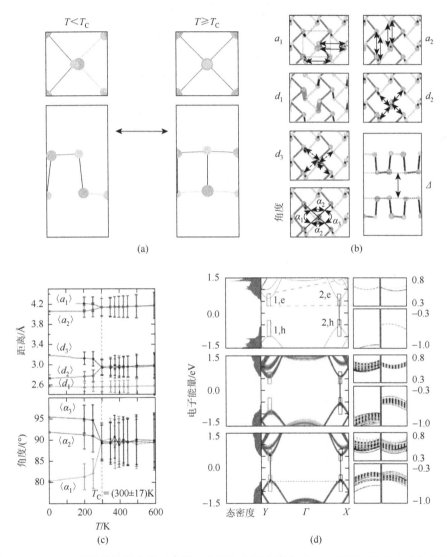

图 7.4　（a）MX 单层结构转变的示意图，左图和右图分别表示 MX 单层在温度小于和大于等于 $T_C$ 时的结构，灰色和橙色圆球分别表示 M 和 X 原子；（b）描述结构转变的序参数的定义；（c）GeSe 单层结构中序参数随温度的变化；（d）GeSe 单层在温度分别为 0 K、200 K 和 400 K 情况下的态密度和能带结构（左）及沿 $\Gamma$-$X$ 和 $\Gamma$-$Y$ 两个直接带隙处谷顶点的放大图（右），左图与右图中的红色和黑色方框一一对应[7]

的过程中减小了约 200 meV。同时，态密度中在 0 K 下最尖锐的峰随着温度的升高逐渐变矮变宽；并且沿 $\Gamma$-$X$ 和 $\Gamma$-$Y$ 两个相互垂直方向上的两个直接带隙也由 0 K 时的不相等变为 400 K 时的相等，使得 MX 单层体系的载流子迁移随温度升高出现由各向异性到各向同性的转变。通过进一步分析二维单层 GeSe 和 SnSe 的能带结构可以得出温度对其谷自旋极化的影响[7]。如图 7.4（d）右图中间面板所示，由自旋轨道耦合效应引入的谷自旋极化在温度约为 $T_C$ 时显著减弱，这是因为自旋向上（黑色实线）和自旋向下（黄色虚线）能带在温度的作用下变宽且相互接近。通过以上分析可知，当温度大于等于 $T_C$ 时，二维 MX 单层沿 $\Gamma$-$Y$ 方向的空穴谷升高并与沿 $\Gamma$-$X$ 方向的空穴谷对齐 [图 7.4（d）下面板]，这使得 0 K 时原本仅有一个空穴谷贡献的空穴传导在温度大于等于 $T_C$ 时拥有两个等效的空穴谷贡献。由于能带结构在 $T_C$ 处由各向异性到各向同性的转变，MX 单层体系以温度 $T_C$ 为界限具有不同的线偏振光吸收。

铁电体系中自发电极矩具有与温度相关的函数关系[2]

$$P(T) = \begin{cases} \mu(T_C - T)^\delta & T \leq T_C \\ 0 & T > T_C \end{cases} \qquad (7.1.2)$$

其中，$T$ 为外界温度；$\mu$ 为常数；$\delta$ 为临界指数。二维 MX 的铁电极性关于温度的函数可以由蒙特卡罗方法模拟体系内自发电极矩随温度的变化得到。如图 7.5 所示，模拟得到二维 SnSe 的铁电极性随温度的变化（圆点）可以由式（7.1.2）

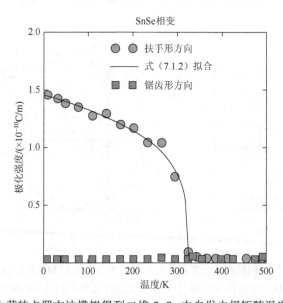

图 7.5　由蒙特卡罗方法模拟得到二维 SnSe 中自发电极矩随温度的变化[2]

圆点和方块分别表示沿扶手形和锯齿形方向的自发电极矩随温度的变化，曲线为由式（7.1.2）得到的拟合曲线

拟合得到自发电极矩随温度变化的黑色曲线。二维 SnSe 的自发电极矩在温度大约为 326 K 时消失，即 $T_C = 326$ K。具有较小原子序数的二维 MX 结构及其他二维铁电材料的 $T_C$ 也可以由蒙特卡罗方法模拟得到，均被归纳在表 7.1 中。由表 7.1 可知，具有较小原子序数的 MX 体系具有更大的居里温度，从而具有更实用的价值。而对于一个给定的体系，如 SnSe，其 $T_C$ 将随着二维结构层数的增加而增加，单层 SnSe 的 $T_C = 326$ K 而体结构 SnSe 的 $T_C$ 显著增大到 800 K。这是因为 SnSe 体结构中的晶格常数比值（$a/b$，其中 $a$ 和 $b$ 分别为较大和较小的晶格常数）较二维单层结构的比值大，使得体结构中铁电极性更为稳定，从而增大了该体系的 $T_C$。这也说明可以施加沿极性方向的外界应变来增大低维铁电材料的自发电极矩 $P_s$ 和居里温度 $T_C$，使其具有更好的应用性能。

## 7.1.3　铁电畴壁

在真实环境中，铁电相转变并不是在整个二维体系中同时发生的，而是以铁电畴壁（domain wall）迁移的方式发生[4]。同样在二维 MX 体系中，以二维 GeS 体系为例，其 180°畴壁 [畴壁两边的铁电极性在平面内相反，图 7.6（a）] 是翻转二维 GeS 超胞中右边部分的铁电极性使其与左边部分的极性相反而达到。如图 7.6（a）所示整个体系的能量设为零，然后该 180°畴壁开始沿着锯齿形（$+x$）方向从左到右迁移。为了简便起见，这里仅讨论铁电畴壁迁移一个二维 GeS 元胞距离的过程，该体系在这个过程中总能量的变化如图 7.6（b）所示，其中标记"1"表示该畴壁处于如图 7.6（a）所示的初始结构（能量为零）。当畴壁开始迁移后，其将首先影响图 7.6（a）中红色虚线框所示的 GeS 元胞左上角的 Ge-S 原子对，使得该 Ge-S 原子对发生偏转，同时将其面内电极性逐渐减小为零，此时该体系的总能量达到约 1.6 meV/Å，对应于图 7.6（b）中的标记"3"，达到畴壁迁移的能量最大值，即迁移能垒。畴壁继续向右迁移到 GeS 元胞中心时，左上角的 Ge-S 原子对继续发生偏转并与畴壁左边的 Ge-S 原子对的偏转方向一致，此时右下角的 Ge-S 原子对尚未发生偏转，使得该元胞中两个 Ge-S 原子对具有相反的面内铁电极矩。此时的结构与畴壁刚开始迁移时的初始结构类似，总能量由 1.6 meV/Å 重新减小到零，如图 7.6（b）中标记"5"所示。图 7.6（b）中由标记"5"～"9"所代表的畴壁迁移行为类似，同样具有约 1.6 meV/Å 的能垒。所以，在畴壁迁移一个单位元胞距离的过程中具有两个能量均为 1.6 meV/Å 的畴壁迁移能垒。这是由单个元胞中两个沿对角方向 Ge-S 原子对的晶格结构对称性所决定的。而且这两个能垒较小，使得 GeS 单层结构中的畴壁快速迁移成为可能，即可以实现快速铁电极性切换。此外，GeS 的畴壁宽度大概是 1 nm，且在整个迁移过程中大致保持不变，而拥有更大原子序数的 MX 体系（如 GeSe、SnS 和 SnSe）的畴壁宽度随着原子序数的增大而增大，这是 M-X 原子对在平面内投影位移随原子序数增大而减小导致的。

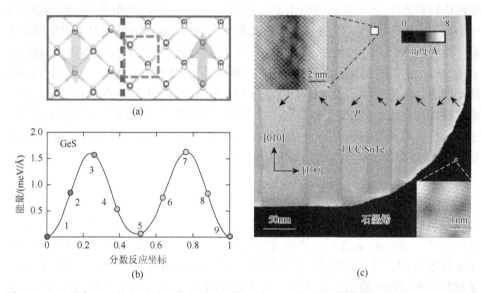

图 7.6 （a）具有 180°铁电畴壁（蓝色虚线）的二维 GeS 的结构顶视示意图，其中蓝色和粉色箭头分别表示两个相反方向的铁电极性，红色虚线框表示 GeS 单位元胞；（b）铁电畴壁迁移的能量曲线，其中初始态、中间态及末态分别由 1～9 标示[4]；（c）具有 90°铁电畴壁的 SnTe 薄膜的 STM 顶视照片，左上角插图为铁电畴壁处 STM 的放大照片，右下角插图为石墨烯基底的 STM 放大照片[8]

　　最近在实验中通过扫描隧道显微镜成功观察到二维 SnTe 单层结构中由两个具有相互垂直极化方向的铁电畴形成的畴壁[8]，如图 7.6（c）所示，表明前面介绍的关于低维铁电材料的理论预测是可靠和准确的。实验测得该体系的居里温度 $T_C = 270$ K，其晶格取向和自发电极矩的耦合也同样被实验所证实。并且，在畴边缘成功观察到了由极化电荷引起的等效电场导致的能带弯曲（band-bending）现象，进一步证实了该体系的铁电性质。

### 7.1.4　其他低维铁电材料

　　目前对于低维（尤其是二维）铁电材料的预测主要集中在与二维 MX 体系类似的具有由固有离子位移引起的自发电极矩的体系中。例如，不稳定且具有中心对称性的二维 1T 相的 $WTe_2$ 发生结构形变，形成稳定的具有由 W 原子相对于 Te 原子相对位移的铁电相 1T′-$WTe_2$（自发电极矩 $P_s = 2.8$ pC/m）[9]。1T-$WTe_2$ 的晶体结构在二维平面可以沿着三个各成 120°的方向发生自发弛豫形成三个等效的 1T′-$WTe_2$ 结构，且这些结构的晶向间各成 120°夹角，如图 7.7（a）所示，三个等效的弛豫方向和 1T′-WTe$_2$ 结构由 1、2 和 3 分别表示。与二维 MX 体系类似，1T′-WTe$_2$ 的铁电相转变同样是以铁电畴壁迁移的方式进行。在图 7.7（b）中显示的由"1"～"6"的相转变过程中，体系总能量随相转变过程的变化如图 7.7（c）所示，可以得到该铁电相转变的势垒约为 0.06 eV/原子。另一个例子是二维 MXene（Sc$_2$CO$_2$）单层结构，其铁电相转变过程中具有三个可切换的且非易失性的反铁电态。明显区别于通常仅有两个铁电态的材料，这些材料可以用作具有三个存储态的非易失性存储器件[10]。二维 Sc$_2$CO$_2$ 具有垂直于二维平面的铁电极性 16 pC/m，并且具有两个相似的铁电相转变能垒（约 0.1 eV/原子）及一个仅比初始态高0.006 eV/原子能量的中间态，如图 7.7（d）所示。其中，由贝里相（Berry phase）方法计算得到二维 Sc$_2$CO$_2$ 在初始时具有沿 $z$ 轴向上的铁电极性 $+P_z$，如图 7.7（d）左侧插图所示，这是由于顶层氧原子和中间层碳原子的电荷密度显著相交，电负

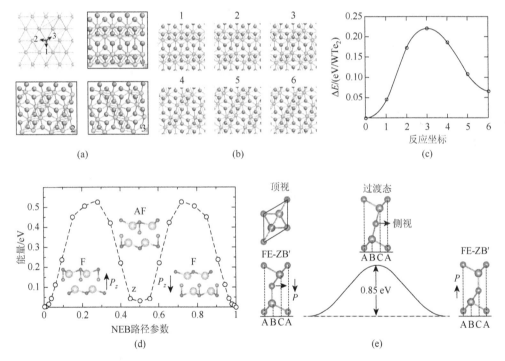

图 7.7 （a）二维 1T-WTe$_2$ 沿三个等效方向的自发结构弛豫形成三个等效的 1T′-WTe$_2$ 铁电态，灰色和棕色圆球分别表示 W 和 Te 原子；（b）1T′-WTe$_2$ 的铁电相转变结构形变过程；（c）1T′-MoS$_2$ 的铁电相转变过程中能量的变化，其中 1 到 6 分别代表（b）中相应结构与初始结构间的能量差[9]；（d）二维 Sc$_2$CO$_2$ 体系的能量在铁电相转变过程中随体系结构的变化，插图表示该体系在相转变过程中的结构和电极性变化，黄色、红色和青色圆球分别表示 Sc、O 和 C 原子[10]；（e）二维 In$_2$Se$_3$ 的结构顶视和侧视示意图及其铁电相转变过程中能量的变化，红色和蓝色圆球分别代表 Se 和 In 原子[11]

性不同引起氧原子的部分电子转移到碳原子上使得碳原子带负电,并由其原本位于带正电的两层 Sc 原子层间的中心位置沿面外方向上移动约 0.3Å,从而使二维 $Sc_2CO_2$ 的初始态具有沿面外方向向上的电极性。经过第一个相转变能垒后该体系到达了稳定的中间态,其结构如图 7.7 (d) 中间插图所示,铁电极性消失。进一步相转变经过下一个能垒后,二维 $Sc_2CO_2$ 具有与初始结构上下颠倒的结构,如图 7.7 (d) 右侧插图所示,具有向下的铁电极性。另一个例子是二维 $In_2Se_3$,其结构的侧视图如图 7.7 (e) 左图所示,它具有五个子平面,从上到下分别是 Se-In-Se-In-Se,具有垂直于二维平面的铁电极矩[11]。在其铁电相转变过程中,中间层的 Se 原子逐渐向右移动,在上下两个 In 原子连线的中点处时,体系的铁电极性由于此时结构具有较高对称性而消失,如图 7.7 (e) 中图所示。随后该 Se 原子继续往右移动,直到形成了与初始结构上下恰好颠倒的结构,如图 7.7 (e) 右图所示。二维 $In_2Se_3$ 在整个铁电相转变的总能量变化如图 7.7 (e) 中黑色曲线所示,其相转变能垒约为 0.85 eV/元胞。

　　除固有离子位移外,在低维材料中施加外界电场的方式同样可以引入铁电性质。Hu 等于 2016 年提出在原本不具有铁电极性的二维 bP 中施加外加电场可以引入铁电性质[12]。虽然原始的二维 bP 材料由于其特殊的结构而具有反演对称性,但是因为单一的原子构成在其结构内部并不具有自发形成的电偶极矩,所以其不具有铁电性质。但是在 bP 的纳米带体系中,电场可以调控电荷在纳米带结构中的分布,从而可以引入电荷不均匀分布而引起电极性。具体而言,在 bP 扶手型纳米带中引入垂直于纳米带平面的电场,使得其中的电荷发生较为显著的重新分布,如图 7.8 所示,电荷较多地集中在连接两个子平面的 P—P 键上,而同一子

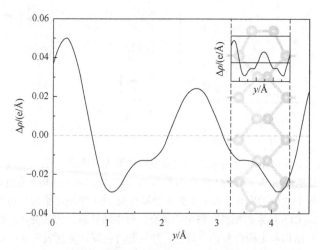

图 7.8　bP 扶手型纳米带单位长度中沿周期方向的电荷密度变化[12]

正值和负值分别代表电荷的聚集和减少;插图表示单位长度的 bP 扶手型纳米带结构及其上的电荷密度变化

平面内 P—P 键上的电荷则显著减少，从而在体系中引入了沿纳米带周期方向的电极性。

# 7.2 低维铁弹材料

铁弹性质可看成是铁电性质的力学等效。铁弹性质描述了材料能够在外界应力的影响下在能量简并且具有自发应变的两个态之间进行晶格相转变。外界应力的作用能够触发铁弹材料的转变，在铁弹转变中，两个铁弹自发应变的方向通常是相互垂直的。铁弹材料的这种受应力作用发生晶格形变且能够稳定存在的性质，使其在非易失性存储器件及形变记忆器件的应用中具有巨大的潜力。在存储器件中，数据的写入不依靠电效应而是利用外界应力。同样由于低维材料研究与应用的兴起，在低维材料，尤其是二维材料中实现铁弹性质也越来越受到关注。目前已经从理论上预言的低维铁弹材料跟低维铁电材料一样稀少，其中二维 MX 体系不仅具有铁电性质，而且具有铁弹性质，所以在下面的讨论中仍将以二维 MX 体系为主讨论低维材料的铁弹性质，并结合最近的研究进展介绍其他具有铁弹性质的二维材料。

在具有铁弹性质的二维材料中，其结构一般具有铁弹自发应变，而铁弹转变是在各个能量简并的铁弹应变态间发生。铁弹自发应变的定义为[3]

$$S_{FEL} = (a/b-1) \times 100\% \tag{7.2.1}$$

其中，$a$ 和 $b$ 分别为较大和较小的晶格常数；FEL 代表铁弹性。表 7.1 总结了通过式（7.2.1）可以计算得到多种二维铁弹材料的自发应变。其中二维 MX 体系的应变大小适中，并且原子序数越小应变越大，而在二维 $BP_5$ 和硼烷（borophane）中自发应变高达 40%以上，说明这两个体系的铁弹性质极为稳定并且具有极强的铁弹切换信号，这使得它们可以应用在非电力驱动的存储器件中。

二维 MX 体系由于其高低起伏的可拉伸结构，可以同时具有铁电和铁弹性质。其中心对称的初始态（即 M 和 X 在平面内的投影重合）能够分别沿两个相互垂直的方向发生自发弛豫，形成四个等效的沿扶手形方向的铁弹自发应变[3]，如图 7.2（a）～（d）所示。而在 MX 的铁弹转变过程中，其自发应变由原来的沿 $x$ 方向［如图 7.2（a）或（b）所示］转变到沿 $y$ 方向［如图 7.2（c）或（d）所示］，同时其晶格取向也发生 90°转变。图 7.9（a）详细给出了二维 SnS 和 SnSe 在铁弹转变过程中的结构变化示意图，其中 M-X 原子对在二维平面内的投影由沿 $y$ 方向的取向经过相转变渐渐减小形成具有高度对称性的结构［图 7.9（a）中图］，然后随着相转变的继续进行，该高度对称的结构沿 $x$ 轴发生自发弛豫［图 7.9（a）右图］，此时 M-X 原子对在面内的投影沿 $x$ 方向，发生了 90°偏转。这整个铁弹转变中二维 SnS 和 SnSe 的能量变化如图 7.9（b）所示，可以得到其铁弹转变

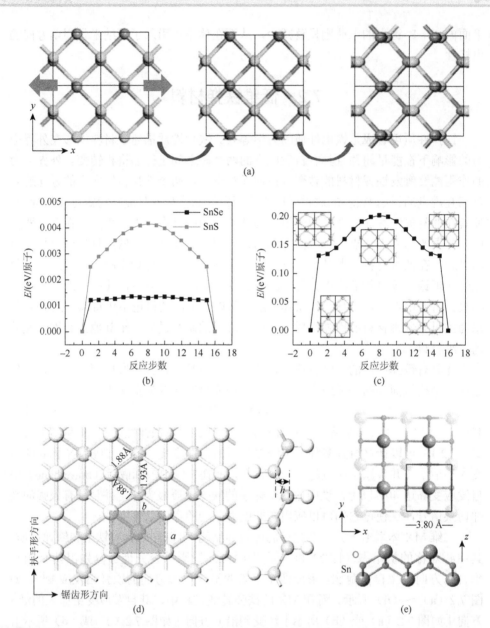

图 7.9 （a）二维 SnS 和 SnSe 在铁弹转变过程中的结构变化示意图，箭头表示外加应力，深绿色和黄色圆球分别表示 Sn 和 S/Se 原子；（b）二维 SnS 和 SnSe 在铁弹转变过程中能量的变化；（c）二维 bP 在铁弹转变过程中能量的变化，插图展示了其铁弹转变过程中的结构变化[3]；（d）完全氢化的硼烯的顶视和侧视结构示意图，方框表示单位元胞，粉色和白色圆球分别表示 B 和 H 原子[13]；（e）α-SnO 的结构顶视和侧视示意图，黑色和灰色圆球分别表示 Sn 和 O 原子，方框表示单位元胞[14]

的能垒分别约为 0.004 eV/原子和 0.001 eV/原子,这说明在二维 MX 体系中铁弹切换可以在较小外界应力的作用下快速发生, 使得该体系具有巨大的存储器件应用潜力。此外, 因为二维 MX 体系中铁弹晶格应变与铁电极性的耦合, 由 $x$ 方向到 $y$ 方向的铁弹切换也可以由沿 $y$ 方向的外电场引起的铁电转变而引起。由此可见, 在同一材料中, 铁电性质常常和铁弹性质相互耦合, 其相转变的触发源既可以是外电场也可以是外应力, 从而可以灵活地应用于实践中。

除了二维 MX 体系外, 仍有一些其他的二维材料具有铁弹性质。例如, 与二维 MX 具有类似结构的二维 bP 同样具有铁弹性质[3]。具体而言, 二维 bP 原本具有的自发应变同样可以在外力作用引发的铁弹转变中偏转 90°, 该过程中其能量和结构的变化如图 7.9 (c) 所示, 具有约为 0.20 eV/原子的铁弹转变能垒。类似地, 在完全表面氢化的硼烯[13]和 α-SnO[14]中也发现了铁弹性质, 它们的结构分别如图 7.9 (d) 和 (e) 所示, 其自发应变和相转变能垒如表 7.1 所示。有趣的是, α-SnO 单层具有墨西哥帽能带边缘 (Mexican-hat band edge), 这使得该体系具有显著的电子不稳定性, 从而出现铁弹性质。

## 7.3 低维压电材料

压电材料最初由法国科学家 Jacques 和 Pierre Curie 于 19 世纪初发现,之后该类材料被广泛应用到高电压源、电致形变器及力学传感器等中。其中, 石英及纤锌矿因其优异的性能成为体结构压电材料中优秀的代表。具有压电性质的材料可以在内部产生可逆的电极性来响应外界力学应变, 也可以通过可逆的力学应变来响应外界施加的电场, 前者被称为直接压电性质而后者被称为逆压电性质。于是, 压电材料可以实现电能和机械能的转换。近年来由于低维材料研究和应用的兴起, 科学界和工业界对于低维压电材料的兴趣与日俱增。在这样的背景下, 不少对于二维压电材料的理论预测大量涌现, 使得制备具有更优异性能的纳米尺度的压电器件成为可能。这其中最具代表性的材料为二维 MX、二维过渡金属硫族化合物、二维第 2 族硫族化合物及二维 ZnO 和 CrO, 它们均具有与传统体材料相当甚至更高的压电系数, 拥有极高的潜在应用价值, 从而值得在实验上制备以上述二维材料为基础的压电器件 (如纳米尺度的力学传感器和电致形变器)。

中心对称性的缺失是材料具有压电效应的必要条件, 这也是体结构压电材料种类不多的原因之一, 由于体结构中的对称性往往更高, 中心对称存在的可能性也就越高[17]。而低维材料相较于它们的体结构常常无中心对称性。材料具有压电性质所必需的另一个条件是该材料不能具有金属性, 即不能有自由电子, 因为金属性的材料对外电场的响应通常是电流而不是结构应变。基于上述思想可以预见一些具有非中心对称晶体结构且绝缘的二维材料是具有压电性质的, 如 h-BN 和过渡金属硫族化合物[17]。如图 7.10（a）所示，h-BN、$MoS_2$ 及 $WS_2$ 的面内极性具有沿晶格扶手形方向的面内单轴应变的变化而线性改变的特征，这表明这些体系能够对外界应力做出电场响应，反之也能对外界电场做出应变响应，从而具有压电特性。

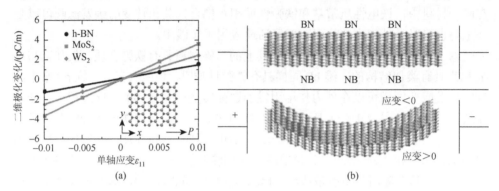

（a）                              （b）

图 7.10 （a）h-BN、$MoS_2$ 和 $WS_2$ 在沿扶手形方向的面内单轴应变作用下的电极性响应，插图展示了二维 BN 的结构及其具有的电极性方向[17]；（b）AA′对齐的 h-BN 双层结构在无外界电场（上）和施加外界电场后（下）的结构变化[18]

图 7.10（a）中电极性的变化和结构应变之间的线性关系的斜率即是平面内压电系数 $d_{11}$，其值的大小表示在单位外加电场作用下压电体系展现的结构形变的大小，可由式（7.3.1）计算得到[17]

$$d_{11} = \frac{P}{\varepsilon_{11}(C_{11} - C_{12})} \qquad (7.3.1)$$

其中，$P$ 为平面内自发电极矩的变化；$\varepsilon_{11}$ 为沿着扶手形（$x$）方向的单坐标轴应变；$C_{11}$ 和 $C_{12}$ 分别为弹性刚度张量的分量。所以，$d_{11}$ 可以直接由测量压电材料的电极性随应变的线性变化得到。利用式（7.3.1）拟合图 7.10（a）中的三条数据线可以得到 h-BN、$MoS_2$ 和 $WS_2$ 的 $d_{11}$ 分别为 0.60 pm/V、3.73 pm/V 和 2.19 pm/V。以二维 h-BN 为例，其平面内压电系数 $d_{11} = 0.60$ pm/V，这表示每伏外加面内电压可以使该材料伸长 0.60 pm 的距离。Duerloo 和 Reed 进一步提出，利用 AA′对齐的 h-BN 双层结构可以具有较单层 h-BN 更大的固有压电位移，并且在外电场的作用下，上下两层晶格取向相反的 h-BN 将分别沿压缩和拉伸的方向产生结构应变，导致整个双层体系发生弯曲[18]，如图 7.10（b）所示。所以，对于这类会产生弯曲结构响应的压电材料而言，需要引入平面外压电系数 $d_{31}$ 来描述其面外压电响应的性能

$$d_{31} = \frac{P}{\varepsilon_{31}(C_{11} + C_{12})} \qquad (7.3.2)$$

其中，$\varepsilon_{31}$ 为沿着面外（$z$）方向的单坐标轴应变。通过平面内压电系数 $d_{11}$ 和平面

外压电系数 $d_{31}$，可以直观地评判目前发现的二维压电材料沿平面内和垂直平面方向上的压电响应性能。表 7.2 总结了最近预测得到的二维压电材料的平面内和平面外压电系数。其中，2H 相的 TMDCs，如 $MoS_2$、$MoSe_2$ 及 $MoTe_2$ 等，具有较大平面内压电系数 $d_{11}$，并且 TMDCs 的压电性质随后在实验中被 Zhu 等证实[19]。除此之外，表 7.2 显示二维 MX 体系具有最大的平面内压电系数 $d_{11}$，预示着该类型二维材料较高的实验研究价值和应用价值。

表 7.2　不同二维压电材料的面内压电系数 $d_{11}$ 和面外压电系数 $d_{31}$

| 二维材料 | 参考文献 | $d_{11}$/(pm/V) | $d_{31}$/(pm/V) |
|---|---|---|---|
| h-BN | [17] | 0.60 | — |
| 2H-$MoS_2$ | [17] | 3.73 | — |
| 2H-$MoSe_2$ | [17] | 4.72 | — |
| 2H-$MoTe_2$ | [17] | 9.13 | — |
| 2H-$WS_2$ | [17] | 2.19 | — |
| 2H-$WSe_2$ | [17] | 2.79 | — |
| 2H-$WTe_2$ | [17] | 4.60 | — |
| $CrS_2$ | [20] | 5.36 | — |
| 2H-$CrS_2$ | [21] | 6.15 | — |
| 2H-$CrSe_2$ | [21] | 8.25 | — |
| 2H-$CrTe_2$ | [21] | 13.45 | — |
| 2H-$NbS_2$ | [21] | 3.12 | — |
| 2H-$NbSe_2$ | [21] | 3.87 | — |
| 2H-$NbTe_2$ | [21] | 4.45 | — |
| 2H-$TaS_2$ | [21] | 3.44 | — |
| 2H-$TaSe_2$ | [21] | 3.87 | — |
| 2H-$TaTe_2$ | [21] | 4.45 | — |
| $Ga_2SSe$ | [22] | 5.23 | 0.07 |
| $Ga_2STe$ | [22] | 2.46 | 0.25 |
| $Ga_2SeTe$ | [22] | 2.32 | 0.21 |
| $In_2SSe$ | [22] | 8.47 | 0.18 |
| $In_2STe$ | [22] | 1.91 | 0.25 |
| $In_2SeTe$ | [22] | 4.73 | 0.13 |
| $GaInS_2$ | [22] | 8.33 | 0.38 |
| $GaInSe_2$ | [22] | 3.19 | 0.46 |
| $GaInTe_2$ | [22] | 2.99 | 0.32 |
| GeS | [1] | 75.43 | — |

续表

| 二维材料 | 参考文献 | $d_{11}/(pm/V)$ | $d_{31}/(pm/V)$ |
|---|---|---|---|
| GeSe | [1] | 212.13 | — |
| SnS | [1] | 144.76 | — |
| SnSe | [1] | 250.58 | — |
| GaS | [22] | 1.72 | |
| GaSe | [22] | 1.77 | — |
| GaTe | [22] | 1.93 | |
| InS | [22] | 1.12 | |
| InSe | [22] | 1.98 | — |
| InTe | [22] | 1.18 | |
| SrS | [23] | 15.64 | |
| SrSe | [23] | 18.73 | |
| BaTe | [23] | 19.92 | |
| BeO | [21] | 1.39 | |
| MgO | [21] | 6.63 | |
| CaO | [21] | 8.47 | — |
| ZnO | [21] | 8.65 | |
| CdO | [21] | 21.7 | — |
| bP | [21] | 2.18 | |
| BAs | [21] | 2.19 | — |
| BSb | [21] | 3.06 | |
| AlN | [21] | 2.75 | |
| GaN | [21] | 2.00 | |
| GaP | [21] | 1.29 | 0.31 |
| GaAs | [21] | 1.50 | 0.13 |
| InN | [21] | 5.50 | — |
| InP | [21] | 0.02 | 0.39 |
| InAs | [21] | 0.08 | 0.25 |

## 7.4 二维铁电、铁弹和压电材料的应用

低维材料的铁电和铁弹性质，可以被广泛地应用到纳米器件中。基于前面的分析，可以提出五种不同的应用。第一，具有铁电特性的低维材料可以用于制

造纳米铁电存储器，如图 7.11（a）所示。具体来说，该器件通过施加较大的外加电场来改变或是反转体系内的铁电极性，即原始极性的方向可以代表"0"而改变后的方向代表"1"，从而实现数据的写入。铁电材料所具有的非易失性使得写入的数据能够保存足够长的时间，这也可以实现极好的数据安全性。而对于数据的读取主要是通过外加较小的电场（偏压），然后测量器件中 $I$-$V$ 曲线。除此之外，还可以通过测量光照产生的光生电流来实现数据读取，这是由于光激发电荷的漂移方向是由铁电极性产生的等效电场所决定的。通过以上三个步骤，纳米铁电存储器理论上可以很好地实现数据的写入、存储和读取。第二，如图 7.11（b）所示，二维铁弹存储可以通过应力引入的铁弹转变实现数据的写入，而数据的读取则有多种方法。例如，在基于 bP 的存储中，数据可以通过线偏振光的照射进行读取；而在 MX 体系中，因为铁电性和铁弹性是相互耦合的，所以也可以利用与读取铁电存储类似的方法读取数据。第三，如图 7.11（c）所示，二维光子存储可以通过光电激发和铁电/铁弹的相互耦合而实现。基于铁电性质的存储中电极性可以通过光照引起电荷重新分布产生的等效电场来切换，而基于铁弹性质的则需要通过线偏振光调控的铁弹畴壁运动来实现。而其读取方式则与前两种器件的方式类似。第四，二维铁电激子光伏器件可以通过光吸收引入的激子效应在铁电极性作用下高效地实现载流子分离，如图 7.11（d）所示。第五，基于光照引入的铁弹转变可以实现光驱动的纳米形变器（actuator），如图 7.11（e）所示。因为二维压电材料可以改变自身的应力状态来响应外界电场（逆压电特性），所以可以利用它们制成纳米尺度的电致形变器或执行器，如图 7.11（f）所示。具体来说，在今后的纳米机械中可以利用二维压电材料精确控制该纳米机械的微小动作，或是在纳米器件中利用电致形变实现一些现在的器件所不具备的功能，也或利用其更好的性能制作出现今压电陶瓷的替代产品。而通过利用二维压电材料产生内部电极性来响应结构应变的特性（直接压电特性），可以实现在纳米尺度上进行力探测，从而能够得到拥有奇异性能的纳米器件，如纳米力探测器等。

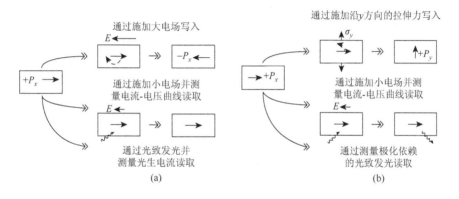

(a)　　　　　　　　　　　　(b)

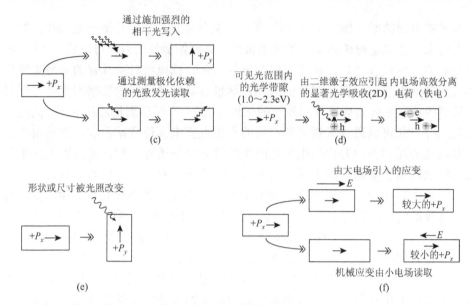

图 7.11　非易失性铁电存储器（a）；非易失性铁弹存储器（b）；光驱动存储器（c）；铁电
激子光伏器件（d）；光驱动形变器（e）及电致形变器或执行器（f）

(a)～(d) 引自参考文献[4]

## 7.5　低维超导材料

低维尺度的超导现象，特别是二维超导现象具有很久的研究历史。早在 1938 年，Shalnikov 就在 Pb 和 Sn 的薄膜中观察到了超导现象[24]。随着表面和界面生长技术的提高，在界面二维电子气的研究中对其超导现象的研究更加深入。近年来，二维材料的合成与分离为进一步研究低维情况下的超导现象提供了理想的平台体系。即使对于普通的能带绝缘体 $MoS_2$，在施加液体和固体的静电门压实现最优掺杂情况下也可使超导温度达到 10 K[25]。这一结果说明，利用合理的掺杂调控方式，二维材料中有可能筛选出多种超导材料。

当今对超导性质的理论计算基本是基于传统超导体的 BCS（Bardeen、Cooper 和 Schrieffer）理论。在这个框架下，电子-声子相互作用矩阵元是最为关键的物理量，其表达了具有动量 $k$ 的电子被动量为 $q$ 的声子散射的概率。矩阵元定义为[26]

$$g_{k,qv}^{ij} = \left( \frac{h}{2M\omega_{qv}} \right)^{1/2} \left\langle \psi_{i,k} \left| \frac{\mathrm{d}V_{\mathrm{SCF}}}{\mathrm{d}u_{qv}} \cdot e_{qv} \right| \psi_{j,k+q} \right\rangle \qquad (7.5.1)$$

其中，$M$ 为原子质量；$\omega_{qv}$ 和 $e_{qv}$ 分别为在波矢为 $q$ 的第 $v$ 个声子模式的频率和本征矢量；$\dfrac{dV_{SCF}}{du_{qv}}$ 为原子位移后对自洽势的改变；$\psi_{i,k}$ 和 $\psi_{j,k+q}$ 为电子 KS 波函数。

电子-声子相互作用会影响声子的线宽 $\gamma_{qv}$：

$$\gamma_{qv}=\frac{2\pi\omega_{qv}}{\Omega_{BZ}}\sum_{ij}\int d^3k\,|\,g^{ij}_{k,qv}\,|^2\delta(\varepsilon_{k,i}-E_f)\delta(\varepsilon_{k+q,j}-E_f) \tag{7.5.2}$$

其中，$\Omega_{BZ}$ 为布里渊区的体积；$\varepsilon_{k,i}$ 和 $\varepsilon_{k+q,j}$ 分别为波矢为 $k$ 和 $k+q$ 的第 $i$ 和第 $j$ 个 KS 轨道的能量；$E_f$ 为费米能。由声子的线宽可以得到各向同性的 Eliashberg 谱函数 $\alpha^2 F(\omega)$：

$$\alpha^2 F(\omega)=\frac{1}{2\pi N(E_f)}\sum_{qv}\delta(\omega-\omega_{qv})\frac{\gamma_{qv}}{h\omega_{qv}} \tag{7.5.3}$$

其中，$N(E_f)$ 为费米能处的态密度。对谱函数在频率空间进行加权积分即可得到电声耦合常数 $\lambda$：

$$\lambda=\sum_{qv}\lambda_{qv}=2\int\frac{\alpha^2 F(\omega)}{\omega}d\omega \tag{7.5.4}$$

其中，$\lambda_{qv}=\dfrac{\gamma_{qv}}{\pi h N(E_f)\omega_{qv}^2}$ 为波矢为 $q$ 的模式 $v$ 的电声耦合常数。

最后，可以通过艾伦-戴恩斯（Allen-Dynes）公式得到传统超导体的超导转变温度 $T_c$：

$$T_c=\frac{\omega_{\log}}{2}\exp\left[\frac{-1.04(1+\lambda)}{\lambda(1-0.62\mu^*)-\mu^*}\right] \tag{7.5.5}$$

其中，$\omega_{\log}$ 为对数平均频率，即

$$\omega_{\log}=\exp\left[\frac{2}{\lambda}\int\frac{d\omega}{\omega}\alpha^2 F(\omega)\lg\omega\right] \tag{7.5.6}$$

然而，$\mu^*$ 为有效的库仑排斥常数，取值范围一般在 0.10～0.15。由于没有很好的办法来决定 $\mu^*$ 的取值，实际计算中可以通过取不同值时 $T_c$ 的变化酌情决定。

利用上述方法，Penev 等对不同二维硼烯的超导性质进行了模拟[27]。如第 8 章所述，硼烯的稳定性和三角晶格中空位的浓度密切相关，结构上可以看成 B 原子和空位的赝合金 $B_{1-x}V_x$。每一种保持平面三角结构的晶格可以看成是由三角晶格（空位浓度 $x$ 为 0）和六角晶格（$x$ 为 1/3）的合金组成。图 7.12（a）显示了三个不同硼烯的结构：第一个为三角晶格 $B_\triangle$；第二个为 Ag(111) 表面的一种稳定结构 $B_\square$（$x$ 为 1/6）；第三个为 $x=1/5$ 的 $B_\diamond$。全平的 $B_\triangle$ 结构不稳定，一般会形成褶皱来进一步降低能量。各向异性的结构使得其电子能带在费米面附近沿 $\Gamma$-$X$ 和 $\Gamma$-$M$ 方向上色散高度弥散，而对应褶皱方向的 $\Gamma$-$Y$ 对称线上色散较弱。费米面附近的两条能带主要由分别带有 π 和 σ 特性的 $p_z$ 和 $p_y$ 贡献。$p_z$ 对应的一支沿着 $\Gamma$-$Y$

方向在周期性的布里渊区表示中形成一条带状结构［图 7.12（b）］。特别地，这条带存在相互平行的一段，可以通过在 $\Gamma$-$X$ 方向移动 $Q = (1/4, 0)$ 发生相互嵌套。

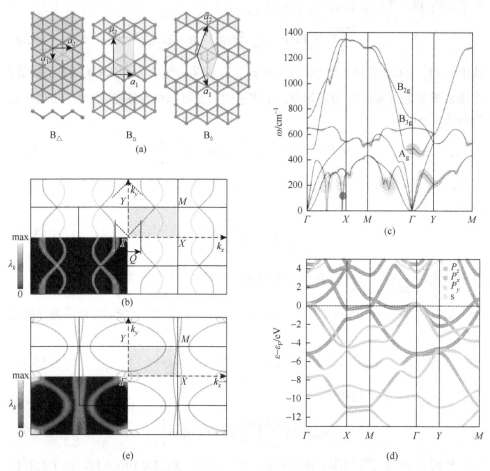

图 7.12　（a）三种不同的硼烯结构：$B_\triangle$，$B_\square$ 和 $B_\lozenge$；（b）$B_\triangle$ 的扩展布里渊区中费米面等能图，橙色和蓝色分别代表 $p_y$ 和 $p_z$ 轨道贡献，左下角为 $k$ 点解析的电声耦合常数；（c）$B_\triangle$ 的声子谱结构，阴影圈的面积正比于电声耦合常数的大小，红色圈的面积被减小了 10 倍；（d）$B_\square$ 的能带结构及其轨道贡献解析；（e）$B_\square$ 的扩展布里渊区中费米面等能图，图中不同颜色与（d）中标识一致，左下角为 $k$ 点解析的电声耦合常数[27]

费米等能面的嵌套行为也可以表现在 $B_\triangle$ 对应的声子谱中，见图 7.12（c）。在 $q_1 = Q$ 的位置，一条声子带发生尖锐的下降。此外，在 $q_2 = (0.453, 0)$ 的地方发生第二个 Kohn 异常，声子频率变成负数。这两个区域异常的声子谱表现暗示着 $B_\triangle$ 的结构不稳定性，与之对应，它们的电声耦合强度非常强，其中 $q_2$ 点处 $\lambda_{qv}$ 比其他点的强度高一个数量级以上。谱函数的计算显示谱权重分布非常不均，80% 的贡献来自大约 20%的声子（$\omega<300\ \mathrm{cm}^{-1}$）。由总的电声耦合常数可以得到 $B_\triangle$ 的超导转变温度 $T_c$ 为 21 K。由于软膜在结构发生微扰时可能发生显著变化，影响 $T_c$；但是软膜主要集中在较窄的能量范围，在不考虑 $\omega<300\ \mathrm{cm}^{-1}$ 声子的贡献时，$T_c$ 大约为 14 K，说明 $B_\triangle$ 超导的鲁棒性。图 7.12（b）左下角电子动量依赖的电声耦合常数 $\lambda_k$ 显示，虽然费米面附近的两条能量起源不同（π 和 σ），它们的 $\lambda_k$ 相差并不大。类似的分析可以应用到 $B_\square$ 硼烯上，图 7.12（d）和（e）显示了计算得到的能带结构和费米等能图及其电子耦合常数 $\lambda_k$。从能带结构中可以看出，成键 σ 和反键 σ* 态之间间隔 3.5 eV，几乎所有的 σ 态都被填充，剩余的电子部分占据 π 态。费米面等能图由 $\Gamma$ 点两个 $p_{x,y}$ 贡献的小空穴谷、在 $Y$ 处由 $p_z$ 贡献的椭圆电子谷及沿 $X$-$M$ 方向较窄的带构成。其中，前三个带在 $\Gamma$ 点形成接触，此处的电声耦合相互作用也显著大于其他地方。对谱函数的分析显示，$B_\square$ 硼烯对电声耦合贡献主要集中于 $\omega<200\ \mathrm{cm}^{-1}$ 和 $\omega>600\ \mathrm{cm}^{-1}$ 两部分，推算的 $T_c$ 达到 16 K。

　　虽然预测的超导转变温度较高，但实验观察存在额外的困难。Cheng 等[26] 对 $B_\square$ 硼烯的细致研究发现拉应变和电子掺杂会对超导产生抑制效应，从而增加观测难度。图 7.13（a）显示了具体的声子色散，其中黑点的大小正比于特定模式声子的电声耦合强度。可以看到，低能量的 $B_{2g}$（$M$ 点）、$B_{3g}$（$\Gamma$ 点）和高能量的 $A_g$（$\Gamma$ 点）的电声耦合最强。其中，低能量部分贡献了 55%的电声耦合强度，而 $A_g$ 模式和更高能量部分贡献了 45%。为了描述应变对超导转变温度的影响，图 7.13（b）计算了多个与 $T_c$ 密切相关的物理量，包括声子频率、频率的对数平均、费米面处态密度 $N(E_f)$、电声耦合常数 $\lambda$ 等，随应变的变化规律。首先，电子结构计算表

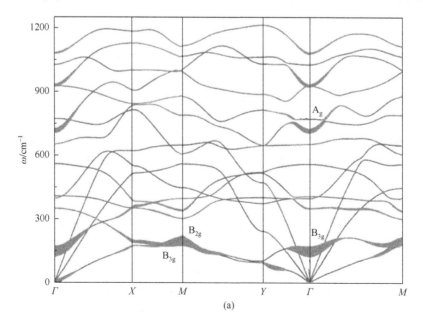

(a)

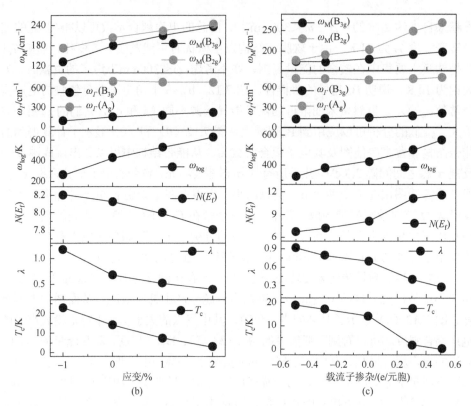

图 7.13　（a）$B_\square$ 硼烯的声子色散关系和电声耦合常数，电声耦合常数的大小正比于黑点的大小；声子频率、频率的对数平均、费米面处态密度 $N(E_f)$、电声耦合常数 $\lambda$ 和超导转变温度 $T_c$ 随应变（b）和掺杂浓度（c）的变化关系[26]

明压应变可以增加 $N(E_f)$，而经验规律表明 $N(E_f)$ 和 $\lambda$ 之间变化规律一致，与 $B_\square$ 硼烯表现相同。其次，低能量的声子频率随着应变的增加而频率升高，而高能量频率的声子频率少许减少。根据上述公式，低能量声子对电声耦合常数 $\lambda$ 贡献更大，因此，它们能量的增加会显著减小 $\lambda$ 和 $T_c$。直接的计算表明，当对 $B_\square$ 硼烯施加 1%压应变时，$T_c$ 升高到 22.8 K；而当施加 2%拉应变时，$T_c$ 降低为 2.95 K。2%的应变和 $B_\square$ 硼烯在 Ag(111)表面生长感受的应变水平相同。这些说明如果能够找到合适的衬底，如 Pd(111)和 Pt(111)，对 $B_\square$ 硼烯施加压应变（$-3\%\sim-2\%$），则有可能提高硼烯的超导转变温度。

　　另外，衬底与硼烯作用会产生电子的转移，从而对 $T_c$ 产生影响。由于电子掺杂对硼烯的晶格改变很小，可以独立进行研究。图 7.13（c）显示了多个相关物理量随着掺杂浓度的变化趋势。声子方面，低能量声子（$B_{2g}$ 和 $B_{3g}$）频率随着电子（空穴）掺杂浓度的增加而升高（降低）；而高能量声子（$A_g$）的行为则相反。与前面的讨论一致，低能量声子频率的升高将导致 $\lambda$ 和 $T_c$ 的降低。电子结构方面，电子浓度的升高引起了费米面处态密度 $N(E_f)$ 的降低，但是，它的变化趋势与 $\lambda$ 的变化趋势相反。为了理解这一差别，需要注意到对电声耦合强度贡献最大的是在 $\Gamma$ 点附近的 $\sigma$ 键（$s + p_{x,y}$），具体的投影态密度显示 $s + p_{x,y}$ 在费米面处的贡献在电子掺杂后降低，从而破坏 $\sigma$ 键的金属性，对 $T_c$ 造成不利影响。具体的计算显示，当掺杂水平达到每个 B 原子 0.1 个电子（0.5e/元胞，等价于 $3.37 \times 10^{14}$ cm$^{-2}$ 的电子浓度）时，$T_c$ 下降到 0.09 K，几乎可以忽略不计。为了减少衬底对硼烯的电子转移，需要选择功函数相对较大的金属材料，如 Pd(111)（功函数 5.6 eV）和 Pt(111)（功函数 5.9 eV）。当然，不同表面上硼烯的生长行为可能不同，可能形成不同的硼烯结构，而不同的硼烯结构对应变和电子掺杂的响应行为不同，需要进一步研究。

除了未修饰的硼烯外，其他碱金属或者碱土金属的修饰也可以改变二维体系的超导性质。例如，虽然石墨烯本身不是超导，但是吸附了碱金属以后引起超导[28-30]。另外，具有很高超导温度的金属硼化物，如 MgB$_2$（$T_c$ 为 39 K），可以看成是金属 Mg 吸附于二维 B 片上。Wu 等[31]系统研究了 Li 在二维硼烯上吸附结构的超导性质。由于硼烯结构复杂，本身可以被看成是赝合金 $\bigcirc_x B_{1-x}$，其中 $\bigcirc$ 代表 B 三角晶格中的空位。在引入吸附的 Li 原子以后，体系变成一个三元合金，$Li_x \bigcirc_y B_{1-x-y}$。类似于对硼烯的赝合金处理方法，可以将 $Li_x \bigcirc_y B_{1-x-y}$ 看成赝合金。如图 7.14（a）所示，Li-B 单层体系由六角和三角两个子晶格组成。其中六角晶格完全被 B 占据，而六角晶格中心的三角子晶格位可以被空位、B 或者 Li 占据，不同的占据方式可以由占据矢量 $\boldsymbol{\sigma} = \{\sigma_1, \sigma_2, \cdots\}$ 表示，每个位置的占据变量 $\sigma_i$ 可取 0、1 和 2 三种数值。由此，可以将 Li-B 单层体系的特定构型 $\boldsymbol{\sigma}$ 的能量表示为

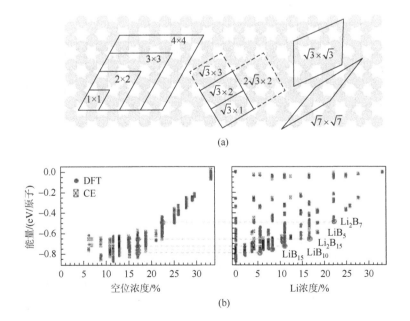

(a)

(b)

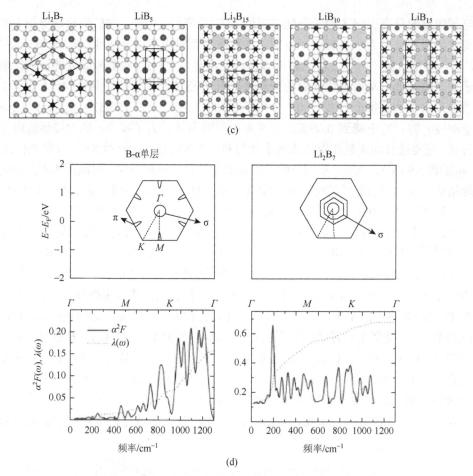

图 7.14 （a）Li-B 单层的超胞选择。灰色和白色圆圈分别代表了六角晶格和三角子晶格；
（b）DFT 和团簇展开方法得到的对称性不等价结构能量随着空位浓度和 Li 浓度的变化关系；
（c）团簇展开方法得到的稳定 Li-B 单层结构，黑色、深蓝和灰色球分别代表 Li 原子、吸附于
B 六角形中的 B 原子及其他 B 原子，阴影部分代表未占据的 B 六角形；（d）α-硼和 $Li_2B_7$ 单层
电子结构、Eliashberg 谱函数 $\alpha^2F(\omega)$ 和电声耦合函数 $\lambda(\omega)$ 的比较[31]

$$E(\sigma)=J_0 + \sum_i J_i\sigma_i + \sum_{j<i} J_{i,j}\sigma_i\sigma_j + \sum_{k<j<i} J_{i,j,k}\sigma_i\sigma_j\sigma_k \qquad (7.5.7)$$

其中，$i$、$j$ 和 $k$ 指数遍历所有三角晶格位置；$J$ 对应不同的有效团簇相互作用。

由于 Li-B 体系较复杂，作者建立 10 种不同的超胞 [图 7.14（a）]，利用 DFT
计算了多达 197 种对称性不等价构型，拟合得到包含了高达五种相互作用的 29
个参数。除了 Li 和 B 的单体相互作用外，其他多体相互作用主要是排斥相互作
用，这样也保证最后有序结构的产生。由于体系的三元特性，不同结构的形成
能需要考虑两种不同变量，包括空位浓度和 Li 的浓度。体系能量随这两个不同

变量的变化关系如图 7.14（b）所示。随空位浓度变化的凸包图显示当空位浓度在 10%～15% 时，结构最为稳定。在 Li 吸附的体系中，可以得到多种不同的有序结构，大部分都对应于同一空位浓度 $\eta$。计算得到的稳定的有序结构显示于图 7.14（c）中。可以看到，除了 Li 浓度最高的 $Li_2B_7$ 结构以外，其他几个有序结构都是以空位浓度为 1/6 的 $B_□$ 硼烯为基础的。对这些结构的电子结构进行分析发现，所有 Li-B 体系都是金属，并且所有体系的成键 σ 态几乎都完全占据，而非成键 $σ^*$ 态都未占据。而当 Li 不吸附时，$\eta = 1/6$ 的硼烯中 σ 态变成部分占据，从而变成一个亚稳态。

在得到稳定的结构以后，可以进一步考虑 Li 吸附对超导性能的影响。声子频率 $\omega$、费米面处电子态密度 $N(E_f)$ 和电声耦合常数 $\lambda$ 的关系可以由式（7.5.8）表述：

$$\lambda = V_{eq} \cdot N(E_f)$$

$$\lambda \propto \frac{1}{\omega_0^2}, \quad \omega_0^2 = \sqrt{\frac{\int d\omega \alpha^2 F(\omega) \cdot \omega}{\int d\omega \alpha^2 F(\omega) / \omega}} \tag{7.5.8}$$

可以看到，$N(E_f)$ 增加和谱函数加权的平均声子频率软化可以增强电声耦合。图 7.14（d）对比了 α-硼和 $Li_2B_7$ 的电子结构和 Eliashberg 谱函数。α-硼中，费米能穿过 σ 和 π 两条能带，形成两类费米面，分别位于 $\Gamma$ 点和沿着 $\Gamma$-$M$ 方向。当引入 Li 原子以后，费米能穿过更多的电子带（σ），从而显著增加费米能附近的电子态密度。两种体系的 Eliashberg 谱函数也具有显著差别。α-硼的电声耦合常数仅为 0.16，且主要由高频（600～1000 $cm^{-1}$）的 B-B 拉伸模式贡献。考虑有效的库仑排斥作用为 0.12，库珀电子对的形成将非常困难。$Li_2B_7$ 中低频（200 $cm^{-1}$ 附近）声子起重要作用，对应于 σ 电子带和平面内声学声子模式之间的耦合。低频声子起主要作用使得电声耦合常数增大到 0.56，$T_c$ 达到 6.2 K。

## 7.6　低维拓扑绝缘体材料

自从 1982 年，Thouless 等[32]提出二维电子气在低维强磁场下观察到的量子霍尔电导和第一陈（Chern）数 $C$ 直接相关（$\sigma_{xy} = Ce^2/h$），拓扑绝缘体作为凝聚态物质的一种新量子态持续地引起研究人员的兴趣。需要强调的是，拓扑绝缘体的物理内涵非常丰富，研究非常广泛，全面的综述文章也较多[33-37]，这里主要从计算材料学角度关注（准）二维体系[38-40]。一般来说，准二维的体系可以通过时间反演对称性（time-reversal symmetry，TRS）进行拓扑分类。对于被内在磁矩打破 TRS 的二维绝缘体，具有非零 Chern 数的，可以称为 Chern 绝缘体或者量子反常霍尔（quantum anomalous Hall，QAH）绝缘体。对于具有 TRS 不变性的二维绝缘体，Chern 数为零，非平凡的拓扑态仍然可以通过自旋轨道耦合（spin-orbit coupling，SOC）引入。此拓扑态直接和量子自旋霍尔（quantum spin Hall，QSH）效应相连，可以通过拓扑不变量 $Z_2$ 进行区分。QAH 和 QSH 绝缘体的特点都是具有拓扑保护的无带隙的边缘态。对 QSH 绝缘体来说，拓扑态由两个自旋极化相反的并沿相反方向传播的边缘态构成；对 QAH 绝缘体来说，边缘只存在一个沿单一方向传播的手性态。由于有拓扑性限制，这些态不会发生后散射，可以不受无序和其他微扰的影响进行无耗散的传播，从而在低能耗的电子学和自旋电子学中具有很强的应用潜力。

对拓扑绝缘体的确认可以从现象学的能带翻转、拓扑不变量和边缘态等不同角度/层次进行。拓扑绝缘体非平凡的能带拓扑往往牵涉价带和导带的翻转。要得到这种非平凡的能带，一方面可以通过在已经具有相关能带序的线性 Dirac 半金属类体系引入带隙，另一方面可以在较小带隙的半导体中通过不同方式调控实现能带翻转。前一种方法本质上是基于 Kane 和 Mele 针对石墨烯的先驱性的模型工作[41, 42]，他们调控 SOC 的强度使得带隙打开。费米面附近的 Dirac 能带已经成为一种寻找新的拓扑绝缘体的重要参考。后一种实现能带翻转的方法多种多样，除了 SOC 外，还包括化学吸附、应力或者近邻效应等。这种方法实现的能带具有典型的特点，在高对称点附近，价带和导带分别具有 M 和 W 形状。单层锡（锡烯）及其化学修饰衍生物是一个非常典型的例子[43]。图 7.15（a）显示了未修饰及被功能团双边修饰的锡烯的优化结构。作为碳的同族元素，锡烯也保留了六角晶格结构，但是由于其 π-π 键相对较弱，结构会发生一定的弯曲，从而增加 σ 和 π 键之间的交叠，稳定晶格结构。当锡原子在两个表面被功能团交替修饰以后，锡原子具有典型的 $sp^3$ 成键特性。图 7.15（b）显示了锡烯和氟化锡烯的能带结构。与石墨烯类似，当不考虑 SOC 时，锡烯在 $K$ 点处形成 Dirac 能带；加入 SOC 后，带隙打开，形成具有 0.1 eV 带隙的 QSH 绝缘体。考虑同族的单层铅为金属，0.1 eV 是未修饰碳族能够达到的最大带隙。当锡烯被氟化后，π 态被饱和，因此 $K$ 点处的带隙被显著增加，其低能电子的行为由 $\Gamma$ 点处决定。当不考虑 SOC 时，氟化锡烯体系的价带和导带在 $\Gamma$ 点接触；当考虑 SOC 时，带隙打开，高达 0.3 eV。更为重要的是，$\Gamma$ 点的能带发生翻转。对未修饰锡烯，$\Gamma$ 点处导带底的布洛赫态宇称为负；当锡烯被氟化以后，该态向下移动并进入价态，此时导带底的宇称为正。

作为一个典型体系，氟化锡烯还可以被用来研究应变对拓扑态的改变。为了进一步讨论应变影响，可以先分析不同原子轨道在化学成键和修饰后的变化。图 7.15（c）显示了锡原子的原子轨道在化学成键（阶段Ⅰ）和氟化（阶段Ⅱ）后的变化。由于 $p_z$ 轨道被氟饱和，只需要考虑 s 和 $p_{x,y}$ 轨道的变化。Sn—Sn 成键将形成 s 和 $p_{x,y}$ 的成键和反键轨道（+ 和-分别代表轨道的宇称），由于 Sn—Sn 不是

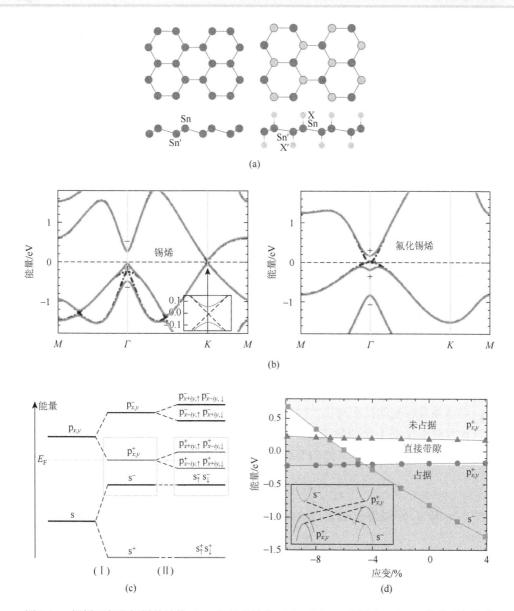

图 7.15　锡烯和氟化锡烯的结构（a）和能带结构（b）；（c）Sn 原子中 s 和 $p_{x,y}$ 轨道到氟化锡
烯中价带和导带的示意图；（d）氟化锡烯中能级随着应变的变化[43]

很强，在费米面附近 $|s^-\rangle$ 仍位于 $|p^+_{x,y}\rangle$ 下方，这和非拓扑的氢化石墨烯情况完全相
反。由于体系的 $C_3$ 对称性，$p_x$ 和 $p_y$ 在费米面处发生简并，而氟化的 SOC 后引起
了 $|s^-\rangle$ 和 $|p^+_{x,y}\rangle$ 翻转的 QSH 态。可以看到，$|s^-\rangle$ 和 $|p^+_{x,y}\rangle$ 的相对位置对体系的拓扑
性至关重要。图 7.15（d）显示了这些轨道的位置随着应变的变化规律。当氟化锡

烯在施加 7%的压应变后，$|s^-\rangle$ 轨道上升到 $|p^+_{x,y}\rangle$ 之上，此时体系重新变为平凡的绝缘体。

以上阐述了直观的能带翻转行为，但是仅仅从能带翻转不能完全判定拓扑态的形成，这时就需要进一步研究拓扑不变量和边缘态。对于拓扑不变量来说，可以针对不同体系计算以下不变量[38]。

（1）Chern 数。Chern 数来源于纤维丛的数学理论，在拓扑绝缘体中，对应了所有占据能带布洛赫函数的 Berry 相：

$$C = \frac{1}{2\pi}\Phi = \frac{1}{2\pi}\int_{BZ} d^2k\Omega(k) \qquad (7.6.1)$$

其中，$\Omega(k)=\nabla\times A(k)$ 为 Berry 曲率；$A(k)=i\sum_n\langle u_n(k)|\nabla_k|u_n(k)\rangle$ 为 Berry 连接，对所有占据态的求和；$|u_n(k)\rangle$ 为第 $n$ 个布洛赫函数的周期部分。由于 $C$ 在时间反演下为奇函数，其只有对 TRS 破缺的绝缘体为非零。

（2）$Z_2$ 数。当体系具有 TRS，往往可以定义对半个布里渊区（BZ）积分得到的 $Z_2$ 拓扑不变量：

$$Z_2 = \frac{1}{2\pi}\Big[\oint_{\partial B^-} dk A(k) - \int_{B^-} d^2k\Omega(k)\Big] \mathrm{mod}\ 2 \qquad (7.6.2)$$

其中，$B^-$ 和 $\partial B^-$ 分别为 BZ 的一半及其边界。拓扑绝缘体和平凡绝缘体的 $Z_2$ 分别为 1 和 0。

当体系具有空间反应对称性时，计算 $Z_2$ 的过程可以进一步简化。此时，可以通过计算时间反演不变动量（time-reversal-invariant momenta，TRIM）点上占据态的宇称本征值得到。对二维的 BZ，存在四个 TRIMs，分别为

$$K_{i=(n_1,n_2)} = \frac{1}{2}(n_1 b_1 + n_2 b_2) \qquad (7.6.3)$$

其中，$n_1$ 和 $n_2$ 分别为 1 或者 2；$b_1$ 和 $b_2$ 为倒格子的两个基矢。$Z_2$ 的计算表达式为

$$(-1)^{Z_2} = \prod_i^4 \delta_i = \prod_i^4\prod_m^N \xi_{2m}(K_i) \qquad (7.6.4)$$

其中，$N$ 为占据带数目的一半；$\xi_{2m}$ 为第 2 $m$ 个占据带在 $K_i$ 点处的宇称本征值；$\xi_{2m}(K_i) = \xi_{2m-1}(K_i)$。

（3）更一般地决定拓扑相变的方法可以通过追踪沿着 $k_y$ 方向的一维杂化瓦尼尔（Wannier）电荷中心随着 $k_x$ 的变化得到。当克莱默（Kramers）双体的一维杂化 Wannier 电荷中心在演化中改变了配体，$Z_2$ 为奇数，否则为偶数[44]。这一方法不受时间反演和空间反演对称性的限制，因此是最一般性的方法。

边缘态是拓扑绝缘体的一个最重要的特点，对于 QAH 绝缘体来说，边界存在手性的边缘态，手性态的数目由 Chern 数决定；对于 QSH 绝缘体来说，边界存

在一对螺旋边缘态。对这些边缘态可以有多种研究办法。第一,可以直接采用 DFT 对边缘态进行计算,此时,需要选取足够宽的纳米带体系以避免两个边界之间的相互作用。第二,利用实空间最大局域化的 Wannier 函数为基,建立体系的体哈密顿量,随后可以引入边界构建对应的紧束缚模型,最后计算含边界体系的能带。第三,利用格林函数研究半无限结构的边缘态,格林函数的虚部即为一个边缘的局域态密度。

图 7.16(a)显示了与氟化锡烯结构类似的碘化锗烯在所有 TRIMs 点($\Gamma$ 点和三个 $M$ 点)占据态的宇称值,最右列显示了宇称的乘积 $\delta_i$,由此可以得到体系的 $Z_2$ 为 1[45]。图 7.16(b)显示了碘化锗烯纳米带的能带结构,可以清楚地在带隙中看到螺旋边缘态,且线性地穿过 $\Gamma$ 点。这些态确实由边缘贡献,如图 7.16(c)中显示的这些态的实空间分布所示。边界可以看成是拓扑绝缘体和作为平凡绝缘体的真空的界面,类似地,由于氢化锡烯是平凡绝缘体,通过控制性的图案化,可以在氢化锡烯和氟化锡烯之间形成金属性的边缘态。锡烯已经在最近的实验中通过分子束外延在 $Bi_2Te_3(111)$ 表面生长得到[46],虽然样品质量仍需提高,相信在不久的将来,关于锡烯各种稀奇物理性质的研究可以深入地展开。

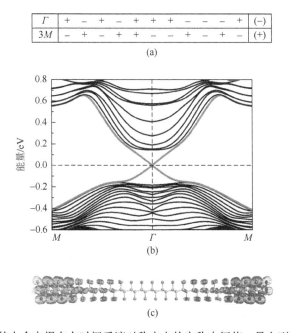

图 7.16 (a)GeI 的七个占据态在时间反演对称点上的宇称本征值,最右列给出它们的乘积;(b)GeI 纳米带的能带结构,边缘态在体结构带隙中延展,并交于 $\Gamma$ 点;(c)$\Gamma$ 点处边缘态的实空间电荷分布[45]

除了第 14 族单质外,一类重要的拓扑绝缘体为 Bi 基材料,包括研究最为广泛的 2D/3D 拓扑绝缘体 Bi 的硫族化合物[47,48]。这里主要关注 Bi(111)的薄膜，它的拓扑边缘态也得到了实验的验证[49]。Bi 体结构由单层 Bi（铋烯）通过 ABC 堆垛方式形成。图 7.17（a）显示了铋烯的原子结构[50]，从垂直平面方向看，铋烯具有和第 14 族单质一样的六角晶格，不过两个晶格上的原子扭曲形成较为明显的"双原子层"结构。与平凡绝缘体的体结构 Bi 不同，Bi(111)薄膜表现出拓扑性，而且拓扑性非常稳定。Liu 等[50]对 1～8 个单层铋烯的计算显示它们都是拓扑绝缘体，这一结果说明铋烯层与层之间不是弱相互作用。如果层间属于弱相互作用，则绝热近似下 $N$ 层铋烯的 $Z_2 = N \bmod 2$，必然表现出奇偶振荡行为。计算得到的层间耦合强度为 0.3～0.5 eV/键，介于范德瓦耳斯相互作用和化学键之间。层间耦合对体系拓扑行为的影响可以通过人为调节层与层之间的厚度 $\Delta d$（以平衡时结构为参考）进行研究。图 7.17（b）显示了双层（左图）和三层（右图）铋烯在费米面附近能带随着层间距离的演化图。当 $\Delta d$ 减小时，两个图中都出现了带隙闭合

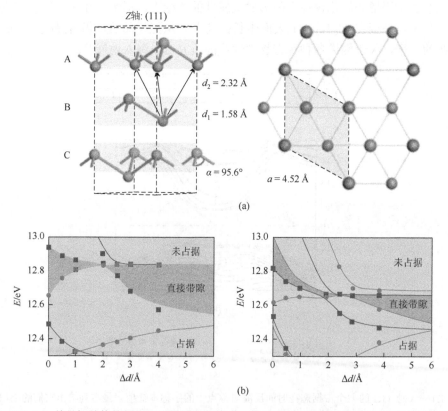

图 7.17 （a）单晶铋结构的侧视和顶视图，每个单层中，不同子晶格上的铋原子形成扭曲的双原子层结构；（b）双层（左）和三层（右）铋结构在 $\Gamma$ 点能级随着层与层之间距离的变化，红（圈）和蓝（方）分别代表偶和奇宇称能级[50]

再重新打开的行为，说明其中可能牵涉非绝热的转变过程。在 $\Delta d$ 趋向于无穷时，$N$ 层铋烯将形成对应的 $N$ 重简并态，而随着 $\Delta d$ 减小，这种简并性将会被打破。对双层铋烯来说，每一个双重简并态都有一个低能的偶宇称和高能的奇宇称能级组成。$\Delta d$ 足够大时，体系的最低非占据态和最高占据态分别是偶宇称和奇宇称；随着 $\Delta d$ 减小到 2Å 附近时能带发生交叉，宇称发生转变而 $Z_2$ 从弱耦合情况下的 0 变为 1，体系变成拓扑绝缘体。对三层铋烯来说，每个三重简并态由两个偶宇称能级夹着一个奇宇称能级形成。$\Delta d$ 足够大时，体系的最低非占据态和最高占据态都是偶宇称；随着 $\Delta d$ 减小，能带发生反交叉（有效交叉仅为占据态），所有占据态的宇称不变，$Z_2$ 也不变，因此体系保持了弱耦合情况下的拓扑非平凡行为。

　　除了边界外，另一种延展缺陷为两片晶粒融合形成的晶界，它们也可能对拓扑性质产生重要影响。Lima 等[51]研究了铋烯中一种特殊的延展缺陷，如图 7.18（a）所示。这一结构可以看成两片同一取向的铋烯在中间被一排 Bi 二聚体连接，形成 558 的结构。对这一结构的能带计算显示体系中出现两对线性交叉能带，其中一对位于 558 中心二聚体左边的锯齿形边界上，而另一对位于右边的锯齿形边界上。对应的能带和分波电荷密度显示于图 7.18（b）和（c）中。这一拓扑体系可以看成是两个铋烯边界被中间不平凡的绝缘体（Bi 二聚体）所连接，两个边界引起了两对线性能带。也正是由于两对能带同时存在 558 延展缺陷附近，背散射有可能通过将自旋极化的电子从一个边界散射到另一个边界发生，这一过程中不发生自旋的翻转。但是一排 Bi 二聚体的引入显著降低了两对边缘态的耦合，从而压制了可能的散射。这种显著降低的耦合可以通过对比 558 缺陷间的耦合和缺陷内两对边缘态之间的耦合对体系带隙的影响看出。当体系变小时，由于（纳米带两边或者 558 缺陷及其镜像）边缘态之间存在量子隧穿耦合，线性 Dirac 点会打开带隙，带隙的大小和边缘态之间耦合强度成正比。图 7.18（d）显示了铋烯纳米带（圆点）和 558 缺陷（方形）的能带随体系大小的变化规律。与边缘态沿垂直于边界方向向体内指数衰减相一致，铋烯纳米带的结构可以很好地拟合出指数形式。依据这一指数形式可以得到与 558 缺陷相同大小的纳米带对应的带隙，然后与实际 558 缺陷体系的带隙相比，可以得到在 55～77Å 的体系下，558 缺陷处两组边缘态的耦合引起的带隙变化仅为 1～6 meV。而当不考虑中间的 Bi 二聚体时，体系的带隙增大一个数量级以上，达到 134 meV。这些结果清楚地说明 Bi 二聚体的存在显著降低了边缘态之间的杂化。

　　558 延展缺陷的形成伴随了同一子晶格 Bi 原子之间成键，打破了 A-B 两个子晶格的成键样式，形成了边缘态。当这种无序破坏达到一定程度（即 558 缺陷浓度高于一定程度）时，体系的拓扑性会被破坏。一种特殊的情况是，当 558 缺陷的排列形成一种有序结构，并保持了完美铋烯的子晶格序时，拓扑性仍可以保持，结构如图 7.18（e）所示。严格来说，这里的 558 缺陷并非是通常定义下的孪晶（两

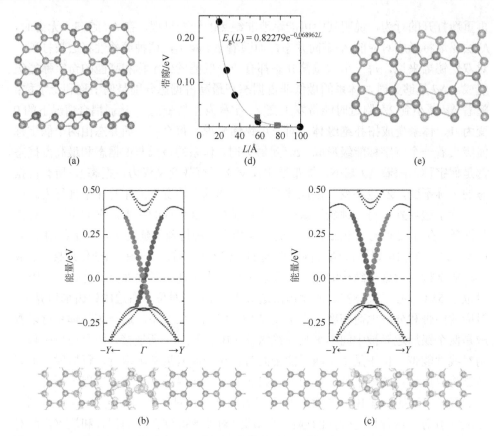

图 7.18 （a）包含了 558 缺陷的 Bi 双原子层结构的顶视和侧视图；（b）和（c）Bi 双原子层中 558 缺陷的两对线性能带结构和电荷密度分布图；（b）和（c）中能带电子密度分别局域在 558 缺陷的左边和右边；（d）铋双层的锯齿型纳米带（圆点）和 558 缺陷（方形）的带隙与体系的大小的关系；（e）由 558 缺陷形成的有序结构[51]

个晶粒的取向是一致的），而孪晶下不同结构对不同拓扑类的绝缘体性质如何影响等仍需进一步研究。

在 QSH 绝缘体中引入磁性以打破 TRS，可实现 QAH 拓扑绝缘体。不同于在其他体系中引入磁性掺杂实现 QAH 态[52]，锡烯或 Bi(111)薄膜中可以采用更直接的方法，即进行单表面（单子晶格）的修饰[53, 54]，这样在另一边未饱和的子晶格原子上会出现局域磁矩。与稀磁性掺杂相比，这些体系中的耦合更强，可以产生较大的磁性劈裂，估计 Sn 和 Ge 体系的平均场距离温度可以达到 243 K 和 509 K。更为重要的是，这些体系的带隙足够大，从而有可能实现较高温度下的操作。

另一类具有特色的二维拓扑绝缘体为有机金属类材料。这类材料首先由 Wang 等[55]提出，在三甲苯-Pb/Bi 体系中分别实现了带隙为 8.6 meV 和 43 meV 的 QSH 绝缘体。有机金属类体系的提出，极大地丰富了二维拓扑绝缘体体系，而且通过不同金属的取代，可以很好地调控体系的性能。将 Pb/Bi 换成 Mn 可以实现 QAH 绝缘体（带隙 9.5 meV）[56]，而用 In 进行取代则可以实现平 Chern 带[57]。这些有机金属晶格可以通过比较成熟的有机化学或者衬底辅助的分子组织来制备。例如，在实验中已经能制备的镍连二硫烯（nickel-bis-dithiolene）[58]和铜二氰蒽（Cu-dicyanoanthracene，DCA）[59]都可以得到 10 meV 的 QSH 态。

除了上述体系外，多种多样的过渡金属基材料也有可能成为拓扑绝缘体，包括 1T′相的过渡金属硫族化合物（1T′-MX$_2$）[60]、层状五碲化物（ZrTe$_5$、HfTe$_5$）[61, 62]、单层过渡金属卤化物 MX[63]、MXene[64, 65]及过渡金属吸附体系[66]。其中，Qian 等[60]对 1T′-MX$_2$ 的研究中发现了电场对拓扑转变的调节作用，为设计新型拓扑场效应管提供了思路。由于能带翻转的两条能带分别由金属的 d 轨道和硫族元素的 p 轨道贡献，且不同的贡献位于不同的平面，使得利用电场调控成为可能。图 7.19（a）显示的是 1T′-MoS$_2$ 的带隙和 $Z_2$ 数随着电场强度的变化规律。可以看到，随着电场强度增加，带隙首先减小到零，然后打开并变大；能带闭合过程引起了拓扑相变，体系从拓扑绝缘体变成了平凡绝缘体。对应地，线性的 Dirac 边缘带也随着相变而消失。基于这一现象，可以设计利用静电门压方法控制边缘态的电荷/自旋导通的开关，从而构建拓扑场效应管，其示意如图 7.19（b）所示。

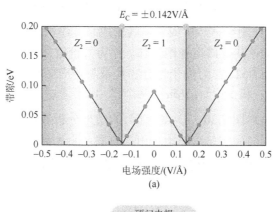

(a)

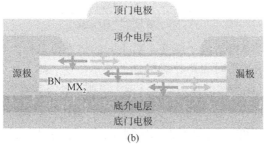

(b)

图 7.19  （a）1T′-MoS$_2$ 的带隙和 $Z_2$ 值随着电场强度的变化关系；（b）基于 MX$_2$ 的拓扑场效应管的示意图[60]

在 1T′-MoS$_2$ 之间引入 h-BN，一方面可以有效地减少层与层之间杂化带来带隙打开的不利影响；另一方面可以使得不同的 1T′-MoS$_2$ 之间处在弱耦合区，从而使得总通道数可以简单相加，提供更大的信噪比。二维材料的层状特性使得可以对其进行方便的图案化设计，而拓扑相变可以提供器件快速的响应时间，这些优点都为设计低能耗的量子器件提供了有利条件。

为了实现快速寻找拓扑绝缘体，Yang 等[67]提出了一个高通量的描述符，并成功发现了五种不同对称性的 28 种拓扑绝缘体（这一工作针对的是三维拓扑绝缘体，但是其高通量的思路值得学习）。描述符的提出基于拓扑绝缘体能带翻转这一重要特征和应变对能级位置的有效调控。为了表征能带翻转，可以定义在 TRIM 点上能带能级差：

$$E_k \equiv E_{cb} - E_{vb} \qquad (7.6.5)$$

当在一定应变条件下发生拓扑相变时，$E_k$ 会发生变号。$E_k$ 可以在考虑 SOC（$E_k^{\mathrm{SOC}}$）和不考虑 SOC（$E_k^{\mathrm{noSOC}}$）情况下分别得到，而它们的差（$\Delta E_k$）也随之得到：

$$\Delta E_k(a) \equiv (E_{cb}^{\mathrm{SOC}} - E_{vb}^{\mathrm{SOC}} - E_{cb}^{\mathrm{noSOC}} + E_{vb}^{\mathrm{noSOC}}) \ (k, a) \qquad (7.6.6)$$

图 7.20（a）和（b）分别显示了 Bi$_2$Te$_2$S 和 PbTe 体系中 $E_k^{\mathrm{SOC}}$、$E_k^{\mathrm{noSOC}}$ 和 $\Delta E_k$ 随着晶格常数的变化趋势。从 $E_k^{\mathrm{SOC}}$ 的变化可以看出两个体系都发生了拓扑相变：Bi$_2$Te$_2$S 平衡时是拓扑绝缘体，压应变使其变成平凡绝缘体；而 PbTe 平衡时是平凡绝缘体，压应变使其变成拓扑绝缘体。作为共价键体系的 Bi$_2$Te$_2$S 带隙随着应变增加而减小，而 PbTe 作为离子化合物其带隙随应变增加而增加。要得到临界应变，需要 $E_k^{\mathrm{SOC}}(a_0)$ 和 $\delta E_k^{\mathrm{SOC}}(a)/\delta a \big|_{a_0}$ 两个量。由于考虑 SOC 的计算量非常大，对高通量不利。但是对图 7.20（a）和（b）的结果分析显示 $E_k^{\mathrm{noSOC}}(a)$ 和 $E_k^{\mathrm{SOC}}(a)$ 变化趋势基本一致，即应变对主要由核电子贡献的自旋轨道相互作用影响较小。因此，$\delta E_k^{\mathrm{SOC}}(a)/\delta a \big|_{a_0}$ 可以用 $\delta E_k^{\mathrm{noSOC}}(a)/\delta a \big|_{a_0}$ 来近似，进而可以定义高通量的描述符：

$$\hat{\chi}_{\mathrm{TI}} \equiv -\frac{E_k^{\mathrm{SOC}}(a_0)/\delta a_0}{\delta E_k^{\mathrm{noSOC}}(a)/\delta a \big|_{a_0}} \qquad (7.6.7)$$

该描述符可以直接对应于应变，对不同的体系可以作为拓扑态的鲁棒性和可行性描述。对体系平衡时为拓扑绝缘体的体系，$|\hat{\chi}_{\mathrm{TI}}|$ 越大说明拓扑态越稳定；对体系平衡时为平凡绝缘体的体系，$|\hat{\chi}_{\mathrm{TI}}|$ 越大说明拓扑态越难以实现。当体系具有多个不等价的 TRIMs 点时，需要定义多个相应的描述符，跟踪它们的行为。这些分析可以帮助选择合适的衬底和晶面来实现拓扑态。基于上述描述符，对 aflowlib.org 数据库中多达 15000 种电子结构数据进行筛选，Yang 等最终选出多达 28 种三维拓扑绝缘体，包括全新的卤化物体系。

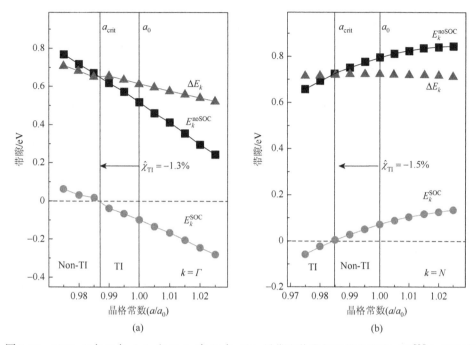

图 7.20　$Bi_2Te_2S$ 在 $\Gamma$ 点（a）和 PbTe 在 $N$ 点（b）导带和价带能级差在考虑（$E_k^{SOC}$）和不考虑（$E_k^{noSOC}$）自旋轨道耦合及它们之差（$\Delta E_k$）随着晶格常数的变化规律[67]

　　除了高通量筛选外，另一种重要的寻找二维拓扑材料的方式是结合结构演化算法进行全局搜索（参见第 8 章）。Luo 和 Xiang[68]利用考虑了准二维结构对称群的粒子群优化算法成功预测了具有拓扑性的扭曲正方结构 $Bi_4F_4$（图 7.21）。它由三层原子组成，中间一层为扭曲正方晶格的单层 Bi，上下两层为 $BiF_2$ 的正方格子。不同层之间通过形成 Bi—Bi 键相连。中间的正方单层 Bi 贡献了拓扑行为，而上下两个惰性层起了良好的保护作用，从而避免衬底等外界因素对拓扑的破坏。通过紧束缚模型对其拓扑性来源分析可知，单纯 SOC 并不能在 Dirac 能带实现带隙打开，而 SOC 引起的最近邻有效跃迁非常重要。重要的是，这一结构比六方的二维 BiF 体系能量低 0.42 eV/原子[69]，它的预测提供了一个新的晶格系统（不同于

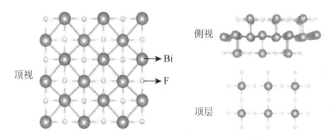

图 7.21　$Bi_4F_4$ 结构的顶视和测试图[68]

大部分的六角晶格）来寻找拓扑态。同时，与第 8 章关于 Dirac 体系预测讨论一致，这一结果说明六角晶格也并非是 Dirac 能带出现的必要条件。

# 参 考 文 献

[1]   Fei R，Li W，Li J，et al. Giant piezoelectricity of monolayer groupⅣmonochalcogenides：SnSe，SnS，GeSe，and GeS. Appl Phys Lett，2015，107：173104.

[2]   Fei R，Kang W，Yang L. Ferroelectricity and phase transitions in monolayer group-Ⅳmonochalcogenides. Phys Rev Lett，2016，117：097601.

[3]   Wu M，Zeng X C. Intrinsic ferroelasticity and/or multiferroicity in two-dimensional phosphorene and phosphorene analogues. Nano Lett，2016，16：3236-3241.

[4]   Wang H，Qian X F. Two-dimensional multiferroics in monolayer groupⅣmonochalcogenides. 2D Mater，2017，4：015042.

[5]   Haleoot R，Paillard C，Kaloni T P，et al. Photostrictive two-dimensional materials in the monochalcogenide family. Phys Rev Lett，2017，118：227401.

[6]   Rangel T，Fregoso B M，Mendoza B S，et al. Large bulk photovoltaic effect and spontaneous polarization of single-layer monochalcogenides. Phys Rev Lett，2017，119：067402.

[7]   Mehboudi M，Fregoso B M，Yang Y，et al. Structural phase transition and material properties of few-layer monochalcogenides. Phys Rev Lett，2016，117：246802.

[8]   Chang K，Liu J，Lin H，et al. Discovery of robust in-plane ferroelectricity in atomic-thick SnTe. Science，2016，353：274-278.

[9]   Li W，Li J. Ferroelasticity and domain physics in two-dimensional transition metal dichalcogenide mondayers. Nat Commun，2016，7：10843.

[10]  Chandrasekaran A，Mishra A，Singh A K. Ferroelectricity，antiferroelectricity，and ultrathin 2D electron/hole gas in multifunctional monolayer MXene. Nano Lett，2017，17：3290-3296.

[11]  Ding W，Zhu J，Wang Z，et al. Prediction of intrinsic two-dimensional ferroelectrics in In(2)Se(3) and other Ⅲ(2)-Ⅵ(3) van der Waals materials. Nat Commun，2017，8：14956.

[12]  Hu T，Wu H，Zeng H，et al. New ferroelectric phase in atomic-thick phosphorene nanoribbons：existence of in-plane electric polarization. Nano Lett，2016，16：8015-8020.

[13]  Kou L，Ma Y，Tang C，et al. Auxetic and ferroelastic borophane：a novel 2D material with negative possion's ratio and switchable dirac transport channels. Nano Lett，2016，16：7910-7914.

[14]  Seixas L，Rodin A S，Carvalho A，et al. Multiferroic two-dimensional materials. Phys Rev Lett，2016，116：206803.

[15]  Shirodkar S N，Waghmare U V. Emergence of ferroelectricity at a metal-semiconductor transition in a 1T monolayer of MoS$_2$. Phys Rev Lett，2014，112：157601.

[16]  Wang H，Li X，Sun J，et al. bP 5 monolayer with multiferroicity and negative Poisson's ratio：a prediction by global optimization method. 2D Mater，2017，4：045020.

[17]  Duerloo K A N，Ong M T，Reed E J. Intrinsic piezoelectricity in two-dimensional materials. J Phys Chem Lett，2012，3：2871-2876.

[18]  Duerloo K A N，Reed E J. Flexural electromechanical coupling：a nanoscale emergent property of boron nitride bilayers. Nano Lett，2013，13：1681-1686.

[19]　Zhu H, Wang Y, Xiao J, et al. Observation of piezoelectricity in free-standing monolayer $MoS_2$. Nat Nanotechnol, 2014, 10: 151-155.

[20]　Zhuang H L, Johannes M D, Blonsky M N, et al. Computational prediction and characterization of single-layer $CrS_2$. Appl Phys Lett, 2014, 104: 022116.

[21]　Blonsky M N, Zhuang H L, Singh A K, et al. Ab initio prediction of piezoelectricity in two-dimensional materials. ACS Nano, 2015, 9: 9885-9891.

[22]　Guo Y, Zhou S, Bai Y, et al. Enhanced piezoelectric effect in Janus group-III chalcogenide monolayers. Appl Phys Lett, 2017, 110: 163102.

[23]　Sevik C, Çakır D, Gülseren O, et al. Peculiar piezoelectric properties of soft two-dimensional materials. The Journal of Physical Chemistry C, 2016, 120: 13948-13953.

[24]　Shalnikov A. Superconducting thin films. Nature, 1938, 142: 74-74.

[25]　Ye J T, Zhang Y J, Akashi R, et al. Superconducting dome in a gate-tuned band insulator. Science, 2012, 338: 1193-1196.

[26]　Cheng C, Sun J T, Liu H, et al. Suppressed superconductivity in substrate-supported beta(12)borophene by tensile strain and electron doping. 2D Mater, 2017, 4: 025032.

[27]　Penev E S, Kutana A, Yakobson B I. Can two-dimensional boron superconduct? Nano Lett, 2016, 16: 2522-2526.

[28]　Profeta G, Calandra M, Mauri F. Phonon-mediated superconductivity in graphene by lithium deposition. Nat Phys, 2012, 8: 131-134.

[29]　Xue M Q, Chen G F, Yang H X, et al. Superconductivity in potassium-doped few-layer graphene. J Am Chem Soc, 2012, 134: 6536-6539.

[30]　Ludbrook B M, Levy G, Nigge P, et al. Evidence for superconductivity in Li-decorated monolayer graphene. P Natl Acad Sci USA, 2015, 112: 11795-11799.

[31]　Wu C, Wang H, Zhang J, et al. Lithium-boron (Li-B) monolayers: first-principles cluster expansion and possible two-dimensional superconductivity. ACS App Mater Interfaces, 2016, 8: 2526-2532.

[32]　Thouless D J, Kohmoto M, Nightingale M P, et al. Quantized Hall conductance in a two-dimensional periodic potential. Phys Rev Lett, 1982, 49: 405-408.

[33]　Hasan M Z, Kane C L. Colloquium: topological insulators. Rev Mod Phys, 2010, 82: 3045-3067.

[34]　Qi X L, Zhang S C. Topological insulators and superconductors. Rev Mod Phys, 2011, 83: 1057-1110.

[35]　Bansil A, Lin H, Das T. Colloquium: topological band theory. Rev Mod Phys, 2016, 88: 021004.

[36]　Ren Y F, Qiao Z H, Niu Q. Topological phases in two-dimensional materials: a review. Rep Prog Phys, 2016, 79: 066501.

[37]　Weng H M, Yu R, Hu X, et al. Quantum anomalous Hall effect and related topological electronic states. Adv Phys, 2015, 64: 227-282.

[38]　Huang H, Xu Y, Wang J, et al. Emerging topological states in quasi-two-dimensional materials. Wiley Interdiscip Rev Comput Mol Sci, 2017, 7: e1296.

[39]　Wang Z F, Jin K H, Liu F. Computational design of two-dimensional topological materials. Wiley Interdiscip Rev Comput Mol Sci, 2017, 7: 1304.

[40]　Kou L, Ma Y, Sun Z, et al. Two-dimensional topological insulators: progress and prospects. J Phys Chem Lett, 2017, 8: 1905-1919.

[41]　Kane C L, Mele E J. Z2 topological order and the quantum spin Hall effect. Phys Rev Lett, 2005, 95: 146802.

[42]　Kane C L, Mele E J. Quantum spin Hall effect in graphene. Phys Rev Lett, 2005, 95: 226801.

[43] Xu Y, Yan B, Zhang H J, et al. Large-gap quantum spin Hall insulators in tin films. Phys Rev Lett, 2013, 111: 136804.

[44] Soluyanov A A, Vanderbilt D. Computing topological invariants without inversion symmetry. Phys Rev B, 2011, 83: 235401.

[45] Si C, Liu J, Xu Y, et al. Functionalized germanene as a prototype of large-gap two-dimensional topological insulators. Phys Rev B, 2014, 89: 115429.

[46] Zhu F F, Chen W J, Xu Y, et al. Epitaxial growth of two-dimensional stanene. Nat Mater, 2015, 14: 1020-1025.

[47] Zhang H J, Liu C X, Qi X L, et al. Topological insulators in $Bi_2Se_3$, $Bi_2Te_3$ and $Sb_2Te_3$ with a single Dirac cone on the surface. Nat Phys, 2009, 5: 438-442.

[48] Chen Y L, Analytis J G, Chu J H, et al. Experimental realization of a three-dimensional topological insulator, $Bi_2Te_3$. Science, 2009, 325: 178-181.

[49] Drozdov I K, Alexandradinata A, Jeon S, et al. One-dimensional topological edge states of bismuth bilayers. Nat Phys, 2014, 10: 664-669.

[50] Liu Z, Liu C X, Wu Y S, et al. Stable nontrivial Z2 topology in ultrathin Bi(111) films: a first-principles study. Phys Rev Lett, 2011, 107: 136805.

[51] Lima E N, Schmidt T M, Nunes R W. Topologically protected metallic states induced by a one-dimensional extended defect in the bulk of a 2D topological insulator. Nano Lett, 2016, 16: 4025-4031.

[52] Yu R, Zhang W, Zhang H J, et al. Quantized anomalous Hall effect in magnetic topological insulators. Science, 2010, 329: 61-64.

[53] Wu S C, Shan G C, Yan B H. Prediction of near-room-temperature quantum anomalous Hall effect on honeycomb materials. Phys Rev Lett, 2014, 113: 256401.

[54] Liu C C, Zhou J J, Yao Y G. Valley-polarized quantum anomalous Hall phases and tunable topological phase transitions in half-hydrogenated Bi honeycomb monolayers. Phys Rev B, 2015, 91: 165430.

[55] Wang Z F, Liu Z, Liu F. Organic topological insulators in organometallic lattices. Nat Commun, 2013, 4: 1471.

[56] Wang Z F, Liu Z, Liu F. Quantum anomalous Hall effect in 2D organic topological insulators. Phys Rev Lett, 2013, 110: 196801.

[57] Liu Z, Wang Z F, Mei J W, et al. Flat chern band in a two-dimensional organometallic framework. Phys Rev Lett, 2013, 110: 106804.

[58] Wang Z F, Su N H, Liu F. Prediction of a two-dimensional organic topological insulator. Nano Lett, 2013, 13: 2842-2845.

[59] Zhang L Z, Wang Z F, Huang B, et al. Intrinsic two-dimensional organic topological insulators in metal-dicyanoanthracene lattices. Nano Lett, 2016, 16: 2072-2075.

[60] Qian X F, Liu J W, Fu L, et al. Quantum spin Hall effect in two-dimensional transition metal dichalcogenides. Science, 2014, 346: 1344-1347.

[61] Weng H M, Dai X, Fang Z. Transition-metal pentatelluride $ZrTe_5$ and $HfTe_5$: a paradigm for large-gap quantum spin Hall insulators. Phys Rev X, 2014, 4: 011002.

[62] Wu R, Ma J Z, Nie S M, et al. Evidence for topological edge states in a large energy gap near the step edges on the surface of $ZrTe_5$. Phys Rev X, 2016, 6: 021017.

[63] Zhou L J, Kou L Z, Sun Y, et al. New family of quantum spin Hall insulators in two-dimensional transition-metal halide with large nontrivial band gaps. Nano Lett, 2015, 15: 7867-7872.

[64] Weng H M, Ranjbar A, Liang Y Y, et al. Large-gap two-dimensional topological insulator in oxygen functionalized

MXene. Phys Rev B，2015，92：075436.

[65] Zhou L，Shi W，Sun Y，et al. Two-dimensional rectangular tantalum carbide halides TaCX（X = Cl，Br，I）：novel large-gap quantum spin Hall insulators. 2D Mater，2016，3：035018.

[66] Li Y C，Chen P C，Zhou G，et al. Dirac fermions in strongly bound graphene systems. Phys Rev Lett，2012，109：206802.

[67] Yang K S，Setyawan W，Wang S D，et al. A search model for topological insulators with high-throughput robustness descriptors. Nat Mater，2012，11：614-619.

[68] Luo W，Xiang H J. Room temperature quantum spin Hall insulators with a buckled square lattice. Nano Lett，2015，15：3230-3235.

[69] Song Z，Liu C C，Yang J，et al. Quantum spin Hall insulators and quantum valley Hall insulators of BiX/SbX（X = H，F，Cl and Br）monolayers with a record bulk band gap. NPG Asia Mater，2014，6：e147.

# 第8章

## 新型低维材料预测

新功能材料的发现一直是材料科学研究的重要前沿。加速新材料从发现到应用并推动相关产业发展已经上升到各个国家的国家战略高度。过去的材料发现主要依赖的是试错法，经历过无数次失败以后，可以建立人们丰富的化学直觉并积累相关经验，从而推动新材料的发现。这一过程往往非常漫长，耗时耗力。相反，利用高性能的计算和结构预测算法可以先期进行大搜索，并从中筛选出最具潜力的候选者，以备实验者制备合成。这样的理论前期筛选-实验后续合成的材料研究新范式可以显著地缩短新材料发现的过程。

## 8.1 新结构的预测方法

结构预测的最主要难点在于对高维的势能表面巨量的能量局域最小构型进行有效搜索，快速地找到全局最小。这一构型空间随着体系大小的增加呈指数增长，对其进行遍历搜索几乎不可能，因此必须发展有效减少构型空间或者提高取样有效性的算法。经过多年的积累，人们已经发展了多种有效的结构预测方法，包括数据挖掘[1, 2]、模拟退火[3-5]、遗传算法[6-9]、最小化取样[10]、盆地取样[11]、超动力学（meta dynamics）[12]、随机取样[13-16]、粒子群优化算法[17-19]和微分演化算法[20, 21]。在所有这些方法中，遗传算法、粒子群优化算法和微分演化算法都属于演化算法，具有很多共同点，也是其中最有代表性的工作，下面将简单阐述它们的工作原理。

演化算法一般都可以分成以下五个主要步骤[21]：①初始结构的产生；②结构弛豫；③结构相似性分析和适应度函数；④利用演化算法产生新的结构；⑤收敛性判断。以下分步简述各部分的具体做法。

### 1. 初始结构的产生

为了减少需要优化的结构参数，一般需要对晶格参数和原子位置施加对称性限制。对二维或者准二维材料来说，它们分别对应 17 个平面群和 80 个层空间群。一旦一个原子的位置 $A(x_1, x_2, x_3)$ 选定以后，其对称性位置可以通过 $3 \times 3$ 的点群矩阵 $W$ 和平移矢量 $w$ 简单得到[19]：

$$\tilde{x}_1 = W_{11}x_1 + W_{12}x_2 + W_{13}x_3 + \boldsymbol{w}_1$$
$$\tilde{x}_2 = W_{21}x_1 + W_{22}x_2 + W_{23}x_3 + \boldsymbol{w}_2 \qquad (8.1.1)$$
$$\tilde{x}_3 = W_{31}x_1 + W_{32}x_2 + W_{33}x_3 + \boldsymbol{w}_3$$

在得到具有特定对称性的结构后，仍然需要对一些硬性限制进行判定，进一步减少构型数目。这些限制包括：①原子间的最小距离；②二维晶格角度的取值范围；③在给定原子数目下，晶格长度的最小和最大值；④二维材料的层厚。这些限制的具体设置可以在相关文献[22]~[24]中找到。

### 2. 结构弛豫

几何结构弛豫的算法现在已经非常成熟，在第一性原理中常用的算法包括最速下降法、共轭梯度法和准牛顿算法（BFGS）等。虽然结构弛豫会增加每一个单独个体的计算时间，但是能够有效地降低势能表面的噪声并产生合理的结构。同时，第一性原理计算不仅能够得到优化结构及其能量，还能给出很多相关的物理性质。这些都为下一步的面向具体应用的适应度函数定义提供了前提条件。

### 3. 结构相似性分析和适应度函数

在结构弛豫过程中，势能表面的吸引域作用可以使得大量结构弛豫到其同一个盆地，不仅造成重复计算，而且降低结构的多样性，从而显著降低寻找构型空间的效率。为了克服这一问题，需要进行结构相似性分析。这一分析可以通过直接记录不同结构信息进行对比并更新进行，但更为有效的是定义相关的数学量。CALYPSO 采用结构特征（键取向序）矩阵[25]，其中球谐函数和指数函数分别用来表征键角和键长。假设对一特定结构，两个原子 $i$ 和 $j$ 之间的距离矢量为 $\vec{r}_{ij}$，该矢量与球谐函数 $Y_{lm}(\theta_{ij}, \phi_{ij})$ 紧密相连，其中 $\theta_{ij}$ 和 $\phi_{ij}$ 为方位角。由此可以定义原子 A 和 B 之间所有键的加权平均：

$$\bar{Q}_{lm}^{\delta_{AB}} = \frac{1}{N_{AB}} \sum_{i \in A, j \in B} e^{-\alpha(r_{ij} - b_{AB})} Y_{lm}(\theta_{ij}, \phi_{ij}) \qquad (8.1.2)$$

其中，$\delta_{AB}$ 和 $N_{AB}$ 分别为键的种类和数目。进一步，为了消除对参考系的依赖性，可以考虑旋转不变性的组合：

$$Q_l^{\delta_{AB}} = \sqrt{\frac{4\pi}{2l+1} \sum_{m=-l}^{l} |\bar{Q}_{lm}^{\delta_{AB}}|^2} \qquad (8.1.3)$$

该量对应了不同类型的键，即键特征矩阵量的矩阵元。利用这一键特征矩阵量，可以定义两种不同结构 U 和 V 之间的欧几里得距离：

$$D_{UV} = \sqrt{\frac{1}{N_{type}} \sum_{\delta_{AB}} \sum_{l} (Q_l^{\delta_{AB}, U} - Q_l^{\delta_{AB}, V})^2} \qquad (8.1.4)$$

　　类似地，Zhang 等[20]利用两偶图（bipartite graph）的严格方法来表示两个结构 U 和 V，两偶图的两组顶点可以分别代表 U 和 V 两个子结构，而原子之间的边长可以利用两偶图的边长来代表。最小的欧几里得距离可以由库恩-曼克勒斯（Kuhm-Munkres）算法得到[26]。

　　在经过了相似性筛选后，则可以进行适应度函数的定义。这一函数的选择依赖于结构预测的目标。最简单的一种是寻找能量最低的结构，此时可以采用总能的负值[19, 23]。如果需要针对其他材料性质进行逆向设计，则根据需要定义其他一些适应度函数，如硬度、带隙等。这将在后面章节详细阐述。

　　**4. 利用演化算法产生新的结构**

　　在产生新结构之前，需要对父辈根据适应度进行选择。选择的办法包括：①截断法。最新一代部分最优个体选为父辈，而其他个体则排除在外。②比赛选择法。父辈一代被随机分成多个小组，每个小组中的最优选为父辈。③轮盘法。每个个体根据与适应度成正比的概率选为父辈。④可以采用上述方法的组合，如①和③的组合。⑤随机法。随机法可以显著增加后代的多样性。在经过了适应度函数的评价后，就可以通过演化算法产生新的结构。这里根据遗传算法、粒子群优化算法和微分演化算法分开阐述。

　　**1）遗传算法**

　　遗传算法一般采用交配和变异两种办法来产生后代。

　　（1）交配。图 8.1 显示的是一种交配方式。利用高斯分布随机在晶格中选择薄片的中心和厚度，对应的薄片在父母两个个体分别被选取和舍弃（图中阴影部分代表舍弃），随后，父母个体中不同位置的薄片相互组合即可以产生对应的后代。这一交配过程的一个简化版本是直接随机选取特定的晶格矢量和特定分数坐标作为切割面，小于和大于这一分数坐标的原子分别从父母两个个体中选取，随后按照切割面相接。当然，这种随机选取过程可能造成的后果是后代中每种原子的数目和母代不一样。当子代原子数目过多时，可以随机去除多余的原子；而当子代原子数目过少时，可以在子代中选取与原子密度成反比的间隔，然后在间隔中随机添加缺少的原子。

图 8.1　交配算符示意图：父辈结构被切成薄片后组合形成子代结构[27]

（2）变异。变异对于保证结构多样性和搜寻低能结构附近的势能面非常重要。一般可以通过下列方法进行变异操作：①晶格矢变异。这可以通过随机产生的对称性应变矩阵进行：

$$[\boldsymbol{I}+\varepsilon_{ij}] = \begin{pmatrix} 1+\varepsilon_{11} & \dfrac{\varepsilon_{12}}{2} & 0 \\ \dfrac{\varepsilon_{12}}{2} & 1+\varepsilon_{22} & 0 \\ 0 & 0 & 1 \end{pmatrix} \tag{8.1.5}$$

其中，$\boldsymbol{I}$ 和 $\varepsilon_{ij}$ 分别为单位矩阵和零平均值的高斯随机变量。由于是二维体系，只有四个独立的应变变量。②原子位置变异可以通过对每个坐标分量进行随机高斯分布微扰。但由于已经有交配和结构弛豫产生了内部结构多样化，原子位置变异一般不重要[23]。③原子种类交换或者数目改变[23,28]。对由不同原子组成的化合物，可以通过交换两种不同原子的位置来搜寻正确的原子序；此外，可以考虑随机添加和移除原子来进行变异。

2）粒子群优化算法

受启发于自然生物系统（特别是蚁群、蜂群和鸟群）的群体智能算法[29]，主要基于群体中独立个体之间的集体自组织行为。最为广泛应用的是粒子群优化（PSO）算法[30]。在 PSO 算法中，独立个体的行为被具有最优个体和全局最优个体同时影响；同时，个体可以根据过去的经历来调整前进的方向和速度。个体的位置 $x$ 和速度 $v$ 演化方程为

$$\begin{aligned} x^{t+1} &= x^{t} + v^{t+1} \\ v^{t+1} &= \omega v^{t} + c_1 r_1 (\text{pbest}^{t} - x^{t}) + c_2 r_2 (\text{gbest}^{t} - x^{t}) \end{aligned} \tag{8.1.6}$$

PSO 主要的变化在速度演化公式中。其中，$\omega$ 为惯性权重，数值一般为 0.4～0.9，数值越大，全局搜索越快，数值越小，局域搜索越快；pbest 和 gbest 分别为独立个体当前优化位置（即此时个体具有最优的适应度值）和整个群体中具有最优适应度值的位置；对应的系数 $c_1$ 和 $c_2$ 分别为自信和群体信心因子；$r_1$ 和 $r_2$ 为两个随机数，可以提高搜寻空间覆盖率。

PSO 算法包含全局和局域两个版本，如图 8.2（a）和（b）所示。全局算法中，仅有一个全局最优结构作为吸引子，所有粒子都在整体最优位置附近寻找新位置。它的主要优势是对少于 30 个原子的小体系收敛很快，但是仅仅一个吸引子也使得搜寻失去了一定的多样性，在具有非常复杂势能表面的大体系显得效率低。局域算法中，每个粒子选取其附近一些粒子作为一个子集。它的速度通过全局最优位置和自己子集的最优位置进行演化。由于多个吸引子的存在，局域算法可以无偏差地搜寻势能表面更大的空间。

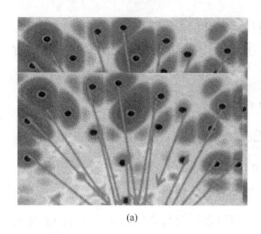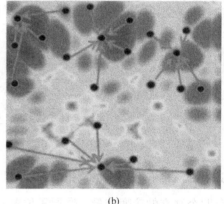

(a) (b)

图 8.2　全局（a）和局域 PSO 算法（b）示意图[18]

3）微分演化算法

微分演化算法中，结构演化的关键在于综合考虑了母代的最优结构和两个不同母代个体的差别，以此来描述结构特征。产生子代的方程由式（8.1.7）表述：

$$p_i' = \gamma p_{\text{best}} + (1-\gamma)p_i + F(p_{r1} - p_{r2}) \tag{8.1.7}$$

其中，$p_{\text{best}}$ 和 $p_i$ 分别为母代的全局位置和母代的一个解；$p_{r1}$ 和 $p_{r2}$ 为从母代中随机选择的两个个体；$\gamma$ 和 $F$ 为 0～1 的标度因子，分别控制全局最优和两个母代个体差异的影响。

5. 收敛性判断

结构搜寻算法原则上可以无穷地迭代演化，为了更好地判定搜寻的收敛性，可以采用以下一些准则：①对同一系统，跟踪其每代中最高能量、最低能量和平均能量以判断是否达到收敛标准[31]。其中最高能量和最低能量可看成异常值，这些数值依赖于独立结构的数目。②为了减少这种依赖性，可采用最优结构能量的 10% 和 90% 百分位取代最低和最高能量进行收敛性判断[28]。③最为直接的方法就是当最优个体在超过一定代数仍未有提高时，可判定收敛。这样的判据包括后代的多样性一直很低[22]或经多代演化后不能产生新的稳定结构[32]。

由于二维材料在前沿研究中扮演的重要角色，下面着重讨论这类低维材料（包括二维和准二维表面）的结构预测。图 8.3（a）和（b）分别显示了 CALYPSO 采用的二维结构和表面重构模型。对于二维材料来说，除了周期性边界条件不可避免的真空层厚度，描述单层二维材料还需要引入额外的扭曲参数 $\Delta z$ 来描述弯曲的结构；而对于多层二维材料则需要引入范德瓦耳斯间隙来描述不同层

材料之间的距离。对于表面结构来说，则需要将材料分成三个不同区域［图 8.3
（b）］：①最底部的体相区域，一般有 6～8 个原子层。这一区域中的原子不需
要弛豫，用于描述体结构的性质。②中间的非重构区域，一般有 2～4 个原子
层。这一区域中的原子需要弛豫，但是不需要结构演化，代表体和表面的转变
区。③上部的重构表面区域，区域的厚度与需要研究的问题密切相关。此区域
的结构需要进行结构演化。表面体系的适应度函数定义如下：

$$\Delta\gamma(\mu) = \frac{1}{A}\left( E_{\text{surf}}^{\text{tot}} - E_{\text{ideal}}^{\text{tot}} - \sum_i n_i\mu_i \right) \tag{8.1.8}$$

其中，$A$ 为所研究的表面面积；$E_{\text{surf}}^{\text{tot}}$ 和 $E_{\text{ideal}}^{\text{tot}}$ 分别为重构后和理想未重构表面的能
量；$n_i$ 和 $\mu_i$ 分别为表面区域的第 $i$ 种元素的原子个数和化学势。

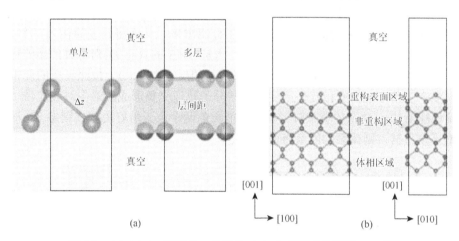

图 8.3　CALYPSO 采用的二维结构（a）和表面重构模型（b）[18]

## 8.2　新型低维材料及其缺陷结构与性质的预测

### 8.2.1　硼烯的结构预测及其实验发现

在系统的进化算法发展起来以前，人们对新材料的预测主要依靠的是对所需
材料组分之间化学键的物理分析和具有同族元素类似化合物的成键、属性趋势判
断，然后对所预测材料稳定性进行多重评价。这种预测过程效率低，并可能存在
较高的出错可能性,对一种材料的正确理解往往需要多个研究组多年的持续研究。
在这样的材料及其性质的预测研究中，硼烯（单层硼片）的发现历史具有很强的
代表性。它一方面显示了过去材料预测的典型特点，突出了材料预测的挑战性，

另一方面也展示了第一性原理结构预测和实验与理论之间的紧密相互作用如何加速发现新的材料。

　　受 $C_{60}$ 富勒烯结构的启发，Szwacki 等于 2007 年提出了一种新的硼单质，$B_{80}$ 富勒烯[33]。$B_{80}$ 可以通过在与 $C_{60}$ 全同的 $B_{60}$ 富勒烯的每个六元环中插入一个硼原子形成。另外，$B_{80}$ 也可以通过六个硼双环相互交织在一起而形成，硼双环之间的化学相互作用使得 $B_{80}$ 在能量上比实验中观察到的硼双环结构更加稳定[34]。同时，$B_{80}$ 的结构也满足 Aufbau 原则——最稳定的硼成键模式由弯曲的三角形构成。三角形图案的拓展形成了当时公认的最稳定的二维硼片结构[35]。在三角晶格的硼烯中，每一个硼原子有六个最近邻原子，但仅仅有三个外壳层电子。因此，石墨烯中占绝对主导地位的二中心键不能准确描述硼烯中的成键特性。根据三角晶格的对称性，Tang 和 Ismail-Beigi 提出硼原子中 $sp^2$ 轨道交叠的一种最优方式如图 8.4（a）所示[36]，三个邻近的硼原子的 $sp^2$ 轨道互相交叠，并且在三角形的中心形成最大交叠。此时，可以将三角形的三个硼原子分离出来，从而将问题简化为三个 $sp^2$ 轨道构成的紧束缚问题。基于群论分析，求解 $3\times3$ 的具有 $D_3$ 对称性的矩阵将得到一个低能量的成键态（b）和一个双重简并的反键态（$a^*$）。按照经典的能带理论，多个三角形之间的相互作用使得这些分子轨道交叠形成硼烯中对应能带。在排除低能量的 $p_z$ 轨道的贡献时，当体系能贡献两个电子恰好占据成键态 b，而反键态 $a^*$ 未占据，则体系的能量将最为稳定。

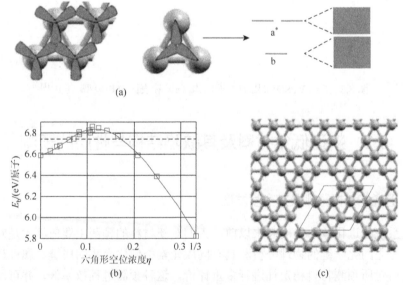

图 8.4　（a）三角晶格中的三中心键示意图；轨道在三角形中心的杂化（$D_3$ 对称性）产生一个
成键态和两个简并的反键态；（b）多种硼片的 LDA 计算结合能随着空位浓度的变化关系；
（c）平面硼烯最稳定的结构示意图[36]

　　基于以上三中心键模型的成键和反键轨道分析，由于每个三角形单元贡献三个电子，三角晶格的硼烯有多余的电子占据反键轨道，从而降低了整个体系的稳定性。另外，从三角晶格中移除硼原子得到的类石墨烯六角晶格硼片主要是二中心键。与碳相比，硼原子少了一个电子，变得电子缺失，不足以完全占满成键态，因而能量上也不是最优。从三角晶格硼烯和六角晶格硼烯的对比可以看出，六角形可以看作是三角晶格中的一个空位。根据上述分析，三角形和六角形单元可以分别扮演施主和受主的角色，而硼烯的稳定性则显著地依赖于二维晶格中六角形空位浓度 $\eta$ 和它们的分布。图 8.4（b）中显示了计算得到的多种硼片的结合能随着空位浓度的变化关系。可以看到，真空中最稳定结构的空位浓度大概是 1/9，同时这些空位倾向于均匀分布，如图 8.4（c）所示。而其他具有线性分布的空位的硼片则具有更低的结合能。尽管如此，从图 8.4（b）中可以看出在 $\eta \approx 1/9$ 附近多个不同的结构具有非常接近的能量，预示着可能的多态性。

　　紧密堆积的三角晶格和相伴的六角形空位的分布可以被看成是一种赝合金 $B_{1-x}O_x$，其中 O 代表了硼晶格中的一个空位。这一方案将简洁的团簇展开和直接的第一性原理计算结合起来，从而可以在可负担的资源下对硼烯的构型空间进行高强度搜索。根据上述分析，引入空位的极限情况为六角晶格。因此在这一方案中，三角晶格被分成固定的六角晶格和可以引入间隙原子的六角形中心组成的更大三角晶格，只有更大的三角晶格可以被引入硼空位。Penev 等[37]通过研究约 2100 种结构，揭示出当空位浓度 $\eta$ 在 1/9～2/15 时，不同硼相的能量差非常小，从而可以共同存在（图 8.5），进一步证实了前人的研究结果。应该指出的是，无活性的六角晶格限制只适用于低空位浓度情况。当解除这一限制后，将在高空位浓度情

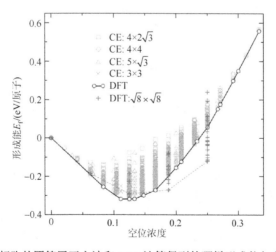

图 8.5　采用不同超胞的团簇展开方法和 DFT 计算得到的硼烯形成能与空位浓度的关系[40]

十字形点代表了无固定六角晶格限制的结果

况下形成空位团簇甚至是无定形相。图 8.5 中的十字形点显示的是利用 $\sqrt{8} \times \sqrt{8}$ 超原胞在无固定六角晶格限制下的结果。可以看出整个能量凸包曲线向高空位浓度平移,同时在 $\eta > 5/27$ 时出现了无定形相。不同硼烯结构能量的紧密堆积类似于硼团簇[38]和对应体结构的能量分布[39]。

团簇展开方法避免了空位密度和分布的人为选取,极大地减小了结构预测的复杂性。尽管如此,该方法依赖于硼烯的三角晶格的预设,而实际中其可能并非是一个先决条件。最近快速发展的全局优化算法使得仅仅利用原子数目及其化学配比等基本信息即可进行结构预测。大部分方法采用了进化算法,广泛采用的方法包括 CALYPSO、USPEX 和 IM$^2$ODE。这些方法广泛地应用于体结构(特别是高压情况)、表面、二维材料、界面及团簇结构的搜索中。Wu 等[41]采用 CALYPSO 方法系统地研究了硼烯的结构稳定性和多态性,展示了迄今为止最为丰富的结构。通过产生超过 9000 种结构并对最稳定结构进行分析,按照硼原子的配位数(CN)将硼烯分为以下几类:①α 类,CN 为 5 和 6;②β 类,CN 为 4、5 和 6;③χ 类,CN 为 4 和 5;④ψ 类,CN 为 3、4 和 5;⑤δ 类,CN 为单一一个数。这一研究不仅揭示了前人报道的大部分稳定结构,同时预测了两种新的结构($α_1$ 和 $β_1$)。利用 PBE0 杂化泛函算法,这两种结构的能量比其他结构能量低 60meV/原子。这一工作突出显示了利用全局算法预测结构的优越性,需要指出的是,这些提出的结构仍然采用三角晶格作为骨架,同时原子被限制在一个单层中间。去除这些限制后,多个研究组利用进化算法预测了稳定的双层甚至多层硼片结构[42-44]。一般来说,这些多层的结构比单层的 α 硼烯的结合能高 50meV/原子。结构的稳定化主要来源于子晶格的相互作用,同时伴随着原始三角晶格的严重扭曲。有意思的是,两种不同的双层结构($P6/mmm$ 和 $Pmmn$)在费米能处展现出狄拉克色散关系[42, 43],它们的结构和电子结构分析将在下面详述。

硼的多态性及其在低浓度和高浓度下形成无序相和多层结构的强烈趋势凸显了实验合成单层硼烯的挑战。Liu 等[45]在详细考虑了沉积、B 原子饱和及金属硼化物中金属蒸发等多种生长方式后,对硼烯可能的实验路径做出了理论预测。根据上述讨论,硼烯生长一方面需要克服硼烯的多层化,另一方面则要避免金属和 B 之间的相互作用。综合这些考虑后,具有较低 B 溶解度的金属,包括 Cu、Ag 和 Au,以及天然存在单层硼片的金属硼化物,如 $MgB_2$ 和 $TiB_2$,都是可能的衬底。图 8.6(a)显示了在这些衬底上不同 $\eta$ 的硼烯化学势,可以发现所有的稳定结构都比真空中具有更高的 $\eta$。衬底和硼烯之间的相互作用主要由电子转移贡献,金属衬底扮演了和三角形单元类似的施主的角色,从而造成了稳定结构向高 $\eta$ 方向移动。得到最稳定结构后,需要回答的关键问题变成这些衬底上二维硼烯和三维体结构的相对稳定性。与体相硼化学势相比,只有 $TiB_2$ 表面的二维硼烯具有更低能量,其他衬底上二维结构的能量都更高。因此,在这些衬底上生长硼烯需要依赖于三维体系的高成核能,进而抑制三维结构的生长。但是成核过程的模拟需要对三维不同团簇结构进行计算，有待进一步研究。另外，对吸附原子（adatom）、二维团簇（2D-cluster）和硼烯的对比发现，$\mu_{adatoms} > \mu_{2D\text{-}cluster} > \mu_{sheet}$ 在其他衬底上都成立，这也提供了二维硼烯的生长动力。此外，低 B 溶解度和 B 快速迁移可以进一步促进二维硼烯的生长。

　　在这篇工作基础上，Zhang 等[46]结合团簇展开和结构演化方法，全面地搜索了 Au、Ag、Cu 和 Ni 等多种金属表面二维硼烯的构型空间，为在这些表面上生长硼烯提供了指导。在贵金属 Au 上，硼烯和衬底之间相互作用较弱，硼烯仍然保持真空中最稳定的空位浓度 $\eta = 1/9$，但衬底仍然引起了硼烯的扭曲。但在其他金属上，最稳定的硼烯为平面形，空位浓度 $\eta = 1/6$ [图 8.6（b）]。在该研究成果发表不久，多个独立实验组在 Ag 衬底上成功合成出二维硼烯，其中 $\eta = 1/6$ 被 STM 明确地观察到 [图 8.6（c）]。进一步，Zhang 等[47]还发现 B 和 Ag 衬底的相互作用引起了硼烯显著的起伏。分子动力学模拟结果显示，B 片在衬底上的起伏可以随着温度的升高而进一步增强[48]。温度升高引起了 B 原子的重构，而重构引起了具有更低空位浓度 $\eta = 2/15$ 的硼烯形成，这与 Au 衬底上观察到的 $\eta = 1/9$ 硼烯具有更大扭曲相一致。由于二维硼烯的多态性，实验中还观察到其他多种二维硼相，并得到 DFT 模拟的验证。除了 $\eta = 1/6$ 硼烯以外，Feng 等[49]发现在高温下形成 $\eta = 1/5$

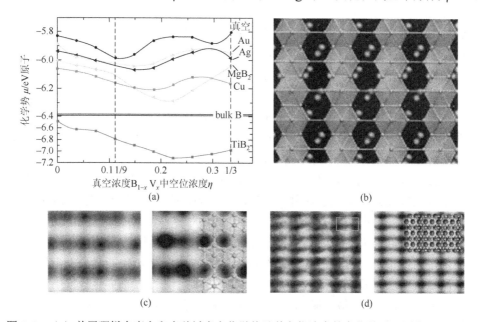

图 8.6　（a）单层硼烯在真空和多种衬底上化学势随着空位浓度的变化关系，图中"bulk B"标示的横线代表了 B 体结构的化学势[45]；（b）Ag 和 Cu 表面最稳定的硼烯结构，空位浓度 $\eta = 1/6$[46]；（c）实验中合成的 $\eta = 1/6$ 硼烯的 STM 观测图（左）和理论模拟图（右）[49]；（d）三角晶格硼烯的 STM 观测图（左）和理论模拟图（右）[50]

硼烯，而 Mannix 等[50]则提出实验合成结构为弯曲的三角形 $\eta = 0$ 的硼烯［图 8.6 (d)］。这些结果突出地显示了实验的各种因素可以对衬底和硼烯相互作用产生重要影响，进而影响硼烯的具体结构。不同的衬底有可能被用来调节这些相互作用，从而稳定其中一种 B 相。利用进化演化算法，Cui 等[51]和 He 等[52]研究了 W(110)和 Pb(110)表面上可能的二维硼结构，分别提出了由四元环及由额外 B 原子填充的六元环构成的 π 相和类石墨烯（$P2_1/c$）的结构。

### 8.2.2　其他重要二维材料的预测

接下来，将对另一些具有重要特性的二维材料的结构预测做一个简单总结。这些材料包括 Dirac 材料、光电材料及二维磁性材料。

#### 1. Dirac 材料

石墨烯是 Dirac 材料的代表，这个特殊的能带特征使它具有一些特殊的性质，包括半整数/分数量子霍尔效应[53,54]、超高的迁移率[55]等。这些特殊的性质使其在高性能的电子学器件方面具有重大的应用潜力，寻找其他 Dirac 材料的努力也一直未停止。

##### 1）B

B 作为 C 最邻近的元素，硼烯是最可能找到 Dirac 能带的材料。根据上述讨论，类石墨烯的六角硼烯是一个缺电子体系。每个石墨烯六元环具有两个 π 电子，如果能找到合适的元素来提供额外的两个电子给硼烯，则有可能形成具有一定稳定性，同时又保持了六角对称性的材料，则可能出现 Dirac 的能带特性。最近发现的高压硼体相，$\gamma\text{-}B_{28}$[56]，提供了 B 离子性的信息。在 $\gamma\text{-}B_{28}$ 中，正二十面体的 $B_{12}$ 和 $B_2$ 对分别扮演正和负离子的角色，并且按照 NaCl 晶格进行排布。如前所述，单层的六角 B 片不稳定，同时倾向于接收电子，如果能将六角晶格和 $B_2$ 对结合，有可能形成较稳定的硼烯结构。Ma 等[43]利用 CALYPSO 对多层硼烯结构进行搜索，发现了这种（亚）稳定结构，并发现了新奇的双 Dirac 电子结构。图 8.7（a）和（b）显示了这种具有六角对称性 $P6/mmm$ 的硼烯结构，它主要由两种不同的 B 原子组成，一种是上下层的六角晶格的 B 原子（浅色），另一种是中间的 $B_2$ 对（深色）。这种结构虽然比体结构的 α-B 能量高 0.447 eV/原子，但是比单层最稳定的 α-B 能量低 0.023 eV/原子。重要的是，$B_2$ 的结构和键长都与体相 $\gamma\text{-}B_{28}$ 中类似，暗示了此结构可能具有金属性。$P6/mmm$ B 结构的金属性可以通过电荷密度、电子局域函数（ELF）和电荷分析进行考量。在 ELF 中，0 和 1 分别代表低电子密度区和完全局域的电子密度分布，而 0.5 则代表了自由电子气行为。图 8.7（c）和（d）显示了 $P6/mmm$ B 的 ELF = 0.75 等能图的顶视和侧视图。可以看到 ELF 主要由两个局域部分组成，一是类石墨烯表面中的 B—B 键；二是 $B_2$ 对中的 B—B 键。而它们之间则基本为零，这些特征和离子键的行为相符。同时，Bader 电荷分析显示 $B_2$ 对平均有 0.85 个电子转移到类石墨烯的表面，扮演了电子施主的角色。而缺电子的六角类石墨烯晶格在得到电子后，通过共享这些电子变得更加稳定。

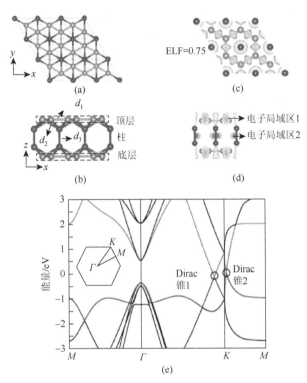

图 8.7　$P6/mmm$ B 结构顶视（a）和侧视图（b）；等能值为 0.75 的 $P6/mmm$ B 结构的电子局域
　　　函数的顶视（c）和（d）侧视图；（e）$P6/mmm$ B 的能带结构[43]

　　$P6/mmm$ B 的能带结构如图 8.7（e）所示，两个 Dirac 锥（Dirac 锥 1 和 Dirac 锥 2）分别出现在 $\Gamma$-$K$ 和 $K$-$M$ 高对称线上，Dirac 点的位置分别位于费米面下方 50 meV 和上方 35 meV。从两个 Dirac 锥的线性拟合可以得到费米速度高达 $4.3 \times 10^5$ m/s 和 $2.25 \times 10^6$ m/s，甚至高于石墨烯的费米速度（$8.2 \times 10^5$ m/s）。进一步的轨道分解的能带显示，这些 Dirac 锥主要是由六角晶格 B 原子的 $p_z$ 轨道贡献，进一步验证了前述关于其离子性行为和六角晶格在 Dirac 能带结构中扮演的关键作用。

　　另一种具有 Dirac 锥的硼烯材料为前面提到的 $Pmmn$ 双层 B 结构。与 $P6/mmm$ B 类似，$Pmmn$ B 也可以看成是六角晶格加上 $B_2$ 对组成。与 $P6/mmm$ B 不同的是，此时的 $B_2$ 对是沿着 $y$ 方向排列，不同六元环中心的 $B_2$ 对成键形成一条沿 $y$ 方向的 B 链。$B_2$ 对的平面内单向排布，大小超过普通六元环的容纳空间，因此发生扭曲，从而不在一个平面内，具有一定的厚度。而 B 链沿 $x$ 方向上交替位于六元环的上方和下方，如图 8.8（a）和（b）所示。在这个结构中不同子晶格之间的电荷转移相对较弱，B 链转移到扭曲六角晶格的电子大约为 0.05 e/原子，但是六元环的扭曲使得平面内和平面外的电子态可以混合，从而增强体系的结合能。此外，这些扭曲使得体系的对称性从六角对称性下降到正交对称性，而 $Pmmn$ B 的能带结构中仍然保留了 Dirac 锥，如图 8.8（c）所示。此时 Dirac 锥显示较强的扭曲，在 $x$ 方向拟合得到的费米速度为 $5.6 \times 10^5$ m/s，而 $y$ 方向则为 $1.16 \times 10^6$ m/s 和 $4.6 \times 10^5$ m/s。正交的 $Pmmn$ B 中 Dirac 锥的产生说明六角形对称性并不是 Dirac 态出现的前提条件。图 8.8（d）和（e）分别显示了 Dirac 点附近最高占据价带和最低非占据导带的能带分解电荷密度的顶视图和侧视图。可以看到，最高占据的价带主要由两个子晶格（扭曲的六角形和 B 链）的 $p_z$ 轨道贡献；而最低非占据的导带则主要是由 B 链的 $p_x$ 轨道和扭曲的六角晶格 B 原子的 $p_z$ 轨道杂化形成。

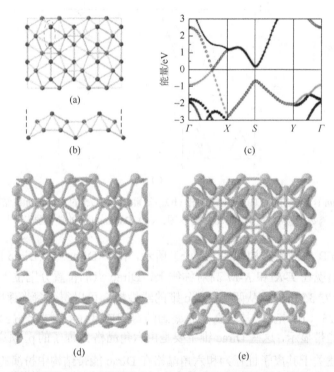

图 8.8 $Pmmn$ B 结构的顶视（a）和侧视图（b），绿色虚线标示了六元环中的 $B_2$ 对；（c）$Pmmn$ B 的能带结构；最高占据价带（d）和最低未占据导带（e）的电荷密度的顶视和侧视图[42]

## 2）$FeB_2$

除了非金属型的 $B_2$ 外，金属是另一种提供电子的选择，三维材料中的金属硼

化物就是这类结构的典型代表。Zhang 等[57]结合 CALYPSO 方法发现，最稳定的
$FeB_2$ 结构恰好能满足以上要求。预测得到的单层 $FeB_2$ 结构如图 8.9（a）所示，每
个 Fe 原子恰好占据六角形 B 晶格的六元环；由于 Fe 原子大小合适，在 z 方向上
相对于硼烯的高度仅为 0.6 Å，这显著小于单层 $TiB_2$ 中 Ti 高达 1.19 Å 的高度[58]。
同时，B—B 键键长与体 $FeB_2$ 中类似，而 Fe—B 键明显较小，说明它们之间更强
的结合。$FeB_2$ 的结构稳定性可以从结合能、声子谱和 MD 模拟等多方面进行评估。
相对于独立的 Fe 和 B 原子来说，$FeB_2$ 的结合能为 4.87 eV/原子。计算得到的声子
谱几乎没有虚频。同时，在 10 ps 的 MD 模拟中，$FeB_2$ 还能较好地保持类石墨烯结
构。这些分析证实了 $FeB_2$ 具有较高稳定性，有可能在特定条件下合成。Fe 和 B 之
间的化学键可以通过固态自适应自然密度分区（SSAdNDP）方法分析，图 8.9（b）
显示了 $FeB_2$ 中特有的六个三中心两电子键（3c-2e）。$FeB_2$ 中丰富的 3c-2e 键贡献
了 Fe—B 键的强度。

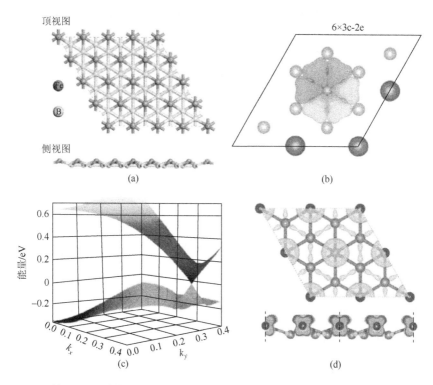

图 8.9　（a）单层 $FeB_2$ 结构的顶视和侧视图；（b）$FeB_2$ 中的三中心两电子键；（c）Dirac 点附
近的三维电子结构；（d）最低未占据导带的电子密度分布图[57]

　　电子结构计算表明 $FeB_2$ 确实在 K 点引入扭曲的 Dirac 锥，其附近能带的三维
图显示于图 8.9（c）中。这一 Dirac 锥在考虑自旋轨道效应、杂化轨道泛函和中

度的双轴应变（-6%~3%）情况下仍能够保持。但是在单轴应变下可能产生较明显的破坏，说明六角对称性对该体系非常重要。由 Dirac 锥的线性关系可以得到其费米速度为 $6.54 \times 10^5$ m/s，与石墨烯为同一数量级。能带分解的电荷密度可以很好地说明 Dirac 锥的来源。图 8.9（d）显示的是 $K$ 点导带底的电荷密度，可以看到它主要由 Fe 的 $d_{xy}$ 和 $d_{xz}$ 及 B 的 $p_x$ 和 $p_y$ 轨道杂化引起。

3）$B_xH_y$

虽然单质 B 也能形成 Dirac 锥，但是由于其极强的化学活性，很难实现它的剥离。同时，实验合成的 B 结构的能量相对于最稳定的 B 结构都偏高，需要衬底来对其进行稳定。自然的问题即能否有办法对二维硼烯结构进行稳定；结构稳定后，是否仍然具有 Dirac 锥等重要性质。B 作为一个缺电子体系，三个电子可以占据四个轨道，需要额外的元素提供电子，而氢恰好能扮演这一角色，使得 BH 成为与 C 类似的等电子体，从而显著稳定 B 的结构。Jiao 等[59]系统分析了 $B_xH_y$ 的结构，其中三个稳定的结构显示于图 8.10（a）～（c）中，它们的对称性分别为 *C2/m*、*Pbcm* 和 *Cmmm*。*C2/m* 结构可以看成三角形 B 晶格中最小的 B 带经过氢化和扭曲后，形成菱形带（侧视图）而成；*Pbcm* 可以看成三角形 B 晶格沿着 $y$ 方向交替上下表面氢化对应的 B 链形成；而 *Cmmm* 则为类石墨烯的六角结构，不过此时锯齿形 B 链之间的 B—B 键都引入了上下两个 H 原子。

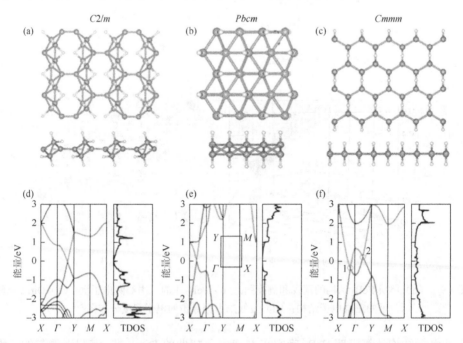

图 8.10  *C2/m*（a）、*Pbcm*（b）和 *Cmmm* BH 结构（c）的顶视和侧视图；它们对应的能带结构和态密度分别列于（d）～（f）[59]

三个结构的高对称线上的能带结构和态密度分别列于图 8.10（d）～（f）中。$C2/m$ 和 $Pbcm$ 分别在 $\Gamma$-$Y$ 和 $\Gamma$-$X$ 对称线上出现 Dirac 锥；而 $Cmmm$ BH 中则出现双 Dirac 锥 [图 8.10（f）中 1 和 2]。与 $Cmmm$ BH 的双 Dirac 锥不同的是，$P6/mmm$ B 中的两个 Dirac 锥并未发生很强的相互作用；而 $Cmmm$ BH 中的两个 Dirac 锥由两个能谷相互交叠而成，其三维表示中的 Dirac 环结构很好地展示了这一特殊性质[59]，与石墨烯中六个独立的 Dirac 点也显著不同。这些材料中 Dirac 锥的出现进一步证明了六角对称性并不是 Dirac 点出现的前提条件。利用线性拟合可以得到它们对应的费米速度分别为 $5.59\times10^5$ m/s、$9.72\times10^5$ m/s 和 $9.30\times10^5$ m/s。通过对这些 Dirac 能带的轨道分析可以发现，$Pbcm$ BH 的 Dirac 点附近的带主要由 $p_x$、$p_y$ 和 $p_z$ 轨道共同贡献；而 $C2/m$ BH 的 Dirac 点附近的带主要由面内的 $p_x$ 和 $p_y$ 轨道贡献，这也是显著不同于石墨烯的地方。

$B_xH_y$ 的合成原则上可以通过类似石墨烯的氢化方法得到。一是通过合成二维 B 片结构后，在高真空腔中引入氢气并进行高频等离子体轰击，可以形成对应的硼氢化物；二是可以通过分子自组织硼氢化物分子进行。

4）$Be_5C_2$

$Be_5C_2$ 是另一种可以实现 Dirac 锥的材料。它的发现最先是基于 Wang 等对 $Be_9C_2^{4-}$ [图 8.11（a）] 的分析[60]。在这个结构中，每个 C 原子和 5 个 Be 原子成键，形成平面的五配位 C 结构 $Be_5C$；两个 $Be_5C$ 通过共享中间的 Be 原子形成 $Be_9C_2^{4-}$。$Be_9C_2^{4-}$ 是一个局域最小值，分子轨道中多个离域的 π 键和 σ 键促成其结构的高稳定性。类比于利用苯环的融合形成石墨烯，$Be_5C$ 分子的融合则可能形成稳定的二维五配位 C 的化合物 $Be_5C_2$，如图 8.11（b）所示。类似于 $Be_9C_2^{4-}$ 分子，$Be_5C_2$ 中两个 $Be_5C$ 单元通过共享一个 Be 原子（Be1）融合可以在 $a$ 和 $b$ 方向上形成 $Be_9C_2$ 单元，标于图 8.11（b）中Ⅰ和Ⅱ。而一个 $Be_9C_2$-Ⅰ通过共享四周的 Be 原子（Be2）与四个 $Be_9C_2$-Ⅱ相连。单层 $Be_5C_2$ 的结构在 $c$ 方向发生明显的扭曲，$c$ 方向上两原子的最大距离达到 2.14 Å。即使这样，$Be_5C_2$ 仍然保持了较好的平面性。$Be_9C_2$-Ⅰ和 $Be_9C_2$-Ⅱ中平面五配位 C 周围五个 Be—C—Be 键角之和分别为 371.44° 和 364.84°，仅稍稍大于平面情况的 360°。图 8.11（c）中的差分电荷密度显示 Be 原子的 2s 电子转移到离域的 C—Be 键上，C、Be1 和 Be2 的电荷分别为 $-0.32|e|$、$+0.16|e|$ 和 $+0.12|e|$。图中也清楚展现出转移的电子形成多个多中心多电子键，这些结果与 SSAdNDP 方法得到的成键特性一致。

结构的稳定性分析可以通过结合能、声子谱和分子动力学等方面进行。这些计算都证实了 $Be_5C_2$ 的稳定性。进一步，这一结构被 CALYPSO 方法证明是该化学配比下最稳定的相，从而具有较高的实验合成可能性。重要的是，图 8.11（d）的能带显示其是一个 Dirac 材料，Dirac 点位于高对称线 $\Gamma$-$Y$ 之间。需要注意的

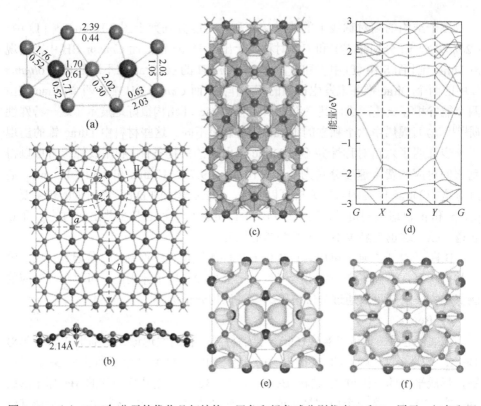

图 8.11   （a）$Be_9C_2^{4-}$ 分子的优化几何结构；黑色和绿色球分别代表 C 和 Be 原子，红色和黑色数值分别代表 Wiberg 键指数和键长；（b）单层 $Be_5C_2$ 优化结构的顶视和侧视图；蓝色虚线代表单胞，1 和 2 代表不同 Be 原子，Ⅰ 和 Ⅱ 代表不同的 $Be_9C_2$ 部分；（c）单层 $Be_5C_2$ 的差分电荷密度；红色和黄色分别代表电荷积累和消耗；（d）单层 $Be_5C_2$ 的能带结构；价带顶（e）和导带底（d）的电荷分波密度[60]

是，$Be_5C_2$ 是一个无六角对称性的 Dirac 体系。通过对其在 Dirac 点附近的价带顶 [图 8.11（e）] 和导带底 [图 8.11（f）] 的电荷分波密度分析可以看出，Dirac 点主要由 Be 的 2p 轨道及少量的 Be 和 C 之间的多中心键贡献。

## 2. 光电材料

虽然二维材料的电子性质丰富多样，覆盖从半（semi）金属、半导体到绝缘体，但是针对一些特定应用范围的材料仍然非常缺乏，特别是带隙为 1.5 eV 左右的光伏或者光化学材料。Si 是最常用的三维光伏材料，同时也是应用最广泛的电子材料。针对 Si 基材料设计调控带隙的相关工作已经开展了很多，常用的方法包括设计亚稳定的 Si 结构、将 Si 与其他元素形成合金或者设计不同的纳米结构。

上述方法都存在各自的缺点，如果能找到具有很好光电性质的 Si 基层状材料，将有可能产生重要的应用前景。

1) $Si_xH_y$

利用团簇展开方法，Huang 等[61]研究了双层硅烯的氢化物结构随不同氢化程度的演化，并发现它们有趣的光学性质。众所周知，单层的未饱和 Si 形成了硅烯，是一个拓扑绝缘体。通过 AA 双层堆垛，可以使得 Si 配位数满足 4，但是上下表面都是完全平面的结构，Si—Si 键产生了严重扭曲，从而显著不同于三维的金刚石结构。AA 堆垛的双层硅烯（BS）的非直接带隙仅为 0.1 eV（杂化泛函结果），从而不可能应用于光电子器件。鉴于氢化是一种重要的调控二维材料性质的方法，基于 AA BS 的六角晶格，可以很方便地设计团簇展开模型，其 Ising 哈密顿量如下：

$$E(\sigma)=J_0 + \sum_i J_i\hat{S}_i(\sigma) + \sum_{j<i} J_{ij}\hat{S}_i(\sigma)\hat{S}_j(\sigma) + \sum_{k<j<i} J_{ijk}\hat{S}_i(\sigma)\hat{S}_j(\sigma)\hat{S}_k(\sigma) + \cdots \quad (8.2.1)$$

其中，$i$、$j$ 和 $k$ 为不同的氢化位置；当 H 占据 $m$ 位点时，$S_m(\sigma)$为 1，否则为-1。与每一个团簇构型 $\alpha$ 对应的相互作用参数 $J_\alpha$ 代表特定的团簇对性质的贡献。

利用这一模拟对 AA BS 的单边和双边氢化进行模拟，建立它们的能量凸包图，发现两种氢化结构中都存在六种不同的稳定结构。单边氢化结构包括 $Si_{16}H_2$、$Si_{28}H_6$、$Si_{24}H_6$、$Si_{28}H_8$、$Si_{12}H_4$ 和 $Si_{16}H_6$，而双边氢化结构中包括 $Si_{16}H_4$、$Si_{12}H_4$、$Si_8H_4$、$Si_{12}H_8$、$Si_{16}H_{12}$ 和 $Si_{12}H_{10}$。图 8.12（a）显示了两种单边氢化结构：$Si_{28}H_6$（$C_1$ 对称性）和 $Si_{24}H_6$（$C_2$ 对称性）。这些结构的特点是，当某个 Si 原子被氢化后，其与下层的 Si 形成的键即被打破，形成扭曲。扭曲后的 Si 原子最大限度地恢复了 $sp^3$ 杂化特征。图 8.12（b）显示了两种代表性的双边氢化结构：$Si_{16}H_4$（$D_{6h}$ 对称性）和 $Si_{12}H_4$（$D_{2h}$ 对称性）。与石墨烯的双边氢化不一样的是，石墨烯中两边吸附物之间很强的吸引作用使得吸附物倾向于形成团簇，形成相分离的状态[62]。BS 中一边 $sp^3$ 键的形成增加了层与层之间的距离，显著降低了两边吸附氢的相互作用，因此可以形成均匀的氢化结构。在均匀吸附的情况下，H 原子仍然倾向于对称性的吸附于 BS 的两边，形成对称性较高的结构。

$Si_{28}H_6$ 和 $Si_{24}H_6$ 的能带结构及对应的价带顶和导带底的波函数分布列于图 8.12（c）和（d）。$Si_{28}H_6$ 是一个直接带隙半导体，价带顶和导带底都位于 $\Gamma$ 点，带隙为 1.01 eV。由波函数分析看出，价带顶主要由未饱和的三配位的 Si 原子 $\pi$ 和 $\sigma$ 轨道杂化贡献，而导带底主要是由这些原子的 $\pi$ 轨道贡献。这些波函数的分布特征与平直的价带和导带一致。$Si_{24}H_6$ 是一个准直接带隙半导体，带隙为 1.30 eV。价带顶和导带底分别位于 $A$ 和 $Y$ 点，但是 $Y$ 点处的局域价带顶比全局价带顶近低

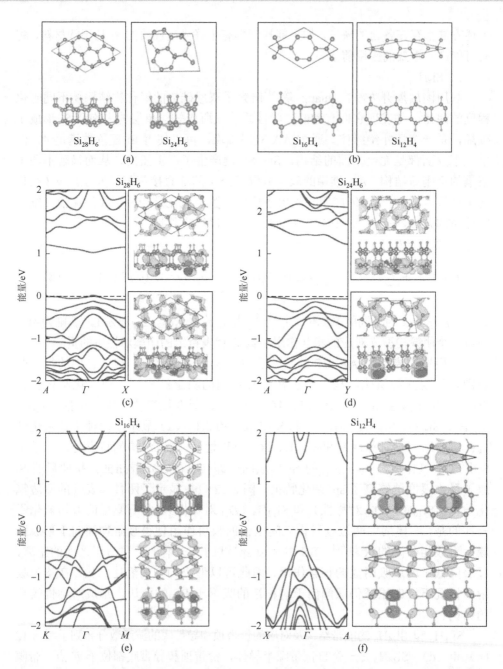

图 8.12  （a）单边氢饱和双层硅烯 $Si_{28}H_6$ 和 $Si_{24}H_6$ 结构顶视和侧视图；（b）双边氢饱和双层硅烯 $Si_{16}H_4$ 和 $Si_{12}H_4$ 结构顶视和侧视图；（c）$Si_{28}H_6$ 的能带结构及 $\Gamma$ 点价带顶（右下）和导带底（右上）的波函数；（d）$Si_{24}H_6$ 的能带结构及 $Y$ 点价带顶（右下）和导带底（右上）的波函数；$Si_{16}H_4$（e）和 $Si_{12}H_4$（f）的能带结构及 $\Gamma$ 点价带顶（右下）和导带底（右上）的波函数[61]

0.05 eV。$Y$ 点的局域价带顶波函数主要由两个相邻的三配位 Si 原子的 $\pi$ 轨道贡献，从而形成锯齿形分布；而 $Y$ 点的导带底波函数则分布均匀。图 8.12（e）和（f）显示了 $Si_{16}H_4$ 和 $Si_{12}H_4$ 的能带结构和对应的波函数分布。$Si_{16}H_4$ 是一个直接带隙半导体，价带顶和导带底都位于 $\Gamma$ 点，带隙为 1.52eV。其价带顶波函数主要由 $\sigma$ 轨道贡献；而导带底波函数除了 3s 电子贡献外，还存在近自由电子态的贡献。这些近自由电子态主要分布在非氢吸附 Si 原子构成的六元环内。近自由电子态并不分布于晶格内，因此受结构缺陷影响较小，对输运的稳定有利。$Si_{12}H_4$ 是一个准直接带隙半导体，带隙为 1.46 eV。价带顶和导带底分别位于 $\Gamma$ 和 $X$ 点，但 $X$ 点的全局导带底仅比 $\Gamma$ 点的局域导带底低 0.07 eV。$\Gamma$ 点的价带顶波函数主要由 $\sigma$ 轨道贡献，而 $\Gamma$ 点局域导带底波函数主要由锯齿形 Si 原子的 3s 轨道贡献。$Si_{12}H_4$ 最重要的特点是它的电子和空穴有效质量都非常小，仅有 0.16 $m_e$ 和 0.09 $m_e$，从而可能具有很高的迁移率。随着氢覆盖率提高，其带隙可以进一步增加。例如，稳定的 $Si_8H_4$、$Si_{16}H_{12}$ 和 $Si_{12}H_{10}$ 的（准）直接带隙分别为 1.85 eV、2.43 eV 和 2.85 eV，对应了红、绿和蓝三种颜色。因此利用这些氢化硅的体系，有可能实现硅基的白光 LED。

虽然团簇展开方法能够被用来预测"赝合金"体系的新结构，但是它限制了底层晶格的对称性，这在二维材料中不一定完全成立，从而有可能漏掉一些稳定结构。Luo 等[63]通过发展一种新的二维材料预测策略，对层状 Si 的氢化物进行了系统研究。前面介绍的二维材料预测模型方法中需要指定二维材料的层数和每层的原子数[64]，与之不同的是，Luo 等的方法中仅需指定层厚，因此更加具有一般性。由于仅仅指定了层厚，二维结构的 17 种平面群需要拓展成 80 个层空间群。基于这些对称性，通过随机产生不同的晶格参数和原子位置，对整个势能表面进行搜索。

与团簇展开方法结果一致，双层硅烯中 Si 原子配位数为 4，但是上下全平的结构带来 Si—Si 键的严重扭曲，显著不同于三维的金刚石结构。但利用全局结构预测方法可以得到更稳定的结构（堆垛方式在 AA 基础上发生了横向偏移），其电子结构表现为金属，也不可能应用于光电子器件。一种最直接消除严重扭曲 Si—Si 键的方法是通过氢化。图 8.13（a）和（b）显示了两种 Si 的氢化物——$Si_8H_2$ 和 $Si_6H_2$——顶视图和侧视图。$Si_8H_2$ 中只有单面的 Si 原子被饱和，而未被饱和的表面 Si 原子仍然保留了三重配位键。从它的能带［图 8.13（c）］中得到其直接和间接带隙分别是 0.75 eV 和 0.7 eV，和光纤通信波长（0.8 eV）非常接近。价带顶和导带底附近能带非常平，对应的主要是未饱和 Si 原子的 p 轨道贡献。平直的价带顶和导带底带来的另一个重要影响是在对应的态密度中产生了范霍夫奇点，从而在光吸收上产生很强的吸收峰。与 $Si_8H_2$ 不同，$Si_6H_2$ 的 Si 原子全部是四配位的，从而具有很高稳定性。其能带也具有准直接带隙特征，直接带隙和间接带隙分别为 1.59 eV 和 1.52 eV [图 8.13 (d)]。这些值非常接近于太阳能吸收相关应用所需的最优值。有趣的是，$Si_6H_2$ 中存在三角形的 Si 结构在三维 $Si_{20}$ 的结构[65]中也存在，并且 $Si_{20}$ 的带隙也在 1.5 eV 附近。对 $Si_6H_2$ 价带顶和导带底的电荷密度分析发现它们主要是由 Si 的三角形贡献的，进一步的对称性分析发现它们之间的光学跃迁是对称性允许的，从而可以作为有效的太阳光吸收材料。结合 $Si_8H_2$ 的结果，不同于三维 Si 的局域构型对减小带隙非常关键。此外，随着氢化程度的进一步提高，$Si_xH_y$ 结构更加趋向于金刚石结构，带隙也随之逐渐增加。

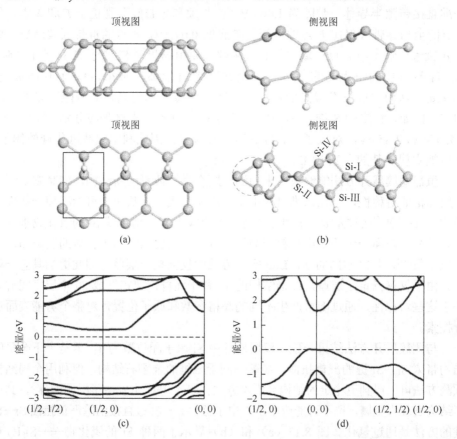

图 8.13　$Si_8H_2$ 结构（a）和 $Si_6H_2$ 结构（b）的顶视和侧视图；$Si_8H_2$ 中三配位的原子形成锯齿形链状结构，$Si_6H_2$ 中虚线圈标识了 Si 三角形结构；HSE 泛函计算得到的 $Si_8H_2$（c）和 $Si_6H_2$（d）的能带结构[63]

### 2）SiS

原子转变（atomic transmutation）——通过将一种元素转变成元素周期表中邻近的原子，同时保持总价电子数不变——是新材料设计的一种重要方法。三维光伏材料中的一个典型例子是对 ZnSe 的设计。ZnSe 的带隙为 2.8 eV，不适用于太阳能电池应用。将两个 Zn 原子转变成一个 Cu 原子和一个 Ga 原子形成 CuGaSe$_2$，其带隙降低为 1.7 eV。进一步，将两个 Ga 原子转变成一个 Zn 原子和一个 Sn 原子形成 Cu$_2$ZnSnSe$_4$，其带隙为 1.0 eV。CuGaSe$_2$ 和 Cu$_2$ZnSnSe$_4$ 都显示出良好的光伏应用潜力。将两个 Si 原子转变成一个 Al 原子和一个 P 原子形成 Si$_3$AlP[66]，其光吸附性能显著高于 Si。类似的分析可以应用于二维体系，不同于体结构的是，二维结构在保持结构进行原子转变时不一定能完全保证结构的稳定性。例如，将单层黑磷中两个 P 原子替换成一个 Si 原子和一个 S 原子，它们都是三配位的成键方式，结构上非常不稳定。这说明，二维材料中的原子转换需要配合全局结构预测进行。基于微分演化算法，Yang 等[67]提出了两种具有光电应用潜力的 SiS 结构。图 8.14 (a) 显示了预测能量最稳的 Si$_2$S$_2$ 的结构，Si 在 $b$ 方向上形成锯齿形链；而 S 以上下交替的方式连接了两条 Si 链。此结构的对称性为 $Pmma$，故对应结构命名为 $Pmma$-SiS。对 $Pmma$-SiS 的能带分析发现，在能带 $X$ 点附近有虚频，暗示着体系可能的自发对称性破缺。将体系沿 $a$ 方向加倍后，得到最稳定的结构如图 8.14 (c) 所示，其对称性降低为 $Pma2$-SiS。沿 $a$ 方向投影观察可以发现，S 原子沿着 $a$ 轴交替地沿顺时针和逆时针方向旋转一个小角度，这样的扭曲消除了 $Pmma$-SiS 中的负频。$Pma2$-SiS 中不同的原子都满足了八偶律，因此具有很高的稳定性。以 Si 和 S 的体相结构为参考，$Pma2$-SiS 的形成能为–0.85 eV（每 SiS 单元）。另一个稳定的 SiS 结构如图 8.14 (b) 所示，Si 锯齿形链的每一个 Si 原子由两个 S 原子与相邻 Si 链相连。这一结构具有 $Cmmm$ 对称性，故命名为 $Cmmm$-SiS。$Cmmm$-SiS 也符合八耦律，形成能为–0.8 eV/SiS 单元。

　　杂化泛函计算显示 $Pma2$-SiS 和 $Cmmm$-SiS 都是直接带隙半导体，带隙分别位于布里渊区的 $\Gamma$ 和 $M$ 点，计算得到的带隙为 1.22 eV 和 1.01 eV。它们的价带顶是由 Si 和 S 的 p 轨道贡献，而导带底则由 Si 的 s 和 p 轨道及 S 的 p 轨道贡献，在光学跃迁上都是偶极允许的。由于光学吸收主要由 Si 的 s 和 p 轨道之间的跃迁贡献，Si 锯齿形链的贡献比 Si—S—Si 的更大，从而形成各向异性的吸收谱，如图 8.14 (d) 所示。由于两个体系的带隙都接近于太阳能电池吸收剂的最优值，它们有可能成为很好的光伏应用材料。此外，两种 SiS 体系都具有较小的载流子有效质量，仅考虑声学声子散射给出的迁移率上限可以达到 $10^4$ cm$^2$/(V·s)，比黑磷更高，进一步提高其应用的潜力。

### 3. 二维磁性材料

　　相比于 Dirac 材料和光电材料，二维磁性材料的全局预测工作则相对较少。2014 年，Zhang 等[68]利用 CALYPSO 研究发现二维 CrN 是一种很好的半金属材料，居里转变温度高达 675 K。CrN 的体结构包括顺磁性（PM）的岩盐结构（$Fm$-$3m$ 对称性）和反铁磁（AFM）的正交相（$Pnma$ 对称性）。顺磁相可以在很低的外压

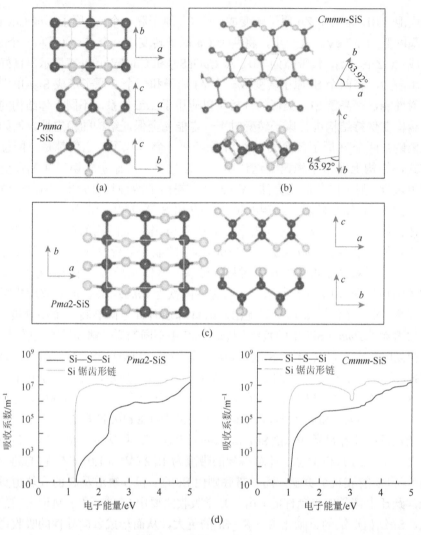

图 8.14 （a）～（c）三种不同对称性 SiS 的结构示意图；（d）*Pma2*-SiS 和 *Cmmm*-SiS 在两个不同方向的光吸收系数[67]

条件下转变成反铁磁相。基于前期对其他体系在不同维度下磁耦合和磁矩的变化，作者意识到低维的 CrN 可能出现铁磁性（FM）。利用 CALYPSO 预测得到的二维稳定结构如图 8.15（a）所示。DFT 能量计算显示，AFM 态比净磁矩为 $3\mu_B$ 的 FM 态能量高 632 meV，而非磁（NM）态能量比 FM 态高 1.6 eV，而另一个净磁矩为 $1\mu_B$ 的低自旋态比高自旋态能量高 0.95 eV。这些结果说明，二维 CrN 确实实现了铁磁性。从 NM 到低自旋态，再到高自旋态，Cr—N 键键长逐渐增加。与键长变化相一致，拉应变能进一步稳定 FM 态，而压应变则有可能破坏铁磁性。无论如何，二维 CrN 在 -6%～8% 的双轴应变下都是 FM 态更加稳定。图 8.15（a）和（b）还分别显示了 FM 态和 AFM 态的自旋电荷密度分布。可以看到，FM 态中 Cr 原子之间的铁磁耦合需要 N 的 2p 电子反铁磁性地调制；而 AFM 态中 N 的贡献可以忽略不计。

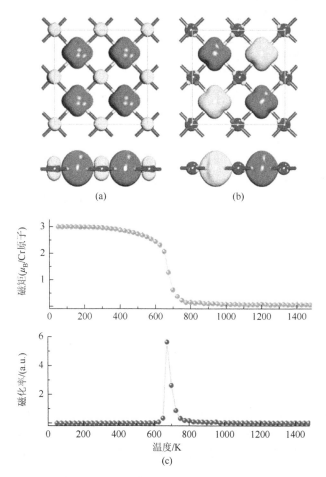

图 8.15　铁磁态（a）和反铁磁态（b）二维 CrN 的结构和自旋电荷密度的顶视和测试图；深灰色与灰色等值面分别代表自旋向上和向下电荷密度，绿色框代表 2×2 元胞；（c）二维 CrN 磁矩和磁化率随温度的变化规律

基于以上对不同磁态的分析，可以通过经典 Heisenberg 模型对铁磁居里温度进行估计。模型的哈密顿量如下：

$$\hat{H} = -\sum_{i,j} J\hat{m}_i\hat{m}_j \qquad (8.2.2)$$

其中，$m_i$ 为 $i$ 位置上的磁矩；$J$ 为 Heisenberg 直接交换参数，计算公式为

$$J = (1/8)E_{ex}/2m^2 \qquad (8.2.3)$$

其中，$E_{ex}$ 为 $2×2$ 元胞中 AFM 态和 FM 态的交换能。1/8 和 1/2 的系数分别对应于 8 个交换对及求和时的重复计算。在仅考虑最近邻相互作用的情况下，模拟得到的单位原胞内的磁矩和磁化率如图 8.15（c）所示。由此可以得到居里温度 $T_C$ 为 675 K，比大多数二维体系的 $T_C$ 都高。更细致的能带分析发现二维 CrN 是一个半金属，具有的半金属带隙也可高达 1 eV；分波电子态密度分析显示 N 的 2p 轨道对 Cr 原子之间的铁磁耦合非常重要，和前述的自旋态密度分析结论一致。

# 8.3  材料逆向设计

虽然前面的工作已经预测了各种各样具有新奇性质的材料，但是这些大多数是基于结构预测得到的结构，随后进行所需性质的第一性原理计算，从中筛选出具备所需性能的材料。这一方法在现在需求的情况下仍然使用，但是随着材料数据库中数据的快速增长，这一半自动的做法会显得渐渐力不从心。因此亟须发展更加自动化的算法，直接根据所需材料的性能要求进行逆向设计。

这里主要讨论两项最具代表性的工作，这两项工作虽然主要基于体材料的预测，但是他们的方法是普适的。相信未来更加自动化的逆向设计研究会越来越多。

## 8.3.1  具有特定电子结构的材料

不同特定应用需要材料具有不同的能带结构，如果能实现针对特定电子结构进行材料设计，则能够显著加快新材料的发现。一项典型的逆向设计为寻找合适的材料来替代 Si 作为太阳能电池吸光材料。由于 Si 是地壳最丰富的元素之一，同时又是现代电子学的基本组成材料，Si 是现今最主流的太阳能电池吸光材料。但是，Si 是一种间接半导体材料，间接带隙为 1.1 eV，而直接带隙为 3.4 eV，远远大于间接带隙。这些电子特性使得 Si 吸光层需要足够厚才能实现充分吸收。为了能够制造有效的薄膜太阳能电池，需要寻找带隙在 1.5 eV 左右的直接带隙材料。

由前述讨论可知，实现对材料带隙的调控至少有以下两种方式：①对原子进行相邻元素的替换；②寻找一些特定的亚稳态结构，它们不同的结构特性可以带来对电子结构的显著变化。利用元素替换实现能带反向设计中假设晶格不变，可以认为是一定的合金系统，这在 AlGaAs 合金体系中充分实现[69]。但要实现对亚稳态的搜索，则无须对晶格的限制。基于 PSO 算法，Xiang 等[65]首先实现了对电子结构的逆向设计，并应用于 Si 体系中。为了衡量电子结构的适应度，在原先的粒子群优化算法采用总能作为适应度函数的基础上，需要定义另一个带隙目标适应度函数：

$$f = E_g^d + w(E_g^{id} - E_g^d) + t \qquad (8.3.1)$$

其中，$E_g^d$ 和 $E_g^{id}$ 分别为体系的直接和间接带隙；$w$ 和 $t$ 为两个参数，当直接带隙跃迁不允许时，可将 $t$ 设置为一个足够大的负数。可以看到，在原先结构弛豫的基础上，需要加入精细的能带结构计算，此外，价带到导带的跃迁矩阵元也需要计算以判断跃迁是否是对称性允许的。为了防止结构的丢失，一般需要进行多次模拟。由此可以看出，逆向设计所需的计算量会显著大于普通的结构预测。

在对原胞中不同原子数进行搜索后，图 8.16（a）显示了预测得到的一个有趣的结构，每个原胞中包含 20 个原子，具有立方 $T$ 对称性（$P2_13$），可命名为 Si$_{20}$-$T$。图中标出了原胞中不同对称性的三种原子：12$b$、4$a$-I 和 4$a$-II。每个 Si 原子仍然是四配位的，每个 12$b$ Si 原子与两个 12$b$ 和两个不等价的 4$a$ Si 原子成键；而每个 4$a$ 原子和三个 12$b$ 及另一种 4$a$ Si 原子相连。但是，这些 Si 原子的成键都发生了扭曲，特别地，12$b$ Si 原子形成等边三角形。计算得到的能带如图 8.16（b）所示，Si$_{20}$-$T$ 是一种准直接带隙材料，对应的 $k$ 点为(0.17, 0.17, 0.17)。全局价带顶位于(0, 0.25, 0)，仅比直接带隙的局域价带顶高 0.06 eV。Si$_{20}$-$T$ 的准直接带隙为 1.55 eV。与金刚石型 Si 相比，增加的全局带隙可以提高太阳能电池的开路电压；同时，减小的直接带隙非常接近于最优的能带值，可以显著提高吸收效率。(0.17, 0.17, 0.17) 点的波函数具有的对称性为 $C_3$，不可约表象分别为 A、E 和 E$^*$。价带顶和导带底的态分别属于 E 和 A 表象，因此它们之间的跃迁是偶极允许的。图 8.16（c）中价带顶和导带底的分波电荷密度显示，这些态主要是由三角形的 12$b$ Si 原子贡献，进一步说明，亚稳态结构中改变了成键特性的 Si 原子对改变其光电性质非常重要。当然，由于 Si$_{20}$-$T$ 能量比金刚石 Si 高 0.3 eV/硅原子，如何合成并稳定这样的相成为一个重要挑战。

## 8.3.2  超硬材料

超硬材料在精密加工、先进制造等方面用途非常广泛，因此对新超硬材料的寻找和合成一直是前沿研究方向。它也是另一类可以理论模拟来加速新材料设计的典型体系，主要包括两个原因：①超硬材料往往具有较复杂的相图，它的合成往往需要在很窄的温度和压强范围内进行。这使得合成过程变得相当复杂烦琐，如果能利用模拟给出较小的适宜条件范围，则可以减少实验的投入。②硬度的理论描述相对于电子结构等其他性质来说相对简单。前人的工作中已经找到很多半经验的硬度模型，仅仅利用如键长、键离子性等相对简单信息可以得到[70, 71]，无须复杂的电子结构等计算。与电子结构材料设计一样，对材料硬度的调控也可以采用取代和全局搜索的方法。利用全局方法可以搜索多种不同的对称性结构，Zhang 等[72]在发展硬度计算方法基础上提出了超硬材料逆向设计的有效方案。不

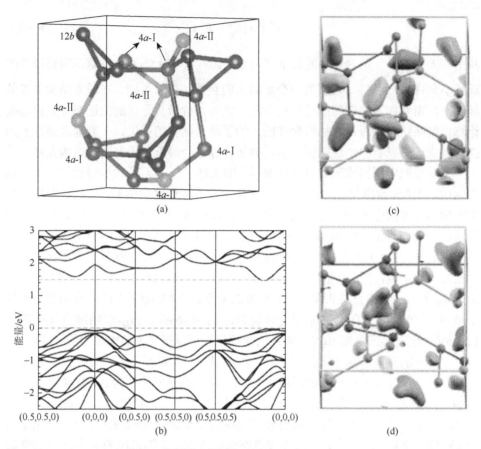

图 8.16 （a）Si$_{20}$-$T$ 中含有三种不同 Si 原子：12$b$（12 个）、4$a$-I（4 个）和 4$a$-II（4 个）；（b）HSE06 泛函计算得到的 Si$_{20}$-$T$ 能带；$K$ 空间 (0.17, 0.17, 0.17) 点处价带顶（c）和导带底（d）的分波电荷密度，它们主要由 Si 三角形贡献[65]

同于前人的硬度计算方案，他们提出的修正后的硬度模型通过几何平均考虑了所有的键强（$S_{ij}$、$i$ 和 $j$ 为不同原子的指标）贡献：

$$H = \frac{C}{\Omega} \sum_{i,j=1}^{n} N_{ij} \left[ \prod_{i,j=1}^{n} S_{ij}^{N_{ij}} \right]^{1/\sum_{i,j=1}^{n} N_{ij}} e^{-\sigma f_e} \qquad (8.3.2)$$

其中，$\Omega$ 和 $n$ 分别为原胞体积和体系中二元系统的总数；$N_{ij}$ 为二元系统的键的总数；$C$ 和 $\sigma$ 为两个参数。键强的表达式为

$$S_{ij} = \sqrt{e_i e_j} / n_i n_j d_{ij} \qquad (8.3.3)$$

其中，$n_i$ 和 $n_j$ 分别为原子 $i$ 和 $j$ 的坐标配位数；$d_{ij}$ 为 $i$、$j$ 原子之间的键长。参考能量 $e_i$ 定义为

$$e_i = Z_i / R_i \qquad (8.3.4)$$

其中，$Z_i$ 和 $R_i$ 分别为价电子电荷和原子 $i$ 的半径。硬度表达式中 $f_e$ 代表了化学键的离子性带来的影响，表示为

$$f_e = 1 - \left[ k \left( \prod_{i=1}^{k} e_i \right)^{1/k} \bigg/ \sum_{i=1}^{k} e_i \right]^2 \qquad (8.3.5)$$

利用上述硬度表达式，采取合适的截断半径 $R_{cut}$ 就可以得到与实验及其他理论都非常自洽的硬度值。截断半径一般可以取为两个成键原子的原子半径之和。上述做法对各向同性的体系适用性非常好，但是对于高度各向异性材料、层状或者分子材料则不太实用。Zhang 等进一步提出了基于化学图理论的拉普拉斯（Laplacian）矩阵方法，可以统一地描述不同的体系。图 8.17（a）显示了一个示意性例子，体系包含两个相互不成键的苯环。在化学图理论中，原子和化学键分别看成图的顶点和边界，体系的原子数控制了其图表示的矩阵维度。当原子 $i$ 和 $j$ 之间成键时，则对应的矩阵元 $l_{ij}$ 为 -1，否则为 0。矩阵的对角线上代表了不同原子的配位数。图 8.17（b）显示了图 8.17（a）中结构对应的 Laplacian 矩阵。例如，1 号原子与 2 号和 6 号原子成键，则 $l_{12}$ 和 $l_{16}$ 为 -1；所有原子配位数为 2，则矩阵对角线全为 2。Laplacian 矩阵的特点是，当所有原子都通过化学键相连，则其所有本征值中只有一个为 0；而当两个或多个本征值为 0 时，体系存在不成键的原子，如图 8.17（a）中两个苯环中间的 vdW 带隙。如果需要考虑两个苯环之间 vdW 的相互作用，则需要逐步增加体系的 $R_{cut}$，直到矩阵只有一个 0 本征值。对于图 8.17（a）中的结构，$R_{cut}$ 需要增加到 2.4 Å；而对于石墨，$R_{cut}$ 则需要增加到 3.4 Å。利用此方法得到的石墨的硬度和实验值比较接近，因此，Laplacian 矩阵提供了一种计算不同材料硬度的统一方法。

利用这一硬度表达式作为结构预测的适应度函数，该超硬材料预测方法被成功运用到多种体系中。图 8.17（c）显示了预测得到各种碳结构的硬度和能量图。以 $sp^3$ 超硬碳材料为硬度参考（$H_v > 40 GPa$），以 bct4-C 的能量（$E = -8.99$ eV）为稳定性参考，可以看到 A 区域是目标材料区域。由图 8.17（d）的放大图看出，

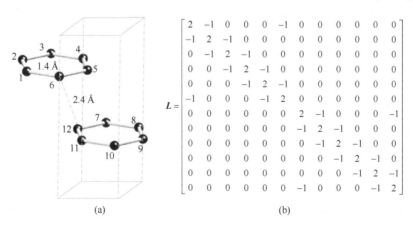

(a)                                    (b)

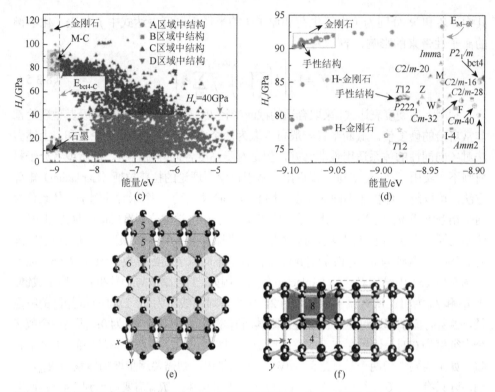

图 8.17　假想的两个苯环构成的体系（a）和其对应的 Laplacian 矩阵（b）；（c）CALYPSO 计算得到的碳材料的硬度-能量图及其黄色阴影部分的放大图（d）；预测得到的两种新型超硬碳材料 $P222_1$（e）和 *Imma*（f）[72]

新方法可以预测多种已经被报道过的超硬碳材料，包括已经被实验合成的 M-C[73]。除了已知的结构外，两种新的 $P222_1$ 和 *Imma* 结构在零压时能量比 M-C 更低，它们的结构见图 8.17（e）和（f）。$P222_1$ 结构主要由金刚石结构和扭曲的五元环交替组合而成；而 *Imma* 则由 4 元环、6 元环和 8 元环组成，可以看成由石墨中的石墨烯层通过滑移和弯曲形成。

## 8.4　高通量数据挖掘

随着计算自动化的发展，计算材料学也开始与数据挖掘、机器学习等结合起来，进行高通量筛选新材料。虽然，这样的研究仍然处于非常初级的阶段，它们已经越来越受到人们的重视，以下介绍几个典型的例子。

### 8.4.1　二维材料筛选

要进行全面的数据挖掘或者筛选，首先需要完善的数据库。最常用的晶体数据库有国际晶体结构数据库（ICSD），此外，美国的材料基因组计划支持了多个数据库的开发，其中最常用的有 Materials Projects（材料项目，MP）[74]。针对这些材料数据库可以进行有目的性的筛选，最为直接的例子为对成键/结构特性的筛选。由 vdW 相互作用相连的二维和一维材料在柔性电子、润滑剂、离子交换、能量存储、催化和热电等方面具有很强的应用前景，同时随着维度的变化，物理性质会发生重要变化，因此，对这些低维材料的筛选并进行深入研究变得非常重要。

Lebègue 等[75]首先对 ICSD 中的二维材料进行了数据筛选。他们的筛选过程分成三步：①由于层状材料存在占重大比例的 vdW 带隙，因此其填充比（原子的共价体积之和与晶格原胞体积之比）相对较小，而较大的填充比往往对应着共价晶体。因此，可以首先筛选填充比在 0.15～0.50 的材料。②在①中选出的列表中，进一步筛选在 $c$ 堆垛方向上晶格平面之间距离大于 2.4 Å 的材料。③针对 vdW 带隙，检查是否有共价键穿过 vdW 带隙。当两个原子之间的距离和它们的共价半径之和接近时，可以认为形成了共价键。当然，这样的筛选也会错过一些材料，特别是层间距离较小的高温超导体材料。利用这一算法，他们找到了 92 种二维材料，随后可以对这些材料进行电子和磁学相关计算。由于该文主要采用 PBE 泛函进行能带方面的计算，具体数值对实验相关应用的借鉴意义不大，故不再进一步讨论。但是，他们对数据挖掘方法的应用值得借鉴。

随后，Cheon 等[76]对 MP 数据库中超过 5 万条无机晶格进行筛选，找到了 1173 种二维层状材料和 487 种弱键和的一维链状材料。对这些材料的筛选可以通过以下步骤进行。

（1）这些材料在成键上的最主要特征是原子层/线内是通过强化学键相连，而层/线之间是通过 vdW 相互作用键和。键长标准是区分这些成键的一个最简单的标准。当一对原子之间的距离小于它们的参考原子键长之间加上 0.45 Å 的容忍度时，即认为它们之间成键。

（2）判定完成键状态后，利用周期性边界条件可以得到相连原子组成的团簇。这些团簇是分子晶体、一维链状或者二维层状材料的一部分。把这些团簇进行 2×2×2 的超胞扩胞，并进一步考虑最大和最小团簇所包含原子的数目，可以判定它们的体结构分别属于哪种类型。当最大团簇的原子数目不变时，对应的是分子晶体；当扩胞后最大团簇的原子数目是扩胞前的两倍时，对应的是一维弱键和固体；而当扩胞后最大团簇的原子数目是扩胞前的四倍时，对应的是二维层状固体。类似地，可以判断三维固体和不同的插层结构。筛选的流程如图 8.18（a）所示。

基于前面挑选出来的材料，可以进一步针对其特定性能进行筛选。Cheon 等举了两个应用的例子，一是针对不同异质结的构建，二是针对二维压电材料的筛选。

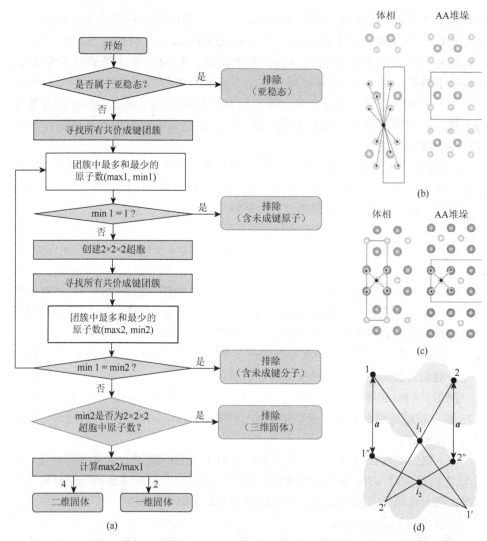

图 8.18 （a）筛选具有二维和一维子结构的弱结合固体的流程图；（b）～（d）利用 AA 堆垛体材料判定层状材料中心反演对称性的方法；（b）$MoS_2$ 的体结构反演中心位于层间，而其 AA 堆垛结构不具有反演对称性；（c）$Bi_2Pd$ 的反演中心位于层内，其 AA 堆垛结构具有反演对称性；（d）AA 堆垛体材料和单层材料的反演对称性的等价性示意说明[76]

不同异质结的构建由于需要涉及层状材料的分离和堆垛，因此对异质结的优化是一个耗时耗力的过程。但是在不同 vdW 键和的晶体中，如果不同团簇的大小和化学组成不一样，可以形成由异质结构形成的体材料。将这些体结构部分分离出来就可以形成异质结，还可以省去分离和堆垛过程。这些异质结构可以有多种组合形式，如 2D+2D、2D+1D 和 1D+1D。

　　针对二维压电材料的筛选则需要对体系的结构和电子结构都进行分析。结构上，压电材料不能具有中心反演对称性；电子结构上，必须具备非零的带隙才能避免极化电场的屏蔽。结构上需要对材料的对称性进行分析。单层层状材料的中心反演对称性可以通过 AA 堆垛的体材料的对称性反映出来。图 8.18（b）～（d）显示了利用 AA 堆垛体材料来判定层状材料内部是否具有中心反演对称性的方法。当层状材料堆垛形成体材料时，体系的反演中心可以位于层间或者层内。图 8.18（b）显示的是反演中心在层间的 MoS$_2$，其体结构的反演对称性是由堆垛方式决定的，AA 堆垛将打破体系的反演对称性；而图 8.18（c）中 Bi$_2$Pd 的反演中心在层内，AA 堆垛不会打破其反演对称性。从这两种情况的对比可以发现，AA 堆垛体材料和单层材料的反演对称性似乎存在一一对应关系。图 8.18（d）显示了一种简单的示意说明。图中 $i_1$ 点对应的是层间的反演中心，即 1 和 1′、2 和 2′等价；结合 AA 堆垛在垂直方向上的平移不变性，箭头两端的点 1 和 1″、点 2 和 2″分别等价；可以看出 $i_2$ 也是反演中心，以及 $i_1$ 和 $i_2$ 等价，即当 AA 堆垛存在反演对称性时，其单层必然含有反演中心。利用这些判据可以得到，体材料和单层材料的反演对称性情况。单层材料中非中心对称的比例从 18%上升到 43%。进一步结合非零带隙的电子结构，可以筛选出多达 325 种的二维压电材料。这些材料具有不同的非零压电矩阵单元，可以被广泛应用于压电电子学相关器件中。

## 8.4.2　催化剂筛选

　　基于大量数据的机器学习可以提供对催化剂性能更加准确的预测。针对催化剂描述符的选择往往需要非常简化的假设，例如，前人对 d 能带中心与不同催化剂表面吸附不同化学分子吸附能关系的描述采用紧束缚类型的假设，它往往仅能用于预测对宿主材料产生较小微扰的合金体系。为了解决这一问题，Ma 等[77]利用人工神经网络算法对 CO$_2$ 在不同合金表面还原的数据进行机器学习，得到的模型预测准确度比简单 d 能带中心的显著提高。

　　与简单描述符方法一样的是，机器学习也需要选择一个对催化剂效率起关键作用的指数或物理量。对二氧化碳化原反应（CRR）来说，最重要的物理量为 CO 在不同表面的吸附能 $\Delta E_{CO}$。一方面，协同的质子-电子对转移到 CO 是形成 C$_1$ 产物的关键步骤；另一方面，两个吸附的 CO 的耦合是形成 C$_2$ 产物的起始步骤。因此，$\Delta E_{CO}$ 往往可以被用来判断 CRR 过程的过电势。需要注意的是，决定反应过电势的计算需要考虑不同体系的 CO 覆盖率，但是即使在不同覆盖率下，其中间产物的 $\Delta E_{CO}$ 与低覆盖率（1/8 单层 CO）下的 $\Delta E_{CO}$ 仍具有线性关系。这样，可以得到如图 8.19（a）所示的关键基本反应决定的限制电势和 $\Delta E_{CO}$ 之间的火山图关系。图中可以看出 Cu 非常接近于最优的催化剂性能，当 $\Delta E_{CO}$ 比 Cu 更强时，反应过电势增加；而当 $\Delta E_{CO}$ 比 Cu 稍弱时，反应过电势减小，同时增加了 C$_2$ 产物的选择性；当 $\Delta E_{CO}$ 进一步减弱时，$^*$COOH 的形成变成限制步骤，且$^*$CO 容易脱附从而减小进一步氢化的概率。图中的结构显示，$\Delta E_{CO}$ 比 Cu 的结果小 0.2 eV 左右能得到最优的催化效果。

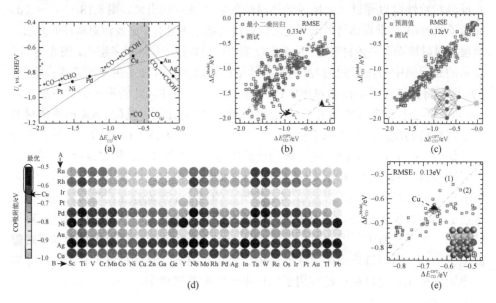

图 8.19　（a）预测得到的 $CO_2$ 还原关键基本步骤的限制电势与 1/8 覆盖率时 CO 吸附能的关系；竖直虚线代表了 0.01 atm 分压和 298.15 K 时 CO 解吸平衡时的吸附能；理想二元金属表面 DFT 计算的 CO 吸附能与二能级模型（b）和机器学习模型（c）预测值之间的关系；（d）利用神经网络模型对二代核壳合金体系（$Cu_3B$-A@$Cu_{ML}$）进行筛选；（e）选定的部分体系中模型预测 CO 吸附能与 DFT 计算值之间的关系[77]

在得到需要进行预测的目标物理量（$\Delta E_{CO}$）以后，可以利用不同模型对其进行预测。图 8.19（b）显示传统的基于 d 能带理论的紧束缚模型得到的 CO 吸附能（$\Delta E_{CO}^{Model}$）与 DFT 计算结果（$\Delta E_{CO}^{DFT}$）的最小二乘回归。在总数为 250 的二元金属数据点中，90%用来对数据进行最小二乘回归，剩下的 10%用来做预测。最终得到的均方根误差为 0.3 eV，已经超过了前面所述优化需要的精度。为了更好地利用人工神经网络方法，Ma 等不仅考虑了多种物理量作为主要特性，包括干净表面的 d 轨道占据数（零阶矩）、d 能带中心（一阶矩）、宽度（二阶中心矩的均方根）、偏度（三阶标准矩）、峰度（四阶标准矩）及局域鲍林（Pauling）电负性；此外，宿主金属的物理特性，包括金属 d 轨道的空间扩展程度、吸附物-衬底原子间耦合矩阵元的平方、功函数、原子半径、离子势、亲和势及电负性等选为次要特性以便提高方法的准确性。这些所有的特性构成了特征矢量，这些特征矢量和目标输出函数（$\Delta E_{CO}$）之间的关系可以通过人工神经网络得到。在分别具有 5 个和 2 个神经元的两个隐含层的神经网络模型给出的结果列于图 8.19（c）中，此时得到的均方根误差为 0.1 eV，相对于两能级模型具有显著提高。

这一模型的适用性可以通过其在二代核壳合金体系（$Cu_3B-A@Cu_{ML}$）中的表现并与 DFT 结果进行交叉比对来验证。$Cu_3B-A@Cu_{ML}$ 中 B 代表合金的元素，A 代表合金表面上的外加一层金属，在其之上另覆盖一层 Cu 原子。对多种合金体系的计算［图 8.19（d）］表明，很多合金体系的 $\Delta E_{CO}$ 比在 Cu 表面上小 0.2 eV，从而可能具有非常好的催化性能。而利用神经网络模型的这些预测计算时间和DFT 计算几乎可以忽略不计。通过对一个合金子集的直接 DFT 计算得到模型给出的均方差仅为 0.13 eV［图 8.19（e）］。从这些预测中可以得到，两个非常具有潜力的体系，$Cu_3Y-Ni@Cu_{ML}$ 和 $Cu_3Sc-Ni@Cu_{ML}$，它们在实际催化环境中的表现可以通过实验进一步验证。

上述的工作仅仅针对的是 CO 吸附这一关键中间步骤，但是实际的反应过程往往非常复杂，对其中关键步骤和产物的筛选是一个重要挑战。例如，CO 的氢化生成 $C_1$ 和 $C_2$ 的过程涉及多达 250 个基本反应，在不知道任何热力学和动力学相关量的情况下，对决速步骤和最终产物的选择就变得相当困难。基于机器学习，结合基团加和法[78-80]和过渡态与形成能的线性关系，Ulissi 等[81]提出了一套简化表面反应网络，快速找到软件反应步骤的方法。图 8.20（a）显示了模拟表面催化系统的多步过程，从不同种类的化学结构出发，得到不同化合物的形成能；不同化合物之间反应，可以得到反应能；利用 DFT 的微动弹性带（nudged elastic bands）方法进一步得到不同反应的过渡态能量；基于不同的过渡态能量，采用微动力学模型可以判断最重要的反应路径。DFT 非常适合对这一系列问题进行处理，对应的表面吸附物形成能和过渡态形成能的误差仅为 0.1～0.2 eV 和 0.2～0.3 eV。在每一个耗时较多的步骤，都可以基于已有的计算数据或者一些近似进行简化。采用的主要简化包括：①基于基团加和法高斯过程的回归（相关的软件和技术细节可参考网站 http://scikit-learn.org/stable/）得到表面中间产物形成能；②利用活化能和形成能之间的贝尔-埃文斯-波兰尼（Bell-Evans-Polanyi，BEP）线性关系得到活化能。在产生所有的 $C_1$、$C_2$ 及其他气相分子列表，并生成所有的基本反应，确认合理的中间产物后，即可以对上述关键过程进行操作。

（1）针对感兴趣的中间产物，首先利用拓展连接性指纹（extended connectivity fingerprints，ECFP）方法[82]将其分解成不同的碎片；碎片数量较多（～50）、与不同化合物种类接近，可能造成过拟合现象。此时可以通过不同碎片之间的线性关系[83]，利用主元分析将维度可以降低到 10～15。利用这些降维的碎片指纹矢量作为输入，中间态的形成能作为输出，结合 DFT 结果进行高斯过程训练，最终可以预测 DFT 未计算的中间态的能量。

（2）反应自由能（焓变）与活化自由能（焓变）之间的线性关系可以认为是

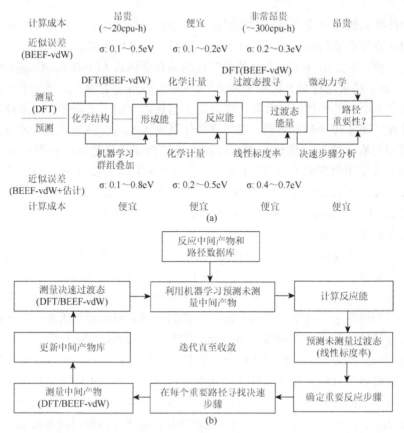

图 8.20 （a）确定某个反应路径是否重要的不同层次的计算；每个相关量原则上都可以通过 BEEF-vdW 层次的 DFT 计算得到，但是计算成本昂贵；这些量可以通过利用群组叠加、机器学习和线性标度率等方法得到，但误差相对更大；（b）化学反应迭代方法；在每步迭代中，针对每个反应过渡态进行预测；具有高概率影响最可能的反应路径的反应进行额外的高精度计算（DFT/BEEF-vdW）[81]

BEP 线性关系的推广。CatApp[84]提供很多相关的焓变数据，可以用来做相关拟合。自由能变化的数据之间的线性关系和焓变数据间的关系非常类似。需要注意的是，由于它们不同的趋势规律，氢化反应和其他反应需要分开拟合。当然，更细致的分类可以得到更好的结果。

得到了不同的中间反应活化能后，可以利用概率办法来决定最重要的决速步骤。对重要（发生概率大）的中间过程，采用高精度的 DFT 和 NEB（微动弹性带）过程进行计算，并重新加入训练集中进行下一步迭代，直至收敛。整体流程列于图 8.20（b）中。

图 8.21 显示了 Rh(111)表面由 CO 生成乙醇的反应网络演化过程。在第 1 步迭代，只有少数中间态由 DFT 给出，高斯过程给出 CO 的分解形成 C 和 O 是主

要过程，这样的预测是不正确的。经过四步迭代后，虽然 CO 仍发生分解，但是 CO 和 C 的氢化与合成过程发生。第 9 步迭代后，正确的 CHOH 分解成 CH 和 OH 的过程可以被得到，但是最终产物仍存在不确定性。但到第 22 步迭代后，最可能的中间产物已经收敛，同时简化机制下的所有中间产物能量都已经由 DFT 计算得到。至此，整个反应网络中只需计算 5%的过渡态和 45%的中间态，从而显著减少计算量。此外，由于此方法的概率特性，还可以计算得到其他反应发生的概率，从而可以判定不同的反应产物分布。

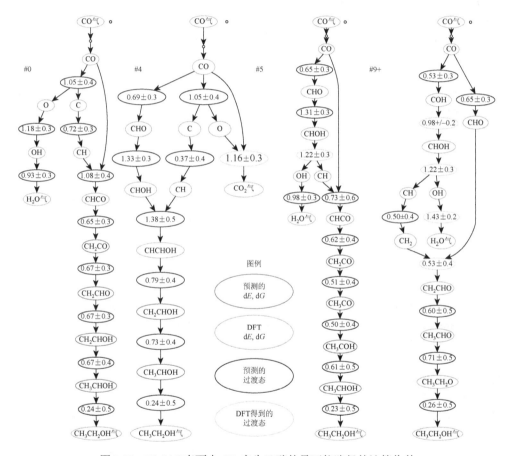

图 8.21　Rh(111)表面由 CO 产生乙醇的最可能路径的计算收敛

初始时，CO 的分解被预测为最可能路径。到第 5 次迭代，得到正确的 CO 分解步骤（CH-OH 分解），这一反应类似收敛的最可能反应网络结果。到第 9 步迭代，得到最可能反应路径，接下来的计算则集中在更不可能的路径

这些结构预测方法与现今的超级计算机和海量数据处理的密切结合越来越代表了计算材料学的发展方向，可以预测不久的将来，它们将会对材料学科的发展、新材料的加速发现乃至对新材料时代的发展起着重要的作用。

# 参 考 文 献

[1]   Curtarolo S, Morgan D, Persson K, et al. Predicting crystal structures with data mining of quantum calculations. Phys Rev Lett, 2003, 91: 135503.

[2]   Fischer C C, Tibbetts K J, Morgan D, et al. Predicting crystal structure by merging data mining with quantum mechanics. Nat Mater, 2006, 5: 641-646.

[3]   Kirkpatrick S, Jr Gelatt C D, Vecchi M P. Optimization by simulated annealing. Science, 1983, 220: 671-680.

[4]   Wille L T. Searching potential energy surfaces by simulated annealing. Nature, 1986, 324: 46-48.

[5]   Schön J C, Jansen M. First step towards planning of syntheses in solid-state chemistry: determination of promising structure candidates by global optimization. Angew Chem Int Edit, 1996, 35: 1286-1304.

[6]   Deaven D M, Ho K M. Molecular geometry optimization with a genetic algorithm. Phys Rev Lett, 1995, 75: 288-291.

[7]   Oganov A R, Glass C W. Crystal structure prediction using ab initio evolutionary techniques: principles and applications. J Chem Phys, 2006, 124: 244704.

[8]   Lyakhov A O, Oganov A R, Stokes H T, et al. New developments in evolutionary structure prediction algorithm USPEX. Comput Phys Commun, 2013, 184: 1172-1182.

[9]   Wu S Q, Umemoto K, Ji M, et al. Identification of post-pyrite phase transitions in $SiO_2$ by a genetic algorithm. Phys Rev B, 2011, 83: 184102.

[10]  Goedecker S. Minima hopping: an efficient search method for the global minimum of the potential energy surface of complex molecular systems. J Chem Phys, 2004, 120: 9911-9917.

[11]  Wales D J, Doye J P K. Global optimization by basin-hopping and the lowest energy structures of lennard-jones clusters containing up to 110 atoms. J Phys Chem A, 1997, 101: 5111-5116.

[12]  Martonak R, Laio A, Parrinello M. Predicting crystal structures: the Parrinello-Rahman method revisited. Phys Rev Lett, 2003, 90: 075503.

[13]  Pickard C J, Needs R J. High-pressure phases of silane. Phys Rev Lett, 2006, 97: 045504.

[14]  Pickard C J, Needs R J. Structure of phase III of solid hydrogen. Nat Phys, 2007, 3: 473-476.

[15]  Pickard C J, Needs R J. Highly compressed ammonia forms an ionic crystal. Nat Mater, 2008, 7: 775-779.

[16]  Pickard C J, Needs R J. Ab initio random structure searching. J Phys Condens Meatter, 2011, 23: 053201.

[17]  Wang H, Wang Y C, Lv J, et al. CALYPSO structure prediction method and its wide application. Comp Mater Sci, 2016, 112: 406-415.

[18]  Wang Y, Lv J, Zhu L, et al. Materials discovery via CALYPSO methodology. J Phys Condens Matter, 2015, 27: 203203.

[19]  Wang Y, Lv J, Zhu L, et al. Crystal structure prediction via particle-swarm optimization. Phys Rev B, 2010, 82: 094116.

[20]  Zhang Y Y, Gao W, Chen S, et al. Inverse design of materials by multi-objective differential evolution. Comp Mater Sci, 2015, 98: 51-55.

[21]  Gu T, Luo W, Xiang H. Prediction of two-dimensional materials by the global optimization approach. WIREs Comput Mol Sci, 2017, 7: e1295.

[22]  Bahmann S, Kortus J. EVO—Evolutionary algorithm for crystal structure prediction. Comput Phys Commun, 2013, 184: 1618-1625.

[23]　Glass C W，Oganov A R，Hansen N. USPEX—Evolutionary crystal structure prediction. Comput Phys Commun，2006，175：713-720.

[24]　Trimarchi G，Zunger A. Global space-group optimization problem：finding the stablest crystal structure without constraints. Phys Rev B，2007，75：104113.

[25]　Steinhardt P J，Nelson D R，Ronchetti M. Bond-orientational order in liquids and glasses. Phys Rev B，1983，28：784-805.

[26]　Kuhn H W. The Hungarian method for the assignment problem. Nav Res Log，2005，52：7-21.

[27]　Revard B C，Tipton W W，Yesypenko A，et al. Grand-canonical evolutionary algorithm for the prediction of two-dimensional materials. Phys Rev B，2016，93：054117.

[28]　Tipton W W，Hennig R G. A grand canonical genetic algorithm for the prediction of multi-component phase diagrams and testing of empirical potentials. J Phys Condens Matter，2013，25：495401.

[29]　Bonabeau E，Dorigo M，Theraulaz G. Swarm Intelligence：From Natural to Artificial Systems. Oxford：Oxford University Press，1999.

[30]　Kennedy J. Particle Swarm Optimization Encyclopedia of Machine Learning. Berlin：Springer，2010：760-766.

[31]　Hartke B. Global geometry optimization of clusters using genetic algorithms. J Phys Chem，1993，97：9973-9976.

[32]　Wang Y，Lv J，Zhu L，et al. CALYPSO：a method for crystal structure prediction. Comput Phys Commun，2012，183：2063-2070.

[33]　Szwacki N G，Sadrzadeh A，Yakobson B I. B-80 fullerene：an ab initio prediction of geometry，stability，and electronic structure. Phys Rev Lett，2007，98：166804.

[34]　Kiran B，Bulusu S，Zhai H J，et al. Planar-to-tubular structural transition in boron clusters：B20 as the embryo of single-walled boron nanotubes. Proc Nat Acad Sci USA，2005，102：961-964.

[35]　Lau K C，Pandey R. Stability and electronic properties of atomistically-engineered 2d boron sheets. J Phys Chem C，2007，111：2906-2912.

[36]　Tang H，Ismail-Beigi S. Novel precursors for boron nanotubes：the competition of two-center and three-center bonding in boron sheets. Phys Rev Lett，2007，99：115501.

[37]　Penev E S，Bhowmick S，Sadrzadeh A，et al. Polymorphism of two-dimensional boron. Nano Lett，2012，12：2441-2445.

[38]　De S，Willand A，Amsler M，et al. Energy landscape of fullerene materials：a comparison of boron to boron nitride and carbon. Phys Rev Lett，2011，106：225502.

[39]　Ogitsu T，Schwegler E，Galli G. β-Rhombohedral boron：at the crossroads of the chemistry of boron and the physics of frustration. Chem Rev，2013，113：3425-3449.

[40]　Penev E S，Artyukhov V I，Ding F，et al. Unfolding the fullerene：nanotubes，graphene and poly-elemental varieties by simulations. Adv Mater，2012，24：4956-4976.

[41]　Wu X，Dai J，Zhao Y，et al. Two-dimensional boron monolayer sheets. ACS Nano，2012，6：7443-7453.

[42]　Zhou X F，Dong X，Oganov A R，et al. Semimetallic two-dimensional boron allotrope with massless Dirac fermions. Phys Rev Lett，2014，112：085502.

[43]　Ma F X，Jiao Y L，Gao G P，et al. Graphene-like two-dimensional ionic boron with double Dirac cones at ambient condition. Nano Lett，2016，16：3022-3028.

[44]　Zhao Y C，Zeng S M，Ni J. Superconductivity in two-dimensional boron allotropes. Phys Rev B，2016，93：014502.

[45]　Liu Y Y，Penev E S，Yakobson B I. Probing the synthesis of two-dimensional boron by first-principles computations. Angew Chem Int Edit，2013，52：3156-3159.

[46] Zhang Z H，Yang Y，Gao G Y，et al. Two-dimensional boron monolayers mediated by metal substrates. Angew Chem Int Edit，2015，54：13022-13026.

[47] Zhang Z H，Mannix A J，Hu Z L，et al. Substrate-induced nanoscale undulations of borophene on silver. Nano Lett，2016，16：6622-6627.

[48] Karmodak N，Jemmis E D. The role of holes in borophenes：an ab initio study of their structure and stability with and without metal templates. Angew Chem Int Edit，2017，56：10093-10097.

[49] Feng B J，Zhang J，Zhong Q，et al. Experimental realization of two-dimensional boron sheets. Nat Chem，2016，8：564-569.

[50] Mannix A J，Zhou X F，Kiraly B，et al. Synthesis of borophenes：anisotropic，two-dimensional boron polymorphs. Science，2015，350：1513-1516.

[51] Cui Z H，Jimenez-Izal E，Alexandrova A N. Prediction of two-dimensional phase of boron with anisotropic electric conductivity. J Phys Chem Lett，2017，8：1224-1228.

[52] He X L，Weng X J，Zhang Y，et al. Two-dimensional boron on Pb (110) surface. FlatChem，2017，7：34-41.

[53] Novoselov K S，Geim A K，Morozov S V，et al. Two-dimensional gas of massless Dirac fermions in graphene. Nature，2005，438：197-200.

[54] Zhang Y，Tan Y W，Stormer H L，et al. Experimental observation of the quantum Hall effect and Berry's phase in graphene. Nature，2005，438：201-204.

[55] Castro Neto A H，Guinea F，Peres N M R，et al. The electronic properties of graphene. Rev Mod Phys，2009，81：109-162.

[56] Oganov A R，Chen J，Gatti C，et al. Ionic high-pressure form of elemental boron. Nature，2009，457：863-867.

[57] Zhang H，Li Y，Hou J，et al. Dirac state in the $FeB_2$ monolayer with graphene-like boron sheet. Nano Lett，2016，16：6124-6129.

[58] Zhang L Z，Wang Z F，Du S X，et al. Prediction of a Dirac state in monolayer $TiB_2$. Phys Rev B，2014，90：161402.

[59] Jiao Y，Ma F，Bell J，et al. Two-dimensional boron hydride sheets：high stability，massless Dirac fermions，and excellent mechanical properties. Angewandte Chemie，2016，55：10292-10295.

[60] Wang Y，Li F，Li Y，et al. Semi-metallic $Be_5C_2$ monolayer global minimum with quasi-planar pentacoordinate carbons and negative Poisson's ratio. Nat Commun，2016，7：11488.

[61] Huang B，Deng H X，Lee H，et al. Exceptional optoelectronic properties of hydrogenated bilayer silicene. Phys Rev X，2014，4：021029.

[62] Xiang H，Kan E，Wei S H，et al."Narrow"graphene nanoribbons made easier by partial hydrogenation. Nano Lett，2009，9：4025-4030.

[63] Luo W，Ma Y M，Gong X G，et al. Prediction of silicon-based layered structures for optoelectronic applications. J Am Chem Soc，2014，136：15992-15997.

[64] Wang Y C，Ma Y M. Perspective: crystal structure prediction at high pressures. J Chem Phys，2014，140：040901.

[65] Xiang H J，Huang B，Kan E J，et al. Towards direct-gap silicon phases by the inverse band structure design approach. Phys Rev Lett，2013，110：118702.

[66] Yang J H，Zhai Y T，Liu H R，et al. $Si_3AlP$：a new promising material for solar cell absorber. J Am Chem Soc，2012，134：12653-12657.

[67] Yang J H，Zhang Y Y，Yin W J，et al. Two-dimensional SiS layers with promising electronic and optoelectronic properties：theoretical prediction. Nano Lett，2016，16：1110-1117.

[68] Zhang S，Li Y，Zhao T，et al. Robust ferromagnetism in monolayer fchromium nitride. Sci Rep，2014，4：5241.

[69]　Kim K，Graf P A，Jones W B. A genetic algorithm based inverse band structure method for semiconductor alloys. J Comput Phys，2005，208：735-760.

[70]　Gao F，He J，Wu E，et al. Hardness of covalent crystals. Phys Rev Lett，2003，91：015502.

[71]　Simunek A. How to estimate hardness of crystals on a pocket calculator. Phys Rev B，2007，75：172108.

[72]　Zhang X X，Wang Y C，Lv J，et al. First-principles structural design of superhard materials. J Chem Phys，2013，138：114101.

[73]　Wang Y，Panzik J E，Kiefer B，et al. Crystal structure of graphite under room-temperature compression and decompression. Sci Rep，2012，2：520.

[74]　Jain A，Ong S P，Hautier G，et al. Commentary: the materials project: a materials genome approach to accelerating materials innovation. APL Mater，2013，1：011002

[75]　Lebègue S，Björkman T，Klintenberg M，et al. Two-dimensional materials from data filtering and Ab initio calculations. Phys Rev X，2013，3：031002.

[76]　Cheon G，Duerloo K A N，Sendek A D，et al. Data mining for new two-and one-dimensional weakly bonded solids and lattice-commensurate heterostructures. Nano Lett，2017，17：1915-1923.

[77]　Ma X，Li Z，Achenie L E K，et al. Machine-learning-augmented chemisorption model for $CO_2$ electroreduction catalyst screening. J Phys Chem Lett，2015，6：3528-3533.

[78]　Salciccioli M，Chen Y，Vlachos D G. Density functional theory-derived group additivity and linear scaling methods for prediction of oxygenate stability on metal catalysts: adsorption of open-ring alcohol and polyol dehydrogenation intermediates on Pt-based metals. J Phys Chem C，2010，114：20155-20166.

[79]　Rangarajan S，Kaminski T，Wyk E V，et al. Language-oriented rule-based reaction network generation and analysis: algorithms of RING. Comput Chem Eng，2014，64：124-137.

[80]　Vorotnikov V，Vlachos D G. Group additivity and modified linear scaling relations for estimating surface thermochemistry on transition metal surfaces: application to furanics. J Phys Chem C，2015，119：10417-10426.

[81]　Ulissi Z W，Medford A J，Bligaard T，et al. To address surface reaction network complexity using scaling relations machine learing and DFT calculations. Nat Commun，2016，8：14621.

[82]　Rogers D，Hahn M. Extended-connectivity fingerprints. J Chem Inf Model，2010，50：742-754.

[83]　Norskov J K，Bligaard T，Rossmeisl J，et al. Towards the computational design of solid catalysts. Nat Chem，2009，1：37-46.

[84]　Hummelshoj J S，Abild-Pedersen F，Studt F，et al. CatApp: a web application for surface chemistry and heterogeneous catalysis. Angew Chem Int Edit，2012，51：272-274.

# 第9章
## 几种典型低维材料的生长机制

## 9.1 碳纳米管的生长机制

### 9.1.1 螺旋位错理论

经过多年实验和理论的发展，人们对碳纳米管生长机制的理解已经越来越深入。在早期大多数实验中，生长的碳纳米管的半径和手性存在较随机的分布，这对研究的进一步发展提出了很大挑战。采用在宏观晶体生长的重要概念，2009 年 Ding 等[1]首先提出碳纳米管生长的螺旋位错理论。这一理论源自 Frank 于 1949 年发表的关于晶体生长螺旋位错理论的开创性工作[2]。Frank 提出晶体中的螺旋位错可以为晶体生长提供源源不断的无势垒位点，这一生长前沿永远不会变成低指数表面，这样晶粒生长速度可以显著加快。创造性地应用这一理论，非手性碳纳米管可以近似为低指数镜面，而手性碳纳米管可以通过在非手性碳纳米管引入螺旋位错而形成，如图 9.1（a）和（b）所示。手性碳纳米管 $(n, m)$ 的末端边缘会引入 $m$ 个扭结，扭结越多，偏离非手性碳纳米管越远，从而其对应的螺旋位错越大，即其伯格斯矢量越大，如图 9.1（c）和（d）所示。细致的几何分析显示，手性碳纳米管 $(n, m)$ 对应于纯锯齿型碳纳米管 $(n + m/2, 0)$ 加上伯格斯矢量为 $b = m(-1/2, 1)$ 的螺旋位错（对于奇数 $m$，会引入额外垂直分量贡献，具体分析可以参考文献[1]）。体结构或者纳米线中螺旋位错会引入显著的应力能，而碳纳米管的螺旋位错无此项能量贡献，因此可以具备不同的 $b$ 和 $m$ 值，对应不同手性碳纳米管。

通过这样的模型简化，手性碳纳米管的生长可以描述成一个随着引入的 C 原子数目 $N$ 增加而自由能线性下降的过程，即 $\Delta G(N) = -\Delta \mu \cdot N$。其中，$\Delta \mu$ 为把溶解/吸附于催化剂的 C 原子融合到碳纳米管中的化学势变化。而生长非手性的锯齿型碳纳米管的情况则完全不同。每当锯齿型碳纳米管长成一个完整的末端边缘后，再引入多余的原子将会引入多余的悬挂键，从而需要克服一定的成核势垒 $G^*$。这时，$\Delta G(N) = G^* - \Delta \mu \cdot N$。与此形成鲜明对比的是，扶手型碳纳米管每增加两个原子并未增加额外的悬挂键，从而不会带来明显的结构扭曲，非常类似于手性碳纳米

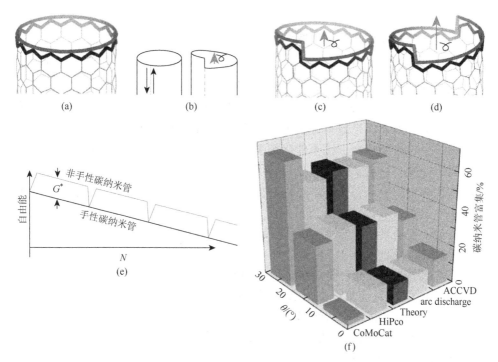

图 9.1　（a）非手性的 $(n, 0)$ 碳纳米管；（b）手性碳纳米管可以看成沿轴向切开非手性碳纳米管管壁，随后移动伯格斯矢量 $b$ 再拼接而成；手性 $(n, 1)$（c）和 $(n, 2)$ 碳纳米管（d）包含的伯格斯矢量分别为 1 倍和 2 倍 $b_\gamma$，对应的扭结数分别为 1 和 2；（e）手性和非手性碳纳米管生长过程中自由能的变化；（f）多种实验方法与理论模拟（Theory）得到的碳纳米管手性分布图[1]

管的生长过程，如图 9.1（e）所示。如果假设生长的管子足够大从而可以忽略曲率效应，则碳纳米管的生长过程可以通过在催化剂衬底的台阶边缘附着石墨烯不同的边界进行模拟。直接的 DFT 理论计算给出在 Fe、Co 和 Ni 表面上扶手型碳纳米管的成核势垒分别为 0.06 eV、0.12 eV 和 0.04 eV，而锯齿型碳纳米管的成核势垒分别为 1.41 eV、1.12 eV 和 1.54 eV，显著大于前者。由于碳纳米管生长一般在 1000 K 以上的高温，则扶手型碳纳米管的成核势垒几乎可以忽略不计。通过以上分析可以得到，$(n, m)$ 手性碳纳米管在其 $m$ 个扭结的位点可以很容易地以速度 $k_0$ 引入碳原子，总的 C 原子沉积率可以表示成 $K = k_0 \cdot m$。另外，手性角 $\chi$ 和扭结数的关系为

$$\sin \chi = \frac{\sqrt{3}m}{2\sqrt{(m^2 + mn + n^2)}} \sim m/d \sim b/d \qquad (9.1.1)$$

因此 $K \sim k_0 \cdot d\sin\chi$，而长度生长速度可以表示成 $K_l \sim K/d \sim k_0 \cdot \sin\chi \propto \chi$。这一简单的生长速度与手性角之间的关系被多种生长过程，包括高压 CO（HiPco）、CoMo 催化剂（CoMoCat）、在 MCM-41 模板上的 Co 催化剂、利用乙醇作为原料的 ACCVD 等 CVD 过程、电弧放电（arc discharge）和激光烧蚀等的实验结果所证实 [图 9.1（f）]。

### 9.1.2 碳纳米管手性生长理论模拟

碳纳米管的生长可以分为三个基本过程：①原料分子的分解过程；②C 原子扩散至碳纳米管管端的过程；③C 原子和碳纳米管的融合过程。关于螺旋位错驱动的碳纳米管生长隐含了一个重要假设，即这三个基本过程中第三个过程起决定作用。因为如果原料分子的分解或者 C 原子的扩散起主要限制作用时，纳米管的生长速度将会正比于催化剂表面的活性位点数目或者催化剂与 C 原子相互作用特性（决定了扩散势垒）。显然此时催化剂本身扮演更重要的角色。为了深入理解生长中这三个基本过程并更好地设计催化剂，Yuan 等[3]通过研究 Ni 表面扶手型碳纳米管融合两个 C 原子过程，并与原料分子分解和 C 原子扩散相比，证实了碳纳米管融合 C 原子是最为关键的决速步骤。采用与前面类似的模型（石墨烯边缘吸附于 Ni 台阶边缘）设置 [图 9.2（a）和（b）]，计算得到的第一个 C 原子引入 Ni 台阶边缘形成能为 0.97 eV，随后其融合于扶手形边界的势垒为 1.02 eV，从而第一个 C 原子总体融合势垒为 1.99 eV [图 9.2（c）]；第二个 C 原子引入 Ni 台阶边缘形成能为 1.07 eV，随后其融合于扶手形边界并挤出一个金属 Ni 原子的势垒为 1.20 eV。这样，前两个总的融合势垒 $G_0^*$ 为 2.27 eV [图 9.2（d）]。与之形成对比，原料 C 原子的分解势垒和多种金属表面 C 原子的扩散势垒分别小于 1.5 eV 和 1.0 eV。

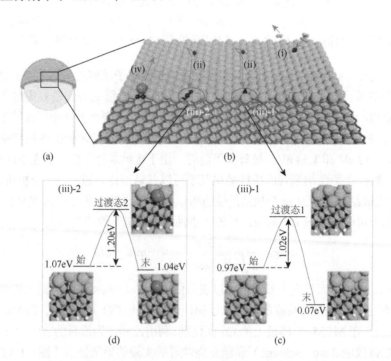

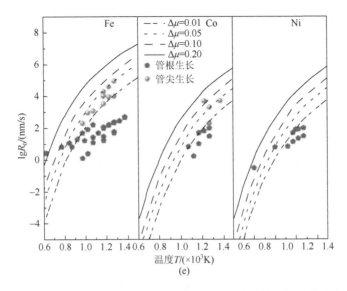

图 9.2　（a）单壁碳纳米管和金属催化剂的界面模型，环形的碳纳米管管端连接于催化剂颗粒的环形金属边界；这一模型的一部分可以被简化为金属台阶和石墨烯边缘界面（b）；在这样的石墨烯边缘重复性地引入两个碳原子形成新的六元环过程可以分成四个步骤：（i）碳前驱体分子在催化剂表面的分解；（ii）分解的碳原子扩散到 AC 边界表面；（iii-1）（c）和（iii-2）（d）分别为第一和第二个碳原子融合于边界的过程；（iv）被蚀刻的金属原子扩散；（e）在 Ni、Co 和 Fe 原子表面，不同化学势条件下，碳纳米管生长速度随温度变化的关系[3]

类似地，在 Co 和 Fe 原子的 (111) 表面，融合两个原子的总体势垒分别为 2.28 eV 和 1.85 eV。相比于 Ni 和 Co 原子，Fe 和 C 原子之间具有最高的亲和力，从而显著降低其总体融合势垒。在这些计算中，起始态和末态具有完全相同的能量，需要额外提供驱动能量。这一能量可由原料分子和碳纳米管中 C 原子的化学势之差 $\Delta\mu$ 来表示，$\Delta\mu$ 越大，提供的驱动力越大。这样，总体融合势垒修正为

$$G^{*}=G_{0}^{*}-2\Delta\mu \tag{9.1.2}$$

这些结果为解释多种实验现象提供了基础。例如，碳纳米管的生长速度记录是在 1273 K 下，利用 Fe 催化 $CH_4$-$H_2O$ 的 CVD 实验得到的 100 μm/s，这对应于两个 C 原子的融合时间 $\tau = 10^{-6}$ s。利用过渡态理论，这一生长速度对应的势垒为

$$G_{0}^{*} < kT\ln[\tau(kT/h)] = 1.88 \text{ eV} \tag{9.1.3}$$

与计算结果非常吻合。更进一步，通过同时考虑融合过程和分解过程，可以推导出不同化学势之差 $\Delta\mu$ 和温度 $T$ 下碳纳米管的生长速度。从能量曲线分析中可知，逆向分解过程的势垒为 $G_{0}^{*}$，与原料分子无关。由融合和分解势垒可以得到对应的反应常数：

$$\begin{aligned} K^{+} &= (kT/h)\exp[-\beta(G_{0}^{*}-2\Delta\mu)] \\ K^{-} &= (kT/h)\exp[-\beta G_{0}^{*}] \end{aligned} \tag{9.1.4}$$

在保证足够的 C 源供应和足够快的 C 原子扩散情况下，碳纳米管的生长速度为

$$R_U(n,m) \sim m(b/D)(K^+ - K^-) \times 0.1\,\text{nm/s}$$
$$= \sin(\chi)(K^+ - K^-) \times 0.1\,\text{nm/s} \tag{9.1.5}$$

其中，$m$、$b$、$D$、$\chi$ 分别为管端活化的扶手型位置数目、0.246 nm、管径和手性角；0.1 为扶手型碳纳米管生长完整一圈后碳纳米管长度增加量。结合式（9.1.4）和式（9.1.5）可以得到

$$R_U(\chi) \sim 0.1\sin(\chi)(kT/h)\exp(-\beta G_0^*) \times [\exp(2\beta\Delta\mu) - 1]$$
$$= 2\sin(\chi)R_0 \tag{9.1.6}$$

其中，$R_0$ 为扶手型碳纳米管生长速度的上限，其随温度和 $\Delta\mu$ 的变化规律如图9.2（e）所示。

图 9.2（e）中列出两种生长模式：管尖生长（tip growth，或"风筝"机制）和管根生长（root growth，或地毯超生长）。实验结果和理论计算总体上具有很好的契合度，同时可以看出两个基本趋势：①管尖生长比管根生长的速度高几个数量级，并且管根生长和曲线的符合度更差一些。这说明管根生长速度可能并不主要由 C 原子融合过程决定，原料分子沉积于催化剂表面的过程可能扮演重要角色。②Fe 原子的管尖生长速度比 Co 和 Ni 原子快很多，也和实验结果定性吻合。由于管尖生长一般适用于快速生长少量管径很长的高质量碳纳米管，而管根生长适用于大量生长质量相对较低的碳纳米管。这些结果显示，如果可以有效提高原料分子供给，有可能通过管根生长方式得到大量较长的碳纳米管。

运用与上述过程类似的方法，Yuan 和 Ding[4]进一步详细对比了两种非手性碳纳米管生长速度的差别，解释了锯齿型碳纳米管生长非常困难这一现象。如前所述，扶手型碳纳米管每增加两个原子即对应于形成一个新的六元环，而锯齿型碳纳米管的生长需要分成两步——在完美的边界上第一个六角形的成核和随后的连续生长并构成一个新的完美边界。碳纳米管的生长过程可以通过逐个引入碳原子来模拟，其对应的热动力学能量和迁移势垒的大小决定了最终生长的速度。图 9.3（a）和（b）分别显示了在完美的 Ni 表面台阶和锯齿形边界接触上依次引入 12 个 C 原子的能量变化及结构图。可以看到引入 3 个、5 个、7 个、9 个和 11 个 C 原子分别对应形成第 1~5 个六元环。通过对比这些结构的形成能可以发现，这些六元环的形成能非常接近。基于以上分析，生长过程可以被理解为第 1 个六元环的引入使整个体系处于高能激发态，随后多个六元环的形成近似是一个重复性过程，直至引入最后一个六元环形成完美边界，这个体系的形成能又恢复到初始态。因此，理解锯齿型碳纳米管的生长只需重点关注前几个 C 原子的引入过程，特别是其对迁移势垒的影响。从图 9.3（a）中可以看出，引入前三个 C 原子的形成能和势垒分别为 1.08 eV、0.78 eV、1.09eV 和 1.11 eV、2.11 eV、1.03 eV。如果把 3 个 C 原子形成的第 1 个六边形看成一个整体过程，则其形成能和势垒分别为

1.26 eV 和 3.06 eV。类似地，可以得出第 2 个六元环的整体形成能和势垒分别是 1.27eV 和 3.58 eV。由于不同六元环的形成能相差不大，则两个六元环的整体势垒可以看成第 1 个六元环的形成能 $E_{1h}$ 和第 2 个六元环的势垒 $E_{2h}^{*}$（2.32 eV，相对于第 1 个六元环的形成能）之和。特别重要的是，$E_{2h}^{*}$ 与之前研究工作中计算得到的在扶手形边界引入新的六边形的势垒 $E_{AC}^{*}$（2.27 eV）[3] 相差无几。这主要是因为引入第 1 个六边形形成的左右两侧双肩结构中都有扶手型单元，引入第 2 个六边形正好对应在扶手形边界引入新的六边形。因此，锯齿型碳纳米管生长的总体势垒可以写成：

$$E_{ZZ}^{*} = E_{1h} + E_{AC}^{*} \qquad (9.1.7)$$

从式（9.1.7）可以看出，锯齿型碳纳米管的生长速度小于扶手型的，而第 1 个六元环的形成能 $E_{1h}$ 则决定了两种碳纳米管生长速度的差别。两种碳纳米管生长速度的数学关系可以通过如下方式得到。

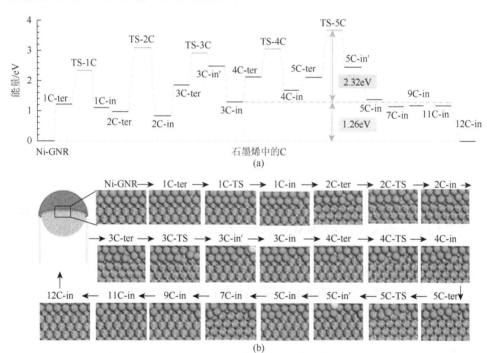

图 9.3　镍表面台阶和锯齿形边界接触上依次引入 12 个 C 原子的能量变化（a）及结构图（b）[4]

图中缩写代表：GNR，石墨烯纳米带；ter，台阶；TS，过渡态；in，融合 C 原子的同时排斥出一个 Ni 原子；in′，融合 C 原子的同时，排斥出的 Ni 原子扩散到 Ni 体结构中。黑灰的大小球及白色大球分别对应 Ni、C 和排斥出的 Ni 原子

锯齿型碳纳米管的生长速度由两步决定：形成前两个六元环组成稳定的成核

位点和随后 $n-2$ 个六角环的生长。第一步的生长时间由式（9.1.8）决定：

$$\tau_1 = h\beta \frac{\exp[\beta(E_{1h} + E_{AC}^*)]}{n} \tag{9.1.8}$$

其中，$h$ 为普朗克常量；$\beta = 1/kT$；$h\beta$ 代表了尝试频率；$n = (\pi D)/0.246$（$D$ 为管径，nm），代表了边缘锯齿形成核位点数目。类似地，第二步生长时间为

$$\tau_2 = (n-1)h\beta \frac{\exp(\beta E_{AC}^*)}{2} \tag{9.1.9}$$

其中，因子 2 为锯齿形成核位点两侧的活性位置。可以得到 $\tau_1$ 和 $\tau_2$ 的比例关系为

$$\frac{\tau_1}{\tau_2} = \frac{2\exp(\beta E_{ZZ})}{n(n-1)} \tag{9.1.10}$$

在典型实验条件下，碳纳米管管径约为 1nm，生长温度为 800～1000 K。结合第一性原理得到的 Fe、Co 和 Ni/Cu 四种催化剂的 $E_{ZZ}$ 可以得到 $\tau_1/\tau_2$ 的值分别为 25～$10^3$、180～$10^4$ 和 $10^3$～$10^6$。因此，锯齿型碳纳米管的生长主要由成核的第一步决定。这样，就可以得到它的生长速度为

$$R_{ZZ} = \frac{0.213}{\tau_1} = \frac{2.72D\exp[-\beta(E_{AC}^* + E_{ZZ})]}{h\beta} \tag{9.1.11}$$

其中，0.213（单位 nm）为锯齿型碳纳米管生长一个完整六元环带后增长的长度。类似地，可以得到扶手型碳纳米管的生长速度为

$$R_{AC} = 0.123 \frac{\exp[-\beta E_{AC}^*]}{h\beta} \tag{9.1.12}$$

其中，0.123（单位 nm）为扶手型碳纳米管生长一个完整六元环带后增长的长度。在获得 Fe、Co 和 Ni/Cu 四种催化剂的 $E_{ZZ}$ 值（0.79 eV、1.01 eV 和 1.26 eV）之后，可以推出前述实验条件下，锯齿型和扶手型碳纳米管的生长速度之比 $R_{ZZ}/R_{AC}$ 分别为 $10^{-3}$、$10^{-4}$ 和 $10^{-5}$。

CVD 和手性表征技术的发展使得在碳纳米管手性选择性上取得巨大进展，对半导体型碳纳米管的选择性可以达到 90%。在近十几年的实验工作中，人们发现碳纳米管生长倾向于形成近扶手型碳纳米管，特别是 $(n, n-1)$ 型碳纳米管。虽然利用生长后选择、理性合成或者晶种等方法可以进一步提高手性选择性，但这些方法都缺少可拓展性。要想利用直接生长的方法来提高手性选择性，则需要对碳纳米管与催化剂界面的热动力学和生长动力学过程进行全面理解。Artyukhov 等[5]从连续模型和原子尺度模拟两个方面深入阐述了碳纳米管的手性选择性。一种特定手性碳纳米管 $(n, m)$ 的相对富余 $A_{n,m}$ 由两个因素组成：一是特定碳纳米管的成核可能性 $N_{n,m}$；另一个是特定碳纳米管的生长速度 $R_{n,m}$。因此，$A_{n,m} = N_{n,m} \cdot R_{n,m}$。

如果以碳纳米管的手性角 $\chi$ 和管径 $d$ 来表示，则 $A(\chi, d) = N(\chi, d) \cdot R(\chi, d)$。由于在生长过程中，碳纳米管的手性主要由其半球形帽子形成过程决定，从原子尺度上来说，是由初期碳纳米管成核中心的六个五边形来决定。一旦包含六个五边形的碳纳米帽形成后，新引入的碳原子可以周期性方式生长六边形来进行，从而延伸碳纳米管。

碳纳米管形成的自由能 $G^*$ 包含两个部分——碳纳米帽的能量 $G_{gap}$ 和界面贡献 $\Gamma$，即 $G^* = G_{gap} + \Gamma$。前人的研究表明第一项并不依赖于手性角 $\chi$[6]，相反，碳纳米管和催化剂之间的界面贡献将依赖于碳纳米管的手性，因为界面贡献 $\Gamma(\chi, d)$ 和边缘能 $\gamma$ 成正比（$\Gamma = \pi d \gamma$），而 $\gamma(\chi)$ 依赖于碳纳米管的取向。由于碳纳米管的手性选择一般在较低温度下实现，这时催化剂处于固体状态，因此，衬底结构对成核能量学及随后生长过程中碳原子的插入都有重要影响。在这样一个系统中，催化剂表面可以假定为一个平整的平台。碳纳米管也可以看成是连续的，而其手性会决定边缘的扭结数目。这些扭结可以引起碳纳米管和衬底表面之间的空隙，显然扭结越多，空隙越大，碳纳米管和衬底的接触就越不紧密，碳纳米帽的成核能量就越高。对于碳纳米管，扶手型和锯齿型可以被认为是非手性的，它们和衬底接触最为紧密，形成很好的接触。两种非手性的存在使得需要定义两个角度：$\chi$ 适用于近锯齿型碳纳米管，$\chi^-$ 适用于近扶手型碳纳米管。随着偏离非手性型方向的角度增大，扭结增多，边缘能增大，可表示为

$$\gamma(x) \approx \gamma + \gamma' x \tag{9.1.13}$$

其中，$x$ 为对非手性角的偏离。对近锯齿型碳纳米管，$x = \chi$，$\gamma = \gamma_Z \equiv \gamma(0°)$，$\gamma' = \partial\gamma/\partial\chi|_{\chi=0°}$；对于近扶手型碳纳米管，$x = \chi^-$，$\gamma = \gamma_A \equiv \gamma(30°)$，$\gamma' = \partial\gamma/\partial\chi|_{\chi=30°}$。从以上对成核自由能的分析可以看出，成核概率随角度分布存在两个极大值，分别位于扶手形和锯齿形方向，用数学式子可以表述为

$$N(\chi, d) \propto e^{-G^*/k_B T} \propto e^{-\pi d(\gamma + \gamma' \cdot x)/k_B T} \tag{9.1.14}$$

唯一的特殊情况在于单扭结情况，此时碳纳米管可以通过让管轴偏离垂直方向使得接触部分显著减小，从而改善界面接触情况。

而对于生长速度项 $R(\chi, d)$，沿用前面所述的位错生长模型，同时考虑管径曲率带来的额外能量。这里可以区分两种情形：①当催化剂是液体时，金属可以随着碳纳米管边界的形状进行相应调整，在扶手形界面处产生一对扭结的能量消耗几乎为零。此时生长速度直接正比于扭结的数目，即碳纳米管的手性角 $\chi$。②当催化剂是固体时，一旦产生扭结将破坏碳纳米管和衬底的完美接触，产生额外消耗 $E_A$，所以，根据扭结数目的角度依赖关系可知消耗能量在扶手形和锯齿形方向存在两个极小值。通过对上述因素考虑，并线性化后得到：

$$R(\chi, d) \propto \pi d \, e^{-2C/d^2 k_B T}(x + e^{-E/k_B T}) \tag{9.1.15}$$

其中，$C$ 为石墨烯的弯曲刚度，考虑了管径曲率的影响；$e^{-E/k_B T}$ 考虑了额外的起伏扭结的影响。

将式（9.1.14）和式（9.1.15）相乘，得到 $A(x) \sim xe^{-x}$ 的函数形式。图 9.4（a）中阴影部分显示的是在假设扶手形和锯齿形方向边界能与生长势垒相同情况下，碳纳米管手性角的富余分布函数。可以看到在近非手性的角度上有两个明显的峰，一旦两种非手性边界的能量存在差别，则整个分布即可发生明显的非对称倾斜，从而使得其中一个峰占主导地位。

这些结果被准确的原子尺度模拟所证实。图 9.4（b）显示了半径分别为 0.8 nm 和 1.2 nm 的两个系列碳纳米管[对应于实验中观察到的 (6, 5) 和 (9, 8) 碳纳米管]的边界能随手性角的变化规律。可以看出，分子动力学模拟和 DFT 计算都给出同样的定性规律，即在非手性的扶手形和锯齿形方向上，边界能最低，从而具有最高的成核概率。图中实线是按照第 2 章中石墨烯边界能的解析形式进行拟合，也显示了较好的契合度。在成核势垒（影响速率）方面，图 9.4（c）显示了 (6, 6)、(9, 0) 和 (9, 9) 三种非手性碳纳米管和手性碳纳米管随碳原子增加的自由能量变化图。由于管径方向的周期性，三种非手性管子的成核过程都展现出和石墨烯生长中"成核-扭结移动"模型不同的趋势，在引入第一个二聚体和接近完成一个周期生长过程时出现双峰模型。最大的峰值将决定生长过程中添加新的碳原子形成六元环需要克服的势垒 $\Delta G$，对扶手型和锯齿型碳纳米管，$\Delta G$ 分别为 1.67~1.86 eV 和大于 3 eV。相比之下，手性碳纳米管需要克服的势垒 $\Delta G$ 几乎为零。因此，非手性碳纳米管需要克服的势垒将对生长速度产生正比于 $e^{-\Delta G/k_B T}$ 的惩罚因子，从而使得它们在生长中的产量急剧减少，如图 9.4（d）所示。同时，由于曲率的影响，管径越小的碳纳米管生长速度越慢。综合界面能和成核势垒的影响，最终可以得到两种主要的手性碳纳米管的丰度峰，分别对应 (6, 5) 和 (9, 8) 碳纳米管。

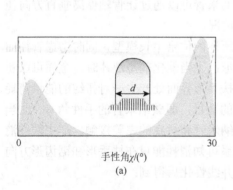

手性角$\chi/(°)$

(a)

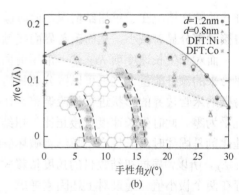

手性角$\chi/(°)$

(b)

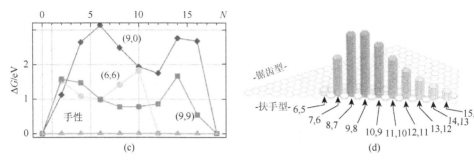

图 9.4 （a）由成核率（点线）与生长率（虚线）相乘得到碳纳米管手性角的富余分布函数，内插图显示碳纳米管生长初期示意图；（b）不同方法得到的不同管径两系列碳纳米管的界面能；圆圈或者三角形（空心和实心分别代表六角和 Klein 型边界）：MD 方法，实线：解析表达式；Ni 和 Co 催化剂的静态 DFT 结果分别以叉号和星号表示，点虚线对应液态催化剂；（c）不同手性碳纳米管在管端生长一圈新的六元环（N 为新六元环圈数）的自由能变化图；（d）基于 MD 界面能的解析拟合得到的(n, m)碳纳米管分布图[5]

### 9.1.3 碳纳米管生长中的缺陷

与手性控制并行的一个重要问题是超长高质量碳纳米管的生长。实验中现在已经可以得到长度达到厘米量级的碳纳米管，且它们显现出统一的手性指数特征。例如，18 cm 长的单壁碳纳米管表现均匀的电子性质[7]，而利用电子衍射图样，Wen 等[8]证实一根 3.5 cm 长的碳纳米管具有同一手性指数。这些结果意味着在具有 $10^{10}$ 量级的多元环结构中拓扑缺陷数目要小于 1。因为一个拓扑缺陷的引入将会改变碳纳米管的形状和手性。如图 9.5（a）所示[9]，五元环会引起碳纳米管的封闭，七元环将碳纳米管形状变成喇叭形。为了不改变碳纳米管形状，非六元环的缺陷必须成团簇存在。最简单的团簇缺陷即五七元环对（5|7），而 5|7 作为刃型位错，可以改变碳纳米管的手性。图 9.5（a）显示不同取向的 5|7 将 (10, 0) 纳米管分别转变成 (9, 0) 和 (9, 1) 碳纳米管。

由于在纳米管末端边缘引入一到三个碳原子都具有相似的形成能，这样形成多种非六元环结构不可避免。要得到高质量的较长的碳纳米管，关键在于生长过程中引入的缺陷，特别是非六元环的拓扑缺陷，能够快速消失。Yuan 等[9]研究了碳纳米管中五元环、七元环和 5|7 三种拓扑缺陷的热动力学和动力学恢复成六元环的过程。热动力学方面，根据缺陷的热动力学平衡浓度公式，缺陷的数目可以表示为

$$N_{\rm d} = N_{\rm s} \exp\left(-\frac{E_{\rm f}}{k_{\rm B} T}\right) \qquad (9.1.16)$$

其中，$N_{\rm s}$ 和 $E_{\rm f}$ 分别为晶体中总的晶格位点数目和缺陷的形成能。按照实验结果的推算，应该满足关系 $N_{\rm d}/N_{\rm s} < 10^{-10}$。考虑典型的生长条件，温度在 800～1000℃，可以得到

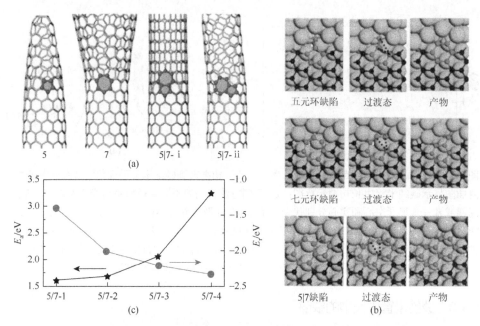

图 9.5　（a）不同的非六元环结构对碳纳米管形貌的影响；五元环（5）和七元环（7）分别将碳纳米管变成圆锥和喇叭形，而不同取向的五七元环（5|7）将（10，0）碳纳米管分别变成（9，0）和（9，1）碳纳米管；（b）五元环缺陷（p-defect）、七元环缺陷（h-defect）和 5|7 缺陷恢复成六元环的过程；（c）不同位置的 5|7 环愈合的势垒（$E_a$）和反应能（$E_r$），图中后缀 1～4 对应 5|7 环位于不同位置，1 代表正好在边缘[9]

$$E_f > -(k_B \times T)\ln(10^{-10}) \approx 2.0 \text{ eV} \qquad (9.1.17)$$

式（9.1.17）说明，为了实现厘米长度的完美碳纳米管生长，热动力学上要求其缺陷形成能大于 2 eV。对于 5|7 缺陷来说，这一限制在管径大于 1 nm 时得以满足。

在动力学方面，可以通过研究碳纳米管末端边缘产生的五元环、七元环和 5|7 缺陷的恢复过程的势垒进行衡量。如图 9.5（b）所示，五元环缺陷和一个吸附原子相互作用，通过 C—C 键的断裂和重新成键形成六元环；七元环缺陷通过类似过程形成六元环和一个悬挂碳原子；5|7 缺陷则通过 SW 键旋转过程恢复成六元环。在 Fe、Co、Ni 表面上，五元环和七元环缺陷的恢复势垒分别为 0.55 eV、0.96 eV、0.91 eV 和 1.12 eV、1.36 eV、1.40 eV，由此估算出的恢复时间仅为 $10^{-8}$～$10^{-7}$ s。对 5|7 缺陷来说，对应的势垒为 1.61 eV、1.88 eV、2.00 eV，显著高于单独五元环和七元环缺陷的恢复势垒。同时，不同衬底表面的计算对比说明，Fe 是最有效的促进缺陷恢复的催化剂，这也和实验中高质量单壁碳纳米管的生长主要利用 Fe 做催化剂相一致。

一旦碳纳米管边缘的缺陷未能有效恢复，则随着生长的进行会嵌入到碳纳米管中，显然末端边缘 5|7 存留的浓度会直接影响碳纳米管中最后的缺陷浓度。为了准确得到相关浓度，需要对 5|7 这种最难恢复缺陷在管壁不同位置的恢复过程

进行研究。图 9.5（c）列出了 5|7 环位于离边缘不同位置发生 SW 键旋转过程的能垒，可以看到随着 5|7 环离生长前端距离增加，其势垒迅速增加到 3.22 eV（5|7-4）。得到不同位置 5|7 环愈合的能垒以后，可以进一步得到缺陷浓度随着位置的变化趋势，而每一步缺陷的演化时间 $\tau$ 由生长速度 $R$ 决定，$\tau = \Delta h/R$（$\Delta h$ 为两步生长之间的距离）。考虑缺陷的恢复和反向生成过程，其浓度可表示为

$$dC = -CK_+ dt + (1-C)K_- dt$$
$$K_+ = (k_B T/h) \times \exp(-E^*/k_B T) \tag{9.1.18}$$
$$K_- = (k_B T/h) \times \exp[-(E^* + E_r)/k_B T]$$

其中，$K_+$ 和 $K_-$ 分别为缺陷恢复和生成过程的反应常数。通过求解式（9.1.18）可以得到不同生长速度下缺陷的浓度随温度的变化。例如，在 $R = 100\ \mu m/s$ 下，$C(5)$ 在 500 K 下浓度最低为 $10^{-15}$；而 $C(7)$ 在 903 K 左右浓度最低为 $10^{-8}$。如果把 $C(5|7)$ 看成 $C(5)$ 和 $C(7)$ 之和，其可以作为第二步 5|7 的起始浓度，依次可以得到 $C(5|7)$ 随温度的变化关系。Yuan 等的研究结果显示，可以通过调节温度和生长速度等控制缺陷浓度在 $10^{-11} \sim 10^{-8}$，从而实现 0.1～100 cm 长的完美碳纳米管的生长。

## 9.2　石墨烯的生长机制

### 9.2.1　密度泛函研究

#### 1. 扭结流动模型

从对碳纳米管生长的研究中可以看到，即使是单元素纳米材料，其生长过程也极其复杂，石墨烯的生长也不例外。碳原子从化学势较高的前导物分子到最终的石墨烯单层材料，中间会经历多个不同步骤，包括前导物分子在催化剂衬底表面的沉积、前导物分子的多步分解、碳原子在催化剂表面的迁移和碳原子与石墨烯生长前端的融合。针对这些步骤在空间和能量分布的原子尺度的研究可以帮助认识石墨烯不同晶面生长的决速步骤，理解石墨烯形状从热动力学到动力学特性上的转变，以及缺陷在生长过程中的演变。

Artyukhov 等[10]系统研究了石墨烯在 Fe、Co、Ni 和 Cu 表面生长的热动力学和动力学行为，通过模拟单原子的一步一步融合过程，提出了一个非常全面的石墨烯生长"纳米反应器"图像。在具体研究单原子融合过程之前，需要对石墨烯不同边界的稳定性进行计算，这些边缘的能量可以决定石墨烯的热动力学平衡形状。例如，第 2 章关于真空中石墨烯边界的讨论，要得到平衡形状，需要知道边界形成能随着角度的变化趋势。Liu 等提出的石墨烯边界能变化解析关系 $\gamma(\chi)=$

$2\gamma_A\sin(\chi)+2\gamma_Z\cos(30°-\chi)$ 使得利用 Wulff 构建方法非常方便,这一公式仍然可以较好地应用于石墨烯在衬底上的情况。

以 Ni 为例,Artyukhov 等计算了包括如图 9.6(a)中纯锯齿形边界(Z)、重构为 5|7 环的锯齿形边界(Z57)、纯扶手形边界(A)和包含五元环的扶手形边界(A5)在 Ni 表面上的形成能。与真空中情况相比,发现了两个有趣的现象:①相比于 Z,真空中稳定的 Z57 边界在衬底上变得不稳定。真空中,为了释放悬挂键的能量,边缘倾向于以增加应力能来显著减少悬挂键的化学能;而衬底表面的金属原子提供了很好的饱和效应,从而稳定了纯锯齿形边界。②扶手形方向,最稳定的结构变成 A5′结构,该结构包含悬挂的单配位 C 原子,形成开口五元环。与纯锯齿形边界情况类似,A5′的稳定性主要来源于衬底表面的 Ni 原子。其中一个原子被拉出表面 0.3Å,与开口五元环构成了一个六元环结构。得到不同角度边界的能量后,利用 Wulff 重构可以得到不同表面上石墨烯的边缘结构和形状,如图 9.6(b)所示。Cu 表面上 Z 能量最低,因此石墨烯是以 Z 为边界的六角形;Fe 和 Co 表面上是以 A5′为边界的六角形;Ni 表面上,Z 和 A5′能量相近,石墨烯的形状接近于圆形。虽然生长是一个非平衡过程,只要 C 原子扩散速度足够快使得其保持准平衡过程,由边缘热动力学能量 $\gamma(\chi)$ 的 Wulff 构建形状仍然适用。

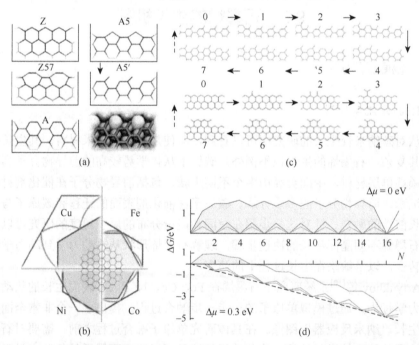

图 9.6 (a)石墨烯边缘结构和标记;(b)基于平衡态热动力学能量得到的 Wulff 构建;
(c)Ni 衬底 A5′和 Z 边界生长过程中的能量最低结构构型;(d)不同化学势条件下,A5′(红色)、Z 边界(蓝色)及同时具有 A5′和 Z 边界(绿色)的生长过程中自由能演化图[10]

在非平衡条件下，石墨烯的形状将由其各个边界的生长速度 $v(\chi)$ 决定，而 $v(\chi)$ 则由不同角度的边界上原子融合过程决定。从两个基本的边界 Z 和 A5′出发，可以考虑 C 原子依次引入生长边界前端结构的可能变化，图 9.6（c）中显示了能量最稳定的结构构型，其对应的在两种不同化学势（$\Delta\mu = 0$ eV 或者 0.3 eV）下能量变化列于图 9.6（d）中。从系统的分析中可以得到以下结论：①衬底的引入压制了生长过程中各种缺陷结构的产生，多种缺陷结构都处于高能态。②虽然高能缺陷结构被压制，但是在高温和起始前导物分子化学势较高时仍容易产生。这也是大部分分子动力学和蒙特卡罗法研究中出现高度缺陷结构的原因。在这些研究中碳源的提供率非常高，对应于很高的化学势，从而使体系形成高缺陷态的概率大大提高。③树突型结构能量非常高，只有在前导物分子的化学势 $\Delta\mu$ 高于 1 eV 时才较易发生。Cu 表面的 C 化学势较高，从而经常观察到树突型结构。④能量图显示经过引入初始几个原子以后，Z 和 A5′边界都出现周期为 2 的上下振荡。这种振荡也反映在结构中，能量下降对应于更少的悬挂键，如 A5′边界的 3 步、5 步和 7 步，Z 边界的 4 步和 6 步。⑤第④条也说明如果某个衬底倾向于提供二聚体的碳源 $C_2$，则其生长过程可能因跳过周期振荡的势垒而大大受益。⑥与碳纳米管生长类似，Z 边界需要克服初始较高的扭结成核势垒，随后其能量振荡显著小于 A5′边界。⑦通过提高前导物分子的化学势（如 $\Delta\mu = 0.3$ eV），可以使得 Z 边界的生长在克服了初始扭结成核后，能量上是一个单调递减过程。而要去除 A5′边界的周期能量振荡得到单调递减过程需要提高前导物化学势至 0.7 eV。⑧同时具有 Z 和 A5′边界特点的中间方向的边界具有内在的扭结，使得其在去除初始扭结成核势垒的同时，振荡势垒也减小［图 9.6（d）中绿线］，非常有利于生长。

在得到 A 和 Z 边界及扭结 K 不同的原子融合势垒（$E_A$、$E_Z$ 和 $E_K$）后，可以马上得到与之呈负指数比例关系的接受概率 $p_i$。通过严格的推导（参考论文 [10]的辅助材料），可以得到不同类型的位置浓度（$s_A$、$s_Z$ 和 $s_K$）。利用生长速度公式：

$$v = A\frac{dn}{dt}$$

$$\frac{dn}{dt} = \sum_i s_i f_i p_i N_i \tag{9.2.1}$$

其中，$A$ 为一个原子的面积；$f_i$ 和 $N_i$ 分别为尝试频率和每次成功融合时引入的原子数。在假设尝试频率一样的情况下，得到生长速度随角度的变化关系：

$$v(\chi) \propto 2s_K(\chi)e^{\frac{E_K - \Delta\mu}{kT}} + 2s_A(\chi)e^{\frac{E_A - \Delta\mu}{kT}} + N^* s_Z(\chi)e^{\frac{E_Z - \Delta\mu}{kT}} \tag{9.2.2}$$

其中，$N^*$ 为 Z 成核临界大小。将热动力学 Wulff 构建中的边缘能 $\gamma(\chi)$ 替换成 $v(\chi)$，可以得到石墨烯动力学的形状。在考虑的四种表面（Fe、Co、Ni 和 Cu）上，Z 边界的成核势垒都显著大于 A 方向（0.8～2.4 eV），因此 A 边界的生长速度将显著快于 Z 边界，最终所有表面上的动力学形状都是由 Z 边界构成的六边形。

除了石墨烯生长前端可以具有不同的结构外，金属表面也可以出现很多吸附金属原子等缺陷。这些吸附原子又会和石墨烯生长前端相互作用，从而影响石墨烯的生长过程。Shu 等[11]对比了纯的锯齿形（ZZ）和扶手形（AC）边界、被孤立的 Cu 饱和的 ZZ 和 AC 边界及被一排线性链的 Cu 饱和的 ZZ 和 AC 边界三种情况的形成能，发现孤立的 Cu 饱和的 AC 边界和纯的 ZZ 边界分别是两个角度方向上能量最为稳定的结构。图 9.7（a）～（c）中的优化结构显示 AC 边界上 Cu—C 键和 C—C 键夹角约为 100°，较接近石墨烯的 120°。ZZ 边界上，孤立的 Cu 饱和边界时，Cu—C 键和 C—C 键夹角为 81°，显著小于石墨烯的 120°，因此结合能减弱；而链状 Cu 饱和边界时虽然键与键之间的夹角和石墨烯一致，但是仅仅保留的单个 Cu—C 键仍然不足以克服 Cu 的体结合能，因此其形成能也高于纯的 ZZ 边界。基于上述讨论，可以知道金属和 C 之间及金属和金属之间相互作用的竞争决定了最终是纯的边界还是饱和的边界更加稳定。通过计算 C 原子在金属表面的吸附能 $E_C$ 和金属的体结合能 $E_M$ 之比 $E_C/E_M$，发现：①对 Rh、Ni、Cu 和 Au 等表面，ZZ 方向总是纯的边界最稳定；②对 AC 边界，金属—金属键较弱的 Cu 和 Au 倾向于饱和其边界；③Au 处于使得金属饱和的 ZZ 边界更加稳定的临界点，此时对应 $E_C/E_M$ 为 1.51。由于大部分金属的 $E_C/E_M$ 都小于 1.5，实验中很难观察到金属饱和的 ZZ 边界。

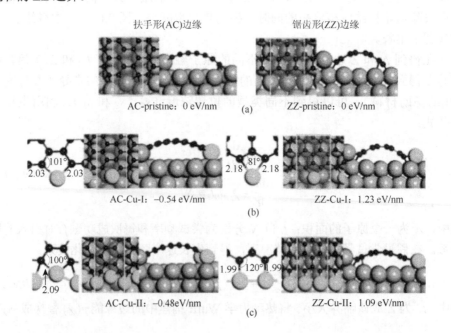

扶手形(AC)边缘　　锯齿形(ZZ)边缘

AC-pristine：0 eV/nm　(a)　ZZ-pristine：0 eV/nm

AC-Cu-I：−0.54 eV/nm　(b)　ZZ-Cu-I：1.23 eV/nm

AC-Cu-II：−0.48eV/nm　(c)　ZZ-Cu-II：1.09 eV/nm

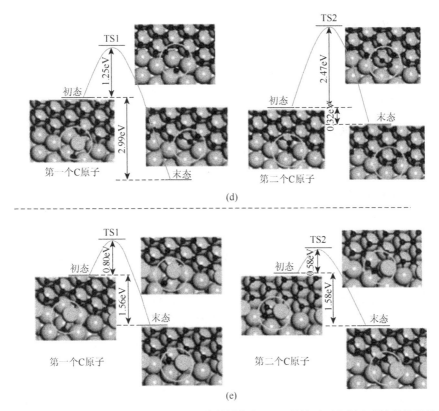

图 9.7　完美（a）、部分 Cu 饱和（b）及 Cu 线性链饱和（c）的扶手形和锯齿形边界的结构和相对形成能；完美（d）和 Cu 饱和（e）石墨烯边界融合两个 C 原子过程中的结构和能量/势垒变化[11]

在得到最稳定的边界以后，Shu 等进一步研究了金属饱和对 C 原子融合过程的影响。图 9.7（d）对比了纯的 AC 边界和孤立 Cu 原子饱和的 AC 边界融合两个 C 原子的动力学过程。对未饱和的 AC 边界，第一个 C 原子靠近时，首先形成 C-Cu-C 结构，桥接的金属原子被拉出金属表面，一定程度地破坏了表面的完美结构，随后的 C 和 Cu 原子位置互换则需要克服 1.25 eV 的势垒，形成五元环。第二个 C 原子靠近与五元环成键，为了去除五元环，需要通过 SW 键旋转克服高达 2.47 eV 的势垒。与此形成对比，在金属原子饱和的 AC 边界，孤立的 Cu 原子与衬底结合相对较弱，同时它的配位数较低，易于与生长前端和新引入的 C 原子形成灵活的成键结构。例如，图 9.7（e）中第一个原子的末态中，Cu 饱和了开口的五元环；而在 TS2 结构中 Cu 又饱和了开口的六元环。因此，在孤立 Cu 饱和的 AC 边界上，第一和第二个 C 原子的融合势垒分别是 0.80 eV 和 0.58 eV，显著低于未饱和情况。与未饱和 AC 边界情况类似，未饱和的 ZZ 边界融合前三个 C 原子过程中也涉及了桥接 Cu 原子结构形成、Cu 和 C 原子位置置换和 SW 键旋转将五元环变成六元环的过程。三个原子融合势垒分别是 0.91 eV、0.88 eV 和 2.17 eV，也显著高于饱和 AC 边界情况。类似的情况也发生于二聚体一起融合的过程。这些结果与 Artyukhov 等[10]利用热动力学能量得到成核势垒决定动力学形状的结论一致，并更加丰富了对生长过程的理解。

2. 初始成核行为

上述石墨烯生长的讨论都是关于前端的生长，并没有涉及初始成核阶段。Gao 等[12]分析了碳团簇 $C_N$（$N$ 为 1～24）在 Ni(111) 表面平台和台阶部分吸附的能量学行为，详细探讨了石墨烯的成核过程。通过大量的结构搜索，可以将碳团簇在 Ni 表面的结构大致分为三种类型：①碳链；②碳环；③由五、六和七元环组成的 $sp^2$ 的碳网络结构。与在真空中的碳团簇结构相比，在 Ni 表面上这三类结构的相对能量顺序显著不同。在真空中，中等大小的碳团簇（$N$ 为 6～20）以环形结构为主；而当 $N$ 大于 20 以后，$sp^2$ 碳网络结构才占据主导地位。在 Ni(111) 表面平台上，碳环的结构能量总是高于碳链的结构能量，主要由于金属表面对碳链两端原子的饱和显著降低了其形成能，从真空中的 3.5 eV 每端到约 0.2 eV 每端（见下述讨论）。同时可以发现，最稳定的 $sp^2$ 碳网络结构（$N$ 为 10～24）中总是包含一到三个五元环，如图 9.8（a）所示。由于 $sp^2$ 碳网络结构的形成能主要来源于边

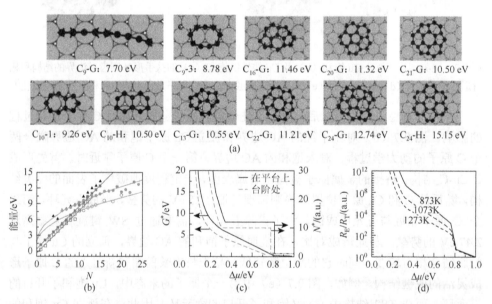

图 9.8 （a）Ni 平台表面优化的碳团簇结构和对应形成能；（b）在 Ni(111) 表面（实心图标）和台阶处（空心图标）碳团簇能量随着团簇大小的变化关系，其中方形、三角形和圆形分别代表碳链、碳环和 $sp^2$ 碳网络结构的能量；（c）成核大小 $N^*$ 和成核势垒 $G^*$ 与石墨烯成核驱动力，即石墨烯和碳源内化学势之差的函数关系；（d）不同温度下，在台阶处生长的成核率与在平台上生长的成核率的比例与化学势之差的关系[12]

界原子，引入五元环将团簇的结构从平面形变成碗状，从而有利于减少团簇的边界周长或边界原子数目，如图 9.8（a）中 $C_{24}$-G 和 $C_{24}$-H 所示。在台阶边缘处，碳团簇倾向于通过更多原子和台阶接触来降低形成能，故大部分结构表现出半圆形。

在高强度的结构搜索后，可以得到不同大小团簇的形成能：

$$E_N = E(C_N@Ni) - E(Ni) - N \times E_G \qquad (9.2.3)$$

其中，$E(C_N@Ni)$、$E(Ni)$ 和 $E_G$ 分别为碳团簇 $C_N$ 吸附于 Ni 表面、Ni 表面和石墨烯中每个 C 原子的能量。不同结构的形成能和团簇大小 $N$ 的关系列于图 9.8（b）中。由于环形结构不稳定，针对碳链和 $sp^2$ 碳网络结构在平台和台阶处可以得到以下拟合关系：

$$
\begin{aligned}
E_{ch}(terrace) &= 0.81 \times N + 0.4 \text{ eV} & (N < 12) \\
E_{sp^2}(terrace) &= 2.4 \times N^{1/2} + 1.6 \text{ eV} & (N \geqslant 10) \\
E_{ch}(step) &= 0.775 \times N - 0.263 \text{ eV} & (N < 10) \\
E_{sp^2}(step) &= 1.992 \times N^{1/2} + 1.328 \text{ eV} & (N \geqslant 12)
\end{aligned}
\qquad (9.2.4)
$$

其中，ch、$sp^2$、terrace 和 step 分别为碳链、$sp^2$ 碳网络结构、Ni 表面平台和 Ni 的台阶。可以得到以下结论：①针对碳链结构，在表面平台处，0.81 eV 对应了 sp 杂化和 $sp^2$ 杂化 C 原子的能量差，而 0.4 eV 对应于两个端点形成能，证实了前面所述端点能量的显著降低。②针对 $sp^2$ 碳网络结构，当原子数目很少，边缘占据的比例将显著增加，从而变得不稳定。只有当大于临界值时，其才可能稳定。③在台阶处，sp 杂化和 $sp^2$ 杂化 C 原子的能量差减少了 3%，而端点能量变成 -0.13 eV，都证实了台阶的高反应活性。当 $N>12$ 以后，同样大小的团簇在台阶处的能量比平台处低 2 eV 以上。

利用团簇的形成能，结合前导物分子和最终产物石墨烯的化学势之差，可以得到 Gibbs 自由能随团簇大小的变化规律

$$G(N) = E(N) - \Delta\mu \times N \qquad (9.2.5)$$

式（9.2.5）可以用来决定晶体生长的成核大小 $N^*$ 和成核势垒 $G^*$。$N^*$ 和 $G^*$ 与成核驱动力 $\Delta\mu$ 的关系显示于图 9.8（c）中。虽然在平台和台阶处成核，$G^*$ 随 $\Delta\mu$ 增加都是单调减小。从 $N^*$ 的变化图中可以看出三种不同成核方式：①$N^*$ 随 $\Delta\mu$ 变化的台阶性行为来源于团簇结构从链状到 $sp^2$ 网络结构的转变。$N^*(\Delta\mu)$ 曲线的平台恰好是最大的碳链原子数，即 12（平台上成核）和 10（台阶处成核），对应的化学势范围是 0.346~0.810eV（平台上成核）和 0.315~0.775eV（台阶处成核）。②当 $\Delta\mu$ 高于平台区域（约 0.8 eV）时，成核势垒接近于零，而对应的成核大小为 1。此时，石墨烯的生长将主要由 C 原子的沉积和扩散来决定。③当 $\Delta\mu$ 低于平台区域时，石墨烯将通过二维成核模式生长，此时 $N^*$ 和 $G^*$ 随 $\Delta\mu$ 进一步减小将显著增加。

依据经典成核理论，由 $G^*$ 可以得到成核率 $R_{nul} = R_0 \exp(G^*/k_B T)$。除了受温度的影响外，图 9.8（c）中 $G^*$ 随 $\Delta\mu$ 的敏感性变化进一步说明 $R_{nul}$ 会显著依赖于化学势。台阶对成核的促进作用可以通过计算在台阶处生长的成核率与在平台上生长的成核率之比 $R_E/R_T$ 看出，如图 9.8（d）所示。在温度为 1073 K，典型的化学势范围 0.30～0.65eV 下，$R_E/R_T$ 为 $10^4$～$10^8$。虽然可以看到台阶对成核的显著促进作用，实际生长过程中需要考虑平台面积 $A_T$ 显著大于台阶有效面积 $A_E$，$A_T/A_E$ 可以达到 $10^4$～$10^5$。因此，$(A_T/A_E) \times (R_T/R_E)$ 在特定化学势下，可以达到 $10^{-4}$～10。因此，当 $\Delta\mu$ 较大和温度较高时，平台成核可能更占优势。

从 $N^*$ 随 $\Delta\mu$ 变化图中估算，当 $\Delta\mu = 0.2$ eV 时，平台和台阶成核的临界大小分别为 36 和 25。这说明要分析石墨烯的成核过程需要对更大碳团簇的吸附行为进行分析。实验中在 Ru(0001)[13]、Rh(111)[14] 和 Ir(111)[15] 确实观察到占主导的碳团簇大小约为 1nm，但对其结构和基本性质并未有深入理解。Yuan 等[16] 研究了 Rh(111)、Ru(0001)、Ni(111) 和 Cu(111) 四种表面上，$N$ 为 16～26 的碳团簇的基态结构和电子结构。以 Rh(111) 为例，通过计算不同大小碳团簇的形成能（局域最小值）及其二阶微分（局域最大值）可以看出，$C_{21}$ 和 $C_{24}$ 是两个最稳定的结构。随着碳团簇的一步步长大，预期 $C_{21}$ 应该先形成并占据主导地位。为了证实其确实为实验中观察到的碳团簇结构，Yuan 等分别计算了 $C_{21}$ 和 $C_{24}$ 的三个基本性质：① +1V 和 −1V 下扫描透射显微镜图像；②实验的 $dI/dV$ 谱，对应于局域态密度；③两个团簇在 Rh(111) 表面上的高度。通过对这些计算和实验结果进行对比发现，$C_{21}$ 都表现出更好的符合度。此外，$C_{21}$ 在其他表面上也是一个幻数团簇，具有极高稳定性。

$C_{21}$ 的高度稳定性和几何对称性与电子结构等密切相关。如图 9.9（a）所示，碳团簇可以分成三种类型：①未闭合的核壳结构 CS−，如 $C_{16}$、$C_{17}$ 和 $C_{18}$；②完美闭合的核壳结构 CS，如 $C_{20}$、$C_{21}$ 和 $C_{24}$；③核壳结构加上一些多余 C 原子 CS+，如 $C_{22}$、$C_{23}$ 和 $C_{26}$ 等。一般来说，完美闭合的核壳结构具有更高的稳定性，如 $C_{21}$ 和 $C_{24}$。虽然真空中 $C_{20}$、$C_{21}$ 和 $C_{24}$ 都具有较高对称性，分别为 $C_{5v}$、$C_{3v}$ 和 $C_{6v}$，但是与具有 $C_{3v}$ 对称性的 Rh(111) 结合后，只有 $C_{21}$ 能够保持原来的对称性，而 $C_{20}$ 和 $C_{24}$ 都分别降低到 $C_s$ 和 $C_3$，从而降低了它们的稳定性。另外，石墨烯边界倾向于垂直结合于金属衬底上。如前所述，五元环倾向于弯曲石墨烯晶格，$C_{20}$、$C_{21}$ 和 $C_{24}$ 中五元环的数目分别为 1、3 和 0，对应地，它们与衬底结合的角度分别为 45°、48° 和 19°［图 9.9（b）］。$C_{21}$ 较大的倾斜角也和其高稳定性一致。电子结构方面［图 9.9（c）］，虽然 $C_{21}$ 的边界 C 原子数只有 9 个，小于 $C_{24}$ 的 12 个，但是其位于每个五边形边界原子都具有两个悬挂键，提供了更强的结合能力。综上所述，$C_{21}$ 和衬底的结合能显著高于 $C_{24}$，从而证实了 $C_{21}$ 是石墨烯生长中一个主要的稳定结构。它们与 C 原子或者相互之间的融合将在石墨烯生长中起重要作用。

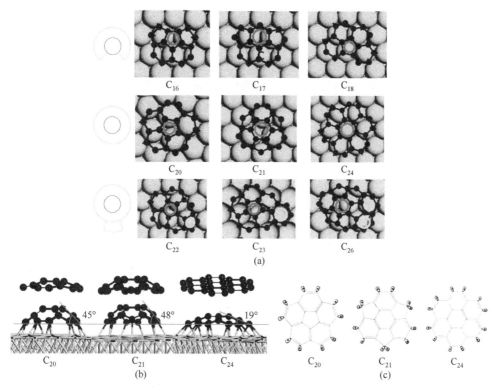

图 9.9　（a）Rh(111) 表面三种类型碳团簇的最稳定结构；上、中、下栏分别对应未闭合核壳结构、闭合核壳结构和存在富余原子的核壳结构；（b）独立的（上）和 Rh(111) 衬底支撑的（下）$C_{20}$、$C_{21}$ 和 $C_{24}$ 团簇，及其对应的活化位点（c）[16]

### 3. 缺陷湮灭行为

与碳纳米管情况类似，另一个重要的问题是石墨烯生长过程中的缺陷，特别是点缺陷的产生和湮灭过程。Wang 等详细研究了 Cu(111)、Ni(111) 和 Co(0001) 表面单空位（SV）和双空位（DV）的形成、迁移和湮灭过程[17]。如第 2 章所述，真空中最稳定的单空位是五元环加一个悬挂键（5-DB），而双空位是 585 和 555-777 两种结构 [图 9.10（a）]。当这些缺陷吸附于金属表面时，由于金属和 C 之间的有效相互作用，缺陷中的 C—C 键倾向于打开，形成悬挂键，进一步和金属成键降低形成能。如图 9.10（b）和（c）所示，单空位倾向于形成三个悬挂键（3DBs），而双空位容易形成四个悬挂键结构（4DBs）。同时，在高温的生长过程中，金属表面的吸附金属原子可与缺陷相互作用，饱和其悬挂键，形成 M@3DBs 和 M@4DBs 结构。计算显示：①单空位结构中，3DBs 最为稳定。与真空情况相比，单空位的形成能在 Cu、Ni 和 Co 表面分别降低了 40%、60% 和 70%。而双空位中 4DBs 将金属原子几乎完全拉出金属表面，留下一个金属空位，在这种情况下，多余金属原子的引入可以降低体系形成能，因此 M@4DBs 最稳定。M@4DBs 在 Cu、Ni 和 Co 表面上形成能分别降低了 0.92 eV、1.68 eV 和 2.33 eV。②如图 9.10（d）所示，通过三种不同表面上缺陷形成能的对比，发现 C 与金属相互作用遵循下列顺序：Cu(111)＜Co(0001)＜Ni(111)。③三种表面中，Cu 表面上空位形成能最高，说明 Cu 表面生长石墨烯的缺陷浓度会最低。同时，其双空位形成能为 2.5 eV（每碳原子），显著低于单空位的 5 eV，说明双空位会在生长样品中占主导地位。

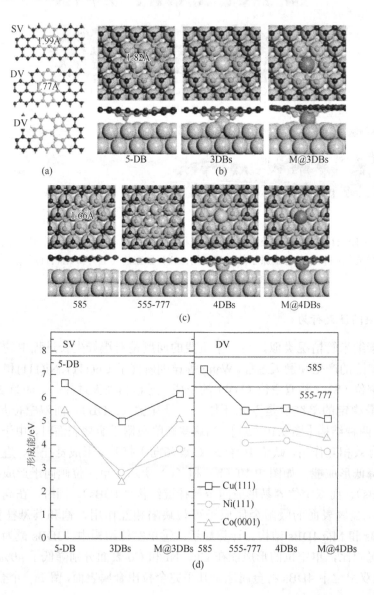

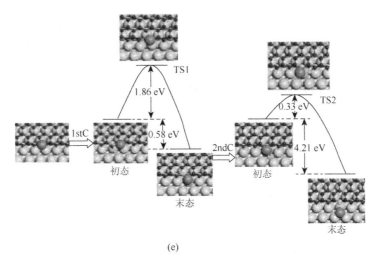

(e)

图 9.10　（a）悬空石墨烯中的单空位和双空位结构；Cu 表面石墨烯的单空位（b）和双空位（c）结构；（d）Cu、Ni 和 Co 表面单双空位形成能，作为对比，悬空石墨烯中对应缺陷的形成能以实线表示；（e）Cu(111)表面通过两个额外 C 原子的缺陷愈合过程[17]

　　缺陷的动力学迁移方面，人们已经知道真空中石墨烯的单空位 5-DB 由于悬挂键的存在，迁移势垒只有 1.3 eV，而双空位的 SW 键旋转需要克服的势垒高达 7 eV。在催化剂 Cu 表面，单空穴 3DBs 的迁移势垒为 2.99 eV，可以看出金属与 C 之间的相互作用显著降低了空位的迁移率。依据不同金属与 C 相互作用强度，可以预期 Ni 和 Co 上单空位迁移势垒更大，分别达到 3.52 eV 和 3.99 eV。对应的跃迁频率可以由式（9.2.6）得出：

$$f = 10^{13} \times \exp(-E_D/kT) \tag{9.2.6}$$

其中，尝试频率 $10^{13}$ $s^{-1}$ 可由 $kT/h$ 估算；$E_D$ 为迁移势垒。利用常用 CVD 生长温度 1300 K 左右，计算得到的 Cu、Ni 和 Co 的跃迁频率为 1 $s^{-1}$、$10^{-3}$ $s^{-1}$ 和 $10^{-5}$ $s^{-1}$。结果表明，单空位在 Cu 上可以发生一定程度迁移，而 Ni 和 Co 上则难以移动。类似地，双空位在 Cu、Ni 和 Co 上迁移势垒分别为 6.33 eV、5.45 eV 和 4.74 eV，显著大于单空位情况，从而在实验中基本是不移动的。

　　在"扭结流动"模型中，随着 C 原子逐渐加入，很难形成具有三个悬挂键的单空位。但是，当扭结位置被金属原子占据时，则可能形成双空位 M@4DBs。在扭结处 C 原子被金属原子饱和的情况下，不同 C 原子的融合方式可生长出完美的石墨烯或者双空位。通过对比不同的过程能量路径，发现 Cu 和 Ni 原子参与过程时，其缺陷形成能分别为 1.3 eV 和 0.9 eV。以此估算得到的缺陷浓度在 Cu 和 Ni 表面分别为 $10^{-6}$ 和 $10^{-3}$，进一步证明了 Cu 是生长高质量石墨烯的更好选择。

　　在形成了双空位 M@4DBs 后，缺陷仍可能通过其他方式湮灭。图 9.10（e）显示了 Cu 表面双空位的两步愈合过程：①第一步融合第一个 C 原子后，Cu 形成了取代边缘 C 的结构；②第二个 C 原子加入后，通过置换过程将 Cu 原子排挤出晶格。整个过程总体势垒为 1.86 eV，伴随着 4.79 eV 的能量降低。类似地，Ni 原子的两步过程势垒为 2.42 eV，得到的能量为 2.17 eV。利用和碳纳米管中类似的分析，可以得到缺陷浓度随着生长速度的变化规律，进一步证实 Ni 缺陷湮灭效率更低。

### 4. 氢及氧对生长的影响

以上的生长模型都进行了很大的简化，排除了其他各种元素的影响。一个最直接的差异在于实验中可以利用不同 $H_2$ 气压条件来控制生长单层或者双（多）层石墨烯。统计得到的规律是，在 $H_2$ 气压小于 0.15 Torr（1 Torr = $1.33322 \times 10^2$ Pa）时，主要生长单层石墨烯；而当 $H_2$ 气压大于 0.15 Torr 时，则主要形成双（多）层石墨烯。为了解释这一实验现象，Zhang 等[18]分析了不同 $H_2$ 气压对石墨烯边界结构的影响，以及不同边界结构对 C 原子扩散过程的影响。通过前面分析可知，石墨烯生长前端的具有悬挂键的 C 原子倾向和金属表面相互作用，以降低形成能。当生长系统中具有高浓度的 $H_2$ 后，这些 H 原子也会和边缘 C 原子成键，从而和金属表面竞争。为了确定金属饱和或者氢饱和结构的相对稳定性，需要计算它们的相对 Gibbs 自由能之差：

$$\Delta G = \Delta E_f + \Delta F_{vib} - N_H \mu_H \qquad (9.2.7)$$

其中，$\Delta E_f$、$\Delta F_{vib}$、$N_H$ 和 $\mu_H$ 分别为氢饱和相对金属饱和石墨烯边界的形成能、氢饱和边界的 H 原子振动自由能、石墨烯边缘 H 原子数目和 H 原子的化学势（由 $H_2$ 的分压和温度决定）。计算 $\Delta F_{vib}$ 的公式为

$$\Delta F_{vib} = -kT \left[ \frac{\beta \hbar \omega}{e^{\beta \hbar \omega} - 1} - \ln(1 - e^{-\beta \hbar \omega}) \right] \qquad (9.2.8)$$

其中，$\omega$ 为振动频率，而 $\beta = 1/kT$。$\mu_H$ 可以通过统计力学的基本公式计算得到：

$$2\mu_H = E_{H_2} - kT \ln \left( \frac{kT}{p} \times g \times \zeta_{trans} \times \zeta_{rot} \times \zeta_{vib} \right) \qquad (9.2.9)$$

其中，$E_{H_2}$、$p$、$\zeta_{trans}$、$\zeta_{rot}$ 和 $\zeta_{vib}$ 分别为 $H_2$ 分子的 DFT 基态能量、$H_2$ 分压、$H_2$ 分子平动、转动和振动的配分函数。由以上公式可以得到石墨烯的边界相图，如图 9.11（a）所示。当低温和高 $H_2$ 分压时，氢饱和的石墨烯边界更加稳定。在典型 CVD 生长温度（1300 K）下，发生结构转变的 $H_2$ 分压在 0.01 Torr，虽然结果和实验存在误差，但是已经在 DFT 计算的误差范围之内。

从图 9.11（b）内插图显示的两种边界的结构可以看出，氢饱和的边界从 Cu 表面分离出来，最直接的结果是生长前导物从未被石墨烯覆盖的 Cu 表面扩散进入石墨烯覆盖区域的概率大大增加，从而提高第二层石墨烯成核的可能性。生长前导物可以包括 C 原子（$C_1$）、二聚体（$C_2$）、碳氢化合物自由基（$CH_x$; $x$ 为 1、2、3 或者 4），它们在石墨烯覆盖下的能量相比于未覆盖的表面能量分别为 0.5 eV、

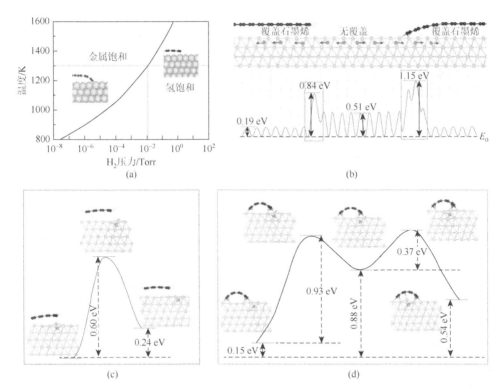

图 9.11　（a）Cu(111)表面锯齿形边界形成能与 $H_2$ 压力和温度的关系；（b）单 C 原子从无覆盖 Cu(111)表面下层扩散到不同石墨烯覆盖区域的能量曲线图，左右两边石墨烯边界分别被氢和 Cu 表面饱和；C 单体通过氢饱和（c）与 Cu 表面饱和石墨烯边界（d）的 扩散最小能量路径[18]

1.3 eV、1.2 eV、1.6 eV、2.0 eV 和 3.4 eV。除了可以估计 C 原子外，其他前导物 在石墨烯覆盖情况下浓度只有未覆盖表面的 $10^{-15} \sim 10^{-5}$，因此 $C_1$ 是主要的前导物 形式。通过比较 $C_1$ 的不同吸附位置［包括表面下一层、两金属原子间桥位、密排 六方 HCP 和面心立方位 FCC］的能量，发现 $C_1$ 倾向于在表面下一层八面体间隙 位置，而石墨烯覆盖将会增加 0.2 eV 形成能（DFT-D2 算法）。

　　$C_1$ 在不同结构下的扩散将决定石墨烯生长的模式。首先，比较 $C_1$ 在未覆盖 和覆盖了石墨烯的 Cu 表面下迁移势垒看出，覆盖石墨烯可以将其迁移势垒从 0.51 eV 下降到 0.19 eV。这主要是由于在过渡态，Cu 原子被挤出表面，可以和覆 盖的石墨烯成键，从而降低其能量。其次，需要考虑 $C_1$ 在覆盖和未覆盖石墨烯的 Cu 表面边界处的扩散过程。图 9.11（b）系统显示了 $C_1$ 在氢饱和、金属饱和石墨 烯边缘和无覆盖等情况下扩散的能量曲线图，图 9.11（c）展示了边界扩散的具体 最小能量扩散曲线。在氢饱和石墨烯边缘情况下，$C_1$ 的扩散势垒为 0.60 eV，仅 比无覆盖表面高 0.10 eV；而在金属饱和石墨烯边缘情况下，需要经历一个两步过程, 总的扩散势垒为 1.15 eV。虽然 1.15 eV 并不能完全阻止 $C_1$ 扩散通过边界, 但是金属饱和的石墨烯边缘有可能吸收扩散到边界的 C 原子。计算显示这一边界吸收过程的势垒仅为 0.62 eV, 同时伴随了 0.71 eV 的能量降低。C 原子扩散到金属饱和的石墨烯边界时, 其被石墨烯吸收的概率 (1300 K) 为

$$R_{ads} = \exp(-E_{ads}/kT) / [\exp(-E_{ads}/kT) + \exp(-E_{diff}/kT)] \approx 99.5\% \quad (9.2.10)$$

其中, $E_{ads}$ (0.62 eV) 和 $E_{diff}$ (1.15 eV) 分别为前面提到的金属饱和石墨烯边缘吸收 C 原子势垒和 C 原子扩散通过金属饱和石墨烯边界的势垒。金属饱和的石墨烯边缘作为 C 原子的吸收源, 从而会显著降低边界处的 C 原子浓度, 形成很高的浓度梯度。这一结论与在低 $H_2$ 分压下, Cu 表面石墨烯生长是扩散限制的生长模式相一致。与金属饱和的石墨烯边缘情况不同, 氢饱和的石墨烯边界吸收 C 原子需要打破很强的 C—H 键, 对应的势垒高达 1.67 eV, 同时需要吸收 0.8 eV 的能量。因此, 氢饱和的石墨烯边界情况下, 石墨烯生长是由 C 原子附着来控制的。实验中发现[19], 在低 $H_2$ 分压下主要是树突形状的单层石墨烯, 而高 $H_2$ 分压下是双 (多) 层的六角形, 也与金属饱和及氢饱和的两种不同生长模式相一致。同时, 上述结果也说明金属饱和的石墨烯边缘非常活跃, 生长速度相对于氢饱和情况显著增加, 与实验中观察 (未引入 $H_2$ 的 CVD 过程生长速度比传统方法高一个数量级) 一致[20]。此外, 金属饱和的石墨烯边缘吸收 C 原子和 C 原子穿过氢饱和石墨烯边界的现象也被分子动力学模拟所证实。

石墨烯生长中另一个重要的影响因素是 O 杂质。实验中发现, 在 Cu 表面引入氧缺陷以后, 不仅可以减少石墨烯成核密度以长成厘米级大块单晶[21], 而且能显著提高生长速度至 60 μm/s[22]。如前所述, 当生长过程中通入较高的 $H_2$ 浓度时, 石墨烯边缘易被 H 原子饱和, 从而显著升高其边缘融合 C 原子的势垒。Hao 等[21] 的工作显示, H 原子从石墨烯边缘脱离到形成 $H_2$ 分子, 能量升高接近 1.2 eV; 而引入 O 原子后, H 原子可以和 O 原子结合生成—OH 基团, 能量比 $H_2$ 低约 1.0 eV, 从而显著降低接下来 C 原子融合需要克服的势垒。另外, Xu 等[22] 的工作发现, 引入 O 吸附原子, $CH_4$ 在 Cu(100) 表面分解形成 $CH_3$ 的势垒从 1.57 eV 降低到 0.62 eV, 因此 $CH_4$ 分解率可以提高 57～570 倍, 显著提高了前导物的流量, 从而促进石墨烯快速生长。类似的现象也在双层石墨烯的生长中发现, 引入 O 原子将 $CH_4$ 分解势垒从 4.3 eV 降低到 1.4 eV, 从而使得双层石墨烯的生长成为可能[23]。

### 5. 多聚体成核行为

以上的讨论主要基于单 C 原子的扩散及融合过程, 由于 C—C 键相互作用非常强, C 的二聚体可能与单原子形成较强的竞争, 因此需要对其相关过程进行系统研究。Chen 等[24] 通过对比 Ir(111)、Ru(0001) 和 Cu(111) 表面及台阶 C 二聚体的吸附行为, 发现了它们不同的 C 成核行为。Ir(111)、Ru(0001) 和 Cu(111) 表面吸附单原子的结合能

分别为 7.44 eV、7.66 eV 和 5.66 eV（Cu 表面下八面体位置），和石墨烯中 C 原子结合能（7.94 eV）相比，这些体系中的 C 原子都有很大驱动力形成石墨烯。同时，单 C 原子的扩散势垒分别为 0.75 eV、0.87 eV 和 0.55 eV，在高温生长中都较容易进行。针对 Ir(111) 和 Ru(0001) 台阶处的计算发现，单 C 原子的结合能、扩散势垒和平台上相变并未发生很大变化，说明这两种金属的台阶并不能作为有效的成核中心。

　　不同表面上 C 二聚体的结合能与两个 C 原子之间距离的关系［图 9.12（a）］显示，Cu 表面 C 原子倾向于二聚化，伴随着 2 eV 的能量降低；相反，Ir 和 Ru 表面 C 原子则倾向于分离。同时，Cu、Ir 和 Ru 表面二聚化需要的势垒分别为 0.32 eV、1.37 eV 和 1.49 eV，说明 Cu 表面可以较好地促进 C 原子的二聚化，进而形成更大的岛。Ir 和 Ru 表面 C 原子互相排斥的行为和在其表面石墨烯的成功生长不相一致。解决这一矛盾需要考虑台阶的影响。通过研究二聚体在台阶上结合能随原子间距离的关系［图 9.12（b）～（e）］发现，三种表面的台阶都能成为二聚体的有效能量势阱。能量的收益主要来源于台阶处 C—C 键的几何结构更加适宜于 C 原子中具有强烈方向性的共价键。

　　由此，可以得到 C 原子成核在不同表面完全不同的行为。在 Cu 表面，C 原子可以在任何地方成核并且通过融合 C 原子生长；而 Ir 和 Ru 表面则主要通过在台阶处成核生长。这样显著的差别主要来源于不同的金属与 C 原子的相互作用。每个 C 原子只有四个电子，需要被分配给成键的金属原子和相邻的 C 原子。当金属与 C 原子的相互作用很强时，占用的电子就越多，因此 C—C 键就会变弱；而

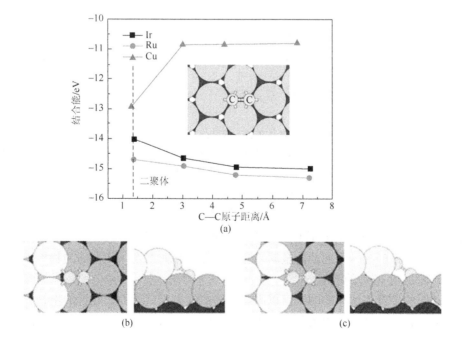

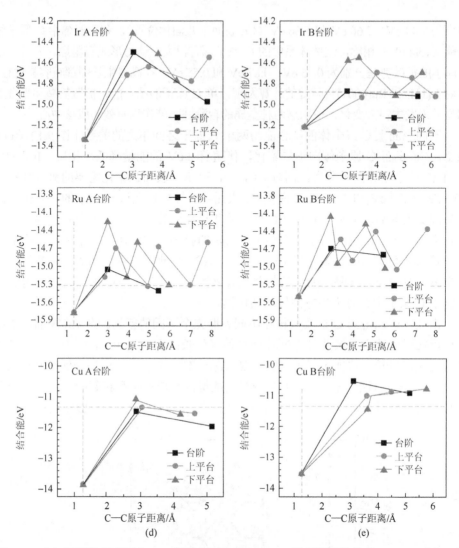

图 9.12 （a）不同金属表面上 C 二聚体的结合能与 C—C 原子距离的关系；Ir、Ru 和 Cu 的 A 型（b）和 B 型台阶吸附 C 二聚体（c）的最稳定构型；A 型（d）和 B 型台阶（e）与 C 二聚体的 结合能随着 C—C 原子距离变化的关系[24]。

在这些计算中，二聚体中其中一个 C 原子固定于下台阶边缘处，另一个 C 原子置于不同的位置，包括下台阶边缘、 上平台表面和下平台表面

金属与 C 原子的相互作用较弱时，C—C 键就会变得很强，倾向于二聚体化。这一结果可以推广到一系列其他金属，且二聚体化和非二聚体化之间的临界点大约对应于 C ＝ C 双键的键能。

　　不同的多聚体参与的融合可以用来解释实验中观察到的非线性的生长行为。在 Ir(111) 表面，由于石墨烯和衬底的晶格失配，可以出现四种不同的取向：R0°、

R14°、R18.5°和 R30°[25]。其中，R0°是占主导地位的，其生长速度近似正比于 C
吸附原子浓度的五次方。为了解释这一现象，Wu 等[26]研究不同多聚体在 Ir 表面
和台阶处的热动力学和融合行为。如前所述，Ir 表面的 C 原子倾向于孤立，而台
阶处则可以吸附二聚体。进一步分析原子数达到 11 的碳团簇的多种构型，特别是
垂直于台阶的长链结构和吸附于台阶的紧致结构，可以发现 $C_5$、$C_8$ 和 $C_{11}$ 等多个
稳定的幻数团簇。$C_5$ 可以看成是由吸附于台阶处的两个二聚体由单个 C 原子链接
形成环状结构；而环状结构的延伸即形成了 $C_8$ 和 $C_{11}$ 等结构［图 9.13 （a）］。因
此，它们可以看成是石墨烯生长的起始成核点。

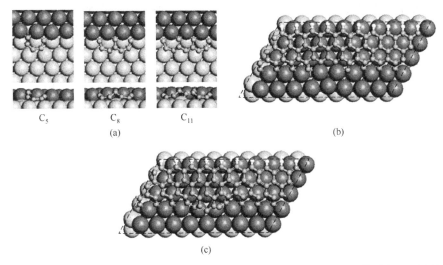

C₅      C₈      C₁₁
(a)                              (b)

(c)

图 9.13  （a）Ir(322)表面碳团簇的环形结构；与 Ir 表面 Moiré 图样一致的模型中，石墨烯边界
分别吸附 8 个独立 C 原子（b）或 3 个独立 C 原子和 $C_5$ 团簇（c）的构型图[26]

为了验证这样的想法，可以考虑不同碳团簇在石墨烯生长边缘的融合情况。
如果在 R0°区的顶部吸附区，可以发现 $C_1$、$C_2$ 和 $C_3$ 的形成能都是正的，而更大
的 $C_4$、$C_5$ 和 $C_6$ 形成能则是负的。但当石墨烯和衬底的晶格匹配方式使得 $C_1$ 可以
吸附于空心位时，其形成能则为-0.86 eV。因此，C 原子的融合热动力学行为是非
常依赖于石墨烯和衬底之间的匹配关系。在一个和摩尔（Moiré）图样相一致的大
原胞模型（生长前端的周期方向上 9 个 Ir 原子和 10 个 C 原子匹配）中，可以出
现顶部吸附位置团聚的现象。这些位置单 C 原子吸附能力不强，相反，却非常适
合 $C_5$ 等大团簇分子吸附［图 9.13 （b）和（c）］，同时释放能量 0.7 eV。这些结果
显示，依赖于不同的晶格匹配，不同取向的石墨烯生长行为可能完全不同。利用
第一性原理计算得到不同团簇的热动力学和扩散动力学数据，Wu 等发展了多尺
度的动力学 Monte Carlo 方法对 Ir 表面石墨烯生长进行模拟，发现其生长速度 $r$
和 C 单体浓度 $m$ 之间的关系：

$$r = am^b + c \qquad (9.2.11)$$

其中，拟合得到的 $b$ 值为 5.25，很好地解释了实验现象。基于类似的分析可知，R30°的前端生长主要由二聚体 $C_2$ 的融合决定，由于 $C_2$ 的通量会显著大于 $C_5$，故其生长速度显著快于 R0°。

除了不同元素的衬底外，同一金属的不同表面也会产生不同的生长行为。结合第一性原理计算和动力学 Monte Carlo 模拟，Wu 等[27]展示 Cu(111) 和 Cu(100) 表面不同的生长机理。图 9.14（a）显示了计算得到的单 C 原子、C 二聚体和三聚体的扩散和形成过程。与前人研究结果一致，在 Cu(111) 表面，单 C 原子倾向吸附于表面下八面体位置，同时其扩散势垒只有 0.5 eV。与单 C 原子相比，二聚体具有很大的能量优势，两个表面下单 C 原子融合成二聚体释放出的能量高达 1.05 eV，而且，不管是表面上还是表面下单 C 原子融合形成二聚体的过程势垒都

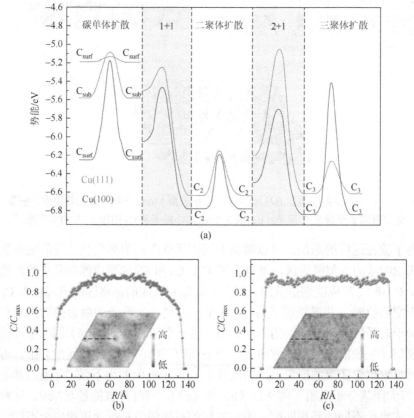

图 9.14 （a）Cu(111) 和 Cu(100) 表面碳单体、二聚体和三聚体扩散的能量曲线；两个阴影的中间区域显示了两个单体（1+1）及二聚体与单体（2+1）复合过程的最小能量路径；（b）模拟的稳态碳浓度空间分布及其在两个碳岛之间的线扫描曲线；（c）人为显著提高二聚体融合势垒后，稳态碳密度分布[27]

不超过 0.3 eV。与单 C 原子类似，二聚体的扩散势垒仅有 0.49 eV。另外，虽然三聚体和二聚体在能量上相差无几，但是形成三聚体需要克服高达 1.15 eV 的势垒。这些计算结果表明，Cu(111) 表面的主要前导物供给分子应该是 C 的二聚体。为了理解石墨烯的生长模式，仍然需要对前导物分子的融合过程进行研究。单 C 原子的融合过程需要首先克服 1.17 eV 的势垒达到 Cu 表面，随后再克服 0.71 eV 的融合势垒，从而总体势垒达到 1.27 eV。与之形成鲜明对比，二聚体的融合势垒仅为 0.58 eV。这些结果表明二聚体不仅是 Cu(111) 表面能量最稳定的，而且是动力学上最快的。

进一步通过考虑前述三种前导物分子及一些中间结构（如表面吸附 C 原子及两个 C 原子与金属原子形成的中间态）的反应过程，利用速率方程（见参考文献 [27] 的附件讨论）可以得到，二聚体的稳定态密度分别比三聚体和单 C 原子的浓度高 1 和 2 阶以上。基于这些反应及其对应的势垒信息，通过动力学 Monte Carlo 模拟可得到石墨烯生长过程中最后不同碳源的最终分布。与速率方程的平均场结果一致，二聚体也是占据主导地位的。重要的是，在两个相邻的石墨烯岛之间存在清晰的碳浓度梯度 [图 9.14 (b)]。当把二聚体的融合势垒人为增加到超过 2 eV 时，这样的浓度梯度就会消失 [图 9.14 (c)]。降低二聚体的扩散势垒和增加二聚体的形成势垒都会造成相同效果。这些结果显示，Cu(111) 表面石墨烯的生长主要是扩散限制的。当然在实验中只有当石墨烯在低温生长时才会出现典型的枝晶结构，而高温时，由于温度效应的影响，克服势垒变得相对容易，石墨烯形状发生从枝晶到紧致结构的转变。通过上述讨论，可以看出枝晶还是紧致结构的形成主要取决于纳米岛边缘 C 的吸附融合与其沿边缘的扩散竞争。这样的竞争由两个特征时间可以描述：一是连续两个二聚体来到石墨烯生长边缘的时间（$t_a$），由扩散势垒 $E_D$ 决定：

$$t_a = \left( \frac{3\theta}{v_D F^2 d^2} \right)^{1/3} \exp\left( \frac{E_D}{3kT} \right) \tag{9.2.12}$$

其中，$\theta$、$v_D$、$F$ 和 $d$ 分别为覆盖率、二聚体尝试频率、C 沉积流量和跃迁距离（对应于 Cu—Cu 键长的一半，1.29 Å）。另一个是二聚体在生长边缘停留的平均时间（$t_r$），由扶手形或锯齿形边界上跃迁势垒 $E_A$ 和 $E_Z$ 决定：

$$t_r = \frac{N}{2v_A} \exp\left( \frac{E_A}{kT} \right) + \frac{(N-1)(N-2)}{12v_Z} \exp\left( \frac{E_Z}{kT} \right) \tag{9.2.13}$$

其中 $N$、$v_A$ 和 $v_Z$ 分别为所采用的锯齿形边界上的活性位点数、二聚体在扶手形边界的跃迁尝试频率和锯齿形边界的跃迁尝试频率。当两个特征时间一致时对应转变温度，由此得到的 Cu(111) 表面从枝晶到紧致形状转变的温度稳定在 897 K。

类似的讨论可以应用于 Cu(100) 的表面生长中。特别地，二聚体和三聚体的形成能分别是 0.59 eV 和 0.79 eV；单原子、二聚体和三聚体的扩散势垒分别是 1.11 eV、0.62 eV 和 1.49 eV；其对应的融合势垒分别是 0.89 eV、0.74～1.07 eV 和 2.2 eV。可以看出，二聚体仍然是最主要的前导物，但是其相对于单原子和三聚体的丰度比 Cu(111)情况相对弱一些。最明显的差别在于，动力学 Monte Carlo 模拟显示生长中并无碳源的浓度梯度，对应了融合控制的生长模式。

### 6. 单原子催化极限

除了前述基于完整催化剂表面石墨烯生长的讨论，研究人员也成功地在 Cu 表面实现了两步 CVD 过程生长的 h-BN 和石墨烯的异质结构[28]。这种异质结构不仅可以用来制备高性能的光电子器件，而且提供了研究新奇物理现象的重要平台。全 CVD 过程生长这种异质结临的最大的挑战在于 h-BN（石墨烯）的非催化活性，使得在其表面生长另一层石墨烯（h-BN）非常困难。Li 等通过利用不同的前导物，包括甲烷、苯甲酸和二茂镍（铁），在 h-BN 上生长石墨烯，发现甲烷基本不能在 h-BN 上形成石墨烯，而二茂镍可以很快地分解产生 $C_1$ 源，并融合成石墨烯。在考虑了实验温度和压强对 $H_2$ 的焓变及熵变影响后，理论计算显示来源于二茂镍中的 Ni 原子扮演着单原子催化剂的角色，在催化分解碳环和石墨烯生长中都起了重要作用。不同于衬底表面，$CH_x$（$x = 1$～$3$）都可以在表面形成，通过和多个表面 Cu 原子相互作用饱和 $CH_x$ 中的悬挂键，从而变得稳定。在 h-BN 覆盖的 Cu 表面实验中，$C_1$ 主要以 $CH_3$ 的形式存在。Ni 原子的引入，可以和 $CH_3$ 相互作用，形成 Ni-$CH_3$ 的复合体，显著降低了碳环的裂解势垒，从而提供了石墨烯生长需要的前导物分子。

在实验的条件下，石墨烯的边界都被 H 原子饱和。以扶手形边界为例，其每一步生长过程（融合一个 C 原子）可以分成两步：$CH_3$ 与边缘的结合及随后的脱氢过程，而引入两个 $CH_3$ 则完成一个碳六元环的生长，如图 9.15 所示。在没有 Ni 原子情况下，引入两个 $CH_3$ 过程的势垒分别是 1.8 eV 和 4.3 eV。如此高的势垒使得生长非常缓慢。当引入 Ni 原子时，Ni 原子吸附于石墨烯边界，促使与边界 C 原子成键的 H 原子脱离，留下 Ni 原子与石墨烯边缘 C 原子形成五元环，随后 Ni 原子与 $CH_3$ 结合。在过渡态时，新引入的 C 原子借助 Ni 原子融入五元环中，形成 CH，而 Ni 原子和剩余的两个 H 原子构成六元环的一个顶点。两个 H 原子从 Ni 原子上脱离即完成第一步。第二个 $CH_3$ 的融合过程类似，只不过此时的过渡态是由 Ni-$H_2$ 构成七元环的一个顶点。与无 Ni 原子情况对比，此时引入两个 $CH_3$ 的势垒分别降低为 1.1 eV 和 1.4 eV。这样的势垒在实验中 1000～1050℃的温度下较为容易克服，从而证实了 Ni 原子的重要作用。这一结果为石墨烯生长机理提供了一个新的维度，同时也为催化剂的设计和不同生长异质结（如先生长石墨烯，再覆盖 h-BN）提供可能的新思路。

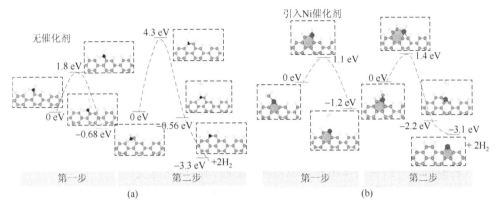

图 9.15　无催化剂（a）和引入单个 Ni 原子后（b），扶手形边界生长引入两个 CH₃ 过程的能量图[28]

灰色、白色、黑色小球和黑色大球分别代表 C、H、边界反应的 C 和 Ni 原子

## 9.2.2　相场模拟

以上所述原子尺度模型虽然能够给出合理的热动力学和动力学上的分析，但是它们只能处理石墨烯生长非常早期的情况，对于在介观尺度上复杂的非平衡形状的时间演化却无能为力。所以，非常需要一个互补的方法，能够考虑如衬底的结晶度、气体压强、前导物分子吸附-解吸附等实验因素以追踪样品形状的变化，从而能够确认生长中关键因素以促进实验优化生长高质量的样品。连续性的相场模型就是这样一种方法，通过引入序参数 $\psi$ 将生长体系中裸露的催化剂（如 Cu）表面（$\psi = -1$）和石墨烯表面（$\psi = 1$）区分，并将其和前导物分子浓度场（或称为扩散场）相耦合，给出如下方程组[22]：

$$\tau_{\psi}\frac{\partial \psi}{\partial t} = -\frac{\partial}{\partial x}\left(\kappa\kappa'\frac{\partial \psi}{\partial y}\right) + \frac{\partial}{\partial y}\left(\kappa\kappa'\frac{\partial \psi}{\partial x}\right) + \nabla \cdot (\kappa^2 \nabla \psi)$$
$$+ \sin(\pi\psi) + \varphi(c - c_{eq})\{1 + \cos(\pi\psi)\} \qquad (9.2.14)$$

$$\frac{\partial c}{\partial t} = \nabla \cdot (\boldsymbol{D}\nabla c) + F - \frac{c}{\tau_s} - \frac{1}{2}\frac{\partial \psi}{\partial t}$$

第一个方程中 $\tau_{\psi}$ 是 C 原子的特征动力学融合时间，与不同方向边缘的融合势垒密切相关；$\kappa = k\{1 + \varepsilon_g \cos(n\chi)\}$，其中，$k$ 为平均界面能量密度；$\varepsilon_g$ 为各向异性强度；$n$ 为体系对称性的多重度；$\chi$ 为晶粒边界与 $x$ 方向的角度；$\kappa' \equiv \frac{\partial \kappa}{\partial \chi}$；$\varphi$ 为浓度场的耦合参数；$c_{eq}$ 为石墨烯和自由碳源的平衡浓度。第二个方程中，$\boldsymbol{D}$ 为扩散常数；$F$ 为碳流量；$\tau_s$ 为碳源解吸附特征时间，即其在表面上的平均寿命。在一般的情况中，$\boldsymbol{D}$ 可以是各向异性的，从而可以定义扩散的各向异性[29]：

$$\delta = \frac{D_\parallel - D_\perp}{D_\parallel + D_\perp} \tag{9.2.15}$$

其中，$D_\parallel$ 和 $D_\perp$ 分别为扩散张量的最大本征值及其垂直方向上的扩散系数。可以看出，这一模型包含了石墨烯生长的三个基本要素：热动力学界面能、动力学融合势垒和扩散系数。每一个要素中都可以进一步考虑体系的各向异性带来的影响。除了能够考虑第一性原理的"纳米反应器"中得到的热动力学界面能和动力学融合势垒的影响外，相场模型可以分析提供衬底的不同对称性带来的扩散系数各向异性和碳流量等的重要作用及石墨烯样品随时间的演化情况。

图 9.16（a）显示了具有不同扩散的各向异性 $\delta$ 的四重和六重对称性的衬底上，圆形成核点随时间的演化过程。在生长早期（$t=0.25$），成核点主要保持圆形，但各向异性跃迁表面上，形状已经开始扭曲成椭圆状，其主轴为扩散速度快的方向。当 $t=0.35$ 时，已经可以看到枝晶结构开始萌芽。当 $t=0.40$ 时，枝晶已经完全成形，在扩散各向同性衬底上形成与衬底对称性一致的结构，而在各向异性表面，枝晶主要生长在扩散系数较小的方向上。当 $t=0.45$ 时，石墨烯纳米片的大部分枝晶随着边缘分支的推进已经相互融合。各向同性衬底上主要形成和衬底对称性一致的星形结构，其各条边主要是凹型；各向异性衬底上形状更加独特。

第二个影响石墨烯生长的因素是碳流量。图 9.16（b）展示了不同碳流量下石墨烯生长的形状变化。当碳流量较小（$F=0.001$）时，仍然可以看到主要的直接生长及其早期边缘萌芽。当碳流量增加到 0.1 时，石墨烯薄片形状已经基本变成凹型六角形，并有少量的锯齿形结构在边缘残留。当碳流量增加到 4 时，石墨烯转变成凸型的六角形。碳流量不仅控制了石墨烯的形状，而且控制了石墨烯边缘的碳浓度转变区，从而控制了其生长速度[22]。如图 9.16（c）所示，当 $F$ 从 0.001 变到 4 时，碳浓度转变区（或称为耗散区）显著减小，并基本消失。因此，石墨烯的生长模式也从扩散限制生长转变到吸附（融合）限制生长，石墨烯形状从枝晶结构到规则形状的转变也证实了这一点。另外，凸型的石墨烯六角形也和实验结果非常一致。通过调节不同的碳流量和扩散各向异性，相场模拟可以很好地给出 Cu 的各个表面 [包括(100)、(310)、(221)和(111)表面] 上不同的石墨烯形状演化。相场模拟可以探索更多的参数变化空间，并作为第一性原理互补的方法提供对石墨烯生长更加全面深入的理解。当然，如何在相场模型中考虑不同的中间态产物演化的影响仍然具有较大的挑战性。

### 9.2.3　石墨烯纳米带/片的制备

石墨烯的半金属特性使其在电子学器件中难以广泛应用。但是，通过将石墨烯切割成纳米带可以有效地打开带隙。过去近十年，研究人员通过尝试各种方法，

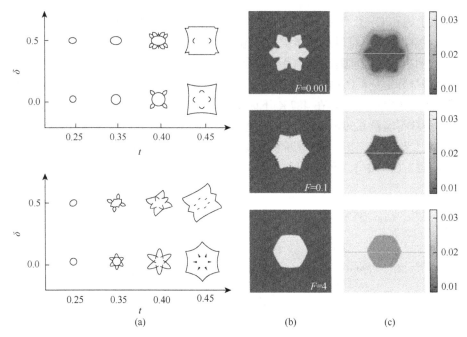

图 9.16　（a）4 重对称（上）和 6 重对称表面（下），在不同的扩散系数各向异性条件下的结构
演化；不同碳流量（$F = 0.001$、0.1 和 4）下，石墨烯岛（b）和碳前导物浓度（c）变化图

(a) 来自参考文献[29]，(b) 和（c）来自参考文献[22]

包括刻蚀、化学合成和 CVD 方法，已经成功制备石墨烯纳米带。但是这些方法
要么合成复杂，要么制备的纳米带宽度太大或者没有很完整的边缘，使得它们仍
不能广泛地应用。利用石墨烯纳米带和碳纳米管的对应关系，人们进一步发展出
多种将碳纳米管展开的方式制备纳米带。其中最简单的方法是利用过渡金属颗粒
（Co、Ni 或者 Cu）在 $H_2$ 气氛中对碳纳米管进行切割。利用第一性原理方法，Wang
等[30]以(5, 5)碳纳米管为例详细研究了利用该方法实现低温下切割碳纳米管的机
制。当没有金属引入时，利用 $H_2$ 切割需要克服高达 3.11 eV 的势垒。这一高势垒
主要是由伍德沃德-霍夫曼（Woodward-Hoffman）对称性规则的限制引起的。引
入金属后，其丰富的电子和 d 轨道可以与分子通过提供和抽取电子两个过程进行
相互作用，如储氢研究常用到的 Kubas 相互作用[31]。这样，过渡金属原子可以破
坏体系的对称性，从而使原先禁止的反应得以进行。以 Cu 辅助的 $H_2$ 分解和(5, 5)
碳纳米管中 C—C 键断裂为例，Cu 使得对应势垒分别降低为 1.08 eV 和 1.16 eV。

　　基于对上述基本元反应的分析，可以对 Cu 切割(5, 5)碳纳米管进行具体分析。
如图 9.17（b）所示，C—C 键的切割可以分为三步：①Cu 首先吸附于碳纳米管的
一端，并打开 C—C 键，形成 C—Cu—C 结构；②$H_2$ 随后吸附于 Cu 原子，通过
和 Cu 的相互作用（得到电子），H—H 键显著变弱；H—H 键断裂以后，其中一

个 H 原子饱和 C—C 键断键后的一个 C 原子，而 Cu—H 饱和另一个 C 原子；③ Cu—H 中的 H 原子可以进一步扩散，饱和 C 原子，并释放 Cu 原子。此时碳纳米管被部分切割，而重复上述步骤可以持续对碳纳米管进行切割。第一个切割过程的三个势垒分别是 1.16 eV［图 9.17（a）］、0.80 eV 和 1.05 eV［图 9.17（b）］，假设尝试频率为 $10^{12}$ $s^{-1}$，则其在 487 K 下成功概率为每秒 1 次。此外，第一个 C—C 键断裂断裂获得能量 0.59 eV，后续的断键过程势垒逐步降低，同时获得的能量增多。例如，第二步和第三步 C—C 键断裂断裂获得的能量分别达到 1.30 eV 和 1.92 eV［示意于图 9.17（a）中］。重复上述过程即可实现碳纳米管的切割［图 9.17（d）］。

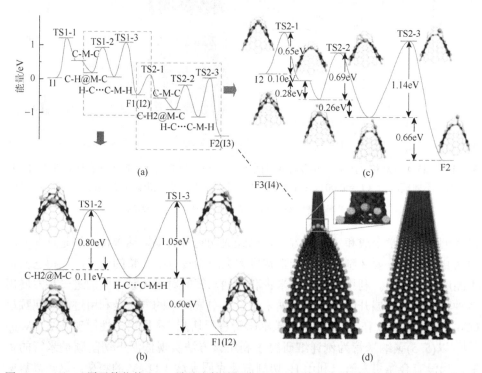

图 9.17　（a）Cu 原子催化的 (5, 5) 碳纳米管前两个 C—C 键断裂过程的能量示意图；第一个（b）和第二个 C—C 键（c）断裂断裂过程的结构和对应能量；（d）重复上述过程最终将碳纳米管切割成石墨烯纳米带[30]

　　可以预想，在 C—C 键断裂过程中释放的应力能是利用金属辅助切割碳纳米管的主要驱动力。而沿着管轴方向的切割比沿着其他手性方向切割更为有效。特别地，由于扶手形和锯齿形方向上每断裂断裂一个 C—C 键，对应 Cu 原子移动的距离分别为 0.213 nm 和 0.246 nm。因此，沿着锯齿形方向的切割（对应扶手型碳纳米管）在能量上最为有利。而越小的碳纳米管由于曲率非常大，其对应的断键势垒将越小，而反应所消耗能量越小。例如，(3, 3)碳纳米管的第一个 C—C 键断裂断裂

势垒只有 0.60 eV，同时得到 0.41 eV 的能量。与之形成对比，(7, 0)碳纳米管对应的
势垒为 1.79 eV，同时需要耗能 0.05 eV。虽然，仅以 Cu 为代表讨论了金属辅助切割
碳纳米管制备碳纳米带的过程，利用其他活性更强的金属原子，包括 Mn、Fe、Co、
Ni、Pd 和 Pt 不仅能降低反应势垒，而且反应过程大部分变成放热的，进一步证实了
该方法的适用性。

　　类似于过渡金属原子，O 原子也可以通过氧化过程将石墨烯分解成不同的碎
片。虽然实验中很早就观察到氧化过程中石墨烯的分解，但是对其原子尺度的机
制并未有深入理解，特别是各种不同的含氧官能团（如环氧基和羰基等）对氧化
切割过程的影响。虽然环氧基被最早提出对石墨烯的分解起重要作用[32]，但即使
C—C 键被打开以后，C 原子仍然可以被 O 原子桥接，从而保证完整的结构，如
图 9.18（a）所示。只有 C—O 键的断裂形成羰基才真正破坏石墨烯的完整结构，
而实验中确实观察到羰基在边界的富集[33]，说明其在氧化断裂断裂过程中扮演着
重要的角色。因此，两个重要的问题是：①氧桥接的石墨烯如何进一步裂解？
②石墨烯氧化倾向于从何处开始，内部还是边界？

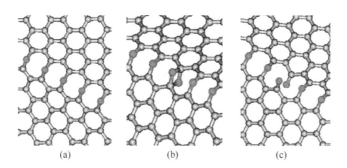

图 9.18　（a）含链状环氧基的石墨烯；环氧基对（b）或者羰基对（c）在链状环氧基中形成[34]

　　Li 等[34]发现，图 9.18（a）环氧链结构在完美的平面结构上引入了显著的扭
曲，非常容易进一步被氧化，形成环氧对结构，如图 9.18（b）所示。环氧对结构
的能量非常稳定，比环氧链加上孤立的环氧基团能量低 2.71 eV。随后，在环氧对
最近邻再形成一个新的环氧对进一步获得能量 0.78 eV。在形成了环氧对结构以
后，C—O 键的分解则形成两个羰基，如图 9.19（c）所示。当一个孤立的环氧对
分解时，其势垒为 0.76 eV；但如果存在邻近的环氧对时，该势垒降低为 0.45 eV，
同时获得能量 0.48 eV；第一个环氧对的分解还可以进一步促进邻近环氧对的分
解，此时的势垒仅为 0.26 eV，并且释放的能量也增加到 1.09 eV。这样，随着第
一个羰基对的形成，会加速旁边环氧对的断裂；而与之形成对比，石墨烯边缘形
成第一个羰基对以后，第二个羰基对倾向于在新的边缘位置形成，从而不能有效
分解石墨烯而形成纳米片。

## 9.3　二维氮化硼及过渡金属硫族化合物的生长机制

在详细讨论了石墨烯的生长后，一个自然的拓展是研究其他类石墨烯二维材料的生长，主要包括二维 BN 和 TMDCs 的生长。Zhang 等[35]详细探讨了 Ni 和 Cu 两种有代表性的金属表面生长二维 BN 的热动力学和动力学行为。在热动力学方面，与第 2 章讨论 BN 的边界和 BN|C 界面的情况类似，需要首先区分扶手形（A）边界及 B 和 N 终止的两种锯齿形边界，$Z_B$ 和 $Z_N$。如果将 A 边界定义为手性角 $\chi$ 参考方向（$\chi = 0°$），则 $Z_B$ 和 $Z_N$ 分别对应为 30° 和 −30°。考虑这些 BN 的极性组成带来的变化后，其边缘能 $\gamma$ 随着手性角 $\chi$ 的变化规律可以写成：

$$\gamma(\chi) = |\gamma| \cos(\chi + C)$$
$$|\gamma| = 2(\gamma_A^2 + \gamma_{Zx}^2 - \sqrt{3}\gamma_A \gamma_{Zx})^{1/2} \qquad (9.3.1)$$
$$C = \mathrm{sgn}(\chi) \cdot \arctan(\sqrt{3} - 2\gamma_{Zx}/\gamma_A)$$

其中，$x$ 指标和手性角定义对应，当 $-30° < \chi < 0°$ 时，$x$ 为 N；当 $0° < \chi < 30°$ 时，$x$ 为 B。当计算不同边界在金属衬底上的能量时，需要考虑 BN 薄片和衬底的相互作用。类似于求 BN|C 界面能的做法，边界能（$\gamma_A$ 和 $\gamma_{Zx}$）可由式（9.3.2）得到：

$$\gamma = \gamma_{\mathrm{vac}} - E_b \qquad (9.3.2)$$

其中，$\gamma_{\mathrm{vac}}$ 为不同边界在真空中的能量（由第 2 章的讨论中得到）。由于 BN 的极性组成，A 边界和衬底的结合能可以由直接纳米带模型得出。而对于 Z 边界，其结合能就需要采用不同的三角形薄片吸附于衬底表面的模型进行拟合得到。这一拟合得以成功运用主要在于，三角形薄片具有同一 Z 边界，其和衬底结合能分成三部分：与面积成正比的内部原子和衬底结合、与长度成正比的边界和衬底结合及常数的顶点贡献。由于完美 BN 和衬底相互作用较弱，故可以忽略第一项，由此可以准确得到 Z 边界和衬底的结合能。

从对石墨烯的研究中可知，衬底可以改变边界的稳定性，如扶手形的 A5′ 边界变得比 A 边界更加稳定。类似地，在 BN 中需要考虑不同的边界重构，由于 BN 的极性，重构的 A 边界包括 $A_N$ 和 $A_B$，类似于石墨烯中 A5′ 边界，但悬挂原子分别变成 N 和 B 原子；而重构的 Z 边界包括 Klein 边界 $K_B$ 和 $K_N$，分别对应在 $Z_B$ 和 $Z_N$ 边缘分别吸附额外的 N 和 B 原子，如图 9.19（a）所示。这些重构边界的能量可以通过计算其相对于标准的 A 和 Z 边界得到。为了得到一个准确的能量，需要选择一定的参考点，而 BN 的异质组成需要两个方程来限定：

$$\mu_B + \mu_N = \mu_{\mathrm{BN}}^0 + \Delta\mu_{\mathrm{BN}}$$
$$\mu_B - \mu_N = -E_B + E_N \qquad (9.3.3)$$

其中，第一个等式可以选择 $\Delta\mu_{\mathrm{BN}} = 0.01$，代表体系非常接近于平衡状态；第二个等式的选择是假设生长过程中 B 和 N 在生长前端浓度差不多，则它们的化学势差别主要由其与衬底结合能差别决定。利用这些参考点，可以得到不同边界的能量，再根据其与化学势的关系，可以得到如图 9.19（b）中的变化曲线。利用这些缺陷可以得到 BN 在不同金属表面的热动力学形状 ［图 9.19（c）］。例如在 Ni 上，

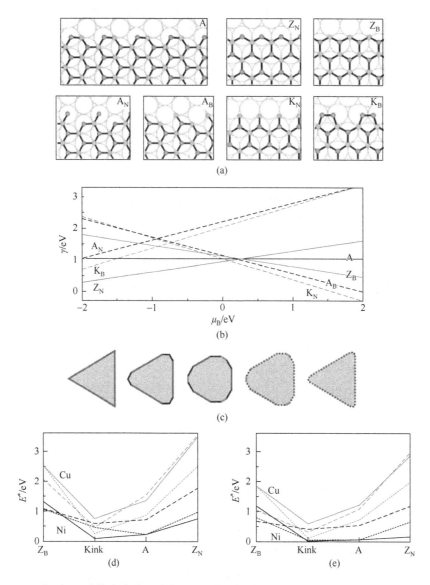

图 9.19　Ni 表面 BN 片的多种边界结构（a）、边界能量与硼化学势 $\mu_B$ 的变化关系（b）及在 $\mu_B$ 分别为–1.0 eV、–0.5 eV、0 eV、0.5 eV 和 1.0 eV 时的平衡形状（c）；（d）$\Delta\mu_{BN} = 0.01$ eV 时，Cu 和 Ni 表面在 $\mu_B = -0.5$ eV（虚线）、0 eV（实线）和 0.5 eV（点线）的动力学成核势垒；（e）和（d）类似，此时 $\Delta\mu_{BN} = 0.3$ eV[35]

当生长环境由 N 富余变成 B 富余情况时，其形状从 $Z_N$ 构成的三角形，变成由 $Z_N$ 和少量 A 组成的九边形，到 $Z_N$、A 和 $Z_B$ 构成的十二边形，再到 $K_N$、$A_B$ 和 $Z_B$ 构成的十二边形，最后为 $K_N$ 和 $A_B$ 组成的九边形。类似形状变化也发生在 Cu 表面上。需注意的是，这些形状都未能解释实验中观察到的六角形等。

动力学方面，可以参照碳纳米管和石墨烯类似的"扭结流动"模型。通过对比 B 和 N 单原子及二聚体的不同能量及扩散发现，在 Ni 表面，二聚体的能量和孤立原子的能量差不多，同时，其扩散势垒显著大于单原子势垒；在 Cu 表面，虽然二聚体能量显著低于孤立原子，但是其势垒仍然明显高于它们，因此，单原子和二聚体可能都在生长中起重要作用。以 A、$Z_B$ 和 $Z_N$ 三种边界为起始点，通过考虑不同原子融合顺序、同质键及 5|7 环等缺陷、凸起等多种情况可以得到最稳定结构随着原子数目的变化规律，从而可以得到不同边界上的成核势垒。与热动力学的情况类似，此时势垒会同时依赖于两个参数，$\Delta\mu_{BN}$ 和 $\mu_B$。图 9.19（d）和（e）中显示了 Cu 和 Ni 表面在 $\Delta\mu_{BN} = 0.01$ eV 和 0.3 eV 及 $\mu_B = -0.5$ eV、0 eV 和 0.5 eV 时不同边界的成核势垒。与具体的结构变化对比可以发现以下几点重要特点：①化学势 $\mu_B$ 的变化可以改变不同原子的融合顺序，使得两种 Z 边界的差 $E_N^* - E_B^*$ 发生非线性的变化。这一变化使得利用化学势可以调控生长的各向异性。②当化学势 $\mu_B$ 增加时，所有边界的成核势垒都倾向于减小，从而加速 BN 的生长。③所有边界的成核势垒都依赖于衬底，在 Ni 上的势垒大约只有 Cu 上的一半。这和石墨烯生长中只有 Z 边界成核势垒显著依赖于衬底的行为存在显著差别。

在得到这些不同边界的成核势垒后，其生长速度可以比照石墨烯生长类似的方法得到（具体推导请参考文献[10]）：

$$v(\chi) \propto 2s_K(\chi)e^{\frac{E_K - \Delta\mu_{BN}}{kT}} + 2s_A(\chi)e^{\frac{E_A - \Delta\mu_{BN}}{kT}} + \{s_Z(\chi) - [s_K(\chi) - s_K^0(\chi)]\}e^{\frac{E_Z - \Delta\mu_{BN}}{kT}} \quad (9.3.4)$$

其中，$s_A(\chi)$、$s_Z(\chi)$ 和 $s_K(\chi)$ 分别为 A、Z 边界和扭结的活化位置浓度；$s_K^0(\chi)$ 为边界处内在扭结的浓度。而 Z 边界的角度划分和前面相同，即 $-30° < \chi < 0°$ 和 $0° < \chi < 30°$ 分别对应 $Z_N$ 和 $Z_B$。通过上面的讨论，可知不同表面上，不同化学势（$\Delta\mu_{BN}$ 和 $\mu_B$）会对 BN 的动力学形状产生重要影响。其中两个重要的发现是：①Cu 表面上 BN 在大部分化学势条件下都是 $Z_N$ 边界构成的三角形，但是当硼化学势很高（$\mu_B = 0.5$ eV，同时 $\Delta\mu_{BN} = 0.01$ eV）时，其形状接近于六角形，很好地解释了 Tay 等[36]的实验。②在 Ni 表面，虽然 B 化学势很低时是具有 $Z_N$ 边界的三角形，但当 B 化学势大于 0 eV 左右时，其形状变成反向的三角形，具有 $Z_B$ 边界，这和目前普遍接受的 N 终止的三角形的观点不一致。相关现象需要进一步研究探索。最后，当生长主要以二聚体形式进行时，由于和石墨烯类似的锯齿形能量变化曲线，一些成核势垒可以被跳过，同时重构的边界也不会形成。这时，$Z_N$ 显著更高的势垒决定了 BN 样品将都是 N 终止的三角形。

虽然第一性原理计算可以准确得到石墨烯及 BN 成核过程中的结构和化学键信息，但是它昂贵的计算需求也限制了在大尺度材料生长中的应用，更不用说要追踪整个生长过程中的动力学演化。另外，基于化学成键的经典形式的反应分子动力学提供了仅用少量计算机资源实现对大分子体系模拟的替代方法。Liu 等[37]利用该方法详细研究了 Ni 表面 BN 生长的原子过程和温度的影响。以 Ni(111)和 Ni(211)为 Ni 表面的平台和台阶模型，他们首先研究了 $B_xN_y$（$x = 0\sim2$；$y = 0\sim2$）等基本构筑单元在两个模型系统的吸附行为。在 Ni(111)表面，单 B 原子倾向吸附于表面下一层的八面体位置，而单 N 原子吸附于表面的 FCC 位置。对于更大的 $B_xN_y$ 单元，其 N 原子仍倾向吸附于 FCC 位置，而 B 原子主要吸附于 HCP 位置。BNB、NBN 和 $B_2N_2$ 主要通过两端的原子和表面成键，整个 $B_xN_y$ 链成扭曲状。在 Ni(211)表面，由于 Ni 的低配位，$B_xN_y$ 构筑单元的结合能都比相应的 Ni(111)上高。其中 B 和 N 原子倾向于结合四重对称性位置；BN 二聚体以斜躺的形式分别成键于台阶和平台处；而更大的构筑单元主要平行台阶边界。

动力学扩散方面，为了对体系的化学特性进行全面描述，可以构建包括台阶边缘、平台、表面下层和体内等多种位置两两相互之间的扩散路径，来分别研究 B 和 N 原子的扩散行为。对 B 原子来说，其表面上扩散和表面下层扩散的势垒相差无几。而对 N 原子，其在表面上扩散的势垒只有 1.38 eV，而在表面下层和体内的扩散势垒分别为 2.20 eV 和 3.30 eV，因此 N 原子主要以表面扩散为主。

利用前面得到基于 DFT 计算的不同构筑单元 $B_xN_y$ 的热动力学吸附能、基本单元之间的反应能及 B 和 N 原子的扩散行为可以用来优化经典 ReaxFF（反应力场）的参数，从而使得基于此力场的模拟可以准确地描述上述三类基本量。利用这一力场进行的反应分子动力学模拟可以很好地追踪 BN 生长过程中结构的时间演化，如图 9.20 所示。在长达 6.25 ns 的模拟过程中，首先在 25.0 ps 时观察到沉积的 B 和 N 原子形成二聚体、三聚体及短链；随着沉积原子的增加，BN 链逐渐增长到 10 个原子左右；链与链之间相互成键则可以形成 $sp^2$ 杂化键的 X 分支结构；两条分支结构的折叠则进一步在 64.25 ps 形成第一个六角形；更多分支结构的折叠会进一步形成更多的六元环，在 1.793 ns 形成较为连续的 BN 薄膜；最终在 6.25 ns 形成 Ni 表面完美的 BN 网络。在追踪 B 和 N 原子的分布过程中也发现 B 原子可以较多地分布在表面下层，而表面下的 N 原子则倾向于扩散到 Ni 的表面。反应分子动力学的结果显示，BN 的生长通过"成链-分支-成环"的过程进行。通过研究（BN）在 Ni 表面的成核过程，这一反应机理也被 DFT 模拟的研究所证实。

类似的纳米反应器做法原则上可以拓展到 TMDCs 系统，但是不同于 BN，TMDC 生长过程中需要经历液态 Mo(W)O_3 的硫化过程，同时金属和硫族元素比例为 1:2，使得全面探索原子的生长过程非常复杂，至今尚未有详细工作发表。不过结合宏观的多晶材料 Wulff 构建和相场分析[38]，可以对实验中观察到的多种

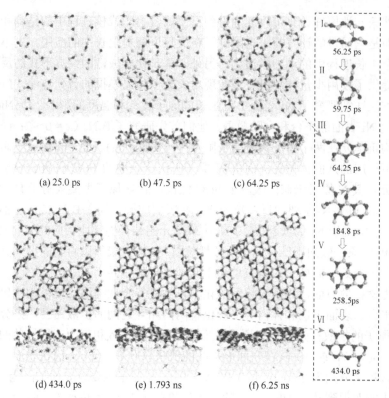

(a) 25.0 ps    (b) 47.5 ps    (c) 64.25 ps

(d) 434.0 ps    (e) 1.793 ns    (f) 6.25 ns

图 9.20    1300 K 下反应分子动力学模拟轨迹中不同时间的结构图[37]

蓝色和粉色球分别代表 N 和 B 原子，而衬底 Ni 原子由灰色球表示；（c）中虚线圈结构中展示了第一个六元环的形成；右边竖栏中结构突出了第一个六元环形成及随后的 BN 成核过程

包含 60°晶界的多晶结构进行预测分析。与利用 Winterbottom[39]的构建方法确定衬底上颗粒形状类似，可以将其衬底-颗粒界面能替代为 60°晶界能量研究多晶样品的形状。如图 9.21（b）所示，假设初始的稳定结构为 Mo 边缘的三角形，按照 Wulff 构建方法，其边界位于离原点 $\gamma_{edge}$ 的位置。在此基础上，假设 60°晶界能 $\gamma_{GB}=\gamma_{edge}$，三条可能的晶界展示于图 9.21（b）中虚线。图 9.21（c）和（d）分别对应了单孪晶和双孪晶的形成情况。对于单孪晶，截断图 9.21（b）中上三角部分，通过简单的反演可以得到图 9.21（c3）中的蝴蝶结形状；而对于双孪晶情况，截断图 9.21（b）中下方两个三角形组成菱形，可以通过旋转正负 120°形成图 9.21（d3）中所示大卫之星形状。如果其菱形数目（即晶粒数目）变少可以形成图 9.21（d4）的箭头形和图 9.21（d5）的五角形。原则上，可以在起始三角形三个方向都引入晶界，这样可以形成内嵌的反向三角形[40, 41]。对于动力学生长形状可以通过相似的方法得到，此时，需要将边界能替换为生长速度。由于按照对称性 60°晶界的生长为零，因此其生长线需要穿过原点。利用下部的晶粒反演可以得到动力

学的蝴蝶结形状。同时，考虑蝴蝶结两侧凹陷处结构类似于扭结，可以加速原子的吸附，从而增加相邻边缘的生长，使得蝴蝶结变得瘦长。

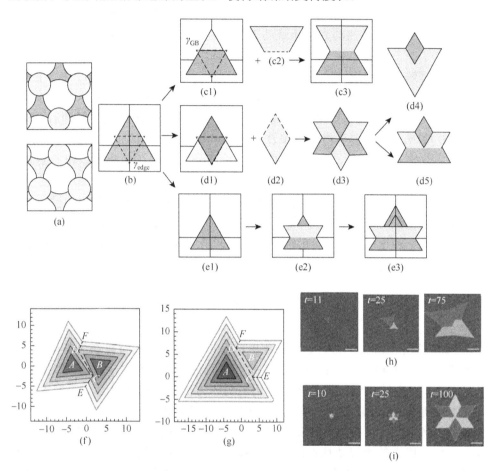

图 9.21　（a）～（e）MoS$_2$孪晶的 Wulff 构建；（a）两种相对取向 60°（蓝色和黄色）的 MoS$_2$晶格（白色和灰色球分别为 Mo 和 S 原子）；（b）三角形为 MoS$_2$单晶，而虚线显示三种可能的晶界方向，这是热动力学和动力学 Wulff 构建的出发点；（c1）～（c3）为仅包含一条晶界的热动力学构建，形成蝴蝶结形状；（d1）～（d5）为包含两条晶界的情况，此时热动力学和动力学的构建行为一致；（e1）～（e3）为仅包含一条晶界的动力学构建；（f）当两个晶粒大小相近，并错列相遇则形成蝴蝶结形状；（g）当一个晶粒先于另一个晶粒生长，并吞并后者，则形成星状；相场模拟得到的蝴蝶结（h）和大卫之星形状（i）的晶粒，其中深蓝色代表衬底，不同取向的晶界分别由浅蓝和红色表示；（h）中晶粒生长时间相同，而（i）中不同晶粒起始生长时间不同[38]

　　从这些几何上的分析可以得到一个直接测量样品形状来决定其是热动力学还是动力学特性的简便方法。对于热动力学形状，由于 $\gamma_{GB}$ 是一个大于零的数，因此图 9.21（c3）中晶界的长度永远小于基础边长的 2/3。而对于动力学形状，由于两侧凹陷处扮演扭结的角色，增加了对应方向的生长速度 $\Delta v$，可知晶界长度 $L_{GB} = (2 + \Delta v)/(3 + \Delta v)L_{base} \geqslant 2/3 L_{base}$。这样，通过测量晶界长度和基础边长的比可知，样品生长过程是热动力学还是动力学控制的。实验中这两种情况都可以观察到[42, 43]。

为了理解多晶样品形状随时间的变化行为，可以考虑图 9.21（f）和（g）两个晶粒融合的两种不同情况。在图 9.21（f）中，两个晶粒几乎同时生长，并具有相同的生长速度。它们将首先在 $C$ 点接触，并形成一个尖锐的空隙，被随后形成的晶界 $CD$ 填满。随后，晶界将沿 $C$ 和 $D$ 沿等分方向生长，形成蝴蝶结。在图 9.21（g）中，$A$ 晶粒先于 $B$ 晶粒长成，它们可能以边的形式融合。在融合的 $C$ 和 $D$ 点，晶界仍沿等分方向生长，形成箭头形状。由于凹陷处具有更快的生长速度，这些双晶可以进一步吞并旁边的晶粒，进而形成大卫之星的形状。这些唯象的模型被多组元的相场模拟所证实。如图 9.21（h）和（i）所示，顶角接触和吞没模式分别演化成蝴蝶结和星形结构，而图 9.21（h）中凹陷边缘主要是由平衡浓度较高带来扩散的不稳定引起的。

## 9.4  硼烯和磷烯的生长机制

第 8 章关于二维硼烯的结构预测中已经指出 B 最大的特点在于其多态性，这使获得特定的稳定相面临巨大的挑战。为了克服这一困难，一方面需要进一步研究 B 和金属衬底之间的相互作用，另一方面需要加深对原子尺度生长机制，特别是初始成核状态的理解。通过研究硼团簇 $B_N$（$N \leqslant 20$）和 Cu 衬底之间的相互作用，Liu 等[44]揭示最小的包含一个 B 空位的稳定结构只有 11 个原子，同时，更大的类似结构在能量上变得和其他三角形结构相当。这些稳定的小团簇的融合最终导致了稳定的二维硼烯形成，其空位浓度 $\eta$ 为 2/15。B 原子在 Cu 表面的扩散势垒只有 0.14 eV，同时随着 B 原子数目增加，体系的能量会持续降低，这些都有效地促进了二维硼烯的生长。由于计算资源的限制，具有空位的 B 结构在何时及如何占据主导地位仍然不是很明晰。该工作代表了从原子尺度上研究二维硼烯生长机理的第一个尝试。另一方面，Xu 等[45]提出了 $B_N$ 团簇在具有极强反应活性的 Ag 表面的一种新机制：$B_N$ 团簇倾向于渗透进入衬底并与 Ag 原子接触。通过对各种初始小团簇的热动力学能量分析发现，当 $N \geqslant 15$ 时，$B_N$ 团簇中会自发产生空位。B 原子的聚集融合最终形成具有空位浓度为 1/6 的二维硼烯。

除了石墨烯、六方氮化硼和硼烯外，对各个原子顺序研究的"纳米反应器"方法也被推广到其他二维材料的生长研究中。Zeng 等[46]利用类似的方法解释了在

GaN(001)表面上生长蓝磷的机制。显著不同于其他二维材料，蓝磷倾向于通过半层接半层的方式生长。这一新奇的生长方式主要是通过很强的吸附原子-衬底成键作用决定，从而避免了原子二聚化。Gao 等[47]对黑磷与衬底的相互作用研究中发现，Cu(111)虽然能够较好地稳定完整的黑磷单层，但是它可以很容易地打碎黑磷的薄片；另外，氮化硼和黑磷之间较弱的相互作用使得黑磷薄片的二维结构不再稳定。为了实现二维黑磷的生长，需要认真选择合适的衬底，以调节其与黑磷薄片的相互作用，保证二维形貌在成核上占优。

# 参 考 文 献

[1]　Ding F，Harutyunyan A R，Yakobson B I. Dislocation theory of chirality-controlled nanotube growth. Proc Nat Acad Sci U S A，2009，106：2506-2509.

[2]　Burton W K，Cabrera N，Frank F C. Role of dislocations in crystal growth. Nature，1949，163：398-399.

[3]　Yuan Q H，Hu H，Ding F. Threshold barrier of carbon nanotube growth. Phys Rev Lett，2011，107：156101.

[4]　Yuan Q H，Ding F. How a zigzag carbon nanotube grows. Angew Chem Int Ed，2015，54：5924-5928.

[5]　Artyukhov V I，Penev E S，Yakobson B I. Why nanotubes grow chiral. Nat Commun，2014，5：4892.

[6]　Penev E S，Artyukhov V I，Yakobson B I. Extensive energy landscape sampling of nanotube end-caps reveals no chiral-angle bias for their nucleation. ACS Nano，2014，8：1899-1906.

[7]　Wang X S，Li Q Q，Xie J，et al. Fabrication of ultralong and electrically uniform single-walled carbon nanotubes on clean substrates. Nano Lett，2009，9：3137-3141.

[8]　Wen Q，Qian W Z，Nie J Q，et al. 100 mm long，semiconducting triple-walled carbon nanotubes. Adv Mater，2010，22：1867-1871.

[9]　Yuan Q H，Xu Z P，Yakobson B I，et al. Efficient defect healing in catalytic carbon nanotube growth. Phys Rev Lett，2012，108：245505.

[10]　Artyukhov V I，Liu Y Y，Yakobson B I. Equilibrium at the edge and atomistic mechanisms of graphene growth. Proc Nat Acad Sci U S A，2012，109：15136-15140.

[11]　Shu H B，Chen X S，Tao X M，et al. Edge structural stability and kinetics of graphene chemical vapor deposition growth. ACS Nano，2012，6：3243-3250.

[12]　Gao J F，Yip J，Zhao J J，et al. Graphene nucleation on transition metal surface: structure transformation and role of the metal step edge. J Am Chem Soc，2011，133：5009-5015.

[13]　Cui Y，Fu Q，Zhang H，et al. Formation of identical-size graphene nanoclusters on Ru(0001). Chem Commun，2011，47：1470-1472.

[14]　Wang B，Ma X F，Caffio M，et al. Size-selective carbon nanoclusters as precursors to the growth of epitaxial graphene. Nano Lett，2011，11：424-430.

[15]　Coraux J，N'Diaye A T，Engler M，et al. Growth of graphene on Ir(111). New J Phys，2009，11：023006.

[16]　Yuan Q H，Gao J F，Shu H B，et al. Magic carbon clusters in the chemical vapor deposition growth of graphene. J Am Chem Soc，2012，134：2970-2975.

[17]　Wang L，Zhang X Y，Chan H L W，et al. Formation and healing of vacancies in graphene chemical vapor deposition（CVD）growth. J Am Chem Soc，2013，135：4476-4482.

[18]　Zhang X，Wang L，Xin J，et al. Role of hydrogen in graphene chemical vapor deposition growth on a copper

surface. J Am Chem Soc，2014，136：3040-3047.

[19] Vlassiouk I，Regmi M，Fulvio P，et al. Role of hydrogen in chemical vapor deposition growth of large single-crystal graphene. ACS Nano，2011，5：6069-6076.

[20] Ryu J，Kim Y，Won D，et al. Fast synthesis of high-performance graphene films by hydrogen-free rapid thermal chemical vapor deposition. ACS Nano，2014，8：950-956.

[21] Hao Y，Bharathi M S，Wang L，et al. The role of surface oxygen in the growth of large single-crystal graphene on copper. Science，2013，342：720-723.

[22] Xu X Z，Zhang Z H，Qiu L，et al. Ultrafast growth of single-crystal graphene assisted by a continuous oxygen upply. Nat Nanotechnol，2016，11：930-935.

[23] Hao Y F，Wang L，Liu Y Y，et al. Oxygen-activated growth and bandgap tunability of large single-crystal bilayer graphene. Nat Nanotechnol，2016，11：426-431.

[24] Chen H，Zhu W G，Zhang Z Y. Contrasting behavior of carbon nucleation in the initial stages of graphene epitaxial growth on stepped metal surfaces. Phys Rev Lett，2010，104：186101.

[25] Loginova E，Nie S，Thürmer K，et al. Defects of graphene on Ir(111)：rotational domains and ridges. Phys Rev B，2009，80：085430.

[26] Wu P，Jiang H J，Zhang W H，et al. Lattice mismatch induced nonlinear growth of graphene. J Am Chem Soc，2012，134：6045-6051.

[27] Wu P，Zhang Y，Cui P，et al. Carbon dimers as the dominant feeding species in epitaxial growth and morphological phase transition of graphene on different Cu substrates. Phys Rev Lett，2015，114：216102.

[28] Li Q C，Zhao Z F，Yan B M，et al. Nickelocene-precursor-facilitated fast growth of graphene/h-BN vertical heterostructures and its applications in OLEDs. Adv Mater，2017，29：1701325.

[29] Meca E，Lowengrub J，Kim H，et al. Epitaxial graphene growth and shape dynamics on copper：phase-field modeling and experiments. Nano Lett，2013，13：5692-5697.

[30] Wang J L，Ma L，Yuan Q H，et al. Transition-metal-catalyzed unzipping of single-walled carbon nanotubes into narrow graphene nanoribbons at low temperature. Angew Chem Int Ed，2011，50：8041-8045.

[31] Zou X L，Cha M H，Kim S，et al. Hydrogen storage in Ca-decorated，B-substituted metal organic framework. Int J Hydrogen Energy，2010，35：198-203.

[32] Li J L，Kudin K N，McAllister M J，et al. Oxygen-driven unzipping of graphitic materials. Phys Rev Lett，2006，96：176101.

[33] Cai W W，Piner R D，Stadermann F J，et al. Synthesis and solid-state NMR structural characterization of 13C-labeled graphite oxide. Science，2008，321：1815-1817.

[34] Li Z Y，Zhang W，Luo Y，et al. How graphene is cut upon oxidation？ J Am Chem Soc，2009，131：6320-6321.

[35] Zhang Z H，Liu Y Y，Yang Y，et al. Growth mechanism and morphology of hexagonal boron nitride. Nano Lett，2016，16：1398-1403.

[36] Tay R Y，Griep M H，Mallick G，et al. Growth of large single-crystalline two-dimensional boron nitride hexagons on electropolished copper. Nano Lett，2014，14：839-846.

[37] Liu S，van Duin A C T，van Duin D M，et al. Atomistic insights into nucleation and formation of hexagonal boron nitride on nickel from first-principles-based reactive molecular dynamics simulations. ACS Nano，2017，11：3585-3596.

[38] Artyukhov V I，Hu Z L，Zhang Z H，et al. Topochemistry of bowtie-and star-shaped metal dichalcogenide nanoisland formation. Nano Lett，2016，16：3696-3702.

[39] Winterbottom W L. Equilibrium shape of a small particle in contact with a foreign substrate. Acta Metall，1967，15：303-310.

[40] Zhang K N，Hu S H，Zhang Y，et al. Self-induced uniaxial strain in MoS$_2$ monolayers with local van der Waals-stacked interlayer interactions. ACS Nano，2015，9：2704-2710.

[41] Lehtinen O，Komsa H P，Pulkin A，et al. Atomic scale microstructure and properties of Se-deficient two-dimensional MoSe$_2$. ACS Nano，2015，9：3274-3283.

[42] van der Zande A M，Huang P Y，Chenet D A，et al. Grains and grain boundaries in highly crystalline monolayer molybdenum disulphide. Nat Mater，2013，12：554-561.

[43] Najmaei S，Liu Z，Zhou W，et al. Vapour phase growth and grain boundary structure of molybdenum disulphide atomic layers. Nat Mater，2013，12：754-759.

[44] Liu H S，Gao J F，Zhao J J. From boron cluster to two-dimensional boron sheet on Cu(111) surface：growth mechanism and hole formation. Sci Rep，2013，3：3238.

[45] Xu S G，Zhao Y J，Liao J H，et al. The nucleation and growth of borophene on the Ag(111) surface. Nano Res，2016，9：2616-2622.

[46] Zeng J，Cui P，Zhang Z Y. Half layer by half layer growth of a blue phosphorene monolayer on a GaN (001) substrate. Phys Rev Lett，2017，118：046101.

[47] Gao J，Zhang G，Zhang Y W. The critical role of substrate in stabilizing phosphorene nanoflake：a theoretical exploration. J Am Chem Soc，2016，138：4763-4771.

# 第10章

计算材料学在低维材料
应用中的作用

## 10.1 储能应用

随着二维材料的发展,其全表面特性在储能方面的应用潜力得到广泛关注。各种可能的二维材料作为锂离子电池负极(anode)材料的研究非常广泛,其中,最为引人关注的是石墨烯。因为最常用的传统正极材料为石墨,而当石墨剥离成石墨烯后形成上下两个表面,如果双表面都能有效储存 Li 离子,锂离子电池的容量可以显著提高。早期的一些实验和理论研究似乎证明了这一策略,但是,Lee 和 Persson[1]的系统研究发现石墨烯并不能有效地吸附 Li 离子。与锂离子电池的情形对应,如果负极材料需要有效吸附 Li 离子,Li 离子在其中的化学势应该低于体结构 Li 金属中的化学势。此时 Li 离子的吸附能 $E_a(x)$ 应该小于零,$E_a(x)$ 的定义如下:

$$E_a(x) = E(x) - E(0) - xE_{Li} \qquad (10.1.1)$$

其中,$E(x)$、$E(0)$ 和 $E_{Li}$ 分别为单位原胞 $Li_xC_6$ 体系的能量、完美石墨烯的能量和体结构 Li 金属中一个 Li 原子的能量。显然负的 $E_a(x)$ 代表 Li 可以被相关材料有效吸附。而利用团簇展开方法对不同 $x$ 的 $Li_xC_6$($x = 1 \sim 6$)石墨烯体系的研究发现,所有体系的 $E_a(x)$ 都是正的[图 10.1(a)],说明完美石墨烯不能吸附 Li 离子。实验中得到的 Li 离子容量极有可能来源于石墨烯中的缺陷,如空位和边界等。

为了研究多层石墨烯对 Li 离子吸附的影响,需要考虑范德瓦耳斯(vdW)相互作用的影响。常用的两种方法包括经验的 vdW-D2 方法和考虑非局域关联的 vdW-DF 方法。以石墨体系作为参考,两种方法得到的石墨中 Li 离子的结合能都大于零[图 10.1(b)],与实验结果不符。为了克服这一困难,可以通过调节 vdW-D2 中的经验参数,与实验结果对比进行校准。图 10.1(b)显示,当对 C 原子选用默认参数（1.75）的同时，人为减小 Li 的参数到 0.01 可以很好地重复实验的结果，即石墨中最大的 Li 储存容量对应的结构为 LiC₆。利用这一参数，可以得到不同层数的多层石墨烯中 Li 吸附能随着浓度的变化［图 10.1（c）］，从而得到对应的锂容量。图 10.1（c）显示随着层数的增加，一方面 Li 的吸附能增大（结合能变小），另一方面容量逐渐增高并逐渐收敛于体结构情况。结合能的逐渐变小可以通过比较双层和三层石墨烯吸附 Li 以后的电荷差分图［图 10.1（c）的内插图］中看出。与三层石墨烯情况相比，双层石墨烯中 Li 和外层石墨烯的作用具有更显著的离子

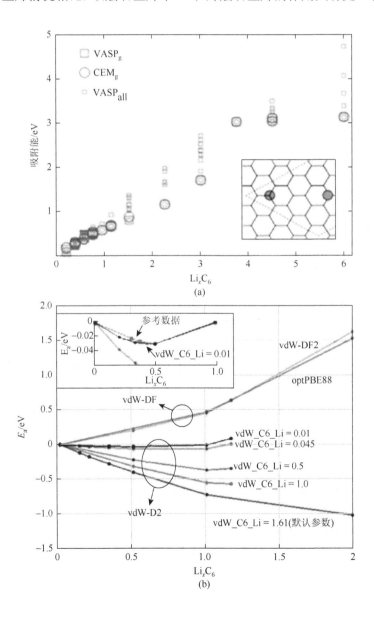

(a)

(b)

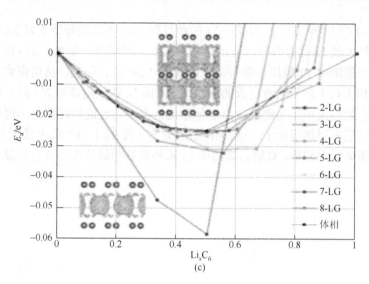

图 10.1　(a) DFT 计算（VASP$_g$、VASP$_{all}$）和团簇展开方法（CEM$_g$）得到的吸附能与 Li 浓度的关系；下标 g 和 all 分别代表拟合-预测过程的最后一步和所有迭代过程中的数据；(b) 利用不同包含范德瓦耳斯作用的方法计算石墨中 Li 插层能量；(c) 少层石墨烯和石墨中的 Li 插层能量；内插图显示双层和多层石墨烯插层 Li 的电荷转移分布图[1]

键，使得结合能更大。既然 Li 和外层石墨烯的作用更强，Li 吸附与多层石墨烯中将首先插层到最外的 vdW 间隙中。但一个有趣的现象是，当层数小于等于 6 时，Li 倾向于先插层到一边 vdW 间隙直至其完全填充，然后再插层到另一边 vdW 间隙，最后进入内部间隙；而当层数大于等于 7 时，Li 则同时插层到两面最外层的 vdW 间隙，然后再进入内部间隙。产生这一差别的原因是，除了同一层 Li 原子之间的排斥作用外，不同 vdW 间隙的 Li 会发生排斥作用。当层数小于等于 6 时，不同间隙 Li 的排斥作用大于同层 Li 之间的排斥作用，因此，Li 插层于同一最外层 vdW 间隙能量更为有利。当层数大于等于 7 时，两边最外层 vdW 间隙 Li 作用已经较弱，因此插层可以同时进行。

　　虽然 Li 不能在石墨烯表面实现均匀吸附，但是如果其成核势垒非常大，则有可能实现一定程度的储锂；另外，成核过程对 Li 枝晶形成和锂离子电池失效过程也很重要。Liu 等[2]系统研究了石墨烯上的 Li 成核过程及其对浓度的依赖性。图 10.2（a）显示了计算得到的石墨烯上原子数为 3～11 的团簇稳定结构。当原子数为 2 时，Li 原子倾向于独立分布而非成键，更大的团簇都形成三维结构。这些团簇的形成能可以定义如下：

$$\Delta G(n) \equiv E(\text{Li}_n@\text{grahpene}) - E(\text{graphene}) - n \cdot \mu(\text{Li}@\text{Li}_x\text{C}) \qquad (10.1.2)$$

其中，式子右边前两项分别为吸附 Li$_n$ 团簇的石墨烯和无 Li 吸附时石墨烯的能量；$\mu(\text{Li}@\text{Li}_x\text{C})$ 为 Li 在不同吸附浓度下的化学势，可以通过式（10.1.3）得到：

$$\mu(\text{Li@Li}_x\text{C})=[E(\text{Li}_x\text{C})-E(\text{C})]/x-TS(x) \tag{10.1.3}$$

最后一项为熵的贡献，由于该项很小，在这里可以忽略不计。不同的 Li 化学势显然会对形成能产生不同的影响，而化学势会依赖于 Li 吸附的浓度。三个典型浓度（Li：C 为 1/72、1/24 和 1/6）下，形成能 $\Delta G(n)$ 随着团簇大小的变化趋势如图 10.2（b）所示。可以看到，当浓度为 1/72 时，在所考虑的所有团簇中 $\Delta G(n)$ 都为正值。只有当团簇达到一定大小时，才可能变为负值。而随着体系的逐渐增大，需要寻找全局最小的团簇结构就显得非常困难。为了克服这一困难，Liu 等采用简化的宏观模型对小团簇的数据点进行模拟研究。假设多面体的团簇形状，其形成能可以表述为

$$E_s = \sum_i \gamma_i A_i \tag{10.1.4}$$

其中，$\gamma_i$ 和 $A_i$ 分别为第 $i$ 个面的表面能和该面的面积。根据 Wulff 构建，当晶体处于平衡状态时，晶体表面到中心的距离正比于表面能。图 10.2（c）显示了根据 Wulff 构建得到的典型的 Li 团簇形状，其(100)面具有最大的面积。考虑真空中稳定的形状，并考虑与石墨烯接触的主要面为(100)面，可以得到如下的形成能表达式：

$$\Delta G(n)=E_s + E_{\text{bulk}} - A_{(100)}\gamma_{\text{interface}} - \mu n \tag{10.1.5}$$

其中，第一和第二项为真空中晶体能量；第三项为界面能；第四项为化学势调制。利用宏观模型得到的拟合曲线如图 10.2（b）中的虚线所示，它比原子尺度计算得到的形成能显著增加。为了消除这些误差，可以通过拟合得到小团簇下不同前因子，此前因子主要增加了界面能的强度，由此得到的拟合曲线如图 10.2（b）中实线所示，和理论计算结构也有较好的吻合。利用这些拟合线可以估算出在 Li：C 为 1/72、1/24 和 1/6 时，对应的成核大小分别为 40、3 和 1；而对应的成核势垒分别为 3.23 eV、0.53 eV 和 0.27 eV。而当 Li：C 进一步减小到 1/162 时，成核势垒增加到 14.7 eV，显然，克服这一势垒的过程对 Li 枝晶的形成至关重要。

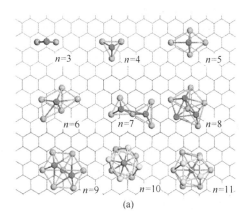

(a)

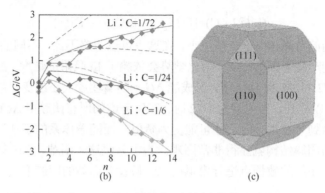

图 10.2 （a）Li 原子数目 $n$ 从 3～11 的锂团簇在石墨烯上的最稳定构型；（b）不同化学势条件下的团簇形成能；符号代表由式（10.1.2）得到的 DFT 计算结果，虚线代表由宏观 Wulff 构建式（10.1.5）得到的结果，实线代表由修正界面能后的 Wulff 构建得到的结果；（c）Wulff 构建得到的平衡晶体结构[2]

　　早期大部分独立工作都集中于对一种材料进行分析。例如，针对石墨烯中缺陷的效应就有多个研究组展开工作[3-5]，但是仍然缺少一个统一的认识。Liu 等[6]通过对多种 C 衬底，包括完美石墨烯、受应力的石墨烯、点缺陷、平面碳团簇、纳米管、边界和多层石墨烯，与 Li 的结合机制分析，提出了一个基于简单的电荷传输机制的描述符。为了说明 Li 和 C 衬底的相互作用，图 10.3（a）显示了一个Li 原子吸附于 6×6 的完美石墨烯晶格后电荷密度差 $\Delta\rho$ 分布图。左、中和右面板分别对应狄拉克点（DP）上的 $\Delta\rho$、DP 下的 $\Delta\rho$ 和总的 $\Delta\rho$ 分布图。可以看到，DP 上非占据的延展 π 电子态被 Li 原子的电子占据；同时，直接的电荷分析得到从 Li 原子上转移过来的电子数正好为 1，即 Li 原子被完全电离。这些结果说明Li 原子和衬底的作用过程可以看成是未占据态的填充过程，当然，实际过程并非完全是电子掺杂，如中间面板显示 DP 下的 $\Delta\rho$ 就具有明显的局域特性，与本征的石墨烯行为不符。需要强调的是，这种"能带填充"过程适用大部分 C 衬底，只要 Li 和衬底的相互作用通过基表面来进行。

　　基于这样的刚性能带模型，则 Li 原子和衬底的相互结合强度直接与电子从Li 原子填充到衬底非占据态所做的功相关。选择真空能级作为参考后，功可以定义为

$$W_{\text{filling}}=\int_{\varepsilon_{\text{LUS}}}^{\varepsilon'}\varepsilon D(\varepsilon)/N_{\text{Li}}\mathrm{d}\varepsilon \tag{10.1.6}$$

其中，$\varepsilon$、$D(\varepsilon)$、$\varepsilon_{\text{LUS}}$ 和 $N_{\text{Li}}$ 分别为 KS 能量、不考虑 Li 吸附时的态密度、最低非占据能级位置和总吸附的 Li 原子数目。而 $\varepsilon'$ 则通过转移电子数来确定：

$$\int_{\varepsilon_{\text{LUS}}}^{\varepsilon'} D(\varepsilon)/N_{\text{Li}}\mathrm{d}\varepsilon=1 \tag{10.1.7}$$

这一带填充模型可认为是积分形式的电子亲和势，显然，当无限稀释的情况

下，$W_{\text{filling}}$ 收敛于 $\varepsilon_{\text{LUS}}$，即金属体系的费米能或者半导体体系的导带底。此外，对于有限的团簇体系，$W_{\text{filling}}$ 直接对应于分子最低未占据轨道（LUMO）。图 10.3（b）～（e）展示了不同体系中基于这一模型得到的 Li 原子结合能 $\Delta\varepsilon_{\text{Li-X}}$ 与 $W_{\text{filling}}$ 之间的关系（这里，$\Delta\varepsilon_{\text{Li-X}}$ 越小，结合能越大）。它们之间的线性关系几乎在所有的体系中得到了保持。这一模型可以用来解释很多有趣的现象：①在包含 5|7 元环的 SW 和 $DV_{\text{t5t7}}$ 缺陷中，$DV_{\text{t5t7}}$ 缺失了原子，费米面更低，同时态密度更大，因此，其具有更低的 $W_{\text{filling}}$ 和更大的 Li 结合能。类似的性质可以揭示金属性碳纳米管比半导

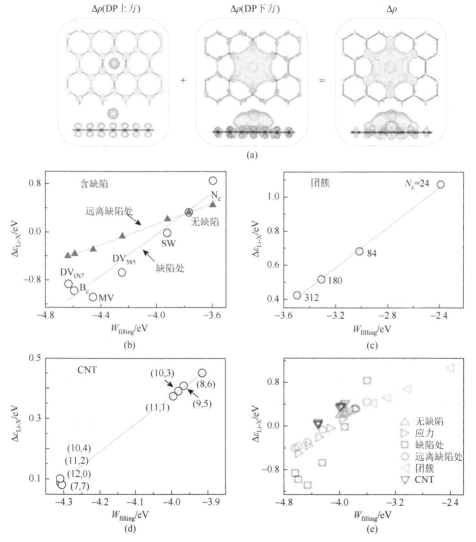

图 10.3　（a）DP 上（左）和下方（中）态贡献的 Li 吸附和无 Li 石墨烯体系的电荷密度差分，其总效应列于右图；（b）～（e）不同体系中 Li 吸附能与 $W_{\text{filling}}$ 之间的关系[6]

体纳米管更强的结合能。②对团簇来说，由于量子限域效应，越小的团簇，HOMO（最高占据轨道）和 LUMO 之间带隙越大，$W_{filling}$ 越大，因而结合能越低。③B 和 N 的取代缺陷，$B_C$ 和 $N_C$，在费米面处具有类似的态密度，但是 $B_C$ 具有更低的费米面，因此结合能更强。

由于不同体系的具体电子结构不同，它们的线性规律中的斜率可能发生变化，特别地，含缺陷石墨烯的低能态会由于缺陷的引入发生电荷的积聚，从而表现出更大的斜率。出现对理想的"带填充"模型（斜率为 1）的偏离，主要是由于体系的 DFT 能量除了 KS 能量外，还有电子转移后电子 Hartree 势和离子-离子之间库仑势的变化及可能的一些化学键作用改变了费米面下方能级分布带来的贡献。当然，$\Delta\varepsilon_{Li-X}$ 与 $W_{filling}$ 之间线性关系的保持说明这些其他贡献也是线性依赖于 $W_{filling}$。这一模型不仅可以用来设计不同的电极材料，快速计算特定材料的最大容量，还可以适用于其他具有电荷转移的吸附过程，如下面将讨论的一些二维体系的产氢反应。

当然，刚性能带平移近似也具有它内在的缺点，包括以下一些方面：①$W_{filling}$ 是一个积分量，对具有局域依赖性的体系不适用。②当掺杂浓度过高时，转移的电子数目过多，会发生逆向转移过程，此时也不适用。③当体系中引入费米面附近一些新局域态时，刚性能带也不适用，如石墨烯边缘。④如果引入 Li 原子后，体系费米能以下电子态影响不一样，也会破坏模型的适用性。典型的例子是石墨和石墨烯的对比，石墨中引入 Li 原子后，由于各层石墨烯之间电荷发生交叠，电势也随之改变。因而，在 $W_{filling}$ 类似的情况下，石墨中 Li 的结合能高 0.7 eV。

由于锂离子电池相对昂贵，钠离子电池成为一个新兴的研究领域。与同族碱金属相比，Na 元素性质较为特殊，储能应用中最显著的差别是 Na 离子在石墨中的容量仅为 35 (mA·h)/g 或者更小[7]，而其他碱金属都可以实现每克几百毫安时的容量。早先，人们认为更大的 Na 离子引起更大的层间扩大，引起更大的应力能，进而减小其容量[8]。但是，这显然不能解释 K、Rb 等元素更大的容量。Liu 等[9]通过对碱金属与衬底材料过程的分解，提出碱金属原子的离子化能和离子-衬底之间相互作用决定了 Na 的特殊表现。以石墨为例，图 10.4（a）显示了碱金属原子插层进入石墨的过程分解：①金属原子的蒸发。过程中需要克服的能量为金属原子体结合能 $E_d$（decohesion）。②石墨的层间距离扩展和应变拉伸（扩张成和插层后一样的晶格常数），需要克服对应的应力能 $E_s$。③金属原子插层，得到的能量为结合能 $E_b$。$E_b$ 一般为正值，代表过程放热。与原文一致，仍然定义（负）结合能 $E_{-b} = -E_b$，这样的定义使得总形成能 $E_f$ 表达式的各项更加一致：

$$E_f = E_d + E_s + E_{-b} \tag{10.1.8}$$

按照这一能量分解，图 10.4（b）显示了碱金属插层石墨形成 $C_8M$ 复合物时各项能量随金属元素 M 的变化趋势。以 $LiC_8$ 作为参考点，$NaC_8$ 的形成能是一个最大

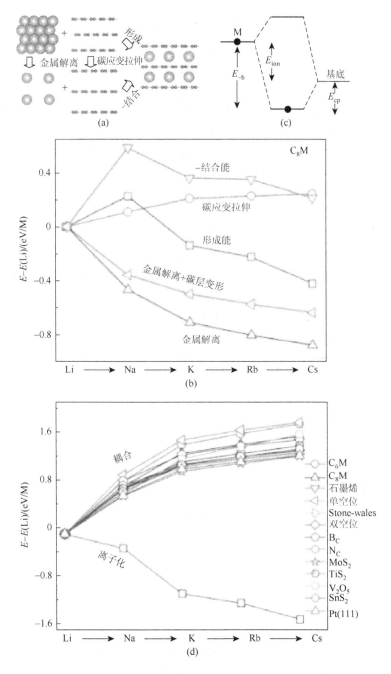

图 10.4 （a）碱（土）金属插层过程能量分解；（b）各项能量相对于 Li 情况下的变化；（c）碱
金属（M）和衬底之间作用示意图；（d）离子化能量和耦合能量随着碱金属的变化关系[9]

值。随着元素半径变大，$E_s$ 逐渐升高；同时，结合能 $E_d$ 则单调下降。无论是单独这两项，还是它们之和都是单调变化，不能解释 Na 的特殊行为。另外，金属和石墨的（负）结合能 $E_{-b}$ 在 Na 元素时形成了最大值。除了石墨外，金属 Na 与衬底结合能最弱这一行为在石墨、石墨中各种点缺陷及多种二维材料（$V_2O_5$、$TiS_2$、$SnS_2$、$MoS_2$），甚至 Pt(111) 表面都被观察到。

为了进一步理解这一现象，可以将 $E_{-b}$ 进一步分解。如图 10.4（c）所示，金属与衬底相互作用可以分解成由电子转移引起的离子化能量 $E_{ion}$（注意此项贡献中，电子已经转移到衬底上；而非传统原子离子化能量，电子被激发到真空）和正金属离子与带负电衬底的耦合作用 $E_{cp}$：

$$E_{-b} = E_{ion} + E_{cp} \qquad (10.1.9)$$

能量 $E_{ion}$ 和原子的离子化学势直接相关，原子的离子化学势越小，则 $E_{ion}$ 绝对值越大，金属与衬底的结合就越有利。随着元素直径增加，碱金属原子的离子化学势变小，即 Li（5.4 eV）、Na（5.1 eV）、K（4.3 eV）、Rb（4.2 eV）和 Cs（3.9 eV），因此，$E_{ion}$ 随着元素原子序数增加而逐渐减小，如图 10.4（d）所示。同时，元素直径增加导致其与衬底距离增加，因此与衬底的耦合作用 $E_{cp}$ 越弱。以 Li 元素为参考，$E_{cp}$ 平滑地单调增加，而 $E_{ion}$ 从 Na 到 K 时显著降低，因此造成 $E_{-b}$ 在 Na 元素时为最大值。根据这些能量分解，要提高 Na 与衬底的结合，可以考虑从以下方面入手：①减少应力能 $E_s$ 消耗，如通过设计碳材料实现层间距的优化；②调控衬底，使其费米面位置降低；③增强衬底与 Na 离子的耦合强度，如引入缺陷等。这也是硬碳具有较高 Na 储存能力的原因。

这里仅仅总结了一些规律性的变化，实际上，各种低维材料在电池方面应用的探索性研究非常多，如全碳多孔材料[10]、$VS_2$[11]、$BSi_3$[12]、TMDCs 及其异质结[13]、$Mo_2C$[14]等 MXene 材料[15]、$MoN_2$[16]、$MnO_2$[17]、$V_2O_5$[18]、黑磷[19]等，读者也可以参阅综述论文[20]及其中引文。

# 10.2 催化应用

## 10.2.1 产氢反应

### 1. 不同描述符

产氢反应（HER）一般涉及三个反应：①沃尔默（Volmer）反应，即氢元素从质子变成吸附氢原子的过程，$H^+ + e^- \longrightarrow H_{ad}$；②海洛夫斯基（Heyrovsky）反应，即吸附氢原子和溶液中的质子作用形成氢分子的过程，$H^+ + e^- + H_{ad} \longrightarrow H_2$（g）；③塔菲尔（Tafel）反应，即两个吸附氢原子相互作用形成氢分子的过程，$H_{ad} + H_{ad} \longrightarrow H_2$（g）。其中，②和③都与氢分子的形成有关。对于产氢反应，最先提出的描述符是氢原子的吸附自由能 $\Delta G$，而 $\Delta G$ 一般与成键强度成正比。键合强度越强，则 $\Delta G$ 越负；相反，键合强度越弱，$\Delta G$ 越正。根据萨巴蒂尔（Sabatier）原理，如果 $\Delta G$ 越负，则反应的限制步骤为吸附氢原子的脱附过程；而如果 $\Delta G$ 越正，则限制步骤为氢原子的吸附过程。要得到最优化的催化活性，要求 $\Delta G$ 接近于零。要得到氢原子吸附自由能 $\Delta G$，需要与初始状态（$H^+ + e^-$）进行比较，涉及溶液和电子的能量，至今没有理想的方法进行准确计算。最常用的近似为 Nøskov 提出的计算氢电极模型[21]。该模型假设在标准条件下，（$H^+ + e^-$）的能量近似为氢气的一半，而电子能量对电压 $U$ 的依赖以经典表达式 $-eU$ 来得到。这样，在考虑了零点振动能、熵贡献及温度对焓变影响后，$\Delta G$ 可以方便地由不同态自由能相减得到。$\Delta G$ 这一描述符，首先被应用于过渡金属，并被成功推广到合金体系[22]。

在 2004 年，Hinnemann 等[23]发现 $\Delta G$ 这一描述符还可以推广到酶类体系，如固氮酶及氢化酶。如图 10.5（a）所示，计算表明这两种酶都具有和 Pt 类似甚至更好的催化性能，这些结果说明了 $\Delta G$ 的普适性。进一步，通过对比 $MoS_2$ 边界和固氮酶的结构［图 10.5（b）］发现，两者具有很高的相似性。吸附 H 原子

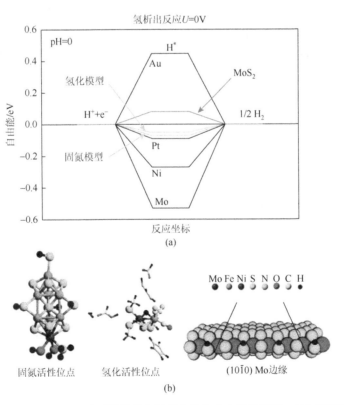

图 10.5　（a）$pH = 0$、$U = 0V$ 时不同体系产氢反应的热动力学能量图；（b）固氮酶 FeMo、氢化酶和 $MoS_2$ 的 Mo 边缘活性位置示意图[23]

的 S 原子都是直接和金属（Mo 或者 Fe）形成两配位键合，有理由相信 $MoS_2$ 边界也具有较好的催化性能。计算发现，当 H 原子的吸附浓度达到 0.25 时，其吸附 H 原子的 $\Delta G$ 仅为 0.1 eV，这一结果也为实验测试所证明。

　　$MoS_2$ 的边界虽然具有很好的催化性能，但是只有边界才具有反应活性，而边界仅仅是一维结构，会大大降低催化剂的效率。如何提高其表面活性变成一个至关重要的问题。随着二维材料研究的深入，人们发现 $MS_2$（$MoS_2$ 或者 $WS_2$）的 1T 金属相具有活化的表面，从而显著提高了催化性能[24, 25]。但是 $1T\text{-}MS_2$ 仅仅是亚稳相，这使得人们详细讨论各种不同的二维材料，进一步寻找稳定且活性高的二维材料。Tsai 等[26]考虑了 26 种 1T 和 2H 相过渡金属硫族化合物 $MX_2$（M 为 Ti、V、Nb、Ta、Mo、W、Pd 和 Pt；X 为 S 和 Se）的催化活性及稳定性问题。H 原子自由能 $\Delta G_H$ 和 HX 吸附自由能 $\Delta G_{HX}$ 分别被用来描述体系的催化活性和稳定性。在还原性催化环境中，X 空穴形成（$H_2X$ 的脱附）可以造成对 $MX_2$ 结构的破坏。显然，这一过程和氢还原中的氢脱附过程形成竞争。类比于氢脱附，很自然地可以选择 $\Delta G_{HX}$ 作为稳定性评判标准。当 HX 基团结合很弱时，则 $H_2X$ 很容易脱附，从而造成结构破坏，对催化产生不利影响。图 10.6 显示了半导体和金属性 $MX_2$ 中 $\Delta G_H$ 和 $\Delta G_{HX}$ 的相互关系，两者之间呈现明显的反相关特性。当催化体系越不稳定（即 $\Delta G_{HX}$ 越正，HX 基团结合越弱）时，其活性越强（即 $\Delta G_H$ 越接近于零）。不同的反相关斜率主要来源于两个方面：①金属性材料在费米面附近引入更多的态；②Se 原子的电子态的延展性比 S 原子更强。这两个因素会影响相关的结

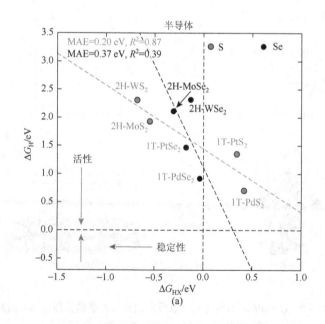

(a)

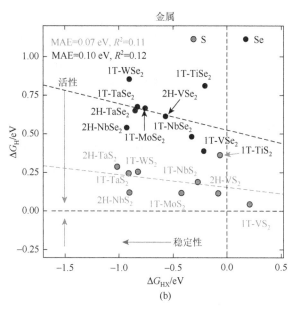

图 10.6  半导体和金属性 TMDCs 表面 H 原子吸附自由能和 HX 吸附自由能之间的关系[26]

合强度。显然，不同的过渡金属会影响其和硫族原子的键合强度，而这也会进一步影响 H 和硫族原子的结合强度。注意到所有体系中 $\Delta G_H$ 都是正值，意味着要想通过工程设计提高催化性能就需要牺牲体系的稳定性，这对半导体性 $MX_2$ 尤为明显。

半导体 $MX_2$ 结合 H 原子太弱（$\Delta G_H$ 在 $0.5 \sim 2.5$ eV），即使对于结合最强的 $1T\text{-}PdS_2$，其 $\Delta G_{HX}$ 已经为正值，接近 0.5 eV，此时，结构的稳定性将成为提高催化性能的瓶颈。而金属性体系有以下不同特点：①其 H 原子吸附自由能分布范围显著减小，在 $0.05 \sim 1.00$ eV；②硫化物和硒化物的趋势线区别明显，硫化物的催化性能更加优越；③从工程设计调节性能角度来说，金属性体系的 $\Delta G_H$ 和 $\Delta G_{HX}$ 的反相关斜率较小、相关度较差。这说明过渡金属元素种类对体系催化影响相对较小，同时也使得牺牲体系稳定性来提高活性更加困难，必须选择已经具有较高稳定性的体系进行。从图中可以看到，第 5 族（V、Nb 和 Ta）的 $MS_2$ 具有和 $1T\text{-}MoS_2$ 可比拟的活性，而且 $NbS_2$ 和 $TaS_2$ 具有很好的稳定性，它们将是最具有潜力的产氢反应催化剂。这些 $\Delta G_H$ 和 $\Delta G_{HX}$ 的反向依赖关系在边界结构中也同样存在，和表面活性的差别主要在以下几个方面：①一般来说，由于边界存在未饱和键，它们结合 H 原子的能力显著增强。这相当于将体结构中的相关数据点向下移动，这样可以实现在保持稳定性不变的同时，进一步优化 $\Delta G_H$，使其接近于零。②相比于半导体性材料，金属性 $MX_2$ 的边界增强效应不明显，但仍可保持和平面内相同的活性。对于 $1T\text{-}MoS_2$，实验已经显示其边界同样具有良好的催化活性[27, 28]。

在以上工作的基础上,Pandey 等[29]计算了 100 种过渡金属氧化物和硫族化合物的 2H 和 1T 相对产氢反应的活性。与前述工作所阐述的趋势类似,当硫族元素电负性增加时,H 原子吸附自由能增加。除此以外,不同数据被按照同一族金属元素进行处理,同时吸附 H 原子后造成的多种扭曲,并不能得到 2H 和 1T 相两种催化活性的显著差别。但是,有两组结构显示有意思的差别:第 4 族(Ti、Zr 和 Hf)的 MX$_2$ 中 2H 相比 1T 相结合显著增强,而第 6 族(Cr、Mo 和 W)的趋势则正好相反,如图 10.7(a)所示。他们通过分析硫族元素的 p 能带中心(类似于 d 能带中心理论,通过投影态密度的一阶矩得到)相对于费米面的位置发现其与氢原子吸附自由能有很高的相关性。p 能带位置越接近费米面,可以带来更好的杂化键合,从而增加 H 原子吸附自由能。

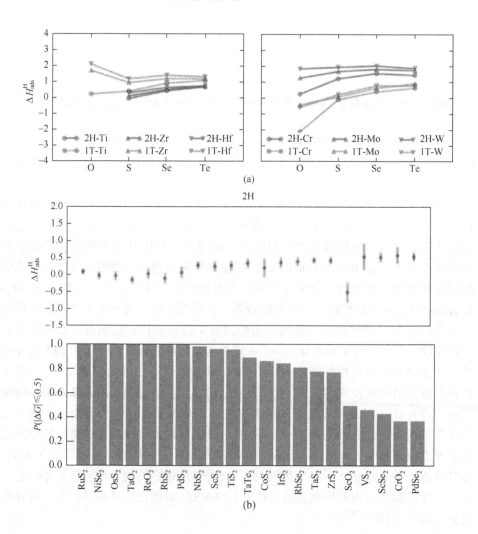

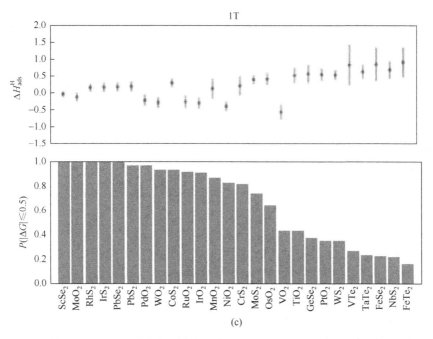

图 10.7 （a）第 4 族和第 6 族过渡金属硫族化合物的 2H 和 1T 相的氢原子吸附自由能；多种 2H（b）和 1T 相（c）复合物在 0.25 单层氢覆盖率条件下的氢原子吸附自由能及其不确定度和吸附自由能位于−0.5～0.5eV 范围内的概率[29]

　　该工作的一个重要特色在于引入概率方法来辅助材料的筛选。一方面，通过 BEEF-vdW 系综[30]计算可以得到 H 原子吸附自由能的误差范围（$\sigma$）。另一方面，已知最优的 H 原子吸附自由能为 0 eV，考虑覆盖率、应力、衬底及结构扭曲等多种因素对吸附自由能的影响，则 $\Delta G_H$ 在[−0.5, 0.5]eV 区间内都可以被接受。假设正态分布，可以计算在允许能量范围内的概率[$P(|\Delta G_H| \leqslant 0.5)$]为

$$P(|\Delta G| \leqslant 0.5) = \frac{1}{\sqrt{2\pi\sigma^2}} \int_{-0.5-\bar{E}}^{0.5+\bar{E}} \exp\left(-\frac{E^2}{2\sigma^2}\right) dE \qquad (10.2.1)$$

其中，$\bar{E}$ 为不同体系的吸附能平均值。图 10.7（b）和（c）中显示了 21 种 2H 相和 26 种 1T 相的计算结果。从中可以看到，1T 相 MoS$_2$ 和 WS$_2$ 都被准确筛选出来，虽然并不是最高的概率，这一结果和实验相符。同时，前人工作中已知的具有较高催化活性的 NbS$_2$ 和 VS$_2$ 也被筛选出来，1T 相 TaS$_2$ 被遗漏，但这些结果对于这一粗略近似已经可以接受。在筛选出这些结构后，下一步需要进行的就是稳定性分析，可以从两个角度对其进行考虑：①与体结构或者标准态能量比较，以判定这些二维材料的分解概率；②2H 和 1T 相的相对稳定性。第一条可以通过和开放量子材料（OQMD）数据库[31]的凸包图的最低点进行对比来判定。考虑即使是亚

稳定性材料也具有一定的可能被合成，可以设定可接受的能量误差范围在 0.4 eV（对第一条判据）和 0.3 eV（对第二条判据）左右。通过这些筛选后，可以得到最终的候选者，包括 2H 相 $PdS_2$、$TiS_2$、$TaTe_2$、$ZrS_2$ 和 $PdSe_2$ 及 1H 相 $CrS_2$、$VTe_2$ 和 $TaTe_2$，当然，这些结果仍然需要进行相关实验来验证，而实验验证结果能够帮助筛选过程进一步优化。

利用氢原子吸附自由能虽然能够得到催化剂活性和 $\Delta G_H$ 之间的关系，根据 Sabatier 原理，很容易得到相应的"火山曲线图"，而火山的尖顶对应的即是性能最为优化的体系[32, 33]。但是当计算的候选体系数目非常巨大时，则 $\Delta G_H$ 作为描述符显得效率较低，这时需要寻找催化体系更加本质的参数作为描述符。为了实现这一目的，需要对催化体系和氢原子之间的相互作用进行深入分析。Liu 等[34]以 $MX_2$ 为例，研究了氢原子吸附对其电子结构的影响。分析发现氢原子吸附并不会对能带结构造成可观察变化，这样，氢吸附过程可以被认为对应于电荷转移过程，类似于前述对锂原子在碳材料上吸附[6]和碱金属在二维材料上插层[9]。在这种刚性能带近似下，由于初始态都可以选定为同一参考点，显然，氢原子吸附自由能的大小将由其电子最终填充的能级（最低的未占据态）位置 $\varepsilon_{LUS}$ 决定。对于金属来说，$\varepsilon_{LUS}$ 即是费米能位置；而对于半导体来说，氢原子引入的态都是位于导带底附近的浅杂质态，从而 $\varepsilon_{LUS}$ 可以由导带底的位置来近似。只要确定了统一的真空能级参考点，$\varepsilon_{LUS}$ 位置越低，则 $\Delta G_H$ 越强。$\varepsilon_{LUS}$ 和 $\Delta G_H$ 之间的线性关系确实被对第 4、5、6、7 和 10 族最稳定的 $MX_2$ 的计算所证实，如图 10.8（a）所示。而利用传统的硫族原子上的电荷和 d 能带中心则不能给出很好的线性关系 [图 10.8（b）和（c）]。从线性关系图中可以看出：①在同一金属硫族化合物中，随着硫族元素逐渐增大，$\varepsilon_{LUS}$ 位置逐渐升高。这和硫族原子增大后，态更加弥散相关。②金属性的 $MX_2$（第 4 和 5 族）的 $\varepsilon_{LUS}$ 位置比半导体性 $MX_2$（第 6、7 和 10 族）更低，因而具有更高的 $\Delta G_H$。这和 Tsai 等[26]的结果一致。通过 $\varepsilon_{LUS}$ 位置和 $\Delta G_H$ 对比可知，当 $\varepsilon_{LUS}$ 在 $-6.4\sim-5.5$eV 时对应于 $\Delta G_H$ 在 $-0.5\sim0.5$eV，可以作为一个较好的催化剂筛选条件。从计算结果中可以发现，2H 相的第 5 族硫族化合物（$VS_2$、$NbS_2$ 和 $TaS_2$）的 $\varepsilon_{LUS}$ 都在 $-5.7$ eV 以下，且接近筛选窗口的中间位置，将给出最好的催化性能。这一预测被对 2H 相的 $TaS_2$ 实验中观察到，随着反应进行，$TaS_2$ 层逐渐分离，使得其表面位置更多地暴露出来，因此催化性能逐步提升。

$\varepsilon_{LUS}$ 作为描述符可以很好地应用于硫族化合物，但是刚性能带要求氢原子和催化剂本身态之间的杂化较少。同时，氢原子吸附浓度不能太高，转移的电子数越多，对体系的影响将越大，从而偏离刚性近似。因此，它在其他体系的适用性仍需要进一步的测试。另外，不同体系也可以具有不同的催化性能描述符。Ling 等[35]通过对第 3~6 族共 10 种氧饱和的过渡金属碳化物（MXene）研究发现，表面氧原子的得电子数（$N_e$）可以作为一个很好的描述符。在 MXene 体系中，氢吸附

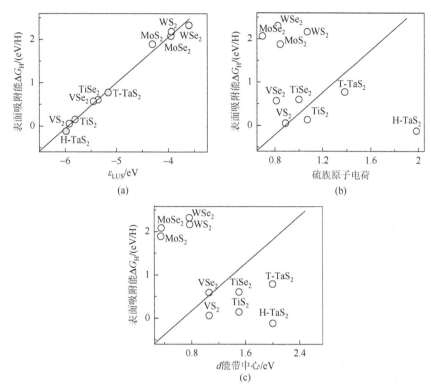

图 10.8　氢原子在多种二维材料表面吸附能随 $\varepsilon_{LUS}$（a）、硫族原子电荷（b）及 d 能带中心（c）的变化关系[34]

能 $\Delta E_H$ 与氢和氧原子之间的轨道杂化直接相关。图 10.9（a）以图解的形式展示了氢原子的 1s 轨道和氧原子的 $2p_x$ 轨道之间的杂化过程，两轨道杂化后形成一个完全占据的成键 $\sigma$ 态和一个部分占据的反键 $\sigma^*$ 态。根据经典化学键理论，反键 $\sigma^*$ 态电子占据数越多，则氢结合能 $\Delta E_H$ 越弱。具有不同提供电子能力的过渡金属可以调节氧原子得到电子的数目 $N_e$，从而改变 H—O 键的强弱。因此可以预测 $\Delta E_H$ 和 $N_e$ 之间存在很好的关联性。图 10.9（b）显示了它们之间很强的线性关联。与元素周期律一致，当过渡金属在元素周期表同行从左到右，同族从上到下变化时，氧得到的电子数目越来越少。这样良好的线性关系表明，$N_e$ 可以作为一个本征的描述符。为了更清楚地看出这一点，基于 $\Delta E_H$，可以进一步得到氢原子吸附自由能|$\Delta G_H$|和 $N_e$ 的关系，如图 10.9（b）所示，呈现漂亮的火山图形。如果以|$\Delta G_H$|≤0.2 eV 作为考虑了多种可能误差后的筛选标准，则其对应的 $N_e$ 优化范围为 0.895～0.977 个电子。

从图 10.9（c）中可以看出，大部分的碳化物都在这一范围之外，$\Delta G_H$ 在 0.12 eV 附近的两个体系分别为 $Ti_2CO_2$ 和 $W_2CO_2$。这两个体系都具有自身内在的缺点，$Ti_2CO_2$ 是一个半导体，电导性较差；而 $W_2CO_2$ 的三维体结构并不存在，合成较困

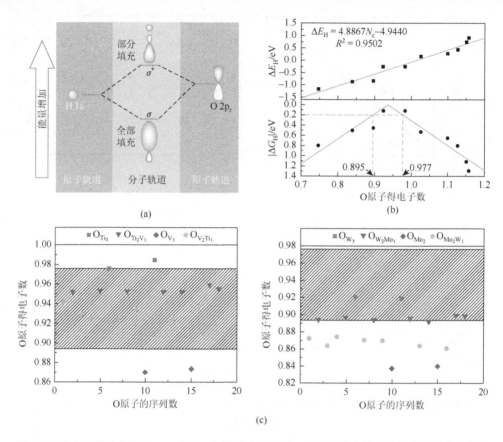

图 10.9 （a）O 饱和的 MXenes 中 H—O 键形成示意图；（b）氢结合能（上）和吸附自由能的绝对值（下）随着 MXenes 中 O 原子得电子数的变化关系；（c）TiVCO₂ 和 WMoCO₂ 合金中不同 O 原子的得电子数[35]

难。尽管如此，在优化的 $N_e$ 左右两边体系结合氢的能量分别太强和太弱，相对于最优化体系，分别对应过渡金属缺少电子和富余电子。如果将这些材料进行合金化形成 $M'M''CO_2$，则有可能实现最优化的结合。在 $M'CO_2$ 和 $M''CO_2$ 具有相同的表面氧吸附构型的限制下，Ling 考虑了 7 种候选体系，包括 $TiVCO_2$、$ZrVCO_2$、$NbVCO_2$、$HfVCO_2$、$TaVCO_2$、$WCrCO_2$ 和 $WMoCO_2$。在非均一合金条件下，根据 O—M 键结合类型可将表面氧分为四类：①O 和三个 M′金属结合（$O_{M_3'}$）；②O 和两个 M′及一个 M″结合（$O_{M_2'M_1''}$）；③O 和一个 M′及两个 M″结合（$O_{M_1'M_2''}$）；④O 和三个 M″结合（$O_{M_3''}$）。通过对 7 种合金体系中多个不同 O 类型的电子数计算发现，$TiVCO_2$ 和 $WMoCO_2$ 两个体系中存在最多的优化活性位点，如图 10.9（c）所示。可以看到，同一类型的 O 原子得电子数目几乎保持不变，说明碳化物表面氧的具体几何结构对 O 原子得电子影响较小，其与金属结合数目基本决定了其得电子的多少。根据前面所得的优化 $N_e$ 数目，TiVCO$_2$ 中的 $O_{Ti_2V_1}$ 和 $O_{V_2Ti_1}$ 及 WMoCO$_2$ 中的 $O_{W_2Mo_1}$ 都是产氢反应的高度活性位点。更完整的计算显示，$O_{Ti_2V_1}$、$O_{V_2Ti_1}$ 和 $O_{W_2Mo_1}$ 的氢吸附自由能分别为 0.01～0.06eV、–0.16～–0.11eV 和–0.28～–0.21eV；此外，由于 $O_{Ti_2V_1}$ 和 $O_{V_2Ti_1}$ 都在 TiVCO$_2$ 体系中，从而提供了更多活性位点，TiVCO$_2$ 是一个理想的产氢反应催化剂。更为重要的是，通过与 V 的合金化，TiVCO$_2$ 从 TiCO$_2$ 的半导体性变成金属性，从而更加有利于活性的提高。而推广到过渡金属原子掺杂的 MoS$_2$ 的 S 边缘，边界 S 原子获得的电子数也和氢原子吸附自由能具有良好的线性关系，从而说明此描述符具有一定的普适性。由于不同的体系，需要考虑的阴离子可能不同，这会在一定程度上限制它的推广，但是对于一个子集优化可以非常有效。

### 2. 各种调制方法

鉴于仅仅从纯的二维结构中实现最优的催化性能非常困难，寻找有效方法来提高体系活性就变得至关重要，主要的几种方法包括掺杂、引入硫族元素空位、衬底和应变等。应变是其中最为直接的一种方法。Voiry 等[25]以 1T 相 WS$_2$ 为对象首先研究了应变对金属性 MX$_2$ 催化性能的调制作用。以 WS$_2$ 为对象的一个优势在于它的 1T 相具有相对较高的稳定性，其到 2H 相的转变势垒高达 0.95 eV（计算结果），从而能够在较长时间内保持结构的稳定。无应变状态下 1T 相 WS$_2$ 的 $\Delta G_H$ 为 0.28 eV，当施加的拉应变达到 2.7%（在二维材料中，此应变水平可以实现）时，$\Delta G_H$ 接近于零，达到最优的催化性能，如图 10.10（a）所示。与此形成鲜明对比，2H 相的 WS$_2$ 在施加 4%的应变时，$\Delta G_H$ 仍然高达 2 eV。他们认为，1T 相 WS$_2$ 在拉应变下催化性能的提升主要和其费米面附近电子态密度提高有关，这显然可以提高体系的电导率，但是如何改变 S—H 键强度仍然需要进一步分析。同时，实验中 1T 相 WS$_2$ 的应变状态并不均匀［图 10.10（b）］，拉伸和压缩应变同时存在，而压缩应变并不能提高催化活性。更有目的性的工程设计有可能进一步优化催化性能。

Tsai 等[36]研究了在 MoS$_2$ 的 S 边界结构中引入 19 种过渡金属元素对催化性能的影响。由于不同的过渡金属元素会改变边界与 S 原子的键合强度，需要对体系的稳定构型进行系统的研究。不同过渡金属的最稳定结构的边界 S 覆盖率不尽相同，总体趋势是当掺杂金属和 S 的结合越强，边界 S 的覆盖率就越高，具体的结构可参考文献[36]。在最稳定的边界结构基础上，H 原子也可以存在最稳定的覆盖率，在最稳定的 H 覆盖率的结构中可以得到最终的 $\Delta G_H$。不同掺杂情况下 $\Delta G_H$ 的数值如图 10.11（a）所示，可以看到 $\Delta G_H$ 几乎可以被连续地调节。与已知具有催化活性的 Mo 边界进行比较，可以发现 6 种金属（Ru、Rh、Co、Fe、Mn、Ta）具有更接近零的 $\Delta G_H$，可能提供更好的催化活性。

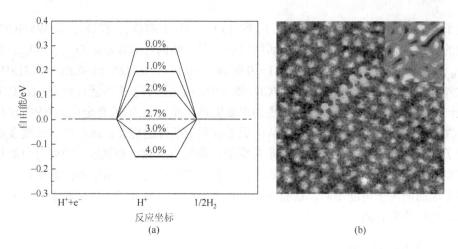

图 10.10 不同应变下 $WS_2$ 表面氢原子吸附自由能（a）和剥离 $WS_2$ 的高分辨率的扫描传输电子谱显示出 1T 相区域（b）[25]

内插图显示的是由高角环形暗场像得到的应变分布图；亮和暗处分别对应应变拉伸与压缩区域

如前所述，掺杂元素主要是通过先改变其与 S 原子的结合强度来间接影响 S 和 H 原子的结合。为了更好地描述掺杂元素对边缘 S 原子结合和覆盖率的影响，Tsai 等选取单一 S 原子在裸露的金属边界的吸附自由能 $\Delta G_S$ 作为热动力学描述符。虽然这一边界的选取并不直接对应于研究产氢反应的 S 边界，但它提供了一个统一的参考点。将得到的各种掺杂 S 边界最稳定的 S 覆盖率随 $\Delta G_S$ 变化的关系列于图 10.11（b）中，可以看到，金属—S 键强越强，$\Delta G_S$ 越负，对应的 S 覆盖率就越高。贵金属的边界 S 覆盖率最低，仅为 0.25 个单层。在裸露金属边界的单个 S 原子上的 H 原子吸附能 $\Delta G_{H-S}$ 可以作为 H 原子成键强度的特征表示。$\Delta G_{H-S}$ 和 $\Delta G_S$ 的关系展示于图 10.11（c）中，可以看到它们之间表现出很好的负相关性。综合图 10.11（b）和（c）的结果可知，金属—S 键越强，H—S 键就越弱。基于这种负相关性，$\Delta G_S$ 有可能作为产氢反应的描述符。由于以上讨论是基于一个模型化简单的裸露金属边界进行的，为了进一步证实上述结果，可将 $\Delta G_H$ 和 $\Delta G_S$ 的关系列于图 10.11（d），它们之间的负相关补偿效应仍然很好地保持。需要强调的是，$\Delta G_H$ 是在 S 边界不同 S 和 H 覆盖率下得到的数据，这说明 $\Delta G_S$ 可以作为描述产氢反应的一个重要的描述符，并不敏感地依赖于具体的结构。虽然低 S 覆盖率条件下，H 原子可能会吸附到金属原子上，但实际计算表面，H 更倾向吸附于 S 原子上。因为当 S 覆盖率变低时，说明此时金属的活性更低，那么 S 原子结合 H 原子的能量则相对变强。此外，图中 $MoS_2$ 和 $WS_2$ 的金属边界的结果也很好地符合了总体趋势，更进一步证明这一结论的普适性。这些结果说明，$\Delta G_S$ 不仅可以作为结构稳定性的描述，而且可以作为产氢反应的描述符。

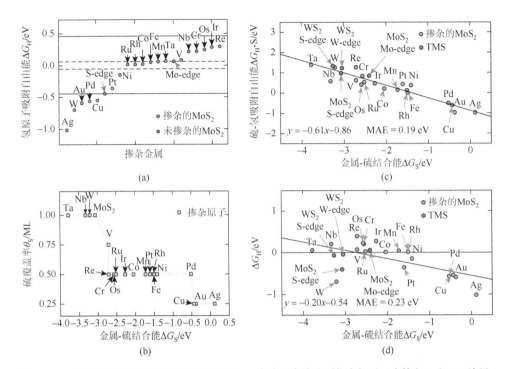

图 10.11　(a)掺杂 $MoS_2$ 的氢吸附自由能 $\Delta G_H$；实线和虚线分别代表相对于未掺杂 S 和 Mo 边界，$\Delta G_H$ 更接近于 0 的区域；(b)稳定的 S 覆盖率随着 S 在掺杂金属边界的吸附自由能 $\Delta G_S$ 的变化；(c)H-S 结合能和(d)稳定氢吸附率情况下差分氢吸附自由能随特征金属-S 结合能 $\Delta G_S$ 的关系[36]

与通过边界原子的掺杂来实现性能的调制相比，对基面进行掺杂实现表面的活化显得更加有效。Deng 等[37]利用理论和实验相结合证实了这一策略的可行性。首先通过对 $MoS_2$ 进行 Pt 单原子掺杂的研究发现，Pt 原子倾向于取代 Mo 原子。取代发生后，Pt 原子是四配位，附近的两个 S 原子形成悬挂键。这些 S 原子上 $\Delta G_H$ 接近于 0，比 $MoS_2$ 边缘 $\Delta G_H$（0.1 eV）还低，从而可以提高体系的催化性能，这和实验结果一致。为了形成一个对基面过渡金属掺杂的系统认识，进一步对 14 种金属掺杂 $MoS_2$ 的情形计算表明，这些催化体系的交换电流和 $\Delta G_H$ 之间存在经典的火山曲线关系，如图 10.12 所示。最优化的掺杂元素为 Pt 和 Ag。在它们左边的掺杂元素（Pd、Au、Zn、Cu 等）形成的都是四配位构型，而其右边的掺杂元素（Ti、V、Fe、Mn 等）形成的都是六配位构型，如内插图所示。这些结构的形成和金属的活性相关，同时，d 电子越多的金属越容易形成四配位构型。Pt 掺杂对催化性能的改进还和其对电子结构的改变有关。掺杂以后，形成悬挂 S 原子的 p 电子态和边界 S 硫原子十分相似，从而对电学性质也有一定程度的改进。需要注意的是，要想利用掺杂方法对催化性能进行优化，仍面临以下两个挑战：①掺杂原子的掺杂浓度一般不高，而悬挂 S 原子的形成，可能会在保证结构完整性要求下进一步限制其浓度的提升。②掺杂后虽然引入和边界 S 原子类似的电子态，但这些电子态仍然主要是深入能隙的带隙态，它们对电导性提升的贡献较为有限。

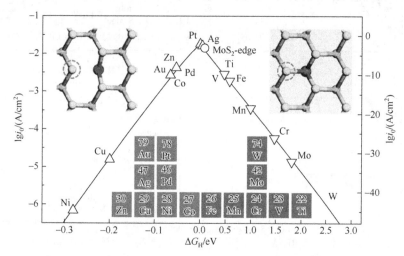

图 10.12　电流和掺杂 MoS$_2$ 的氢原子吸附自由能之间的火山图[37]

左右两个内插图分别对应四配位和六配位掺杂原子的结构图，虚线圈标示了氢吸附位置；
黄、绿和蓝（紫）色球分别对应 S、Mo 和掺杂原子

与过渡金属掺杂的浓度难以提高不同的是，S 空位的浓度可以通过多种方式控制。利用 Ar 等离子体轰击实验并结合第一性原理计算，Li 等[38]研究了利用空位和应变结合的方法调制 MoS$_2$ 催化性能的可行性。图 10.13（a）显示了计算得到的不同空位浓度下 $\Delta G_H$ 的变化规律。当无空位时，$\Delta G_H$ 高达 2 eV，说明 MoS$_2$ 基面基本无活性。当引入 3.12%的空位时，H 原子倾向吸附于暴露的 Mo 原子上，$\Delta G_H$ 已经降到 0.18 eV。在空位浓度在 9%～19%，$\Delta G_H$ 在-0.08～0.08 eV，此时性能已经可以和 MoS$_2$ 边界比拟。图 10.13（b）显示了在一定空位浓度下，外加应变负载对 $\Delta G_H$ 的影响。与 2H 相 WS$_2$ 的结果类似，无空位时，应变对 $\Delta G_H$ 的改变非常有限；S 空位浓度越高，达到最优化的 $\Delta G_H$ 所需要的应变就越小。例如，3.12%和 12.50%S 空位浓度条件下，对应的优化应变为 8%和 1%左右。考虑到空位浓度越高，其结构稳定性越差，而用一般手段实现的应变水平也有限，合适的空位浓度应该在 12.50%附近。

空位的引入对电子结构的改变可以进一步说明其对催化活性的调制。图 10.13(c)显示了 S 空位浓度为 25%时的能带结构，中间加粗显示的三条能带主要由 S 空位贡献。这些能带的色散性是由高浓度下 S 空位之间的相互作用引起的，与增加的电子在 S 空位之间的跃迁一致。这些杂质态一方面降低了体系的带隙，另一方

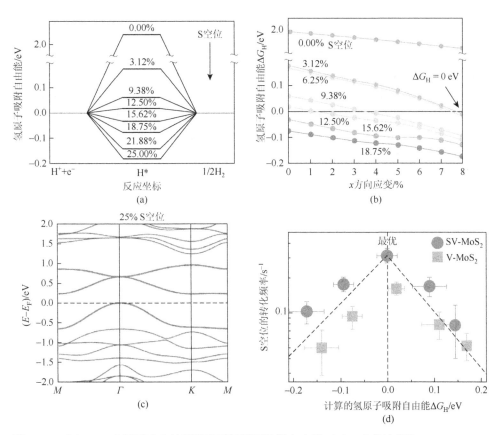

图 10.13　(a) $MoS_2$ 在不同空穴浓度情况下氢原子吸附自由能；(b) S 空位浓度为 0%～18.75%，氢原子吸附自由能与应变的关系；(c) S 空穴浓度为 25% 时 $MoS_2$ 的能带结构；(d) 在无应变（V-$MoS_2$）和有应变（1.35%，SV-$MoS_2$）两种情况下，实验转化频率与计算得到的氢原子吸附自由能之间的关系[38]

面又增加了体系在费米面附近的态密度，从而显著增强和 H 原子之间的相互作用。在此基础上，施加应变可以进一步将这些杂质态向费米面移动，从而减小带隙并增加费米面附近的态密度。这些都有利于 H 原子吸附。结合实验的转化频率（turnover frequency）和实验计算得到的 $\Delta G_H$ 火山图［图 10.13 (d)］证明了上述的重要结论：①施加应变后的含 S 空位样品（SV-$MoS_2$）比无应变条件下的样品（V-$MoS_2$）活性更高；②S 空位浓度在 12.50% 附近给出的催化活性最高。实际上，SV-$MoS_2$ 样品是 $MoS_2$ 体系中催化活性最高的，比纳米颗粒、垂直纳米片、无定形团簇甚至 1T 的金属相都更加有效。

虽然 S 空位可以通过等离子体轰击引入，但是其效率较低。Tsai 等[39]进一步提出利用电化学方法引入 S 空位。在还原性气氛下，溶液中的质子和 S 可以发生如下反应：

$$*S+H^+ + e^- \longrightarrow *SH$$

$$*SH+H^+ + e^- \longrightarrow H_2S(g)+ *$$

（10.2.2）

其中，*代表 S 空位，而添加了*前缀的元素符号代表了吸附于 S 空位的小分子，此时*S 代表了完美的 $MoS_2$。利用 $H_2S$ 产生的总反应式[$*S + 2H^+ + 2e^- = H_2S(g) +*$]，在假定 $H_2S$ 的气压为标准腐蚀电阻时的气压，结合计算氢电极模拟则可以得到电压依赖的形成能。计算得到的 S 空位和附着不同的吸附物时体系相对于完美 $MoS_2$ 的表面能随着所加电压的变化如图 10.14（a）所示。图中 S 空位浓度为 3.1%，可以看到：①S 空位体系可以在相对于可逆氢电极电压$-1.0$ V 时变得比完美结构更加稳定；②H 吸附的 S 空位体系分别在$-0.3$ V 和$-0.5$ V 时比 OH 吸附的 S 空位及 S 空位体系稳定，从而一方面，可以避免活化的 S 空位被 OH 毒化的可能性，另一方面，一旦 S 空位产生，它随即会被 H 原子吸附。

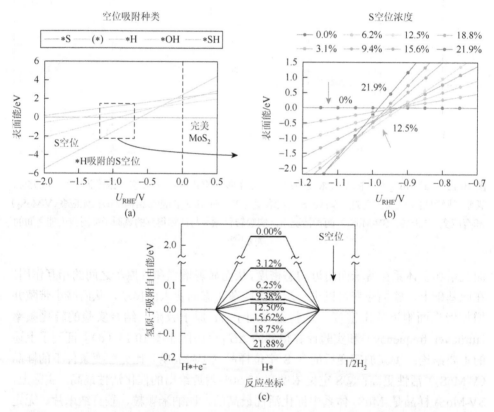

图 10.14　（a）在 3.1%S 空位浓度下，不同吸附物的表面能与电压的函数关系；图中，*代表 S 空位体系，不同的吸附物体系由对应的吸附基团加前缀表示，如*S 代表在 S 空位体系吸附 S，即对应完美 $MoS_2$；（b）不同 S 空位浓度体系相对于完美 $MoS_2$ 的形成能随电压的变化关系；（c）不同 S 空位浓度时氢原子吸附自由能图[39]

　　如果进一步比较不同 S 空位浓度的形成能[图 10.14(b)]，3.1%、6.2%和 9.4%S 空位浓度的形成能类似，而 12.5%的 S 空位更容易形成。这主要是因为 S 空位倾向于团聚，并沿着锯齿形方向成链排布。而当 S 空位浓度进一步提高时，S 空位进一步产生所需的能量会超过团聚的收益，这样形成能又进一步升高。有意思的是，与前面利用 Ar 等离子产生 S 空位的研究相比，这里的能量最低的 S 空位构型恰好位于催化活性最优化的浓度附近。更直接的 $\Delta G_H$ 的计算表明，S 空位的团簇化不会对具有最优化催化性能的空穴浓度产生较大改变［对比图 10.14（c）和图 10.13（a）］。至此为止的讨论都主要基于整体热动力学过程，如果细致地考虑不同中间步骤（$*S + H + e^- \Longrightarrow *SH$）可能会引入额外的势垒，但是并不会对结论产生本质影响。

　　衬底的作用由于需要考虑作用强度较弱的 vdW 相互作用，需要较为准确的泛函才有可能准确描述。Tsai 等[40]采用包含了 vdW 相互作用的 BEEF 泛函研究了衬底对 $MoS_2$ 边界催化活性的调节作用。前人的研究表明不同边界稳定时 S 覆盖率不同，Mo 边界最稳定时被单 S 原子覆盖，而 S 边界则被单原子和二聚体交替覆盖[41]。不同 $MoS_2$ 体系中，活性最高时的氢吸附覆盖率在 0.25～0.50 个单层。在考虑了单层 $MoS_2$、堆垛 $MoS_2$ 及它们在 Au(111) 和石墨烯衬底上多种情形后，Mo 边界 0.25 个和 0.50 个单层两种覆盖率条件下，$\Delta G_H$ 与 $MoS_2$ 和衬底的结合能之间的关系如图 10.15 所示。从图中可以看出如下规律：①相比于无衬底情况下 Mo 边界 0.06 eV 的 $\Delta G_H$，与 Au(111) 和石墨烯衬底的相互作用显著降低了氢吸附强度，$\Delta G_H$ 分别变成 0.39 eV 和 0.24 eV（同为 0.50 个单层覆盖率情况下）。②衬底相互作用主要是短程相互作用，当堆垛 $MoS_2$ 吸附于 Au 或者石墨烯衬底上时，$\Delta G_H$ 改变很小。③衬底吸附强度和 $\Delta G_H$ 之间存在明显的反相关特性。从 0.25 个单层覆盖率的曲线中可以看出，当平均到每个 Mo 原子的吸附强度达到 0.3 eV 时，体系的催化性质达到最优。对 0.50 个单层覆盖率来说，氢原子吸附强度已经太弱，通过衬底调制催化效率会变得更低。相比于 Mo 边界，S 边界情况下 0.25 个单层 H 覆盖率时，所有的 $\Delta G_H$ 更大（0.14 eV），催化效果更差。同时，吸附于 Au(111) 或者石墨烯衬底上对 $\Delta G_H$ 影响很小。当然，如果衬底相互作用可以改变 S 边界最稳定结构，则有可能提高催化性能。例如，全部由二聚体覆盖的 S 边界的 $\Delta G_H$ 为 −0.02 eV，具有很高的催化活性。

　　衬底对 Mo 边界活性的改变可以从电子结构的变化上加以分析，特别是不同原子的投影态密度，包括基面 S 和边界 S 的 p 轨道及 H 的 s 轨道。与基面 S 相比，边界 S 在费米面附近引入更高的态密度，与它增强的 H 吸附能力一致。而吸附于 Au(111) 和石墨烯上时，边界 S 态密度的形状并未发生重大变化，只是发生了向下移动，因此衬底和 Mo 边界的相互作用可以看成是一种电荷转移过程。电荷转移的多少和态密度向下移动的量直接相关。Au(111) 和 Mo 边界相互作用越强，

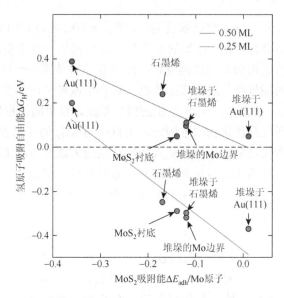

图 10.15　当 $MoS_2$ 吸附于不同衬底时，0.25 个和 0.50 个单层 S 覆盖率的 Mo 边界氢原子吸附自由能与 $MoS_2$ 在衬底上吸附能的关系图[40]

向下移动的距离越大；与之对应，H 的 s 轨道也向下移动，并且反键轨道变得被占据。显然当反键轨道电子数越多时，H 的结合能就越弱，而 $\Delta G_H$ 则越大。

　　至此为止，已经讨论了前人对多种二维体系的产氢反应的深入研究，但是这些模型都是理想化的真空模型，并没有考虑溶液的影响，同时这些模型都是常电荷过程，并不能直接反映实际电催化反应中的常电压过程。为了描述水溶液环境，需要使用 Nørskov 等提出的水-固体界面模型[42]。而为了描述电压对反应能和活化能的影响，则需要使用带电水-固体界面双层模型[43, 44]。这一模型在水-固体界面模型中引入额外的 H 原子，水和催化剂固体衬底随后将分别被质子和电子带电；体系的电压可以通过与功函数联系得到，而其与参考电压的关系可以通过双层介电层能量与电压的二次函数关系拟合得到。Tang 和 Jiang[45]利用这一模型详细研究了 1T 相 $MoS_2$ 表面发生产氢反应的三个过程，即 Volmer、Heyrovsky 和 Tafel 反应过程。其中前两个反应过程涉及质子-电子转移，将以 Volmer 反应为例说明这一做法。由于反应过程涉及质子-电子转移，因此体系功函数也会发生变化，即电势不再是一个常数。这时需要采用带电水-固体界面双层模型中的拟合步骤来获得特定电压附近反应的势垒。由于特定电压对应的体系水层中质子浓度应该保持不变，一般采用终态的质子浓度为特定值。然后通过改变不同体系的大小，此时不同体系内反应过程中质子数目的变化对功函数变化 $\Delta U$ 的影响不同。利用不同体系中得到的反应能 $\Delta E$ 和活化能 $E_a$ 与 $\Delta U$ 线性拟合，即可得到无限大原胞下（$\Delta U = 0$）的对应值。

　　特定的电压需要通过改变不同原胞下的质子数目计算功函数得到。Tang 等发现，当体系的质子浓度为 1/8 时对应的电势为–0.22 V，类似于实验中 1T 相 $MoS_2$ 的过电势范围（–0.3～–0.2V），因此可以作为质子浓度的选择依据。另一需要注意的问题是水层模型的建立。1T 相 $MoS_2$ 最稳定地吸附 H 原子浓度为 25% 左右，在这种情况下，由于表面非完全的周期性，水层也不会呈现完美的周期性结构。水层模型的建立一般需要采用分子动力学模拟，并取最稳定结构构建。例如，对于有 25%H 原子覆盖率的 1T 相 $MoS_2$，在没有 H 原子覆盖的 S 原子上方，$H_2O$ 分子中的 H 原子倾向于朝下指向；而在 H 原子覆盖 S 原子上方的 $H_2O$ 分子倾向于水平排列。在建立这些基本模型并了解基本方法后，就可以对各个反应进行细致研究。图 10.16（a）和（b）显示了产氢反应的第一步 Volmer 反应在 $6\times4\sqrt{3}$ 和 $9\times4\sqrt{3}$ 两种不同超胞下的最小能量路径图。可以看到过渡态时，将转移的 H 原子和 S 及 O 原子都已成键。过渡态的势垒在两种模型下分别为 0.004 eV 和 0.05 eV。当然，由此图也可以得到相关的反应能。为了利用外插方法，可以计算更多不同的原胞，对应不同初末态的电势差。图 10.16（c）和（d）分别显示的是对三个不同

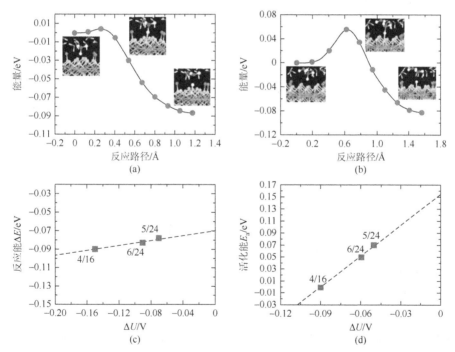

图 10.16　（a）和（b）Volmer 反应在两个不同 1T-$MoS_2$ 模型下的最小能量路径图；（a）$6\times4\sqrt{3}$ 超胞，终态 H 原子覆盖率 4/16，质子浓度 2/16；（b）$9\times4\sqrt{3}$ 超胞，终态 H 原子覆盖率 6/24，质子浓度 3/24；内插图分别显示了初始态、过渡态和末态的原子坐标图；Volmer 反应的反应能（c）和活化能（d）随着电极电压（$\Delta U$）变化的关系图；4/16、6/24 和 5/24 代表了末态表面 H 原子覆盖率，所有情况中，末态的质子浓度都为 1/8[45]

原胞大小计算得到 Volmer 反应的反应能和活化能。通过外插到 $\Delta U = 0$，可以得到反应能和活化能分别是-0.07 eV 和 0.16 eV。这一结果证实了 Volmer 反应过程确实为产氢反应中的快速过程，不会对反应动力学产生重大影响，而第二步氢脱附的过程为决速步骤。利用类似的方法，可以得到 Heyrovsky 反应的反应能和活化能分别是-0.80 eV 和 0.62 eV。与前两个反应形成对比，Tafel 反应过程不涉及质子输运过程，因此不会依赖于电势，但是它仍然会依赖于不同的 H 原子覆盖率。在能量最优的 25%覆盖率条件下，Tafel 过程的活化能大于 1 eV。这些结果说明 1T 相 $MoS_2$ 的产氢反应遵循了 Volmer-Heyrovsky 机制。这一反应机制和 2H 相 $MoS_2$ 的 Mo 边缘产氢反应机制一致，但是边缘过程的活化能为 0.78 eV。

## 10.2.2  氧还原反应

相比于 HER，氧还原反应（ORR）复杂得多，这里主要考虑四电子的完全反应过程。同时，考虑 $O_2$ 分解势垒非常高，联合机制（associative mechanism）是本书的重点。ORR 在酸性和碱性溶液中的基本反应略有不同。酸性条件下：

$$
\begin{aligned}
O_2 + * &\longrightarrow *O_2 \\
*O_2 + (H^+ + e^-) &\longrightarrow *OOH \\
*OOH + (H^+ + e^-) &\longrightarrow *O + H_2O \\
*O + (H^+ + e^-) &\longrightarrow *OH \\
*OH + (H^+ + e^-) &\longrightarrow H_2O + *
\end{aligned}
\qquad (10.2.3)
$$

碱性条件下：

$$
\begin{aligned}
O_2 + * &\longrightarrow *O_2 \\
*O_2 + H_2O + e^- &\longrightarrow *OOH + OH^- \\
*OOH + OH^- + e^- &\longrightarrow *O + 2OH^- \\
*O + OH^- + H_2O + e^- &\longrightarrow *OH + 2OH^- \\
*OH + e^- &\longrightarrow OH^- + *
\end{aligned}
\qquad (10.2.4)
$$

其中，*代表活性位点。

在各种低维材料中，异质掺杂的各种碳材料的 ORR 性能被研究得最为透彻。一般认为，异质掺杂打破了完美碳材料中中性的 π 键，从而显著提高了掺杂体系的催化性能。实验中尝试的各种掺杂元素包括 B、N、P、S 及它们的共掺杂甚至三元掺杂，再加上基底材料可以有不同的结构形式、不同的组织方法及多样的复合手段，发表的论文数目非常多，对它们的对比性研究就显得非常重要。Jiao 等[46]结合实验，系统研究了 B、N、P 和 S 元素多种掺杂形式对石墨烯 ORR 性能的影响。通过 XPS 分析可以得到多种不同掺杂形式，如 2 种 B（成键形式为 B-3C 的石墨烯 B 和 B-2C-O）、3 种 N（石墨型 N、边缘吡啶型 N 和吡咯型 N）、4 种 O

（吡喃型 O、羰基 O、羧基 O 和平面外环氧）等。利用不同的掺杂结构，考虑不同吸附位置，可以得到*OH 和*OOH 的吸附自由能，如图 10.17（a）所示。它们之间也存在着很好的线性关系（严重偏离直线的点是*OOH 并没有吸附到石墨烯表面造成的）。图 10.17（b）列出了性能较好的不同体系的热动力学能量图。所有的体系中，第一步*OOH 的形成都是决速步骤。要想提高掺杂石墨烯的催化性能就需要进一步增强*OOH 的吸附原子能，根据它与*OH 吸附原子能之间的线性关系，这也将逐步降低*OH 的能量。因此，第四步*OH 形成 OH⁻的基本反应需要克服的势垒就越来越大。当第一步和第四步的势垒相等时，将得到最优的催化体系 X-G（X 为最优的掺杂体系），此时的势垒为 0.35 eV。这一最优值由*OOH 和*OH 之间的线性关系限制，如需要突破这一极限，就需要打破它们之间的线性关系。

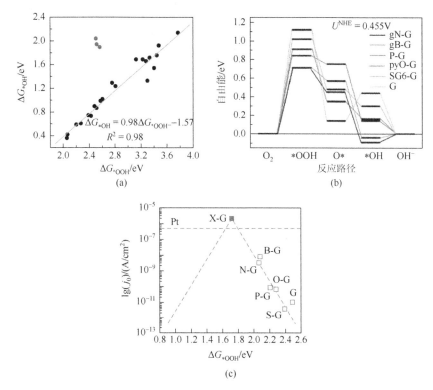

图 10.17　（a）不同掺杂石墨烯模型上*OH 和*OOH 吸附自由能之间的关系；在某些体系中，*OOH 没法吸附于衬底，数据点严重偏离线性关系，因此不用于线性拟合；（b）不同异质掺杂石墨烯在平衡电势下的自由能图；（c）交换电流密度与*OOH 吸附自由能之间的火山图（电荷转移系数 $\alpha = 0.5$）；空心点的电流密度为实验值，而实心点的电流密度由式（10.2.5）得到[46]

　　实验测量得到的交换电流密度（$j_0$）可以被用来拟合相关参数，进而得到理论的 $j_0$。$j_0$ 的公式表达为

$$j_0 = nFk^0 C_{\text{total}}[(1-\theta)^{1-\alpha}\theta^{\alpha}] \tag{10.2.5}$$

其中，$n$、$F$、$k^0$、$C_{\text{total}}$、$\theta$ 和 $\alpha$ 分别为电子转移数、法拉第常数、标准速率常数、总的活化位点数目、与整个反应中最高的自由能变化相关的量（具体表达式可参考引文[46]附件及参考书[47]）和转移系数。利用拟合得到的参数结合热力学能量图可以得到理论 $j_0$，其与 *OOH 吸附自由能 $\Delta G_{*\text{OOH}}$ 的关系如图 10.17（c）中的虚线所示，而实验测量点较好地符合了火山图。可以发现，这些掺杂元素结合 *OOH 的能力都相对偏弱，最优化的 X-G 体系需要显著增强与 *OOH 的结合能。

*OOH 和 *OH 吸附自由能/结合能之间的线性关系不仅对传统过渡金属[48]和过渡金属氧化物表面[49]适用，并可以推广到过渡金属碳化物[50]。Siahrostami 等[51]总结了多种二维材料，发现这一线性关系仍然适用，如图 10.18 所示。需要强调的是，这些二维体系的活性位置完全不同：石墨烯和 BN 分别为 C 和 B 原子；MoS$_2$ 和 MoSe$_2$ 主要是边缘的低配位硫族原子；而金属衬底上的氧化物薄膜则表面和边界都具有活性。通过图中线性关系可以得到如下关系式：

$$\Delta G_{*\text{OOH}} \approx \Delta G_{*\text{OH}} + 3.2 \text{ eV} \tag{10.2.6}$$

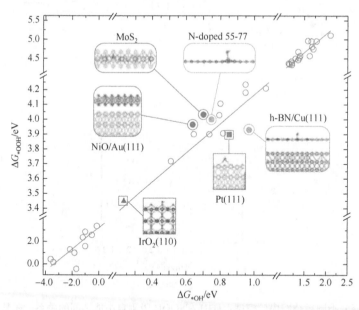

图 10.18    多种二维材料 *OOH 和 *OH 吸附自由能之间的标度关系[51]

由于不同二维材料结合能变化很大，提供了很大调节可能性；但同时线性关系也降低了大幅提高催化活性的可能性。根据前人的研究结果，最优化的 ORR 催化剂的 *OH 吸附自由能应该比 Pt(111)低 0.2 eV 左右[52]，根据这一标准并考虑可能的误差，可以预计石墨烯中 N 掺杂的 SW 缺陷、MoS$_2$ 和 Cu(111)衬底上的 h-BN

都具有很好的催化活性。其中 N 掺杂的 SW 缺陷[53]和 h-BN/Cu(111)[54]在更系统的计算中确实显示出很好的 ORR 活性，从而证实了这一线性关系的适用性。

　　线性关系的打破一般需要不同中间产物与衬底的结合位点不同，这极具挑战性。在线性关系这一约束下要实现最优的结合强度也非常困难，如前面对石墨烯中点缺陷掺杂的讨论。与点缺陷相比，边界的引入有可能进一步增强*OOH 的结合能，从而得到优化的 ORR 活性。Gong 等[55]通过实验结合理论计算发现，边界的 B 和 N 共掺杂在碱性溶液中可以得到比 Pt/C 体系更优的催化性能。图 10.19（a）中显示了 BN 在石墨烯纳米带共掺杂的多种构型，由于 B 和 N 之间结合非常强，它们总是以成对的形式出现。考虑石墨烯纳米带的构型，可以有以下多种活性位点构型：石墨烯体内的 BN 对（bulk）、BN 和石墨烯形成的界面（bulk interface）、边界掺杂的 BN 对（edge）、边界的 BN 团簇（edge cluster）及无限长 BN 链形成的边界界面（edge interface）。图 10.19（b）显示了对这些体系的完整热动力学能量图，从中可以看出，相比于其他掺杂形式而言，edge 掺杂的 BN 对可以显著提高 $O_2$ 的结合能。由于 $O_2$ 的结合能与*OOH 结合能成正比，*OOH 的结合能也显著增强。在这样的体系中得到的理论过电势为 0.45 eV，非常接近最优的数值。通过对比 edge 和 bulk 掺杂 BN 对活性位点附近原子的电荷分析发现，它们之间的电荷并不存在显著差别，因此掺杂体系显著提高 $O_2$ 的结合能不能由电荷中性被打

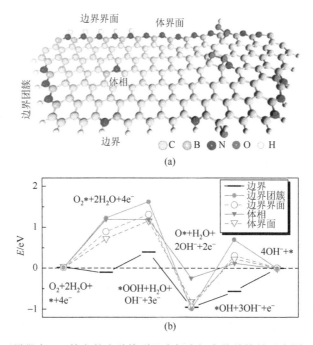

图 10.19　（a）石墨带中 BN 掺杂的多种构型及含氧中间产物结构的示意图；（b）在平衡电压下，不同 BN 掺杂的石墨带催化体系的热动力学能量图[55]

破来解释。进一步分析发现，edge 掺杂的 BN 对和 $O_2$ 结合能的增强主要来源于边缘 B 附近锯齿形边界 C 原子磁性的贡献。边界 C 原子磁性有效地增强了它与三重自旋基态 $O_2$ 分子之间的相互作用。这一工作表明，通过有目的地利用边界结合原子掺杂可以有效地改善石墨烯催化 ORR 的活性。

### 10.2.3 二氧化碳还原反应

就像材料学科每一个细分领域都有一个圣杯问题一样，二氧化碳还原反应（$CO_2RR$）则是电催化能源转换中一个极其重要的反应，它对减少碳排放及储能都有非常重大的意义。在研究的各种各样金属催化剂中，铜是唯一一个能够实现碳氢化合物转变的催化剂，但是，要实现这一转换需要的过电势可能高达 1 eV[56]。一般认为，过渡金属表面的关键决速步骤为

$$CO_2 + H^+ + e^- \longrightarrow *COOH$$

$$*COOH + H^+ + e^- \longrightarrow *CO + H_2O(l) \qquad (10.2.7)$$

$$*CO + H^+ + e^- \longrightarrow *CHO$$

限制过渡金属催化效率的主要因素在于这些步骤中中间产物的结合能存在线性关系[57]。利用这些线性关系可以较大程度地减少构型空间搜索，但是，要想实现高效地设计催化剂，使用热动力学能量计算仍显得非常低效，特别是对于 $CO_2RR$ 这种包含多个中间步骤的复杂反应。此时就需要寻找一些关键的材料内在电子结构方面的性质，这样仅仅从未吸附体系的电子结构计算即可得到所需信息。二维 TMDCs 由于具有两种不同边界，不同的硫族元素覆盖率及不同的吸附位置（金属或者硫族元素）使得寻找合适的电子结构描述符面临很大的挑战。Tsai 等[58]总结了 4 种 TMDCs（2H-$MoS_2$、2H-$WS_2$、2H-$NbS_2$、2H-$TaS_2$）、2 种不同边界（金属或者硫边界）及 9 种掺杂（Ag、Au、Co、Ni、Os、Pd、Pt、Rh 和 Ru）吸附 8 种不同吸附物后发现，传统金属催化剂常用的 d 能带中心仍然可以作为很好的描述符。d 能带中心 $\varepsilon_d$ 可定义如下：

$$\varepsilon_d = \frac{\int_{-\infty}^{\infty} \rho(\varepsilon)\varepsilon \, d\varepsilon}{\int_{-\infty}^{\infty} \rho(\varepsilon) \, d\varepsilon} \qquad (10.2.8)$$

其中，$\rho$ 和 $\varepsilon$ 分别为态密度和能量。d 能带中心理论中，当 $\varepsilon_d$ 上移时，对应金属-吸附物的反键轨道占据数将减小，这样金属-吸附物成键增强；而当 $\varepsilon_d$ 下移时，则成键减弱。基于前面利用裸露金属边界吸附 S 及 S 原子上吸附 H 的模型（对应金属边界 0.125 的 S 覆盖率和 0.25 的 H 覆盖率）[36]，已经得到 H-S 或者 H 的结合能（$\Delta E_{H-S}$ 或 $\Delta E_H$）与 S 的结合能（$\Delta E_S$）呈负相关线性关系，即金属-S 相互作用越强，S-H 相互作用则越弱。图 10.20（a）显示了裸露边界金属的 d 能带中心 $\varepsilon_d$ 与 $\Delta E_{H-S}$ 和 $\Delta E_S$ 的拟合关系（具体数据点可参见文献[58]），可以看到较好的线性

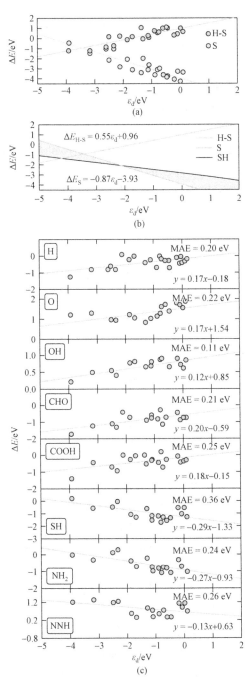

图 10.20　(a) H 吸附于边界 S 位吸附能（$\Delta E_{\text{H-S}}$）和 S 吸附于边界金属位结合能（$\Delta E_{\text{S}}$）随 d 能带中心 $\varepsilon_{\text{d}}$ 的变化图；(b) $\Delta E_{\text{H-S}}$、$\Delta E_{\text{S}}$ 和 $\Delta E_{\text{SH}}$ 与 $\varepsilon_{\text{d}}$ 的线性拟合关系；(c) 多种关键反应中间产物吸附能与 $\varepsilon_{\text{d}}$ 的线性拟合关系[58]

关系。从该结果也可以推出 SH 在空位位置结合强度 $(\Delta E_{SH} = \Delta E_{H-S} + \Delta E_S)$ 也与 $\varepsilon_d$ 呈线性关系。由此也可以定性解释 $\Delta E_S$ 和 $\Delta E_{H-S}$ 的负相关关系。由于 S 和 SH 都与金属相结合，它们的结合强度将直接正比于基团的键级。由于 S 的键级是 SH 的两倍，因此可知 $\Delta E_{SH}$ 随 $\varepsilon_d$ 的斜率为 $\Delta E_S$ 的一半，而 $\Delta E_{H-S}$ 随 $\varepsilon_d$ 的斜率必须反号，如图 10.20（b）所示。图 10.20（b）也给出了拟合的线性表达式。

将上述模型体系的三种吸附物进行推广，可以得到如图 10.20（c）所示的对多种吸附物的一般性的线性关系。这里，SH、$NH_2$ 和 NNH 吸附于 S 空位处，其他吸附物与 S 原子结合。需要注意的是：①图 10.20（c）中包含了不同的边界及不同的 S 覆盖率，说明 $\varepsilon_d$ 作为电子结构描述符的普适性。②$\Delta E_H$ 随 $\varepsilon_d$ 的斜率从模型体系中的 0.55 减小为 0.17。主要原因在于，不同的体系 S 覆盖率不同，当 $\varepsilon_d$ 升高时，$\Delta E_S$ 增大，这引起 S 覆盖率增加，$\Delta E_H$ 减小。③吸附于空位的吸附物（SH、$NH_2$ 和 NNH）直接与金属作用，随着 $\varepsilon_d$ 升高，吸附能增加，与传统 d 能带中心理论一致。④数据点仍存在较高程度的分散，主要是边界结构（特别是具有空位的结构）会引起较大的结构扭曲。

打破中间产物结合能之间的线性关系是实现催化剂性能优化的一个重要策略，二维 TMDCs 边界提供了这种可能[59]。图 10.21（a）和（b）显示了多种体系的*COOH 和*CHO 结合能与 CO 结合能之间的关系。实线连接的是传统过渡金属的 (111) 和 (211) 表面数据，可以看到它们之间保持较好的线性关系。以 Cu 为参考点，图左边的金属（Pt、Ni 等）结合*COOH 太强，催化产氢反应变成主导反应；而右边的金属（Au 和 Ag 等）结合*COOH 较弱，因此 CO 的结合也很弱，主要反应产物变成 CO。如果需要提高催化性能，就需要提高*COOH 的结合强度，同时保证 CO 的结合不能过强，即需要打破线性关系。对 $MoS_2$ 和 $MoSe_2$ 而言，不同的边界具有不同的硫/硒覆盖率 $\theta_{S/Se}$ 和氢覆盖率 $\theta_H$，可以依据与前述文献相同方法得到[40]。一般来说，金属边界 $\theta_{S/Se}$ 为 0.5，而硫/硒边界 $\theta_{S/Se}$ 为 1，唯一的例外是 $MoSe_2$ 的 Mo 边界，$\theta_{Se}$ 可为 0.5 或者 0.75；而氢覆盖率中 $MoS_2$ 的 S 边界可以有 0.375 和 0.5 两种可能。在这些体系中，$MoS_2$ 的氢覆盖率为 0.5 时 S 边界结合*COOH 能力比 Au 和 Ag 更弱，因此催化效率较低。结合较弱的原因主要是邻近吸附 H 原子的排斥作用，当氢覆盖率降低到 0.375 时，*COOH 结合能显著提高。总体而言，相比于过渡金属体系，二维 TMDCs 边界的结合能出现对线性关系较大的偏离。产生这种偏离的主要原因在于*COOH/*CHO 和 CO 吸附位点不同。如图 10.21（c）所示，*COOH 和*CHO 主要吸附于 Mo 边界的 S 原子上，而 CO 主要吸附于金属 Mo 上。

图 10.21（a）和（b）中的竖线显示了吸附的 CO 和 0.01 bar（1bar = $10^5$Pa）气相的 CO 平衡时的能量，大部分 TMDCs 体系的 CO 结合能位于线右边，说明它们和 CO 结合较弱，有可能选择性还原成 CO。而 $MoSe_2$ 的 S 覆盖率为 0.5 的 Mo 边界和 Ni 掺杂的 $MoS_2$ 的 S 边界有较大的 CO 结合能，有可能实现 CO 的

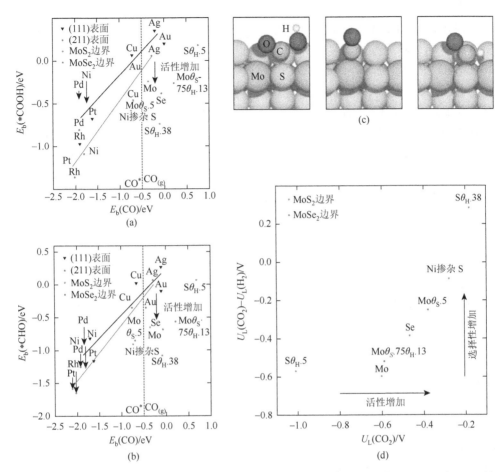

图 10.21　MoS₂ 和 MoSe₂ 边界及过渡金属的 (111) 和 (211) 表面*COOH 结合能（a）或*CHO 结合能（b）与 CO 结合能之间的关系；（c）MoS₂ 的 Mo 边界的*COOH、CO 和*CHO 最稳定结合构型；（d）MoS₂ 和 MoSe₂ 边界 CO₂ 和 H₂ 过电势之差与 CO₂ 还原过电势之间的关系

（a）～（c）来源于参考文献[59]，（d）来源于参考文献[60]

进一步还原，形成高阶碳产物。通过计算氢电极模型可以得到不同体系下不同中间产物的热动力学能量图，从而推导出最终的 CO₂RR 过电势 $U_L(CO_2)$。这一过电势需要和产氢反应的过电势 $U_L(H_2)$ 比较以决定催化体系的选择性优劣。$U_L(CO_2)$ 和 $U_L(H_2)$ 之差越大，则体系更倾向于进行 CO₂RR 反应。图 10.21（d）显示了 $U_L(CO_2)-U_L(H_2)$ 和 $U_L(CO_2)$ 之间的关系图，$U_L(CO_2)$ 越小则反应活性越强，因此图的右上角代表了选择性和活性双优的体系，即 Ni 掺杂的 MoS₂ 的 S 边界和 H 覆盖率为 0.375 的 S 边界。应用同样的策略，Hong 等[60]进一步研究了多种不同金属掺杂的 MoS₂ 的 CO₂RR 催化性能，可以得到与图 10.21（d）类似的选择性和活性关系。最优化的掺杂元素包括 Pd、Pt、Ni 和 Co。

对\*COOH 和 CO 结合能之间线性规律的打破不仅限于 $MoS_2$ 和 $MoSe_2$ 的边界，Shin 等[61]对多种二维金属展开研究，发现这种非线性在二维材料中普遍存在。图 10.22（a）显示了除多种体金属（Cu、Au、Ag 和 Zn）外的 61 种二维共价金属，包括硫化物、硒化物、碲化物、氧化物及其他二维材料的\*COOH 和 CO 结合能关系。与体金属显著不同的是，大部分二维金属的 CO 结合能非常弱（小于 0.2 eV），而\*COOH 结合能变化可以高达 4 eV。传统催化剂中，\*COOH 或 CO 主要通过过渡金属 d 轨道相互作用；而二维金属表面的非金属原子倾向于和非配对电子成键，而与 CO 中的孤对电子作用较弱。以 TMDCs 为例，通过投影电子态密度分析可知，\*COOH 主要通过 $p_z$ 轨道和硫族元素的 s 轨道作用成键。图 10.22（b）显示的\*COOH 结合能（$\Delta E_b^{COOH}$）和 s 能带中心的关系说明，在硫化物和硒化物中，$\Delta E_b^{COOH}$ 和 s 能带中心的线性关系较好；而碲化物中关联较差，可能原因在于 Te 的部分金属性和 S 及 Se 完全不同。同时，由于\*COOH 和 H 都具有未配对电子对，它们的结合能之间也存在着较明确的线性关系，如图 10.22（c）所示。当增强\*COOH 结合能以提高 $CO_2RR$ 反应活性的同时，也会增强 HER 的反应活性。偏离这一线性关系的几个例外体系包括碲化物和非 TMDCs 二维金属材料。这些偏离主要来源于这些体系的特殊性质，如 Te 的部分金属性。

类似于前面做法，要想得到体系的过电势就需要得到反应过程中各种中间态的热动力学能量。对大部分结合 CO 很弱的二维材料，只需考虑还原到 CO 的过程；而对于 CO 结合很强的二维材料（LiFeAs、$Ag_2ReCl_6$、1T-$ScS_2$、2H-$ScTe_2$ 和 FeSe）则需要考虑 $CH_4$ 的还原过程。从这些热动力学能量图中可以得到对应 $CO_2RR$ 的过电势 $U_L(CO_2)$，它和 HER 的过电势 $U_L(H_2)$的关系如图 10.22（d）所示。如果以 Au 作为判定 $CO_2RR$ [$U_L(CO_2) = -0.71$ V] 和 HER [$U_L(H_2) = 0.51$ V] 反应活性高低的判据，则可以将该图分成两个重要的区域，分别对应于 $CO_2RR$ 和 HER 较好的催化剂。从图中可以看到，HER 活性较好的材料中包括前面已经预测的 2H-$VS_2$、2H-$NbS_2$ 等，而 $CO_2RR$ 活性较好的材料包括 1T-$IrTe_2$、1T-$RhTe_2$、

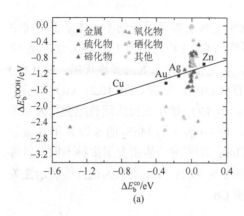

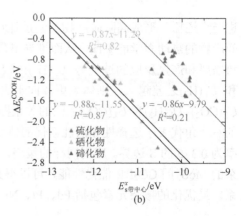

(a)    (b)

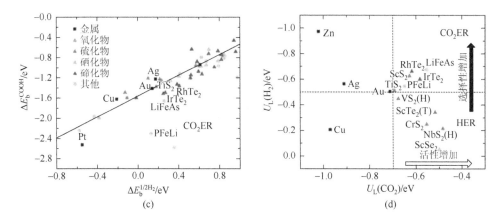

图 10.22　（a）*COOH 和 CO 在多种二维金属和传统金属表面结合能之间的关系；（b）*COOH 结合能与硫族元素 s 带中心的关联图；（c）*COOH 和 H 结合能之间的关联图；部分二维金属（非过渡金属硫族化合物或碲化物等）偏离线性关系，具有更强的*COOH 结合能和更弱的 H 结合能，因此更有利于 $CO_2$ 还原；（d）理论的 $H_2$ 和 $CO_2$ 还原势［$U_L(H_2)$ 和 $U_L(CO_2)$］之间的关系[61]

PFeLi、1T-TiS$_2$、LiFeAs 和 1T-ScS$_2$ 等。这些预测结果仍然需要实验的进一步验证。

　　由于大部分 $CO_2$RR 催化剂不能完全地还原 $CO_2$，以上的讨论主要针对的是还原 $CO_2$ 到 CO 的过程。直到最近，人们发现 N 掺杂的石墨烯量子点（NGQDs）可以有效催化 $CO_2$ 生成 $CH_4$ 及高阶的碳氢化合物和含氧化合物[62]。在 $C_1$ 化合物中，反应选择性生成 $CH_4$ 而非 $CH_3OH$；在 $C_2$ 化合物中，生成 $C_2H_4$ 的效率比 $C_2H_5OH$ 更高。为了解释这些现象，Zou 等[63]详细研究了 NGQDs 催化 $CO_2$ 的热动力学和动力学过程，揭示了其选择性主要是由动力学过程决定的。以 $C_1$ 产物为例，$CH_4$ 和 $CH_3OH$ 的共同前导物是吸附的*$CH_2OH$，如图 10.23（a）中左面板所示。它的氢化可以通过 C 或者 O 原子进行，分别生成 $CH_3OH$ 和*$CH_2$（$CH_4$ 的前导物）。计算显示 $CH_3OH$ 的形成能比*$CH_2$ 约小 0.5 eV，然而 C 的氢化需要克服高达 1.9 eV 的势垒。O 的直接氢化过程［图 10.23（a）上面板］的势垒虽然也达到 1.7 eV，但是，$H_2O$ 分子的引入可以使得 H 转移变得非常容易，相应的过程称为氢穿梭过程［图 10.23（b）下面板］，势垒也因此下降到 0.6 eV，如图 10.23（b）所示。类似的动力学过程也可以说明 $C_2$ 产物的选择性。

　　迄今为止，虽然人们对低维材料催化 $CO_2$RR 研究逐步展开，但对反应机制仍然缺乏深入理解，特别是以下几点：①虽然关于二维材料催化 $CO_2$RR 过程的相关研究将 CO 的有效化学吸附作为进一步还原的前提条件，但实际情况可能并不一定如此。最直接的反证是 $CO_2$ 和这些材料也几乎不结合，但其仍然可以进行还原反应；而 $MoSe_2$ 的边界虽然被预测可能还原到 $CH_4$，但是实验中仅观察到 CO[64]。②对*COOH、CO 和*CHO 等中间产物的优化结合能范围仍然缺少统一认识。③不同体系的碳-碳耦合机制有哪些本质不同。④各步反应的势垒对过电势的依

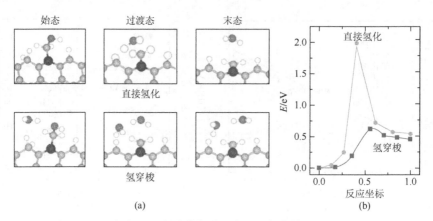

图 10.23　（a）由\*CH$_2$OH 生成\*CH$_2$ 的直接氢化（上）和氢穿梭过程（下）的始态、过渡态和末态结构；（b）两种反应过程的最小能量路径图[63]

赖性。⑤不同体系的 CO$_2$RR 催化选择性主要由什么决定。关于 CO$_2$RR 过程的机理研究仍然需要进一步深入展开。

### 10.2.4　光电催化反应

虽然有效的电化学催化剂能够很好地转换 CO$_2$ 成为各种具有高附加值的工业相关产物，但是这一过程仍然需要耗费大量电能。为了能够克服此困难，最有效的方法是直接利用干净而充足的太阳能，此时需要寻找的就是最为有效的光电催化剂。Singh 等[65]总结了对二维光电催化剂进行筛选所需要的重要标准及理论研究方法。图 10.24（a）显示了光电催化的基本过程，当光电催化剂吸收了太阳光以后，将产生电子-空穴对，随后电子-空穴发生分离。激发的电子传输到溶液中质子上产生 H$_2$，而空穴与 H$_2$O 分子发生作用生成 O$_2$。根据光电催化过程的上述分解，可知有效的光电催化剂至少需要满足以下四点基本要求：

（1）低形成能。相对于体材料，二维的光电催化剂需要足够低的形成能，从而使得其容易分离及抽取。

（2）合适的带隙。二维半导体的带隙必须大于 H$_2$O 分解自由能 1.23 eV，同时不能太大，从而保持较高的太阳能吸收。

（3）能带带边必须恰好夹住 H$_2$O 的氧化还原势，即导带底（CBM）应该高于 H$^+$/H$_2$ 还原势，而价带顶（VBM）应该低于 O$_2$/H$_2$O 的氧化势。这两个电位相对于真空能级分别为$-4.44$ eV 和$-5.67$ eV。

（4）材料不能溶于水。

除了以上一些基本要求外，为了使得催化剂更加有效，还需要满足以下一些额外要求，包括：

（1）能有效吸收可见光，因为可见光占太阳光能量的 40%以上。

（2）激子结合能较小。结合能越小，则电子-空穴对越容易分离。

（3）低激子复合率。一旦电子-空穴对发生复合，能量将以光或者热能的形式释放或者耗散，不能有效地转换成化学能。

（4）高的抗腐蚀能力。所选材料应该不与反应过程中的多种离子和其他化学物质发生反应。

此外，可能还得兼顾成本及环境等多种要求。

针对上述多条要求，Singh 等进一步逐条列出对应的理论计算的处理过程：

（1）二维光电催化剂材料的稳定性可以通过和对应的最稳定的三维体材料或者不同体材料的混合（保持化学配比一样）的能量进行对比：

$$\Delta E_f = \frac{E_{2D}}{N_{2D}} - \frac{E_{3D}}{N_{3D}} \tag{10.2.9}$$

其中，$E_{2D}$ 和 $E_{3D}$ 分别为二维材料和对应三维材料的能量；$N_{2D}$ 和 $N_{3D}$ 分别为对应原胞里面的原子数。一般来说，具有弱 vdW 相互作用的二维材料的形成能比对应三维体材料高 0.2 eV/原子，它们可以通过各种方式分离；而当能量差超过 0.2 eV/原子时，则需要通过衬底进行稳定，如硅烯等。

（2）由于 LDA 和 GGA 泛函随着体系电子数变化不能出现微分不连续性，同时非占据轨道并没有明确的物理意义，它们都会低估带隙。一般需要采用杂化泛函（如 HSE、PBE0 等）或者考虑了电子-电子相互作用的 GW 准粒子近似来得到准确的电子能隙。与电子能隙不同，光学能隙需要考虑激子效应。与三维材料不同，由于减小的库仑屏蔽，二维材料中的激子效应非常重要，激子结合能一般较大。要得到准确的激子结合能，一般需要采用考虑了电子-空穴二体相互作用的 BSE 方法。

（3）能带带边对齐可以直接采用真空势作为参考。

（4）材料的可溶性可以采用 Zhuang 和 Hennig[66]提出的计算溶解焓方法，并与已知的具有很低溶解度的 HgS（溶解度 $1.27 \times 10^{-27}$ mol/100 g）对比。一种固体化合物 AB(s)的溶解反应可以写成

$$A_nB_m(s) \rightleftharpoons n\,A^{p+}(aq) + m\,B^{q-}(aq) \tag{10.2.10}$$

其中，$A^{p+}(aq)$ 和 $B^{q-}(aq)$ 分别为溶液中的 A 和 B 离子。反应的溶度积 $K_{sp}$ 可以由溶解自由能 $\Delta G_{solv}$ 或者溶解自由焓 $\Delta H_{solv}$ 得到（假设溶解熵很小）。

$\Delta H_{solv}$ 的计算可以通过将上述反应分解成两步进行，第一步为固体化合物分解成气相的原子 A(g) 和 B(g)；第二步为气相原子离子化并溶解于水。其中，第一步直接对应化合物的结合能；而第二步可以通过量子化学软件 Gaussian 得到。第二步水合过程需要注意虚拟溶剂模型中水分子数的影响，而电荷价态则可以通过 $\Delta H_{solv}$ 的最小化得到。更准确地考虑溶液影响可以采用第一性原理分子动力学[67]来模拟动力学的溶剂效应。

（5）吸收可见光的能力需要考虑材料的吸收谱。吸收谱可以通过 DFT 或者 GW＋BSE 方法计算的介电函数虚部得到。如前所述，为了准确描述二维材料的光学吸收谱，仅仅采用 DFT 平均场下的随机相（RPA）近似是不行的，需要考虑电子-空穴相互作用，即采用 BSE 方法得到对应的激子吸收峰。

（6）激子动力学和电子转移反应。光电子动力学的描述极具挑战性，一般需要考虑含时薛定谔方程求解。该非绝热过程可以通过平均场经典分子动力学结合埃伦费斯特（Ehrenfest）动力学描述原子核并与电子的含时 DFT 方程耦合来描述[68-71]。这一方法可以计算得到弛豫时间，估计电子-空穴复合时间。

（7）腐蚀动力学和普尔贝（Pourbaix）相图。材料的腐蚀反应可以通过描述多种液相电化学平衡的 Pourbaix 相图来研究。Pourbaix 相图反映的是主要溶液和沉淀物的稳定边界与 pH 和施加电势的关系。Pourbaix 相图需要知道所有可能固体相及其溶剂化的离子的自由能，计算过程相当复杂。利用现有实验和计算数据，Thermo-Calc[72]和 Material Project Pourbaix App[73]可以用来得到 Pourbaix 相图。

基于上述分析，多个研究组分别预测了多种可能的二维光催化材料，包括第 13 族单硫族化合物（GaS、GaSe、GaTe、InS、InSe 和 InTe）[66]、过渡金属硫族化合物（CrS$_2$、MoS$_2$、WS$_2$、PtS$_2$ 和 PtSe$_2$）[74]、金属磷三硫族化合物 MPX$_3$（M 为 Zn、Mg、Ag$_{0.5}$Sc$_{0.5}$、Ag$_{0.5}$In$_{0.5}$；而 X 为 S 和 Se）[75]、α-MNX（M 为 Zr 和 Hf；X 为 Cl、Br 和 I）[76]及第 14 族单硫化合物 MX（M 为 Ge、Sn、Pb；X 为 O、S、Se 和 Te）等[77]，部分结果列于图 10.24 中。这些结果为进一步设计和优化光催化剂打下了良好的基础。

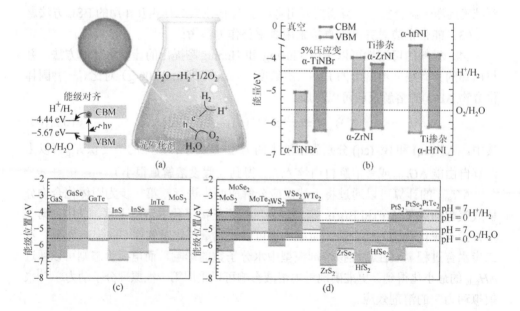

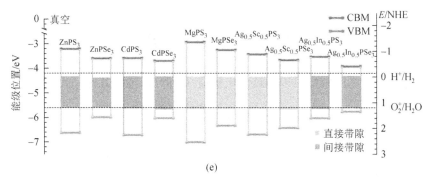

图 10.24 　（a）光电催化水分解的能量和机制示意图[65]；（b）单层 α-TiNBr 在 0%和 5%压应变时及未掺杂和 12.5%Ti 掺杂的 α-MNI（M = Zr 或 Hf）的带边相对真空能级位置[76]；（c）第 13 族单硫族化合物[66]、（d）过渡金属硫族化合物[74]和（e）金属磷三硫族化合物的带边相对真空能级位置[75]

在（b）～（e）中也显示了水分解氧化还原势以作比较，（d）中也显示了 pH 对还原势的相对影响

图 10.24 中也显示了几种具有代表性的调节能带带边对齐的方法：①施加应变。图 10.24（b）显示了施加 5%压应变后，α-TiNBr 的带边移动后可以夹住氧化还原势。当然，不同的材料需要的应变可能不一样，如第 13 族单硫族化合物 GaX[66] 则需要施加拉应变来进一步提高催化效率。②化学掺杂。图 10.24（b）也显示了 Ti 掺杂 α-ZrNI 和 α-HfNI 两种材料的带隙减小，同时保持水的氧化还原势被能带带边夹住，从而可以提高催化性能。③调节 pH。pH 可以改变氧化还原势的位置，此方法被称为化学偏压法。氢还原和水氧化化学势与 pH 的依赖关系为

$$E_{H^+/H_2}^{red} = -4.44\ eV + pH \cdot 0.059\ eV$$

$$E_{O_2^+/H_2O}^{oxd} = -5.67\ eV + pH \cdot 0.059\ eV \tag{10.2.11}$$

可以看出，pH 每改变一个单位，氧化还原势移动 59 meV。通过将氧化还原势向上移动，可以将 MoSe$_2$ 和 WSe$_2$ 也变成光化学活性材料，如图 10.24（d）所示。④化学添加剂。通过化学添加剂在活性材料上的吸附，可以改变其能带带隙、带边位置、态密度等。⑤施加外加电压。当二维材料的带边不能夹住水的氧化还原势时，可以施加电压使得能带位置移动，从而满足光化学催化的要求。当然，施加电压需要额外耗费能量，从而降低光催化的效率，此时效率计算表达式为

$$\eta = \frac{j(1.23V - V_{bias})}{P_{light}} \tag{10.2.12}$$

其中，$j$、$V_{bias}$ 和 $P_{light}$ 分别为测量的电流密度、施加的偏压和光源的功率密度。

## 10.3 热电应用

热电材料的品质因数可以通过热电优值（ZT）衡量，其定义为

$$ZT = \frac{S^2\sigma}{(\kappa_e + \kappa_L)T} \qquad (10.3.1)$$

其中，$S$、$\sigma$、$\kappa_e$、$\kappa_L$ 和 $T$ 分别为塞贝克系数、电导率、电子热导率、晶格热导率和温度。这一系数需要大于 3 才可以和传统的制冷机或者发电机进行竞争[78]。ZT 表达式中多个物理参数存在相互依赖关系，例如，当增加电导率 $\sigma$ 时，电子热导率 $\kappa_e$ 随之增加，同时，塞贝克系数 $S$ 一般会下降。因此，要实现 ZT 系数的最大化非常困难，人们也提出了多样化的优化策略[79]。由于塞贝克系数 $S$ 通常在电子态密度变化较大的化学势范围产生最大值，纳米结构化也成为一种较为通用的优化热电性能的方法。二维材料作为一种在 $z$ 方向受限的纳米材料，它们的热电性能也值得深入研究。

要得到 ZT 系数，需要对各项物理参数逐个计算。具体步骤分述如下[80, 81]。

### 1. 电导（率）和电子热导率

电导率一般可按如下定义得到：

$$\sigma = \frac{(\mu_e en + \mu_h en)}{h_z} \qquad (10.3.2)$$

其中，$e$ 为电子电量；$\mu_e$ 和 $\mu_h$ 分别为电子和空穴的有效质量；$n$ 和 $p$ 分别为电子和空穴的密度；$h_z$ 为单层二维半导体的厚度。有效质量可以通过考虑了自由载流子和声学声子耦合的 Bardeen 和 Shockley 的理论公式[82]得到：

$$\mu_x = \frac{eh^3 C_x}{(2\pi)^3 k_B T m_e^* m_d E_{1x}^2} \qquad (10.3.3)$$

其中，$h$ 和 $k_B$ 分别为普朗克常量和玻尔兹曼常量；$m_e^*$ 为沿着输运方向的有效质量；$m_d = (m_{ex}^* m_{ey}^*)^{1/2}$ 为态密度质量；形变势常数 $E_{1x} = \Delta E/(\Delta l_x/l_x)$ 通过在沿输运方向改变晶格常数 $l_x$ 的情况下，衡量能带位置（价带顶或者导带底）的移动来得到；弹性常数 $C_x$ 可以通过定义 $C_x(\Delta l_x/l_x)^2/2 = \Delta E/S_0$ 得到（$S_0$ 为 $xy$ 平面内二维晶格的面积）。

由迁移率可以估算对应的弛豫时间 $\tau = \frac{m^*\mu}{e}$。在形变势理论基础上，可以得到温度依赖的弛豫时间，利用 BoltzTraP 软件[83]可以得到弛豫时间依赖的电导率和电子热导率。

### 2. 晶格热导率

晶格热导率可以通过 Boltzmann 输运方程对不同声子模式 $\lambda$ 的贡献进行求和得到:

$$\kappa = \sum_\lambda \kappa_\lambda$$

$$\kappa_\lambda = \frac{1}{L_x L_y L_z} \sum_{\lambda,q} \tau_\lambda(\boldsymbol{q}) C_{ph}(\omega_\lambda) [v_\lambda(\boldsymbol{q}) \cdot \boldsymbol{n}]^2 \qquad (10.3.4)$$

其中, $\tau_\lambda$、$C_{ph}(\omega_\lambda)$ 和 $v_\lambda(\boldsymbol{q})$ 分别为声子弛豫时间、比热容和波矢为 $\boldsymbol{q}$ 的声子声速; $\boldsymbol{n}$ 为热梯度方向的单位矢量。

对特定模式 $\lambda$ 的声子, 比热容的计算公式为

$$C_{ph}(\omega_\lambda) = k_B \left( \frac{h\omega_\lambda}{2\pi k_B T} \right)^2 \frac{\exp\left( \dfrac{h\omega_\lambda}{2\pi k_B T} \right)}{\left[ \exp\left( \dfrac{h\omega_\lambda}{2\pi k_B T} \right)^{-1} \right]^2} \qquad (10.3.5)$$

考虑了低阶声子-声子散射的特定模式, $\lambda$ 声子的弛豫时间可由式 (10.3.6) 得到:

$$\tau_\lambda = \frac{\omega_m}{\omega^2} \frac{1}{2\gamma_\lambda^2} \frac{M v^2}{k_B T} \qquad (10.3.6)$$

其中, $M$、$\omega_m$ 和 $\gamma_\lambda$ 分别为原子质量、德拜频率和格吕奈森 (Grüneisen) 参数。$\gamma_\lambda$ 定义为

$$\gamma_\lambda = -\frac{S_0}{\omega_\lambda} \frac{\partial \omega_\lambda}{\partial S} \qquad (10.3.7)$$

由于 ZA 模式的二次型关系, 当长波极限动量趋近于 0 时, 其对应的 $\gamma_\lambda$ 会发生发散, 因此, ZA 模式对声子寿命的贡献可以忽略不计。在这些近似基础上, 声子平均速度 $v$ 可以定义为

$$2/v^2 = 1/v_{LA}^2 + 1/v_{TA}^2 \, 。 \qquad (10.3.8)$$

利用上述仅考虑两声子散射过程得到声子寿命的主要问题是, 在长波极限下声学-声子的寿命出现发散。完整的理论需要引入三声子的倒逆散射或者边界散射。实际计算时, 可以采用截断的方法, 通过引入可调的截断长波声子寿命, 带入热导率表达式, 并与实验测量数据进行对比, 迭代直到计算和实验结果一致。

### 3. 塞贝克系数

塞贝克系数也可以通过 BoltzTraP 软件利用 Boltzmann 输运理论得到, 具体的表达式如下:

$$\sigma_{\alpha\beta}(i,\boldsymbol{k}) = e^2\tau_{i,k}\nu_\alpha(i,\boldsymbol{k})\nu_\beta(i,\boldsymbol{k})$$

$$\sigma_{\alpha\beta}(\varepsilon) = \frac{1}{N}\sum_{i,k}\sigma_{\alpha\beta}(i,\boldsymbol{k})\frac{\delta(\varepsilon-\varepsilon_{i,k})}{d\varepsilon}$$

$$\sigma_{\alpha\beta}(T,\varepsilon_F) = \frac{1}{\Omega}\int\sigma_{\alpha\beta}(\varepsilon)\left[-\frac{\partial f_{\varepsilon_F}(T,\varepsilon)}{\partial\varepsilon}\right]d\varepsilon \qquad (10.3.9)$$

$$\nu_{\alpha\beta}(T,\varepsilon_F) = \frac{1}{eT\Omega}\int(\varepsilon-\varepsilon_F)\sigma_{\alpha\beta}(\varepsilon)\left[-\frac{\partial f_{\varepsilon_F}(T,\varepsilon)}{\partial\varepsilon}\right]d\varepsilon$$

$$S = \frac{\nu_{\alpha\beta}(T,\varepsilon_F)}{\sigma_{\alpha\beta}(T,\varepsilon_F)}$$

其中，$i$ 和 $\boldsymbol{k}$ 分别为能带指数和波矢；$\alpha$ 和 $\beta$ 为方向指标；$N$、$\delta$、$\Omega$、$\varepsilon_F$ 和 $f_{\varepsilon_F}(T,\varepsilon)$ 分别为 $\boldsymbol{k}$ 点数目、delta 函数、原胞体积、费米能和费米-狄拉克分布函数。在 Boltzmann 输运理论中，弛豫时间不是方向依赖的，并可以近似为一个常数。

在得到上述各个物理参数后，就可以从电输运、热输运和热电系数 ZT 等方面对二维材料的热电效率进行分析。在多种二维材料中，黑磷 [图 10.25（a）] 由于其强烈的各向异性从而表现新奇的性质[80]。图 10.25（b）显示了沿着扶手形和锯齿形方向的电导随着电子化学势（费米能位置）的变化。由于两个方向上电子和空穴有效质量的显著差异，沿扶手形方向的电导大约为锯齿形方向的电导 10 倍以上。类似地，在不同的弛豫时间（实验测量值也处于一定区间）下，图 10.25（c）显示沿锯齿形方向的晶格热导总是比扶手形方向的热导要高。可以看到，电导和热导的优先方向相互垂直，从而有可能显著增大材料的热电 ZT 系数。与电导和热导形成对比的是，塞贝克系数表现为各向同性 [图 10.25（d）]。综合上述结果，可以得到各向异性的 ZT 系数，如图 10.25（e）所示。在 500 K、掺杂浓度为 $2\times10^{16}$ m$^{-2}$ 时，ZT 系数可以大于 1.7，甚至达到 2.5。这些结果表明，黑磷有可能

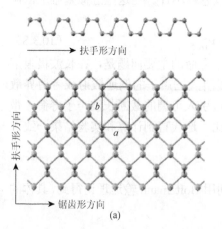

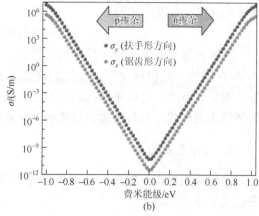

(a)　　　　　　　　　　　　　(b)

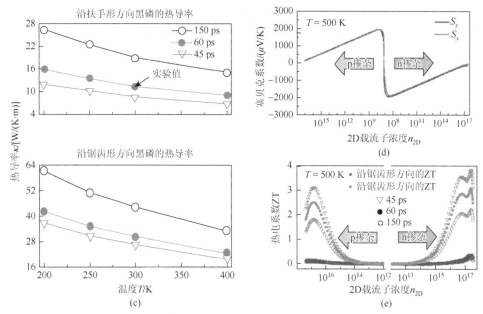

图 10.25　（a）单层黑磷原子结构；（b）Drude 模型得到的黑磷电导，费米能级的正负值分别代表 n 型和 p 型掺杂；（c）不同长波弛豫时间下，沿扶手和锯齿形方向上黑磷的热导率；（d）500 K 时不同掺杂浓度下的塞贝克系数；（e）500 K 时，不同长波弛豫时间下，沿扶手和锯齿形方向上黑磷的热电系数与掺杂浓度的关系[80]

成为一种有效的热电应用材料。类似地，二维第 14-16 族化合物 SnSe、SnS、GeSe 和 GeS 在 700 K 时计算得到沿（扶手，锯齿）形方向的 ZT 系数分别为（2.63，2.46）、（1.75，1.88）、（1.99，1.73）和（1.85，1.29）[81]，也表现出优良的热电性能。

热电材料的搜索也是高通量计算应用的一个重要方面。在 Yan 等[84]提出的半经验描述符基础上，Gorai 等[85]在考虑了 vdW 相互作用后对二维热电材料进行了大量的搜索。在弛豫时间近似的 Botzmann 输运方程下，表征材料热电性能的 ZT 系数可以重新表述为

$$ZT = \frac{u\beta}{\nu\beta + 1} \tag{10.3.10}$$

其中，$u$ 和 $\nu$ 依赖于费米能位置和载流子散射机制，$\beta$ 为材料依赖的参数，即为热电效应的描述符。$\beta$ 定义为

$$\beta = \frac{2e}{\hbar^3}\left(\frac{k_{\mathrm{B}}}{e}\right)^2\left(\frac{k_{\mathrm{B}}}{2\pi}\right)^{3/2}\frac{\mu_0 m_{\mathrm{DOS}}^{*3/2}}{\kappa_{\mathrm{L}}}T^{5/2} \tag{10.3.11}$$

其中，$\mu_0$、$m_{\mathrm{DOS}}^*$ 和 $\kappa_{\mathrm{L}}$ 分别为内在载流子迁移率、态密度有效质量和晶格热导率。$\beta$ 综合考虑了这些重要因素的影响，因此可以作为衡量材料热电性能很好的描述符。利用实验测得的室温 $\mu_0$、$m_{\mathrm{DOS}}^*$ 和 $\kappa_{\mathrm{L}}$ 值得到 300 K 时的 $\beta_{300\,\mathrm{K}}^{1/2}$，并与 ZT 系数

的 $Z$ 进行比较，可以发现它们之间存在很好的线性关联，如图 10.26（a）所示。但是，如果需要利用理论方法直接计算 $\mu_0$ 和 $\kappa_L$，则难以实现高通量筛选。为了克服此困难，可以采用半经验的近似方法，将 $\mu_0$ 和 $\kappa_L$ 表述为

$$\mu_0 = A_0 (B)^s (m_b^*)^{-t}$$

$$\kappa_L = A_1 \frac{\overline{M} \nu_s^3}{V^{2/3} n^{1/3}} + A_2 \frac{\nu_s}{V^{2/3}} \left(1 - \frac{1}{n^{2/3}}\right)$$

（10.3.12）

第一个表达式中，$A_0$、$s$ 和 $t$ 为拟合参数；$B$ 和 $m_b^*$ 分别为体模量和能带有效质量，由 DFT 计算得到。第二个表达式中，$A_1$ 和 $A_2$ 为拟合参数；$\overline{M}$、$\nu_s$、$V$ 和 $n$ 分别为平均原子质量、声速、原子平均体积和原胞内原子数目，由计算得到。利用实验测量的已知材料的 $\mu_0$ 和 $\kappa_L$ 可以对上述两式进行拟合，一旦得到这些拟合参数，则其他材料的 $\mu_0$ 和 $\kappa_L$ 的计算就非常迅速。此时，只有 $m_{\mathrm{DOS}}^*$、$m_b^*$ 和 $B$ 需要从 DFT 模拟中得到，而 $m_{\mathrm{DOS}}^* = N_b^{2/3} m_b^*$（其中 $N_b$ 为能带简并度[84]）。利用此半经验方法得到的 $\beta$ 标记为 $\beta_{\mathrm{SE}}$。图 10.26（b）显示了计算得到的 $\beta_{\mathrm{SE}}^{1/2}$ 和多种材料 ZT 系数中 $Z$ 的依赖关系，可以看到，$\beta_{\mathrm{SE}}^{1/2}$ 和 $\beta_{300\mathrm{K}}^{1/2}$ 具有类似地描述热电性能的能力。

基于上述讨论，Gorai 等在对 ICSD 数据库中 3500 多种结构分析得到 427 种不同的准二维体系，其中 190 种具有有限的带隙，可做进一步分析。图 10.26（c）显示了 190 种材料的 $\beta_{\mathrm{SE}}$（由气泡图标的面积表示）和迁移率及晶格热导率的关系。筛选出的材料包括 SnSe、SnS、InSe、$Bi_2Te_3$、$Sb_2Te_3$ 和 $In_2Se_3$ 等已知具有良好热电性能的二维材料，此外还筛选出多种其他二维热电材料。由于本方法中 $\beta_{\mathrm{SE}}$ 并不能描述热电性能随掺杂浓度的变化，实际实验过程中的掺杂可能成为一种挑战。因此，预测的同时具有较大的 n 型和 p 型 $\beta_{\mathrm{SE}}$ 的材料实验合成的可能性将更大。从这样的角度出发，GeAs$_2$、$In_2Te_5$、InI、PbSe、PbS 和 ZrTe$_5$ 的 $\beta_{\mathrm{SE}}$ 在 n 型和 p 型掺杂下都大于 0.5，值得进一步在实验中深入研究。

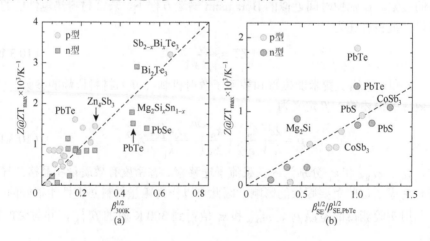

(a)　　　　(b)

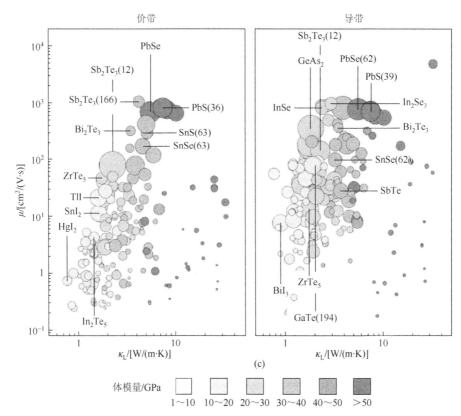

图 10.26　（a）热电系数 ZT 中的 Z 值与实验测量的 $\beta^{1/2}$ 值之间的关系；（b）热电系数 ZT 中的 Z 值与 DFT 计算得到的半经验 $\beta_{SE}$ 值之间的关系；（c）190 种二元准二维材料的 $\beta_{SE}$（以气泡大小显示）与迁移率和晶格热导率的关系，括号中的数字代表空间群号

（a）和（b）来源于参考文献[84]，（c）来源于参考文献[85]

## 参 考 文 献

[1]　Lee E，Persson K A. Li absorption and intercalation in single layer graphene and few layer graphene by first principles. Nano Lett，2012，12：4624-4628.

[2]　Liu M，Kutana A，Liu Y，et al. First-principles studies of Li nucleation on graphene. J Phys Chem Lett，2014，5：1225-1229.

[3]　Yildirim H，Kinaci A，Zhao Z J，et al. First-principles analysis of defect-mediated Li adsorption on graphene. ACS Appl Mater Interfaces，2014，6：21141-21150.

[4]　Datta D，Li J，Shenoy V B. Defective graphene as a high-capacity anode material for Na-and Ca-ion batteries. ACS Appl Mater Interfaces，2014，6：1788-1795.

[5]　Liu Y，Artyukhov V I，Liu M，et al. Feasibility of lithium storage on graphene and its derivatives. J Phys Chem Lett，2013，4：1737-1742.

[6]　Liu Y，Wang Y M，Yakobson B I，et al. Assessing carbon-based anodes for lithium-ion batteries：a universal

description of charge-transfer binding. Phys Rev Lett，2014，113：028304.

[7] Yabuuchi N，Kubota K，Dahbi M，et al. Research development on sodium-ion batteries. Chem Rev，2014，114：11636-11682.

[8] Wen Y，He K，Zhu Y，et al. Expanded graphite as superior anode for sodium-ion batteries. Nat Commun，2014，5：4033.

[9] Liu Y，Merinov B V，Goddard W A I. Origin of low sodium capacity in graphite and generally weak substrate binding of Na and Mg among alkali and alkaline earth metals. Proc Natl Acad Sci U S A，2016，113：3735-3739.

[10] Liu J，Wang S，Sun Q. All-carbon-based porous topological semimetal for Li-ion battery anode material. Proc Natl Acad Sci U S A，2017，114：651-656.

[11] Jing Y，Zhou Z，Cabrera C R，et al. Metallic $VS_2$ monolayer：a promising 2D anode material for lithium ion batteries. J Phys Chem C，2013，117：25409-25413.

[12] Tan X，Cabrera C R，Chen Z. Metallic $BSi_3$ silicene：a promising high capacity anode material for lithium-ion batteries. J Phys Chem C，2014，118：25836-25843.

[13] Fan S，Zou X，Du H，et al. Theoretical investigation of the intercalation chemistry of lithium/sodium ions in transition metal dichalcogenides. J Phys Chem C，2017，121：13599-13605.

[14] Sun Q，Dai Y，Ma Y，et al. Ab initio prediction and characterization of $Mo_2C$ monolayer as anodes for lithium-ion and sodium-ion batteries. J Phys Chem Lett，2016，7：937-943.

[15] Tang Q，Zhou Z，Shen P. Are MXenes promising anode materials for Li ion batteries? Computational studies on electronic properties and Li storage capability of $Ti_3C_2$ and $Ti_3C_2X_2$（X = F, OH）monolayer. J Am Chem Soc，2012，134：16909-16916.

[16] Zhang X，Yu Z，Wang S S，et al. Theoretical prediction of $MoN_2$ monolayer as a high capacity electrode material for metal ion batteries. J Mater Chem A，2016，4：15224-15231.

[17] Deng S，Wang L，Hou T，et al. Two-dimensional $MnO_2$ as a better cathode material for lithium ion batteries. J Phys Chem C，2015，119：28783-28788.

[18] Zhao X，Zhang X，Wu D，et al. Ab initio investigations on bulk and monolayer $V_2O_5$ as cathode materials for Li-, Na-, K- and Mg-ion batteries. J Mater Chem A，2016，4：16606-16611.

[19] Li W，Yang Y，Zhang G，et al. Ultrafast and directional diffusion of lithium in phosphorene for high-performance lithium-ion battery. Nano Lett，2015，15：1691-1697.

[20] Jing Y，Zhou Z，Cabrera C R，et al. Graphene，inorganic graphene analogs and their composites for lithium ion batteries. J Mater Chem A，2014，2：12104-12122.

[21] Nørskov J K，Rossmeisl J，Logadottir A，et al. Origin of the overpotential for oxygen reduction at a fuel-cell cathode. J Phys Chem B，2004，108：17886-17892.

[22] Greeley J，Mavrikakis M. Alloy catalysts designed from first principles. Nat Mater，2004，3：810-815.

[23] Hinnemann B，Moses P G，Bonde J，et al. Biomimetic hydrogen evolution：$MoS_2$ nanoparticles as catalyst for hydrogen evolution. J Am Chem Soc，2005，127：5308-5309.

[24] Lukowski M A，Daniel A S，Meng F，et al. Enhanced hydrogen evolution catalysis from chemically exfoliated metallic $MoS_2$ nanosheets. J Am Chem Soc，2013，135：10274-10277.

[25] Voiry D，Yamaguchi H，Li J，et al. Enhanced catalytic activity in strained chemically exfoliated WS(2) nanosheets for hydrogen evolution. Nat Mater，2013，12：850-855.

[26] Tsai C，Chan K，Nørskov J K，et al. Theoretical insights into the hydrogen evolution activity of layered transition metal dichalcogenides. Surf Sci，2015，640：133-140.

[27]　Voiry D，Salehi M，Silva R，et al. Conducting MoS(2) nanosheets as catalysts for hydrogen evolution reaction. Nano Lett，2013，13：6222-6227.

[28]　Wang H，Lu Z，Kong D，et al. Electrochemical tuning of $MoS_2$ nanoparticles on three-dimensional substrate for efficient hydrogen evolution. ACS Nano，2014，8：4940-4947.

[29]　Pandey M，Vojvodic A，Thygesen K S，et al. Two-dimensional metal dichalcogenides and oxides for hydrogen evolution：a computational screening approach. J Phys Chem Lett，2015，6：1577-1585.

[30]　Wellendorff J，Lundgaard K T，Møgelhøj A，et al. Density functionals for surface science：exchange-correlation model development with Bayesian error estimation. Phys Rev B，2012，85：235149.

[31]　Saal J E，Kirklin S，Aykol M，et al. Materials design and discovery with high-throughput density functional theory：the Open Quantum Materials Database（OQMD）. JOM，2013，65：1501-1509.

[32]　Nørskov J K，Bligaard T，Logadottir A，et al. Trends in the exchange current for hydrogen evolution. J Electrochem Soc，2005，152：J23-J26.

[33]　Greeley J，Jaramillo T F，Bonde J，et al. Computational high-throughput screening of electrocatalytic materials for hydrogen evolution. Nat Mater，2006，5：909-913.

[34]　Liu Y，Wu J，Hackenberg K P，et al. Self-optimizing，highly surface-active layered metal dichalcogenide catalysts for hydrogen evolution. Nat Energy，2017，2：17217.

[35]　Ling C，Shi L，Ouyang Y，et al. Searching for highly active catalysts for hydrogen evolution reaction based on O-terminated MXenes through a simple descriptor. Chem Mater，2016，28：9026-9032.

[36]　Tsai C，Chan K，Nørskov J K，et al. Rational design of $MoS_2$ catalysts：tuning the structure and activity via transition metal doping. Catal Sci Technol，2014，5：246-253.

[37]　Deng J，Li H，Xiao J，et al. Triggering the electrocatalytic hydrogen evolution activity of the inert two-dimensional $MoS_2$ surface via single-atom metal doping. Energy Environ Sci，2015，8：1594-1601.

[38]　Li H，Tsai C，Koh A L，et al. Activating and optimizing $MoS_2$ basal planes for hydrogen evolution through the formation of strained sulphur vacancies. Nat Mater，2016，15：48-53.

[39]　Tsai C，Li H，Park S，et al. Electrochemical generation of sulfur vacancies in the basal plane of $MoS_2$ for hydrogen evolution. Nat Commun，2017，8：15113.

[40]　Tsai C，Abild-Pedersen F，Norskov J K. Tuning the MoS(2) edge-site activity for hydrogen evolution via support interactions. Nano Lett，2014，14：1381-1387.

[41]　Schweiger H，Raybaud P，Kresse G，et al. Shape and edge sites modifications of $MoS_2$ catalytic nanoparticles induced by working conditions：a theoretical study. J Catal，2002，207：76-87.

[42]　Skulason E，Karlberg G S，Rossmeisl J，et al. Density functional theory calculations for the hydrogen evolution reaction in an electrochemical double layer on the Pt(111) electrode. Phys Chem Chem Phys，2007，9：3241-3250.

[43]　Rossmeisl J，Skulason E，Bjorketun M E，et al. Modeling the electrified solid-liquid interface Chem Phys Lett，2008，466：68-71.

[44]　Skulason E，Tripkovic V，Bjorketun M E，et al. Modeling the electrochemical hydrogen oxidation and evolution reactions on the basis of density functional theory calculations. J Phys Chem C，2010，114：18182-18197.

[45]　Tang Q，Jiang D E. Mechanism of hydrogen evolution reaction on 1T-$MoS_2$ from first principles. ACS Catal，2016，6：4953-4961.

[46]　Jiao Y，Zheng Y，Jaroniec M，et al. Origin of the electrocatalytic oxygen reduction activity of graphene-based catalysts：a roadmap to achieve the best performance. J Am Chem Soc，2014，136：4394-4403.

[47]　Brad A J，Faulkner L R. Electrochemical Methods：Fundamentals and Applications. New York：Wiley，2000.

[48] Abild-Pedersen F, Greeley J, Studt F, et al. Scaling properties of adsorption energies for hydrogen-containing molecules on transition-metal surfaces. Phys Rev Lett, 2007, 99: 016105.

[49] Fernandez E M, Moses P G, Toftelund A, et al. Scaling relationships for adsorption energies on transition metal oxide, sulfide, and nitride surfaces. Angew Chem Int Ed, 2008, 47: 4683-4686.

[50] Vojvodic A, Hellman A, Ruberto C, et al. From electronic structure to catalytic activity: a single descriptor for adsorption and reactivity on transition-metal carbides. Phys Rev Lett, 2009, 103: 146103.

[51] Siahrostami S, Tsai C, Karamad M, et al. Two-dimensional materials as catalysts for energy conversion. Catal Lett, 2016, 146: 1917-1921.

[52] Greeley J, Stephens I E L, Bondarenko A S, et al. Alloys of platinum and early transition metals as oxygen reduction electrocatalysts. Nat Chem, 2009, 1: 552-556.

[53] Chai G L, Hou Z F, Shu D J, et al. Active sites and mechanisms for oxygen reduction reaction on nitrogen-doped carbon alloy catalysts: stone-wales defect and curvature effect. J Am Chem Soc, 2014, 136: 13629-13640.

[54] Koitz R, Norskov J K, Studt F. A systematic study of metal-supported boron nitride materials for the oxygen reduction reaction. Phys Chem Chem Phys, 2015, 17: 12722-12727.

[55] Gong Y J, Fei H L, Zou X L, et al. Boron-and nitrogen-substituted graphene nanoribbons as efficient catalysts for oxygen reduction reaction. Chem Mater, 2015, 27: 1181-1186.

[56] Vayenas C G, White R E, Gamboa-Aldeco M E. Modern Aspects of Electrochemistry. Vol. 42.New York: Springer, 2008, 89-189.

[57] Peterson A A, Norskov J K. Activity descriptors for $CO_2$ electroreduction to methane on transition-metal catalysts. J Phys Chem Lett, 2012, 3: 251-258.

[58] Tsai C, Chan K, Norskov J K, et al. Understanding the reactivity of layered transition-metal sulfides: a single electronic descriptor for structure and adsorption. J Phys Chem Lett, 2014, 5: 3884-3889.

[59] Chan K, Tsai C, Hansen H A, et al. Molybdenum sulfides and selenides as possible electrocatalysts for $CO_2$ reduction. Chemcatchem, 2014, 6: 1899-1905.

[60] Hong X, Chan K R, Tsai C, et al. How doped $MoS_2$ breaks transition-metal scaling relations for $CO_2$ electrochemical reduction. ACS Catal, 2016, 6: 4428-4437.

[61] Shin H, Ha Y, Kim H. 2D covalent metals: a new materials domain of electrochemical $CO_2$ conversion with broken scaling relationship. J Phys Chem Lett, 2016, 7: 4124-4129.

[62] Wu J J, Ma S C, Sun J, et al. A metal-free electrocatalyst for carbon dioxide reduction to multi-carbon hydrocarbons and oxygenates. Nat Commun, 2016, 7: 13869.

[63] Zou X, Liu M, Wu J, et al. How nitrogen-doped graphene quantum dots catalyze electroreduction of $CO_2$ to hydrocarbons and oxygenates. ACS Catal, 2017, 7: 6245-6250.

[64] Asadi M, Kim K, Liu C, et al. Nanostructured transition metal dichalcogenide electrocatalysts for $CO_2$ reduction in ionic liquid. Science, 2016, 353: 467-470.

[65] Singh A K, Mathew K, Zhuang H L, et al. Computational screening of 2D materials for photocatalysis. J Phys Chem Lett, 2015, 6: 1087-1098.

[66] Zhuang H L L, Hennig R G. Single-layer group-III monochalcogenide photocatalysts for water splitting. Chem Mater, 2013, 25: 3232-3238.

[67] Fattebert J L, Gygi F. First-principles molecular dynamics simulations in a continuum solvent. Int J Quantum Chem, 2003, 93: 139-147.

[68] Tully J C. Perspective: nonadiabatic dynamics theory. J Chem Phys, 2012, 137: 22A301.

[69]　Marques M A L, Castro A, Bertsch G F, et al. Octopus: a first-principles tool for excited electron-ion dynamics. Comput Phys Commun, 2003, 151: 60-78.

[70]　Prezhdo O V, Rossky P J. Mean-field molecular dynamics with surface hopping. J Chem Phys, 1997, 107: 825-834.

[71]　Craig C F, Duncan W R, Prezhdo O V. Trajectory surface hopping in the time-dependent Kohn-Sham approach for electron-nuclear dynamics. Phys Rev Lett, 2005, 95: 163001.

[72]　Andersson J O, Helander T, Hoglund L H, et al. Thermo-Calc & Dictra, computational tools for materials science. CALPHAD, 2002, 26: 273-312.

[73]　Jain A, Ong S P, Hautier G, et al. Commentary: the materials project: a materials genome approach to accelerating materials innovation. Apl Mater, 2013, 1: 011002.

[74]　Zhuang H L L, Hennig R G. Computational search for single-layer transition-metal dichalcogenide photocatalysts. J Phys Chem C, 2013, 117: 20440-20445.

[75]　Liu J, Li X B, Wang D, et al. Diverse and tunable electronic structures of single-layer metal phosphorus trichalcogenides for photocatalytic water splitting. J Chem Phys, 2014, 140: 054707.

[76]　Liu J, Li X B, Wang D, et al. Single-layer group-ⅣB nitride halides as promising photocatalysts. J Mater Chem A, 2014, 2: 6755-6761.

[77]　Singh A K, Hennig R G. Computational prediction of two-dimensional group-Ⅳ mono-chalcogenides. Appl Phys Lett, 2014, 105: 042103.

[78]　Majumdar A. Materials science. Thermoelectricity in semiconductor nanostructures. Science, 2004, 303: 777-778.

[79]　Shakouri A. Recent developments in semiconductor thermoelectric physics and materials. Annu Rev Mater Res, 2011, 41: 399-431.

[80]　Fei R X, Faghaninia A, Soklaski R, et al. Enhanced thermoelectric efficiency via orthogonal electrical and thermal conductances in phosphorene. Nano Letters, 2014, 14: 6393-6399.

[81]　Shafique A, Shin Y H. Thermoelectric and phonon transport properties of two-dimensional Ⅳ-Ⅵ compounds. Sci Rep, 2017, 7: 506.

[82]　Bardeen J, Shockley W. Deformation potentials and mobilities in non-polar crystals. Phys Rev, 1950, 80: 72-80.

[83]　Madsen G K H, Singh D J. BoltzTraP. A code for calculating band-structure dependent quantities. Comput Phys Commun, 2006, 175: 67-71.

[84]　Yan J, Gorai P, Ortiz B, et al. Material descriptors for predicting thermoelectric performance. Energy Environ Sci, 2015, 8: 983-994.

[85]　Gorai P, Toberer E S, Stevanovic V. Computational identification of promising thermoelectric materials among known quasi-2D binary compounds. J Mater Chem A, 2016, 4: 11110-11116.

# 关键词索引